为中国建设更好的医院

总编辑黄锡璆

中国中元国际工程有限公司医疗建筑设计院首席总建筑师
国家一级注册建筑师
教授级高级工程师
东南大学建筑系毕业
比利时卢汶大学工学部人居研究中心医院建筑规划与设计博士
卫生经济学会医疗卫生建筑专业委员会委员
中国建筑师学会医院建筑专业委员会副主任委员
国际建筑师协会公共卫生建筑学组（UIA PHG ）中国成员
世界医疗保健设施建筑教育大学项目（GUPHA）成员
2012 年荣获“第六届梁思成建筑奖”
2000 年全国工程设计大师
1995 年全国先进工作者
机械工业优秀工程设计奖 7 项
机电部优秀工程勘察设计奖 1 项
建设部部级城乡建设优秀勘察设计奖 2 项
国家优秀工程设计奖 2 项
北京市优秀工程设计奖 7 项
先后主持完成百余项各类医院工程规划设计，获多项国家级、省部级奖项

编写委员会主任

刘殿奎

国务院原医改办公立医院改革组负责人、原国家卫计委体制改革司副司长、中国医学装备协会副理事长、中国医学装备协会医院建筑与装备分会会长，《中国医学装备》杂志社社长。

审稿委员会主任

孟建民

中国工程院院士、深圳市建筑设计研究总院有限公司董事长、总建筑师。2014 年获第七届梁思成建筑奖，2006 年获建设部“全国工程勘察设计大师”称号。

《中国医院建设指南》编撰委员会

参与单位（排名不分先后）：

中国医学装备协会医院建筑与装备分会
中国医学装备协会医用气体装备及工程分会
中国医院协会医院文化专业委员会
中国卫生信息学会卫生信息标准委员会
中国重型机械工业协会停车设备工作委员会
中国城市交通规划学会
中天联盟
深圳市暖通净化行业协会
安徽医科大学第二附属医院
安徽医科大学第一附属医院
北京大学第三医院
北京大学国际医院
北京大学肿瘤医院
北京回龙观医院
北京协和医院
滨州医学院烟台附属医院
常州市第二人民医院
复旦大学附属中山医院
杭州市妇产科医院
华中科技大学同济医学院附属协和医院
江阴市人民医院
丽水市中心医院
山东省千佛山医院
山西省人民医院
上海市卫生基建管理中心
首都医科大学附属北京天坛医院
四川大学华西医院
南京医科大学附属无锡人民医院
无锡市中医医院
西安交通大学第一附属医院
浙江大学医学院附属第二医院
浙江大学医学院附属第一医院
江苏省人民医院
立邦涂料（中国）有限公司
浙江锦水园环保科技有限公司
南京布尔特医疗技术发展有限公司
蓓安科仪（北京）技术有限公司
本德尔（扬州）电子电力工程有限公司
西安四腾环境科技有限公司
中建一局集团第五建筑有限公司
来邦科技股份公司
深圳艳达工程科技有限公司
广州铭铉净化设备科技有限公司
上海直玖机场设备有限公司
深圳市威大医疗系统工程有限公司
长春铸诚集团有限责任公司
《中外洗衣》杂志社
艾信智慧医疗科技发展（苏州）有限公司
北京白象新技术有限公司
北京华源亿泊停车管理有限公司
北京三维海容科技有限公司
北京亚太医院管理咨询股份有限公司
北京易识科技有限公司
北京智慧图科技有限责任公司
成都联帮医疗科技股份有限公司
佛山市雅洁源科技股份有限公司
广东华展家具制造有限公司
广州泛美实验室系统科技股份有限公司
广州广日智能停车设备有限公司
广州基太思自动化设备有限公司
国药控股美太医疗设备（上海）有限公司
海南铭泰医学工程有限公司
航天圣诺（北京）环保科技有限公司
湖州永汇水处理工程有限公司
江苏瑞孚特物联网科技有限公司
科夫可环保科技（上海）有限公司

中国人民解放军总医院
中国医科大学附属盛京医院
中南大学湘雅医院
中日友好医院
中山大学中山眼科中心
北京起重运输机械设计研究院有限公司
北京五合国际工程设计顾问有限公司
江苏亚明室内建筑设计有限公司
清华大学建筑设计研究院有限公司
上海建筑设计研究院有限公司
上海浚源建筑设计有限公司
华东都市设计研究总院
深圳市柏鹏建筑设计事务所有限公司
深圳市建筑设计研究总院有限公司
中国城市规划设计研究院
中国建筑科学研究院环境与节能研究院
中国建筑标准设计研究院有限公司产品应用研究所
中国建筑上海设计研究院有限公司
中国建筑设计研究院有限公司
中国中元国际工程有限公司
中建国际设计顾问有限公司
滨州医学院卫生工程管理研究所
滨州医学院公共卫生与管理学院
烟台大学土木工程学院
沈阳大学建筑工程学院
公安部天津消防研究所
重庆大学
四川省卫生和计划生育监督执法总队
同济大学建筑与城市规划学院
重庆大学城市与环境工程学院
重庆大学建筑城规学院
苏州金螳螂建筑装饰股份有限公司
北京睿谷联衡建筑设计有限公司
南京北方赛尔环境工程有限公司
宁波欧尼克科技有限公司
青岛乔威电子科技有限公司
三胞医疗健康建设管理有限公司
山东同圆数字科技有限公司
山东亚华电子股份有限公司
陕西莫格医用设备有限公司
上海建工二建集团有限公司
上海名沪装饰工程有限公司
上海延华智能科技（集团）股份有限公司
深圳捷工智能电气股份有限公司
深圳市鑫德亮电子有限公司
视联动力信息技术股份有限公司
四川港通医疗设备集团股份有限公司
苏州沃伦韦尔高新技术股份有限公司
无锡锐泰节能系统科学有限公司
西安汇智医疗集团有限公司
香港华艺设计顾问（深圳）有限公司
珠海安诺医疗科技有限公司
北京汉迪厨房工程设计有限公司
北京轩涵睿勤管理顾问有限公司
东莞市鹏驰净化科技有限公司
佛山晴杨医疗设备科技有限公司
江苏德普尔门控科技有限公司
江西浩金欧博空调制造有限公司
江西铭铉医疗净化科技有限公司
宁波德科自动门科技有限公司
天津市津航净化空调工程公司
北京医路阳光管理咨询有限公司
四季沐歌科技集团有限公司
北京紫光百会科技公司
上海晋强实业有限公司
上海远洲管业科技股份有限公司

编者寄语

期望《中国医院建设指南》能为推动建设中国绿色、智慧、人文医院发挥应有的作用。

——刘殿奎

《中国医院建设指南》是目前国内医院建筑设计的集大成之作，定位精准，内容翔实，视角前瞻，对未来十年的国内医院建设有着重要的指导和借鉴意义。

——孟建民

《中国医院建设指南》：一本专为医院管理者和建设者撰写的与时俱进的工作指南。

——孙　虹

为中国建设最好的医院，是你、是我、是他共同的心愿。良好的疗愈环境构建更需要你、我、他的共同贡献，愿这本指南能在筑梦的路上给您助力，给您支持！

——鲁　超

集成共享，推动行业发展。

——张建忠

《中国医院建设指南》的出版倾注了业内专家的心力和经验，推动了行业进步。它的传播将让中国医院建设项目少留遗憾，多出精彩！

——沈崇德

以人文关怀为根本，赋予建筑以生命，担起医院发展、百姓健康的历史责任，不负梦想，不负时代；不忘初心，砥砺前行！

——刘学勇

《中国医院建设指南》随着新时代，开启第四版，医建知识紧跟新理念、新技术、新方法、新知识，为新一代医建助力！

——李立荣

你我的健康，用心护航；天使的家园，一起开创。携手共努力，建设生命的七彩殿堂。道路还漫长，我们不停丈量。

——庞玉成

为中国建设更好的医院，《中国医院建设指南》是我们进步的阶梯。

——赵奇侠

编者寄语

不断修编《中国医院建设指南》，助力打造明日医院。

——谭西平

理论与实践相结合，与时俱进只争朝夕；推陈出新广纳善言，汇集精粹不吝赐教；普惠杏林增效提速，节资省心建好医院。

——朱　希

希望本书能够成为医院智能化建设的好帮手，实用指南。

——王　韬

开放边界，共生成长，为中国建设更好的医院。

——李宝山

《中国医院建设指南》，助力中国医院建设产业升级！

——刘建平

面临全面深化改革和转型升级发展的攻坚阶段，希望中国医院的建设要从规模扩张走向内涵集约发展，从传统管理走向创新智慧发展。

——姚　蓁

《中国医院建设指南》，为中国百姓建绿色智慧医院。

——胡建中

本书涵盖了医院建设的各个领域，权威、专业、全面，是一部凝聚业内专家集体智慧的鸿篇巨制。

——徐　民

合抱之木生于毫末，九层之台起于垒土。愿《中国医院建设指南》为筑就医院建设之台，为呵护生命之树贡献智慧。

——辛衍涛

新时代，新要求，新作为，新担当，建设世界一流医院，乃吾辈之己任！

——王　漪

希望《中国医院建设指南》成为医院建设者的得力助手。

——刘玉龙

编者寄语

医院是一个特殊的公共场所，希望《中国医院建设指南》的出版能让我国医院的消防水平迈上一个新台阶。

——李国生

医院建设的复杂性对相关事务参与者提出了较高要求，客观、务实是基础。衷心希望新版指南能助力我国医建事业更稳、更好地向更高水平推进。

——龙　灏

医院建设是一个以终为始的过程，要尊重规律，尊重价值，尊重方法，尊重现实。不断地在质量、成本和时间之中寻找平衡。

——路　阳

建设好中国的医院，守护 14 亿人的健康。

——付祥钊

《中国医院建设指南》凝聚了全体医疗建设者的智慧，让我们携手托起祖国医院建设的美好明天。

——白浩强

《中国医院建设指南》是建设高水平、高质量、现代化医院的精品之作，对新时代医院创新发展建设必将起到极大的推进作用和指导作用。

——漆家学

在中国大健康背景下，相信《中国医院建设指南》能在健康中国的建设之路中起到导引及指向作用。

——郜仁记

中国医院建设正面临着巨大挑战和机遇。《中国医院建设指南》作为业内标杆书籍，对我国现代化医院建设与发展发挥着重要的作用。

——姚　勇

《中国医院建设指南》是规范化、现代化、智能化医院建设宝典，建设优质医院、促进百姓健康。

——潘柏申

我们孜孜不倦，努力做到最好！让我们为中国医院建设事业竭尽所学！

——苏黎明

编者寄语

《中国医院建设指南》给医院建设提供了系统的规范依据和指导意见，凝聚了所有医院建设者的智慧，希望医院管理者通过此交流平台不断探索，建设越来越先进规范的新医院。

——黄如春

项目建设全过程数字化集成管理是医院建设和运维中提质增效，实现精细化管理的有力手段。

——刘鹏飞

第四版《中国医院建设指南》经各位编委和专家的全新修订，将在新时代指引建设高质量、高效率的绿色医院。

——陈海勇

《中国医院建设指南》集行业精英智慧，必将助力中国医院建设与运营更高效，疗愈环境更合理、更舒适。

——蔡文卫

《中国医院建设指南》是医院建设领域的大百科全书，是具前瞻性、科学性、实用性的医院建设工具书，对中国医院建设具有指导意义。

——孙亚明

新版《中国医院建设指南》在世人注目和期待下顺利发行，站在新的起点，肩负使命，服务大众！

——叶　青

紧随健康中国发展目标，探寻未来医院建设发展之路。立邦愿以创新的力量，为未来，建设更好的医院。

——周　晴

《中国医院建设指南》，让我们的医用家具及医疗空间环境变得更加井然有序、高效安全。

——仲恒平

《中国医院建设指南》是目前国内医院建设领域极具前瞻性、权威性、科学性、实用性的大型医院建设工具书，你可以在这里看到中国医院建设的发展趋势与实用案例，一起期待更加美好的中国医院建设的未来。

——周连平

编者寄语

第四版涵盖的内容更丰富、深度更深特别是在智慧化医院建设方面对设计、施工、监理和医院建设管理方都有很好的指导作用。

——张栋良

《中国医院建设指南》融入了先进的建设理念，并结合了医院的发展现状，使医院建设更加合理完善，使患者享受更好的服务。

——金伟忠

《中国医院建设指南》的再版，充分体现了我国在医院建设领域升级换代、技术革新、节能减排等方面所取得的巨大进步。《中国医院建设指南》成就绿色医院梦想!

——孙帮聪

用物联网和系统工程思维解决医院净水问题，实现智能信息化下的中央分质供水，综合利用、环保节能，提高我国医院用水的整体水平。

——李　杰

新版《中国医院建设指南》更好地结合了医院建设的实践并适应了不断发展与变化的中国医院建设的需求。

——朴　军

《中国医院建设指南》立意高远，阐述简明，是一部很好的工具书。

——陈众励

舟车劳顿一心铺设健康路，功名淡薄只为谱写幸福歌!

——朱文华

搭建起医院建设者交流学习的桥梁，为中国医院建设行业发展不断贡献智慧和力量。

——包海峰

编撰《中国医院建设指南》，建设更好的明日医院。

——任　宁

《中国医院建设指南》编纂过程中，体现着对科学发展的追求，立足前沿，致力创新，以坦诚开放的胸怀面对当今多元化的医院建筑领域，为国内医院建设提供了不可取代的指导性意义。

——路建新

编者寄语

《中国医院建设指南》有方向，出彩需细品！

——汤光中

新版的酝酿是一场共生的碰撞，在这个进程中，未来的样貌和图景已经更加明晰。

——唐泽远

望能借助 BIM 工具融合医建人的智慧，以目的为导向，让 BIM 应用落地。

——肖　晶

医院物流随着物流技术的日新月异而蓬勃发展，作为物流技术人员，今后将继续深入研究，助力我国医院建设新发展。

——陈涤新　郝建魁

利用物联网系统优化医院的服务和管理流程，把实践经验提升为对智慧医院建设的专家指导。

——孙炜一

愿航空医疗救援为每一次安全起降保驾护航。

——柳海洲

齐备的功能用房配置、合理的区域划分、明晰的洁污分流、按不同的系统组织流线是做好内镜中心规划的前提，也是提高工作效率，减少交叉感染，保证医患安全的重要基础和有效途径。

——卢　杰

《中国医院建设指南》集医院管理行业专家之所长，全方位阐述了医院建设所需知识，为正在筹划医院建设的管理者提供参考。

——冯靖祎

《中国医院建设指南》紧扣医院建设理念和技术革新的脉搏，汇集了诸多医院建设者的良好实践，将为现代医院建设精准导航。

——吕　品

绿色医院建筑，标准先行，夯实实际，未来可期。

——袁闪闪

编者寄语

为《中国医院建设指南》的编写出一份力，与广大读者分享我的工作经验。

——刘东超

愿《中国医院建设指南》成为读者了解中国新医院发展趋势、指导建设的服务平台。

——刘嘉茵

推动中国医院发展，着力打造与国际接轨的中国医院。

——汤德芸

建设一流医院，弘扬中华医德，传承医学精华，服务千万民众。

——芦小山

希望未来医院建设得越来越完美。

——郑雅清

随着医院的建设步入高度智能化阶段，物流系统已经成为支撑医院后勤物资配送的刚性需求设备。

——梁德利

《中国医院建设指南》不仅是医院建设工作者的匠心之作，更是本实用工具书、指路明灯！

——胡暄玉

为老百姓建设更好医院，追求人类照顾之真、善、美！

——赵　宁

希望《中国医院建设指南》能为中国医院建设提供智能、无障碍、人性化设计指明方向。

——王文丰

以明心为根本，用生命唤醒生命。不忘初心，砥砺前行，为中国建设更好的医院而一起努力！

——张亮亮

秉承绿色理念，解决环保难题。

——林　立

中国医院建设指南

（第四版）

上　册

《中国医院建设指南》编撰委员会　编著

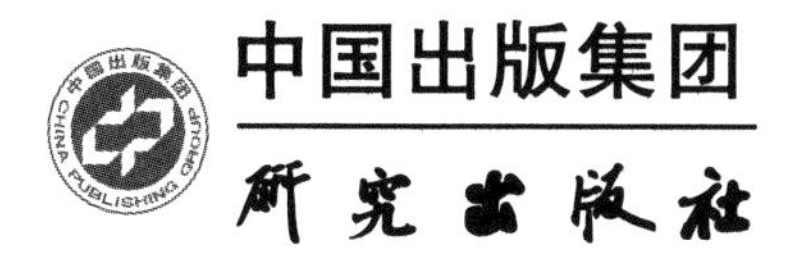

图书在版编目（CIP）数据

中国医院建设指南 / 《中国医院建设指南》编撰委员会编著. -- 4版. -- 北京 : 研究出版社，2019.4
ISBN 978-7-5199-0387-9

Ⅰ. ①中... Ⅱ. ①中... Ⅲ. ①医院－建筑设计－中国－指南 Ⅳ. ①TU246.1-62

中国版本图书馆CIP数据核字(2019)第047198号

出 品 人：赵卜慧
责任编辑：陈侠仁

中国医院建设指南
ZHONGGUO YIYUAN JIANSHE ZHINAN

作　　者：《中国医院建设指南》编撰委员会　编著
出版发行：研究出版社
地　　址：北京市朝阳区安定门外安华里504号A座(100011)
电　　话：010-64217619　64217612（发行中心）
网　　址：www.yanjiuchubanshe.com
经　　销：新华书店
印　　刷：北京华邦印刷有限公司
版　　次：2019 年4月第1版　2019年4月第1次印刷
开　　本：889毫米×1194毫米　1/16
印　　张：99
字　　数：2840千
书　　号：ISBN 978—7—5199—0387—9
定　　价：860.00 元

前　言

《中国医院建设指南》自2008年第一版出版以来，迄今已11年，在这期间，我国的医院建设发生了巨大变化。党的十九大报告将“实施健康中国战略”作为国家发展基本方略中的重要内容，现代医院建设也开始从追求规模向注重内涵转变，不断发挥科技创新和信息化的引领支撑作用。

医院工程建设涉及自然科学、技术科学、人文科学等诸多领域，随着医疗技术的进步，建筑科技的发展及互联网医院的兴起等，为了适应医疗建设领域新需求，我们编撰了第四版。

《中国医院建设指南》的编撰是一项巨大的系统工作，作为我国医院建设领域的行业巨著与重要学术文献，本书一直以其专业性、实用性、指导性与前瞻性服务于广大医建人。如何才能在前三版的基础上进一步完善知识内容，更好地服务医院建设行业读者，是一个巨大的挑战。200多家单位的300多位专家作者，经过20个月的努力，最终完成了这部行业经典的第四版。参编人员中有来自于医院卫生行政管理的人员，有长期从事医院基建工作的院长、卫生技术人员，也有从事咨询、规划设计的规划师、设计师，来自院校研究机构的专家教授以及从事设备产品研发的科技工作者等。

本次编撰细化了知识体系，从项目管理、设计、专项工程到后期的运维管理，实现了对医院建筑“全生命周期”建设的指导。同时，我们在编撰的过程中尽量使内容更广，信息更全，也努力吸纳近期医院建设发展中出现的新装备、新概念、新趋势，努力使其内容贴近实际，并具有适度前瞻性。

由于医院建设涉及专业广泛，内容取舍难免有多寡不均、深浅失衡之处，加上参编人员来自不同专业、不同背景，在文例表述上也不尽统一，欢迎读者在使用查阅过程中提出宝贵意见，以便将来作进一步修正完善。

本书参考引用的相关行业标准和规范，均为2019年1月前颁布，如有更新或修订，请以新版为准。

《中国医院建设指南》编撰委员会

2019年4月

第四版出版说明

2006年由原卫生部医院管理研究所组织编写《中国医院建设指南》一书，历时两年，于2008年正式出版。作为我国医院建设领域的行业巨著与重要学术文献，本书一直以其专业性、实用性、指导性与前瞻性服务于广大医建人。

10年间，为了不断适应我国医院建设的发展，本书已进行过两次修编。为了更好地服务于我国的医院建设，本书于2017年1月启动第四版编撰工作。本次编撰相对于第三版主要有三个变化。

第一，在整体结构上，医院建设领域专业更加细分，从管理、设计、专项等方面进行论述。

第二，结合当前医院建设实际，特别增加了医院评审与评价、运维管理等方面的内容，使建设者能够从医院未来发展的角度认识医院建设。

第三，在专项建设方面，增加了“停机坪”“医学实验室”等医院建设发展新趋势。同时更新医院建筑装备、产品等新的技术及变化。

第四版全书分为8篇，共47章。希望在我们的努力下，为中国建设更好的医院提供知识指导。

《中国医院建设指南》编撰委员会

2019年4月

总目录

第一篇　医院建设项目管理

第二篇　医院建设前期策划

第三篇　医院规划与建筑设计

第四篇　医院建设装饰与装修工程

第五篇　医院建设专项工程

第六篇　医院特殊用房

第七篇　智慧医院工程

第八篇　医院运维管理与建设创新

上册目录

第一篇 医院建设项目管理

第二篇　医院建设前期策划

第三篇　医院规划与建筑设计

第一篇

医院建设项目管理

第一章

医院建设项目管理概述

庞玉成　梁晶　朴建宇　曹悦

庞玉成 滨州医学院卫生工程管理研究所所长

梁　晶 滨州医学院烟台附属医院基建处处长

朴建宇 烟台大学土木工程学院硕士研究生

曹　悦 滨州医学院公共卫生与管理学院硕士研究生

第一节　概述

一、项目管理的概念及特点

“项目”一词最早于20世纪50年代在汉语中出现，是指需要组织来实施完成的工作。“工作”可以划分为两种最基本的类型：一种是连续不断、周而复始且具有具体操作的活动，称为“日常运作”（Ongoing Operations），或者“作业”；另外一种是有时间限制、一次性的活动，称为“项目”（Project）。运作与项目有很多共同点，如需要人力资源、物力资源限制、计划、执行、控制。

运作与项目的区别在于运作是在稳定的环境下，利用既有资源，按照设计好的规则，采取确定的步骤，来完成具有一定目标的重复性任务的活动。由于运作所面临的环境是不变的，而且不断重复进行，因此管理的重点可以放在完善工艺和流程、提高作业效率、降低运作成本上。项目与运作有着根本的不同，这种不同集中体现在其一次性、独特性上，而且每一个项目都是一次性的创新活动，所面临的环境是前所未有的，可用的资源不确定，所追求的目标也是多重的，而且项目有特定的开始和结束时间。具体来讲，可以归结为以下几点：项目的时限性；项目的独特性；项目的多目标性；项目的风险性；项目的一次性与结果的不可挽回性；项目团队的临时性和开放性；项目的进度、成本和质量的三重约束性。

从上面的分析中，可以归纳出项目的确切定义：在一定时间和资源约束条件下，为完成某一特定的目标而进行的一次性、独特性的活动。

项目和运作之间的不同，如表1-1-1所示。

表1-1-1　项目与运作对比表

项目特征	运作特征
独一无二的	重复的
有限时间	无限时间（相对）
革命性的改变	渐近性的改变
目标之间不均衡	均衡
多变的资源需求	稳定的资源需求
柔性的组织	稳定的组织
效果型	效率型
以创造性完成目标为宗旨	以标准化完成任务为宗旨
风险和不确定性	经验与确定性

二、项目管理知识领域

美国项目管理协会（Project Management Institute，PMI）在其出版的《项目管理知识体系指南（The Project Management Body of Knowledge，PMBOK）（第六版）》中将项目管理知识体系分为十大知识领域，分别是项目范围管理、项目时间管理、项目成本管理、项目质量管理、项目人力资源管理、项目沟通管理、项目风险管理、项目采购管理、项目干系人管理、项目整合（集成）管理，如图1-1-1所示。

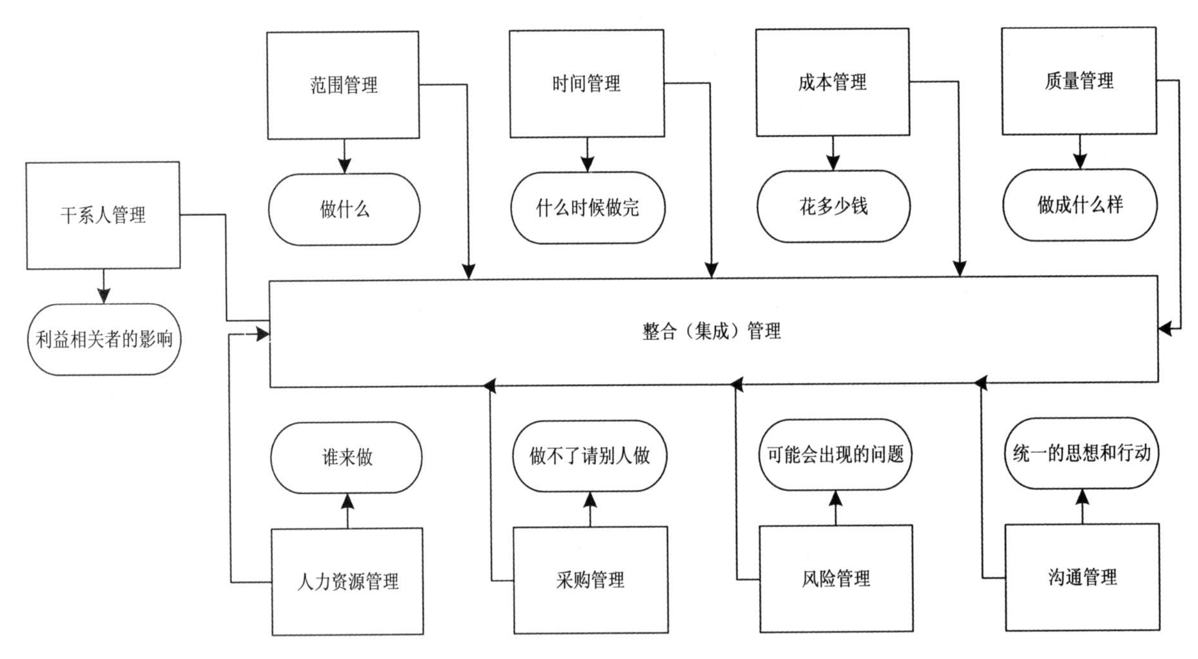

图 1-1-1 项目管理十大知识领域

三、医院建设项目

近年来，随着经济的发展，人民群众对于高水平医疗服务需求的增长，我国医院建设领域无论是从规模、质量，还是管理水平上都突飞猛进，人民群众的就医硬件设施和环境得到了极大的改善。医疗建筑是公认最复杂的民用建筑。

（一）医院建设项目的主要特点

（1）项目高度复杂性：专业化程度高，系统配置复杂，技术要求高。

（2）施工工艺复杂，个性化要求高。

（3）使用功能特殊，面向患者群体，环保要求高。

（4）节能环保、采光要求高，新技术应用多。

（5）专业分工细，分包项目多。

（6）工期较长、任务繁重，施工交叉作业面多，相互影响。

（7）医疗设备多，对建筑防护、屏蔽、荷载及水电等要求高。

（8）医疗设备安装和调试工作量大。

（9）项目验收、交接工作量大。

（10）医院需求变化多，设计变更多，对工期、投资影响较大。

（二）医院建设项目的重点

1. 项目前期策划筹备

医院建设项目的前期策划筹备是从凭空设想到具体实施方案的过程，是所有后续工作总纲要，并且对项目的开展有非常大的影响。在这个阶段，会逐步明确项目的目标、功能需求、具体建设方案、投融资模式等重要内容，并以一定的成果文件指导后续工作，确保项目的可行性、合理性、经济性并能顺利实施。

2. 医院建设设计管理

医院建筑是具有特殊功能的公共设施，每天 24 小时不间断运行，能耗最大、部门繁多、界面清晰、流程复杂、专业系统与设备最繁复、环境安全要求最高、发展与扩建要求最灵活以及运行维护成本最高的公共建筑分支之一。医院建设工程投资 80% 的影响因素是由设计阶段决定的。在医院设计阶段，医疗建筑除经历一般项目所必需的概念设计、方案设计、初步设计、扩大初步设计、施工图设计等阶段外，管理者还需注意医疗工艺设计在各个阶段的配合，详文可见工艺专题介绍。

3. 项目招标采购管理

招标采购是工程建设的重要环节，对选取优秀的承建单位以及控制建设投资、工程质量、施工进度、运行费用等方面起着决定性作用。由于医院建设项目具有规模大、工期紧、功能复杂、投资高等特点，招标采购工作也不同于一般的民用建筑，如招标次数多，招标任务工作繁重，不同项目及不同业主有不同需求，招标采购子项目众多等。如何通过招标采购的方式选取最佳的承建单位以及工程中所需的设备材料，以满足医院建筑的目的与功能性需求，是招标采购工作中的重要管理工作。

4. 项目进度管理

首先，制订项目业主方的总体进度计划，包括项目论证、项目立项、项目前期、项目实施及项目竣工、收尾等各个阶段的时间节点。其次，根据施工合同与招标文件的严格约定，督促施工单位认真编制施工组织设计，制订科学合理、切实可行的项目施工进度计划，据此进一步分解制订项目月进度计划表、周进度计划表，合理安排施工流程。在项目具体实施过程中，实施动态进度管理，根据具体情况与实际需要，及时对进度计划进行调整及优化。尤其是确保电梯、供配电、暖通、消防、智能化系统、手术室净化系统、医用气体系统、气动物流传输系统等各分包项目的及时衔接。

5. 项目质量与安全管理

医院建设项目的业主应与施工单位、监理单位密切配合，加大项目质量控制和管理力度；明确工程质量目标，会同监理单位制定相应的质量验收标准，作为对施工单位的实际工程质量要求。业主应督促施工单位建立健全质量控制体系，严把工序验收流程；明确安全目标，建立健全安保体系和应急预案，加强岗前安全培训教育。确保施工单位按要求配置各项安全设施。业主现场工程师应会同监理工程师，加大现场检查力度，消除各项安全隐患。

6. 项目投资管理

医院建设工程项目投资控制的关键是成本控制，必须重点关注设计和施工过程中的动态成本控制。作为医院建设项目，由于分包项目多、设计变更多，投资往往处于失控状态，这就需要在工程项目全过程动态成本审计方面进行积极推进，将事后评审前移，将合同履行、甲控乙购、设计变更、工程签证等方面作为投资控制管理的重点，从而将投资规模有效地控制在项目总预算之内。

7. 项目信息管理

信息管理是医院建设项目业主方项目管理的关键因素，是连接项目生命周期各个阶段、项目不同参建方、不同利益相关方、项目各管理要素的“神经中枢系统”。在医院建设项目的信息管理过程中，各参建方在信息方面的不对称性和不充分性表现得更为明显，往往使最终结果与用户需求间存在一定的差距。业主方作为项目的总集成方，对项目整体信息的管理和组织是否科学合理，对项目成败产生着巨大影响。

四、医院建设项目主体分析

（一）业主方

业主就是指一般传统意义上所称呼的建设项目的“甲方”。《中华人民共和国建筑法》《建设工程安全生产管理条例》《建设工程质量管理条例》等法律法规中，都将“业主”称为“建设单位”。从医院建设的角度来看，业主方的概念，既是出资方又是使用方，同时是建设管理方，若有分离则可以视为一个整体的内部分工问题。

从合同关系的角度来看，除业主外其他参建方大多与业主存在合同关系，而且在合同中均属于“乙方”，即提供产品或服务，并根据合同收取业主一定费用。从建设项目结果来看，除业主外的参建方都在围绕建设项目建成后的物理实体而担负某一部分的工作，要么提供产品，要么提供服务。为业主提供服务的行业是随着社会分工的发展逐步细分的。

目前，在医院建设项目管理中，业主方可能出现的主要问题有：

（1）决策随意性较大，项目论证不合理，可行性研究报告编制走过场，导致项目定位、规模、方案等出现偏差；

（2）需求调研不细致，无法给设计单位提供详细、真实的项目设计需求，导致项目设计无法精准；

（3）项目管理班子人员不齐，责任不明，素质不高，缺乏现代项目管理知识，没有相关建设管理经验，部门之间配合协调差，解决问题效率低下；

（4）变更多，对设计、施工、监理的工作造成影响；

（5）工程标段划分不合理，平行分包项目过多，相互之间界面划分不合理；

（6）资金筹措不及时，支付拖延或拖欠，缺少资金使用计划，严重影响工期；

（7）业主供应材料设备与承包商间存在因工作界面产生的质量纠纷隐患；

（8）在招标项目中片面追求低价，压缩施工单位正常利润空间；

（9）对项目实施控制能力弱，项目进度、质量、投资动态情况缺少控制能力；

（10）对各参建单位整合能力不强，无法将主导权转化为实际的管理和控制权；

（11）对监理单位、项目管理单位不重视、不信任，盲目压低监理和项目管理费用；

（12）招标采购没有详细计划，不能及时完成以配合工程进度；

（13）对信息沟通不重视，不能及时汇总、中转、处理各类信息。

这些问题，主要是由医院建设项目的一次性、复杂性特点以及管理难度和医院建设项目业主方的非专业性之间的落差导致的。在医院建设项目中，参建方数量众多，各参建方介入和退出建设项目的时间不同，对项目信息和数据的掌握和了解程度也有很大差别。在时间维度上，开发管理、项目管理和设施管理各自相对独立，对应各阶段的参建方和其他利益相关方的管理协调也自成体系，如果缺乏业主方的主导和整合，缺少相应的沟通和协调机制，必然导致“信息孤岛”现象的出现。

（二）承包商

承包商是为项目提供工程劳务的组织者或设备、材料的制造及供应者。其管理的目的主要是在项目建设与设备、材料制造、供应过程中，从人力、物力资源的有效投入到产品的输出来实现其相应的收益。

工程承包商的主要任务如下：

（1）制订施工组织设计和质量保证计划，经监理工程师审定后组织实施；

（2）按施工计划组织施工，认真组织好人力、机械、材料等资源的投入，并向监理工程师提供年、季、月工程进度计划及相应进度统计报表；

（3）按施工合同要求在工程进度、成本、质量方面进行过程控制，发现不合格项及时纠正；

（4）遵守有关部门对施工场地交通、施工噪声以及环境保护和安全生产等方面的管理规定，办理相关手续；

（5）按专用条款约定，做好施工现场地下管线和邻近建（构）筑物及有关文物、古树等的保护工作；

（6）保证施工现场清洁，使之符合环境卫生管理的有关规定；

（7）在施工过程中按规定程序及时、主动、自觉接受监理工程师的监督检查；提供业主和监理工程师需要的各种统计数据报表；

（8）及时向委托方提交竣工验收申请报告，对验收中发现的问题及时进行改进；

（9）负责已完成工程的保护工作；

（10）向委托方完整、及时地移交有关工程资料档案。

材料、设备承包商的主要任务：

（1）按照合同约定，以规定的价格，在规定的时间、质量和数量条件下提供设备，并做好现场服务，及时解决有关设备的技术、质量、缺损件等问题；

（2）按照合同约定，完成设备的运输、保险、包装、设备调试、安装、技术援助、培训等相关工作；

（3）保证提交的设备和技术规范与委托文件的要求一致；

（4）保证业主在使用其所提供的设备时，不侵犯第三方的专利权、商标权和工业设计权；

（5）完成合同规定的其他工作。

（三）干系人或利益相关方

“干系人”或“利益相关方”是现代项目管理的重要概念之一，美国项目管理协会将项目利益相关方定义为：积极参与项目，或其利益因项目的实施或完成而受到积极或消极影响的个人或组织，他们还会对项目的目标和结果施加影响。

医院建设项目的所有利益相关方可划分为两类：一类是参建方，又可分为业主方和承包商；另一类是其他利益相关方。第一类一般工程建设行业较为熟悉，第二类如图 1-1-2 所示。

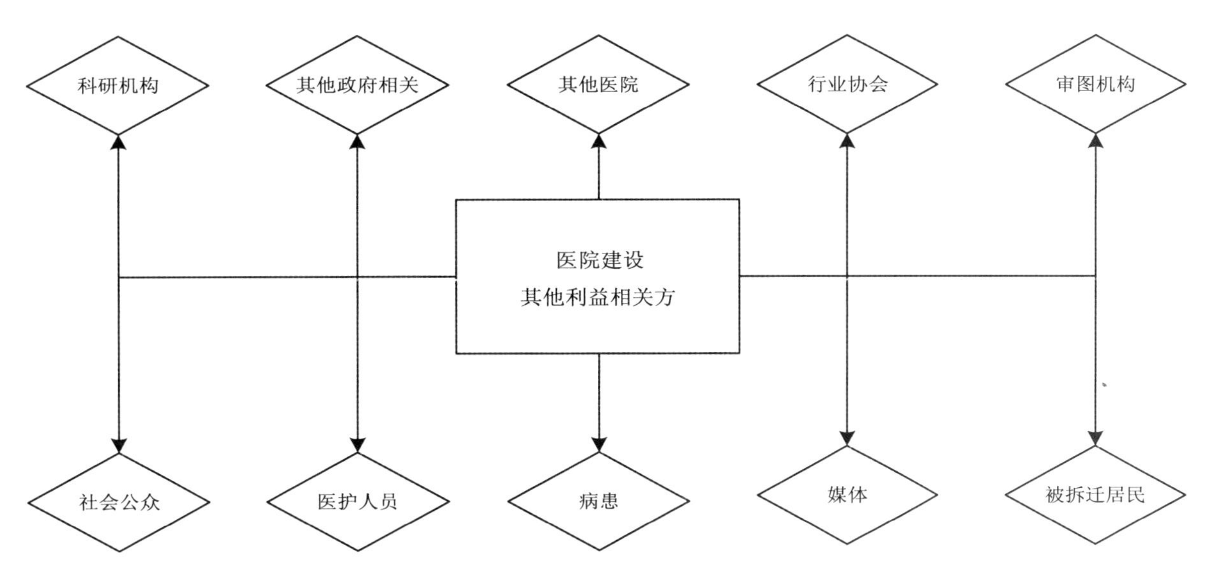

图 1-1-2 医院建设其他利益相关方

对于项目各个利益相关方来说，尽管其未必与业主发生直接合同关系，但是他们在项目生命周期的每一个阶段，都会对项目产生一定的期望和需求，而他们的满意程度也会对项目的成败造成一定影响。这些期望和需求或直接或间接，最终指向的都是建设项目业主。图 1-1-3 反映了医院建设项目各个阶段业主与各利益相关方的关系，除直接参建方外，如政府、居民等其他利益相关方也都对项目有明确的利益诉求。在一个完整的建设项目中，只有业主的工作贯穿项目始终且几乎与所有利益相关方发生联系。因此，业主方理应担负起项目利益相关方集成的责任，成为利益相关方的总集成者。

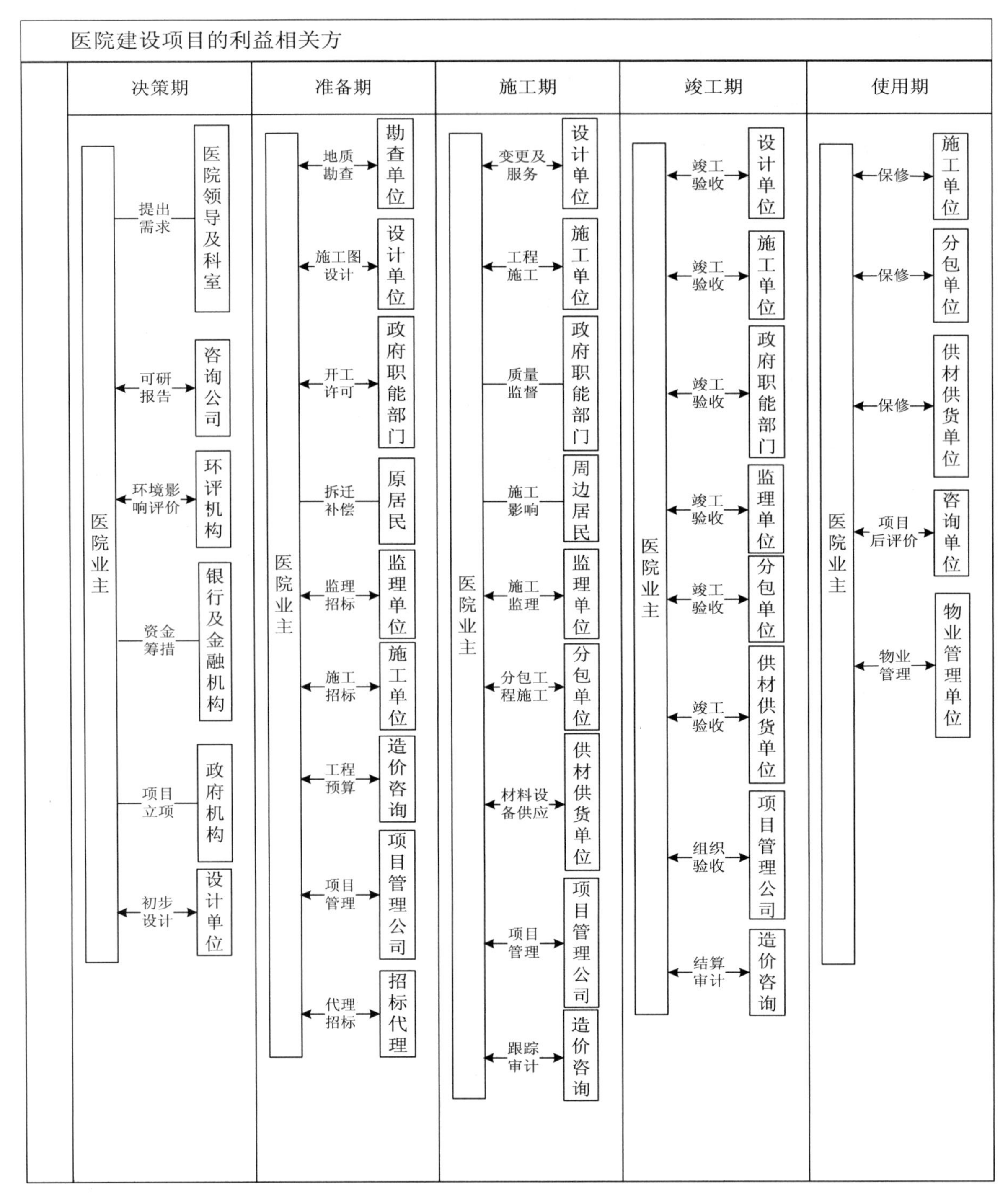

图 1-1-3 医院建设项目生命周期内业主与利益相关方的关系

五、医院建设项目的全生命周期

由于项目的本质是在规定期限内完成特定的、不可重复的客观目标，因此，所有项目都有开始与结束。不同的项目从开始到结束过程中尽管期间活动各异，但从工作的性质、投入资源的多少、项目交付物的完成度等方面来考虑，大多可划分为四个阶段：概念阶段、规划阶段、实施阶段、收尾阶段。这四个阶段各有其典型活动，每个阶段活动结束后，各有阶段性的项目交付成果。如图 1-1-4 所示。

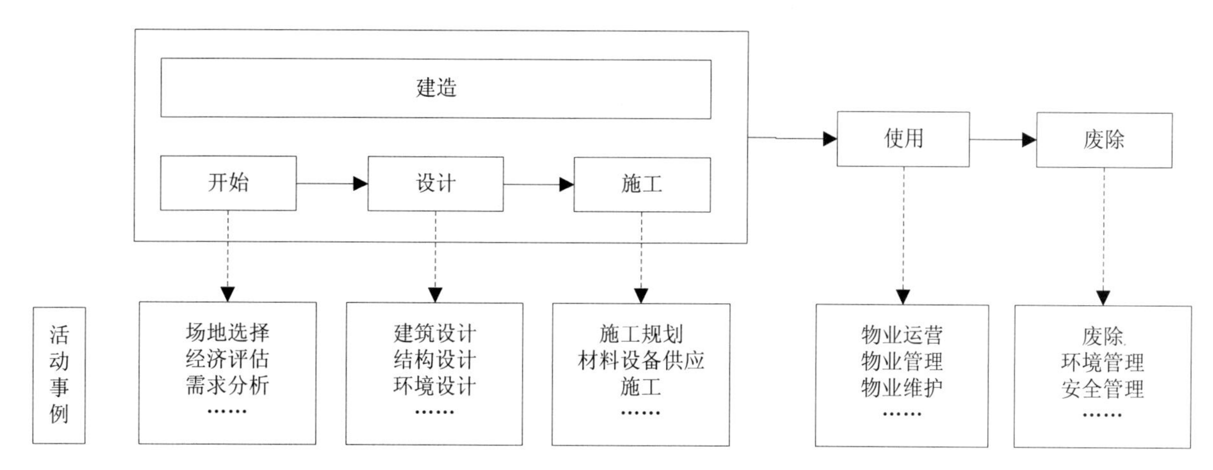

图 1-1-4 ISO 对建设项目生命周期的阶段划分

实际医院建设项目的全生命周期中的工作内容比上述四个阶段中的描述要烦琐得多，而且不同阶段之间往往可能出现相互交错的状态。概念阶段主要包括项目前期立项的各项工作，如项目提出、项目可行性研究、项目环境影响评价、项目地震安全评价，而按我国现行的报审制度，项目可行性研究报告的内容里就有关于项目总体规划乃至初步设计的内容，也就是说设计工作在第一阶段就已经开始涉及。规划阶段主要包括建设项目的总体规划、初步设计、施工图设计、工程施工招标、监理招标等工作，然而越是医院建设项目，涉及的专业门类就越多，需要专项设计或专项施工的内容就越多。这其中很多专业的设计和施工条件都是需要在建设期间逐步明确的，因此实际的建设项目需要更细致的划分。医院建设项目生命周期可划分为五个阶段：决策期、准备期、施工期、竣工期、使用期，其中准备期、施工期、竣工期又可以整体看作项目实施阶段，如图 1-1-5 所示。

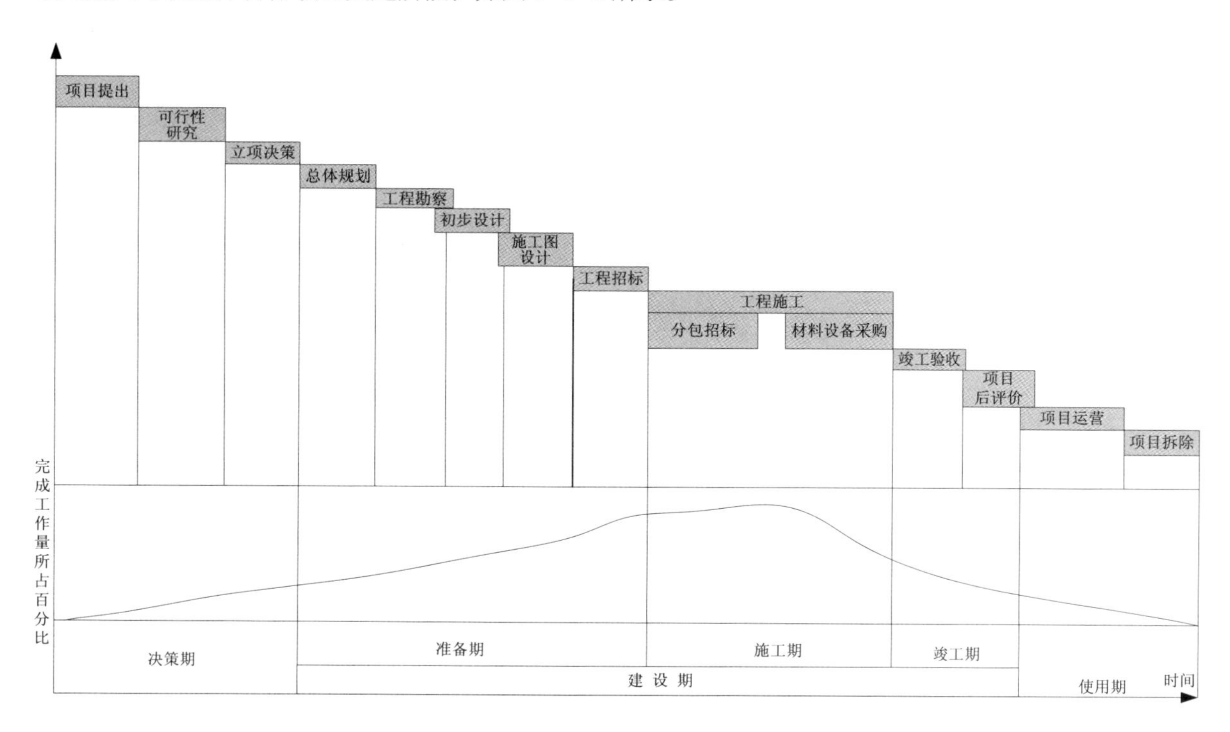

图 1-1-5 医院建设项目全生命周期阶段划分

图 1-1-5 中在每个阶段列举了一些重要的工作任务，每个阶段的工作任务各自不同，但该图并非以时间轴进行的准确划分，因为同一类工作任务也有可能处于不同的生命周期阶段，如准备期的设计任务，在施工开始后也有可能继续存在，如设计变更和专项设计等；如工程招标，既可能存在于准备期，也可

能存在于施工期；又如项目后评价，可能在竣工期，也可能在使用期进行。

近年来，将建设项目交付物的使用期纳入建设管理的时间范围内已成为共识，建设项目全生命周期集成管理（Life Cycle Integrated Management，LCIM）的理念已深入人心。但这主要是强调在建设期间的决策和管理工作，需要将项目使用期的设施管理、物业管理以及建设成本和运营成本进行综合考量，并不意味着医院的基建部门需要始终存在，一直维持到漫长的使用期结束。事实上，维保期后往往会移交给后勤部门或者物业部门，而这些部门与基建部门的交接可以视作业主内部的功能流转，不影响业主方的整体生命周期管理职责。

六、医院建设项目业主方项目管理职能

（一）决策职能

医院建设项目的建设过程是一个复杂的系统工程，项目建设阶段前中后期的各项计划安排与投资控制，都要有详细的安排，最后由业主方管理层做出决策，聘请项目管理公司的业主方则由项目管理公司代替做出决策，或者做出决策建议，由业主考虑是否采纳。项目的重大决策都对项目最终目标的实现产生重要影响。

（二）计划职能

在项目决策职能的实施下，以全部投入资源与全部项目建设活动为根据，用动态的计划系统对项目的全寿命周期提出一系列的质量、进度、投资、安全等总体计划目标，将需求和目标清晰传达到承包方，使项目各项工作处于可控状态。

（三）组织职能

业主方在项目实施阶段的组织职能分为对业主方项目管理组织机构的组织、对承包方的监督与管理，促使其按照合同完成各个阶段分目标。无论是在业主方还是承包方，组织机构分工明确，会使整个组织机构运转高效，并且使信息的传达更为清晰。

（四）控制职能

项目最终目标的达成，要通过决策、计划、组织与协调、信息处理等手段，用适合的管理方法，对各个阶段的计划执行情况、组织协调以及信息处理进行及时调整和修正，进行有效控制，确保项目最终目标的实现。

（五）协调职能

医院建设项目的复杂程度远超普通的民用建筑，涉及众多人员以及社会各方众多组织机构，关系复杂。项目建设过程各阶段、各层次、各部门之间，各承包商之间、业主方与承包商之间都有许多的衔接界面，容易产生各种各样的矛盾，这些复杂的关系与矛盾都需要业主方管理人员进行调和，以保证项目顺利运行。

第二节　医院建设项目管理模式

组织结构是分工与协作的基本形式。在管理系统中，组织结构起着框架作用，决定了系统内部各个组成要素之间发生相互作用的联系方式，决定了组织系统中人流、物流、信息流是否能保持正常沟通，从而使得实现组织目标成为可能。实践证明，组织结构是影响组织效率的重要因素，组织结构的优劣与否，在很大程度上决定着管理活动的成败。业主方项目管理的组织结构与工程任务的委托方式、发包模式和合同结构紧密相关。对于同一个项目，是采用建设项目总承包，还是采用施工总承包、施工任务的平行发包，其相应的业主方项目管理的组织结构必然是不同的。

一、直线式

直线式组织结构是最简单和最基础的组织形式，如图 1-1-6 所示。它的特点是项目各级单位从上到下实行垂直领导，呈金字塔结构。直线式组织结构中下属部门只接受一个上级的指令，各级主管负责人对所属单位的一切问题负责。

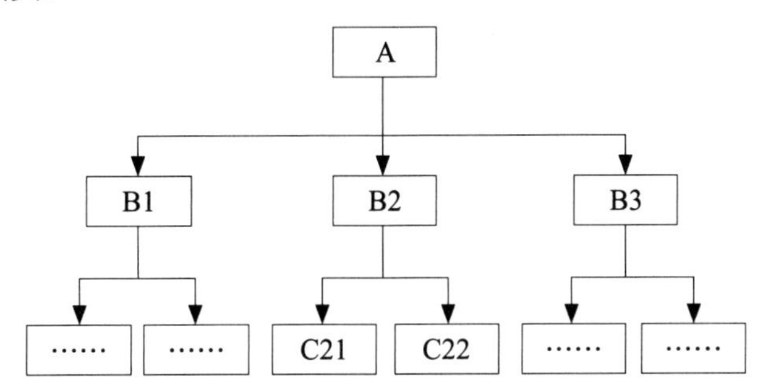

图 1-1-6 直线式组织结构

这种组织结构适用于项目规模不大，人数不多，生产和管理工作都比较简单的工程，原因是直线式组织结构的指令源是唯一的，有利于工程的协调、组织和指挥，有利于项目目标的控制，因此直线式组织结构模式在国际上得到了广泛应用。

二、矩阵式

矩阵式组织结构形式是在直线职能式垂直形态组织系统的基础上，再增加一种横向的领导系统，它由职能部门系列和完成某一临时任务而组建的项目小组系列组成，从而同时实现了事业部式与职能式组织结构特征的组织结构形式，如图 1-1-7 所示。

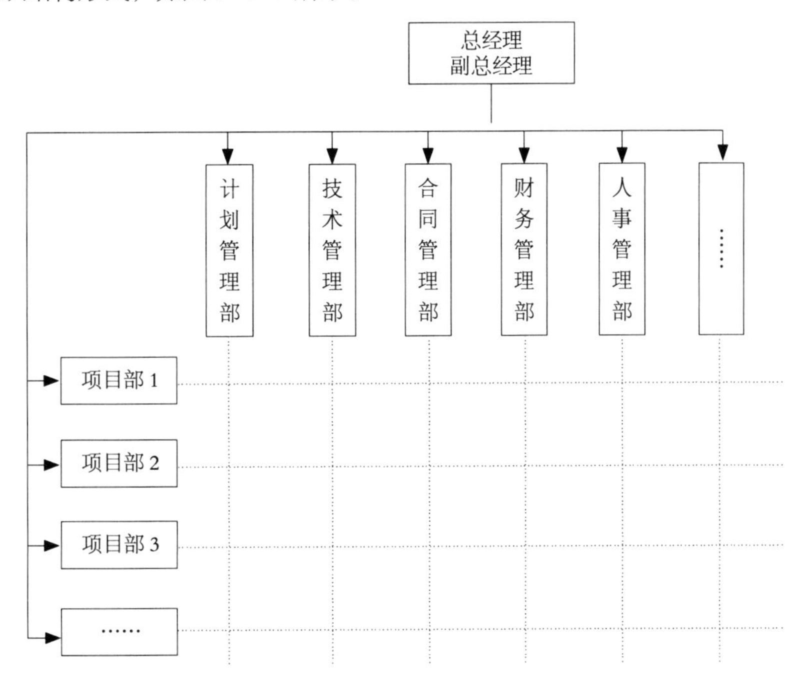

图 1-1-7 矩阵组织结构模式示例

矩阵式组织结构适应于同时承担需要多个工程项目管理的企业；大型、复杂的施工项目为避免工作指令路径过长，较多采用矩阵组织结构模式。在医院建设中，对于常见的医院改扩建或新院区建设项目，往往建设管理与医院运营管理同步进行，此时较适宜采用矩阵式组织结构。

三、职能式

职能式组织结构是一种传统的组织结构模式。在职能组织结构中，每一个职能部门可根据它的管理职能对其直接和非直接的下属部门下达工作指令，如图 1-1-8 所示。

目前，我国多数的企业、学校、事业单位还沿用这种传统的组织结构模式。

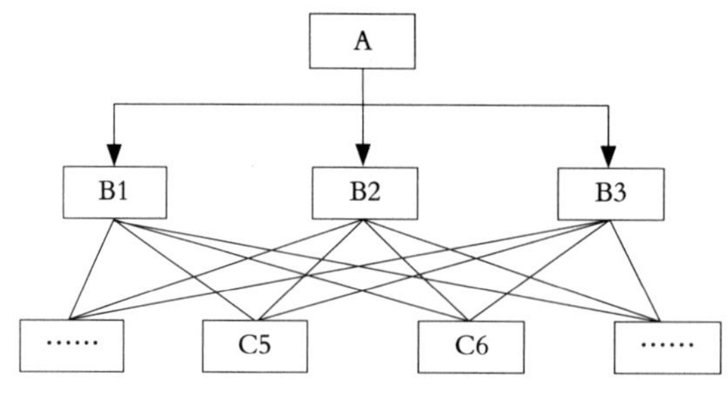

图 1-1-8 职能组织结构

四、Partnering 组织

合作伙伴关系（Partnering）是指项目参建各方在完成项目合同过程中建立的一种合作共赢的理念与关系，是适应复杂建设项目的一种管理模式。Partnering 模式与传统模式的区别，如表 1-1-2 所示。

表 1-1-2 Partnering 模式与传统模式的比较

类别	传统模式	Partnering 模式
目标	项目目标要素的评判差异较大。业主方与承包商就成本、工期、质量、风险追求不尽相同，容易造成业主盲目压价、承包商追求低成本、重视工期忽视质量等问题	将建设项目各参建方集成为一个整体，在实现业主目标的同时，充分考虑其他参建方的利益，着眼于持续提高和改进。建立绩效评价体系和激励机制，使项目各方在共同目标前提下积极主动处理项目要素关系
信任	信任建立在完成项目建设的能力和诚意的基础上，每个标段均需组织招标，确定实施单位	信任建立在共同目标、不隐瞒任何事实以及相互承诺的基础上，长期合作可以采取议标等方式选择实施单位
沟通	项目业主方与承包商信息不对称，沟通不充分，使得各方在项目实施过程中工作方向偏离	建立良好的沟通机制，相关各方的信息尽量透明公开，借助网络化信息平台，实现信息及时准确的传递
冲突	随着项目进行，会不断出现新的情况，引起项目范围、资源调配、工程量等方面变化，参建各方讨价还价，发生利益冲突，产生大量索赔，甚至导致仲裁和诉讼	项目参建各方着眼于长远关系，解决问题过程中考虑合作与理解。通过项目状态评价和冲突处理机制进行协调控制，预警潜在风险，及时化解冲突，尽量减少争议和索赔
合同	传统的具有法律效力的合同	在传统的强约束力合同基础上增加具有软约束力的 Partnering 协议
期限	合同规定的期限，项目结束合作即结束	可以在一个建设项目中开展合作，更着眼于多个建设项目的长期合作
回报	根据建设项目的工期、质量等因素，进行相应的奖励或惩罚	达成共享建设项目结果的共识，着眼于各方价值的实现，着眼于长期的合作

Partnering 模式并非一种与 DBB、EPC、PMC 等模式并列的固定项目管理模式，而是一种强调共赢观念下的项目参建方的合作关系模式。因此，在医院建设中，无论采取哪一种建设管理模式，都可以业

主方的主导作用，叠加实施 Partnering 模式，从而强化参建方合作，促进项目目标更好地实现。

【案例】滨州医学院烟台附属医院建设项目的组织结构变革

滨州医学院烟台附属医院建设项目组织的结构并非一成不变，而是随着项目进展进行了四个阶段的结构变革。

第一阶段：矩阵式组织结构。2011 年项目开工后，医院成立了“滨州医学院烟台附属医院新院建设业主项目部”，并不断充实相关人员。项目部人员分别来自医院基建处、国资处、办公室等部门。由于人员紧张，项目部管理人员最初只有 4 人，分别负责现场施工、审批报建、设计调研等工作。此时为了赶进度，项目基础以及主体已经开始施工，而内部布局和流程则仍面临着大量的科室意见征求任务，因此通过矩阵式的组织结构，使得项目部内部各项职能与医院各业务科室和职能部门进行了有效的沟通衔接。

第二阶段：扁平化组织结构。随着项目封顶和内部医疗工艺设计的定稿，项目平行分包的采购任务日益加重。2012 年，项目部扩展至 8 人。根据业主项目部的工作内容和特点，结合每个人的所学专业和特长进行了合理分工。项目部实施扁平化组织结构，因为人员数量少，每个人均相当于一个部门，直接向项目部负责人汇报，从而使得各专业平行高效地推进，而项目部构建的互联网协同平台为高效协作配合奠定了基础。项目部组织结构如图 1-1-9 所示。

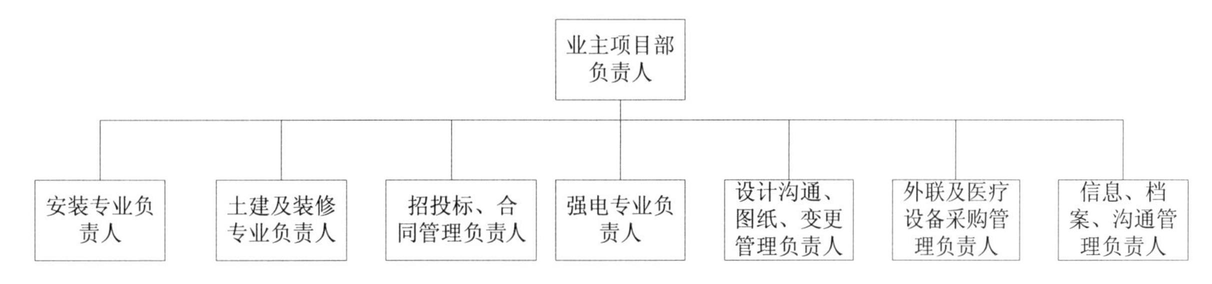

图 1-1-9 烟台附院业主项目部扁平化组织结构

第三阶段：直线式组织结构。随着项目采购任务结束，进入现场施工管理为重心的阶段。此时业主项目部将人员分为土建安装组、装饰装修组、强电组和弱电组，与监理公司专业人员合并办公。直线式的组织结构确保了现场的进度和质量管理有条不紊高效地推进。

第四阶段：职能式组织结构。项目竣工验收后，医院业务科室和职能部门人员大量进入新院区现场，大量验收、移交、培训、搬迁等工作需要与项目部进行协调，此时项目部人员如果具有既属于项目部又属于相关科室的双重身份，反而会给现场工作带来困扰。因此，项目部部分人员回归原部门，项目部恢复为基建处机构设置，从而使得医院启用前各项工作顺利开展。经过紧张有序的筹备，医院于 2014 年 9 月 19 日顺利全部启用，并于 2018 年 7 月顺利通过三级甲等医院等级评审。

另外，在建设期间，针对医院设计变更多的特点，项目部实施了针对性的组织集成模式，组织结构如图 1-1-10 所示。

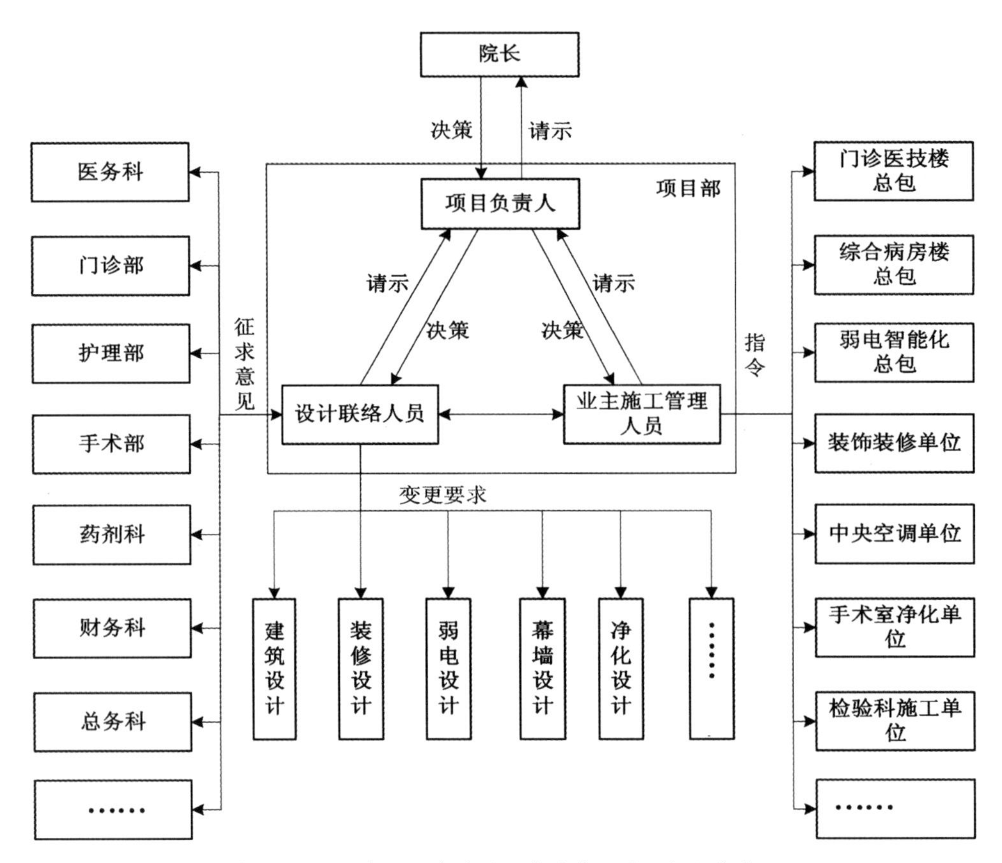

图 1-1-10 烟台附院建设项目的设计 – 施工组织集成

第三节　医院建设项目人力资源管理

一、医院建设项目人力资源管理特点

在工程项目中，业主方的人力资源管理与项目组织结构的选择有密切联系。国际上业主方项目管理的组织机构管理模式主要有以下三种：

（1）业主方依靠自有的人力资源进行管理；

（2）业主方委托一个或多个工程管理咨询（顾问）公司进行管理；

（3）业主方委托一个或多个工程管理咨询（顾问）公司进行管理，但业主方的人员也参与管理。

下面只介绍医院建设项目业主方选择模式一与模式三时的人力资源管理。

由于建设项目具有一次性、时限性，所以医院建设项目的人力资源管理也具有独特性。

（一）项目的团队性

团队是指一群人为了实现一个共同目标而团结在一起，团队成员之间取长补短，将个人能力优化组合，协调配合完成特定的目标任务而形成的一个有组织的整体。医院建设项目最终目标是实现一个在外观、结构、设备、功能都满足要求的建筑物。为了在控制的时间、限定的投资内安全地完成合格的建筑产品，不仅需要懂医疗建筑技术与管理的人才，还需要懂得医院医疗流程和业务流程的复合型人才，也需要每个项目管理成员之间的相互信任、相互支持，还需要将集体利益放在个人利益之前。

（二）人员的流动性

由于项目的特点，专业人员往往在一个项目上只需要完成自己专业领域内的事情。医院建设项目一般建设周期较长，过程中需要的人力资源种类、数量、服务时间都很复杂，项目的人员流动性较强。因此需要管理者提前做好合理的人力资源整体计划安排。

（三）人员的专业性

医院建设项目涉及的具体学科专业非常多，建设项目的成败与业主项目管理团队的专业具有直接关系。作为建设管理团队，其人力资源的配备数量、质量要求与项目中实际可供应的人力资源之间往往存在矛盾。另外，也需要注意到业主方专业技术人员和承包商方专业技术人员之间素质要求的区别：业主方对专业技术知识的要求往往是广度，承包商方由于往往聚焦某一领域，因此专业技术知识的要求是深度优先。基于上述两点，医院建设项目进行人力资源规划时，需要管理者将人员的专业技术知识背景、实际工作经历和经验、性格、行为习惯等综合考虑，同时注意一专多能的业务素质要求与培养，从而构建适应医院建设管理需要的团队。

二、医院建设项目人力资源组织结构

建设项目人力资源管理三元素：项目负责人、项目团队、项目团队成员。以项目经理为核心，团队成员在项目经理领导下，在项目团队中各自承担不同的职责。

（一）项目负责人

项目负责人是建设项目人力资源管理中的灵魂人物，是业主方在项目上的全权代理人，对建设项目的管理起着极其关键的作用。项目负责人不仅需要协调与社会各方的关系、解决出现的问题，还需要在人力资源管理方面做到人力资源规划、建立项目团队、提升团队素质等。目前医院建设项目中，对于新院区建设、老院区改扩建项目的负责人往往由分管基建的副院长或基建处（科）长来担任；而新建医院的项目负责人来源可能更多样化。在考察遴选项目负责人时，其专业背景往往不是主要考虑因素，无论是医学背景还是工程出身，最需要具备的是系统思维、大局观、学习能力和整体的组织协调能力。

（二）项目团队

项目团队是指为了实现某一个目标，由相互协作的个体所组成的共同体，由员工与管理层组成。将员工的专业技能组合搭配来解决问题。团队建设需要有计划、有组织、针对性强地组织团队，并对团队成员进行训练、总结、提高的活动。团队建设项目顺利进行的基本要求是团队能否高效运转，取决于团队的建设，而团队的建设应在如下几个方面进行：确定项目管理层、确定项目团队目标、培养团队精英、培育团队精神、奖惩机制严明，而且建设项目的工作环境往往较为恶劣，应多加关心团队成员的生活。项目团队的凝聚力，既要靠严格的纪律与绩效考核、反馈，又要靠项目负责人的自身领导力。在医院建设项目中，项目团队往往聚集了医务工作者和工程管理者两类人才，项目负责人需要通过项目团队的合理组建与分工，构建学习型项目组织，实现项目建设管理中复合型人才的培养实践。

（三）团队成员

项目负责人是项目团队的核心，而团队成员则是项目团队的主干部分，是项目人力资源基本单位。如何最大化地利用与发挥团队成员的能力，前提是将团队成员进行分类，并因人制宜。对不同类型的人员应区分对待：严格培养初学者的专业技术与素质，充分发挥其潜能；对待经验丰富的老员工则需要采取怀柔政策；对说多过于做者，给予口头批评，并根据情况采取解聘；对真正的精英人才要充分授权，发挥其管理能力，从而协调推动项目顺利进展。

一个新建医院项目的业主管理团队，需要的团队成员数量往往与建设规模具有一定的关联性。

【案例】采用 DBB 模式的某大型综合医院业主项目部人员岗位及职责。

（1）办公室岗位：负责内勤事务性工作，行政管理；

（2）档案信息管理岗位：负责档案收发存储，信息收集发布，信息媒体平台管理等；

（3）前期报建岗位：负责医院建设项目前期各类行政许可手续的办理；

（4）设计沟通岗位：负责与医院建成后未来的医护人员就项目的医疗工艺设计和具体要求进行沟通，以便于更好地进行深化和变更设计；

（5）采购管理岗位：负责项目招标管理，起草标书，发布招标，组织评标等；

（6）合同管理岗位：负责项目合同谈判、签订、执行管理；

（7）材料设备管理岗位：负责项目中各类甲供材料设备的采购、入库、交接等；

（8）土建管理岗位：负责项目土建施工管理；

（9）机电安装管理岗位：负责项目机电安装施工管理；

（10）强电管理岗位：负责项目中涉及强电各专业的技术及现场管理；

（11）弱电管理岗位：负责项目中信息化、智能化等各类弱电专业的技术及现场管理；

（12）医疗专项管理岗位：负责项目中手术室、ICU、供应室、检验科等各类专项工程的技术及现场管理；

（13）装饰装修管理岗位：负责项目中装饰装修的设计、美学、材料及现场管理；

（14）医疗设备管理岗位：负责项目中各类大型医疗设备的采购、安装、调试等；

（15）财务管理岗位：负责项目中投资、付款、结算等资金管理工作。

多数医院的项目团队未必能够按上述岗位配备齐全相关人员，实践中可根据人员的具体专业背景、能力、性格等对岗位职能进行整合，从而构建精简高效的项目管理团队。

第四节 医院建设项目合同策划

一、合同策划

（一）合同策划定义

在建筑市场上最重要的主体——业主和承包商之间，业主是建筑市场的主导，是工程实施的动力。由于业主处于主导地位，业主方合同总体策划对整个工程有导向作用。在工程中，业主是通过合同策划确定管理模式、分解项目目标、委托项目任务，并实施对项目的控制。对业主来说，合同策划是工程建设实施期项目管理的基础工作，合同总体策划对整个项目的顺利实施有着重要作用。合同总体策划是起草招标文件和合同文件的依据。合同策划需考虑的主要问题有：项目应分解成几个独立合同及每个合同的工程范围；采用何种委托方式和承包方式；合同的种类、形式和条件；合同重要条款的确定；合同签订和实施时重大问题的决策；各个合同的内容、组织、技术、时间上的协调。

（二）工程合同策划步骤

（1）进行项目的总目标和战略分析，确定业主和项目对合同的总体要求。由于合同是实现项目目标和业主目标的手段，所以它必须体现和服从业主及项目战略。

（2）相应阶段项目技术设计的完成和总体实施计划的制订。

（3）工程项目的结构分解工作。项目分解结构图是工程项目承发包策划最主要的依据。

（4）确定项目的实施策略。包括：项目的工作哪些由组织内部完成，哪些准备委托出去；业主准备采用的承发包模式，它决定业主面对的承包商数量和项目合同体系；对工程风险分配的总体策划；业主准备对项目实施的控制程度；对材料和设备所采用的供应方式，如由业主自己采购或由承包商采购等。

（5）业主的项目管理模式选择。如业主自己投入管理力量，或采用业主代表与工程师共同管理；将项目管理工作分阶段委托（如分别委托设计监理、施工监理、造价咨询等）或采用项目管理承包。项目管理模式与工程的承发包模式互相制约，对项目的组织形式、风险的分配、合同类型和合同的内容有很大影响。

（6）项目承发包策划。即按照工程承包模式和管理模式对项目结构分解得到的项目工作进行具体的分类、打包和发包，形成一个个独立的，同时又是互相影响的合同。

（7）进行与具体合同相关的策划，包括合同种类的选择，合同风险分配策划，项目相关各个合同之间的协调等。

（8）项目管理工作过程策划。包括项目管理工作流程定义、项目管理组织设置和项目管理规则制定等。通过项目管理组织策划，将整个项目管理工作在业主、工程师（业主代表）和承包商之间进行分配，划分各自的管理工作范围，分配职责，授予权力，进行协调。这些都要通过合同定义和描述。

（9）招标文件和合同文件的起草。上述工作成果必须具体体现在招标文件和合同文件中。这项工作是在具体合同的招标过程中完成的。

合同策划过程涉及项目管理的各方面工作，如项目目标、总体实施计划、项目结构分解、项目管理组织设计等。在上述工作中，对整个工程有重大影响的，根本性和方向性的合同管理问题有：①工程的承发包策划。②合同种类的选择。③合同风险分配策划。④工程项目相关的各个合同在内容上、实践上、组织上、技术上的协调等。对这些问题的研究、决策就是合同总体策划工作。在项目的开始阶段，业主（决策层和战略管理层）必须就这些重大合同问题做出决策。

（三）工程合同策划依据

1. 业主方面

业主的资信、资金供应能力、管理水平和管理力量，业主的目标以及目标的确定性，期望对工程管理的介入深度，业主对工程师和承包商的信任程度，业主的管理风格，业主对工程的质量和工期要求等。

2. 承包商方面

承包商的能力、资信、企业规模、管理风格和水平，在本项目中的目标与动机、目前经营状况、同类工程经验、企业经营战略、长期动机、承受和抗御风险的能力等。

3. 工程方面

工程的类型、规模、特点，技术复杂程度，工程技术设计准确程度、工程质量要求和工程范围的确定性、计划程度，招标时间和工期的限制，项目的营利性，工程风险程序，工程资源（如资金、材料、设备等）供应及限制条件等。

4. 环境方面

工程所处的法律环境，建筑市场竞争激烈程度，物价的稳定性，地质、气候、自然、现场条件的确定性，资源供应的保证程度，获得额外资源的可能性。

二、业主方合同策划内容

（一）工程项目发包模式

1. 平行发包

平行发包即业主将设计、设备供应、土建、电器安装、机械安装、装饰等工程施工分别委托给不同的承包商。各承包商分别与业主签订合同，各承包商之间没有合同关系。其特点是：

（1）业主有大量的管理工作，多次招标需作比较精细的计划及控制，项目前期需要比较充裕的时间；

（2）业主负责各承包商之间的协调工作，对各承包商由于互相干扰所造成的问题承担责任；由于不确定性因素的影响及协调难度大，这种承包方式的合同争执较多、工期长、索赔多；

（3）该承包方式要求业主管理和控制较细，业主必须具备较强的项目管理能力；

（4）对于大型工程项目，业主需面对众多承包商，管理跨度大，协调困难，易造成混乱和失控，且业主管理费用增加，导致总投资增加和工期延长；

（5）业主可以分阶段进行招标，可以通过协调和项目管理加强对工程的干预，同时承包商之间存在着一定的制衡；

（6）项目的计划和设计必须周全、准确、细致。

2. 工程总承包合同

工程总承包即由一个承包商承包建筑工程项目的全部工作，并向业主承担全部工程责任，包括设计、供应、各专业工程的施工，甚至包括项目前期筹划、方案选择、可行性研究和项目建设后的运营管理。一般工程总承包合同包括 EPC（Engineering–Procurement–Construction，设计 – 采购 – 施工）、DB（Design–Build，设计 – 建造）等形式。其特点是：

（1）减少业主面对的承包商数量和事务性管理工作，业主提出工程总体要求，进行宏观控制、验收成果，通常不干涉承包商的工作，因而合同纠纷和索赔较少；

（2）方便协调和控制，减少大量的重复性管理工作，信息沟通方便、快捷、准确，有利于施工现场管理，减少中间环节，从而减少费用和缩短工期；

（3）业主的责任体系完备，避免各种干扰，对业主和承包商都有利，工程整体效益高；

（4）业主必须选择资信度高、实力强，适宜全方位工作的承包商，不仅具备各专业工程的施工力量，而且具有很强的设计、管理、供应，乃至项目策划和融资能力。

3. 管理型总包合同

由业主方委托一个施工单位或多个施工单位组成的施工联合体，或专业的工程管理公司作为总包单位，业主方另外委托其他的施工单位作为施工方，由总包单位在建筑施工周期内进行管理。PMC（Project Management Contract，项目管理总承包）是一种主要形式。其特点是：

（1）施工图完成后，进行招标工作，对于分标合同策划的界面控制较为清晰，投标报价有依有据；

（2）业主方在工程中占据主导地位，挑选最佳施工单位，有利于工程造价的控制，但是在进行总包单位招标过程中，不对合同种类进行选择，并与分包单位直接签约，业主方需要承担风险，导致业主方招标及合同管理工作量较大，对业主的合同管理能力有一定要求；

（3）项目总进度计划的编制、控制和协调，以及设计、施工、采购之间的进度计划由业主负责；对施工总包管理单位的招标不依赖施工图，对分包单位的招标也仅仅需要该部分的工程施工图，易于控制施工工期；

（4）对分包单位的质量控制、管理及协调都由总包单位进行控制，在一定程度上减轻了业主的工作量。

（二）招标方式的选择

国际上经常采用的招标方式有公开招标、邀请招标和议标。我国颁布实施的《中华人民共和国招标投标法》规定，招标分为公开招标和邀请招标，另外常见的采购形式还有竞争性磋商和询价采购，具体内容详见下一章。

（三）合同种类的选择

合同的计价方式有很多种，不同种类的合同有不同的应用条件、不同的权力和责任分配、不同的付款方式，同时合同双方的风险也不同，应依具体情况选择合同类型。目前，合同的类型主要有以下几种，具体见表 1–1–3。

表 1-1-3 不同合同类型比较表

合同类型		概念及特点	风险承担	适用范围				
				项目规模及工期	复杂程度	准备时间长短	单项工程明确程度	外部环境因素
总价合同	固定总价合同	一次包死的总价委托，价格不因环境的变化和工程量的增减而变化	承包人承担	规模小，工期短（1 年以下）	低	长	清楚	良好
	可调总价合同	材料价格以“时价”进行计算	承发包人共同承担	规模小，工期适中（1 年以上）	低	长	清楚	良好
单价合同	固定单价合同	工程最终的合同价位为固定单价乘实际完成的工程量	承发包人共同承担	规模和工期适中	中	中	工程量不清楚	一般
	可调单价合同	由于某些不确定因素引起的“单价变化”可调	承发包人共同承担	规模和工期适中	中	中	工程量不清楚	一般
成本加酬金合同		工程最终合同价格按承包商的实际成本加一定比例的酬金（间接费）计算	发包人承担	规模大，工期长	高	短	分类和工程量都不清楚	恶劣

【案例】某大型综合医院合同策划

第五节　医院建设项目信息管理

信息管理是医院建设项目管理的一个关键因素。在医院建设项目的信息管理过程中，由各参建方在信息方面的不对称性和不充分性表现得尤为明显，往往使最终结果与用户需求存在一定的差距。而业主方作为项目的总集成方，对项目整体信息的管理和组织是否科学合理，也对项目成败产生着巨大影响。

一、医院建设项目信息管理概述

（一）建设项目信息含义

建设项目信息是指建设项目生命周期内产生的，反应和控制项目管理活动的所有组织、管理、技术和经济信息，其载体表现为有价值的文字、数据、图形、图表、录音、录像等。建设项目信息是用来反应项目建设过程中各项业务在空间上的分布和在时间上的变化程度，为项目管理者提供有价值的数据资料。从业主方的角度来看，为了满足项目管理的需要，信息需求的种类和数量在所有参建方中是最多的，具体如表 1-1-4 所示。

表 1-1-4　医院建设项目业主方信息类型

信息类别	信息形式
勘察设计类	地质勘查、规划设计、施工图设计、专项设计……
招标采购类	招标公告、招标文件、评标记录、中标通知书……
合同管理类	咨询合同、设计合同、分包合同、供货合同……
综合信息类	行政手续、通讯录、音像资料、规章制度……
投资管理类	概预算、资金需求计划、付款、决算资料……
计划报告类	年度计划、月度计划、周计划、监理月报…
进度管理类	进度计划、实际进度报告、进度分析报告……
沟通协调类	工作联系单、邮件、会议通知、会议纪要……

对于医院建设项目，在业主方和承包商之间，信息的不完全、不对称总是客观存在的。信息的不对称、不完全不但进一步加剧了本就容易脱节的建设过程，而且造成了项目建设时的信息孤岛现象以及不同参建主体的孤立工作状态，大大影响了管理的有效性，降低了管理绩效，更使得项目中的变更、返工、拆改、拖期、争执、索赔甚至诉讼等问题不断出现。对建设项目信息管理的方法和手段进行变革和创新势在必行。

（二）医院建设项目业主方信息管理的维度

1. 时间维度

医院建设项目实施期间，与项目有关的技术、经济、管理等各方面信息不断产生，经历的是一个从无到有、从粗到细、从少到多的复杂累积过程。但是由于其一次性和工作阶段性的特点，整个建设项目的信息变化也呈现出一定的起伏，建设项目信息的完整性被割裂，系统性被破坏。因此，如何使信息变化曲线由传统的折线变为逐渐增长的曲线（如图 1-1-11 所示），是建设项目时间维度上最重要的工作。

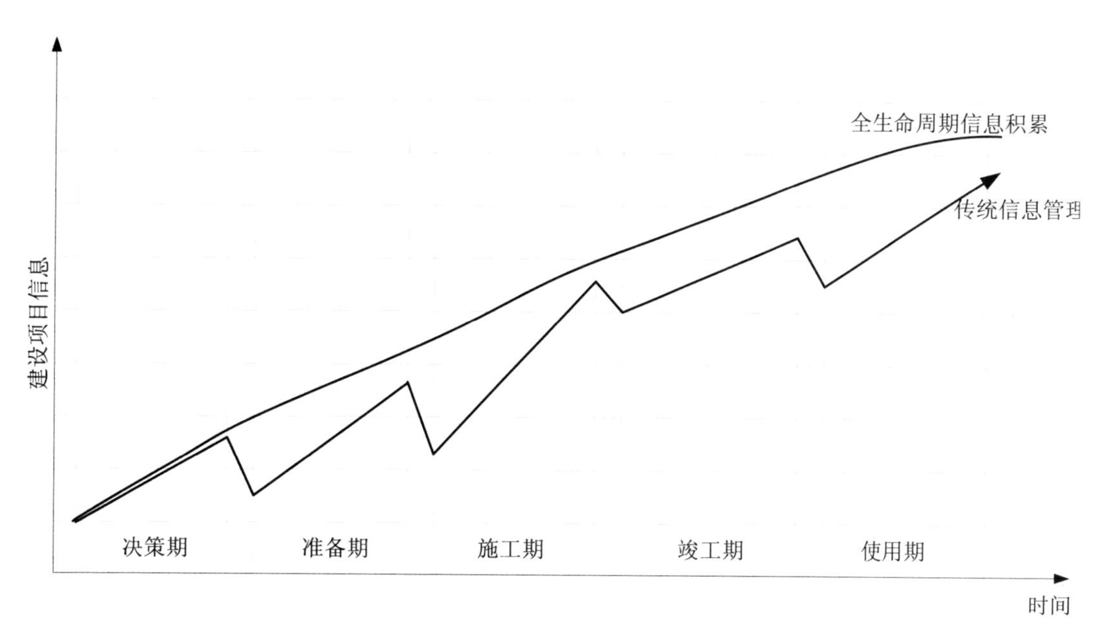

图 1-1-11 建设项目全生命周期信息积累变化曲线

在项目生命周期过程的各个阶段中，对于项目运作过程中的各类信息，需要进行有效存储、对比分析、实时更新和替换，如图 1-1-12 所示。

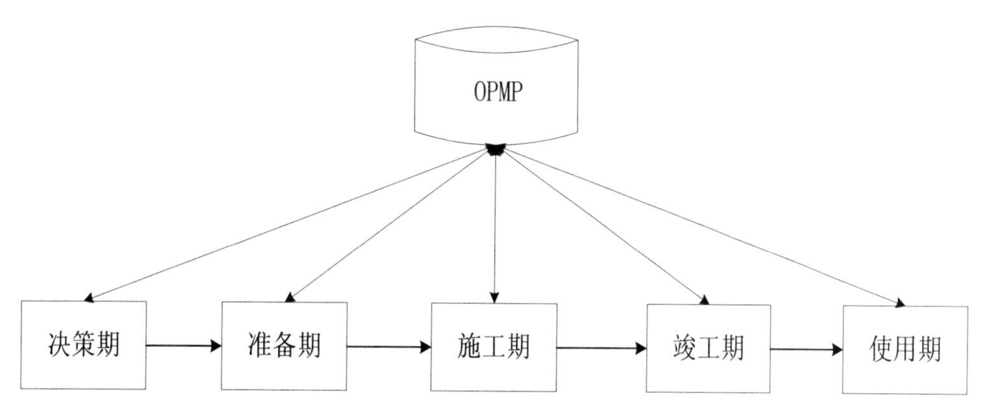

图 1-1-12 信息管理的时间维度

2. 目标维度

随着项目的进行，项目的状态信息与资源信息不断得到更新，同时，这也是医院建设项目在生命周期各个阶段的既定目标实现的过程。项目的状态信息与资源信息的集成与项目目标体系之间呈现出映射的关系。因此，信息管理在项目目标维度上要体现出动态性。

3. 要素维度

在医院建设项目管理的过程中，对信息进行管理，也就是对项目的范围、进度、质量、投资、风险、资源、采购、沟通等项目管理要素管理的过程。应将项目管理人员从简单而烦琐的活动中解放出来，充分发挥项目管理人员的创造性思维能力，并为这种创造性活动提供强有力的支持。

4. 主体维度

业主方主导建设的全过程项目管理专业资质认证（Owner Project Managment Professional， OPMP）应涵盖整个项目实施过程中的各个参建主体，对项目各参建方之间的沟通交流起到重要的桥梁作用，因此信息管理是项目组织管理的重要基础。传统的项目管理是分散式的管理，信息传递往往处于无序和混乱的状态。用 OPMP 代替了原来烦琐的网状传递方式后，能够充分实现不同主体间的信息交流，为整个项目工作人员提供实时的信息平台，如图 1-1-13 所示。

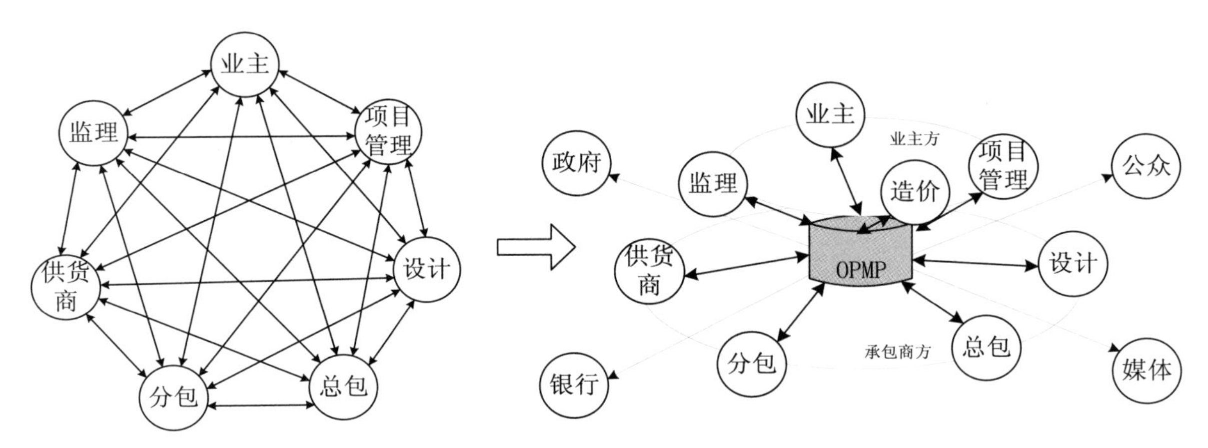

图 1-1-13 医院建设项目信息集成的主体维度

二、OPMP 框架模型

（一）医院建设项目的业主方信息需求层次

医院建设项目中的信息内容，从论证、决策到设计、施工，再到竣工、使用，可谓浩如烟海，而业主方的任务并不是具体对项目交付物进行施工作业，因为工作性质不同，所以对信息的要求自然与承包商有所不同。对业主方来说，没有必要拥有和保留项目建设过程中的所有信息，必须有所取舍。

讨论业主方的信息需求，还需从建设项目中业主方与承包商的工作类型进行区分。业主方在医院建设项目实施过程中要起到整体的协调和控制作用，对工程项目的设计和施工动态情况需要比较深入的了解和掌握，而且业主方存在管理层次区别，对项目信息的需求也有层次区别。整体来看，信息的需求和供给应呈现出金字塔式的结构，如图 1-1-14 所示。

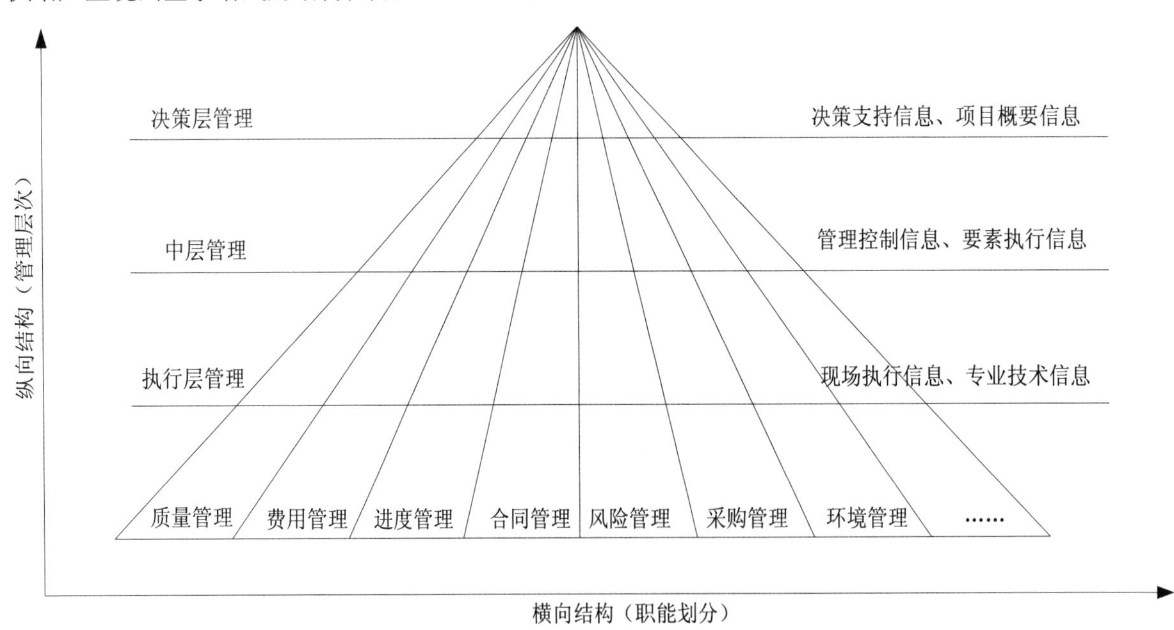

图 1-1-14 业主方对项目信息的需求层次

（二）OPMP 概述

OPMP 核心内容主要有两部分，其中 PIP 为项目信息门户，主要提供项目信息的集成功能；PMIS 为项目管理信息系统，主要提供项目要素管理的内在关联性服务功能。简单来说，PIP 为表，PMIS 为里，共同为医院建设项目实施业主方主导的集成管理提供信息服务。

OPMP 中的 PIP 作为项目信息门户，其需要发挥的作用如图 1-1-15 所示。

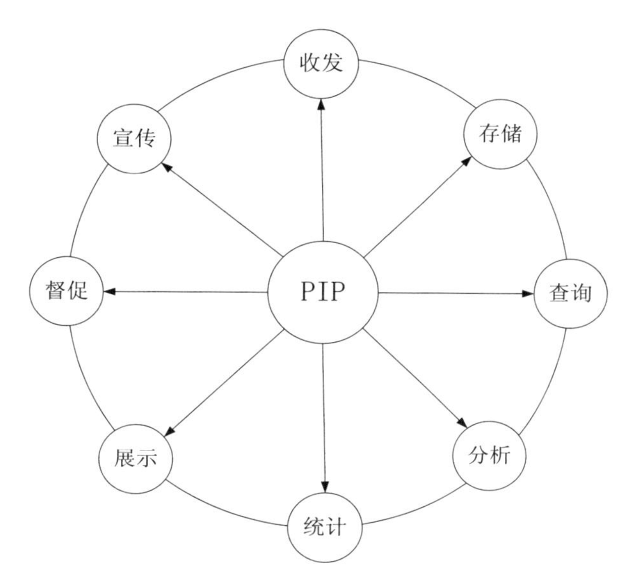

图 1-1-15 信息平台中 PIP 的主要功能

OPMP 中的 PMIS 部分主要建立在项目的 PBS 和 WBS 的基础上，根据业主方工作流展开。OPMP 的目标是从业主方的角度对建设项目进行全面项目管理，而不是要取代承包商各自的项目管理信息系统或信息平台，OPMP 和承包商的信息平台完全可以共同存在，在各自的侧重点上发挥不同作用。

在 OPMP 中，主要任务包括：一是满足项目各类要素管理的信息管理需求；二是在对项目进行恰当的分解的基础上，实现对人和部门的任务分配、跟踪、考核管理；三是对项目总体的基准计划和实际完成情况的对比、纠偏管理，根据项目总体的基准计划，建立基准计划实际进程的反馈渠道。通过对收集上来的项目实际进程信息与基准计划的不断比较，使项目管理者可以采取应对措施以达到对项目进程控制的目的。在 OPMP 中，必须建立项目基准计划的反馈和调整机制，使 PDCA 循环贯穿项目的实施过程。

【案例】滨州医学院烟台附属医院建设项目协同平台

建设项目协同平台主要界面如图 1-1-16 所示。

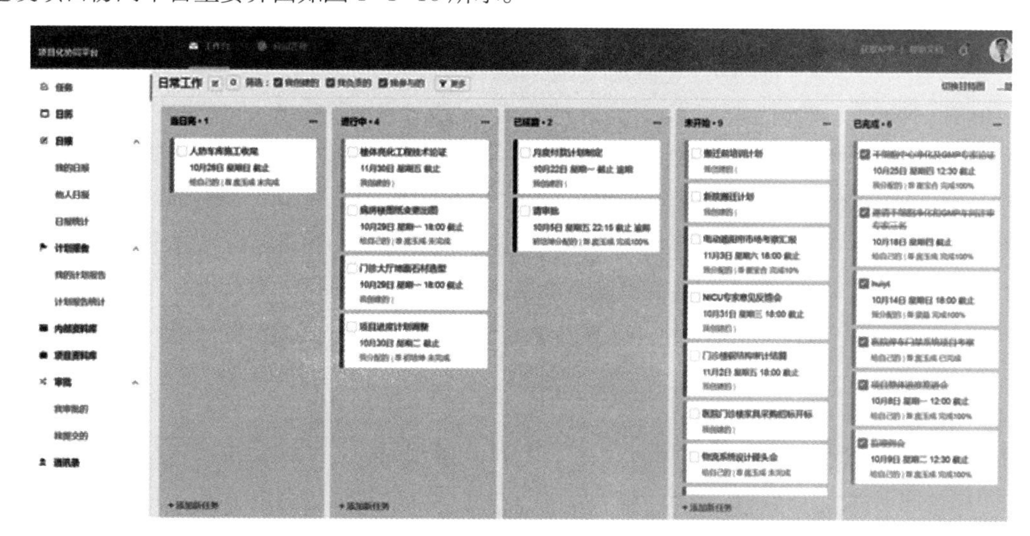

图 1-1-16 基于 Web 和 CMS 系统的烟台附院建设项目信息平台

该平台主要实现了以下功能：（1）项目新闻；（2）招标信息；（3）信息共享；（4）任务安排；（5）投资管理；（6）进度管理；（7）设计变更管理；（8）项目过程记录；（9）文档管理。

平台最大特点是基于中国人的使用习惯和医院建设管理者对项目的认知水平，设计了基于日历、任务看板和甘特图三种展示形式内在联动的任务管理模块，使项目以任务和计划为核心的可视化、精细化、集成化管理模式得以落地。在信息平台安全方面，设置了严格的用户权限分级制度，根据用户的不同类别，设置不同的查、增、删、改的操作权限。操作权限分配采用矩阵式分配表，既清晰直观，又便于项目实施期间随时进行变动和更改。

（三）业主方信息平台的价值

（1）实现了业主方建设项目集成化、精细化、可视化的管理目标；（2）使项目全过程管理更加规范；（3）使投资控制更加有效；（4）为项目节约管理成本；（5）成为项目与利益相关者沟通的桥梁；（6）提升项目管理效率；（7）构建学习型组织；（8）有效促进了项目组织文化建设。

第六节　医院建设项目风险管理

一、风险管理的定义

风险是项目实施过程中的不确定因素。风险管理是对医院工程项目建设过程中涉及的各类风险进行识别、估测、评价的基础上，优化组合各种风险管理技术，对风险实施有效控制，妥善处理风险所致的结果，以最小的成本达到最大的安全保障从而确保项目成功实现目标所需的一系列过程。

医院建设项目中的风险是多角度的，常见的有：（1）项目环境的风险；（2）工程的技术和实施方法等方面的风险；（3）项目组织成员资信和能力风险；（4）项目实施和管理过程风险。

二、风险管理的目标

项目风险管理的目标是控制和处理项目风险，防止和减少损失，减轻或消除风险的不利影响，以最小的风险管理成本获得最大的安全保障，从而实现医院建设管理的价值最大化，保障建设的顺利进行。项目风险管理的目标通常分为两部分：一是损失发生前的目标，二是损失发生后的目标，两者构成了风险管理的系统目标。

（一）损失发生前的风险管理目标

损失发生前的目标是避免或减少风险事故形成的机会，包括节约经营成本、减少忧虑心理。例如：

对医院建设过程中各类风险进行财务分析，如设备发生损坏的风险，各类自然灾害发生风险，工人安全受到伤害的风险等。做一些风险管理措施：如定期检查安全生产程序及安全资料的真实性，以及检查安全管理人员到位等情况。遵守和履行外界赋予医院的责任，如安装安全设备（如消防栓、防火墙等）。

（二）损失发生后的风险管理目标

损失发生后的目标是努力使损失的标的恢复到损失前的状态，包括维持医院建设继续生产、服务功能的持续、稳定的收入、生产的持续增长、社会责任等。

（三）风险管理目标遵循原则

医院建设项目风险管理的目标遵循 SMART 原则，即：

（1）Specific——风险定义应该清晰，风险管理的目标与项目的目标一致；

（2）Measurable——风险应该能够进行可量化的衡量；

（3）Achievable——风险管理目标具有挑战性，但具有可实现性；

（4）Relevant——项目风险不确定相关因素多，应从总体目标出发，依据目标重要程度，区分风险管理目标的主次；

（5）Time framed——项目风险管理强调时效性，即在风险发生之前制定好应对措施，或者在风险发生时及时采取应对措施，将损失降到最低。

三、项目风险识别

（一）项目风险识别的原则

（1）由粗及细，再由细及粗。由粗及细是指通过多种途径对项目进行分解以获得对项目风险的广泛认识，得到项目风险清单。由细及粗是指根据同类工程项目的经验以及风险调查，确定那些对项目目标实现有较大影响的项目风险，抓主要矛盾。

（2）先怀疑，后排除。对于所遇到的问题都要考虑其是否存在不确定性，再通过分析，进行确认或排除。排除与确认并重。

（二）项目风险识别的方法

比较成熟的和用得较多方法主要有以下几种。

（1）检查表法。检查表中所列都是历史上类似工程曾经发生过的风险，是工程项目管理经验的结晶，一个成熟的工程项目公司或项目组织要掌握丰富的风险识别检查表工具。

（2）分解结构法。风险识别要减少项目的结构不确定性，就要弄清项目各个组成部分的性质、各部分之间的关系、项目环境之间的关系等。项目工作分解结构是完成这项任务的有力工具。具体步骤为：首先，将施工项目按类别和层次分解为若干个子项目，找出各自存在的风险因素；其次，进一步分解子项目，层层分解，直到能基本确定全部风险因素为止。最后，再进行综合，绘出分解图。

（3）常识、经验和判断法。项目小组成员的个人常识、经验和判断在风险识别时也具有重要作用。另外，与项目有关各方沟通，就风险识别进行面对面的讨论，也有可能触及一般规范活动中未曾或不能发现的风险。

（4）故障树分析法。该方法是利用图解的形式，将大的故障分解成小的故障，或对各种引起故障的原因进行分析。不仅能识别出导致事故发生的风险因素，还能计算出风险事故发生概率，提出各种控制风险因素的方案。

（5）专家经验法。专家经验法主要包括专家个人判断法、头脑风暴法和德尔菲法等十余种方法。其中头脑风暴法和德尔菲法是用途较广、具有代表性的两种。

四、风险的分析与评价

在识别了医院建设项目所面临的各种风险后，必须对项目风险进行衡量，以确定相对重要性，并为风险管理决策提供依据。

对于每一种风险，风险衡量两个纬度分别为：项目风险出现的概率或损失的概率；若项目风险发生而导致的潜在损失量或损失的严重性。

风险事件的发生可分为六个等级，见表1-1-5。

表1-1-5 风险事件等级表

级　别	说　明
A——经常	有可能经常发生，风险始终存在
B——可能	可能多次出现，可以做好其经常发生的准备
C——偶发	有可能多次出现，可以做好其多次出现的准备
D——罕见	有可能在某一时刻发生，可以适当地做好其发生的准备
E——几乎不可能	不太可能出现，但可以认为其有可能会意外出现
F——难以置信	极端不可能，可以认为其不会出现

对人身和环境造成的后果可以根据风险的严重程度来划分，见表 1-1-6。

表 1-1-6 风险严重程度表

严重程度	对人身和环境的后果	对项目的影响	工期 / 成本影响
灾难性	多名人员伤和 / 或亡，并且 / 或者对环境造成了重大损失	严重影响项目的实施	>10%
严重	一名人员重伤或死亡，并且 / 或者对环境造成了严重损失	较严重影响项目的实施	5%~10%
次要	人员轻伤，并且 / 或者对环境构成了显著威胁	一定程度影响项目实施	1%~5%
轻微	人员轻微受伤	基本不影响项目	<1%

风险的分类需要结合危险事件的频率（发生概率）和严重性这两个因素：安全风险表的运用可以单独地对每项风险加以评估和划分，见表 1-1-7。

表 1-1-7 风险评估表

风险事件的频率		严重程度			
		轻微	次要	严重	灾难性
频率	A——经常	R3	R4	R4	R4
	B——可能	R2	R3	R4	R4
	C——偶发	R2	R3	R3	R4
	D——罕见	R1	R2	R3	R3
	E——几乎不可能	R1	R1	R2	R2
	F——难以置信	R1	R1	R1	R1

风险评价可以有以下结果：

R1= 可忽略（无条件接受）

R2= 可接受（通过采取适当的控制，并且争得业主方的同意）

R3= 不希望发生（只有无法降低风险，并且业主方同意的条件下才可接受）

R4= 不允许发生（必须消除）

五、风险的控制

在项目全过程中需采取各种措施和方法，消灭或减少风险事件发生的各种可能性，或者减少风险事件发生时造成的损失。根据不同的风险类型，可以采用以下措施和方法进行项目风险控制。

（一）项目风险控制的主要方法

（1）风险回避。当项目风险发生的可能性太大，或一旦风险事件发生造成的损失太大时，主动放弃该项目或改变项目目标。

（2）风险降低。风险降低（减轻）有两方面的含义：一是降低风险发生的概率；二是一旦风险事件发生尽量降低其损失。

（3）风险分离。将各个风险分离间隔，目的是将风险局限在一定范围内，即使风险发生其损失也不会波及此范围之外，以达到减少风险损失的目的。

（4）风险分散。通过增加承受风险的单位以减轻总体风险的压力，使多个单位共同承受风险，从而使项目管理者减少风险损失。

（5）风险转移。借用合同或协议，在风险事件发生时将损失的一部分或全部转移到项目以外的第三方身上。主要有两种方式：保险风险转移和非保险风险转移。

（6）风险自留。当应对风险的成本大于承担风险所付出的代价时，可将风险留给自己承担。

（二）项目风险控制的实施

在项目实施的全过程中，都要加强项目风险的识别、评价、应对与控制工作，直至项目竣工验收交付。

项目参建各方均应加强各自项目工作的风险管理工作，参照上述风险管理方法，列出相应参建方标段所对应的风险清单，制订本项目工作的风险应对计划，重点强调项目风险的预防工作与措施。

应实行风险管理汇报制。在每周的管理例会上，各参建方应主动汇报本标段风险管理情况、对工程风险隐患的分析、对其他标段可能的风险问题的提醒及建议等。

应定期召开风险例会，各单位汇报情况，调整风险管理计划。

因项目风险的联系性，当某一项目工作出现风险时，业主应及时在相应范围内进行通报和沟通，并及时采取风险控制措施，将项目风险降到最低。

在项目实施过程中，要加强项目风险的资料收集、整理工作，做好项目风险管理的文档管理工作。

【案例】某医院建设项目风险管理计划总控表

风险类型	风险来源	风险识别	等级	风险应对措施	处置方法
人力资源风险	业主项目部	人员积极性不高、分工不合理、选人不当、关键人离开、缺乏培训	中	加强团队建设，加强人员沟通，加强培训工作	回避
组织管理风险	业主项目部	沟通不力、管理不协调、文档管理失误、质量保证不到位等	低	组织机构合理设置，加强内外各方沟通，加强信息管理，建立健全各项管理制度	回避
安全风险	承包商	人身伤害、设备损坏、习惯性违章、现场管理不到位	中	专人监督安全工作、加强人员教育、严格操作规程等	回避
资金风险	政府和上级部门	资金筹措不到位	高	制订准确资金需求计划，多渠道融资	回避

风险类型	风险来源	风险识别	等级	风险应对措施	处置方法
质量风险	承包商	施工质量不符合相关规范和标准要求	中	加强质量控制体系建设，加强旁站监理，及时隐蔽工程验收，对专业性强的项目由相关专家对验收标准把关	减少
工期风险	承包商	项目施工进度拖延	中	科学合理安排工序、工期，严格对进度计划进行落实，对关键路径工作重点关注，及时协调相关工作界面，确保工程质量	减少
设计风险	设计院 业主方	建筑设计布局和功能要求发生变化，设计变更增加	高	尽早进行需求调研，充分论证，限时提报修改意见	减少
图纸风险	设计院 业主项目部	图纸变更频繁，导致现场图纸管理混乱，施工用图纸更换作废不及时	中	图纸及时归档、更替、销毁，电子版图纸全部编号，注明修改时间，及时删除	回避

第七节　医院建设项目管理技术

对于医院建设项目，合理利用各种现代项目管理技术，可以科学安排项目的进度，有效使用项目资源，确保项目能够按期完成，并降低项目成本。通过项目管理技术——工作分解结构（WBS）、责任分配矩阵、网络进度计划、甘特图、里程碑计划、PDCA 循环等一系列项目管理方法和技术的使用，可以尽早地制定出项目的任务组成，并合理安排各项任务的先后顺序，有效安排资源的使用，特别是项目中的关键资源和重点资源，从而保证项目的顺利实施，并有效降低项目成本。

一、系统工程

系统工程是一个用于实现目标的跨学科的思维方式，一种解决问题的方法；是以大型复杂系统为研究对象，按一定目的进行设计、开发、管理与控制，以期达到总体效果最优的理论与方法；是处理系统的一门工程技术；是运用系统思想直接改造客观世界的一大类工程技术的总称。

系统工程是从整体出来合理开发、设计、实施和运用系统的工程技术、利用电子计算机作为工具，对系统的结构、要素、信息和反馈等进行分析，以达到最优规划、最优设计、最优管理和最优控制的目的。系统工程是组织管理系统的规划、设计、制造、实验和使用的科学方法，是一种对所有系统都具有普遍意义的科学方法。系统工程近代广泛应用于重大项目、工程的组织和管理。

系统工程对于医院建设管理者的意义在于，管理者必须把医院建设项目当作一个整体去看待，把项目整体目标的最大化放到首位去思考，而不应该只重视局部利益和短时利益，在空间和时间上都应对项目做系统性的统筹安排。

二、价值工程

价值工程（Value Engineering， VE）又称价值分析（Value Analysis，VA），是一门新兴的管理技术，是降低成本、提高经济效益的有效方法。价值工程从技术和经济相结合的角度，以独有的多科学团队工作方式，注重功能和分析，通过持续创新活动优化方案，降低项目、产品或服务的全寿命期费用，提升各利益相关方的价值。

价值工程的基本原理涉及三个重要的基本概念，即价值、功能、成本：

价值 = 功能 / 成本，即 V=F/C

其中：功能是对象能满足某种需求的一种属性。具体来说，功能就是功用、效用。

价值工程主要思想是通过对选定研究对功能及费用分析，提高对象的价值。提高价值的基本途有 5 种。

（1）提高功能，降低成本，大幅度提高价值；

（2）功能不变，降低成本，提高价值；

（3）功能有所提高，成本不变，提高价值；

（4）功能略有下降，成本大幅度降低，提高价值。

（5）提高功能，适当提高成本，大幅度提高功能，从而提高价值。

在医院建设过程中，往往面临着大量的决策问题，其中很多决策问题都是以多方案比选的形式出现的，而医院建设管理者在对多方案进行决策时，价值工程给出了一个很有效的定性和定量分析解决途径。

三、工作分解结构

在项目管理中，工作分解结构（Work Breakdown Structure，WBS）是一个详尽的、分层次的（从全面到细节）树形结构，由可交付成果与为了完成项目需要执行的任务组成。WBS是把项目可交付的成果，按照项目发展的规律，依据一定的原则和规定，进行系统化的、相互关联和协调的层次分解，把项目工作分解成较小的、更易于管理的组件过程。结构层次越往下层则项目组成部分的定义越详细。工作分解结构最后构成一份层次清晰的工作结构分解图，可以具体作为组织项目实施的工作依据。工作分解结构可应用于项目范围管理、项目进度管理、项目成本管理等。

WBS 总是处于项目计划过程的中心，也是制订进度计划、资源需求、成本预算、风险管理计划和采购计划等的重要基础。WBS 同时也是控制项目变更的重要基础。项目范围是由 WBS 定义的，所以 WBS 也是一个项目的综合计划工具。

（一）WBS 的构成

工作分解结构（WBS）是由三个关键元素构成的名词：工作（Work）——可以产生有形结果的工作任务；分解（Breakdown）——是一种逐步细分和分类的层级结构；结构（Structure）——按照一定的模式组织各部分。如图 1-1-17 所示为一个医院建设项目的 WBS，由于版面原因，该树状图仅为示意，真正的医院建设项目 WBS 往往有几百乃至上千项工作包，只能以列表形式列出。

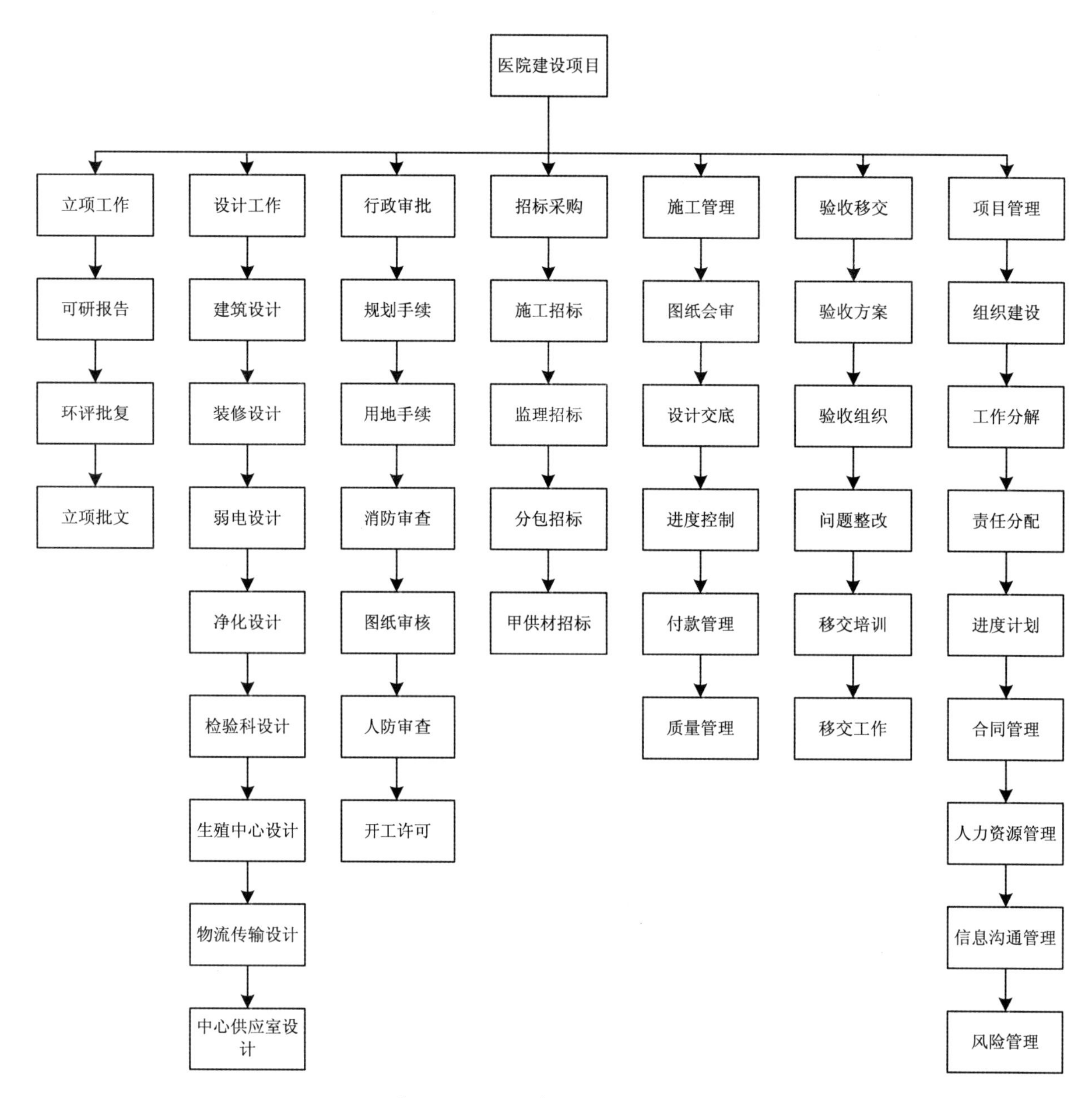

图 1-1-17 医院建设项目 WBS 示意

（二）WBS 与 PBS

传统的 WBS 分解方法往往将项目工作对象和项目活动混淆，分别对应结构化分解方法和过程化分解方法。由于 WBS 分解方式的多样性，如按照交付物分解、按照实际工作流程分解等，反而造成了不少项目管理者的困惑，因为对于一个像医院这样的复杂项目，按照不同分解方式分解出来的结果往往相差很大，不重不漏的要求很难实现。因此不少专家倾向于将对交付物的分解这一方法命名为项目分解结构（Project Breakdown Structure，PBS）。对业主方来说，PBS 是将整个建设项目按照交付物分解成可认知、可控制的单元，从而作为造价估算、WBS、合同策划等诸多活动的基础性文件。WBS 是以工作为分解对象来进行分解，WBS 的分解结果是业主方进行任务工作流的基础。将其区分为 PBS 和 WBS 之后，分解工作有了层次性和逻辑性，对项目管理工作的开展以及项目各方的信息沟通都奠定了良好的基础。

图 1-1-18 所示为一个医院建设项目的 PBS，由于版面原因，该树状图仅为示意，真正的医院建设项目 PBS 往往有几百乃至上千项分解内容，只能以列表形式列出。

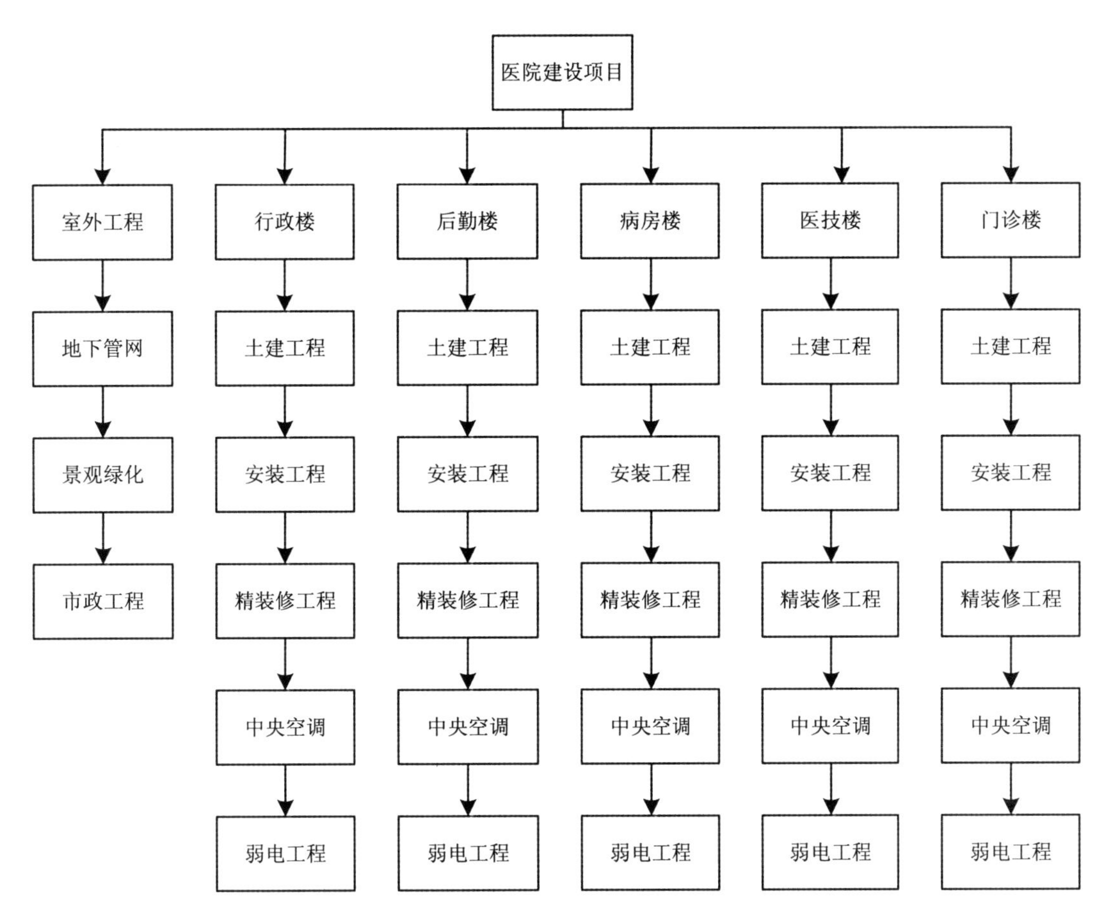

图 1-1-18 医院建设项目的 PBS 示意

四、责任分配矩阵

责任分配矩阵（Responsibility Assignment Matrix， RAM）是用来对项目团队成员进行分工，明确其角色与职责的有效工具。项目的每个具体任务都能落实到参与项目的团队成员身上，确保了项目的事有人做，人有事干。它将人员配备工作与项目工作分解结构相联系，明确表示出工作分解结构中的每个工作单元由谁负责、由谁参与，并表明了每个人或部门在事例项目中的地位。一般情况下，责任矩阵中纵向列出项目所需完成的工作单元，横向列出项目组织成员或部门名称，纵向和横向交叉处表示项目组织成员或部门在某个工作单元中的职责。

【案例】某医院建设项目责任分配矩阵（局部）

任务名称	庞玉成	邱胜利	李涛	王新红	梁晶	初培坤	黄旭峰
⊟**前期工作**							
立项变更	F						
⊟**规划设计**							
规划方案批复	F						
建筑工程规划许可证							
含规划路以东102亩的整体规划	F		P				
门诊楼设计变更电子版	F						P
设计院来烟设计交底		F			P	P	P
病房楼施工图纸	F						P
⊟**建设局手续**							
病房楼图纸审查			F			P	
报建证			F			P	
病房楼消防审查			F			P	
病房楼防雷审查			F			P	
病房楼质量监督手续						F	
⊟**相关费用缴纳**			F				

图 1-1-19 责任分配矩阵示意（局部）

五、网络计划技术

网络计划技术是在网络图上加注工作的时间参数等编制而成，利用网络图表示工作之间的逻辑关系并对整个项目的进度进行安排的一种方法。网络图是由箭线和节点组成，用来表示项目工作流程的有方向的网络图形，网络参数是按照项目中分解的各项工作所需要的延续时间和开始、结束时间所计算出的工作、节点、线路等要素的各种时间参数。运用网络计划技术进行项目进度安排通常要经过工作分解、确定工作先后关系及表达形式、估计工作延续时间、制订网络图等步骤。

网络计划技术的具体应用过程为：首先，用网络图来表达各个工作分解后的先后顺序和相互之间的衔接关系；其次，计算各个工作的时间参数，找出关键线路和可利用的机动时间，按照一定的优化目标，不断改善和优化网络进度计划，以实现项目的进度目标。使用网络计划技术安排项目进度通常包括关键线路法（CPM）、计划评审技术（PERT）。

网络图的绘制需要了解工作之间的先后顺序，主要分为平行、顺序和搭接三种类型。其中两项工作之间没有先后顺序和占用资源冲突，可以同时开始的是平行关系。两项工作需要先后进行则为顺序关系。前一工作结束后，后一工作马上可以开始的是紧连顺序关系；前一工作结束，一定时间之后，后一工作才可以开始的为间隔顺序关系。在顺序关系中，如果一项工作只能在另一项工作完成后开始，且中间不能插入其他工作，则前者是后者的紧前工作，后者是前者的紧后工作。若两项工作只有一段时间是平行进行的，则称为搭接关系。

网络图一般分为单代号网络图和双代号网络图两种类型。其中双代号网络图用两个节点之间的箭线标识具体某项工作，单代号网络图用节点表示具体工作，用箭线表示工作之间的关系。图 1-1-20 为单代号网络图。

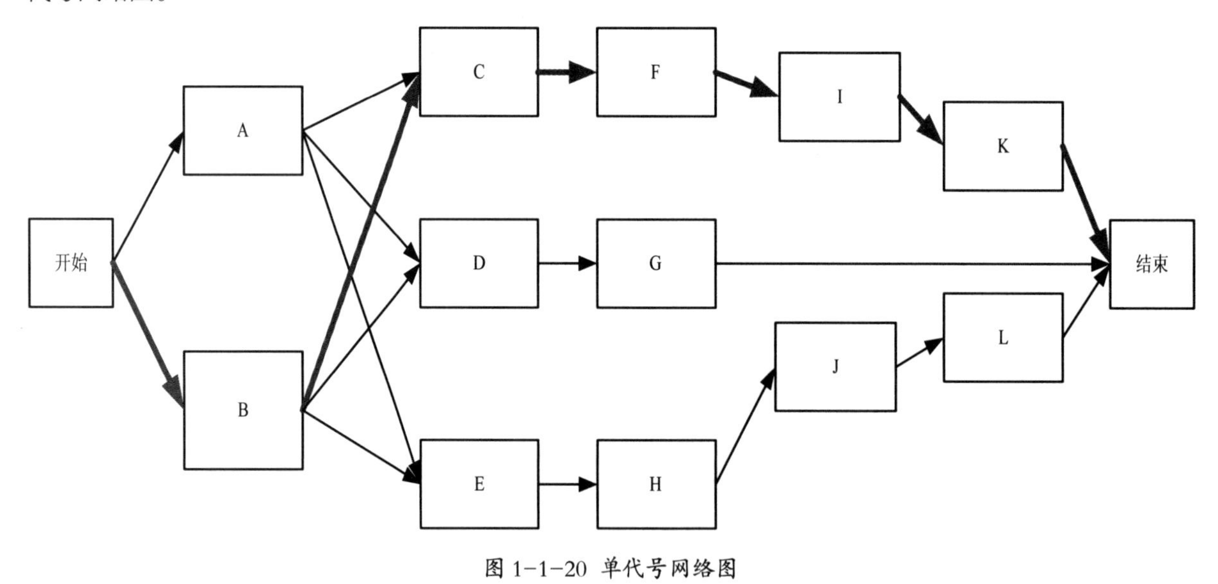

图 1-1-20 单代号网络图

六、甘特图

甘特图，也称为横道图、条状图，是美国管理学家 1917 年由亨利・甘特开发的，其内在思想简单，基本是一条线条图，横轴表示时间，纵轴表示活动（项目），线条表示在整个期间上计划和实际的活动完成情况。它直观地表明任务计划在什么时候进行及实际进展与计划要求的对比。管理者可极为便利地弄清一项任务（项目）还剩下哪些工作要做，并可评估工作是提前还是滞后，或正常进行。

甘特图不仅是业主方在用，许多施工单位在安排进度计划时，用得最多的也还是甘特图。由于 Project、P3（Primavera Project Planner）等项目管理软件的出现，甘特图在直观简单的形式之外，又被赋予了许多新的内涵，如用连接线表达工序之间的紧前紧后关系，与网络计划结合形成时标网络计划等，从而继续保持着在项目管理领域旺盛的生命力。

七、里程碑计划

里程碑（Milestone）是项目中的重大事件，在项目过程中不占资源，是一个时间点，通常指一个可支付成果的完成。里程碑计划通常用里程碑图表示。里程碑计划主要用于项目进度管理。编制里程碑计划对项目的目标和范围的管理很重要，协助范围的审核，为项目执行提供指导。网络计划和里程碑计划是制订项目计划的两种方法。网络计划是任务导向，以工作分解结构（WBS）为基础；里程碑计划是目标导向，以目标分解结构（OBS）为基础。有时两种方法可以混合使用，如在网络计划中设置里程碑。对于医院建设项目来说，里程碑计划一般包括项目立项、项目开工、建筑主体封顶、竣工验收、交付使用等重大事件节点，里程碑计划主要使用者为医院高层领导，用来控制项目整体进度。

参考文献

［1］白思俊 . IPMP 知识精要［M］. 北京：机械工业出版社， 2005.

［2］庞玉成 . 复杂建设项目的业主方集成管理［M］. 北京：科学出版社，2016.

［3］陈勇强 . 基于现代信息技术的超大型工程建设项目集成管理研究［D］. 天津大学，2004.

［4］成虎 . 工程项目管理［M］. 北京：高等教育出版社，2004.

［5］郭波， 龚时雨， 谭云涛 . 项目风险管理［M］. 北京：电子工业出版社，2012.

［6］郭峰， 王喜军，等 . 建设项目协调管理［M］. 北京：科学出版社，2009.

［7］何伯森，康立秋，卞疆 .应用伙伴关系理念 和谐工程项目管理［J］.国际经济合作，2007（9）：57.

［8］乐云 . 国际工程项目管理的前沿研究方向［J］. 建设监理，2004，（6）：78-81.

［9］乐云 . 建设项目前期策划与设计过程项目管理［M］. 北京：中国建筑工业出版社，2010.

［10］鲁耀斌 . 项目管理［M］. 北京：科学出版社，2011.

［11］马旭晨 . 中国项目管理通用知识体系纲要［M］. 北京：中国项目学会，2014.

［12］秦玉银， 漆贯学，杨效中 . 业主方工程项目管理—PM 基础与实务［M］. 北京：中国建筑工业出版社，2008.

［13］特莱福・威廉姆斯，陈勇强等译 . 现代信息技术在工程建设项目管理中的应用［M］. 北京：中国建筑工业出版社，2008.

［14］王宇静， 胡文发 . 工程项目管理的信息集成［J］. 中国管理信息化（综合版），2005，12：61-63.

［15］俞启元，吕玉惠，张尚 . 建筑施工企业供应链协同信息管理系统研究［J］. 建筑经济，2012，9：84-87.

［16］张江河， 陈勇 . 特大型工程建设项目信息化的现状及建设探索［J］. 项目管理技术，2011，9（11）：95-99.

［17］张学旺 . 浅谈业主方的项目管理［J］. 山西建筑，2009，35（13）：189-190.

［18］周迎 . 基于 Partnering 的项目管理机制研究［D］. 华中科技大学，2008.

第二章

项目招标采购与合同管理

刘建平　赵宁

刘建平 三胞医疗健康建设管理有限公司总经理

赵　宁 三胞医疗健康建设管理有限公司工程部部长兼战略运营总监

第一节　医院建设工程招投标概述

一、相关概念

工程建设项目招标，是指建设单位对自愿参加某一特定工程项目的承包单位进行的审查、评比和选定的过程。

工程建设项目投标，是指经过审查获得投标资格的建设承包单位按照招标文件的要求，在规定的时间内向招标单位填报投标书并争取中标的法律行为。

招标与投标是一种商品交易行为，是交易过程的两个方面。招标是招标人（采购方）在招投标过程中的行为，投标则是投标人（供应商、承包商）在招投标过程中的行为，最终的行为结果是签订采购合同，产生招标人与投标人的合同关系。

开标是指招标人在规定的地点、时间，在有投标人出席的情况下，当众拆开标书，宣布投标人的名称、投标价格和投标价格的有效修改等主要内容的过程。

评标是指招标人按照招标文件的要求，由招标小组或专门的评标委员会，对各投标人所报资料进行全面审查、择优，选定中标人的过程。

二、建设工程招标范围

（一）大型项目

大型项目是指大型基础设施、公共事业等关系社会公共利益、公众安全的项目：

（1）供水、供电、供气、供热等市政工程项目；

（2）科技、教育、文化等项目；

（3）体育、旅游等项目；

（4）卫生、社会福利等项目；

（5）商品住宅（包括经济适用房）；

（6）其他公用事业项目。

（二）国有资金投资项目

国有资金投资项目主要包括全部或部分使用国有资金投资的项目：

（1）使用各级财政预算资金的项目；

（2）使用纳入财政管理的各种政府性专项建设基金的项目；

（3）使用国有企业事业单位自有资金，且国有资产投资者实际拥有控制权的项目。

（三）国家融资项目

（1）使用国家发行债券所筹资金的项目；

（2）使用国家对外借款或者担保所筹资金的项目；

（3）使用国家政策性贷款的项目；

（4）国家授权投资主体融资的项目；

（5）国家特许的融资项目。

（四）使用国际组织或者外国政府资金的项目

（1）使用世界银行、亚洲开发银行等国际组织贷款资金的项目；

（2）使用外国政府及其机构贷款资金的项目；

（3）使用国际组织或者外国政府援助资金的项目。

（五）工程建设相关的招标项目

工程建设有关的重要设备、材料等的采购，达到下列标准之一的必须进行招标的项目：

（1）施工单项合同估算价在 200 万元人民币以上的；

（2）重要设备、材料等货物的采购，单项合同估算价在 100 万元人民币以上的；

（3）勘察、设计、监理等服务的采购，单项合同估算价在 50 万元人民币以上的；

（4）单项合同估算价低于（1）（2）（3）项规定的标准，但项目总投资额在 3000 万元人民币以上的。（各地对公开招标范围的具体金额限定并不完全一致）

三、申请招标应具备的条件

招标单位根据工程项目的建设实施计划及准备条件的满足程度，向工程建设管理部门的招标投标管理机构申请招标。

四、招投标管理机构职责

医院工程建设管理部门可以根据情况成立相应的施工招标投标办事机构，其主要职责是：

（1）选择符合相应资质邀请的招标代理机构；

（2）审查招投标单位的资质；

（3）审查招投标申请书和招投标文件；

（4）审定标底；

（5）监督开标、评标、定标和议标；

（6）调解招投标活动中的纠纷；

（7）监督承发包合同的签订、履行；

（8）否决违反招标投标规定的定标结果；

（9）处罚违反招标投标规定的行为。

第二节　医院建设工程招标方式及类型

一、医院建设工程招标方式

（一）公开招标

公开招标又称无限竞争性招标，是指招标人以招标公告的方式邀请非特定法人或者其他组织投标，即招标人按照法定程序，在国内外公开出版的报刊或通过广播、电视、网络等公开媒体发布招标公告，凡有兴趣并符合公告要求的供应商、承包商，不受地域、行业和数量的限制，均可以申请投标，经过资格审查合格后，按规定时间参加投标竞争。

（二）邀请招标

邀请招标又称有限竞争性招标，是指招标人以投标邀请书的形式邀请特定的法人或者其他组织投标。招标人向预先确定的若干家供应商、承包商发出投标邀请函，就招标工程的内容、工作范围和实施的条件等作出简要说明，邀请不少于三家单位参加投标竞争。被邀请单位同意参加投标后，从招标人处获取招标文件，并在规定时间内投标报价。公立医院建设项目，达到公开招标限额条件的采用邀请招标要有审批部门批复方可采用。

二、医院建设工程招标类型

（一）建设工程的全过程招标

全过程招标是指从工程项目可行性研究开始，包括可行性研究、勘察设计、设备材料采购、工程施工、监理等全部工作内容招标。

无论由项目管理公司、设计单位还是施工企业作为总承包单位，鉴于其专业特长、实施能力等方面的限制，合同执行过程中不可避免地采用分包方式实施。

（二）建设工程的单项招标

单项招标是指工程规模或工作内容复杂的建设项目，甲方对不同阶段的工作、单项工程或不同专业工程分别单独招标，将分解的工作内容直接发包给不同性质的单位实施。

第三节　工程建设招标投标程序

招标是工程项目法人选择实施单位的过程，而投标则是投标人力争获取实施合同的竞争过程。为规范建筑市场的行为，招标与投标单位均应遵循国家颁布的有关法规进行招标投标活动。

一、组建招标工作机构

一般建设项目的建设单位就是招标工作机构。招标工作机构的职能，一是决策，二是处理日常事务。

其主要工作有：落实各项招标条件，完成施工前的各项准备工作；编制招标文件，并向招标投标管理机构办理招标文件的审批手续；组织或委托标底的编制，按规定报招标投标管理机构审查批准：发布招标公告或邀请书，对投标单位进行资质审查；向投标单位发放招标文件、设计图纸和有关技术资料；组织投标单位踏勘现场并对有关问题负责解释和答疑；制定评标办法；发布中标通知书；组织中标单位签订承包合同及其他应办事项等。

二、提出招标申请书

向招标投标管理机构提出招标申请书。

招标申请书内容包括：招标单位的资质条件、招标工程具备的条件、拟采用的招标方式和对投标单位的要求等。若建设单位不具备上述相应条件，则必须委托具有相应资质的咨询或监理单位代理招标。

三、编制招标文件

招标文件应包括以下内容：

（1）工程综合说明：包括工程名称、地址、招标项目、占地范围、建筑面积和技术要求、质量标准及现场条件、招标方式、要求开工和竣工时间、对投标单位和资质等级要求等；

（2）工程设计图纸和技术资料及技术说明书，通常称为设计文件；

（3）工程量清单：以单位工程为对象，按分部、分项工程列出工程数量，对采用标准设计的工程可按建筑面积列出工程数量；

（4）建设资金证明和工程款的支付方式及预付款的百分比；

（5）主要材料（钢材、木材、水泥等）与设备的供应方式，加工订货情况和材料、设备价差的处理方法；

（6）特殊工程的施工要求以及采用的技术规范；

（7）投标书的编制要求及评标、定标的原则；

（8）投标、开标、评标、定标等活动的日程安排；

（9）《建设工程施工合同通用条款》及调整要求；

（10）要求缴纳的投标保证金额度；

（11）招标文件不得要求或者标明特定的生产供应者以及含有倾向性或者排斥投标人的其他内容。

四、制定标底

制定标底，报招标投标管理机构审定。

工程施工招标必须编制标底，标底由具有编制标底资格的咨询、监理单位编制。标底必须由招投标办委托有资格的单位审核后，送招投标办审定，密封盖章。

五、发布招标公告或招标邀请书

若采用公开招标方式，应根据工程性质和规模在当地或全国性报纸或公开发行的专业刊物上发布招标公告，其内容应包括：招标单位和招标工程的名称、招标工程简介、工程承包方式、投标单位资格、领取招标文件的地点、时间和应缴费用等。若采用邀请招标方式，应由招标单位向预先选定的承包单位发出招标邀请书。

六、资格审查

当报名的投标人超过 7 名时，招标单位对报名参加投标者进行资格预审，并将审查结果通知各申请投标者。资格审查一般是在规定的时间内，参加投标者向招标单位购买资格预审书，填写并交回。

七、向合格的投标者分发招标文件及设计图纸、技术资料

招标文件一经发出，招标单位不得擅自变更其内容或增加条件，确需变更和补充的，报招投标办批准后，在投标截止日期 15 日前通知所有投标单位。

八、组织投标单位踏勘现场，并对招标文件答疑

通常，投标者提出的问题应由招标单位书面答复，并以备忘录的形式发给各投标者作为招标文件的补充和组成部分。

九、建立评标组织，制订评标、定标办法

评标组织由评标委员会进行组建，应由招标人（或委托招标代理机构）以及有关技术、经济方面的专家组成。成员一般为 5 人以上单数，其中技术、经济等方面的专家不能少于总数的 2/3。评标委员会的专家成员应从省级以上人民政府有关部门提供的专家名册或者招标代理机构专家库内的相关专家名单中确定。对于一般工程项目，可以采用随机抽取的方式；对于技术特别复杂、专业性要求特别高或者国家有特殊要求的招标项目，则可以由招标人在相关行业领域知名专家中直接确定。

十、召开开标会议，审查投标标书

开标由招标单位主持，一般应邀请当地公证机关代表到会公证，当众拆封投标书和标底，宣读要点并逐项登记。

十一、组织评标，决定中标单位

评标、定标应采用科学的方法，按平等竞争、公正合理的原则，一般应对投标单位的报价、工期、主要材料用量、施工方案、质量业绩、企业信誉等进行评价。

目前评标多采用打分法，根据投标单位的得分情况确定中标单位。自开标（或开始议标）至定标的期限，小型工程不超过 10 日，大中型工程不超过 30 日，特殊情况可适当延长。

十二、发出中标通知书

招标单位应在定标7日内与招投标办共同签署并发出中标通知书。未中标的投标单位应在接到通知7日内退回招标文件及有关资料，招标单位同时退还投标保证金。

十三、建设单位与中标单位签订合同

如因下列原因之一导致部分或全部完成了招标程序而无一中标单位，造成招标单位被迫宣告招标失败，招标单位仍可申请再次招标：

（1）否决不合格的投标单位或界定为废标后，有效投标单位数量不足3个（法定数）；

（2）最低评标价大大超过标底和合同估价；

（3）标底在开标前泄密；依法必须进行招标的项目，所有投标被否决时，招标人应依法重新招标。

《中华人民共和国招标投标法》第四十三条规定，在确定中标人前，招标人不得与投标单位就投标价格、投标方案等实质性内容进行谈判。

第四节　工程建设施工招标文件的编制

经项目审批部门批准，建设项目的发包数量、合同类型和招标方式一经批准确定后，即应编制招标服务的有关文件，包括招标公告、资格预审文件、招标文件、协议书及评标方法等。

一、招标公告

依法必须进行招标的项目，其招标公告必须在指定媒介发布。指定媒介发布依法必须招标项目的讼告，不得收取费用，但发布国际招标公告除外。

二、资格预审文件

招标单位对报名参加投标者进行资格预审，并将审查结果通知各申请投标者。资格审查一般是在规定的时间内，参加投标者向招标单位购买资格预审书，填写并交回。

三、招标文件

招标文件是招投标过程中最重要的法律文件，不仅规定了完整的招标程序，而且还提出了各项具体的技术标准和交易条件，规定了拟订立合同的主要内容，是投标人准备投标文件和参加投标的依据，是评标委员会评标的依据，也是订立合同的基础。《中华人民共和国招标投标法》规定，招标人应根据项目的特点和需要编制招标文件。招标文件通常由投标须知、合同条件、技术规范、投标文件和图纸几部分组成。若招标项目需要划分标段、确定工期，则招标人应合理划分标段、确定工期，并在招标文件中载明。

（一）投标须知

投标须知是招标人对投标人提出所有实质性要求和条件，用来指导投标人正确地进行投标报价的文件。

（二）合同条件

招标文件中包括合同条件和合同格式，目的是告知投标中标人施工合同的有关权利和义务，招标文件中所包括的合同条件是双方签订承包合同的基础。我国已制定了《建筑工程施工合同》（示范文本），一般建设工程施工项目签订承包合同均可使用。该示范文本由协议书、通用条款和专用条款三部分组成。

（三）技术规范

施工技术规范大多套用国家及有关部门编制的规范、标准内容，是施工过程中承包商控制质量和工程师检查验收的主要依据，严格按规范施工与验收才能保证最终获得合格的工程。

（四）投标文件和图纸

投标单位应仔细阅读和理解招标文件，凡不满足招标文件要求的投标书将被拒绝。投标文件一般包括招标人规定的投标书格式、工程量清单和要求补充的资料表等。

1. 工程量清单

它是投标人的报价文件，包括报价须知、分项工程报价单和汇总表等。可根据承包内容具体划分明细表，详细列出各分项工程名称和每个分项工作内容、单位和估算工程量后，由投标人填报单价，汇总合计成为该投标人的报价。

2. 补充资料表

由投标人填报的主要工程量或工作内容的单价分析表、合同付款计划表、主要施工设备表、主要人员表、分包情况表、施工方案和进度计划、劳动力和材料计划表、临时设施布置及用地需求等评标时所用资料组成。

3. 图纸

它是投标人拟订施工方案、确定施工方法，以及提出替代方案、计算投标报价必不可少的资料。

4. 招标文件的澄清

投标单位在收到招标文件时应仔细阅读和研究，如发现有遗漏、错误、词义含糊等情况，应书面向建设单位质询，否则后果自负。招标文件中应规定提交质询的日期限制（如投标截止日期前 15 日或开标会议前 7 日等）。将对所有质询的问题的书面答复送交所有投标单位，但不涉及问题的由来。

5. 招标文件的修改

建设单位有权修改招标文件的规定，即不论是建设单位一方认为不必要时或根据投标单位质询提出的问题，均可以在投标截止日期前若干天对招标文件进行修改，如果发出修改通知太晚，则应推迟投标截止日期。所有的修改均应以书面文件形式送交全部投标单位。投标单位应在收到此修改通知后，立即给建设单位以传真、信函等书面形式回复。

（五）标底的编制

编制标底是工程项目招标前的一项重要工作，是工程项目的预期价格，通常委托具有国家造价咨询资质的机构编写。它的作用是进一步明确拟建工程的投资数据，是衡量投标人标价的准绳，也是评标的主要尺度之一。

标底必须报经招标投标办事机构审定。标底一经审定应密封保存至开标时，所有接触过标底的人员均负有保密责任，不得泄露。

编制标底要做到合理性、准确性、公正性。

第五节　工程开标、评标、定标

一、工程开标

为了体现工程招标的平等竞争原则，公开招标和邀请招标均应举行开标会议。

（一）开标程序

在招标文件规定的日期、时间和地点，由招标单位主持举行开标仪式，所有投标人参加并邀请工程项目有关管理部门、公证机关以及项目监理工程师出席。主持人要当众打开标箱，由公证人员检查并确认标书的密封和书写符合招标文件规定后，由读标人逐一开封，宣读开标一览表中的有关要点，并由记录人逐一登记在册。

（二）公布标底

开标时是否公布标底，要根据招标文件中说明的评标原则而定。对于单位工程量价格或单位平方米造价较为固定的中小型工程，经常采用评标价（而非投标报价）最接近标底者中标，同时规定超过标底上下百分之多少范围的投标均为废标。这种情况开标时必须公开标底，以使每位投标人都知道自己标价的位置。对于大型复杂的工程建设项目，标底仅作为评标的一个尺度，一般以综合最优者中标，没有必要公开标底。因为大型复杂工程具有建筑物的单件性、大型化、工期长、技术复杂等特点，采用先进技术、合理的施工组织和施工方法、科学的管理措施等，完全可以突破常规而达到优质价廉的目的。先进与落后反映在标价上会有很大出入，而且投标人所采用的施工组织和方法可能与编制标底时所依据的原则完全不同，所以不能完全以标底价格确定报价的优劣。

（三）废标处理

开标时如果发现有下列情况之一者，均应宣布投标书作废：

（1）未密封或书写与标记不符合招标文件要求的标书；

（2）无单位或无投标授权人签字的标书；

（3）未按规定格式填写，内容不全或字迹不清，无法辨认的标书；

（4）规定有投标保证，开标前没有递交投标保证书或保证书的金额、有效期少于招标文件规定的标书；

（5）逾期送达的标书；

（6）投标单位未派人参加开标会议的标书。

所有被宣布为废标的标书，招标单位应原封退回，不予评审。

二、工程评标

评标的目的是根据招标文件中确定的标准和方法，对每个投标人的标书进行评标比较，评标委员会一般由招标单位负责组织。为了保证评标工作的科学性和公正性，评标委员会必须具有权威性。一般均由建设单位、设计单位、工程监理单位、上级领导单位，以及邀请的有关方面（技术、经济、合同等）专家组成。评标委员会的成员不代表各自的单位或组织，也不应受任何个人或单位的干扰而独立地进行评定工作。招标文件是评标的依据，评标时不应采用招标文件中要求投标人需考虑因素以外的任何标准作为评审的要素条件。

三、工程中标和授标

（一）确定中标人

建设单位根据评标委员会提供的评标报告，确定中标人。根据《中华人民共和国招标投标法》第四十一条的规定，中标人投标应符合以下条件之一：

（1）能最大限度地满足招标文件中规定的各项综合评价指标；

（2）能满足招标文件的实质性要求，并且经评审的投标价格最低；但投标价格低于成本的除外。

如评委会认为所有投标都不符合招标文件要求，可否决所有投标。如以下情况：

（1）最低评标价大大超过标底和合同估价；

（2）所有投标人在实质上均未响应招标文件的要求；

（3）否决不合格投标或者界定为废标后，有效投标人过少，不足3个，使得投标没有达到预期竞争性。

依法必须进行招标的项目，所有投标被否决时，招标人应依法重新招标。

《中华人民共和国招标投标法》第四十三条规定，在确定中标人前，招标人不得与投标人就投标价格、投标方案等实质性内容进行谈判。

（二）核发中标通知书

中标人确定后，招标人应向中标人发出中标通知书，同时有义务将中标结果通知所有未中标人。对于依法必须进行招标的项目，招标人应自确定中标之日起 15 日内，向有关行政监督部门提交招投标情况的书面报告。中标通知书具有法律效力。通知书发出后，若中标人改变中标结果或放弃中标项目，则应承担法律责任。

（三）授标

中标人接到中标通知书后，即成为该招标工程的施工承包商，应在中标通知书发出之日起 30 个工作日内与建设单位签订施工合同，合同自双方签字盖章之日起成立。签约前建设单位与中标人还要进行决标后的谈判，但不得订立违背合同实质性内容的其他协议。在决标后的谈判中，如果中标人拒绝签订合同，建设单位有权没收其投标保证金，再与其他人签订合同。建设单位与中标人签署施工合同后 5 个工作日内，对未中标的投标人发出通知并退还其投标保证金，至此，招标工作结束。

第六节　建设工程勘察设计招投标

一、概述

建设工程实施阶段的第一项工作就是工程勘察、设计。

建设工程勘察是指根据建设工程的要求，查明、分析、评价建设场地的地质、地理环境特征和岩土工程条件，编制建设工程勘察文件的活动。

建设工程设计是指根据建设工程的要求，对建设工程所需的技术、经济、资源、环境等条件进行综合分析、论证，编制建设工程设计文件的活动。

勘察、设计质量的优劣对工程建设能否顺利完成起着重要作用。以招标方式选择勘察、设计单位，是为了使设计技术和成果作为有价值的技术商品进入市场，打破部门、地区的界限，引入竞争机制；通过招标，择优确定勘察、设计单位，可防止垄断，促进勘察、设计单位采用先进技术，更好地完成日臻繁重复杂的工程勘察、设计任务，以降低工程造价、缩短工期、提高投资效益。

二、承揽设计任务必须具备的条件

凡从事工程设计活动的单位，必须按照规定申请参加资格审查，经审查合格并取得《工程设计证书》后方可承担工程或工程设计任务。

工程设计行业资质设甲、乙、丙三个级别，除建筑工程、市政公用、水利和公路等行业所设工程设计丙级资质可独立进入工程设计市场外，其他行业工程设计丙级资质设置的对象仅为企业内部所属的非独立法人设计单位，系能有效运行，有健全的技术、经营、人事、财务、档案等管理制度。

（一）承担业务范围

取得工程设计行业资质的单位允许承担的业务范围：

（1）甲级工程设计单位承担相应行业建设项目的工程设计范围和地区不受限制；

（2）乙级工程设计单位可承担相应行业的中、小型建设项目的工程设计任务，承担工程设计任务的地区不受限制；

（3）丙级工程设计单位可承担相应行业的小型建设项目的工程设计任务，承担工程设计限定在省、自治区、直辖市所辖行政区范围内；

（4）具有甲、乙级资质的单位，可承担相应的咨询业务，除特殊规定外，还可承担相应的工程设计专项资质的业务。

（二）招标的具体要求

设计项目可实行一次性总体招标，也可以在保证项目完整性、连续性的前提下，按照技术要求实行分段或分项招标。

1. 实行设计招标必须具备的条件

（1）项目已履行审批手续，获得批准；

（2）所需资金已经落实；

（3）设计所必需的基础资料已经收集完成；

（4）法律法规规定的其他条件。

2. 招标方式

设计招标分为公开招标和邀请招标。

（1）公开招标。全部使用国有资金投资或者国有资金投资占控股或者主导地位的工程建设项目，以及国务院发展和改革部门确定的国家重点项目和省、自治区、直辖市人民政府确定的地方重点项目，必须公开招标。

（2）邀请招标。

①项目的技术性、专业性较强，或者环境资源条件特殊，符合条件的潜在投标人数量有限；

②如采用公开招标，所需费用占工程建设项目总投资的比例过大；

③建设条件受自然因素限制，如采用公开招标，将影响项目实施时机。

采用邀请招标方式的，应保证有 3 个以上具备承担招标项目设计的能力，并具有相应资质的特定法人或者其他组织参加投标。

3. 勘察任务

勘察任务可以单独发包给具有相应资质条件的勘察单位实施，也可以将其工作内容包括在设计招标任务中。通过勘察工作取得工程项目建设所需的技术基础资料是设计的依据，直接为设计服务，同时必须满足设计的需要，因此，将勘察任务包括在设计招标的发包范围内，由具有相应能力的设计单位完成，或由该设计单位再去选择承担勘察任务的分包单位，对招标人较为有利。

在勘察设计总承包履行合同的过程中，建设方和监理单位可以摆脱两个合同实施过程中可能遇到的协调义务，而且可以使勘工作直接根据设计需要进行，更好地满足设计对勘察资料精度、内容和进度的要求，必要时进行补勘察也比较方便。招标人应负责提供与招标项目有关的基础资料，并保证所提供资料的真实性、完整性。涉及国家机密的除外。

4. 其他有关事项

招标人应当按招标公告或者投标邀请书规定的时间、地点出售招标文件或者资格预审文件。

实行资格预审的，招标人只向资格预审合格的潜在投标人发售招标文件，并同时向资格预审不合格的潜在投标人告知资格预审结果。

对于潜在投标人在阅读招标文件和现场踏勘中提出的疑问，招标人可以书面形式或召开投标预备会的方式解答，但需同时将解答以书面方式通知所有招标文件收受人。

招标人可以要求投标人在提交符合招标文件规定要求的投标文件外，提交备选投标文件，但应当在招标文件中做出说明，并规定相应的评审和比较办法。

设计招标自招标文件开始发出之日起至投标人提交投标文件截止之日止，最短不得少于 20 日。招标人在发布招标公告或者发出投标邀请书后不得终止招标，也不得在出售招标文件后终止招标。

（三）投标的具体要求

参加设计投标者必须是响应招标、参加投标竞争的法人单位或者其他组织，其资质条件必须符合国家规定。国外设计企业参加投标必须符合中国设计市场准入的管理规定。

关于设计收费的投标报价必须符合国务院价格主管部门制定的收费标准。投标人在投标文件的有关技术方案和要求中不得指定与工程建设项目有关的重要设备、材料的生产供应者，或者含有倾向或排斥特定生产供应者的内容。

通常情况下，设计项目投标应提交投标保证金，保证金数额一般不超过勘察设计费投标报价的 2%，最多不超过 10 万元人民币。

投标有效期内，投标人不得补充、修改或者撤回投标文件，否则投标保证金将被没收。评标委员会要求对投标文件作必要澄清或者说明的除外。

以联合体形式投标的，联合体各方应签订共同投标协议，连同投标文件一并提交招标人。联合体各方不得再单独以自己名义，或者参加另外的联合体投同一个标。中标的联合体所有成员的法定代表必须联合签署授权委托书，指定牵头人或代表，授权其代表所有联合体成员与招标人签订合同，负责整个合同实施阶段的协调工作。

投标人不得通过故意压低投资额，降低施工技术要求，减少占地面积，或者缩短工期等手段弄虚作假，骗取中标。

（四）开标、评标和决标

开标应当在提交投标文件截止的同一时间公开进行。除不可抗力原因外，招标人不得以任何理由拖延或拒绝开标。

评标一般采取综合评估法进行。评标委员会应当按照招标文件确定的评标标准和方法，结合经批准的项目建议书、可行性研究报告或者上阶段设计批复文件，对投标人的业绩、信誉和设计人员能力以及设计方案的优劣进行综合评定。

评标委员会可以要求投标人对其技术文件进行必要的说明或介绍，但不得提出带有暗示性或诱导性的问题，也不得明确指出其投标文件中的遗漏和错误。

评标定标工作应当在投标有效期结束前完成；不能如期完成的，招标人应当通知所有投标人延长投标有效期。

三、设计方案竞选

招标人应当在确定中标人之日起 15 日内，向有关行政监督部门提交招标投标情况的书面报告。

（一）设计方案竞选的资质要求

（1）凡有设计单位（持有建筑工程设计许可证、收费证、营业执照）盖章的，并经一级注册建筑师签字的方案才可竞选。工程设计单位提交的设计文件，必须在设计文件封面上注明资格证书的行业、资质等级和证书编号。

（2）持有建筑设计许可证、收费资格证和营业执照，但没有一级注册建筑师的单位，可以与有一级注册建筑师的设计单位联合参加竞选。

（3）境外设计事务所参加境内工程方案设计竞选，在国际注册建筑师资格尚未相互确认前，其方案必须经国内一级注册建筑师咨询并签字，方可有效。

（二）设计方案竞选文件的发放

竞选文件一经发出，组织竞选活动的单位不得擅自变更内容或附加条件，如需变更或补充，应在截止日期 15 日前通知所有参加竞选的单位。发出竞选文件至竞选截止时间，小型项目不少于 15 日，大、中型项目不少于 30 日。

（三）设计方案文件的内容

按照国家有关规定，城市建筑设计方案设计文件的内容包括设计说明书、设计图纸、投资估算、透视图四部分。对一些大型或重要的民用建筑工程，可根据需要加做建筑模型，其费用另收。

（四）设计方案竞选文件的评定

（1）组织竞选的单位应按有关规定邀请有关单位专家组成评定小组，参加评定会议，启封各参加竞选单位的文件和补充函件，公布其主要内容。

（2）评定小组由组织竞选单位代表和有关专家组成，一般为奇数 7~11 人，其中技术专家人数应占 2/3 以上。参加竞选的单位和方案设计有关人员均不能参加评定小组。

（3）评定方法须按技术先进、功能全面、结构可靠、安全适用、建筑节能、环境要求、经济、实用美观的原则，综合设计优劣、设计进度以及设计单位和注册建筑师的资历、信誉等因素考虑，择优确定。

（五）其他有关规定

（1）确定中选单位后，组织竞选单位应在 7 日内发出中选通知书，同时抄送各未中选单位，未中选单位应在接到通知后 7 日内取回有关资料。

（2）中选通知书发出 30 日内，建设单位与中选单位应根据有关规定签订工程设计承包合同。如施工图设计不委托中选单位，建设单位应付给中选单位方案设计费，金额为该项目设计费的 30%。

（3）中选单位使用未中选单位的方案成果时，须征得该单位的同意，并实行有偿转让，转让费由中选单位承担。

（4）对未中选的单位，应付给未中选单位一定的补偿费。一般为设计费的 8%~10%，补偿费在工程不可预见费中列支。

第七节　建设工程监理招投标

一、概述

建设工程监理是指具有相应资质的监理单位受工程项目建设单位的委托，依据国家有关工程建设的法律法规，签订经建设主管部门批准的工程建设文件、建设工程委托监理合同及其他建设工程合同，对工程建设实施的专业化监督管理。实行建设工程监理制度，目的在于提高工程建设的经济效益和社会效益。

二、建设工程监理招标

（一）投标监理单位资质等级

参加投标的监理单位首先应当取得监理资质证书，具有法人资格的监理公司、监理事务所或兼承监理业务的工程设计、科学研究及工程建设咨询的单位，同时必须具有与招标工程规模相适应的资质等级。

资质等级是经各级建设行政主管部门按照监理单位的人员素质、资金数量、专业技能、管理水平及监理业绩的不同而审批核定的。我国监理单位资质分为甲级、乙级、丙级三级。

1. 甲级

企业负责人和技术负责人应当具有 15 年以上从事工程建设工作的经历，企业技术负责人应当取得监理工程师注册证书；取得监理工程师注册证书的人员不少于 25 人；注册资本不少于 100 万元；近 3 年内监理过 5 个以上二等房屋建筑工程项目或者 3 个以上二等专业工程项目。

2. 乙级

企业负责人和技术负责人应当具有 10 年以上从事工程建设工作的经历，企业技术负责人应当取得监理工程师注册证书；取得监理工程师注册证书的人员不少于 15 人；注册资本不少于 50 万元；近 3 年内监理过 5 个以上三等房屋建筑工程项目或者 3 个以上三等专业工程项目。

3. 丙级

企业负责人和技术负责人应当具有 8 年以上从事工程建设工作的经历，企业技术负责人应当取得监理工程师注册证书；取得监理工程师注册证书的人员不少于 5 人；注册资本不少于 10 万元；承担过 2 个以上房屋建筑工程项目或者 1 个以上专业工程项目。

（二）建设工程监理招标资质领审及相关文件

1. 监理单位资格预审内容

（1）资质条件：资质等级、营业执照、注册范围、隶属关系、公司组成形式以及总公司和分公司的所在地、法人条件和公司章程。

（2）监理经验：已监理过的工程项目一览表、已监理过的类似工程项目。

（3）现有资源条件：公司人员、开展正常监理工作可采用的检测方法或手段、计算机管理能力。

（4）公司信誉：监理单位在专业方面的名望、地位，在以往服务过的工程项目中的信誉，是否能全力与甲方和承包商合作。

（5）承接新项目的监理能力：正在实施监理的工程项目数量、规模，正在实施监理的各项目的开工和预计竣工时间，正在实施监理工程的地点。

2. 监理招标文件内容

（1）工程概况：建设内容、规模、地点、总投资、现场条件、开竣工日期等。

（2）合同文件：招标方式、委托监理的范围和要求、合同主要条款、投标须知。

（3）技术规范：施工监理规范、施工技术规范。

（4）附件：投标书、授权委托书、近 3 年监理工程一览表、拟派本项目监理工程师资格一览表等。

（三）建设工程监理的开标、评标与决标

1. 开标

开标一般在统一的建设工程交易中心进行，由工程招标人或其代理人主持，并邀请招标管理机构有关人员参加。

2. 评标

（1）评标委员会：应由招标人（或其委托的招标代理机构中熟悉相关业务的代表）以及有关技术、经济等方面的专家组成。成员一般为 5 人以上单数，其中技术、经济等方面专家不能少于成员总数的 2/3。评标委员会的专家成员应从省级以上人民政府有关部门提供的专家名册或者招标代理机构的专家库内的相关专家名单中确定。

（2）评标方法：包括专家评审法和综合评估法。

3. 决标

（1）中标人确定后，招标人应向中标人发出通知书，同时通知未中标人。中标通知书对招标人和中标人具有法律约束力。中标通知书发出后，招标人改变中标结果或中标人放弃中标的，应当承担法律责任。

（2）招标人与中标人签订合同后 5 个工作日内，应向中标人和未中标的投标人退还投标保证金。

（3）招标人和中标人应当自中标通知书发出之日起的 30 个工作日内，按照招标文件和中标人的投标文件订立书面委托监理合同。

第八节　建设工程材料、设备采购招投标

一、概述

建设工程材料、设备采购是指采购主体对所需要的工程设备、材料，向供货商进行询价或通过招标的方式设定以商品质量、期限、价格为主的标的，约请若干供货商通过投标报价进行竞争，采购主体从中选择优胜者并与其达成交易协议，随后按合同实现采购。建筑工程材料、设备的采购主体可以是业主，也可以是承包商或分包商，要在招标文件中划分清楚。

二、建设工程材料、设备的采购方式

（1）招标选择供货商。适用于大宗材料和较重要、昂贵的大型机具设备，或工程项目中的生产设备、辅助设备。邀请有资格的制造厂家或供应商参加投标，通过竞争择优签订购货合同。

（2）询价选择供货商。即采购方对3家以上的供货商就采购标的进行询价，经过对比选择最优供货商，签订供货合同。

（3）直接订购。由于不能进行产品的质量和价格比较，因此是一种非竞争性采购方式。

三、建设工程材料、设备采购的询价

对于大型机电设备和成套设备，为了确保产品质量，获得合理报价，一般选用竞争性招标作为采购的常用方式；而对于批量建筑材料或价值较小的标准规格产品，则可以简化采购方式，用询价的方式进行采购。

第九节　建设工程合同概述

一、相关概念

广义的合同泛指发生一定权利义务关系的协议；狭义的合同专指双方或多方当事人关于设立、变更、终止民事法律关系的协议。合同的法律关系由三部分组成，即主体、客体和内容。

建设工程合同是指在工程建设过程中发包人与承包人依法订立的、明确双方权利义务关系的协议。

在建设工程中，主要的建设合同关系如图 1-2-1 所示。

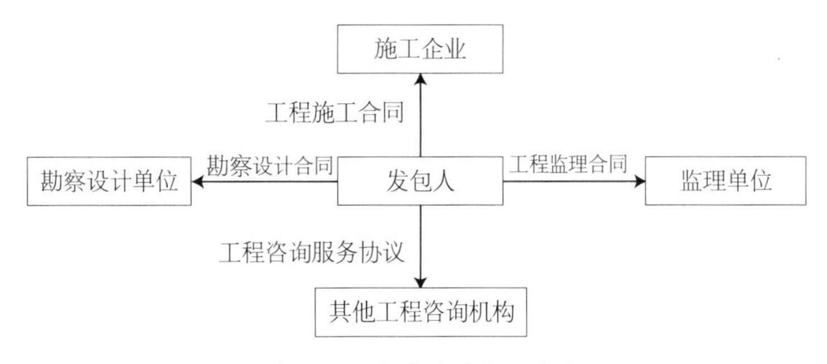

图 1-2-1 主要建设合同关系

二、建设工程合同的种类

建设工程合同包括工程勘察合同、设计合同和施工合同。

勘察合同是指发包方与勘察方就完成建设工程地理、地质状况的调查研究工作达成的协议。

设计合同包括初步设计合同和施工设计合同。初步设计合同即建设工程立项阶段承包方为项目决策提供可行性资料的设计而与发包方达成的协议。施工设计合同是指承包方与发包方就具体施工设计达成的协议。

三、建设工程合同的形式

《中华人民共和国合同法》明确指出，建设工程合同应当采用书面形式。建设工程合同可以采用的书面形式包括：

（1）合同的确认书，即通过信件、电报、电传等方式签订的合同，事后双方以书面形式加以确认的合同形式；

（2）定式合同，即合同条款由当事人一方预先拟订，对方只能表示全部同意或全部不同意的合同；

（3）签证形式，即当事人约定或依照法律规定，以国家合同管理机关对合同内容的真实性和合法性进行审查并予以证明的方式作为合同的有效要件的形式。

四、签订建设工程合同的目的与作用

（一）完善建筑市场

建立社会主义市场经济，就是要建立、完善社会主义法制经济。作为国民经济支柱产业之一的建筑业，要想繁荣和发达，就必须加强建筑市场的法制建设，健全建筑市场的法规体系。

（二）规范市场主体

建立完善的建筑市场体系，是一项经济法制工程，它要求对建筑市场主体、市场价格和市场交易等方面加以法律调整。

（三）提高建设工程合同履约率

牢固树立合同的法制观念，加强建设工程项目的合同管理，合同双方当事人必须从自身做起，坚决执行建设工程合同法规和合同示范文本制度，严格按照法定程序签订建设工程项目合同，认真履行合同文本的各项条款。

监理工程师通过谨慎而勤奋的工作，通过对建设工程合同的严格管理，力求在计划的投资、进度和质量目标内实现建设项目的目标，提高建设工程合同的履约率。

第十节　施工合同管理

一、概述

（一）施工合同的含义

施工合同是指承包方完成工程建筑安装工作，发包方验收后接受该工程并支付价款的合同。

施工合同主要包括建筑和安装两方面内容。其中，建筑是指对建筑物、构筑物进行营造的行为；安装主要是指与建筑物、构筑物有关的线路、管道、设备等设施的装配。

施工合同是建设工程的主要合同，是工程建设质量控制、进度控制、投资控制的主要依据。《中华人民共和国合同法》《中华人民共和国建筑法》等法律法规及部门规章是我国建设工程施工合同管理的主要依据。

（二）施工合同的特点

合同标的的特殊性，合同履行期限的长期性，合同内容的复杂性与多样性，合同管理的严格性。

（三）施工合同的分类

根据建筑工程种类不同，施工合同一般可以分为：建筑施工合同、设备安装施工合同、装饰装修及房屋修缮施工合同等。根据承包单位数量的不同，可以将施工合同分为：总承包施工合同、分别承包施工合同和分包施工合同。

根据合同的计价方式不同，可以将施工合同分为：总价合同、单价合同、成本加酬金合同。

（四）施工合同的订立

1. 订立施工合同必须具备的条件

（1）初步设计已经批准；

（2）有能满足施工需要的设计文件和有关技术资料；

（3）建设资金和建筑材料、设备来源已经落实；

（4）中标通知书已经下达；

（5）国家重点建设工程项目必须有国家批准的投资计划可行性研究报告等文件；

（6）合同当事人双方必须具备相应的资质条件和履行施工合同的能力，即合同主体必须是法人。

2. 施工合同的订立程序

施工合同的订立要经过要约和承诺阶段。要约、承诺是合同成立的基本条件，也是订立合同必须经过的两个阶段。如果没有特殊情况，建设工程的施工都应通过招标投标确定施工企业。

依照《工程建设施工招标投标管理办法》的规定，在中标通知书发出的 30 日内，中标单位应与项目法人依据招标文件、投标书及定标前双方达成的协议等签订施工合同。

二、建设工程施工合同

根据有关建设工程的法律法规，结合我国建设工程施工的实际情况，并借鉴国际上广泛使用的 FIDIC 土木工程施工合同条件，国家建设部、国家工商行政管理局于 1999 年 12 月 24 日发布了《建设工程施工合同（示范文本）》，以下简称“施工合同文本”。该文本是各类公用建筑、民用建筑、工业厂房、交通设施及线路管道的施工和设备安装的合同样本。

施工合同文本由《协议书》《通用条款》《专用条款》三部分组成。

三、施工合同中质量、进度和费用的控制与管理

（一）对工程质量的控制和管理

1. 材料、设备供应的质量控制

供应单位对其生产或供应的产品质量负责，材料、设备的需方则应根据购销合同的规定进行质量验收。

2. 对施工过程的质量控制

在工程施工过程中，发包方在不妨碍承包方正常作业的情况下，可以随时对工程进行检查、验收，这是发包方的权利。

承包方应按照标准、规范和设计的要求以及监理工程师依据合同发布的指令施工，随时接受发包方的检查、验收和监督，并予以积极配合。

监督检查的方式包括旁站监督、测量监督、试验检验等。

3. 隐蔽工程和中间验收

工程具备覆盖、掩盖条件或达到协议条款约定的中间验收部位，承包方自检合格后在隐蔽和中间验收 48 小时前通知监理工程师进行验收。

通知包括承包方自检记录、隐蔽和中间验收的内容、验收的时间和地点。承包方准备验收记录。经监理工程师检查验收合格后，办理隐蔽工程验收手续，承包方才可进行隐蔽和继续施工。验收不合格的，承包方在限定期限内修改后重新验收。

无论监理工程师是否参加验收，当其提出对已隐蔽工程进行检验的要求时，承包方应按要求进行剥

露，并在检验后重新进行覆盖或修复。符合质量要求的，检验费用由发包方负担，赔偿承包方的损失并相应顺延工期；不符合质量要求的，承包方则应承担检查的费用，工期不予顺延。

4. 竣工验收

竣工验收的程序包括：预验收和正式验收。

监理单位应将竣工验收的工作计划，整理和汇集各种经济技术资料，验收条件、验收依据和验收必备的技术资料内容拟订好后分发给发包方、承包方、设计单位及现场的监理工程师。

竣工验收的条件包括：完成工程设计和合同中规定的各项工作内容，达到国家规定的竣工条件；工程质量应符合国家现行有关法律、法规、技术标准、设计文件及合同规定的要求，并经质量监督机构核定为合格或优良；工程所用的设备和主要建筑材料、构件应具有产品质量出厂验收合格证明和技术标准规定的必要的进场试验报告；具有完整的工程技术档案和竣工图，已办理工程竣工交付使用的有关手续；已签署工程保修证书。

将竣工验收依据一一列出，以对照是否符合规定要求。

竣工验收必备的技术资料包括：竣工图；分项、分部工程检验评定的技术资料（如果对一个完整的建设项目进行交工验收，还应有单位工程的交工验收的技术资料）；试车运转记录。

5. 工程保修

承包人应当在工程竣工验收之前与发包人签订质量保修书，作为合同附件。质量保修主要包括工程质量保修范围和内容、质量保修期、质量保修责任、保修费用和其他约定等内容。

（二）施工合同的进度控制与管理

施工合同的进度控制可以分为施工准备阶段进度控制、施工阶段进度控制和竣工验收阶段进度控制。

1. 施工准备阶段的进度控制

（1）确定合同工期。施工合同约定合同工期通常有两种办法：一种是约定具体开工日期和竣工日期；另一种是不明确规定开工日期和竣工日期，而是明确工期天数，同时规定发包方发布开工令的日期为开工日期。

（2）进度计划的提交与审批。承包方应在合同约定的日期将施工组织设计或施工方案和进度计划提交监理工程师，这是承包方的责任。监理工程师应当按合同约定的时间予以批准或提出修改意见，逾期不予批复，可视为该进度计划已获批准。监理工程师对施工进度计划的审查和批准，并不解除承包方对施工进度计划的任何责任和义务。

（3）延期开工。承包方应按合同约定的时间开始施工，如不能按时开工，应在合同约定开工日期 7 日前以书面形式向发包方提出延期开工的理由和要求。监理工程师应在 48 小时内答复承包方。同意或 48 小时内不予答复，可视为同意，工期相应顺延。发包方不同意延期要求或者承包方未在规定时间内提出延期开工要求，工期不予顺延。

若发包方要求延期开工，发包方须在征得承包方同意后，以书面形式通知承包方后可推迟开工日期，并承担承包方因此造成的经济支出，相应地顺延工期。

2. 施工阶段的进度控制

（1）施工进度的检查与控制。

（2）暂停施工。

（3）审批工程延期。

造成工程进度拖延的原因主要有：一是由于承包方自身的原因造成的工期延误；二是由于承包方以外的原因造成的工期延误。

（4）设计变更。发包方对原设计变更时，应书面通知承包方进行变更，否则，承包方有权拒绝变更。承包方对原设计变更时，必须经发包方同意方可变更。对设计变更超过原设计标准或规模时，必须由原设计或规划审查部门批准，取得相应追加投资和材料指标，并由原设计单位审查，取得相应图纸和说明。

（5）工期提前。工期提前的情况可分为两种情况：一是发包方要求提前建成工程项目，则发包方首先要安排落实相应的建设条件，并协调同步建设项目的进度以及办理相关手续；二是承包方在有条件的情况下，经过努力加快建设进度，使工期提前，有关部门应积极予以支持。

不论是哪一种情况，施工中如需提前竣工，双方协商一致后签订提前竣工协议，合同竣工日期可以提前。

3. 竣工验收阶段的进度控制

建设工程应当按合同约定的工期按时竣工，如有经批准的工程延期时间，则应按程序办理顺延工期；否则，承包方应承担相应的违约责任。

工程具备竣工验收条件时，承包方应按国家有关竣工规定向发包方提供完整的竣工资料和竣工验收报告，按合同约定的日期和份数提交竣工图。发包方收到报告后，在合同约定的时间内组织有关部门验收，并在验收后 14 日内给予认可并提出修改意见。

发包方在收到承包方竣工报告后 28 日内不组织验收，或验收后 14 日内不提出修改意见，视为竣工验收报告已被认可，即可办理结算手续。

竣工日期为承包方送交竣工验收报告的日期；需修改后才能达到竣工要求的，应为承包方修改后提请发包方验收的日期。

（三）施工合同的费用控制与管理

1. 施工合同价款及调整

（1）施工合同价款的约定。施工合同价款是按有关规定或专用条款约定的各种取费标准计算的，用以支付承包方按照合同要求完成工程内容的价款总额。约定合同价款主要有三种方式：一是固定价格合同，即双方约定合同价款包含的风险范围和风险费用的计算方法，在约定的风险范围内合同价款不再调整，风险范围以外的合同价款调整方法在专用条款内约定；二是可调价格合同，即合同价款可根据双方的约定而调整，双方在专用条款内约定合同价款调整方法；三是成本加酬金合同，即合同价款包括成本和酬金两部分，双方在专用条款内约定成本构成和酬金的计算方法。

（2）施工合同价款的调整。对于可调价格合同，双方应在专用条款中约定调整的因素和调整的方式。承包方应在上述情况发生后 14 日内将调整的原因、金额以书面形式通知监理工程师，监理工程师确认后作为追加合同价款，与工程款同期支付。监理工程师收到承包方通知后 14 日内不作答复，视为已经同意该项调整。调整的方式应按照具体的情况予以约定。

2. 工程进度款的支付

（1）预付备料款。实行工程预付款的项目，双方应当在专用条款内约定发包方向承包方预付工程款的时间和数额，开工后按约定的时间和比例逐次扣回。预付时间应不迟于约定的开工日期前 7 日。发包方不能按合同约定预付，承包方可在约定时间 7 日后向发包方发出要求预付的通知，发包方收到通知后仍不能按要求预付，承包方可在发出通知 7 日后停止施工，发包方应承担相应的违约责任。

（2）工程量计算。计量是控制项目投资支出的关键环节，监理工程师必须对已完成的工程进行计量，经过计量所确定的数量是向承包方支付工程款项的凭证。同时，计量也是约束承包方履行合同义务的手段，因为监理工程师对计量支付有充分的批准权和否决权。对不合格的工作和工程，可以拒绝计量。此外，通过计量，可以及时掌握承包方工作进展情况和工程进度，控制工程按合同条件进行。

（3）工程款的结算。

3. 工程变更的控制

（1）工程变更程序。工程变更的原因有很多，如承包方原因或监理工程师的原因。为了有效控制投资，不论任何一方提出工程变更，均应由监理工程师签发工程变更令。变更令应由监理工程师和承包方代表共同签字认可，并确定变更工程的单价和工期延长期限。只有在特别紧急的情况下和有生命危险的项目中，监理工程师才可自行签发工程变更令。承包方必须按工程变更令的指令组织施工。

（2）工程变更价款的确定。由监理工程师签发工程变更令，如系设计变更或更改作为投标基础的其他合同文件，由此导致的经济支出和承包方的损失，由发包方承担，工期相应顺延。因此，监理工程师必须合理确定变更价款，控制投资支出。变更如系承包方违约所致，由此引起的费用由承包方承担。

监理工程师如不同意承包方提出的变更价格，应通过工程造价管理部门裁定，对裁定仍有异议的，则按合同约定的解决争议的办法解决。

四、施工索赔管理

（一）施工索赔相关内容

索赔是当事人在合同实施过程中，根据法律、合同规定及惯例，对并非由于自己的过错，而是属于应由合同对方承担责任且实际发生的损失，向对方提出给予补偿或赔偿的权利。

（二）索赔的分类

（1）按索赔有关当事人分类：承包方与发包方之间的索赔、承包方与分包方之间的索赔，承包方与供应方之间的索赔、承包方向保险公司提出的损害赔偿索赔。

（2）按索赔的目的分类：工期索赔、费用索赔。

（3）按索赔事件的性质分类：工程变更索赔、工程中断索赔、工期延长索赔、其他原因索赔，如货币贬值、汇率变化、物价和工资上涨、政策法令变化等原因引起的索赔。

（4）按索赔的处理方式分类：单项索赔、综合索赔。

（三）施工索赔的原因

1. 发包方违约行为

（1）发包方未按照合同约定的时间和要求提供原材料、设备、场地、资金、技术资料；

（2）未及时进行图纸会审和设计交底；

（3）拖延合同规定的责任，如拖延图纸的批准，拖延隐蔽工程的验收，拖延对承包方问题的答复，造成施工延误；

（4）未按合同约定支付工程款；

（5）要求赶工或延长工期；

（6）发包方提前占用部分永久性工程，对施工造成不利的影响。

2. 不可抗力事件

不可抗力是指人们不能预见、不能避免、不能克服的客观情况。不可抗力事件的风险承担应当在合同中约定，承包方可以向保险公司投保。

不可抗力作为人力不可抗拒的力量，包括自然现象和社会现象两种。自然现象包括地震、台风、洪水等；社会现象包括战争、社会动乱、暴乱等。

在许多情况下，不可抗力事件的发生会造成承包方的损失，一般应由发包方承担。

3. 监理工程师不正当行为

监理工程师是接受发包方委托进行工作的。从施工合同的角度看，其不正当行为给承包方造成的损失应当由发包方承担。

4. 合同变更

由于合同的变更，可能会导致不能按施工合同中的约定正常履行，如设计变更、追加或取消某些工作、施工方法变更及合同的其他条件变更等。

（四）施工索赔的证据

1. 证明材料

承包方提供的证据可以包括下列证明材料：

（1）合同文件，包括招标文件、中标书、投标书、合同文本等；

（2）工程量清单、工程预算书和图纸、标准、规范以及其他有关技术资料、技术要求；

（3）施工组织设计和具体的施工进度安排；

（4）合同履行过程中来往函件、各种纪要、协议；

（5）工程照片、气象资料、工程检查验收报告和各种鉴定报告；

（6）施工中送停电、气、水和道路开通、封闭的记录和证明；

（7）官方的物价指数、工资指数、各种财物凭证；

（8）建筑材料、机械设备的采购、订货、运输、进场、使用凭证；

（9）国家的法律、法规、部门规章等；

（10）其他有关资料。

2. 现场同期记录

从索赔事件发生之日起，承包方就应当做好现场条件和施工情况的同期记录。记录的内容包括事件发生的时间、对事件的调查记录、对事件的损失进行的调查和计算等。做好现场的同期记录是承包方的义务，也是作为索赔的证据资料。

五、施工合同的履行和管理

（一）施工合同的履行

施工合同履行是指施工合同双方根据合同规定的各项条款，实现各自的权利，履行各自义务的行为。施工合同一旦生效，对当事人双方均有法律约束力，双方当事人应当严格履行。

施工合同履行应遵守全面履行和实际履行的原则。全面履行要求合同当事人双方必须按照施工合同规定的全部内容履行，包括履行的地点、方式、期限、合同价款、工程建设的数量和质量等。实际履行则要求合同双方当事人必须按合同的标的履行。由于建设工程项目具有不可替代性和建设标准的强制性，所以合同当事人不能以支付违约金来替代施工合同的标的履行。

施工合同的工程竣工、验收和竣工结算是施工合同履行的基本步骤。

（二）施工合同的管理

施工合同的管理是指各级工商行政管理机关、建设行政主管机关和金融机构，以及工程发包方、监理单位、承包方，依照法律、法规及规章，采取法律和行政的手段，对施工合同关系进行组织、指导、协调及监督，保护施工合同双方当事人的合法权益，处理施工合同的纠纷，防止和制裁违约行为，保证《合同法》的贯彻实施等一系列活动。

六、监理单位在合同管理中的主要工作

（一）合同的分析

通过对合同各项条款进行分门别类的研究和解释，找出合同的缺陷和弱点，以发现和提出需要解决的问题。对引起合同变化的事件进行分析和研究，以便采取相应措施。

合同分析对于促进合同各方履行义务和正确行使合同赋予的权利，对监督工程的实现，对解决合同争议，对预防索赔和处理索赔事件等工作都是十分必要的。

（二）建立合同目录、编码和档案

合同目录和编码是采用图表方式进行合同管理的便利工具，为合同管理自动化提供了方便条件，使计算机辅助合同管理得以实现。

合同档案的建立可以把合同条款分门别类地加以存放，为查询、检查合同条款，分解和综合合同条款提供了方便。合同资料的管理应当起到为合同管理提供整体服务的作用。

（三）合同履行的监督、检查

通过检查，发现合同执行过程中存在的问题，并根据法律法规和合同规定加以解决，以提高合同的履约率，使工程项目能够顺利建成。合同监督还包括经常性地对合同条款进行解释，以促使承包方能够严格按照合同要求实现工程进度、工程质量和费用的要求。按合同的有关条款做出工作流程图、质量检查表和协调关系图等，有助于有效地进行合同监督。

合同监督需要经常检查合同双方往来的文件、信函、记录、发包方的指示等，以确认是否符合合同的要求及对合同的影响，以便采取相应的对策。根据合同监督、检查所获得的信息进行统计分析，以发现费用金额、履约率、违约原因、纠纷数量、变更情况等问题，向有关监理部门提供情况，为目标控制和信息管理服务。

（四）索赔

索赔是合同管理中的重要工作，又是关系合同双方切身利益的问题，同时牵涉监理单位的目标控制工作，是参加项目建设各方都需关注的事情。首先，监理单位应当协助发包方制定并采取防止索赔的措施，以便最大限度地减少无理索赔的数量和索赔影响。其次，要处理好索赔事件。对于索赔，监理工程师应当以公正的态度对待，同时按照事先规定的索赔程序做好处理索赔的工作。

合同管理工作的好坏直接影响着投资、进度、质量控制，是建设工程监理方法体系中不可分割的组成部分。

第十一节　FIDIC 合同条件概述

一、FIDIC 合同条件含义

FIDIC 是国际咨询工程师联合会（Federation Internationale Des Ingenieurs – Conseils）法文名称的缩写。FIDIC 专业委员会编制了许多规范性的文件，这些文件不仅被 FIDIC 成员国采用，而且世界银行、亚洲开发银行的招标文件也常常采用。FIDIC 出版的标准化合同格式有：《土木工程施工合同条件》（国际上通称 FIDIC“红皮书”）、《电气与机械工程合同条件》（黄皮书）、《业主 / 咨询工程师标准服务协议书》（白皮书）及《设计 – 建造与交钥匙工程合同条件》（橘皮书）等。本节所提及的 FIDIC 合同条件是指《FIDIC 土木工程施工合同条件》。

FIDIC 合同条件具有明确性、完整性、严密性、公正性、以工程师为核心等基本特点。

二、FIDIC 合同条件简介

（一）FIDIC 合同条件的适用范围

对工程的类别而言，FIDIC 合同条件适用于一般的土木工程，包括市政道路工程、工业与民用建筑工程及土壤改善工程。

工程承包施工合同的种类很多，如固定总价合同、成本加酬金合同、单价合同等。FIDIC 合同条件主要适用于单价合同。所谓单价合同，就是按工程量清单中的单价和实际完成的工程数量结算工程价款。

（二）FIDIC 合同条件的文本结构

FIDIC 合同条件由“通用条件”和“专用条件”两大部分组成合同文本。

1. 通用条件

“通用”的含义是工程建设项目只要属于土木工程类施工，不管是工业与民用建筑，还是水电工程，或是公路、铁路交通等各建筑行业均可适用。

通用条件共有 72 条 194 款，大致可分为权义性条款、管理性条款、经济性条款、技术性条款和法规性条款等。条款的内容涉及工程项目施工阶段业主和承包商各方的权利和义务；工程师的权力和责任；各种可能预见的事件发生后的责任界限；合同正常履行过程中各方遵循的工作程序；因意外事件而使合同被迫解除时各方应遵循的工作原则。

2. 专用条件

专用条件是相对于“通用条件”而言的，通用条件的条款编写是根据不同地区、不同行业的土建类工程施工的共性条件而编写的，但有些条款还必须考虑工程的具体特点和所在地区情况予以必要的变动。专用条件针对通用条件中条款的规定加以具体化，进行相应的补充、完善、修订，或取代其中的某些内容，增补通用条件中没有规定的条款。

三、FIDIC 合同文件组成

《FIDIC 土木工程施工合同条件》中，构成合同的组成文件包括：

（1）合同协议书；

（2）中标通知书；

（3）投标书；

（4）通用条件；

（5）专用条件；

（6）构成合同一部分的任何其他文件：包括规范、图纸、标价的工程量表等。

合同文件出现矛盾和歧义时，应由监理工程师负责解释。对文件中矛盾或歧义解释的原则是，前面序号的文件内容优先于序号排后文件的内容。

四、合同中主要词语的含义

（一）相关概念

通用条件中规定，承包商对合同工程负有实际责任的期限分为工程施工期和缺陷责任期两个阶段。为了正确划清合同责任，应当明确“合同工期”“施工期”和“缺陷责任期”的不同含义。

合同工期是指所签订合同内注明的全部工程或分步移交工程应完成的施工时间，加上因非承包商应负责任的原因而导致工程变更或索赔事件发生后，经监理工程师批准展延工期之和。

施工期是指从监理工程师发布“开工令”之日起至发布“工程移交证书”中指明的实际竣工日为止，这一时间段内的实际施工时间。

缺陷责任期，即通常所说的工程保修期，其目的是要工程建设项目在运行条件下考验工程质量是否达到了合同中技术规范所要求的标准。

（二）合同价格

合同价格是指中标通知书中写明的，按照合同规定的实施、完成和其他任何缺陷的修补应付给承包商的金额。但是，合同价格并非承包商应该得到的结算价款。

（三）合同的转让和分包

合同条件规定，没有取得业主事先书面同意，承包商不得将合同或任何部分的好处转让给承包商开户的银行和保险公司以外的任何第三方，否则可视为承包商严重违约，业主有权解除合同关系。

通用条件中对某一特殊情况下的合同转让也作了明确的说明，即当承包商负责实施的工程部分缺陷责任期满，并已通过了最终检验准备撤离施工现场，而分包商负责的工程部分还没有通过最终验收时，在取得了业主同意并愿意承担有关费用的前提下，可以将未完成任务的分包商与承包商所签订的分包合同中的权利和义务转让给分包商，由分包商直接对业主负责。

合同条件将分包的批准权赋予了工程师，由工程师来审查分包工程的内容是否符合合同规定，分包商的资质是否与所承担工程的等级相适应，以及现场实施协调管理的条件，还要考虑何时批准开始分包工程施工等。

（四）指定分包商

通用条件规定，业主有权将部分工程项目的施工任务或涉及提供材料、设备、服务等工作内容发包给指定分包商实施。所谓分包商，是指由业主（工程师）指定或选定，完成某项工作内容并与承包商签订合同的承包商。

（五）工程师、工程师代表及助理

工程师是指业主聘请、监理单位委派，直接对业主负责的委员会或小组，行使合同内授予的和必然引申的权力。业主授予工程师的权限，可根据工程的实际进展情况，随时扩大或缩小，但每次均应同时通知承包商。工程师应独立、公正地处理合同履行过程中的有关事宜，既要维护业主的利益，也要维护合同规定的承包商的权益。工程师在做出超过授权范围的决定前，必须先征得业主的批准。除非业主另外授权，工程师无权改变合同内规定承包商应承担的任何义务，而且工程师的决定不具备最终的约束力，业主和承包商任何一方对工程师的决定不满意时，都有权提请仲裁解决。

（六）保险的规定

承包商应以业主和承包商的共同名义向保险公司办理工程险和第三者责任险的投保手续，因为双方在保险范围内都有投保权益。现场工作开始之前，承包商需向业主提供已办理保险的证据（临时保单或保险凭证，并在开工后的84日内提交正式保单）。如果承包商未办理或未全部办理规定的任何一部分保险，业主有权向保险公司投保，但保险费用要由承包商承担。

施工现场属于承包商的设备和材料，承包商应以自己的名义按全部重置费投保。可以作为工程险的附加保险，也可以单独办理投保手续。

业主、承包商和分包商各自为其在施工现场工作的雇员办理人身财产保险。

五、工程师的职权

合同条款内明示的工程师对合同管理的权限范围较大，可以概括地分为以下四个方面。

（一）工程质量管理方面

（1）对运抵施工现场的材料、设备质量进行检查和检验；

（2）对承包商施工过程的工艺操作进行监督；

（3）对已完成工程部位质量的确认或拒收；

（4）发布指令，要求对不合格的工程部位采取补救措施。

（二）进度管理方面

（1）审查批准承包商的施工进度计划；

（2）指示承包商修改施工进度计划；

（3）发布开工令、暂停施工令、复工令和赶工令。

（三）支付管理方面

（1）确定变更工程的估价；

（2）批准使用暂定金额和计日工；

（3）签发各种给承包商的付款证书。

（四）合同管理方面

（1）解释合同文件中的矛盾和歧义；

（2）批准分包工程；

（3）发布工程变更指令；

（4）签发“工程移交证书”和“解除缺陷责任证书”；

（5）审核承包商的索赔；

（6）行使合同必然引申的权力。

参考文献

[1] 白思俊. IPMP 知识精要［M］. 北京：机械工业出版社，2005.

[2] 李洪军，源军，陈勇强. 工程项目招投标与合同管理［M］. 北京：北京大学出版社，2009.

[3] 周艳冬. 工程项目招投标与合同管理［M］. 北京：北京大学出版社，2017.

[4] 乐云. 国际工程项目管理的前沿研究方向［J］. 建设监理，2004（6）：78-81.

[5] 乐云. 建设项目前期策划与设计过程项目管理［M］. 北京：中国建筑工业出版社，2010.

[6] 特莱福·威廉姆斯，陈勇强等译. 现代信息技术在工程建设项目管理中的应用［M］. 北京：中国建筑工业出版社，2008.

[7] 俞启元，吕玉惠，张尚. 建筑施工企业供应链协同信息管理系统研究［J］. 建筑经济，2012，9：84-87.

[8] 张江河，陈勇. 特大型工程建设项目信息化的现状及建设探索［J］. 项目管理技术，2011，9（11）：95-99.

第三章

施工阶段管理

姚蓁　王思满　叶青

姚　蓁　上海市卫生基建管理中心副主任

汪思满　上海建工二建集团有限公司副总工程师

叶　青　中建一局集团第五建筑有限公司董事长，党委书记

第一节　组织管理

一、组织管理的概念

组织管理是指为实施项目管理而建立的组织机构，以及该机构为实现项目目标所进行的各项组织工作的简称，是项目管理最核心的组成部分。选择合适的建设管理模式、建立正确的组织结构会使项目管理效率得到保证。

对于医院项目，由于项目体量大、建设周期长、涉及的专业单位较多，协调难度较大，要做好医院项目管理工作，实现项目建设目标，首先要解决组织问题，建立、健全组织体系，包括组织形式、组织结构、组织分工、组织流程以及组织内部各要素之间的关系等，一个分工明确、高效运转、沟通顺畅的组织管理是医院项目顺利推进的关键。

二、组织管理的基本形式

（一）业主管理

业主管理是一项集成化管理工作，目的是使临时组织的各单位能在短时间内迅速相互配合，和谐共处，协同作战，最终实现项目投资控制、进度控制、质量控制、安全管理、文明施工管理及项目协调管理的期望目标。医院建设的业主管理模式主要包括医院统揽模式和基建处模式。

（二）代建制管理

代建制是政府投资非经营性项目经过规定的程序委托有相应资质的工程管理公司或具备相应工程管理能力的其他企业作为项目建设期法人，代理投资方或建设单位组织和管理项目的一种建设管理模式。代建制管理模式主要是针对政府投资项目，其模式主要是业主方委托社会化、专业化的代建单位来承担业主方的项目管理职责，代建制的特点是代建方具有全过程管理职能和监督职能。

（三）工程总承包管理

工程总承包，一般又称为“交钥匙承包”，是指从事工程总承包的企业受业主委托，按照合同约定对工程项目的可行性研究、勘察、设计、采购、施工、试运行（竣工验收）等实行全过程或若干阶段的承包。工程总承包企业按照合同约定对工程项目的质量、工期、造价等向业主负责。

采用工程总承包管理模式对业主而言，合同关系简单，组织协调工作量小，承包商承担了设计和施工的全都责任，合同责任界面清晰、明确，有利于控制项目成本。对于承包商来说，提高了项目采购速度，提高了项目实施的效率，缩短工期，并可优化设计，设计方案的可建造性强，设计变更少。业主必须选择资信度高、实力强，适宜全方位工作的承包商，他不仅需具备各专业工程的施工力量，而且需要很强的设计、管理、供应，乃至项目策划和融资能力。

工程总承包模式按过程内容主要有 EPC 模式、DB 模式、EPCM 模式等。

三、项目管理的组织保障

由于医院建设项目包括了工作内容、工作性质等各不相同的参建单位，对参建单位进行协调和组织管理，对于促使医院项目成功实施尤为必要。

医院在项目建设初期应建立项目管理的组织，采用适当方式选聘称职的项目组织管理负责人，根据不同的组织模式确定项目的组织原则和工作内容，组建项目管理机构，明确各部门分工和责任。

（1）根据工作需要选配合格的项目管理人员。

（2）制定各级项目管理人员的岗位职责、工作标准。

（3）编制项目管理流程，明确各级项目管理人员的权限。

（4）根据项目管理的需要，制定项目管理制度和管理办法。如果上级机关有相关的规章制度亦应遵守。

第二节　技术方案管理

一、技术方案的组成

技术方案是对工程建设项目在整个施工全过程的设想和具体的安排，包括施工组织设计、医疗专项技术方案和危险性较大分部分项工程等，目的是要使工程建设达到速度快、质量优、成本低的目标，从而获得最优的经济效益。

（一）施工组织设计

施工组织设计作为指导施工全过程各项活动的技术经济的纲领性文件，主要包括：①工程概述简要。介绍编制依据、工程概况、工程特点、工程目标等方面的内容，说明工程的性质是新建、扩建、技术改造及建设的目的和意义；②施工总体部署和总体进度计划。明确施工总体部署原则及主要控制点，根据项目安装（删除）工程建设的总体部署，结合本工程实物工程量及计划安排，将工程施工划分为不同时间段进行施工部署；③项目组织机构应主要介绍组织机构的基本形式，人员组成及关键人员的岗位职责等；④主要施工技术方案。主要针对工程涉及的主要专业施工内容，编制相应的施工技术方案。

（二）医用专项技术方案

考虑到医院项目的特殊工艺，要编制对应的医用专项技术方案。业主必须要加强对医用洁净工程、医用气体系统工程等专项建造的全过程管理，对其质量进行全过程控制和管理。

1. 医用洁净工程

医院洁净手术室的建造是一个涉及医疗卫生、建筑装修、净化空调、信息通信、医用气体等多专业、多学科的系统工程。

2. 医用气体系统工程

氧气系统、压缩空气系统和负压吸引系统是每个医院医用气体系统中必备的。主要用于治疗、麻醉、器械驱动和试验。

3. 物流传输系统工程

医院物流传输系统是一种小型医用物品自动传输设备，目前在国内主要分为：气动管道传输系统和轨道小车传输系统。

4. 中央供水系统工程

中央集中制水、分质供水就是用一套水机对自来水进行深度处理使其达到各科室可直接使用的水质标准，再分别用管网供给各科室使用。

5. 污水处理工程

医院污水的水质特点是含有大量的病原体，需要经过处理达到排放标准后才能向市政管网排放。

6. 放射防护工程

对各类放射诊疗工作用房（包括：医用电子直线加速器及与其配套的模拟定位机房；CT、DR、CT、DSA、ERCP、摄影机、胃肠机、胸透机、牙科全景机、口内牙科机、乳腺钼靶机、碎石机等用房），应进行屏蔽防护、辐射安全控制以及放射防护管理。人员范围为相应放射诊疗设备技术操作人员和诊断人员。

7. 检验科、实验室、病理科工艺

流程及通风要求都有严格规定，提前做好工艺设计，能更好地与主体结构及水、电、暖、通风的配套衔接。

8. 厨房工艺

厨房的流程需符合卫生检验检疫的要求，工艺对结构、水、电、暖、通风等有较高的要求。一般在施工图设计时就要将厨房工艺图纸结合进去，避免后期返工及验收困难。

（三）危险性较大的分部分项工程

危险性较大的分部分项工程应按照住建部颁布的《危险性较大的分部分项工程安全管理规定》进行技术方案编制。对于超过一定规模的危险性较大的分部分项工程，施工单位应当组织专家对技术方案进行论证。

二、技术方案的管理要点总结

（1）发挥计划、组织、指挥协调和控制功能，建立良好的项目技术管理架构，使项目管理过程符合技术规范、规程，科学、有效地组织各项技术工作的顺利开展。

（2）应及时组织有关人员熟悉图纸，并将图纸中存在的问题汇总整理，在图纸会审前提交设计单位。使得这些问题在各工序施工前将图纸上存在的问题及时解决。

（3）由总承包方编制详细的施工组织设计，经公司总工程师审批后报监理、业主审批，根据批准的施工组织设计再按各单项、工程各阶段编制分阶段施工组织设计，经项目技术负责人批准后再分送业主和监理。

（4）对业主和监理批准的施工组织设计，应由负责编制该文件的主要负责人，向参与施工的有关部门和有关人员进行交底，说明该施工组织设计的基本方针，分析决策过程、实施要点，以及关键性技术问题和组织问题。

（5）各分包商按照总承包提供的统一的测量基准线、基准点进行施工测量，总承包方进行复核，负责各分包单位技术方面的协调，在不同施工阶段协调各分包单位的场地布置。对于施工中发生的一般技术问题及时解决，如有重大技术问题，则组织有关方面共同参与解决。

（6）对于医院工程，设备、装饰工程尤为重要，尤其应加强对医用洁净工程、医用气体系统工程等医用专项技术方案的编制和方案交底。

（7）加强各专业间的技术协调，给排水、建筑结构、土建专业、暖通专业和设备专业之间的相互协调，要组织各专业技术人员共同确定综合管线布置图，提前确定各专业的预埋，解决因管线铺设交叉“打架”而出现的矛盾和问题。

（8）除了常规检测外，还需要进行手术室、医用气体、实验室、防护与屏蔽等医院专项检测。医院专项工程需对应的行政管理部门验收，如手术室、医用防护等由疾控或卫生监督部门验收，医用气体由质监局特种设备管理部门验收，厨房由卫生监督部门验收等。

（9）及时做好总承包方的各项技术资料汇总工作，定期归档，并定期对各分包单位的技术资料进行检查，发现问题及时落实解决。

第三节　进度计划管理

一、进度计划管理的目标

医院项目建设周期包括规划立项、方案审批、设计、招标、施工、验收等阶段，建设周期比较长，一般需要 4~5 年，其中前期及设计阶段一般为 1~2 年左右，建造实施阶段一般为 3 年左右。医院建设项目进度管理贯穿项目建议、可行性研究、设计、施工等全过程，涉及业主（含代建单位）、设计单位、施工单位、材料设备供应单位及行政主管部门等，参与单位在进度管理中具有密切的联系，同时在不同阶段又承担着不同任务。

二、进度计划管理的内容

项目进度计划是将项目所涉及的各项工作进行分解后，按开展顺序、开始时间、持续时间、完成时间及相互衔接关系的编制计划，通过进度计划的编制，使项目的实施形成一个有机的整体，同时进度计划是进度控制和管理的依据，其目的是有效控制项目工期。

医院项目业主方应根据项目建设实际需求、施工条件、外部环境、资源供应状态等情况对建设项目开展逐层分解，分别编制项目子系统进度规划和项目子系统中的单项工程进度计划等，逐层确定项目进度目标，由不同深度的进度计划构成进度计划系统。

进度计划管理内容主要包括进度计划的制订和项目进度计划的执行两方面，进度计划一般分为三个等级。

（一）一级进度计划

一级进度计划是指项目总体进度计划，作为进度控制基准，是后续进度管理的指导性文件。项目总体进度计划是根据项目进度目标对任务的初步分解，使进度计划的描述容易理解和便于识别，其制订通常要综合考虑项目的规模、特点和医院建设的管理水平，结合类似工程的周期和上级部门指导性意见，并考虑一些不可控制的风险因素。

项目总体进度计划一般是采用里程碑、横道图以及节点表来表达，将对项目整体进度影响较为明显或较为重要的节点表示出来。里程碑是项目中完成阶段性工作的标志，标志着上一个阶段结束及下个阶段开始，明确任务的起止点。项目施工阶段一级进度计划里程碑主要包括施工许可证申领、项目开工、桩基、围护结构施工、地下结构施工、地上结构施工、主体结构封顶、设备安装施工、装饰装修施工、项目竣工验收、竣工备案等关键节点。

医院业主方开工前制订项目施工阶段的总体进度计划，在施工单位进场后，施工单位按照合同约定的工期目标，结合企业自身情况，根据工艺关系、组织关系、搭接关系等编排施工总进度计划，医院项目业主方将施工单位编制的总进度计划中的关键节点，纳入项目总体进度计划中进行管理，并定期进行调整和修改。

（二）二级进度计划

二级进度计划是项目实施的总体控制计划，是在项目总体进度计划的基础上编制，进度计划总体上满足一级进度关键控制节点和里程碑进度要求，在其基础上完善和细化各子系统的工作活动。其内容包括项目前期计划、项目施工计划、项目招标计划、项目专业分包招标计划、项目竣工验收计划、甲供设备材料进场计划等。建设项目是利用可交付成果来明确参与者的责任，由多项产生可交付成果的活动组成，其中，至少有一组活动的组合周期最长，它决定了项目的最终完成时间，称为关键线路。项目二级进度计划需明确指出建设项目中的关键线路及各活动之间的逻辑关系，并围绕着关键线路开展进度管理。非关键线路上的活动不能影响到关键线路上的活动。

（三）三级进度计划

三级进度计划是项目管理的实施计划，是根据二级进度计划中的各项专业特点进一步的细化。按照二级进度计划的控制要求，将专项施工分解为更细分的工序，确定每道工序的完成时间及节点，并明确前后工序的先后逻辑关系，其深度必须满足具备指导实际工作的作用。

除上述三级进度计划体系外，施工阶段建设项目的进度管理仍需要编制及控制各类不同的分进度计划，包括：①按时间刻度分年度、季度、月度等进度计划，用于控制各参与单位按计划完成本时段工作。②按实施专业分土建、钢结构、机电安装、幕墙、电梯、医疗特有专业、初装精装等专项工程计划，用于控制各专业施工单位按计划完成各项工作。③按工程区域分地下室、裙房、塔楼等区域性进度计划，用于控制区域施工单位按计划完成各项工作。④按专业业务分专业招标进度计划、设备采购进度计划、深化设计计划，施工进度计划，调试验收计划，用于控制各参与单位按计划完成各项专业业务工作。

三、影响施工进度的因素与措施

（一）影响施工进度的因素

影响项目施工的因素大致可分为三类：内部因素、参建方因素及不可预见因素。

1. 施工单位内部管理因素

（1）施工组织不合理，人力、机械配置不当；

（2）施工措施不当或发生事故；

（3）管理水平低下。

2. 参建各相关单位因素

（1）设计图纸提供不及时或设计变更超过一定的体量；

（2）各专业分包未按时完成进度；

（3）专业设备招标采购不及时；

（4）资金未按时拨付。

3. 不可预见因素

（1）施工现场水文地质状况比设计合同文件预计的更加复杂；

（2）严重的自然灾害；

（3）政治因素。

（二）进度管理措施

1. 施工准备阶段

（1）根据医院项目建设决策时确定的项目工期总目标，审核建设项目总进度计划；

（2）审核里程碑控制进度计划；

（3）审核准备阶段详细工作计划并控制其执行；

（4）制订招标进度计划并控制其执行。

2. 施工过程阶段

（1）业主督促施工单位科学管理，制订合理的进度计划。复核总包与分包单位分别编制的各项单体工程施工进度计划之间是否相协调，专业分工与计划衔接是否明确合理。

（2）业主会同监理复核施工组织设计及关键施工路线的进度安排，并提出合理化建议。

（3）监督施工单位合理配置劳动力及机械设备，合理、高效施工。

（4）督促设计单位提前完成设计进度，并召集各方对设计图纸会审，确保图纸质量满足施工进度要求。

（5）资金供应满足进度需要的安排。

（6）提前对专业设备采购招标，确保设备进场能与施工进度匹配。

（7）要求施工单位根据工程进展的实际情况定期更新进度计划，动态地反映施工进度情况，预测今后实施中可能的走向和趋势。

（8）工期延误处理。分析工期延误的原因和责任，按合同约定进行处理。

3. 竣工阶段

（1）审核各项竣工验收工作详细进度计划的执行情况。

（2）审核建设项目交付运行管理进度计划的执行情况。

四、施工进度管理的关键点

（1）医院项目专业分包多，将专业分包的进度纳入总包进度计划体系。

医院建设项目所包含的内容，几乎不可能有哪一家工程总承包企业可以完全自行承担，绝大多数医院建设项目，在建筑单体施工总承包的同时，都会存在诸多业主平行进行专业招标，如手术室净化、医用气体工程、物流传输系统、放射防护、污水处理、电梯等。

业主参加总包对专业分包的专题会议，要求总包及专业分包单位对照计划，列出每周计划完成工作量、实际完成工作量、未完成原因分析、赶工措施、需要协调事项，确保在计划内完成各项任务。一旦工期延误，则必须采取相应的纠偏措施，如：分析由于管理的原因而影响进度的问题，并采取相应的措施、调整进度管理的方法和手段、改变施工管理和强化合同管理、及时解决工程款支付和落实加快工程进度所需的资金、改进施工方法和改变施工机具等，使工期在可控范围内。

（2）业主招标设备采购内容多，需根据施工总进度计划提前落实。

医院工程有大量的医疗设备，一般由业主自行采购，有许多次招标与采购。很多设备的安装对结构施工、进场路线、吊装口、装修等均有特殊要求，业主应根据施工进度计划编制医疗设备的预留预埋计划和进场计划。要求订货方提前确定送货时间，供应商严格按照计划时间送货到现场，保证供应时间准确。

（3）医院项目工序繁多，工序管理要严格执行交接验收制度。

医院项目在建设的后期，由于专业多，除总包发包的单位外，其中很多项目由业主单独招标，在同一区域存在多家单位、多道工序施工，各工序之间相互影响，如管理不当，将会对进度及施工质量产生重大影响，甚至出现返工现象。因此业主需定期检查施工现场进度的实际完成情况，在上下道工序交接过程中及时组织人员对上道工序进行验收，保证下道工序的正常施工，同时对于施工进度滞后的工序及时提醒总包单位，督促其采取有效措施抢回拖延的工期。

五、施工进度计划的检查

跟踪检查实际进度是项目施工进度控制的关键，具体控制内容有以下几点。

（一）检查时间

（1）根据项目的类型、规模、施工条件和对进度执行要求的程度确定检查时间和间隔时间；

（2）常规性检查可定为每月、半月、每旬或每周进行一次；

（3）施工中遇到天气、资源供应等不利因素严重影响时，间隔时间可缩短，次数应增加。

（二）检查内容

（1）对日施工作业效率，周、旬作业进度及月作业进度分别进行检查，对完成情况做记录；

（2）检查期限内实际完成和累计完成的工程量；

（3）实际参加施工的人力、机械数量和生产效率；

（4）进度偏差情况和进度管理情况；

（5）影响进度的特殊原因及分析。

（三）检查方法

（1）建立内部施工进度报表制度；

（2）定期召开进度工作会议，汇报实际进度情况；

（3）进度控制的特殊原因及分析。

（四）数据整理、比较分析

（1）将收集的实际进度数据和资料进行整理加工，使之与相应的进度计划具有可比性；

（2）一般采用实物工程量、施工产值、劳动消耗量、累计百分比等和形象进度统计；

（3）将整理后的实际数据，资料与进度计划比较，通常采用的方法有：横道图法、列表比较法、S形曲线比较法、香蕉形曲线比较法、前锋线比较法等；

（4）得出实际进度与计划进度是否存在偏差的结论：相一致、超前或滞后。

六、施工进度计划的动态调整

医院建设项目是在动态条件下实施的，项目进度计划的编制、执行、跟踪检查、比较分析、调整过程是一个动态的循环系统。项目进度控制是一个动态的管理过程，通过对施工进度计划检查，一旦发现进度偏差，应分析该偏差产生的主要原因以及是否对后续工作和总工期产生影响。

出现进度偏差后，及时采取相应的纠偏措施进行纠偏，主要包括：①改变某些工作间的逻辑关系；②缩短某些工作的持续时间；③资源供应的调整；④改变工作的起始时间等措施。

动态进度调整过程如下：

编制进度计划→项目实施→出现进度偏差→分析产生偏差的原因→分析偏差对后续工作和工期的影响→确定影响后续工作和工期的限制条件→采取进度调整措施→形成调整的进度计划→采取相应的经济、组织、合同措施→实施调整后的进度计划→进度持续监测。

第四节　质量与安全管理

一、质量管理

（一）质量管理的目标

业主应根据项目情况确定项目质量目标，如质量验收一次合格率达到100%，或主体结构工程优良等。

为了实现项目质量目标，要求明确职责、建章立制、完善体系、强化事前控制、把握关键工序、加强过程控制和持续改进。

在确定项目质量目标基础上，业主应落实各项质量保证措施，形成了业主、施工监理单位、勘察单位、设计单位、施工单位、材料设备供应单位的多层次质量保障体系，通过加强监督各参建单位质量控制措施的执行，保证各项措施落实到位。在强调施工阶段的质量控制基础上，将医院建设项目的设计、招投标、施工前准备及竣工验收等纳入质量管理体系中进行衔接和协调，全过程保证项目质量。

（二）质量管理的依据

质量管理计划的编制必须以相关现行法律法规、施工质量验收规范标准及地方现行有关规定为依据。

（1）国家相关法律法规，如《中华人民共和国合同法》《中华人民共和国建筑法》《建筑工程质量管理条例》《中华人民共和国环境保护法》和《建设工程安全生产管理条例》等。

（2）项目相关合同、设计施工文件、技术资料等。

（3）施工质量验收规范、标准及地方现行有关规定。

（三）质量控制的管理内容

1. 施工准备阶段的质量管理

施工前准备阶段的质量控制，着眼于事前质量控制，在各工程对象正式施工活动开始前，对各项准备工作及影响质量的各因素进行控制，在此过程中业主重点管理以下影响项目质量的关键点：（1）建立健全质量管理体系；（2）图纸会审；（3）设计交底；（4）审查施工组织设计；（5）质量保障计划等。

2. 施工阶段的质量管理

施工阶段质量控制是事中质量控制，在医院建设项目的质量管理过程中，施工阶段是整个医院建设项目质量管理最重要的环节，在此阶段，业主的质量工作重点是进行施工质量的宏观控制，抓程序管理、切实发挥施工单位和监理单位的职责。重点控制关键环节及薄弱环节，提高工序检查验收的一次验收合格率。

定期组织施工监理及各施工方参加工程质量联检，加强质量监督管理，确保结构使用和安全需要，确保项目质量目标的实现。

具体管理内容如下：

（1）材料质量管理。确保工程上使用的物资材料符合国家技术质量标准，所购材料必须有合格证、质量检验报告、厂家名称和有效使用日期等。

项目材料验收是保证进入现场材料满足工程质量标准的重要管理环节，应督促施工监理做好材料进出场的检查登记工作，把好数量关、质量关、单据关，拒收凭证不全、手续不整、数量不符、质量不合格的材料。

按规范规定要求复试的材料要有取样送检证明报告；新材料未经试验鉴定，不得用于工程当中；现场配置的材料应经过试配，使用前应经过认证。

（2）施工工序质量控制。工序质量是指施工中人、材料、机械、工艺方法和环境等对产品综合起作用的过程质量，又称过程质量，它最终体现为产品质量。工序质量控制是对工序活动条件即工序活动投入的质量和工序活动效果质量的控制，其重点内容包括：设置工序质量控制点、严格遵守工艺规程、控制工序活动条件的质量以及及时检查工序活动效果的质量。业主应督促施工监理单位设置质量控制点，并对质量控制点进行重点控制，发现有不符合规范和设计要求质量问题时，及时向施工单位提出整改通知，要求施工单位整改，并检查整改结果。

工序交接是工序质量控制的重要环节，通过工序交接可以确认上道工序的完成质量以及是否满足下道工序施工条件。业主督促施工监理单位加强工序交接验收控制，实行验收签证制度，真正做到上道工序未经验收签字，下道工序不得进行施工，确保各道工序的施工质量。

（3）隐蔽工程验收。隐蔽工程验收是在被检查对象被后道工序覆盖之前对其质量进行的最后一次检查与验收，隐蔽工程施工完毕，施工单位按照有关施工图纸、规范标准、技术规程进行自检，合格后报施工监理单位验收。业主督促施工监理单位及时对隐蔽工程进行验收，如钢筋工程、预埋管线、基础工程的检查验收，并形成验收文件记录，涉及结构安全的试块、试件以及有关材料，应督促施工监理单位按规定进行见证取样检测。

（4）分部、分项验收。对已完成的分部、分项工程，业主督促施工单位按设计要求和规范标准进行自查、自检，符合要求后向监理单位报验。监理单位按相应的质量验收标准和办法进行检查验收，业主参与，对涉及结构安全和使用功能的重要分部分项工程监理必要时应进行抽样检测。对验收中发现的不符合设计及规范要求等质量问题，业主应要求监理单位督促施工单位按进行整改，整改好后复查。

（5）工程变更控制。医院项目建设过程工程中的变更往往不可避免，通常是由业主需求原因、设计原因、施工原因、外界因素等引起的变更。发生变更时，业主应对变更从质量影响、工期影响、费用影响作综合评估，判别是否进行工程变更。

（6）成品保护。在施工过程中，某些部位会先行完工，而其他部位还在施工，尤其是装饰施工阶段，必须对已完工程采取相应的产品保护措施，以减少不必要的返工，确保成品质量。业主督促各施工单位做好成品保护工作，特别是各专业交叉施工时，应相互配合、相互保护。

3. 竣工验收的质量管理

工程的竣工验收是全面检验工程建设是否符合设计要求和质量标准的重要环节，业主是工程竣工验收的主体单位，负责组织工程的竣工验收。竣工验收管理程序：竣工验收准备→编制竣工验收计划→组织现场验收→进行竣工结算→移交竣工资料→办理竣工手续。

在工程竣工验收过程中，业主（医院建设管理部门）应严控标准，规范程序，完整档案，接受监督，并做好医院建设项目竣工验收后的移交工作。

医院开展试运行前验收工作的条件为：①施工单位完成工程设计和合同约定的各项内容；②有完备的技术档案、施工管理资料；③有工程使用的主要建筑材料、建筑构配件和设备进场试验报告；④有项目勘察、设计、施工、工程监理等单位分别签署的质量合格文件；⑤施工单位签署的工程质量保修书；⑥建筑各系统联动调试合格；⑦获得消防、环保等部门出具的准许使用文件；⑧各用房取得室内空气环境质量检测合格文件；⑨主管部门和质量监督机构等责任整改的问题全部整改完毕。

参加试运行前验收工作的单位包括：医院建设方、设计单位、监理单位、勘察单位和施工单位等，质量监督单位过程监督。

在医院建设项目竣工验收合格后，方可进行工程项目的移交。医院（建设项目管理部门）将验收合格后的项目向医院和相关使用部门移交，包括总资产移交（含消防系统、人防工程及大型设备等）、工程竣工实体移交、房门钥匙移交、工程竣工图纸移交等。工程项目移交记录单应注明每个项目验收移交的责任人，经医院（建设项目管理部门）、总务部门及使用部门签字盖章后，作为工程项目验收移交的依据。

二、安全管理

（一）安全管理目标

项目施工安全管理贯穿于项目实施的全过程，是项目顺利实施的保证和基础，是整个项目管理中不可忽略的重要内容之一。为了确保建筑工程项目参建人员在施工过程的人身安全、产品安全、资金安全和建设工程顺利进行，业主应贯彻落实国家及地方有关安全生产文明施工的法律法规及标准，坚持安全第一，预防为主的方针，建立业主、设计单位、施工监理单位、施工单位安全保证体系。业主通过加强监督各参建单位安全控制措施的执行，确保实现项目施工无重大安全事故及其他合同约定的安全管理目标。

（二）安全生产管理制度与程序

1. 安全生产许可制度

安全生产许可证是建筑业施工企业进行生产、施工等的必备证件，取得建筑施工资质证书的企业，必须申请安全生产许可证。业主督促施工监理单位严格审查施工单位的安全生产许可证，施工单位必须取得安全生产许可证，方可进行施工。

2. 安全生产责任制度

安全生产责任制是根据国家、行业、地区的法律、法规和各项规章制度，项目参建各方的各个管理部门、各类人员在项目建设过程中在各自职责范围内对安全生产层层负责的制度。安全生产责任制是最基本的安全管理制度，是所有安全生产管理制度的核心，业主应督促各参建单位建立安全生产责任制度。

3. 安全生产教育培训制度

施工企业必须对管理人员、特种作业人员、企业员工进行安全教育与培训。垂直运输机械作业人员、起重机械安装拆卸工、爆破作业人员、起重信号工、登高架设作业人员等特种作业人员必须经专门的安全技术培训并考核合格，取得《中华人民共和国特种作业操作证》后，方可上岗作业。企业员工必须进行新员工上岗前的三级安全教育、改变工艺和变换岗位安全教育、经常性安全教育。

4. 安全生产资金保障制度

施工企业应单独设立“安全生产专项资金”科目，专款专用，任何部门和个人不得挪用。专项资金用于安全技术措施项目，主要包括安全技术、职业卫生、安全辅助建筑及设施、安全教育宣传等方面。业主督促施工监理单位定期对施工单位的安全生产资金使用情况进行检查。

5. 安全管理程序

项目安全控制程序如图 1-3-1 所示。

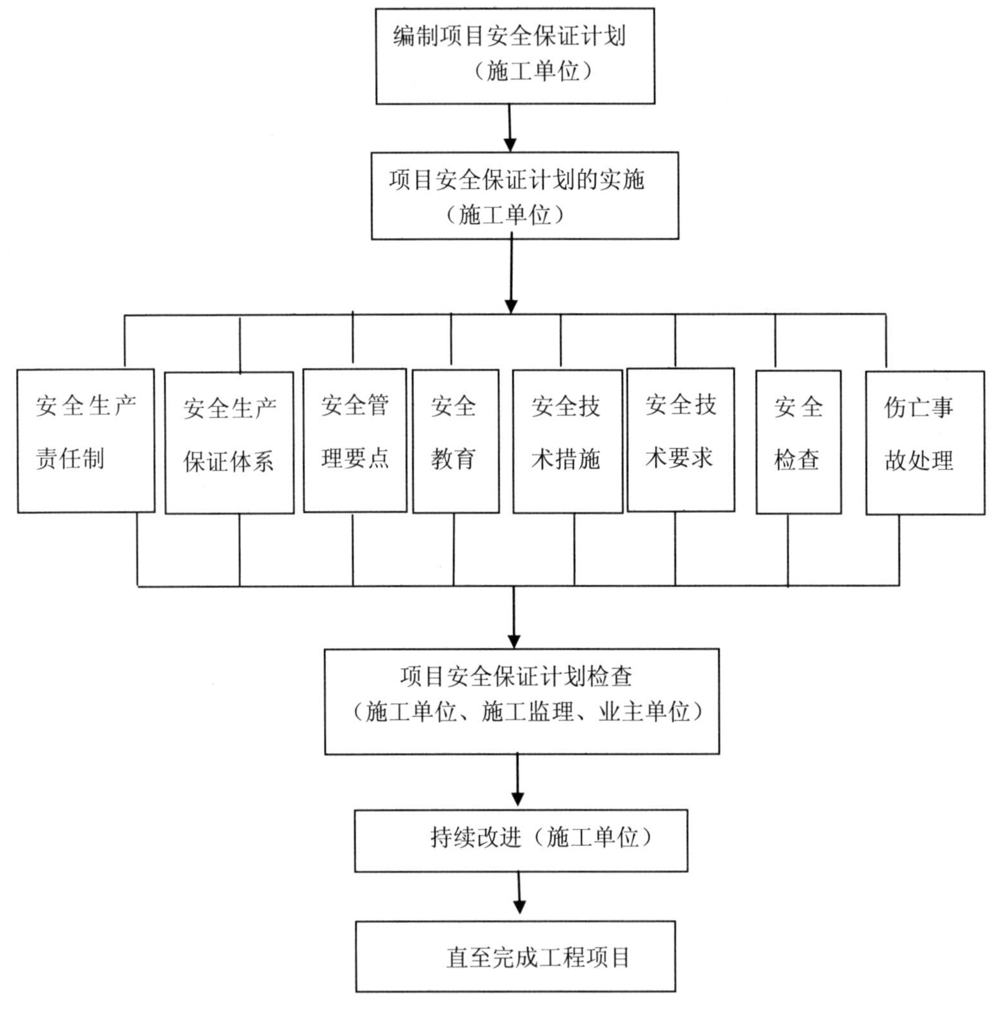

图 1-3-1 项目安全控制程序图

（三）安全管理的方法

医院建设项目安全管理，要求做好项目全过程中各环节的安全管理工作。在强调施工阶段安全管理的基础上，将医院建设项目的勘察设计、施工前准备等纳入安全管理体系中进行衔接和协调，分阶段保证其项目质量。

（1）勘察设计阶段，业主要求勘察根据合同约定提供全面、准确的地质勘测和水文资料，设计单位按照建筑安全标准进行设计，以保证建筑结构的安全和作业人员的安全。

（2）在施工准备阶段，业主在施工招标文件中，应加入项目施工安全管理要求内容，并明确施工过程中的建设工程项目相关安全措施费用，督促施工单位建立安全保证体系。

（3）在施工阶段，业主安全管理主要涵盖以下内容。

①对项目安全生产保证体系实施过程进行监督、检查，组织参与安全技术交底和安全防护设施验收，落实安全预防措施和应急预案。

②督促施工单位向当地建筑工程安全监督机构申请安全审核。

③督促施工监理单位对施工单位编制的专项安全施工方案进行审批。

④督促施工监理单位对施工单位履行施工合同中的施工安全措施、现场作业和施工方法的完备性和可靠性进行监督管理。

⑤协助监理单位组织召开每月安全例会及各项安全专题会议，落实安全工作。

⑥每周业主、施工监理、总承包单位三方进行现场安全检查，纠正和制止违章指挥、违章作业。督促施工监理单位加强现场安全巡视、落实整改措施。

（四）安全管理相关法律法规

1. 法律

《中华人民共和国安全生产法》

《中华人民共和国劳动法》

《中华人民共和国建筑法》

《中华人民共和国消防法》

《中华人民共和国环境保护法》

《中华人民共和国职业病防治法》

2. 法规

《建设工程安全生产管理条例》（国务院第 393 号令）

《安全生产许可证条例》（国务院第 397 号令）

《特种设备安全监察条例》（国务院第 373 号令）

《生产安全事故报告和调查处理条例》（国务院第 493 号令）

3. 国家主管部门规章、规范性文件

《建筑施工企业安全生产许可证管理规定》（建设部第 128 号令）

《建筑起重机械安全监督管理规定》（建设部第 166 号令）

《建筑起重机械安全监督管理规定》（建设部第 166 号令）

《关于严格实施建筑施工企业安全生产许可制度的通知》（建质电〔2005〕46 号）

4. 国家、行业标准

《综合医院建筑设计规范》（GB 51039—2014）

《医院洁净手术部建筑技术规范》（GB 50333—2002）

《医用中心吸引系统通用技术条件》（YY/T 0186—94）

《医用中心供氧系统通用技术条件》（YY/T 0187—94）

《施工企业安全生产管理规范》（GB 50656—2011）

《施工企业安全生产评价标准》（JGJ/T 77—2010）

《建筑施工安全检查标准》（JGJ 59—2011）
《施工现场机械设备检查技术规程》（JGJ 160—2008）
《建筑机械使用安全技术规程》（JGJ 33—2012）
《施工现场消防安全技术规范》（GB 50720—2011）
《建设工程施工现场环境与卫生标准》（JGJ 146—2013）
《施工现场临时建筑物技术规范》（JGJ/T 188—2009）
《建设工程施工现场供用电安全规范》（GB 50194-2014）
《施工现场临时用电安全技术规范》（JGJ 46—2005）
《建筑施工安全防护设施技术规程》（DB 42/535—2009）
《建筑施工现场安全生产管理规程》（DB 42/553—2009）
《建筑机械使用安全技术规程》（JGJ 33—2012）
《建筑施工高处作业安全技术规范》（JGJ 80—2016）
《建筑施工承插型盘扣式钢管支架安全技术规程》（JGJ 231—2010）
《建筑施工工具式脚手架安全技术规范》（JGJ 202—2010）
《建筑施工模板工程安全技术规范》（JGJ 162—2008）

第五节　资料档案管理

一、资料档案管理内容

医院建设项目档案主要内容涵盖了设计、施工、监理、设备安装调试到竣工各过程的文件材料，综合档案室收集和整理好的归档文件主要有：

（1）项目立项报告、可行性研究报告的批准文件。

（2）选址申请及选址规划意见书。

（3）国有土地使用、建设用地许可的批准文件。

（4）关于征地拆迁补偿、人员安置的文件材料。

（5）项目初步设计、施工图设计的审批及说明。

（6）项目勘察、设计、施工、监理等招投标文件。

（7）开工审批、建设施工许可证的文件材料。

（8）反映项目工程质量、进度、资金使用控制情况的文件材料。

（9）工程监理规划、监理月报、监理日记、监理工作总结等文件材料。

（10）项目主要设备、材料采购合同、出厂质量合格证、装箱清单、开箱记录等文件材料。

（11）竣工备案表、整改通知书等文件材料。

业主对工程项目档案管理工作应当早期介入、早期跟踪、履行督促、检查、沟通协调，严格验收，严把工程档案质量关，建立工程项目档案组织管理架构。如图 1-3-2 所示。

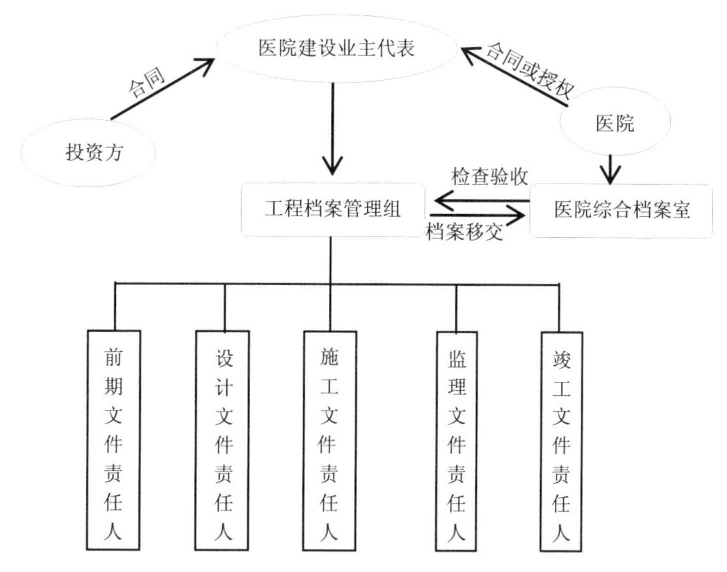

图 1-3-2 项目档案管理组织架构

二、资料档案管理特点

医院建设项目不同于一般建设项目，它的投资大、周期长、环节多以及专业要求高，同时如医院住院楼、门诊楼、综合楼等又具有复杂的多功能体系，所以，整个项目生命周期中形成的文档种类多、数量大、特点突出，可以说医院建设项目文档管理工作是项系统工程。

（一）工艺流程复杂，文档种类多、易分散

大型医院建设项目除了一般建设项目都有的土建、安装、装修外，还有其特殊的工艺流程，如医患分流、洁污分流，手术室和 ICU 空气净化、放射放疗核医学科射线防护、医疗废水废物处理等，这些都有专门的工艺流程标准和要求。所以医院建设项目涉及面广，参与部门多，文档资料容易分散。

（二）建设周期长，文档资料容易流失

医院建设项目从立项、招投标、勘测、设计、办理手续、开工，到主体和配套施工，再到装饰装修、绿化、亮化，最后到竣工验收投入使用，一般医院项目工期少则 3 ～ 4 年，多则 5 ～ 6 年。时间越长，文档资料流失可能性越大。

三、资料档案管理制度

业主（医院建设管理部门）在项目管理实施中处于主导地位，应建立健全资料档案规章制度，加强医院建设项目的资料档案管理。

（一）资料档案工作例会制度

医院档案人员应定期召集相关各方参加工程档案例会，督促和指导勘察、设计、施工、监理等单位做好每一阶段工程档案的收集、整理和归档工作，掌握工程建设过程中各方档案管理进展情况及工作中遇到的问题，控制档案管理质量。

（二）资料档案收集制度

1. 及时收集

及时收集基建项目建设过程中产生并办理完毕的文件材料。

2. 定期补充收集

每月或每两月补充收集平时未能及时收集的文件材料。

3. 按阶段补充收集

某一阶段工作结束后补充收集未能及时收集的文件材料。

（三）资料档案整理制度

档案人员将收集齐全的文件材料进行初步的整理、分类、编目工作。

（四）资料档案管理制度

在档案收集过程中执行严格的登记手续，已收集整理的档案应当配置专门的档案摆放装置，有独立的档案保管空间。做好档案的借阅管理工作，履行严格的借阅登记手续，借阅档案原则上在档案室阅档，已归档的工程档案不得外借。

（五）分段预验收制度

每一工程项目建设阶段结束后，对该阶段收集的档案及档案质量进行初步验收，对未及时归档的档案敦促有关参建各方档案人员及时补充收集，实时把好档案质量关。竣工验收前，业主单位应完成施工技术文件及竣工图的预验收，并负责将立项、规划设计、动拆迁、施工和竣工等资料进行整理及组卷装订，报送档案馆进行验收。

（六）资料档案移交制度

待工程项目档案竣工验收合格后向使用方医院档案部门移交，履行移交手续。

第六节　文明与节能环保管理

一、施工现场文明施工管理

医院项目施工单位应建立全面的环境控制系统，负责落实文明施工措施，业主单位督促施工、监理等责任单位建立文明施工管理目标，按国家及地方相关文明施工管理规定，做好文明施工。在建设项目施工过程中业主依靠监理单位进行文明施工管理，监督监理单位积极落实文明施工监理工作，严格督促施工单位在整个过程中做好内外场管理、管理好临时设施、处理好涉民矛盾等工作。

（一）加强施工现场的文明施工管理

医院建设过程中，项目周边环境、整体布局设置、场内材料堆放、道路、人员车辆安全等方面的协调与控制尤为重要。特别是既有医院内建设项目既要保证工程的顺利开展，又要保证医疗科室的正常使用和患者的就医，但在施工过程中难免会产生影响。因此要根据医院建设项目的实际情况，制订文明施工环境保护方案，现场材料的堆放和场内运输要结合医院建设项目的实际情况进行总平面图布置。

（二）完善施工现场文明施工的管理责任制度

建立健全医院施工现场环境管理制度，将环境管理系统化、科学化、规范化，做到责权分明，管理有序，防止互相推诿，提高医院项目环境管理水平和效率，主要包括以下几个方面。

1. 文明施工岗位责任制

医院项目施工单位应完善文明施工责任制，责任人应包括施工总包单位和分包单位的相关管理人员，明确各级文明施工管理人员职责。现场由各施工班组和分包单位按岗位、专业、片区等进行分片包干，分别建立责任区，并负责本责任区文明标化的具体管理工作。

2. 文明施工检查制度

由监理单位组织施工单位按每季、月、旬进行按施工文明施工方案定期检查，由班组或分包单位进行自检、互检和交接检，对不满足文明施工标准的，监理单位应对施工单位提出整改要求，限期整改。

3. 教育培训制度

三级安全教育、特种作业人员培训教育、三类人员培训教育、民工学校教育、施工技术交底和班前活动等都要有施工现场文明管理的内容。

二、施工节能减排与环境保护管理

（一）减少医院施工过程中的能源耗损

为了降低医院建设过程中的能源耗损，施工单位需要注意以下方面：首先，优化技术方案，提升能源使用效率；其次，避免不必要的浪费。例如选择施工设备时，不能将工作效率以及设备的价格作为唯一标准，而是要对机械设备能源耗损情况进行充分考虑。此外还应关注建筑行业发展动态，如果资金条件允许，可以定期引进新设备与技术，进而达到节能的目的。

（二）全面提高建筑材料与资源的使用效率

医院绿色建筑施工时，对建筑材料、水资源等“四节一环保”提出了较高的要求。为了加快实现绿色建筑，必须提高材料与能源的使用效率，避免浪费。为了实现节水，可以选择节水性好的设备，对水资源进行充分利用，并设置处理池，对日常污水以及雨水等水资源收集之后进行净化，并将其用于灌溉或是除尘等工作。选择建筑材料、装修材料时，需要对其可再生性进行考虑，以此实现医院建筑的绿色管理。

（三）医院项目施工环境保护管理措施

业主作为施工现场的管理者，应督促监理单位审核施工单位编制的项目环境保护方案。环境保护方案应根据医院项目的工程特点及项目所在地的具体情况编写，内容全面具体，且有指导性。编制后，应经施工单位总工程师和监理单位总监审批，审批后方可实施。

为了更好地实现医院绿色施工，需要对建筑施工和周边环境的关系进行协调与处理，应从以下方面进行环保治理。

（1）施工作业时极有可能出现扬尘，特别是在风力大以及空气中水分缺失的情况下。为了避免对空气造成污染，扬尘对医院医生、患者和周边居民带来危害，需要从扬尘产生源以及扬尘扩散这两个方面进行控制。比如，对场内道路进行全硬化，运用清洁型燃料，采用自动喷淋措施避免扬尘扩散。

（2）在土方工程以及基础工程阶段，可能会出现泥浆，需要对施工污染物进行控制。可对施工技术进行完善，通过施工工艺与技术控制泥浆产生量，也可以通过相关措施使泥浆固结，以免对周围居民的正常生活与出行造成影响。

（3）要加强绿色建筑施工过程中固体废弃物的处理。对于有价值的废弃物可以回收再利用，实现节能与环保的统一。

（4）在施工时设备运转以及运输器械操作，会产生一定的噪声，按照绿色建筑施工规定，需要对其进行合理的控制。合理安排施工进度，尽量避免夜间施工。采用低噪音的施工设备，从而减小噪声污染。

第七节　项目干系人管理

一、项目干系人管理的对象

项目干系人管理是对组织与相关社会公众之间传播沟通的目标、资源、对象、手段、过程和效果等基本要素的管理。在医院建设项目管理中，构建良好的项目干系人关系，营造健康和谐的内外部环境，是保证工程顺利进行的重要保证。项目干系人关系对象是与医院项目发生利益关系的群体。结合利益相关性分析，项目干系人管理的对象主要包括以下几类。

（1）由于项目建设受到影响的周边居民和单位等。

（2）受益于医院建设而可以得到更多医疗服务的患者。

（3）政府及相关部门。医院项目需要政府以及相关部门的专家和领导对其建设标准、规模、医疗流程设置等进行技术论证和征询，形成项目建设的指导意见，指导可研报告编制、初步设计和施工图设计。例如专家征询会议参会人员所属单位包括建交委、规土局、安监局、民防办、绿化局、消防局、卫监所、交警支队等。

（4）医院全体职工。医院项目建设是用现有资源为医院未来的发展创造基础和条件，需要争取全院职工对战略目标的认同，是医院内部公共关系的重要内容。

（5）项目参建单位。医院项目参建单位包括医院业主、招标采购代理单位、设计院、总包单位、材料供应商、监理单位、财务监理、外配套单位等。

（6）社会新闻媒体。

二、内围项目干系人管理

（一）与全体职工的协调

医院在为广大患者提供优质服务而努力的同时，也是医院战略发展的重要步骤。目前诊疗空间的局限已经成为医院全面发展的瓶颈，项目的顺利完成将为医院的全面发展提供基础和平台，所以要争取全院职工对项目建设的支持。

医院建设后使用者是医院各科室人员，医院建设开始，建设部门应组织相关主要科室人员对建设项目征询意见，了解科室需求，从初步设计阶段予以优化调整。在建设阶段，医院建设部门可组织设计、施工单位运用 BIM 或虚拟建造技术将建成的实景模拟预先展现给医院各科室人员，让对建筑不了解的医护人员身临其境，对建筑的布局、装饰、安装等提供切合实际的针对性建议，可避免建成后再修改或留有缺陷。

（二）与设计单位的协调

与设计师、设计单位的良好配合，对于工程项目的成功和医院使用需求的实现至关重要。设计图纸全部完成以后，业主需要与设计单位协调的内容如下。

1. 及时审图、消除疑问

在工程施工图纸齐全后，立即组织各专业工程师和技术组人员熟悉、审查图纸。重点是各专业系统间的配合、协调和各节点的细部做法是否有矛盾的地方或遗漏的项目。将图纸中的问题汇总后，与医院、设计单位沟通、探讨，确定图纸的修改和调整方案。

2. 深化设计和施工详图设计

要求专业承包单位进行完善的深化设计和施工详图设计，在项目开始时参照提供的合同图纸确定一个符合大多数人习惯的制图标准和必须遵守的国家规范，各方的深化设计图纸按此要求设计绘制。

所有深化设计图纸都将由项目管理部门协助医院进行初审，重点检查深化设计图纸与合同图纸或其他方的深化设计图纸有无冲突的地方，最后报设计单位审核确认。

（三）与材料供应商的协调

所有材料供应商均必须拥有生产、经营相关产品的合法资质和本工程规模的供应能力，并将相关证件报施工监理单位备案。所有材料供应商必须先提供样品和产品的说明书及检测报告，正式送货按样品验收，且必须具有产品合格证。要求材料随到随用，供应时间准确，因此，供应商必须严格按计划时间送货到现场，订货方也应提前确定送货时间，业主要求总包总体安排各种材料的堆放位置。

（四）与总承包单位的协调

业主以“抓大放小”的原则对施工总承包单位部署综合管理。“抓大”是指抓总承包单位的组织构架设置、施工组织设计和施工总进度计划、总承包的后勤保障等；“放小”是指不干涉总承包单位的具体工作，同时对合同中总承包单位承诺的质量、进度、安全和投资目标实施跟踪管理。项目管理部要求施工监理检查施工总承包商必须严格按组织质量管理体系、环境管理体系、职业健康安全管理体系的“三合一”管理体系组织施工。

三、外围项目干系人管理

（一）与周边居民和单位的协调

采用多种方式向周边居民和单位做宣传，如用“致居民信”的形式，传达医院项目建设的政府规划目的和现实意义。采用多种措施，降低工程建设对其影响的时间和程度，消除周边居民和单位的抵触情绪和负面影响。

（二）与交通部门的协调

为了保证材料运输及时，不影响施工，业主应主动与交通管理部门联系，为运输车辆办理特别通行证。同时，选择一条主要交通路线和一条备用路线，与交通管理部门保持热线联系，随时掌握路线的路况信息，避开拥堵的线路，必要时请沿线交警予以配合。

（三）与环保部门的协调

工程开工时，业主要求总包单位主动到环保部门备案，并上报具体环保措施，征询意见，必要时进行补充和完善。认真执行环保措施，定期邀请环保部门到施工现场检查。进行环保检测，与环保部门建立良好的关系。

（四）与供水、供电、供气等配套部门的协调

医院项目建设部门与市政主管部门联系，办理使用许可证，签订有关协议，保证工程顺利。

（五）与公安部门的协调

业主应了解该地区有关规定，监督承包商办理外来施工人员暂住证或临时居住证，现场成立治安联防队，签订治安联防责任书。施工中杜绝违法违纪行为发生，确保一方平安，并积极配合公安部门对现场外来人口的清查活动。

第八节　新技术应用

一、逆作法技术

大多数大型医院均位于城市核心区，土地资源稀缺，充分优化利用有限的土地资源进行地下空间开发无疑是一项明智之举。

（1）对于位于中心城区的大型医院来说，难以就近取得大规模建设用地，用地面积紧张，使得很多医院不得不更多地竖向谋求发展空间，通过开发地下空间来提高用地效率。地下室通常布满整个施工区域，地下层数多，基坑开挖深度深，周边的老旧建筑多，基坑的环境保护安全风险大，施工时可利用场地狭小，施工难度大。

（2）医院内部医患人员集中，在改扩建施工过程中必须保证现有医院的正常运营，安全文明标准要求高，施工中的噪声、灯光照明、粉尘污染都会严重影响患者的心理状态，引发医护人员与患者的不满，甚至造成工期延误。

逆作法是利用主体地下结构的全部或一部分作为支护结构，自上而下施工地下结构并与基坑开挖交替实施的施工工法，具有安全、经济、高效、环保、绿色节能的特点，尤其适用于城市中心区的医院项目的改扩建。

逆作法施工较顺作法具有以下优势。

（一）保护周边环境

逆作法施工利用地下室水平结构作为支护结构的内部支撑，其刚度相比顺作的临时支撑大得多，基坑开挖时基坑围护体在水土压力作用下的变形小。逆作楼板的支承柱使基坑内土体增加了支点，与顺作无中间支承柱的情况相比，坑底的隆起明显减少，据统计逆作法施工基坑变形相对于顺作基坑变形减少50%，能有效控制相邻的建（构）筑物、道路和地下管线等的沉降和变形。

（二）节约施工场地

逆作法可以利用逆作顶板优先施工的有利条件，结构顶板在适当加固的条件下，可作为施工道路、材料堆场等，解决基坑阶段狭小场地的施工布局问题，减少对土地和道路占用。

（三）绿色施工，节能环保

逆作施工先施工地下结构顶板，地下施工均在封闭的条件下完成，减少施工时噪声与扬尘污染，减小施工造成的城市环境污染。同时地下作业环境更加合理，不易受到气候的影响。逆作法采用柱桩结合、以板代撑和两墙合一等技术，省去了大量临时支撑结构，可以节约大量建材与人力资源。

（四）缩短了结构施工总工期

传统基坑施工方法施工工序是水平交接，而且工序多（包括临时支撑的安装与拆除），而逆作法基坑施工上下部结构平行搭接，且工序少，没有了临时支撑、换撑、拆撑。基坑越深，缩短的总工期越显著。

二、预制装配式建造技术

国家在大力推广建筑工业化，其中预制装配技术是实现工业化建造的主要方式，是促进建筑领域节能减排降耗的有力抓手。一般医院项目习惯性选址在城市中心或城市节点区域，装配式建筑施工现场垃圾少、施工周期短、可选择免脚手架体系，对周边道路和居民生活及市容市貌影响小，采用装配式建筑优势更加显著。装配式建筑包括装配式混凝土结构、装配式钢结构和装配式木结构等。

装配式技术在医院建筑中可行性如下。

（1）病房等模块化的房间单元符合装配建筑理念。医院病房等模块化的房间单元相对标准化，更能体现装配式建筑各方面的优势。除病房外，洁净手术室、放射防护室等建筑单独空间，通过合理选取装配式建筑方式也可实现。

（2）大跨度预应力叠合楼板可以实现医院对大空间的需求。装配式建筑“大开间”的概念，可以自由的改变空间内部墙体和门窗洞口位置、转换房间使用功能，对于医院项目应对疾病突发状况有现实意义。装配式建筑有利于设备管线的分离，SI分离体系更加适用于医院复杂管线的情况。

（3）装配式钢结构体系在医院建筑中的应用。医院项目综合办公楼、研发中心等也可采用装配式钢结构，结构体系为钢结构框架结构、现浇核心筒 + 外框钢结构等。装配式钢结构体系结构构件尺寸小，增加使用面积，可实现大跨度、大空间的平面布局。便于管线设置，增加楼层净高。装配施工效率高，缩短工期。

（4）绿色施工。装配式建筑可减少了建筑垃圾的产生、建筑污水的排放、建筑噪声的干扰、有害气体及粉尘对周围环境的影响，降低对医院运营的负面影响。

参考文献

[1] 吴锦华，张建中，乐云. 医院改扩建项目设计、施工和管理 [M]. 上海：同济大学出版社，2017.

[2] 王珮云，肖绪文，等. 建筑施工手册（第五版）[M]. 北京：中国建筑工业出版社，2012.

[3] 郭峰，王喜军，等. 建设项目协调管理 [M]. 北京：科学出版社，2009.

[4] 庞玉成. 复杂建设项目的业主方集成管理研究 [M]. 北京：科学出版社，2016.

[5] 王允恭，王卫东，应惠清，等. 逆作法设计施工与案例 [M]. 北京：中国建筑工业出版社，2011.

第四章

工程造价与项目资金管理

刘华　兰娥　李雪梅　陈震

刘　华　四川大学华西医院审计处处长

兰　娥　四川大学华西医院基建部主管

李雪梅　四川大学华西医院会计师

陈　震　四川大学华西医院会计师

第一节　概述

随着医药卫生体制改革的不断深入，国家财政支持补助各省（市、自治区）各类医院建设项目的投入也逐年增加。基于医院建设项目的公益性，以及其投入资金的国有（含财政资金及医院单位自筹资金）性质，医院建设项目业主单位必须加强对项目投入资金的管理。按时推进卫生基建项目执行进度、提高项目实施质量、保证项目资金安全有效并经得起审计，这是医院建设项目业主单位必尽的重要职责。

做好医院建设项目资金管理，就是要做好医院建设项目的投资管理。工程建设项目投资是指进行某项工程建设所花费的全部费用，根据原国家计委审定发行的《投资项目可行性研究指南》（计办投资〔2002〕15号）以及国家发展改革委和建设部发布的《建设项目经济评价方法与参数》（发改投资〔2006〕1325号）的内容，工程建设项目投资的构成主要有建设投资、建设期利息和流动资金三部分。其中建设投资又可分为工程费用、工程建设其他费用和预备费三部分。

从财务角度分析，工程建设项目投资含固定资产投资和流动资产投资两部分，其中固定资产投资与建设项目的工程造价在量上相等。从造价角度分析，工程造价是指建设投资和建设期利息之和，即工程建设项目总投资中的固定资产投资部分，可以说工程造价是构成工程建设项目投资的主要部分，因此人们通常将工程建设项目投资控制与工程造价控制等同为一个概念。工程造价的构成按工程项目建设过程中各类费用支出或花费的性质、途径等来确定，是通过费用划分和汇集所形成的工程造价的费用分解结构。工程造价基本构成中，包括：用于购置土地所需的费用，用于委托工程勘察设计应支付的费用，用于建筑施工和安装施工所需支出的费用，用于购买工程项目所含各种设备的费用，也包括用于建设单位自身进行项目筹建和项目管理所花费费用等。总之，工程造价是工程项目按照确定的建设内容、建设规模、建设标准、功能要求和使用要求等全部建成并验收合格交付使用所需的全部费用。

对卫生建设项目工程造价与建设资金实施必要的管控，其目的就是要贯彻执行国家有关法律、法规、方针政策和基本建设的各项规章制度；依法筹集、拨付、使用基本建设资金，保证卫生建设项目的顺利进行，降低工程造价，提高投资效益。本章将围绕医院建设项目的工程造价与项目资金的管理介绍相关实操作业。

第二节　工程造价管理

一、概述

（一）建设项目工程造价的构成

工程造价是完成一个建设项目预期开支或实际开支的全部建设费用，即该工程项目从建设前期到竣工投产全过程所花费的费用总和，包括建筑安装工程费用、设备工器具购置费用、工程建设其他费用、预备费用和建设期贷款利息等。是工程项目按照确定的建设内容、建设规模、建设标准、功能要求和使用要求等全部建成并验收合格交付使用所需要的全部费用。其中，建筑安装工程费用也被称为建筑安装工程造价。

建设项目工程造价具体构成如图1-4-1所示。

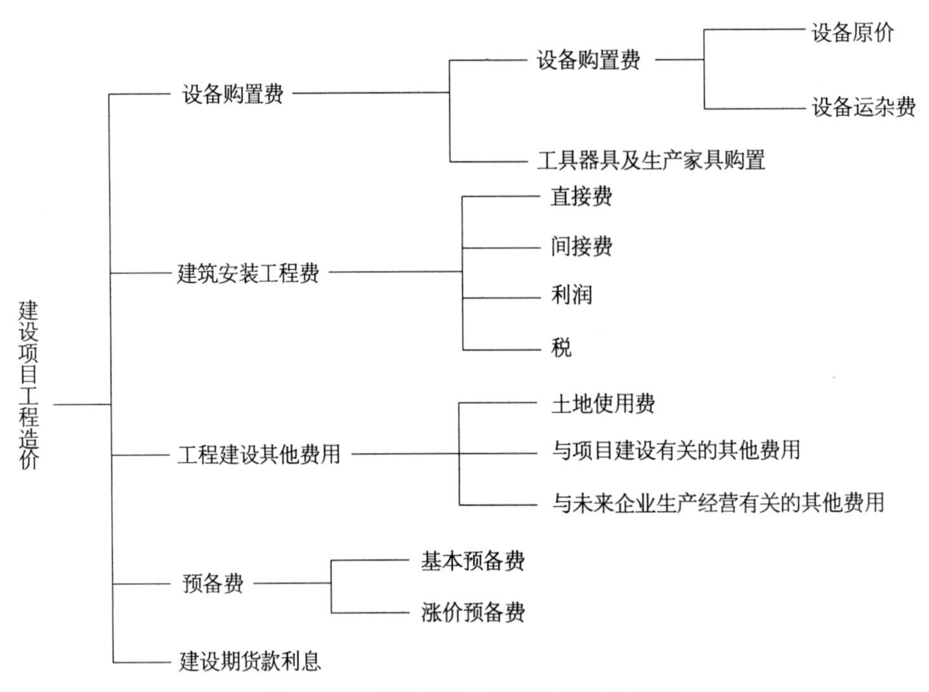

图 1-4-1 建设项目工程造价具体构成图

我国现行建筑安装工程费用的具体构成主要是四部分：直接工程费、间接费、利润和税金。其具体构成和计算如图 1-4-2 所示。

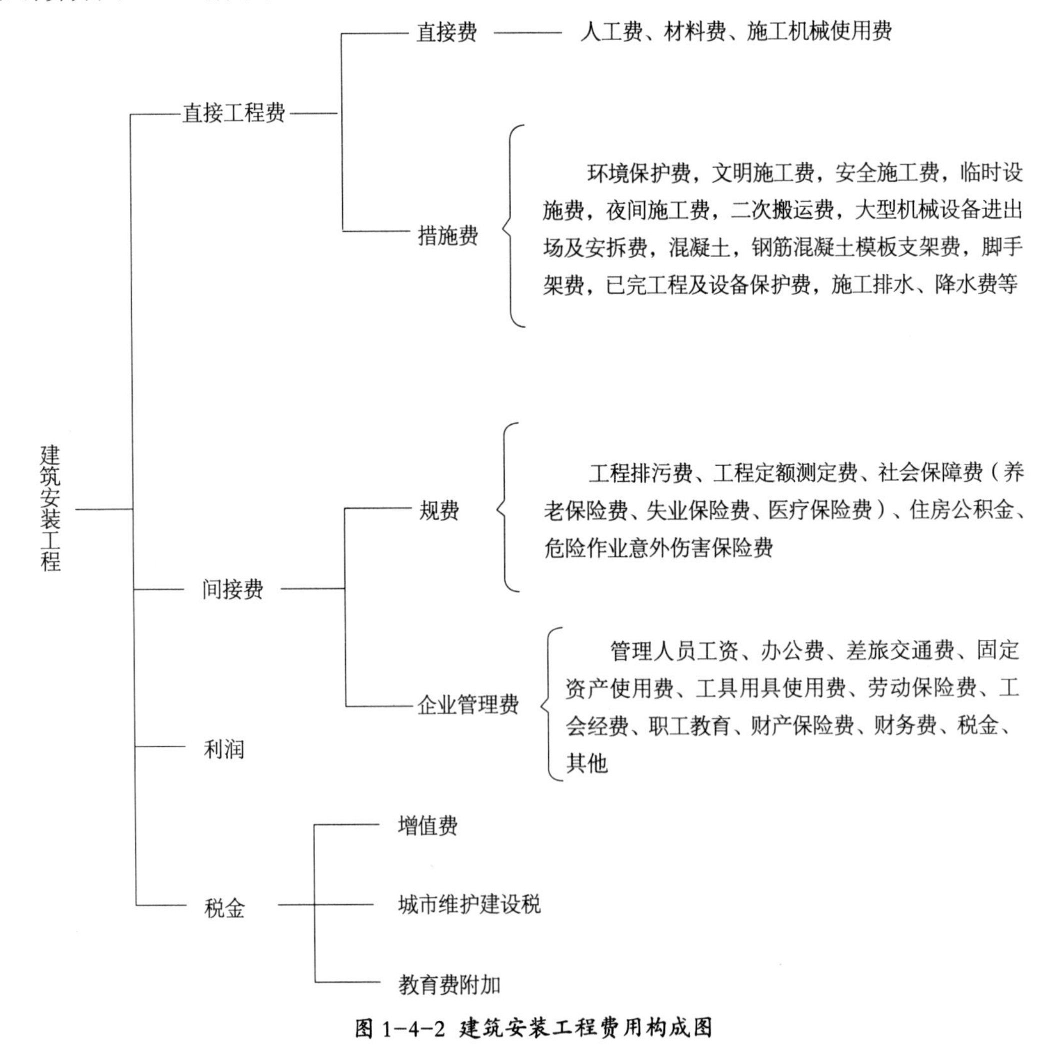

图 1-4-2 建筑安装工程费用构成图

（二）建设项目工程造价的计价方法

我国建筑产品价格市场化经历了“国家定价—国家指导价—国家调控价”三个阶段，目前处于国家调控价阶段，主要实行的是工程量清单计价制度。

工程量清单计价包括按招标文件规定完成工程量清单所需的全部费用，通常由分部分项工程费、措施项目费、其他项目费、规费、税金组成。分部分项工程费是指为完成分部分项工程量所需的实体项目费用；措施项目费是指分部分项工程费以外，为完成该工程项目施工，发生于该工程施工前和施工过程中技术、生活、安全等方面的非工程实体项目所需的费用；其他项目费是指分部分项工程费和措施项目费以外，该工程项目施工中可能发生的其他费用；规费是指按政府和有关部门规定必须缴纳的费用，包括社会保障费、住房公积金和工程排污费等；税金包括增值税、城市建设附加费和教育费附加等。

工程量清单是指包括在招标文件中依据招标文件、施工图设计文件和统一的工程量计算规则，由招标人（或委托咨询单位）计算出的分部分项工程量表及其汇总表。按照“量价分离”的原则，在建设工程施工招投标时，招标人应为投标人提供实物工程量项目和技术措施项目的数量清单，投标人根据投标人提供的统一量和对拟建工程情况的描述及要求，按本企业的施工水平、技术及机械装备力量、管理水平、以及合理的施工方案或施工组织设计，按照企业定额或参照建设主管部门发布的现行消耗定额及工程造价管理机构发布的市场价格信息，以及市场环境和生产要素价格的变化，并考虑工程施工风险因素等进行自主报价的一种计价行为。有利于企业充分发挥工程建设市场主体的主动性和能动性，是一种与市场经济相适应的工程计价方式。

二、建设项目各阶段工程造价的管理

工程造价最为显著的特征就是其动态性，任何一项建设工程从决策到竣工交付使用，都有一个较长的周期，按照建设项目所处的不同阶段，工程造价要在不同的阶段多次性计价，具体体现在可行性研究投资估算、初步设计概算、施工图预算、合同价、工程结算价、竣工决算。在这期间，如工程变更、材料价格、费率、税率、利率、汇率等会发生变化，必然会影响工程造价的变动，直至竣工决算后才能最终确定工程造价。工程造价确定过程见图 1-4-3。

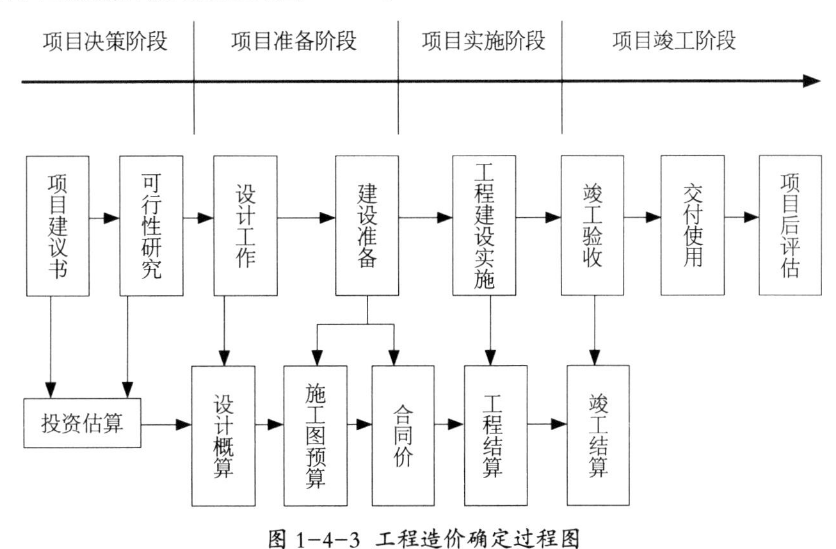

图 1-4-3 工程造价确定过程图

对于建设单位来说，自项目投资决策开始，经过可研立项阶段、设计阶段、招投标阶段、施工过程到竣工验收阶段，工程造价的管理与控制贯穿于工程建设的全过程。这就是工程建设全过程的造价控制，即在项目实施各个阶段把项目建设造价的发生控制在批准的造价限额内，并随时纠正偏差，以保证项目管理目标的实现。

我国大部分的医院建设项目都是国有财政资金投资，即使是自筹资金，因为投资主体的性质为国有，也不能超出总概算。2015 年 3 月 15 日，国家发展改革委印发的《中央预算内直接投资项目概算管理暂行办法》（发改投资〔2015〕48 号），明确规定："在项目初步设计阶段委托评审后核定的概算不得突破，经核定的概算应作为项目建设实施和控制投资的依据。项目主管部门、项目单位和设计单位、监理单位等参建单位应当加强项目投资全过程管理，确保项目总投资控制在概算以内。"所以，在医院建设项目的造价管理中要执行财政概算管理制度，尤其要注意在整个建设过程中严格控制项目概算投资。

（一）建设项目决策阶段工程造价的控制管理

项目投资决策是对拟建项目的必要性和可行性进行技术经济论证，对不同建设方案进行技术经济比较并做出判断和决定的过程。在建设成本控制中，施工开始后约只能节约投资 20% 左右，而在决策和设计阶段，影响造价的可能性达 60%~80%，由此可见，决策阶段是决定工程造价的关键，医院建设项目是一项系统工程，融合着医学科学、建筑科学、生物医学工程、医院管理等多学科技术，项目规模、建设标准、技术方案、建设地点、选用的设备等都会对投资造价有决定性的影响。本阶段工程造价管理的重点是：建立科学决策体系，做好项目可行性研究，合理确定项目的建设规模、建设标准，编制准确详尽的投资估算，合理确定项目的总投资额度。投资决策阶段造价控制的流程详见图 1-4-4。

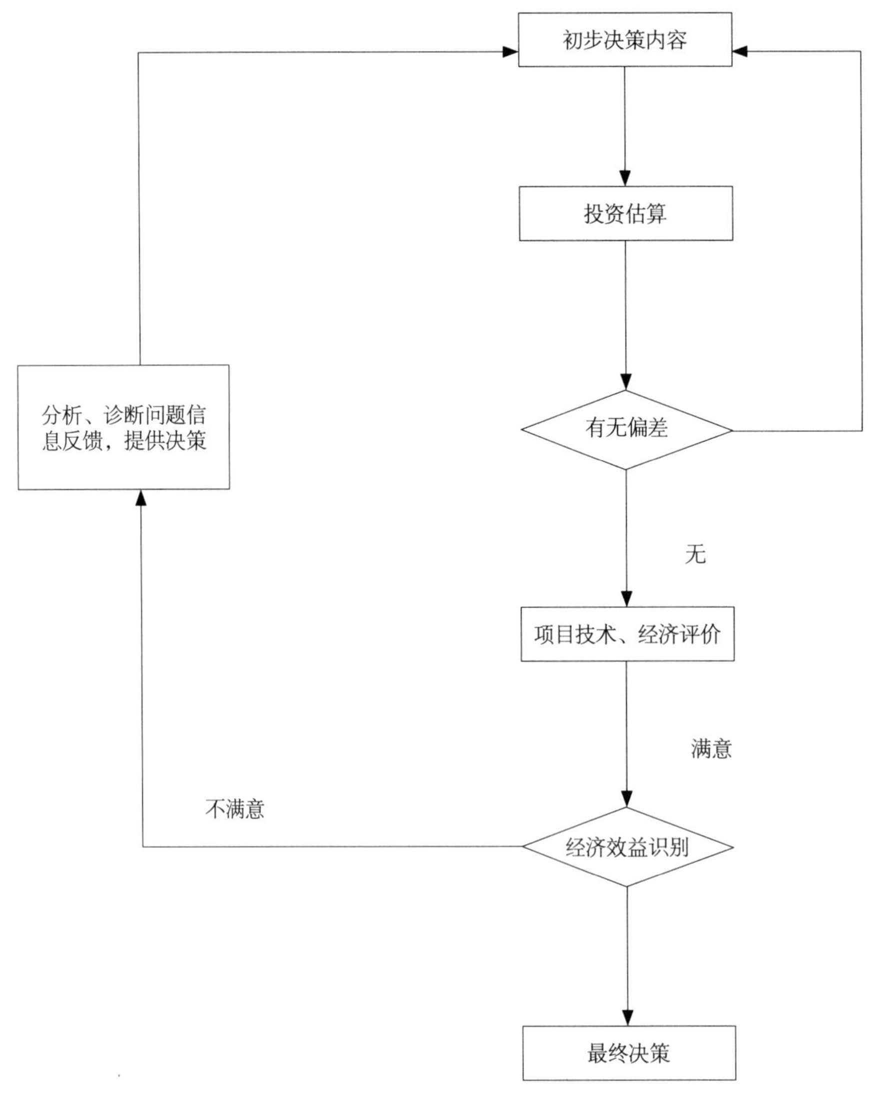

图 1-4-4 投资决策阶段造价控制流程图

1. 建立科学决策体系，合理确定项目的建设规模、标准及方案

（1）合理确定建设规模。医院建筑项目要合理选择拟建项目的建设规模，解决“门诊量、病床数”的问题，主要是确定门诊的规模、病床数的规模、医技设备的种类数量，设置科室的数量，同时要考虑医院为本项目的配套能力，如冷热源、医用废水及医疗垃圾的处理能力、物流供应能力及成本、电力供应等是否能够满足正常运营等。

（2）合理确定建设标准。建设标准的主要内容有占地面积、医疗设备、建筑标准、配套工程等方面的标准或指标。建设标准能否起到控制工程造价、指导建设投资的作用，关键在于标准水平定得合理与否。标准水平定得太高，会脱离我国的实际情况和财力、物力的承受能力，增加造价；标准水平定得太低，将会妨碍医疗服务水平，影响人民生活的改善。因此，建设标准水平应从我国目前的经济发展水平出发，区别不同地区、不同规模、不同等级、不同功能，合理确定。大多数医院项目应采用中等适用的标准，对少数三甲医院，可能引进国外先进技术和设备的，或少数有特殊要求的项目，标准可适当提高。在建筑方面，应坚持经济、适用、安全、朴实的原则，建设项目标准中的各项规定，能定量的应尽量给出指标，不能规定指标的要有定性的原则要求。在对同级医院建设造价比对的基础上，对不同使用功能的单体建筑确定合理的建设标准。根据医院建筑的特点制定中心供氧吸引系统、弱电系统、中心供应室、手术室、制剂室、放射用房等各医疗辅助分项系统的平方米指标，同时针对医院诊室、病房卫生间等重要场所设施明确合理的配置细则，对主要设备材料界定选用范围，从而规范建设指标，达到加强投资控制管理的目的。

（3）优选设计方案。主要包括医疗布局方案的确定和主要医疗设备的选择两部分内容。医疗布局是指门诊、病房及医技科室的配置，就医流程是否合理。评价及确定拟采用的布局是否可行，主要有两项标准：先进适用和经济合理。先进适用是评价流程的最基本标准，先进与适用是对立的统一，既满足目前的医疗需要，又要为未来的发展预留空间。经济合理是指所用的布置应能以尽可能小的消耗获得最大的经济效果，要求综合考虑建筑所能产生的经济效益和医院本身的经济承受能力，既要考虑医疗的需要，又要考虑后期运营维护的成本。

在设备选用中，应注意尽量选用先进的设备；要注意进口设备之间以及国内外设备之间的衔接配套问题；要注意进口设备与国产设备、建筑之间的配套问题；要注意进口设备与原材料、备品备件及维修能力之间的配套问题等。

2. 合理确定建设项目投资估算

（1）项目投资估算的作用。

①项目建议书阶段的投资估算，是项目主管部门审批项目建议书的依据之一，并对项目的规划、规模起参考作用。

②项目可行性研究阶段的投资估算，是项目投资决策的重要依据，也是研究、分析、计算项目投资经济效果的重要条件。

③项目投资估算对工程设计概算起控制作用，设计概算不得突破批准的投资估算额。

④项目投资估算可作为项目资金筹措及制订建设贷款计划的依据，医疗单位可根据批准的项目投资估算额，进行资金筹措和向银行申请贷款。

⑤项目投资估算是核算建设项目固定资产投资需要额和编制固定资产投资计划的重要依据。

（2）投资估算的内容。根据国家规定，建设项目投资的估算包括固定资产投资估算和流动资金估算两部分。

固定资产投资估算的内容按照费用的性质划分，包括建筑安装工程费、设备及工器具购置费、工程建设其他费用（此时不含流动资金）、基本预备费、涨价预备费和建设期贷款利息等。其中，建筑安装工程费、设备及工器具购置费形成固定资产；工程建设其他费用可分别形成固定资产、无形资产及其他资产。基本预备费、涨价预备费和建设期利息，在可行性研究阶段为简化计算，一并计入固定资产。

投资估算是整个项目投资控制的源头，一经批准即项目的最高限额不能随意突破。所以投资估算编制要有依据，要尽可能细致全面。从实际出发，充分考虑施工过程中可能出现的各种情况及不利因素对工程造价的影响，考虑市场情况及建设期间预留价格浮动系数，将投资估算做到合理足额。不能因投资总额限制而盲目压低没有节约潜质的项目，为后续项目实施过程埋下超投资的隐患。

（二）建设项目设计阶段工程造价的控制管理

项目投资的 80% 决定于设计阶段，而设计费用一般为工程造价的 3% ~ 5% 。项目设计阶段是工程造价控制的决定性阶段，设计质量的优劣，设计图纸的细化程度，设计内容的完整性，设计的科学合理性，都会直接影响到工程总造价的准确性。

1. 设计阶段影响工程造价的因素

设计阶段影响工程造价的因素主要包括：选址方案、占地面积和土地利用情况，主要建筑物和构筑物及公用设施的配置，平面布置，建筑结构，功能分区，流程设计，运输方式，水、电、气及其他外部协作条件等。其中流程设计、功能分区是设计中需要重点解决的问题，流程不合理、功能分区无法满足医疗基本需要，也是本末倒置，必然导致在工程后期进行大量的修改，造成工程造价增加。

2. 设计阶段工程造价控制管理的主要方法

（1）提高设计的质量和设计深度。进行设计招标，引入竞争机制，通过多种方案的竞标，按照经济、适用、美观的原则，以及流程合理、功能全面、结构合理、安全适用、满足建筑节能及环保等要求，优选出最佳设计方案。为了克服一些设计人员不精心计算，不仅方案设计招标，对初步设计和施工图设计也应引入竞争机制，对每个设计阶段都进行经济核算。

积极运用价值工程原理，争取较高的工程价值系数，提高投资效益，详细原理和做法可参考相关专著。

（2）推行并落实限额设计。限额设计是控制投资的重要手段，明确设计合同的限额设计责任制和限额设计奖惩办法。有效地激励设计单位进行限额设计，按照批准的投资估算额进行初步设计，按照初步设计概算造价限额进行施工图设计，按施工图预算造价对施工图设计的各个专业设计文件做出控制。限额设计是在资金一定的情况下，尽可能提高工程功能水平的一种设计方法，也是优化设计方案的一个重要手段。

限额设计的全过程实际上就是建设项目投资目标管理的过程，即目标分解与计划、目标实施、目标实施检查、信息反馈的控制循环过程。

限额设计目前在商用建筑设计中应用较多，在医院项目中还没有得到有效的推广，但限额设计作为一种有效控制项目投资的重要手段，必将越来越受到医疗建筑行业的重视。具体做法可参考相关专著。

（3）审查设计概算。设计概算是设计文件的重要组成部分，是在投资估算的控制下由设计单位根据初步设计（或扩大初步设计）图纸、概算定额（或概算指标）、各项费用定额或取费标准（指标）、建设地区自然、技术经济条件和设备、材料预算价格等资料，编制和确定的建设项目从筹建至竣工交付使用所需全部费用的文件。

设计概算的审查内容包括：设计概算的编制依据、编制深度和编制范围，要点如下：

①概算的编制是否符合党的方针、政策，是否根据工程所在地的自然条件编制。

②建设规模（投资规模、经营能力等）、建设标准（用地指标、建筑标准等）、配套工程、设计定员等是否符合原批准的可行性研究报告或立项批文的标准。

③编制方法、计价依据和程序是否符合现行规定。

④工程量、材料用量和价格是否正确。

⑤设备规格、数量和配置是否符合设计要求，是否与设备清单相一致，设备预算价格是否真实，设备原价和运杂费的计算是否正确，非标准设备原价的计价方法是否符合规定，进口设备的各项费用的组成及其计算程序、方法是否符合国家主管部门的规定。

⑥建筑安装工程的各项费用的计取是否符合国家或地方有关部门的现行规定，计算程序和取费标准是否正确。

⑦审查综合概算、总概算的编制内容、方法是否符合现行规定和设计文件的要求，有无设计文件外项目，有无将非生产性项目以生产性项目列入。

⑧总概算文件的组成内容是否完整地包括了建设项目从筹建到竣工投产为止的全部费用组成。

⑨工程建设其他各项费用是否合理全面。

⑩审查技术经济指标和投资经济效果。

（三）建设项目招标投标阶段工程造价的控制管理

1. 编制审核招标文件

（1）做好招标文件的编制工作。收集、积累、筛选、分析和总结各类有价值的数据资料，对影响工程造价的各种因素进行鉴别、预测、分析、评价，然后编制招标文件。对招标文件中涉及清单和费用的条款要反复推敲，做到“知己知彼”，以利于日后的造价控制。

①应将招标范围、分包范围及界面划分清楚；

②招标文件应将投标人承担的风险内容及其范围（幅度）给予明确；

③应对投标人的不平衡报价做出必要的限制；

④应对索赔、变更、签证、价款调整的程序做出详细的规定；

⑤应对中标后签订合同前的清标要求进行明确规定；

⑥应对市场未来波动引起工料机涨价时双方合理承担风险的幅度做出明确的说明；

⑦对于暂估单价的材料和设备的采购程序及单价的确定方法做出明确规定。

（2）采用合理低价中标。工程量清单报价与合理低价中标是我国建筑行业走向市场化的标志，是建设方降低工程造价的有力工具。但也不应采用绝对低价中标，以避免低于成本报价的恶意竞争。

2. 审核招标工程量清单及控制价

工程量清单是招标文件的重要组成部分，也是建设项目施工合同的组成部分。要严格按《工程量清单计价规范》要求、施工图纸内容准确编制，使工程量清单既能给投标人提供一个“公平、公正、公开”的竞争平台，又不能给投标人提供在中标后以工程量清单编制有误为借口提出索赔的机会。工程量清单与招标文件中有关标段划分、发包模式及总分包界面、合同形式的确定、计价模式的选择及设备材料的采购供应方式等内容是密不可分的。

（1）审查工程量，防止多算错算；审查分项工程内容，防止重复计算；力求做到项目编码正确、特征描述清晰、数量计算准确、内容全面完整。

（2）审查设备、材料的预算价格。主要包括以下各内容。

①审查设备、材料的价格是否符合工程所在地的真实价格及价格水平。

②设备、材料的原价确定方法是否正确，设备的运杂费率及其运杂费的计算是否正确，材料价格的各项费用的计算是否符合规定、正确。

③审查工程量清单单价的套用是否正确。

④审查有关费用项目及其计取是否全面正确等。

3. 签订建设工程合同

建设工程合同应包括工程范围和内容、工期、物资供应、付款和结算方式、工程质量标准和验收、安全生产、工程保修、奖罚条款、双方的责任义务等重要内容，以便利用合同文本条款在施工过程中对造价进行控制。

对于合同中的条款要注意可转化为经济责任的条款和隐含的经济责任条款。隐含的经济责任条款，由于其制约效应十分明显，后果十分严重，因此，在签订此类条款时应充分考虑风险因素，对合同中承包方式、结算方式、经济变更的限额幅度、索赔条款等重要内容进行明确约定，应该明确计费的标准和依据。合同必须严格规范化，合同条款必须完备，避免可能出现歧义的条款，双方的权利、义务要对等，语言表达应严谨准确，确保逻辑严密、前后一致。要考虑今后有利于降低结算造价，特别要考虑以后施工管理过程中可能引起的变更索赔，尽量在合同中把可能出现的索赔款限制在最小的范围内。

（四）建设项目施工阶段工程造价的控制管理

工程进入施工阶段，就进入实现建设工程价值的主要阶段，同时也是资金投入量最大的阶段。从建设方的角度来说，进入施工阶段，造价控制的重点就是一些实际的工作，例如工程付款的控制、工程变更费用的控制、预防及处理索赔等。作为建设单位，施工阶段的控制注重主动控制、全面控制，事先控制工程量的变更、设计变更以及采取各种经济措施、技术措施、组织措施等预防索赔的发生。

1. 编制合理的资金使用计划，进行动态跟踪控制

施工阶段的资金使用计划是把计划投资额作为投资控制的总目标，据此编制相对具体的分阶段资金使用计划，一般可分为基础工程、主体结构封顶、装饰装修及设备安装完成等阶段。合理细分各阶段投资控制目标，以便在施工过程中定期进行投资实际值与控制目标值的比较，发现并找出实际支出值与投资控制目标值之间的偏差，分析产生偏差的原因，据此采取有效措施加以纠正，以利于施工过程中各分阶段投资控制目标的实现，进而确保总投资控制目标的实现。

2. 工程预付款及工程进度款支付管理

工程预付款主要是用于采购建筑材料，预付额度一般不得超过当年建筑（包括水、电、暖、卫等）工程工作量的 30%，双方应当在专用条款内具体约定，包括预付工程款的时间和数额以及抵扣办法等。

工程进度款支付额度既要使施工单位获得合理的资金用于工程的顺利施工，又要确保工程款不得超付。为防止出现超付现象，在工程进度款的支付前，要求施工单位提交月度工程款支付申请，监理单位对其进行初步审核并提出审核意见，建设单位再对监理单位的意见进行进一步审核。建设单位审核的重点是实物工程量与图纸是否相符、工程量计算是否准确、工程签证记录是否真实合法、施工用料是否发生变化等，核实进度款拨付具体额度并予支付。

3. 工程变更及合同价款调整管理

工程变更包括工程量变更、工程项目的变更（如发包人提出增加或者删减原项目内容）、进度计划的变更、施工条件的变更等。考虑到设计变更在工程变更中的重要性，往往将工程变更分为设计变更和其他变更两大类。

（1）工程变更及合同价款调整的原因。

①施工图纸（含设计变更）与工程量清单项目特征描述不符。

②工程量清单漏项或非承包人原因的工程变更，造成增加新的工程量清单项目。

③工程量清单漏项或非承包人原因的工程变更，引起措施项目发生变化。

④因非承包人原因引起的工程量增减。

⑤国家的法律、法规、规章和政策发生变化。

⑥施工期内市场价格波动。

⑦因不可抗力事件导致的费用增加等。

（2）变更后合同价款的确定。

①变更后合同价款的确定程序：设计变更发生后，承包人在工程设计变更确定后14天内，提出变更工程价款的报告，经工程师确认后调整合同价款，承包人在确定变更后14天内不向工程师提出变更工程价款报告时，视为该项设计变更不涉及合同价款的变更。工程师收到变更工程价款报告之日起7天内，予以确认。工程师无正当理由不确认时，自变更价款报告送达之日起14天后变更工程价款报告自行生效。

②变更后合同价款的确定方法：合同中已有适用于变更工程的价格，按合同已有的价格计算、变更合同价款；合同中只有类似于变更工程的价格，可以参照此价格确定变更价格，变更合同价款；合同中没有适用或类似于变更工程的价格，由承包人提出适当的变更价格，经工程师审查确认后执行。

（3）变更估价的原则。

承包人按照工程师的变更指示实施变更工作后，往往会涉及对变更工程的估价问题，变更工程的价格或费率，往往是双方协商时的焦点。计算变更工程应采用的费率或价格，可分为三种情况。

①变更工作在工程量表中有同种工作内容的单价或价格，应以该单价计算变更工程费用。实施变更工作未引起工程施工组织和施工方法发生实质性变动，不应调整该项目的单价。

②工程量表中虽然列有同类工作的单价或价格，但对具体变更工作而言已不适用，则应在原单价或价格的基础上制定合理的新单价或价格。

③变更工作的内容在工程量表中没有同类工作的单价或价格，应按照与合同单价水平相一致的原则，确定新的单价或价格。任何一方不能以工程量表中没有此项价格为借口，将变更工作的单价定得太高或太低。

4. 现场签证的管理

（1）现场签证的概念。

现场签证指在工程建设施工过程中，发、承包双方的现场代表（或其委托人）对发包人要求承包人完成施工合同内容外的额外工作及其产生的费用做出书面签字确认的凭证。它不包含在施工合同和图纸中，也不像设计变更文件有一定的程序和正式手续。

（2）现场签证问题的处理原则和方法。

①熟悉合同、清单及相关技术规范：签证前应查看合同规定（应特别注意有关合同价款调整的合同条款）。

②及时处理：现场签证应当做到一次一签、一事一签，及时处理。

③签证代表具有相关专业知识，签证要客观公正，要实事求是地办理签证。

④严格现场经费签证：凡涉及经济费用支出的停工、窝工、用工签证，机械台班签证等，由现场施工代表认真核实后签署，并注明原因、背景、时间、部位等。如由于业主或其他非施工的原因造成机械台班窝工，只负责租赁费或摊消费而不是机械台班费。

⑤签证用语准确、规范：对于特殊零星用工情况，要注明零星用工原因及用工数。

⑥签证前查看定额，防止承包商高套单价。

⑦现场签证内容要明确，项目要齐全：签证中要注明时间、地点、工程部位、事由，并附上计算简图、标明尺寸、注上原始数据，明确结算方式、结算单价。

⑧已在合同中约定的，不另签证；应在施工组织方案中审批的，不做签证处理。

⑨签证单要编号报审，避免重复签发：注意随时留底，避免添加、修改现象。

（3）规范现场签证的流程管理。

①施工过程中发生的所有经济签证原则上都应按前述规定先书面报告，并在合同约定的时限内办理，不允许出现造成既成事实后再补办洽商的情况。

②对现场签证实现严格的权限管理，不在权限范围内的签字一律无效。业主应限制项目签证人员权限，根据签证费用的大小，建立不同层次的签证和审批制度。涉及金额较小的内容应由监理代表和业主代表共同签字认可；涉及金额较大的内容在由监理代表和业主代表共同签署意见后报上一级管理部门审核。对于技术复杂且涉及金额较大的重大设计变更，必须由业主组织召开专题会议，形成会议纪要，签署补充合同的形式予以确定。具体金额的签证权限应在施工合同签订时约定。

5. 工程索赔的管理

（1）工程索赔的概念及索赔的处理原则。工程索赔是在工程承包合同履行中，当事人一方由于另一方未履行合同所规定的义务或者出现了应当由对方承担的风险而遭受损失时，向另一方提出赔偿要求的行为。通常情况下，索赔是指承包人（施工单位）在合同实施过程中，对非自身原因造成的工程延期、费用增加而要求发包人给予补偿损失的一种权利要求。

工程索赔的处理原则：以合同为依据并及时、合理地处理索赔。

（2）索赔的计算。

①可索赔的费用一般可以包括人工费、材料费、设备费、保函手续费、贷款利息、保险费、利润等。其中人工费包括增加工作内容的人工费、停工损失费和工作效率降低的损失费等累计，但不能简单地用计日工费计算；设备费可采用机械台班费、机械折旧费、设备租赁费等几种形式；保函手续费分两种情况，当工程延期时，保函手续费相应增加，反之，取消部分工程且发包人与承包人达成提前竣工协议时，承包人的保函金额相应折减，则计入合同价内的保函手续费也应扣减；管理费分为现场管理费和公司管理费两部分，由于二者的计算方法不一样，所以在审核过程中应区别对待。

②费用索赔的计算方法有实际费用法和修正的总费用法两种。

实际费用法：该方法是按照每项索赔事件所引起损失的费用项目分别分析计算索赔值，然后将各费用项目的索赔值汇总，即可得到总索赔费用值。这种方法以承包商为某项索赔工作所支付的实际开支为依据，但仅限于由于索赔事项引起的、超过原计划的费用，故也称额外成本法。

修正的总费用法：这种方法是对总费用法的改进，即在总费用计算的原则上，去掉一些不确定的可能因素，对总费用法进行相应的修改和调整，使其更加合理。

具体计算方法可参考相关专著。

③主动控制索赔事件发生。在建设项目管理中，施工单位通晓建设规律，对建设过程各环节非常了解，在实际操作中，经常出现施工单位利用招标遗漏，采用低价中标策略，在施工中通过大量索赔来实现利润，从而造成工程总投资的增加。为避免类似情况发生，建设单位要注意学习和了解基本建设规律及工程造价知识，补足自己的不足。另外也可以通过引入第三方专业机构来制约施工单位的恶意索赔。

除了主动控制施工单位恶意索赔外，建设单位还要注意避免（或尽量减少）管理过程中出现疏漏而给施工单位造成实际损失，减少施工单位索赔。如因建设单位大量的变更方案造成返工，及由此引起的工期延误；又如，建设单位派驻的工程师工作效率低下，未及时发布相关指令造成工程款支付延误、未及时审批相关手续造成影响施工单位效率等，都可能引起施工单位的索赔。因此，建设单位要关注可能引起索赔事件的关键节点，要时刻注意严格按照合同约定管理建设过程。

（3）及时收集相关证据，以利于处理索赔。建设单位要注意保留施工过程中的“管理痕迹”，保留关键证据。如往来的工作联系单、工作会议纪要、监理报告、处罚记录等。一旦发生施工索赔事件，建设方应该依据招标文件和合同约定，结合相关证据，据理力争，妥善处理。

此外，建设方也应该注意适时分析招标文件和合同相关内容，对于施工中的减项及施工过程中的材料价格下跌等也应及时进行扣除，以利于降低工程造价。

（五）建设方在工程结算阶段对工程造价的控制管理

该阶段是工程造价控制的最后阶段，也是较重要的阶段，其工作就是对工程竣工结算的审核。该项工作主要由工程造价审核人员根据合同、相关定额、竣工资料、国家或地方的有关法律法规为依据，对送审的竣工结算进行核实，一般可以委托给审计事务所实施。

由于建设工程结算的审核是一项烦琐而又细致的技术工作，要求审核人员必须具有一定的专业技术知识，包括建筑设计、施工技术等，并熟悉相关的法律法规，且具有较高的预（结）算业务能力。

在工程结算的审核上，隐蔽工程的签证是审核的难点，且占可审工程造价的比重较大，由于它施工后就不能看到，只有依据相关资料及签证，且有些签证不够规范，具有较大的人为性，必须以有效签证作为结算审核的依据。

建设单位对施工单位提交的结算进行认真审核非常必要。结算中应注意以下各方面的内容。

1. 核对施工内容是否与合同条款一致

首先，应核对竣工工程内容是否符合合同条件要求，工程是否竣工验收合格进行审查。只有按合同要求完成全部工程并验收合格才能列入竣工结算。其次，应按合同约定的结算方法、计价方式、取费标准、主材价格和优惠条款等，对工程竣工结算进行审核。

2. 检查隐蔽验收记录

所有隐蔽工程均需进行验收，并应有规范记录；实行工程监理的项目，应经监理工程师确认。

3. 落实设计变更签证

设计修改、变更应由原设计单位出具设计变更通知单和修改图纸，设计、校审人员签字并加盖公章，经建设单位和监理工程师审查同意；重大设计变更应经原审批部门审批，否则不应列入结算。

4. 按图核实工程数量

竣工结算的工程量应依据竣工图、设计变更单和现场签证等进行核算，按国家统一规定的计算规则计算工程量。必要时，要到现场抽查核实实际工程量。

5. 严格执行合同约定的计价依据与原则

除投资包干部分外，结算单价应按合同约定或招投标规定的计价依据与计价原则执行，没有约定的，一般以当地（或行业）建设行政主管部门和工程造价管理部门发布的报告期价格指数及有关规定为准。

6. 注意各项费用计取

建安工程的取费标准应按合同要求或项目建设期间与计价定额配套使用的建安工程费用定额及有关规定执行，先审核各项费率、价格指数或换算系数是否正确，价差调整计算是否符合要求，后核实特殊费用和计算程序。

7. 有关单位参与监督

建设、监理、设计等相关单位负责人和经办人员应大力支持，参与监督。对隐蔽工程和设计变更的签证进行核对确认，对施工中特殊措施发生的费用等共同商定，对索赔费用进行认真落实等，按照合同的要求和有关规定，公平公正地把工程造价落到实处。

对于建设单位来说，工程造价的管理控制应始终贯穿于工程建设的全过程，而不是仅仅把眼光局限于施工阶段。医院建筑不同于一般的民用建筑和其他的公用建筑，投资主体通常是国家，是公立医院，而医院通常缺乏建设管理经验，对于建设内容和规律的不了解，造成对工程造价控制的不了解，对造价控制和管理就无从谈起了。所以，建设单位的管理者首先应该了解基本建设的基本规律和建设内容，了解建设过程和程序，了解工程造价控制的基本内容，了解工程量清单计价的基本方法。在条件允许的情况下，组建专业的管理团队或聘用优秀的管理公司，以项目总概算、招投标清单和综合单价为基本依据，实行对项目的总体的、全程的控制。而在造价控制中，尤其要注重项目前期的控制，重视设计阶段的细化，重视招标阶段的清单编制，重视施工阶段的反索赔控制，重视结算的审核控制，依靠完善的管理制度，完备的管理机构，科学的管理机制，实现工程造价的有效控制。

第三节　项目资金管理

根据《国有建设单位会计制度》（财会字〔1995〕45 号）及《补充规定》（财会字〔1998〕17 号）、《基本建设财务规则》（财政部令第 81 号）、《建设工程价款结算暂行办法》（财建〔2004〕369 号）和《基本建设项目竣工财务决算管理暂行办法》（财建〔2016〕503 号）等行政法规和制度要求，为加强对医院系统基本建设项目的监管，有效节约建设资金，控制建设成本，提高投资效益，必须做好医院建设项目的财务管理和会计核算管理。

一、医院建设项目财务管理内容

（一）基建建设财务总体要求

基本建设财务管理的主要任务是：第一，依法筹集和使用基本建设项目建设资金，防范财务风险；第二，合理编制项目资金预算，加强预算审核，严格预算执行；第三，加强项目核算管理，规范和控制建设成本；第四，及时准确编制项目竣工财务决算，全面反映基本建设财务状况；第五，加强对基本建设活动的财务控制和监督，实施绩效评价。

项目建设单位应做好以下基本建设财务管理的基础工作。

（1）健全本单位基本建设财务管理制度和内部控制制度。

（2）单独核算，按照规定将核算情况纳入单位账簿和财务报表。

（3）规定编制项目资金预算，根据批准的项目概（预）算做好核算管理，及时掌握建设进度，定期进行财产物资清查，做好核算资料档案管理。

（4）规定向财政部门、项目主管部门报送基本建设财务报表和资料。

（5）办理工程价款结算，编报项目竣工财务决算，办理资产交付使用手续。

（6）部门和项目主管部门要求的其他工作。

（二）建设资金筹集与使用管理

建设资金是指为满足项目建设需要筹集和使用的资金，按照来源分为财政资金和自筹资金。其中，财政资金包括一般公共预算安排的基本建设投资资金和其他专项建设资金，政府性基金预算安排的建设资金，政府依法举债取得的建设资金，以及国有资本经营预算安排的基本建设项目资金。

（1）资金管理应当遵循专款专用的原则，严格按照批准的项目预算执行，不得挤占挪用。

（2）资金的支付，按照国库集中支付制度有关规定和合同约定，综合考虑项目财政资金预算、建设进度等因素执行。

（3）建设单位应当根据批准的项目概（预）算、年度投资计划和预算、建设进度等控制项目投资规模。

（三）预算管理

项目建设单位编制项目预算应当以批准的概算为基础，按照项目实际建设资金需求编制，并控制在批准的概算总投资规模、范围和标准以内。

（1）建设单位应当细化项目预算，分解项目各年度预算和财政资金预算需求。涉及政府采购的，应当按照规定编制政府采购预算。

（2）建设单位应当根据项目概算、建设工期、年度投资和自筹资金计划、以前年度项目各类资金结转情况等，提出项目财政资金预算建议数，按照规定程序经项目主管部门审核汇总报财政部门。

（3）建设单位根据财政部门下达的预算控制数编制预算，由项目主管部门审核汇总报财政部门，经法定程序审核批复后执行。

（4）建设单位应当严格执行项目财政资金预算。对发生停建、缓建、迁移、合并、分立、重大设计变更等变动事项和其他特殊情况确需调整的项目，项目建设单位应当按照规定程序报项目主管部门审核后，向财政部门申请调整财政资金预算。

（四）建设成本管理

建设成本是指按照批准的建设内容由项目建设资金安排的各项支出，包括建筑安装工程投资支出、设备投资支出、待摊投资支出和其他投资支出。

1. 建筑安装工程投资支出

建筑安装工程投资支出是指项目建设单位按照批准的建设内容发生的建筑工程和安装工程的实际成本。

2. 设备投资支出

设备投资支出是指项目建设单位按照批准的建设内容发生的各种设备的实际成本。

3. 待摊投资支出

待摊投资支出是指项目建设单位按照批准的建设内容发生的，应当分摊计入相关资产价值的各项费用和税金支出。

4. 其他投资支出

其他投资支出是指项目建设单位按照批准的建设内容发生的房屋购置支出，基本畜禽、林木等的购置、饲养、培育支出，办公生活用家具、器具购置支出，软件研发和不能计入设备投资的软件购置等支出。

项目建设单位应当严格控制建设成本的范围、标准和支出责任，以下支出不得列入项目建设成本：

（1）超过批准建设内容发生的支出；

（2）不符合合同协议的支出；

（3）非法收费和摊派；

（4）无发票或者发票项目不全、无审批手续、无责任人员签字的支出；

（5）因设计单位、施工单位、供货单位等原因造成的工程报废等损失，以及未按照规定报经批准的损失；

（6）项目符合规定的验收条件之日起 3 个月后发生的支出；

（7）其他不属于本项目应当负担的支出。

（五）基建收入管理

基建收入是指在基本建设过程中形成的各项工程建设副产品变价收入、负荷试车和试运行收入以及其他收入。

（1）所取得的基建收入扣除相关费用并依法纳税后，其净收入按照国家财务、会计制度的有关规定处理。

（2）发生的各项索赔、违约金等收入，首先用于弥补工程损失，结余部分按照国家财务、会计制度的有关规定处理。

（六）工程价款结算管理

工程价款结算是指依据基本建设工程发承包合同等进行工程预付款、进度款、竣工价款结算的活动。

（1）建设单位应当严格按照合同约定和工程价款结算程序支付工程款。竣工价款结算一般应当在项目竣工验收后 2 个月内完成，大型项目一般不得超过 3 个月。

（2）建设单位可以与施工单位在合同中约定按照不超过工程价款结算总额的 5% 预留工程质量保证金，待工程交付使用缺陷责任期满后清算。资信好的施工单位可以用银行保函替代工程质量保证金。

（3）主管部门应当会同财政部门加强工程价款结算的监督，重点审查工程招投标文件、工程量及各项费用的计取、合同协议、施工变更签证、人工和材料价差、工程索赔等。

（七）竣工财务决算管理

项目竣工财务决算是正确核定项目资产价值、反映竣工项目建设成果的文件，是办理资产移交和产权登记的依据，包括竣工财务决算报表、竣工财务决算说明书以及相关材料。

（1）建设单位在项目竣工后，应及时编制项目竣工财务决算，并按照规定报送项目主管部门。项目设计、施工、监理等单位应当配合项目建设单位做好相关工作。

建设周期长，建设内容多的项目，单项工程竣工，具备交付条件的，可先单独编制单项工程竣工决算，项目全部竣工后，纳入项目竣工财务总决算。

（2）编制项目竣工财务决算前，项目建设单位应当认真做好各项清理工作，包括账目核对及账务调整、财产物资核实处理、债权实现和债务清偿、档案资料归集整理等。

（3）编制竣工财务决算时，应将待摊投资支出按合理比例分摊计入各项交付使用资产、转出投资和待核销基建支出。

（4）一般不得预留尾工工程，确需预留尾工工程的，尾工工程投资不得超过批准的项目概（预）算总投资的 5%。

（八）资产交付管理

资产交付是指项目竣工验收合格后，将形成的资产交付或者转交生产使用单位的行为。

（1）使用的资产包括固定资产、流动资产、无形资产等。

（2）竣工验收合格后应当及时办理资产交付手续，并依据批复的项目竣工财务决算进行财务调整。

（九）结余资金管理

结余资金是指项目竣工结余的建设资金，不包括工程抵扣的增值税进项税额资金。

（1）经营性项目结余资金，转入单位的相关资产。

（2）非经营性项目结余资金，首先用于归还项目贷款。如有结余，按照项目资金来源属于财政资金的部分，应当在项目竣工验收合格后 3 个月内，按照预算管理制度有关规定收回财政。

（3）终止、报废或者未按照批准的建设内容建设形成的剩余建设资金中，按照项目实际资金来源比例确认的财政资金应当收回财政。

（十）绩效评价

项目绩效评价是指财政部门、项目主管部门根据设定的项目绩效目标，运用科学合理的评价方法和评价标准，对项目建设全过程中资金筹集、使用及核算的规范性、有效性，以及投入运营效果等进行评价的活动。

（1）绩效评价应当坚持科学规范、公正公开、分级分类和绩效相关的原则，坚持经济效益、社会效益和生态效益相结合的原则。

（2）绩效评价应当重点对项目建设成本、工程造价、投资控制、达产能力与设计能力差异、偿债能力、持续经营能力等实施绩效评价，根据管理需要和项目特点选用社会效益指标、财务效益指标、工程质量指标、建设工期指标、资金来源指标、资金使用指标、实际投资回收期指标、实际单位生产（营运）能力投资指标等评价指标。

（十一）财务监督管理

项目监督管理主要包括对项目资金筹集与使用、预算编制与执行、建设成本控制、工程价款结算、竣工财务决算编报审核、资产交付等的监督管理。

项目建设单位应当建立、健全内部控制和项目财务信息报告制度，依法接受财政部门和项目主管部门等的财务监督管理。

二、基建会计科目及核算方法

《国有建设单位会计制度》总共设置了46个会计科目，其中26个资金占用类，20个资金来源类科目（见表1-4-1）。

《国有建设单位会计制度》规定的总账科目，建设单位在不违反概预算和财务制度等规定，不影响会计核算的要求和会计核算报表指标的前提下，可以根据实际情况作必要的增加、减少和合并。

表1-4-1 医院建设项目会计科目表

序号	编号	资金占用类科目	序号	编号	资金来源类科目
1	101	建筑安装工程投资	25	253	应收票据
2	102	设备投资	26	261	拨付所属投资借款
3	103	待摊投资	27	271	待处理财产损失
4	104	其他投资	28	281	有价证券
5	105	转出投资	29	301	基建拨款
6	106	待核销基建支出	30	302	项目资本
7	111	交付使用资产	31	303	企业债券资金
8	121	应收生产单位投资借款	32	304	基建投资借款
9	201	固定资产	33	305	上级拨入投资借款
10	202	累计折旧	34	306	其他借款
11	203	固定资产清理	35	311	待冲基建支出
12	211	器材采购	36	321	上级拨入资金
13	212	采购保管费	37	331	应付器材款
14	213	库存设备	38	332	应付工程款
15	214	库存材料	39	341	应付工资
16	218	材料成本差异	40	342	应付福利费
17	219	委托加工器材	41	351	应付有偿调入器材及工程款
18	231	限额存款	42	352	其他应付款
19	232	银行存款	43	353	应付票据

表 1-4-1 医院建设项目会计科目表（续）

序号	编号	资金占用类科目	序号	编号	资金来源类科目
20	233	现金	44	361	应交税金
21	241	预付备料款	45	362	应交基建包干节余
22	242	预付工程款	46	363	应交基建收入
23	251	应收有偿调出器材及工程款	47	364	其他应交款
24	252	其他应收款	48	401	留成收入

《国有建设单位会计制度》对明细科目的设置，建设单位在不违反财务制度规定、会计核算要求和本手册规定的前提下，可以根据需要，自行规定。

《国有建设单位会计制度》统一规定会计科目的编号，以便于会计凭证、登记账簿、查阅账目，实行会计电算化。各建设单位不得随意改变或打乱重编。

建设单位在填制会计凭证、登记账簿时，应填列会计科目名称，或者同时填列会计科目名称和编号，不得只填编号而不填名称。

（一）建设项目成本核算

1. 建筑安装工程投资

（1）本科目核算建设单位发生的构成基本建设实际支出的建筑工程和安装工程的实际成本。不包括被安装设备本身的价值及按照合同规定付给施工企业的预付备料款和预付工程款。

（2）根据施工单位提出的经审核的“工程价款结算申请单”将已经完成的建筑安装投资价款金额登记入账，作如下会计处理：借记本科目，贷记“应付工程款”。将预付的备料款和工程款扣减应付工程款，借记“应付工程款”科目，贷记“预付工程款”科目。上项业务，也可以合并为借记本科目，贷记“预付备料款”“预付工程款”和“应付工程款”科目；用银行存款支付给施工企业工程款时，借记“应付工程款”科目，贷记“银行存款”“限额存款”“零余额账户用款额度”等科目。

（3）工程竣工，办妥竣工验收交接手续交付使用单位时，借记“交付使用资产”科目，贷记本科目。经批准的报废工程，借记“待摊投资”科目，贷记本科目。

（4）本科目应设置“建筑工程投资”和“安装工程投资”两个明细科目，并按单项工程和单位工程进行明细核算。

2. 设备投资

（1）本科目核算建设单位按项目概算内容发生的各种设备的实际成本，包括在安装和不需安装设备和为生产准备的不够固定资产标准的工具、器具的实际成本。

（2）需要安装设备计算基本建设支出，应具备三个条件：

①设备基础和支架已经完成；

②安装设备所需图纸已经具备；

③设备已经运到安装现场，开箱验收完毕，吊装就位并继续进行安装。

需要安装的设备安装完毕，验收合格后，应办理竣工验收交接手续，交付使用单位，借记“交付使用资产”科目，贷记本科目。不需要安装设备和工具、器具，经验收合格交付使用时，就可计算基本建设实际支出，根据设备出库凭证，借记“交付使用资产”科目，贷记本科目。

（3）本科目应设置“在安装设备”“不需安装设备”和“工具及器具”三个明细科目，并按照单项工程和设备、工具、器具名称进行明细核算。

3. 待摊投资

待摊投资支出是指项目建设单位按照批准的建设内容发生的，应当分摊计入相关资产价值的各项费用和税金支出。

建设单位应根据实际会计核算情况的需要在“待摊投资”科目下设置“土地征用及迁移补偿费”“勘察设计费”“可行性研究费”“合同公证及工程质量监测费”“借款利息”“报废工程损失”“其他待摊投资”等二级明细科目。发生支出或结算费用时按照实际支出作会计处理：借记本科目（要按要求分明细），贷记“银行存款”“现金”“其他应付款”等。

4. 其他投资

（1）本科目核算建设单位按项目概算内容发生的构成基本建设投资完成额，并单独形成交付使用资产的其他各项投资支出。如实际发生的建设期间使用的房屋购置（完工后不拆除的）、无形资产（为工程建设支付的专利支出、经营性项目支出的土地出让金等）和递延资产等支出。

（2）在发生其他投资时作会计处理：借记本科目，贷记“银行存款”“现金”“限额存款”“零余额账户用款额度”等科目。

（3）本科目应该设置“房屋购置”“林木支出”“办公生活家具器具购置”“可行性研究固定资产购置”“无形资产”等明细科目。

（二）往来款的核算

1. 预付工程款

（1）本科目核算建设单位按照合同规定向承包工程的施工企业预付的工程款。

（2）向施工企业预付工程款时，借记本科目，贷记“银行存款”“限额存款”“零余额账户用款额度”“基建投资借款”科目。月末或工程竣工与施工企业结算已经完工工程价款时，从应付工程款中扣回的预付工程款，借记“应付工程款”科目，贷记本科目。

（3）本科目应按收取工程预付款的施工企业进行分明细核算。

2. 其他应收款

（1）本科目核算建设单位除预付备料款、预付工程款、预付大型设备款以外的各种应收及暂付款项，包括应收的各种赔款、罚金和存出保证金，以及各种应收、暂付款。

（2）确定向有关单位或个人收取各种应收款项时，借记本科目，贷记有关科目。

（3）本科目应该按单位和个人进行明细核算。

3. 应付器材款

（1）本科目核算建设单位因购入器材（设备和材料）所发生的应付供应单位款项。

（2）购入设备、工具、器具和材料的应付款项，一般应在月份终了时，根据已经验收入库而尚未付款的入库凭证，借记“设备投资”“库存设备”“库存材料”，贷记本科目。

（3）进行偿付以上设备材料款时，借记本科目，贷记“银行存款”“限额存款”“零余额账户用款额度”“基建投资借款”“其他借款”等科目。

（4）本科目按照供应单位户名、合同号和经办采购人员设置明细账。

4. 应付工程款

（1）本科目核算建设单位按照基本建设工程结算办法和工程合同的有关规定，与工程承包单位办理工程价款结算，应付给承包商的工程款。

（2）实行分次、分段、分项目工程结算或全部结算时，建设单位根据施工承包单位提出付款申请的经过监理审核和项目单位审批后确定的“工程价款结算单”所列的工程款，借记“建筑安装工程投资”科目，贷记本科目。

对于同一工程款一并承付的临时设施包干费，借记“待摊投资”科目，贷记本科目。

（3）支付以上各项工程款时，借记本科目，贷记“银行存款”“限额存款”（零余额账户用款额度）、“基建投资借款”“其他借款”等科目。

（4）本科目应按承包单位户名进行明细核算。

5. 其他应付款

（1）本科目核算建设单位应付、暂收其他单位和个人的款项，包括应付各种赔款、罚款、职工未领取的工资、应付、暂收其他单位的款项。

（2）发生各项应付、暂收款时，借记有关科目，贷记本科目；偿还、上交或转销各项应付、暂收款项时，借记本科目，贷记有关科目。

（3）本科目应按单位和个人进行明细核算。

（三）基建拨款

1. 核算建设单位各项基本建设拨款

本科目核算建设单位各项基本建设拨款包括中央和地方财政的预算拨款、地方主管部门和单位自筹资金等。其他单位、团体、个人的无偿捐赠用于基本建设资金和物资也在本科目核算。

2. 应设置的明细科目

（1）以前年度拨款：核算以前年度拨入而未冲销的各项基本建设拨款，本科目应按不同来源进行明细核算。

（2）本年度预算拨款：核算本年内由地方预算拨入的基本建设拨款。

（3）本年度建设基金拨款：核算本年内由中央预算拨入的基本建设基金拨款。

（4）本年度自筹资金拨款：核算经批准从预存银行的自筹基建资金中转入使用的自筹基建资金拨款

（5）本年度器材转账拨款：核算按规定通过按上级单位从本系统其他单位转账无偿拨入的设备、材料价款。

（6）本年度其他拨款：核算本年内除以上各项拨款外的其他各种基本建设拨款，如单位、团体、个人的无偿捐款或物资。

（7）以限额方式拨入的各种预算拨款，借记“限额存款”“零余额账户用款额度”科目，贷记本科目。收到以货币资金拨入的各种基建拨款，借记“银行存款”，贷记本科目。交回财政、上级主管部门拨款结余资金，贷记本科目（“本年交回结余资金”明细科目，贷记“银行存款”）。

3. 下年年初建立新账时应做的列结转

（1）将本科目所属“本年度预算拨款”“本年度自筹资金拨款”“本年度自筹资金拨款”“本年度其他拨款”各明细科目的上年贷方余额全部转入“以前年度拨款”明细科目的贷方。

（2）将“本年度交回结余资金”明细科目的借方余额转入“以前年度拨款”明细科目的借方。

（3）在作上述转账后，还应将“交付使用财产”科目的上年借方余额（基建拨款部分），转入科目所属“以前年度拨款”明细科目的借方。

三、基本建设项目财务报表

（一）基建会计报表

基建会计报表包括：资金平衡表（会建 01 表）、基建投资表（会建 02 表）、待摊投资明细表（会建 03 表）、基建借款情况表（会建 04 表）、投资包干情况表（会建 05 表）等 5 个报表。报表格式见《国有建设单位会计制度》（财会字〔1995〕45 号），建设期要求填报月报和年报报送给上级主管部门和同级财政部门。

1. 资金平衡表

本表是综合反映各种资金来源和占用在年末终了的情况报表。编制本表是为了综合反映建设单位各种资金来源和资金占用的增减变动情况及其相对应关系，检查资金构成是否合理，考核、分析基本建设资金的使用效果。

2. 基建投资表

本表反映从开始建设到本期期末止累计拨入、借入的基本建设资金以及这些资金在各单项工程、单位工程的使用情况，是为了检查项目概算执行情况，通过它考核分析投资效果、为编制竣工决算和财产移交提供资料。

3. 待摊投资明细表

本表是反映年度发生的待摊费用的明细账期末余额填列，是为了检查预算和财务制度的执行情况。根据待摊费用科目的各明细科目的借方发生额或贷方发生额进行填列。

4. 基建借款情况表

本表反映基建各种借款余额情况，根据基建借款、其他借款年末贷方余额填列。

5. 投资包干情况表

本表反映实行基建概算投资包干责任制的建设单位基建包干节余的提取和分配情况。

（二）竣工财务决算报表

基本建设项目竣工财务决算主要有 4 个报表：包括基本建设项目概况表（建竣决 01 表）、基本建设项目竣工财务决算表（建竣决 02 表）、基本建设项目交付使用资产总表（建竣决 03 表）和建设项目交付使用资产明细表（建竣决 04 表），报表格式见《国有建设单位会计制度》（财会字〔1995〕45 号）。

1. 基本建设项目概况表

该表主要反映竣工项目新增生产能力、建设支出以及有关技术经济指标，用以考核计划和概预算的执行，分析投资效益。

2. 基本建设项目竣工财务决算表

该表反映竣工的建设项目从开工到竣工为止全部资金来源和资金运用的情况，它作为报告上级核销基本建设支出和基本建设拨款的依据。此表采用平衡表形式，即资金来源合计等于资金占用合计，表内数据根据有关总账、明细账及建设管理资料分析填列。

3. 基本建设项目交付使用资产总表

该表反映建设项目建成后新增固定资产、流动资产、无形资产和递延资产的情况和价值，作为财产交接、检查投资计划完成情况和分析投资效果的依据。表中各栏目数据根据“交付使用资产明细表”的建安工程、设备工具器具、流动资产、无形资产、递延资产的各相应项目的汇总数分别填写，表中总计栏的总计数应与竣工财务决算表（建竣决 02 表）中的交付使用资产的金额一致。

4. 建设项目交付使用资产明细表

该表是办理资产交接的依据和接收单位登记资产明细账的依据，也是使用单位建立资产明细账和登记新增资产价值的依据。

第五章

建设工程监理、设计文件和竣工验收管理

谭西平　杜栩　林诚　罗鸿宇　杜鹏飞　刘旭
陈锐　郝思佳　陈木子　汪剑　叶东蠢

谭西平 四川大学华西医院基建运行部总工程师

杜　栩 四川大学华西医院基建运行部部长

林　诚 四川大学华西医院基建运行部基本建设科科长

罗鸿宇 四川大学华西医院基建运行部基本建设科项目主管

杜鹏飞 四川大学华西医院基建运行部基本建设科技术主管

刘　旭 四川大学华西医院基建运行部基本建设科项目主管

陈　锐 四川大学华西医院基建运行部基本建设科技术骨干

郝思佳 四川大学华西医院基建运行部基本建设科技术骨干

陈木子 四川大学华西医院基建运行部基本建设科技术骨干

汪　剑 四川大学华西医院基建运行部基本建设科技术骨干

叶东矗 四川大学华西医院基建运行部基本建设科技术骨干

第一节 建设工程监理概述

一、建设工程监理的内涵

建设工程监理是指工程监理单位受建设单位委托，根据法律法规、工程建设标准、勘察设计文件及合同，在施工阶段对建设工程质量、造价、进度进行控制，对合同、信息进行管理，对工程建设相关方的关系进行协调，并履行建设工程安全生产管理法定职责的服务活动。

建设单位（业主、项目法人）是建设工程监理任务的委托方，工程监理单位是监理任务的受托方。工程监理单位在建设单位的委托授权范围内从事专业化服务活动。与国际上一般的工程项目管理咨询服务不同，建设工程监理是一项具有中国特色的工程建设管理制度。

（一）建设工程监理行为主体是工程监理单位

《中华人民共和国建筑法》第三十一条明确规定，“实行监理的建筑工程，由建设单位委托具有相应资质条件的工程监理单位监理”，即建设工程监理行为主体是工程监理单位。建设单位自行管理、工程总承包单位或施工总承包单位对分包单位的监督管理都不是建设工程监理。

（二）建设工程监理实施前提是建设单位的委托和授权

《中华人民共和国建筑法》第三十一条明确规定，“建设单位与其委托的工程监理单位应当订立书面委托监理合同”，也就是说，建设工程监理的实施需要建设单位的委托和授权。工程监理单位只有与建设单位以书面形式订立建设工程监理合同，明确监理工作的范围、内容、服务期限和酬金，以及双方的义务、违约责任后，才能在规定的范围内实施监理。工程监理单位在委托监理的工程中拥有一定管理权限，属建设单位授权。

（三）建设工程监理是有明确依据的工程建设行为

建设工程监理实施的依据包括有关法律法规、工程建设标准、勘察设计文件及相关合同。

1. 法律法规

包括《中华人民共和国建筑法》《中华人民共和国合同法》《中华人民共和国招标投标法》《建设工程质量管理条例》《建设工程安全生产管理条例》《中华人民共和国招标投标法实施条例》等法律法规和《工程监理企业资质管理规定》《注册监理工程师管理规定》《建设工程监理范围和规模标准规定》以及地方性法规等。

2. 工程建设标准

标准包括有关工程技术标准、规范、规程以及《建设工程监理规范》《建设工程监理与相关服务收费标准》等。

3. 勘察设计文件及合同

文件包括经批准的初步设计文件、施工图设计文件，建设工程监理合同，以及与所监理工程相关的施工合同、材料设备采购合同等。

（四）建设工程监理实施的范围为施工阶段

根据前述建设工程监理的定义，可以看出建设工程监理定位于工程施工阶段。工程监理单位受建设单位委托，按照建设工程监理合同约定，在工程勘察、设计、保修等阶段提供的服务活动均为相关服务。

（五）建设工程监理有明确的职责

工程监理单位的基本职责是在建设单位委托授权范围内，通过合同管理和信息管理，以及协调工程建设相关方的关系，控制建设工程质量、造价和进度三大目标，即“三控两管一协调”。此外，根据《建设工程安全生产管理条例》规定，还需履行建设工程安全生产管理的法定职责。

二、建设工程监理的性质

（一）服务性

在工程建设中，工程监理人员利用自己的知识、技能、经验以及必要的试验、检测手段，为建设单位提供管理和技术服务。工程监理单位既不直接进行工程设计，也不直接进行工程施工；既不向建设单位承包工程造价，也不参与施工单位的利润分成。

（二）科学性

科学性是由建设工程监理的基本任务决定的，工程监理单位以协助建设单位实现其投资目的为己任，力求在计划目标内完成工程建设任务。由于工程建设规模庞大，建设环境复杂，功能需求及建设标准越来越高，新技术、新工艺、新材料、新设备不断涌现，工程建设参与单位越来越多，工程风险日渐增加，工程监理单位只有采用科学的思想、理论、方法和手段，才能驾驭工程建设。

（三）独立性

《中华人民共和国建筑法》第三十四条规定，“工程监理单位与被监理工程的承包单位以及建筑材料、建筑构配件和设备供应单位不得有隶属关系或者其他利害关系”，对其独立性作出了明确规定；《建设工程监理规范》也明确要求，工程监理单位应公平、独立、诚信、科学地开展建设工程监理与相关服务活动。

（四）公平性

公平性是建设工程监理行业的基本职业道德准则，特别是当建设单位与施工单位发生利益冲突或者矛盾时，工程监理单位应以事实为依据，以法律法规和有关合同为准绳，既维护建设单位合法权益，又不能损害施工单位的合法权益。例如，在调解建设单位与施工单位争议、处理费用索赔和工程延期、进行工程款支付控制及结算时，需尽量客观公平。

三、建设工程监理与相关工作的区别

（一）建设工程监理与政府工程质量监督的区别

1. 工作性质不同

政府工程质量监督对政府负责，建设工程监理对项目业主负责。

2. 工作依据不同

政府工程质量监督的依据是国家、地方颁发的有关工程质量的规范、条例和规定等，它维护有关法规的严肃性；建设工程监理除前述依据外，还依据承包合同和监理委托合同，不仅维护法规的严肃性，还要维护业主的利益。

3. 工作深度和广度不同

政府工程质量监督进行工程质量阶段性监督检查，并负责认定工程质量等级；建设工程监理需要深入到每一道工序进行质量跟踪，并做大量必要的试验，但不具有认定工程质量等级的权利，仅对工程质量进行评估。

4. 目的不同

政府工程质量监督的目的是保证工程质量；建设工程监理追求的是工程质量、建设工期、工程造价等全面效益。

（二）建设工程监理与项目管理的区别

1. 服务对象范围不同

项目管理服务对象范围较广，因项目参与各方都需要进行项目管理，如建设方、设计方、施工方、供货方等，若自身缺乏项目管理经验，都可委托专业的项目管理公司为其提供相应的项目管理服务；建设工程监理则不同，建设单位是建设工程监理的唯一服务对象。

2. 工作内容和业务范围不同

项目管理的工作内容包括可行性研究、招标代理、造价咨询、工程监理和勘察设计及施工管理等，在某种程度上建设工程项目管理是对上述工程内容的整合与集成；而建设监理的工作只是对施工阶段的“三控两管一协调”，并履行建设工程安全生产管理职责。因此从业务范围上讲，建设工程监理是建设工程项目管理的重要组成部分，但不是项目管理的全部内容。

3. 执业要求不同

国家对建设工程监理行业实行市场准入制度，只有符合条件的监理单位才能进入本行业，监理工程师已经成为一种专业人士，必须通过考试发证、注册、登记才能执业；国家没有对建设工程项目管理市场设定独立的准入制度，而是规定“项目管理企业应当具有工程勘察、设计、施工、监理、造价咨询、招标代理等一项或多项资质”，并规定“从事工程项目管理的专业技术人员，应当具有城市规划师、建筑师、工程师、建造师、监理工程师、造价工程师等一项或多项执业资格”。

四、监理单位与相关单位的关系

（一）监理单位与业主的关系

一般而言，业主与监理单位的关系是平等的主体之间的关系；但就项目而言，业主与监理单位是委托与被委托的关系。

（二）监理单位与施工单位的关系

一般而言，监理单位与施工单位属于平等的主体之间的关系；但就项目而言，监理单位与施工单位是监理与被监理的关系。

（三）监理单位与设计单位的关系

一般而言，监理单位与设计单位的关系是平等的主体之间的关系；但就项目而言，若委托设计监理，监理单位与设计单位是监理与被监理的关系，若不委托监理，监理单位与设计单位是分工合作的关系。

五、强制实施监理的工程范围

根据原建设部于 2001 年 1 月 17 日发布的《建设工程监理范围和规模标准规定》，下列建设工程必须实行监理。

（一）国家重点建设工程

国家重点建设工程是指依据《国家重点建设项目管理办法》所确定的对国民经济和社会发展有重大影响的骨干项目。

（二）大中型公用事业工程

大中型公用事业工程是指项目总投资额在3000万元以上的公用事业工程项目，包括卫生、社会福利、供水、供电、供气、供热项目等。

（三）成片开发建设的住宅小区工程

成片开发建设的住宅小区工程是指建筑面积在 5 万平方米以上的住宅建设工程。5 万平方米以下的住宅建设工程，可以实行监理，具体范围和规模标准，由省、自治区、直辖市人民政府建设行政主管部门规定。

（四）利用外国政府或者国际组织贷款、援助资金的工程

主要包括使用世界银行、亚洲开发银行等国际组织贷款资金的项目；使用国外政府及其机构贷款资

金的项目和使用国际组织或国外政府援助资金的项目。

（五）国家规定必须实行监理的其他工程

其主要指项目投资总额在3000万元以上关系社会公共利益、公众安全的基础设施项目，学校、影剧院、体育场馆项目等。

上述标准规定之外，各地还根据具体情况制定了地方规定，进一步明确了本行政区域内必须实行监理的范围，如《四川省建设工程监理规定》明确，“投资额在200万元以上的建设工程必须实行监理”。

第二节　监理单位选择与监理合同订立

一、建设工程监理单位选择

（一）选择方式和应考虑的主要因素

1. 选择方式

选择监理单位的方式有两种：一是通过招标投标的方式选择监理单位；二是由建设单位直接委托确定监理单位。

（1）通过招标方式选择监理单位。《中华人民共和国招标投标法》第三条明确规定，在我国境内进行下列工程建设项目的勘察、设计、施工、监理以及与工程建设有关的重要设备、材料等的采购，必须进行招标：①大型基础设施、公用事业等关系社会公共利益、公众安全的项目；②全部或者部分使用国有资金投资或者国家融资的项目；③使用国际组织或者外国政府贷款，援助资金的项目。可见通过招标方式选择监理单位是一种普遍行为。

（2）直接委托监理业务。在特定的条件下，建设单位可以不采用招标的形式，而把监理业务直接委托给某一监理单位。一般有以下几种情况：①抗洪抢险及抗震救灾等应急工程；②工程监理业务要求特殊，没有监理投标竞争对手或不宜进行公开招标的保密工程；③工程规模较小，监理酬金低于必须招标的监理酬金下限的小型工程（不必招标的监理酬金限额各地不尽相同）。

但无论采用哪种方式，均需得到项目审批部门或招投标核准机构的认可。

2. 应考虑因素

基于前述建设工程监理的性质，建设单位在选择建设工程监理单位时，主要应考虑以下因素。

（1）资质等级。监理单位应具有与工程建设项目相应的监理资质等级，有营业执照。

（2）经验业绩。监理单位必须具有类似工程的监理经验和业绩。

（3）社会信誉。监理单位必须具有良好的社会信誉，无不良信用记录。

（4）经营状况。监理单位的经营状况和财务状况良好。

（5）质量管理。监理单位应有完善的质量管理机构和质量保证体系，优先选择已取得ISO 9000认证的单位。

（6）总监理工程师。监理单位派驻现场的总监理工程师必须具有相应的资格，以及相应的工程监理业绩（含同类工程）和良好的组织协调能力。

（7）监理人员。派驻现场的监理人员，必须专业配套齐全，能够满足本项目工程监理工作的需要，派驻现场的人员年龄结构、知识结构合理，并具有良好的职业道德。

（8）监理大纲。监理单位的工程监理大纲，符合建设工程项目业主提出的对建设工程项目工程监理范围、任务和职责等基本要求。

（9）检测工具。监理单位应配备必要的工程测量和检测工具、设备，在信息处理和信息管理方面必须实现电子化、网络化。

（10）监理酬金。工程监理酬金合理，特别应注意拒绝明显低于成本报价的投标人。

（二）招标选择监理单位的要点

作为医院建设项目业主，往往不具备自行组织监理招标的资质和能力，需要聘请专业的招标代理机构（或具有招标代理资质的项目管理单位）在当地招投标管理机构的监管下代理建设单位进行监理单位招标。建设单位管理人员主要是协助招标代理机构（或项目管理单位）完成相应的工作，其中最重要的内容是招标文件的审核确认。

招标文件是投标人编制投标文件的依据，评标和确定中标人也必须严格按照招标文件的规定进行。招标文件一般由招标代理机构在了解建设项目业主招标要求的基础上进行编制，经业主审核认可（或修改后认可）后发出，部分地区规定：必须经过招投标管理机构审核备案后方能发出。

建设工程监理招标文件一般包含下列内容：投标人须知、任务大纲、评标办法、主要合同条件、附件等，其内容应尽可能详细。此处不予赘述，请参见本书第一篇第二章。

二、建设工程监理合同订立

（一）监理合同的概念

建设工程监理合同（下简称“监理合同”）是委托人与监理人（被委托人）为完成建设工程监理业务，明确双方权利和义务关系所签订的协议。

监理合同的主体是委托人和监理人。委托人是指承担直接投资责任和委托监理业务的一方；监理人是指取得监理资质证书、具有法人资格的监理单位，是承担监理业务和监理责任的一方。

（二）监理合同的特点

1. 标的性质特殊

监理合同的标的是监理服务。由于监理合同标的特殊性，决定监理人是通过提供服务获取酬金，而不是以经营为目的，以管理、技术为手段获取利润。同时因监理人不是建筑产品的直接经营者，不向委托人承诺工程造价、工程质量和工期等目标，而是通过其他合同对这些目标进行监督管理，使其符合委托人的要求。

2. 建设监理合同应与有关合同配合履行

由于监理合同主要是约定监理人完成监理服务的权利与义务，而这种权利与义务的实现与同委托人签订的该工程其他合同（如勘察设计合同和施工合同等）的第三方行为有关。因此，监理合同的履行必须与其他有关合同的履行相配合，不能与其他合同相矛盾。

3. 监理合同是一种诺成性合同

监理合同在当事人双方意见一致，达成协议签字盖章后，即告成立，发生法律约束力。

（三）《建设工程监理合同（示范文本）》

国家住房和城乡建设部和国家工商行政管理总局为规范建设工程监理活动，维护建设工程监理合同当事人的合法权益，对原《建设工程委托监理合同（示范文本）》（GF—2000—0202）进行了修订，制定了《建设工程监理合同（示范文本）》（GF—2012—0202）（以下简称《监理合同示范文本》），并自 2012 年 3 月 27 日起执行。为了便于读者更好地使用《监理合同示范文本》，现就其组成及性质等问题加以阐述。

1. 组成

《监理合同示范文本》由“协议书”“通用条件”和“专用条件”三部分组成，并附有两个附录。

协议书。协议书主要包括工程概况、词语限定、组成本合同的文件、总监理工程师、签约酬金、期限、双方承诺和合同订立等重要内容，集中约定了合同当事人基本的合同权利义务，并规定了合同文件的解释顺序。

通用条件。通用条件是根据《中华人民共和国建筑法》《中华人民共和国合同法》等法律法规的规定，就工程建设监理的实施及相关事项，对合同当事人的权利义务做出的原则性约定。

专用条件。专用条件是对通用条件原则性约定的细化、完善、补充、修改或另行约定的条款。合同当事人可以根据不同建设工程监理的特点及具体情况，通过双方的谈判、协商对相应的专用条件进行修改补充。

两个附录分别是“相关服务的范围和内容”和“委托人派遣的人员和提供的房屋、资料、设备”。

2. 使用专用条件的注意事项

（1）专用条件的编号应与相应的通用条件编号一致。

（2）合同当事人可以通过对专用条件的修改，满足具体建设工程监理的特殊要求，避免直接修改通用条件。

（3）在专用条件中有横道线之处，合同当事人可针对相应的通用条件进行细化、完善、补充、修改或另行约定。

3. 性质和适用范围

《监理合同示范文本》适用于房屋建筑工程、土木工程、线路管道和设备安装工程、装修工程等建设工程的监理活动，为非强制性使用文本。合同当事人可结合建设工程监理的具体情况，参照《监理合同示范文本》订立监理合同，并按照法律法规和合同约定承担相应的法律责任，履行合同约定的义务，享有合同约定的权利。

（四）监理合同签订前工作

1. 考察

签订监理合同是一种法律行为，合同一经签订，意味着委托关系的形成，双方的行为将受到合同的约束，因此必须慎重。在签订合同前，委托人应对监理人的资质、资信及履约能力等情况进行充分的调查核实，以防监理人在编制资格预审申请文件及投标文件时弄虚作假。一般需要调查核实的内容包括以下几方面。

（1）资质等级证书：必须有经建设主管部门审查并签发的具有承担监理合同内规定的建设工程资格的资质等级证书。

（2）营业执照：必须是经工商行政管理机关审查注册，取得营业执照，具有独立法人资格的正式单位。

（3）监理能力：具有对拟委托的建设工程监理项目的监理能力，包括监理人员素质和主要设备情况。

（4）财务情况：包括资金情况和近几年经营管理状况。

（5）社会信誉：包括承接的监理任务的完成情况，承担类似业务的监理业绩、经历及合同的履约情况。

2. 谈判

委托人与中标的监理单位洽谈建设监理委托合同，是选聘过程的最后阶段。作为委托人，切忌以手中有工程的委托权，而以不平等的原则对待监理人。谈判应坚持客观性、求同存异、公平、妥协互补和依法谈判的原则。谈判的内容一般包括以下两个方面。

（1）监理服务内容的谈判。不论是招标委托还是直接委托，委托人和监理人都要针对监理合同的主要条款和应负责任进行具体谈判。在使用示范文本时，要依据“标准条件”结合“专用条件”逐条加以谈判，对“标准条件”的哪些条款要进行修改、哪些条款不予采用、还应补充哪些条款，以及“标准条件”内需要在“专用条件”内加以具体规定的等都要提出具体的要求和建议，并达成共识。

（2）监理合同的财务谈判。监理合同的财务谈判，通常是在直接委托或单纯按技术标准进行招标后才进行的。若价格已经作为选择标准之一时，不应再就价格进行谈判。

财务谈判的主要内容一般包括：①合同的计价方式和酬金的支付；②附加监理工作和额外监理工作的取费标准；③监理单位提供设备、仪器的取费标准；④应由监理单位缴纳税费的种类；⑤长期合同的价格调整方式；⑥预付款的支付和扣还；⑦委托人逾期付款的利息；⑧其他有关的经济问题。

3. 签订及后续工作

双方当事人在合同谈判达成一致意见后，即可签订合同。需要注意的是，应在中标通知书发出之日起30日内签订。合同签订后的相关工作如下。

（1）监理合同签订后，应到项目所在地备案管理机构办理合同备案登记手续。

（2）在办理直接委托方式交易的监理合同登记时，委托人应提供具备监理交易条件的各种资料证件，并由备案管理机构对监理单位的资格、监理费用和监理合同等进行审核。

（3）监理单位接受监理委托后，须凭“监理资格证书”、委托人出具的监理委托书以及《建设工程监理合同》，向受监工程所在地的建设行政主管部门登记备案，申领工程项目监理许可证（或建设工程施工监理登记证）。

（4）委托人应将委托的监理单位、监理内容、总监理工程师的姓名和授予监理单位的权限等，书面通知被监理单位。

第三节　建设工程监理合同管理

建设工程监理合同签订后，为了保证工程项目建设的顺利实施，应自觉履行合同约定的相关义务，并加强对监理合同的管理及对监理机构的管理。

一、自觉履行委托人义务并组织召开第一次工地会议

（一）自觉履行委托人义务

根据《建设工程监理合同（示范文本）》（GF—2012—0202），委托人具有以下义务。

1. 书面告知

委托人应在其与施工承包人及其他合同当事人签订的合同中明确监理人、总监理工程师和授予项目监理机构的权限。如果监理人、总监理工程师以及委托人授予项目监理机构的权限有变更，委托人也应以书面形式及时通知施工承包人及其他合同当事人。

2. 提供资料

委托人应按照约定，无偿、及时向监理人提供工程建设有关资料。在建设工程监理合同履行过程中，委托人应及时向监理人提供最新的与工程建设有关的资料。

3. 提供工作条件

委托人应为监理人实施监理与相关服务提供必要的工作条件。

（1）派遣人员并提供房屋、设备。委托人应按照约定（若有），派遣相应人员，如果所派遣的人员不能胜任所安排的工作，监理人可要求委托人调换。委托人还应按约定，提供房屋、设备，供监理人无偿使用。

（2）协调外部关系。委托人应负责协调工程建设中所有外部关系，为监理人履行合同提供必要的外部条件。如与工程有关的各级政府建设主管部门、建设工程安全质量监督机构，以及城市规划、卫生防疫、人防、技术监督、交警、乡镇街道等管理部门之间的关系。

4. 授权委托人代表

委托人应授权一名熟悉工程情况的代表，负责与监理人联系。委托人应在双方签订合同后 7 日内，将其代表的姓名和职责书面告知监理人。当委托人更换其代表时，也应提前 7 日通知监理人。

5. 通过监理人发出委托人的意见或要求

在建设工程监理合同约定的监理与相关服务工作范围内，委托人对承包人的任何意见或要求应通知监理人，由监理人向承包人发出相应指令。

6. 对监理人提交的书面事宜给予书面答复

对于监理人以书面形式提交委托人并要求做出决定的事宜，委托人应在专用条件约定的时间内给予书面答复。逾期未答复的，视为委托人认可。

7. 按约支付监理酬金

委托人应按建设工程监理合同（包括补充协议）约定的额度、期限和方式向监理人支付监理酬金。

此外，委托人还应对监理人报送的监理规划进行审核，对其中不满意之处提出修改意见。监理规划通常应包括的主要内容见表 1-5-1。

表 1-5-1 建设工程施工监理规划的主要内容

规划条目	主要内容	备　注
项目部分	（1）工程概况	项目名称、地点、总投资、总建筑面积等
	（2）合同细节	项目内各种合同要点
	（3）项目目的和内容	项目建设目的、工程范围、工程内容、项目结构图、项目组成等
项目依据	（1）总投资或合同价	包括预测和分析
	（2）总工期和合同期	总工期不应超过合同工期
	（3）质量要求	质量应满足国家专业规范规定的要求和用户提出的功能要求，并达到合格标准
	（4）监理依据	法律法规及工程建设标准，建设工程勘察设计文件，建设工程监理合同及其他合同文件
项目组织	（1）项目组织机构	项目有关单位的组织系统
	（2）参与项目有关各方关系	
监理机构	（1）监理机构的设置和人员构成	监理机构的监理人员专业应配套齐全，数量满足工程项目监理工作的需要
	（2）总监理工程师的职权范围	当总监理工程师调整时，监理单位应征得建设单位同意并书面通知建设单位
	（3）监理工程师代表的职权范围	当专业监理工程师需调整时，总监理工程师应书面通知建设单位和承包单位
	（4）监理员的工作职责	
	（5）监理工作制度	

表 1-5-1 建设工程施工监理规划的主要内容（续）

规划条目	主要内容	备 注
质量控制	（1）质量目标	包括设计、土建和安装工程的质量标准、各分部工程的质量要求等
	（2）质量控制依据	包括合同文件，相应的规程、规范和标准的要点
	（3）全过程质量控制要求	包括基础工程、上部结构工程、安装工程和装饰工程的要求
	（4）质量控制流程图	
	（5）质量控制风险分析	主要分析最可能出现问题的部位、工艺或操作过程、最需要防范的不合格材料或施工方案
	（6）质量管理表格的制定和发放	
	（7）质量控制的措施	包括组织措施、技术措施、经济措施、合同措施
造价控制	（1）造价分析	包括影响工程成本的因素、控制工程量的难点，暂定金额使用等方面的分析预测
	（2）造价控制流程图	
	（3）造价风险分析	
	（4）造价控制措施	
	（5）造价分析制度	
	（6）计量支付报表的审核	
进度控制	（1）总进度计划	需进行系统控制、全过程控制和全方位控制工作，着重抓好关键线路的控制工作，并对工程所有内容和影响进度的各种因素进行控制，同时还要做好与有关单位的组织协调工作
	（2）进度目标风险分析	
	（3）进度流程控制图	
	（4）进度控制措施	
安全管理	（1）监理职责	根据法律法规、工程建设强制性标准履行安全生产管理监理职责，将安全生产管理的监理工作内容、方法和措施纳入监理规划
	（2）三审一核工作	审查施工单位现场安全生产规章制度的建立和实施情况；审查施工单位安全生产许可证和施工单位项目经理、专职安全生产管理人员和特种作业人员的资格；审查施工单位报审的施工专项方案，超规模的危害性较大的专项施工方案；核查施工机械和设施安全许可验收手续
安全管理	（3）巡视检查	巡视检查危险性较大的专项施工方案的实施情况，发现未按专项施工方案实施或存在安全事故隐患时应签发监理通知单，要求施工单位实施或整改；情况严重时应签发工程暂停令并及时报告建设单位；施工单位拒不整改或不停止施工时，应及时向有关主管部门报送监理报告

表 1-5-1 建设工程施工监理规划的主要内容（续）

规划条目	主要内容	备　注
合同管理	（1）合同结构	合同之间的关系
	（2）合同文件资料管理	包括委托监理合同（含监理招投标文件）、建设工程施工合同（总施工招投标文件）、工程分包合同（含各类建设单位与第三方签订的涉及监理业务的合同）、有关合同变更的协议文件、工程暂停及复工文件、费用索赔处理文件、工程延期及工程延误处理文件、合同争议调解文件、违约处理文件
	（3）监督合同执行的措施	包括各合同管理负责人、合同各项内容的监督分工、与工程师代表及其他部门的协调制度等
	（4）合同执行情况综合分析	包括对索赔的审查、对索赔的反驳、对索赔的预防和减少，还包括工程量的确认和支付管理
	（5）索赔控制和管理	
	（6）监理合同管理方法	
	（7）合同文件修改	
信息管理	（1）信息流程结构图	反映各部门、各层次、各有关单位之间的信息关系和传递过程
	（2）信息目录表	包括信息名称、来源、时间，信息的接受形式，信息的类型等
	（3）会议制度	各种会议的名称、时间、地点、参加者，会议记录的保存方式等
	（4）信息的处理系统	收集、整理、保存信息的制度和措施
组织协调	（1）与承包商的协调	包括与承包商项目经理关系的协调，进度、质量、安全问题及合同争议的协调
	（2）与使用部门的协调	包括理解建设工程总目标，理解业主的意图，尊重用户，让用户一起投入建设工程全过程
	（3）与设计单位的协调	尊重设计单位的意见，施工中发现设计问题，应及时按工作程序向设计单位提出，并注意信息传递的及时性和程序性
工作设施	（1）办公生活设施	办公用房及其办公设施，监理人员的宿舍，交通运输车辆
	（2）实验检测设施	测量设备、通信设备、试验室及试验设备

（二）组织召开第一次工地会议

1. 召开时间、主持人及参加人员

第一次工地会议是承包人、监理人进入工地后的第一次会议，是建设单位、承包人和监理单位建立良好合作关系的一次重要机会。第一次工地会议应在总承包单位和项目监理机构进驻现场后、工程开工前召开，并由建设单位主持。

建设单位参加会议的人员有项目主要负责人和项目有关管理人员；监理单位参加会议的人员主要有总监、总监代表、各专业监理工程师和监理员；施工承包单位参加会议的人员主要有项目经理、技术负责人、施工员、质量员、安全员、材料员、资料员、分包人等。

由总监理工程师安排监理人员对整个会议内容做好详细记录。

2. 主要内容

第一次工地会议应包括以下主要内容。

（1）各单位介绍情况。建设单位、监理单位和承包单位分别介绍各自驻现场的组织机构、人员职责及其分工情况。

建设单位就其实施工程项目期间的职能机构、职责范围及主要人员名单提出书面文件，就有关细节作出说明。

总监理工程师向总监代表授权，并声明自己仍保留哪些权利；将授权书、组织机构框图、职责范围及全体监理人员名单以书面形式提交承包人并报建设单位。

承包人书面提出工地代表（项目经理）授权书、主要成员名单、职能机构框图、职责范围及有关人员的资质材料，以取得监理工程师的批准。

（2）宣布授权。建设单位根据委托监理合同约定宣布对总监理工程师的授权。

（3）介绍开工准备情况。建设单位介绍工程开工准备情况，应就工程占地、临时用地、临时道路、现场征地拆迁和“三通一平”等情况以及其他开工条件（如规划许可证、施工许可证的办理）等有关问题进行说明。

（4）总监理工程师提出建议和要求。总监理工程师根据将要批准的施工组织设计、施工进度计划的安排，对上述事项提出建议和要求。

（5）承包单位介绍施工准备情况及施工进度计划，监理工程师应逐项予以澄清、检查和评述。

（6）对施工准备情况的意见和要求。建设单位和总监理工程师对施工准备情况及进度计划提出意见和要求。

（7）介绍监理规划。总监理工程师介绍监理规划的主要内容，专业监理工程师介绍经总监批准的监理实施细则，明确工作运行程序并提出有关表格及说明等。

（8）确定监理例会的参与人及周期。研究确定各方在施工过程中参加监理例会的主要人员、召开工地例会的周期和会议纪律等。

第一次工地会议纪要应由项目监理机构起草整理，整理完成后，总监理工程师应征求与会代表的意见，无异议后再打印成稿，加盖项目监理机构印章发给各参建单位。

二、委托人对监理合同管理

（一）合同正常履行过程中的管理

1. 外部协调

业主（委托人）应负责为满足工程正常进行和开展监理工作所需外部环境条件的协调工作。

2. 选择承包商

业主（委托人）有依法选定工程总设计单位和总承包单位，并与其签订合同的权利；监理单位在选择过程中只有建议权，并负责配合招标工作。但业主（委托人）不与分包单位发生直接关系，而将总包单位选择的设计分包单位和施工分包单位的确认或否定权授予监理单位。

3. 通过监理传达自己的意图

及时将业主（委托人）对工程项目实施的某些意图或想法通知监理单位并与其协商，由监理单位在协调管理过程中贯彻实施。为了避免指令系统的多元化而造成合同履行过程中的管理混乱，合同正常履行过程中对承包单位的各种指令应由监理单位发布。

4. 对监理单位提出的事宜进行回复

对监理单位提交的各种需由业主（委托人）做出决定的事宜及时给予书面回答，不应因其延误而耽搁工程建设的进展。

5. 筹措资金，按约支付

筹措落实资金，按时支付承包商的工程进度款和监理酬金，以保证各个合同的顺利履行。

在工程承包合同约定的工程价格范围内，监理单位有对工程款支付的审核和签认权，以及结算工程款的复核确认权和否定权。未经监理机构签字确认，业主不应向承包单位支付工程款。但对属于承包合同价以外支付的变更工程款和索赔款，即使已经过监理机构签字确认，还应进行严格审查后才能支付。同样，监理单位酬金支付通知书中的附加监理酬金和额外监理酬金部分，也需审查其取费的合理性和计算的正确性。如有异议时，应在 24 小时内发出异议通知，再经双方协商解决，但不应拖延无异议部分的支付。

6. 参加例会

业主（委托人）应委派代表参加监理单位组织召开的例会，交流信息及交换各自对实施工程进展中所发生问题的看法和建议。业主（委托人）派驻工地代表还应参加各种有关协调会议，包括工地协调例会和专业协调会议，以及就某一问题召开的临时会议。业主（委托人）及时与监理单位沟通是保障监理工作正常开展的有效措施，内容包括对风险的预测，应采取的防范措施以及特殊事件发生后的处理方法等。

7. 文档管理

业主（委托人）的项目管理机构应建立各种文件、报表等管理系统，用计算机进行档案管理，及时发现工程实施过程中可能发生的各类风险，以便及时采取有效措施减小风险损失或预防风险事件的发生。

（二）监理单位授权范围之外事项的决策

业主（委托人）对监理单位授权范围之外事项的决策，主要包括以下六个方面。

1. 工程规模、标准及使用标准认定

业主（委托人）有对工程规模、设计标准、规划设计、工艺设计和设计使用功能要求的认定权，监理单位只有建议权。

2. 设计变更审定

对工程结构设计和其他专业设计中的技术问题，监理单位可以按照安全优化的原则自主向设计单位提出建议，并向业主（委托人）提出书面报告。如果由于拟提出的建议会增加工程造价或延长工期，应当事先取得业主（委托人）的同意，即业主（委托人）对工程设计变更具有审定权。

3. 审批监理人的建议

监理单位对施工组织设计和技术方案，按照保质量、保工期和降低成本的原则，可以自主向承建商提出建议，并向业主（委托人）书面报告。如果由于拟提出的建议会增加工程造价或延长工期，应当事先征得业主（委托人）同意。监理单位有对参与建设有关单位进行组织协调的权利，但重要协调事项应事先向业主（委托人）报告。

4. 审批监理人的指令

监理单位须报经业主（委托人）同意，才能发布开工令、停工令和复工令。停工令的发布，或多或少都会影响工程项目的建设按照预定目标的实现，因此应由业主（委托人）做出决策。如果因紧急情况，监理机构不能事先向业主（委托人）报告时，应在发布停工令后的24小时内向业主（委托人）做出书面报告。

5. 审批监理人提出的变更

监理机构在业主（委托人）授权下，可对任何第三方合同规定的义务提出变更。但如果这种变更会严重影响工程费用或质量、进度，则须事先经过业主（委托人）批准。

6. 解除合同

在监理合同有效期内，发生以下情况之一，委托人可以与监理人解除监理合同。

（1）当监理人无正当理由不履行合同约定的义务时，委托人应通知监理人限期改正。若委托人在监理人接到通知后的7日内未收到监理人书面形式的合理解释，则可在7日内发出解除本合同的通知，自通知到达监理人时即解除合同，并可要求监理人承担约定的责任。

（2）在监理合同有效期内，由于双方无法预见和控制的原因导致本合同全部或部分无法继续履行或继续履行已无意义，经双方协商一致，可以解除监理合同。

（3）因不可抗力致使监理合同部分或全部不能履行时，经协商一致可以解除监理合同。

在前述第（2）（3）种情况下，合同双方必须签订书面解除合同协议，协议未达成之前，监理合同仍然有效。

三、委托人对监理人的管理

（一）监理机构的设立控制与人员管理

1. 项目监理机构设立的控制

根据《建设工程监理规范》（GB/T 50319—2013），工程监理单位实施监理时，应在施工现场派驻项目监理机构。项目监理机构的组织形式和规模，可根据建设工程监理合同约定的服务内容、服务期限、工程特点、建设规模、技术复杂程度、环境等因素综合确定。项目监理机构的监理人员应由总监理工程师、专业监理工程师和监理员组成，并做到专业配套，数量能满足建设工程监理工作需要，必要时可设总监理工程师代表。

建设单位在与监理单位签订建设工程监理委托合同后，应督促监理单位及时将项目监理机构的组织形式、人员构成及对总监理工程师的任命书送建设单位审查确认。建设单位应审查其专业是否配套齐全、技术职称结构是否合理、人员数量是否能满足监理工作需要。

（1）专业结构。通常，医院建设项目监理机构除必须配备土建（建筑、结构）、装饰、机电安装（水、暖、电）、工程经济专业人员外，还需配备动力（医用气体）和智能化专业人员，小型项目可以适当简化。

（2）技术职称结构。为了提高监理效率并兼顾经济性，应根据建设工程的特点和建设工程监理工作需要，确定项目监理机构中监理人员的技术职称结构。合理的技术职称结构表现为监理人员的高级职称、中级职称和初级职称的比例与监理工作要求相适应。通常，总监理工程师及总监理工程师代表应具有高级职称，专业监理工程师至少应具有中级职称，监理员可为中、初级技术职称。

（3）人员数量。项目监理机构人员除了应专业配套、职称结构合理外，还应有足够能满足监理工作需要的人员数量。委托人在审查人员数量是否能满足监理工作需要时，需综合考虑工程建设强度（投资 / 工期）、建设工程复杂程度和工程监理单位的业务水平等因素，本着实事求是的原则，并遵循适应、精简、高效的原则，对监理单位的人员配置进行审查，判断其是否有利于建设工程监理目标控制和合同管理，是否有利于建设工程监理职责的划分和监理人员的分工协作，是否有利于建设工程监理的科学决策和信息沟通。

经审查，若不能满足上述要求，监理单位应进行必要的增补。对于通过招标方式选定监理单位的，监理单位在投标文件（监理大纲）中往往列有拟派驻项目监理机构的人员名单，该名单的设定为响应招标文件的要求，其配置往往能满足专业结构配套、职称结构合理、人员数量适当的要求，建设单位可以同意监理单位的建议名单（或进行个别增补与变更），经试用后再进行调整优化。

2. 监理人员管理

对于提供技术服务的监理机构，监理人员的能动性显著，对监理效果的影响较大。委托人对监理人员的管理不可或缺，一般包括以下内容。

（1）监理人员更换管理。根据《建设工程监理规范》（GB/T 50319-2013）规定：“工程监理单位调换总监理工程师时，应征得建设单位书面同意；调换专业监理工程师时，总监理工程师应书面通知建设单位。”建设单位在审查监理单位提出的调换总监理工程师申请时，应注意更换理由是否充分，并应注意新接任的总监理工程师不得低于原总监理工程师的资质和水平，同意更换的应到工程所在地建设行政主管部门备案。建设单位可以在《监理委托合同》中增加“调换专业监理工程师应征得建设单位书面同意”的专项约定，以免监理单位随意调换专业监理工程师而影响监理工作质量。

建设单位有权要求监理单位更换不称职的监理人员，但应有充分的依据。

（2）监理人员出勤考核。建设单位为加强对监理人员的出勤考核，需在监理委托合同（或补充协议）中进行约定，一般可约定以下内容：①工作日离开工地必须请假，如总监理工程师或总监理工程师代表请假必须经建设单位批准；专业监理工程师短期请假（如 3 天以内），可由总监或总监代表批准，报业主备案；专业监理工程师请假超过约定的天数时，也应经建设单位批准等；②约定监理人员每月最少工作天数，如 21 天 / 月。但不得违背相关法律法规要求，同时可约定若监理人员达不到约定的出勤天数，建设单位可对监理单位处以一定金额的缺勤处罚，处罚额度可视岗位不同而异。

此外，医院建设工程一般工期较紧，往往工程承包单位法定假日不会完全停工，为保证现场施工作业能顺利进行，应要求监理机构安排必要的监理人员轮流值班。建设单位是否向监理人员支付加班费也需在监理委托合同（或补充协议）中约定。

建设单位可要求监理机构定期将监理人员出勤记录报建设单位备案，建设单位可定期或不定期对监理人员出勤情况进行抽查（也可坚持每日检查），以保证监理人员有足够的时间开展监理工作。

（二）“放、管、服”相结合管理

1.“放”——明确授权

“放”即明确对监理的授权，不干预授权范围内的监理事项，让监理自主开展工作。

建设工程监理合同签订后，委托人除了为监理单位提供合同约定的外部协调、物资和人员服务外，委托范围内的项目建设活动应交予监理单位具体负责协调、管理和监督。委托人不宜随意干预监理人的正常监理工作，仅对重大问题的决策作出决定，对超越监理授权范围的事项给予指示，对三大目标进行较为宏观的控制。

为了保证监理工作的正常开展，委托人应明确对监理的授权范围，并应将授权范围告知被监理单位。委托人对监理人授权的原则是既能充分发挥监理的作用，又不至于使委托人对项目管理失控。

案例：某建设单位为便于监理机构顺利开展监理工作，根据《委托监理合同》并结合建设单位自身实际情况，授予了监理机构如下权利。

（1）发布开工令、停工令、复工令的权利（应先征得业主同意）。

（2）选择工程施工分包单位的建议权。

（3）按照安全优化和完善功能的原则，提出设计变更的建议权。

（4）按照保质量、保工期和降低成本的原则，对施工组织设计和技术方案进行审查并提出相关意见的权利。

（5）大宗建筑、安装及装饰材料和大型设备选择的建议权。

（6）工程上使用的原材料、半成品和施工质量的控制权及否决权。

（7）工程施工进度的检查、监督权，以及工程实际竣工日期提前或超过工程承包合同规定的竣工期限的初步确认权。

（8）工程进度报表及现场签证的初审权和进度款支付额的建议权。

（9）对参与工程建设的各协作单位的组织协调权并负责召开各类工作协调会议（重要协调事项应事先向业主报告）。

（10）对承包商向业主提出的意见和要求提出处理意见的建议权。

监理期限内，委托人可根据工程进展的实际情况以及监理的管理质效，适时调整（扩大或缩小）授权范围，但在授予权限以及变更授权范围时均应书面通知相应被监理单位。

2.“管”——关注工作质效

“管”即对监理工作的质量和效果进行考核，并进行必要的奖励、处罚或警示等。

委托人可通过监理机构提交的监理（月、季、年）报告和参加各类监理例会，并结合自身日常观察情况考核了解监理人的工作质效。

（1）通过监理报告了解监理工作质效。要求监理单位的（月、季、年）监理报告按规定时间和内容上报委托人，由委托人组织相关人员对监理报告进行检查和处理。其中，监理月报是监理机构上报建设单位的重要报告，其主要内容参见表 1-5-2。在确有必要时，业主有权要求监理机构就其监理业务范围内的有关事项提交专项报告。

表 1-5-2 监理月报的主要内容

月报条目	主要内容
工程概况	1. 工程概述：工程正在施工部位的基本情况；总平面示意图
	2. 施工概述：工、料、机具配备动态，本期施工情况
施工单位的项目组织系统	本月施工组织描述
工程形象部位完成情况	1. 本期正在施工部位的平面、剖面示意图 2. 工程形象部位完成情况 3. 工程形象部位完成情况分析 4. 当月末正在施工部位的完成进度示意图或工程照片
工程质量	1. 分项工程验评情况 2. 本期分项工程一次验收合格率统计 3. 分项工程优良率控制图 4. 分部工程验评情况 5. 施工试验情况 6. 质量事故 7. 暂停施工指令 8. 本期工程质量分析：产生工程质量问题的原因，质量对策一览表

表 1-5-2 监理月报的主要内容（续）

月报条目	主要内容
工程安全	1. 基坑支护监测情况 2. 临边洞口防护情况 3. 临电使用安全情况 4. 塔机运行情况 5. 高大模板支撑情况 6. 外架支撑情况 7. 防火安全情况 8. 食品卫生安全情况 9. 安全事故处理情况 10. 暂停施工指令 11. 本期工程安全事故的原因分析
工程计量与支付	1. 工程计量 2. 预付支付证书 3. 月工程款支付证书 4. 索赔情况
工程变更与洽商	1. 工地材料、构配件及设备供应的数量及质量情况 2. 未经监理工程师认可的供应
工地材料、构配件及设备供应	1. 工地材料、构配件及设备供应数量及质量情况 2. 工地材料、构配件及设备预控情况
施工现场情况	1. 正常施工情况的描述 2. 非正常情况下的施工状况
气象数据	主要提供影响正常施工的不利气候统计
监理单位	1. 监理组织机构图 2. 驻地监理人员构成 3. 监理工作统计：监理会议、监理复测、监理抽查
监理结论	1. 监理对本月工程施工的总评价 2. 投资、进度、质量控制及信息、合同、安全管理方面的工作情况 3. 存在问题及建议

（2）借助监理例会了解监理工作质效。为加强建设单位与监理单位的信息交流互通，可建立建设单位负责人与总监的例会制度（可每月 1 次），由建设单位、监理单位有关人员参加，交流工程建设和监理的情况，沟通意见，协调相关工作，并了解监理工作质效。

此外，建设单位还可通过参加监理机构组织召开的监理例会和各类专题会议，了解工程建设情况和监理工作质效。

（3）建立落实考核及奖惩制度和人员“警示”制度。委托人可建立监理工作考核办法和考核标准，定期组织考核。对不满意之处及时要求改进，必要时可进行适当处罚；若因监理工作得力而取得成效（如因监理提出的合理化建议被采纳后使工期缩短或节省了工程建设投资），可给予适当奖励。对违纪、违规、失职的监理人员按合同约定给予黄牌警告，严重的可要求监理单位更换，甚至可以诉诸法律。

3.“服”——提供必要的服务

“服”就是为监理工作提供必要的工作和生活条件，并支持他们的工作，使监理人员愉快地开展监理工作。

（1）提供办公、生活条件。为监理提供必要的办公和生活条件，提高其工作和生活的便利性，避免监理自己“想办法”。

（2）提供开展监理工作所需要的信息。使其能够充分了解工程各方信息，把握全局，拥有工程管理的相关依据，顺利开展监理工作。主要包括：

①勘察设计文件：包括经批准的初步设计文件、施工图设计文件；

②相关合同：包括与所监理工程相关的施工合同、材料设备采购合同等；

③相关单位及主要人员名单：包括与本工程相关的勘察、设计单位和主要人员名单，以及有关材料、设备供应厂家和主要人员名单，包括联系方式等。

（3）对监理进行交底或组织培训。监理人员多对一般工业及民用建筑施工工艺、质量要求较为熟悉，但对医疗工艺不够了解，对医用气体系统和医用净化工程等医院建设项目所特有的专项工程的施工工艺和质量要求了解不多。委托人可聘请业内相关专家对监理进行专项工程的施工工艺和质量要求进行交底或培训，以便监理能更好地开展工作。

（4）树立监理的威信，支持监理工作。尽量不要打乱监理的工作程序，不能因为赶进度而要求监理提前签字盖章，使监理工作陷入被动；当监理与承包商发生争执与冲突时，要给予监理最大的支持。例如，不能当着承包商的面批评监理或替承包商求情，致使监理威信下降，影响其工作热情。

第四节 设计审查与设计变更管理

一、设计文件审查管理

建筑设计包括方案设计、初步设计和施工图设计三个阶段，这三个阶段涵盖了建设方策划研究到设计深化、完成交付、施工单位进行施工的全过程。

方案设计是建筑设计的最初阶段，它是设计单位在领会业主意图的前提下，对建筑进行具有创造性的、形象化的过程；初步设计是在方案确定的基础上，结合技术与材料，对设计方案进行深化和完善形成的初步设计文件；施工图设计是在初步设计审查通过的基础上，深化完善全套建筑、结构、给排水、供热、制冷、通风、强电、弱电、医用气体等施工图和相应的设计说明书、计算书，把停留在虚拟空间的建筑形态进一步具体化，作为建筑工程施工的依据。

（一）方案设计文件审查

1. 建设单位对方案设计文件的审查

建设单位审查方案设计文件的要点如下：

（1）方案设计文件内容应满足设计任务书（或设计招标文件）的要求；

（2）方案设计文件的编制深度应满足编制初步设计文件的需要；

（3）方案设计内容应齐全，应包括设计总说明（含各专业设计说明及投资估算内容）、总平面图以及建筑设计图纸（各层平面图、立面图和主要剖面图）；

（4）方案所示建筑规模和投资应符合项目可行性研究报告批复要求；

（5）建筑总平面布置应合理，交通流线组织应科学，并应适当预留发展用地；

（6）各功能分区应明确，就医流程应合理便捷，有利于控制院内交叉感染等。

2. 主管部门对方案设计文件的审查

医院建设项目设计方案的审查主管单位为项目所在地城市规划主管部门。建设单位委托设计单位根据已办理的《建设项目选址意见书》《规划设计条件通知书》、已批准的《可行性研究报告》等前期文件资料及建设单位（或其委托咨询机构）编制的设计任务书，完成方案设计文件并经建设单位审查认可后，报送当地城市规划管理部门进行审查。报审时需报送的主要资料为（各地略有差异）：

（1）设计总说明：包括各专业设计说明及投资估算等内容；

（2）建设项目总平面布置图：包含功能分区图、交通流线及洁污流线组织图；

（3）各层建筑平面图、立面图及主要剖面图；

（4）必要的方案透视图、鸟瞰图等。

（二）初步设计文件审查

1. 建设单位对初步设计文件的审查

建设单位审查初步设计文件的要点包括以下几个方面：

（1）初步设计文件应满足业主对初步设计的原则和要求：①建设项目远景与近期建设相结合，加快建设进度的要求；②对土地资源充分利用、合理布局的要求；③环保、安全、卫生、劳动保护的要求；④合理选用各种技术经济指标的要求；⑤节约投资、降低运营成本的要求；⑥为建设项目扩建预留发展用地的要求；⑦贯彻上级领导或部门的有关指示；⑧其他有关的原则和要求等。

（2）初步设计文件内容应齐全。初步设计文件由设计说明、设计图纸、主要设备或材料表和工程概算书四部分组成。

（3）初步设计文件的深度应满足以下要求：①通过多方案比较，在充分细致论证设计项目的基本条件与功能需求、投资效益的基础上，择优选择设计方案；②建设项目的功能应满足业主要求，单项工程要齐全，主要工程量误差应在允许范围内；③主要设备和材料明细表符合订货要求，能作为订货依据；④总概算不应超过已批准的可行性研究投资估算总额；⑤满足施工图设计和业主方开工准备工作的要求；⑥满足施工准备、开展施工组织设计等项工作的要求。

经批准的可行性研究报告中所确定的主要设计原则和方案，如建设地点、规模、主要设备、主要建筑标准等，在初步设计中不应有较大变动。若有较大变动或概算突破估算投资说明时，要说明原因，报请原审批主管部门批准。

业主对初步设计文件的审查，应围绕所设计的建设项目质量、进度及投资进行。

（1）对设计总说明的审查：应审核设计质量是否符合决策要求，项目是否齐全，有无漏项，设计标准、装备标准是否符合预定要求。针对业主所提的委托条件和业主对设计的原则要求，逐条对照，审核设计是否均已满足。初步设计中所安排的施工进度和投运时间，是否确有可能实现，各种外部因素是否考虑周全。

（2）对初步设计图纸的审查：重点是审查总平面布置、交通流线组织。总图布置要方便就医流程，获得最佳的工作效率，同时要满足环境保护、安全生产、防震抗灾、消防、洪涝、生活环境、绿色生态等要求。总平面布置要充分考虑朝向、风向、采光、通风等要素。要审查初步设计是否创造了一个良好的就医环境，能否在这样的环境中，创造高效、低耗和充满生机的条件。这主要体现在建筑设计标准、建筑平面和空间的处理及环保要求等方面。

（3）对主要设备或材料表审查：主要审核是否有漏项，依据技术规格和技术措施能否满足订货需要等。

（4）对工程概算审查：主要审核总概算，审核外部投资是否节约，外部条件设计是否经济，方案比较是否全面，经济评价是否合理，设备投资是否合理，主要设备价格是否符合当前市场经济情况等。

2. 主管部门对初步设计文件的审查

（1）审批权限。按现行管理规定，审批权限划分如下四种。

①大中型项目：按照项目的隶属关系，由国务院各主管部门或省、自治区、直辖市审批，报国家发展改革委备案。

②各部代管的下放项目：由各部主管部门会同有关省、自治区、直辖市审批。

③各部直属建设项目：由国务院各主管部门审批。批准文件抄送有关省（自治区、直辖市）发展改革委、住建厅（局）和其他各有关局（委）。

④小型项目：按隶属关系，由主管部门或地方政府授权的单位进行审批。

（2）主管部门对初步设计文件的审查要点。建设单位编制完成初步设计和投资概算，并经自审合格（或修改合格）后，报有审批权限的主管部门。主管部门（或委托相应评审机构）组织相应专家进行审查，设计单位根据专家审查意见（若有）修改并经认可后，再报主管部门审批，作为开展施工图设计的依据。

主管部门对初步设计文件的审查要点主要涵盖以下几个方面。

①初步设计文件内容的完整性：审核项目初步设计和投资概算文件是否包括设计总说明、总平面、工艺设计、各专业设计、相关专篇及概算等必须内容。其中，专篇应包括消防、人防、节能节水、环境保护和绿色建筑设计等内容。

②设计深度：审核初步设计和投资概算文件是否达到《建筑工程设计文件编制深度规定》（2016 版）的设计深度要求。

③工程建设强制性标准执行情况：审核初步设计和投资概算文件是否符合工程建设标准强制性条文，和其他有关工程建设强制性标准。如四层及四层以上的门诊楼、病房楼应设置不少于两台电梯，病房楼高度超过 24m 时，应设污物电梯等。

④地基基础和结构设计的合理可行性：审核地基基础和结构设计是否合理、可行。如基础选型、埋深是否合理，结构体系选择是否合理等，是否正确使用岩土工程勘察报告所提供的岩土参数；是否正确采纳《岩土工程勘察报告》对基础形式、地基处理、防腐蚀措施（地下水有腐蚀性时）等提出的建议并采取了相应措施，当与地勘建议不一致时，其措施是否恰当等。

⑤初步设计的技术可靠性和经济合理性：审核各专业初步设计的技术性是否可靠，经济性是否合理。如给水系统的供水方式、供水分区、利用市政给水管网水压情况等是否合理；锅炉房位置的选择，是否靠近热负荷中心；电源进线、变配电所（站）的位置选择是否合理、安全、与相关专业的配合是否到位等。

⑥环保、节能、节地、节水、节材及公众利益：审核各专业初步设计是否符合环保、节能、节地、节水、节材等原则及公众利益。如病房、诊疗室室内允许噪声等级是否符合《民用建筑隔声设计规范》的规定，设计是否使用了有关部门明令颁布淘汰的产品和设备材料等。

⑦投资概算：审核投资概算编制的依据是否充分，编制的内容是否完整（不应存在重要漏项），投资概算数额能否真实客观的反映项目建设的实际需要，以及是否超过已批准的投资估算总额等。

⑧其他：审核初步设计和投资概算文件编制的依据（支撑条件）是否充分，如政府有关部门的批准文件、《岩土工程勘察报告》，以及场地周边市政配套基础设施资料或相关协议等。

（三）施工图设计文件审查

1. 建设单位对施工图设计文件的审查

建设单位对施工图设计文件的审查要点包括总平面图的审查和各专业施工图的审查。

（1）总平面图审查要点。总平面图中是否明确标出建设用地范围、道路及建筑红线位置、用地及四周有关地形、地貌和周边市政道路的控制标高等；是否明确标出新建工程的定位及室内外设计标高、室外道路和广场、停车位及地面雨水坡向等；若有地下建（构）筑物，核查地下建（构）筑物土石方开挖是否会影响周边市政道路及管网等；洁污流线和总图布置的合理性，总图在平面和空间的布置上是否有交叉或矛盾。

（2）各专业施工图审查要点。

①审查施工图设计说明：设计说明中所采用的设计依据、参数、标准是否满足相关要求；选用的建筑材料、机电设备等是否恰当。

②审查各专业施工图之间是否协调一致：如较大较重设备的运输通道是否有预留方案；各专业图纸所示大型设备数量及位置与医疗工艺设计图是否一致；专用设备的特殊要求是否在施工图中得以落实。

③审查使用功能是否合理、是否满足感控要求：由于卫生计生建设项目使用功能比较复杂，故需审查施工图中功能布局是否合理，卫生设施是否达到控制院内交叉感染的要求等。

医院建设单位往往存在技术力量薄弱、专业配备不齐的问题，对各阶段设计文件进行审查除了充分利用基建管理人员和各使用部门相关人员外，还可考虑利用社会资源，如委托监理单位提供相关服务等，以提高对设计文件的审查质量和效果。

2. 专业审图机构对施工图审查

《建设工程质量管理条例》第十一条规定："建设单位应当将施工图设计文件报县级以上人民政府建设行政主管部门或者其他有关部门审查。施工图设计文件未经审查批准的，不得使用。"

（1）建设单位应当向审查机构提供的资料，包括下列资料并对其真实性负责：①作为勘察、设计依据的政府有关部门的批准文件及附件；②全套施工图；③其他应当提交的材料。

（2）施工图审查内容。根据《房屋建筑和市政基础设施工程施工图设计文件审查管理办法》第十一条规定，审查机构应当对施工图审查如下内容：①施工图设计文件是否符合工程建设强制性标准；②地基基础和主体结构的安全性；③是否符合民用建筑节能强制性标准，对执行绿色建筑标准的项目，还应当审查是否符合绿色建筑标准；④勘察设计企业和注册执业人员以及相关人员是否按规定在施工图上加盖相应的图章和签字；⑤法律、法规规定必须审查的其他内容。

（3）施工图审查结果处理。根据《房屋建筑和市政基础设施工程施工图设计文件审查管理办法》第十三条规定，审查机构对施工图进行审查后，应当根据下列情况分别做出处理：①审查合格的，审查机构应当向建设单位出具审查合格书，并在全套施工图上加盖审查专用章；②审查不合格的，审查机构应当将施工图退还建设单位并出具审查意见告知书，说明不合格原因，建设单位应当要求原勘察设计企业进行修改，并将修改后的施工图送原审查机构复审；③审查（或复审）合格的施工图，方可使用。

3. 施工图行政审查及备案

施工图设计文件经审图机构审查（技术审查）合格后，才能进入行政审查环节。建设单位应将全套施工图设计文件分别报当地规划、公安消防、卫生、环保、市政、人防等政府职能部门进行行政审查。由设计单位根据行政审查意见进行相应设计修改完善，直至取得审查合格意见书及批复，并报送项目所在地建设行政主管部门备案。

具体行政审查和备案程序各地略有差异，需根据当地相关部门规定的流程办理。

（四）设计技术交底与施工图纸会审

1. 目的

设计技术交底与施工图纸会审的目的是使参与工程建设的各方熟悉图纸，了解工程特点和设计意图，关键部位的质量要求，早日发现图纸错误并由设计单位进行修改，以进一步提高工程建设质量。

2. 应遵循的原则

（1）设计单位应提交完整的施工图纸，各专业相互关联的图纸必须提供齐全、完整，并经建设单位送施工图审查机构审查合格。

（2）在设计交底与图纸会审之前，参与工程建设的各方必须事先指定主管该项目的有关技术人员看图自审，仔细审查本专业图纸，并对相关专业图纸进行核对。

（3）设计交底与图纸会审时，设计单位必须委派负责该项目的主要设计人员出席。

（4）凡直接涉及设备制造厂家的工程项目及施工图，应由订货单位邀请制造厂家代表到会，并会同建设单位、监理单位、施工单位与设计单位的代表一起进行技术交底与图纸会审。

3. 会议组织及程序

设计技术交底与施工图纸会审会议由建设单位组织并主持，按以下程序进行：

（1）设计单位进行设计技术交底；

（2）各有关单位对图纸中存在的问题进行提问；

（3）设计单位对各方提出的问题进行答疑；

（4）各单位针对问题进行研究与讨论，制订解决方案，形成会审记录，经各方签字认可。

4. 施工图设计交底的主要内容

一般包括建设项目工程概况、项目特点、设计意图、主要使用功能、工艺布置及工艺要求、施工安装要求、相关技术措施和注意事项等重点内容。

5. 施工图纸会审的主要内容

完成施工图纸技术交底工作后，由建设单位组织设计单位、监理单位、施工单位和专业分包单位等提出施工图纸中存在的问题和需要解决的技术难点，通过建设方、监理方、设计方和施工方共同协商，拟定解决方案，形成书面会议纪要，经设计、施工、监理和建设单位等技术负责人签字并盖章后作为施工依据。建设项目施工图纸会审的主要内容包括：

（1）总平面图和各专业施工图是否协调一致；

（2）总图中工艺管线、电气线路、设备位置、运输通道等与构筑物之间有无矛盾，布置是否合理；

（3）施工与安装是否有难以实现的技术问题或容易导致施工质量、安全及费用增加等方面的问题；

（4）标准图集、详图是否齐全等。

在项目实施过程中，施工图纸技术交底和施工图纸会审工作可一次性完成；也可分阶段实施，如按基础、主体、安装、装饰装修等阶段分别进行。

6. 纪要与实施

（1）项目监理部应将施工图会审记录整理汇总并负责形成会议纪要，经与会各方签字同意后，作为设计文件的组成部分，发送建设单位和施工单位，抄送有关单位。

（2）对会审会议上决定必须进行设计修改的，由原设计单位按设计变更管理程序提出修改设计文件。一般性修改经监理工程师和建设单位审定后，交施工单位执行，重大修改需经建设单位报上级主管部门批准并送施工图审查机构审查合格后交施工单位执行。

二、设计变更管理

（一）设计变更的主要原因

1. 医疗建筑的复杂性

医疗建筑是一种特殊的民用公共建筑，其人流、物流、信息流、医用净化工程、医用气体系统、呼叫系统、消毒供应、ICU病房、负压隔离病房、临床检验等均有相应的规范要求，各种先进的医疗设备（如直线加速器、PET、CT、MRI、DSA、γ 刀等）和治疗方法不断进入医疗建筑，这些都体现了医疗建筑的复杂性，客观上导致医院建筑设计的难度较大。

2. 建设单位管理原因

（1）建设单位前期论证阶段对项目功能的定位上存在偏差，缺乏总体建设规划，对医院发展的预测和研究论证不充分，对医疗建筑使用功能的具体要求表达不清楚，未能给设计院提供一个完整清晰的《设计任务书》。

（2）使用部门负责人变动，对已确定的方案有新的想法，而决策者在审批修改需求时，对修改的必要性重视不够。

3. 设计人员和设计周期的影响

目前，国内专业从事医院建筑设计的单位较少，各专业设计人员在医疗专业领域技术薄弱，设计人员对医院建设项目的功能需求、医疗流程、新材料和新工艺的使用、医疗设备等缺乏研究和资料积累，同时由于建设单位要求尽快出图，给设计单位的设计周期往往较短，从而给设计方造成客观上的负面影响。

4. 原建筑设计与专业设计配合的原因

医疗建筑中涉及较多专项设计工作（如医用气体系统、医用净化工程等），这些专项工程大多在工程开工后才进行。这种模式容易导致专项深化设计与原建筑设计脱节。

（二）设计变更的主动控制

建设单位可采取以下措施，控制（或减少）设计变更。

1. 精选建筑设计单位，提供《设计任务书》

选择有经验的建筑设计单位，并向其提供完整的《设计任务书》，《设计任务书》内容应尽量全面、细致，并充分考虑未来业务发展的需要，向设计单位进行设计任务交底。

2. 组织设计人员与医院相关人员密切沟通

在各阶段设计过程中，为了使各专业设计人员充分理解用户需求，可组织设计人员与用户进行面对面交流，必要时可进行专题讨论或参观学习。在方案设计及初步设计时，应组织医院相关职能部门的技术人员与建筑设计人员共同对方案及初设的平面布局和流程进行仔细研究后修改确认。

3. 推行设计总承包制度

推行设计总承包制度，将各专项设计纳入总承包设计的管理范围，使各专项设计适时介入，以便各专业设计密切配合，互相协调。

4. 建立完善的变更论证审批制度

施工图设计文件完成后，一般情况下不再进行使用功能的调整。若确需进行使用功能调整，应从各方面（如施工周期、已施工部分的返工损失、变更后的经济效益等）进行变更的必要性和可行性论证分析后再做出决定。

（三）设计变更的审批管理

1. 重大设计变更的审批管理

医院建筑施工过程中，原则上不得对初步设计批准的建设规模、使用功能和建设标准等内容进行变更。若因特殊情况确需修改建设规模、调整使用功能或改变建设标准等，必须由建设单位报经原审批单位同意后方可进行相应变更。

2. 一般设计变更的审批管理

（1）设计院发出设计变更的审批。工程开工后，设计院为完善自身设计缺陷，弥补设计疏漏，纠正设计失误等发出的设计变更，或施工过程中，施工、监理、建设单位发现设计方面存在问题时，建设单位要求设计单位出具设计变更的审批程序：①设计院出具设计变更（图纸或者说明）；②建设单位收到设计院出具的设计变更文件，交监理单位发至施工单位予以执行。

（2）建设单位提出设计变更的审批。工程开工后，建设单位提出设计变更的审批程序：①建设单位工程师组织总监理工程师、造价工程师论证此项变更是否可行，以及对工程造价的影响；②建设单位工程师将论证结果报单位主管领导同意后，通知设计院工程师，设计院工程师进行设计变更，出具变更图纸或变更说明；③变更图纸或变更说明由建设单位发至监理单位，监理单位发至施工单位予以执行。

（3）施工单位提出设计变更的审批。施工企业在施工过程中，施工单位提出设计变更申请的审批程序：①施工单位提出变更申请报总监理工程师；②总监理工程师审核技术是否可行并核算对工程造价等的影响，报建设单位工程师；③建设单位工程师报单位主管领导审核同意后，通知设计院工程师，进行设计变更，出具变更文件；④设计变更文件经建设单位发至监理单位，监理单位发至施工单位予以执行。

无论何方提出设计变更，只要涉及公共利益、公共安全或工程建设强制性标准，均应由建设单位报经原施工图审查机构审查合格后方可执行。

若以上变更对工程造价产生较大影响，导致项目建设总投资超出主管部门审批同意的初设概算总投资，建设单位应上报原审批部门，并申请追加投资计划。

第五节　竣工验收与档案管理

一、竣工验收管理

医院建设项目竣工验收，是项目建设的最后一个程序，是建设项目由投资转为使用的重要标志，是全面考核基本建设管理、检验勘察设计和施工安装的重要环节。《建设工程质量管理条例》和《房屋建筑和市政基础设施工程竣工验收规定》均对建设项目的竣工验收作出了明确的规定。

（一）竣工验收概述

1. 竣工验收的目的

（1）全面考察建设工程项目的施工质量。通过对建筑工程的检查和试验，考核承包商的施工成果是否达到了设计要求，通过竣工验收及时发现和解决影响使用方面的问题，并及时进行整改，以保证建设工程项目按照设计要求的各项技术指标正常投入运行。

（2）明确合同责任。能否顺利通过竣工验收，是判断承包商是否按施工承包合同约定的责任范围完成了施工义务的标志。通过竣工验收，承包商即可以与业主办理竣工结算手续，将所施工的工程移交给业主保管和使用。

（3）建设工程项目投入运行的必备程序。建设工程项目竣工验收是国家全面考核项目建设成果，检验项目决策、设计、施工、设备制造和管理水平，总结建设工程项目建设经验的重要环节。

2. 竣工验收的条件

根据《房屋建筑和市政基础设施工程竣工验收规定》，建设工程竣工验收应当具备以下相关条件。

（1）完成工程设计和合同约定的各项内容。

（2）施工单位在工程完工后对工程质量进行了检查，确认工程质量符合有关法律、法规和工程建设强制性标准，符合设计文件及合同要求，并提出工程竣工报告。工程竣工报告应经项目经理和施工单位有关负责人审核签字。

（3）对于委托监理的工程项目，监理单位对工程进行了质量评估，具有完整的监理资料，并提出工程质量评估报告。工程质量评估报告应经总监理工程师和监理单位有关负责人审核签字。

（4）勘察、设计单位对勘察、设计文件及施工过程中由设计单位签署的设计变更通知书进行了检查，并提出质量检查报告。质量检查报告应经该项目勘察、设计负责人和勘察、设计单位有关负责人审核签字。

（5）有完整的技术档案和施工管理资料。

（6）有工程使用的主要建筑材料、建筑构配件和设备的进场试验报告，以及工程质量检测和功能性试验资料。

（7）建设单位已按合同约定支付工程款。

（8）有施工单位签署的工程质量保修书。

（9）建设主管部门及工程质量监督机构责令整改的问题已全部整改完毕。

（10）法律、法规规定的其他条件。

此外，对于住宅工程，还应进行分户验收并验收合格，且按户出具《住宅工程质量分户验收表》。

3. 竣工验收的依据

建设项目竣工验收的主要依据如下：

（1）上级主管部门对该项目批准的各种文件，包括可行性研究报告（含环境影响评价报告）、初步设计以及与项目建设有关的各种批准文件；

（2）工程设计文件，包括施工图纸及说明、设备技术说明书、施工过程中的设计修改变更通知书等；

（3）国家颁布的各种标准和规范，包括现行相关施工及验收规范、《建筑工程施工质量验收统一标准》（GB 50300—2013）等；

（4）合同文件，包括施工承包的工作内容和应达到的质量标准等。

4. 竣工验收的组织、参与单位及人员

竣工验收应由建设单位组织，勘察、设计、施工及监理单位参与，政府建设行政主管部门质量监理机构进行监督。各单位参加的主要人员详见表 1-5-3。

表 1-5-3 竣工验收组织、参与单位及人员表

单位	职责	必须参加人员	可以参加人员
建设单位	组织	项目负责人	其他管理人员
勘察单位	参加	勘察负责人	其他勘察人员
设计单位	参加	设计总负责人	其他设计人员
施工单位	参加	项目经理（建造师）、企业技术负责人	其他管理人员
监理单位	参加	总监理工程师、各专业监理工程师	其他监理人员
政府质量监督机构	监督	项目监督责任工程师	其他监督人员

（二）竣工验收程序及竣工验收会议和问题处理原则

1. 竣工验收程序

（1）竣工验收申请。工程完工后，施工单位向建设单位提交工程竣工报告，申请工程竣工验收。实行监理的工程，工程竣工报告须经总监理工程师签署意见。

（2）成立竣工验收小组，制订验收方案。建设单位收到工程竣工报告后，对符合竣工验收要求的工程，组织勘察、设计、施工、监理等单位组成验收组，制订验收方案。

（3）确定验收时间，组织竣工验收。建设单位在工程竣工验收7个工作日前将验收的时间、地点及验收组名单书面通知负责监督该工程的工程质量监督机构。

（4）形成工程竣工验收报告。工程竣工验收合格后，建设单位提出工程竣工验收报告。工程竣工验收报告主要包括：工程概况，建设单位执行基本建设程序情况，对工程勘察、设计、施工、监理等方面的评价，工程竣工验收时间、程序、内容和组织形式，工程竣工验收意见等内容。

工程竣工验收报告应附有：①建设工程施工许可证；②施工图设计文件审查意见；③施工单位向建设单位提交的工程竣工报告；④监理单位提出的工程质量评估报告；⑤勘察、设计单位提出的对勘察、设计文件的质量检查报告；⑥施工单位签署的工程质量保修书；⑦验收组人员签署的工程竣工验收意见；⑧法规、规章规定的其他有关文件。

2. 竣工验收会议程序及验收内容

（1）竣工验收小组组长主持竣工验收会。

（2）建设、勘察、设计、施工、监理单位分别书面汇报工程项目建设质量状况、合同履约情况及执行国家法律、法规和工程建设强制性标准的自查情况。

（3）实地查验工程质量并审查工程档案资料。验收小组分组进行检查验收，由验收小组组长宣布分组情况。一般分组情况如下：

土建装饰组：重点检查屋面、门窗、楼地面、装饰装修工程实体质量；

机电安装组：重点检查给排水、强弱电、通风动力、设备等施工安装质量；

资料组：审阅建设、勘察、设计、施工、监理单位的工程档案资料；

功能检测组：重点检查建设工程竣工验收质量检验和功能试验记录表上所列内容。

（4）对竣工验收情况进行汇总讨论，并听取政府质量监督机构对该工程质量监督意见。

（5）对工程勘察、设计、施工、安装质量和各管理环节等方面作出全面评价，形成经验收组人员签署的工程竣工验收意见。竣工验收意见必须明确以下内容：①是否符合国家和地方现行法律、法规要求；②是否符合国家和地方现行工程建设强制性标准、规范要求；③是否符合施工图设计文件和合同要求；④工程质量保证资料是否齐全、有效；⑤确认工程质量等级（合格、不合格等）；⑥是否同意使用等。

3. 问题处理原则

（1）一般需整改的质量问题。当在竣工验收过程中发现一般需整改的质量问题，验收小组可形成初步验收意见，填写有关表格，有关人员签字，但暂不加盖公章。验收小组责成有关责任单位进行整改，可委托项目负责人组织复查，整改完毕经复查符合要求后，再加盖各质量负责主体公章。

（2）严重问题。当在验收过程中发现严重问题，达不到竣工验收标准时，验收小组应责成责任单位立即整改，并宣布本次竣工验收无效，重新确定时间组织竣工验收。

（3）意见分歧。参与工程竣工验收的建设、勘察、设计、施工、监理等各方不能形成一致意见时，应当协商提出解决的方法，待协商一致后，重新组织工程竣工验收。

（三）相关主管部门验收与竣工验收备案

1. 相关主管部门验收

根据《住房和城乡建设部关于修改〈房屋建筑工程和市政基础设施工程竣工验收备案管理暂行办法〉的决定》（住建部2009年2号令）第五条规定，建设单位办理工程竣工验收备案应当提交的文件，除包括工程竣工验收报告外，还包括“法律、行政法规规定应当由规划、环保等部门出具的认可文件或者准许使用文件”和“法律规定应当由公安消防部门出具的对大型的人员密集场所和其他特殊建设工程验收合格的证明文件”等，可见建设工程处需由建设单位组织项目勘察、设计、施工、监理单位在政府质量监督机构的监督下进行竣工验收外，还需申请规划、消防等主管部门进行验收，并取得相应的认可文件或者准许使用文件。具体验收内容参见表 1-5-4，各地验收项目略有差异，需结合项目所在地相关规定进行。

表 1-5-4 相关主管部门验收内容汇总表

验收项目	提供资料	合格证明
规划核实	1. 建筑工程规划许可证及其附图 2. 房屋竣工验收测绘图及建筑工程规划测绘成果报告书 3. 房屋测绘成果报告 4. 城建档案竣工资料审核意见	规划验收合格证
环境保护	参见说明 2	环保验收报告
公安消防	1. 消防工程施工单位资质证书（复印件） 2. 自动消防设施的维护保养合同 3. 经建设单位签字认可的施工安装单位对隐蔽工程、固定消防防灭火系统、自动报警系统、防排烟系统的安装、调试、开通记录及水系统的耐压试验报告 4. 建筑内部装修材料见证取样，抽样检验报告及燃烧性能证明材料、阻燃制品的燃烧性能证明 5. 检测单位对固定消防灭火系统、自动报警系统、防排烟系统的检测报告 6. 钢结构防火处理详细施工记录报告等	消防验收批复
人防工程	1. 人防管理部门审核通过的人防工程施工图 2. 人防工程施工图技术交底纪要、设计变更通知、隐蔽工程记录、质量保证和自检材料、分部分项工程质量评定表等质量备案资料 3. 人防工程质量评估报告	人防验收批复
涉水项目	1. 涉水事项竣工图 2. 取水工程验收报告	市政排污验收合格证
卫生防疫	1. 生活饮用水二次供水涉水产品的卫生行政部门许可批文 2. 建筑、通风空调、二次供水竣工图 3. 中央空调检测合格报告	卫生防疫验收合格证
安全设施	1. 安全设施竣工验收评价报告 2. 建设项目安全设施施工情况报告	安全设施验收合格证
林业园林	1. 规划部门审批的总平面图 2. 绿化工程竣工总平面图	绿化验收合格证
有线电视系统	1. 工程竣工文件（含工程竣工报告、工程竣工图纸、隐蔽工程记录、系统指标测试记录） 2. 有线电视系统工程质量检测报告	有线电视系统验收合格证
国家安全事项	1. 建筑及强电、弱电竣工图 2. 国家安全防范系统完成情况说明	安全事项验收合格证

说明： 1. 原规定建筑工程质量验收合格，且防雷设施经检测合格后，需向气象部门申请防雷装置验收，经验收合格后取得《建筑工程防雷设施竣工验收合格书》。根据《国务院关于优化建设工程防雷许可的决定》，自2016年6月起，将原由气象部门承担的房屋建筑工程和市政基础设施工程防雷装置竣工验收许可，整合纳入建筑工程竣工验收范围，统一由住房城乡建设部门监管，不再由气象部门承担。

2. 根据《国务院关于修改〈建设项目环境保护管理条例〉的决定》，自2017年10月1日起，凡"编制环境影响报告书、环境影响报告表的建设项目竣工后，建设单位应当按照国务院环境保护行政主管部门规定的标准和程序，对配套建设的环境保护设施进行验收，编制验收报告；建设单位在环境保护设施验收过程中，应当如实查验、监测、记载建设项目环境保护设施的建设和调试情况，不得弄虚作假；除按照国家规定需要保密的情形外，建设单位应当依法向社会公开验收报告"，即将原规定由环保部门对建设项目环境保护设施竣工验收改为建设单位依照规定自主验收。

3. 上表所列的各项验收项目的验收前置条件及需提供的资料要求，各地略有差异，需结合当地具体规定执行。

2. 建设工程竣工验收备案

根据《房屋建筑和市政基础设施工程竣工验收备案管理办法》的规定：建设单位应当自工程竣工验收合格之日起15日内，依照本办法的规定，向工程所在地的县级以上地方人民政府建设主管部门（以下简称"备案机关"）备案。

（1）建设单位办理工程竣工验收备案应当提交以下文件：

①工程竣工验收备案表（以备案机关提供的统一表式为准）；

②工程竣工验收报告，应当包括工程报建日期，施工许可证号，施工图设计文件审查意见，勘察、设计、施工、工程监理等单位分别签署的质量合格文件及验收人员签署的竣工验收原始文件，市政基础设施的有关质量检测和功能性试验资料以及备案机关认为需要提供的有关资料；

③法律、行政法规规定应当由规划、环保等部门出具的认可文件或者准许使用文件；

④法律规定应当由公安消防部门出具的对大型的人员密集场所和其他特殊建设工程验收合格的证明文件；

⑤施工单位签署的工程质量保修书；

⑥法规、规章规定必须提供的其他文件。

住宅工程还应当提交《住宅质量保证书》和《住宅使用说明书》。

（2）备案文件受理及存档：备案机关收到建设单位报送的竣工验收备案文件，验证文件齐全后，应当在工程竣工验收备案表上签署文件收讫。工程竣工验收备案表一式两份，一份由建设单位保存，一份留备案机关存档。

二、建设项目档案管理

（一）建设项目档案概念与分类

建设项目档案是指在项目建设、管理过程中形成的具有保存价值的文字、图表、声像等各种形式的历史记录，经过鉴定、整理并归档的项目文件。

建设工程档案一般可分为：工程准备阶段文件、监理文件、建筑安装工程施工文件和竣工验收文件。

（二）建设项目档案的主要内容

1. 工程准备阶段文件

工程准备阶段文件是指工程开工之前，在立项、审批、征地、勘察、设计、招标等准备阶段过程中形成的档案文件。

（1）立项文件：包括各类调研报告、项目建议书及审批意见、可行性研究报告及审批意见、与立项有关的会议纪要、专家审查意见、调查资料及项目评估研究资料等。

（2）建设用地及征地拆迁文件：包括选址申请及规划选址意见通知书，用地申请报告，拆迁安置意见、协议、方案，国有土地使用证，建设用地规划许可证及附件等资料。

（3）勘察、测绘、设计文件：包括工程地质勘查报告，地形测量和拨地测量成果报告，申报的规划设计条件和规划设计条件通知书，初步设计图纸和说明，施工图设计图纸、说明和施工图设计文件审查意见，以及有关行政主管部门批准文件。

（4）招投标及合同文件：包括勘察设计招投标文件、勘察设计承包合同、施工招投标文件、施工承包合同、工程监理招投标文件、委托监理合同等。

（5）开工审批文件：包括建设项目列入年度计划的申请文件，建设项目列入年度计划的申请的批复文件或年度计划项目表，规划审批申报表及报送的文件和图纸，建设工程规划许可证及其附件，建设工程开工审查表，建设工程规划许可证，工程质量监督手续，工程安全监督手续，施工许可证等。

（6）造价文件：包括工程投资估算、工程设计概算、施工预算、招标控制价等资料。

（7）建设、施工、监理机构及负责人：包括工程项目监理部、工程施工项目经理部及各自负责人名单等。

2. 监理文件

（1）监理规划：在总监理工程师的主持下编制、经监理单位技术负责人批准，用来指导项目监理机构全面开展监理工作的指导性文件。

（2）监理实施细则：由专业监理工程师根据监理规划编制，总监理工程师审批，用以指导项目监理机构开展具体监理工作的实施性文件。

（3）监理月报：在建设监理过程中陆续形成的按月报送项目业主的监理资料。

（4）监理会议纪要：包括有关的例会和专题会议记录等内容。

（5）进度控制：包括工程开工／复工报审表、工程延期报审与批复、工程暂停令等。

（6）质量控制：包括施工组织设计（方案）报审表、工程材料／构配件／设备审批表、不合格项目处置记录、质量事故报告及处理结果等。

（7）造价控制：包括工程款支付申请表、工程款支付证书、工程变更费用签认等。

（8）分包资质：包括分包单位资质报审表、供货单位资质材料、试验单位资质材料等。

（9）监理通知及回复：包括有关进度、质量、造价、安全控制的监理通知及回复等。

（10）合同及其他事项管理：包括费用索赔报告及审批、工程及合同变更、合同争议及处理意见等。

（11）监理工作总结：包括专题总结、工程竣工总结、质量评估报告等。

3. 建筑安装工程文件

建筑安装工程文件包括建筑工程、安装工程和室外工程文件。

（1）建筑工程。

①施工技术准备文件：施工组织设计、技术交底及图纸会审记录等；

②施工现场准备文件：控制网设置资料、工程定位测量资料、施工安全、环保措施等；

③地基处理记录：验槽记录和地基处理记录、试桩记录、桩基施工记录等；

④工程图纸变更记录：图纸会审记录、设计变更记录、工程洽商记录等；

⑤施工材料预制构件质量证明文件及复试试验报告：水泥、钢材等材料试验资料、出厂证明文件和

复试试验报告，预制构件出厂合格证、试验记录；

⑥施工试验记录：混凝土强度、抗渗试验报告，商品混凝复式报告，钢筋接头（焊接）试验报告，防水工程试水检查记录，卫生间、屋面坡度检查记录等；

⑦隐蔽工程检查记录：基础和主体结构钢筋工程、钢结构工程、防水工程等；

⑧施工记录：工程定位测量检查记录、结构吊装记录、现场施工预应力记录、沉降观测记录，工程竣工测量记录；

⑨工程质量检验记录：检验批质量验收记录，分项工程质量验收记录，基础、主体工程验收记录，分部（分子部）工程质量验收记录，工程质量事故处理记录等；

⑩竣工图：建筑工程全套竣工图。

（2）安装工程。

①施工技术准备文件：施工组织设计、技术交底及图纸会审记录等；

②图纸变更记录：图纸会审、设计变更、工程洽商记录等；

③设备、产品质量检查、安装记录：设备、产品质量合格证，质量保证书，设备装箱单，商检证明和说明书，开箱报告，设备安装记录，设备试运行记录，设备明细表等；

④隐蔽工程检查记录：各类安装隐蔽工程检查记录；

⑤施工试验记录：电气接地电阻、绝缘电阻等测试记录，楼宇自控、监视、视听、电话等系统调试记录；变配电设备安装、检查、通电、满负荷测试记录，给排水、消防、采暖、通风、空调、燃气等管道强度、严密性等试验记录等；

⑥工程质量检验记录：检验批质量验收记录、分项工程质量验收记录、分部（子分部）工程质量验收记录、质量事故处理记录；

⑦竣工图：安装工程全套竣工图等。

（3）室外工程。

①室外安装工程：给水、雨水、污水、热力、燃气、电力、照明、通信、电视、消防等施工文件；

②室外建筑环境工程：建筑小品、水景、道路、园林绿化等施工文件；

③竣工图：室外安装工程和室外建筑环境工程竣工图等。

4. 竣工验收文件

竣工验收文件一般包括以下内容：

（1）电气防火安全检测报告；

（2）消防检测报告；

（3）中央空调检测报告；

（4）室内空气质量检测报告；

（5）电梯使用合格证；

（6）工程质量保修书；

（7）公安消防、卫生防疫、市政公用、园林绿化、环境保护及城市规划等部门验收合格文件；

（8）竣工验收报告；

（9）竣工验收备案表等。

（三）建设单位的档案管理职责和档案文件要求

1. 管理职责

（1）在工程招标及与勘察、设计、监理、施工等单位签订协议、合同时，应对工程文件的套数、费用、质量、移交时间等提出明确要求；

（2）向参与工程建设的勘察设计、施工、监理等单位提供与建设工程有关的原始资料，原始资料必须真实、准确、齐全；

（3）收集、整理工程准备阶段、竣工验收阶段形成的文件，并进行立卷归档；

（4）负责组织、监督和检查勘察、设计、施工、监理等单位的工程文件的形成、积累和立卷归档工作；也可委托监理单位监督、检查工程文件的形成、积累和立卷归档工作；

（5）收集和汇总勘察、设计、施工、监理等单位立卷归档的工程档案；

（6）在组织工程竣工验收前，应提请当地城建档案管理部门对工程档案进行预验收；未取得工程档案验收认可文件，不得组织工程竣工验收；

（7）对列入当地城建档案管理部门接收范围的工程，工程竣工验收 3 个月内，向当地城建档案管理部门移交一套符合规定的工程文件。

建设单位可委托承包单位、监理单位组织工程档案的编制工作；负责组织竣工图的绘制工作，也可委托承包单位、监理单位、设计单位完成。

2. 文件要求

建设工程档案文件要求包括档案整编的质量要求、竣工图的编制要求和档案组卷（整理）的要求，具体要求可参见《建设工程文件规档整理规范》（GB/T 50328—2014）。

（四）电子文件档案管理简介

1. 电子文件档案概念

建设工程电子文件是指在工程建设过程中通过数字设备及环境生成的，以数码形式存储于磁盘或光盘等载体的，依赖计算机等数字设备阅读、处理，并可在通信网络上传送的文件。

建设工程电子文件档案是指按照规程编制、经过验收合格并归档的电子文件的集合。

2. 电子文件档案的要求

（1）归档时间。建设单位应在工程竣工验收备案后 3 个月内，将竣工纸质文件和电子文件一并向各级档案部门移交，并附有电子文件目录及说明。

（2）归档范围。电子文件应依据纸质工程文件的归档内容，整理与纸质档案完全一致的电子档案，包括 CAD 文件及各类表格等。

文本文件：如重要的可行性研究报告、施工组织设计、竣工验收报告等；

CAD 图样文件：如全套施工图、变更设计、竣工图等；

各种检测文件：包括产品质量证明文件，各项检验检测报告等；

各类表格文件：如分部、分项工程质量验收记录，隐蔽工程质量验收记录等。

（3）归档方式。将电子文件刻录在光盘上移交档案部门。

3. 电子文件档案的管理要点

相比纸质档案，电子文件档案在保管上要求更加严格。

（1）介质要求：应使用较高质量的光盘作为存储介质，对于长期保存的工程项目应选择高质量的 CD 铜质光盘。

（2）保管环境：光盘片应存放在具有防潮、防磁、防静电等功能的防磁柜中；使用时管理人员应戴手套操作，轻拿轻放。

（3）信息安全：加强对电子档案信息安全的管理，防止泄密。

（4）系统管理：电子文件来源途径较多，要统一归档渠道，利用电子文件归档与管理系统软件，实现电子文件的前端控制和全程管理，保证其真实性、完整性与长期可读性。

参考文献

[1]《中国医院建设指南》编撰委员会 . 中国医院建设指南（第三版）[M]. 北京：中国质检出版社、中国标准出版社，2015.

[2] 张朝阳，刘方 . 卫生计生建设项目管理 [M]. 北京：人民卫生出版社，2017.

[3] 中华人民共和国住房和城乡建设部 GB/T 50319—2013. 建设工程监理规范 [S]. 北京：中国建筑工业出版社，2013.

[4] 谭西平等 . 医院建设项目监理单位的选择与管理 [J]. 中国医院建筑与装备，2012，8（8）：85-87.

[5] 马翔 . 浅析项目业主对监理工作的管理 [J]. 中国高新技术企业，2009，18（18）：127-128.

[6] 谭西平，陈海勇 . 做好施工图纸会审顺利实现三控目标 [J]. 四川建筑，2008，28：233-234.

[7] 陈海勇，刘明健，谭西平 . 谈控制医疗建筑设计修改的有效措施 [J]. 四川建筑，2006，26：84-85.

[8] 谭西平，陈海勇，刘明健 . 谈基建工程档案资料的有效管理 [J]. 四川建筑科学研究，2004，30：124-126.

第六章

基于 BIM 技术的医院建设项目管理

徐民　刘鹏飞　刘嘉茵　肖晶

徐　民　山东省千佛山医院党委副书记

刘鹏飞　山东同圆数字科技有限公司执行董事兼总经理

刘嘉茵　中建一局集团第五建筑有限公司副总经理、总工程师

肖　晶　深圳扼达工程科技有限公司总经理

技术支持单位

中建一局集团第五建筑有限公司

始建于1952年，是中国建设总公司下属的国有大型建筑施工企业， 2000年至今，施工总承包综合型医院、专科医院、妇幼保健院、社区医院和康复中心在内的多项医疗机构建筑工程。公司拥有多专业的设计、医疗建筑工程科技人才，并设有专门的技术中心、BIM工作室等部门，针对医疗机构工程，充分发挥设计优势，不断总结以往医院施工总承包管理经验，大力投入现代医院工程总承包施工管理。

深圳扼达工程科技有限公司

属于厦门市营嘉系统集成技术有限公司旗下子公司，业务范围分为建筑全生命期的BIM咨询服务和医院建设系统的全过程咨询服务两大模块，为客户提供专业、高效、完整的应用解决方案。厦门市营嘉系统集成技术有限公司成立于2006年，注册资金2000万，是建筑机电安装总承包单位，同时旗下成立了营嘉医疗科技、融其骏劳务等专项服务子公司，秉持“营嘉就是服务”的经营理念，从系统规划设计、设备销售、工程实施到售后服务，全力为客户打造一站式的优质服务。

第一节　概述

一、BIM 技术应用现状

近年来，随着国家“十三五”医疗改革和引入民营资本工作的全面铺开，医院建设项目得到巨大发展，但由于医院建设项目具有专业性强、涉及专业多、功能复杂、施工难度大及后期运营成本高等特点，一直被看作建筑行业中项目管理的难点。随着 BIM 技术日渐成熟，已被广泛应用于医院建设项目管理中，但是在实际应用过程中也存在着很多问题。复合型 BIM 人才缺乏、技术应用规模受限、基于 BIM 的二次开发进展缓慢、BIM 数据标准未统一等问题依然存在，我国与国外 BIM 应用水平还有一定的差距。

目前，我国在医院建设项目中应用 BIM 技术越来越多，如香港柴湾医院、北京天坛医院、天津市第一中心医院、山东省千佛山医院、青岛大学附属医院、江苏省妇幼保健院、上海新虹桥国际医院中心、杭州市中医院丁桥分院等，在 BIM 技术实施过程中，充分凸显了医院建设过程中应用 BIM 技术对项目管理带来的巨大价值。

二、BIM 技术应用的社会效益和经济效益

（一）经济效益

1. 提高资金使用效率

医院建设项目涉及大量的资金投入，尽管有过严格的审批和监管流程，仍然无法有效地控制资金的使用情况，这与目前工程管理技术水平和应用手段有关。通过 BIM 技术及其辅助手段，将建设投资预先录入整个数据系统中，把工程的工程量、建设方案、实施进度等与资金的使用以信息化的方式结合在一起，可提前预估资金的用途、使用量、支付次序以及支付方向，从而有效地提高资金使用效率，降低资金的使用风险。

2. 降低建设成本

BIM 技术的出现，给建设工程带来最直接的收益就是建设成本的降低。由于改变了设计方法、协作模式、统计手段等，使得整个医院的决策和建设过程更加合理化和科学化，极大地减少了设计中的表达模糊、工程错误；节约了造价算量的用时；降低了建筑材料的损耗；使施工过程更加有效和有序。

3. 易于控制建设质量

传统建设管理模式下，由于各参建单位信息沟通不畅，导致设计环节、施工环节均容易出现质量问题。在应用 BIM 技术的前提下，协作模式由传统的串行模式转变为以建筑信息模型为中心的并行模式，使设计信息、施工信息、采购信息能够快速且充分为各参建单位所掌握，从而保障了医院建设过程中的质量管理。

（二）社会效益

1. 提高医院建设项目管理水平

在医院建设各个阶段，应用 BIM 技术能够使决策依据更加充分和透明，无论理论还是实践，均有利于提高建设管理水平。依托 BIM 技术形成的数据库，管理者得以迅速掌握各方面数据，包括医院的建设成本、设计思路、设备设施等，更为重要的是，通过三维模拟等手段，可在问题实际发生之前，就能够有效判断并避免。

2. 为医院智能化做准备

医院建设工程数字化是实现医院智能化的重要基础。通过 BIM、GIS 等多种技术途径，将医院的土建、设备等信息充分整合起来，形成可利用的大数据，据此改进医院的运维管理模式，提高设备使用效率，降低维护成本。除此之外，适当面向社会的数据共享，有利于推动智慧医院的发展道路。

第二节　医院建设项目 BIM 技术实施策划

BIM 技术作为一种工具手段，涉及各参建单位的工作，行之有效的实施计划必不可少。项目实施计划作为该项目的标准操作手册，在实施之前需结合项目实际情况进行编制后统一实施。各参建单位应严格按照实施计划，完成各自任务，以保证整体建设目标得以实现。

一、制定 BIM 实施计划的目的

制定 BIM 实施计划，可以使项目和团队成员实现以下价值：

（1）团队成员能够清晰了解实施 BIM 技术的战略目标；

（2）明确各参建单位在 BIM 技术实施过程中的职责；

（3）保证 BIM 技术实施流程符合各个团队成员已有的业务实践和业务流程；

（4）提出实施每一步计划所需要的额外资源、培训和其他能力；

（5）对于未来要加入项目的参建单位提供一个流程的基准；

（6）采购部门据此确定合同语言保证参建单位承担相应责任；

（7）为衡量项目进展情况提供基准。

二、BIM 规划的制定程序

为保障 BIM 技术在项目中的落地实施，相应的实施规划需要包括 BIM 项目的目标、流程、信息交换要求和基础设施系统四个部分。BIM 项目实施规划制定程序如图 1-6-1 所示。

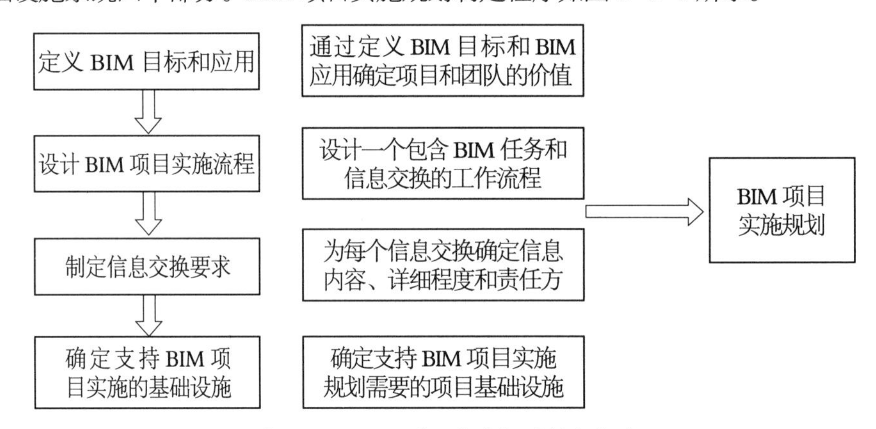

图 1-6-1　BIM 项目实施规划制定程序

（一）定义 BIM 应用目标

在具体选择某个建设项目要应用 BIM 技术以前，首先要确定 BIM 应用目标，这些目标必须是具体的、可衡量的，能够促进建设项目的规划、设计、施工和运营成功进行。

（二）建立 BIM 应用流程

这一步骤的主要任务是为上一阶段选定的每一个 BIM 应用设计具体的实施流程，以及为不同的 BIM 应用之间制定总体的执行流程。

（三）确定 BIM 信息交换

确定信息交换的目的是保证 BIM 技术顺利实施所必需的过程之间关键信息的交换，确定信息交换要求能够使团队成员了解每项 BIM 应用所需要的信息。

确定信息交换的工作程序。

（四）落实 BIM 基础设施

所谓基础设施就是能够保障前述 BIM 规划能够高效实施的各类支持系统，共分为九类：

（1）Project Goals/BIM Objectives：项目目标 /BIM 目标；

（2）BIM Process Design：BIM 流程设计；

（3）BIM Scope Definitions：BIM 范围定义；

（4）Organizational Roles and Staffing：组织职责和人员安排；

（5）Delivery Strategy/Contract：实施战略 / 合同；

（6）Communication Procedures：沟通程序；

（7）Technology Infrastructure Needs：技术基础设施；

（8）Model Quality Control Procedures：模型质量控制程序；

（9）Project Reference Information：项目参考信息。

三、实施组织架构

组织架构是 BIM 技术实施策划中的一个重要组成部分，它既决定了该项目所涉及的职能组织部门，又涉及了各职能部门之间的沟通协调机制。在引入 BIM 技术前期我们通过分析设计单位 BIM 应用、施工单位 BIM 应用等模式，由于医院作为整个项目的建设单位也是使用方，对项目的实际需求最为了解，是项目的总组织者、总协调者，所以建设单位主导的 BIM 技术实施，能够实现 BIM 应用价值的最大化。

对于自身专业性和 BIM 应用经验不足的情况，可聘请第三方 BIM 咨询单位与建设单位一并构成业主方 BIM 团队，统筹 BIM 技术在各阶段、各环节的应用。如果决定在项目建设全过程中应用 BIM 技术，BIM 实施组织架构的制定显得尤为重要，在实施过程中，需明确各参建单位在各阶段、各环节的应用范围、标准、流程及成果。

（一）运行保证体系

（1）按照 BIM 实施组织架构成立 BIM 实施团队，由建设单位和 BIM 咨询单位全权负责 BIM 系统管理和维护，实施组织架构如图 1-6-2 所示。

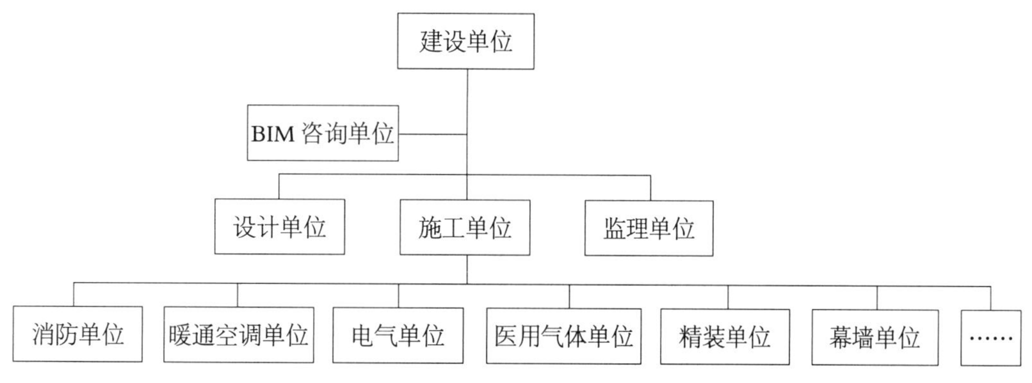

图 1-6-2 BIM 实施组织架构

（2）成立 BIM 管理领导小组，由建设单位总负责人任组长，授权 BIM 咨询单位总负责人为执行组长，各参建单位主要负责人任副组长；组员包含 BIM 咨询单位主要技术人员，建设单位主要协调人员、其他各参建单位主要技术人员，小组内部成员定期沟通，保证能够及时、顺畅地解决问题。

（3）各职能部门要求设置专人和数字化团队对接，根据需要提供现场信息。

（4）配备足够数量的高配置电脑设备，并安装 BIM（Revit 为主）软件，满足软件操作和模型应用的要求。

（二）各参建单位 BIM 职责

明确职责分工，对项目顺利实施至关重要。在项目初期，我们需明确 BIM 实施过程中各参建单位在各阶段需完成的事情、以及各参建单位的配合流程等，以此提升项目进度和质量。

1. 建设单位职责

作为本项目 BIM 实施的发起者和最终成果接收使用者，建设单位对本项目 BIM 实施提出需求，建立整体管理体系，选择 BIM 咨询单位，审核本项目 BIM 策划方案和 BIM 技术标准，并监督 BIM 咨询单位和各参建单位按要求执行。

2.BIM 咨询单位职责

完成本项目 BIM 策划方案和 BIM 技术标准编制工作，协助建设单位组织管理本项目的 BIM 实施。根据项目要求审核各参建单位的BIM工作和BIM成果，对各参建单位的BIM工作进行指导、支持、校审。

3. 设计单位职责

在合同约定的范围内，完成本项目的设计工作，并根据 BIM 咨询单位和施工总包单位、建设单位意见参加相应施工可视化技术交底、协调例会、设计变更图纸输出工作，及时落实设计问题并限期完成 BIM 反馈意见。

4. 监理单位职责

在合同约定的范围内，完成本项目对应工作中的 BIM 要求，按照 BIM 策划方案和 BIM 技术标准，组织内部 BIM 实施体系，通过 BIM 成果进行现场监督、审核、验收工作。

5. 施工总包单位职责

在合同约定的范围内，完成本项目的施工总包的 BIM 要求，即负责施工过程中的各阶段场地布置、临设、安全设施、重要节点的施工工艺 BIM 模型构建、修改、完善工作。

协助建设单位组织协调会，并加强对分包单位的深化设计管理工作，监督各分包单位落地执行，在施工过程中，严格落实BIM成果，避免成果与现场不一致，导致BIM成果落地性不强，应用效果大打折扣。

6. 各分包单位职责

在合同约定的范围内，完成本项目的对应工作中的 BIM 要求，按照 BIM 策划方案和 BIM 技术标准，组织内部 BIM 实施体系，完成相关专业深化设计工作（土建、机电、钢结构、幕墙、装修），其中机电深化可由机电总包单位统筹出机电深化原则和管线初步排布工作、深化调整由 BIM 咨询单位实施，并经 BIM 协调会进行确认后由 BIM 咨询单位输出成果，施工单位严格按照成果进行施工。

四、坚持 BIM 会议沟通的持续性

BIM 领导小组成员必须参加各自团队的工程例会和设计协调会，及时了解设计和工程进展状况。BIM 领导小组成员，每遇重要节点召开协调会，对遇到的困难、需要联合解决的问题，及时予以解决。BIM 咨询单位实施团队内部每周召开一次碰头会，针对本周工作情况和遇到的问题制订下周工作计划。

（一）制定基于 BIM 模型的沟通协调会制度

工程的重要例会和协调会应在 BIM 模型的基础上展开讨论，并形成最终意见。最终意见反馈至各参建单位修改，或者落实的方案需要在 BIM 模型中完善。

（二）提倡基于互联网或者电话视频的 BIM 协调制度

在“互联网 +”的时代背景下，可以采用基于互联网、BIM 协同管理平台的沟通模式，在全国各地实现可视无障碍沟通，提升沟通效率，降低出行成本。

五、项目的质量控制

项目成立 BIM 质量管控小组，建设单位指派专人作为组长，BIM 咨询单位指派专人作为副组长，所有参与方指派一人作为组员。

小组成员作为本参与方的 BIM 质量负责人，对内管理、协调单位内部的 BIM 工作。

（一）内部管控

BIM 成果在与项目参与方共享或提交业主之前，BIM 质量负责人应对 BIM 成果进行质量检查确认，确保其符合要求。BIM 成果质量检查应考虑以下内容：

（1）目视检查：确保没有意外的模型构件，并检查模型是否正确的表达设计意图。

（2）检查冲突：由冲突检测软件检测两个（或多个）模型之间是否有冲突问题。

（3）标准检查：确保该模型符合项目要求。

（4）内容验证：确保数据没有未定义或错误定义的内容。

（二）外部管控

由 BIM 咨询单位作为本项目 BIM 工作质量的管理者和责任人，负责协助建设单位对各参建单位按 BIM 实施规划规定的共享、交付的 BIM 模型成果和 BIM 应用成果进行质量检查。

质量检查的结果，将以书面记录的方式提交建设单位审核，通过建设单位审核后，各设计单位根据建设单位要求进行校核和调整。

不合格的模型和应用，将明确告知不合格的情况和整改意见。由于 BIM 模型和应用在设计阶段作为设计成果的一部分，BIM 成果的不合格将直接影响到对设计成果的质量评定。

合格的 BIM 模型和应用，由建设单位或在建设单位授权下由 BIM 咨询单位接收，同时以书面记录的方式反馈给建设单位。

六、流程革新和奖惩制度

针对医院建设项目的特点，为了减少变更带来的成本增加，在安装阶段尽量少变更甚至无变更，建议如下：

（1）机电总包单位和精装单位在土建主体施工之前确定；

（2）提前做好预留预埋工作，并提倡采用综合支吊架，提升支吊架的安装和现场作业质量；

（3）BIM 应用落地实施需要各参与方的配合，为保证实施效果，提升施工安装效率，保证工程进度，可以采用适当的奖惩制度，调动各参与方的积极性。

第三节　BIM 技术在医院建设各阶段的应用

一、设计阶段 BIM 应用

通过 BIM 技术可以实现设计的联动性，提高设计各专业之间的协同效率，减少因专业之间的差异性对项目误解而造成的错误，解决了长期以来图纸之间的错、漏、缺问题，不仅提升了设计成果质量，而且减少了建设过程中的设计协调成本。

（一）土石方分析

依据三维激光扫描点云（或高精度测绘地形图）和 GIS 平台技术，对项目区域内现状与规划设计地形进行可视化三维数字地形模型构建，进行土石方量精确统计分析，并从土石方角度提出竖向高程调整优化可行性建议，辅助建设单位与设计人员进行竖向设计优化。合理可行的土石方平衡，使工程中开挖的土石方得到最大限度地利用，在降低工程造价的同时，实现降低能耗、节约土地资源的目的。

1. 辅助竖向设计优化

传统竖向设计重方案轻经济性指标，我们不应把竖向工程当成简单的地形平整、地形改造，而是从实际出发，在功能划分、交通规划、管线敷设等因素综合考虑下，充分利用地形、地质条件，使各项用地在高程上协调，在平面上达到和谐，以达到社会效益、经济效益和环境效益的最大化。

土石方计算是对规划设计方案结果的展示，主要辅助建设单位预算、工程分包、施工指导与结算等。但是如何能从源头上控制岩土工程开发成本呢？借助 BIM 技术优势，将土石方平衡分析与前期设计相结合，每一版方案都伴随着土石方指标。实践发现，在规划条件范围内，可极大地减少项目岩土工程量开发，降低了成本，其成效远远超出预期。

针对设计方案，建设单位可以掌握相关土石方数据，指导设计单位进行竖向设计调整优化，比如石方比较多的区域是否可以减少开挖，适当增加回填；岩土工程量较大时，是否可以将竖向标高整体或局部抬高等。若挖填方总工程量或经济指标不能满足项目需求，则需要通过 ArcGIS 平台找到土方平衡角度的最佳竖向位置区间。待竖向设计调整后再次进行土石方量计算及经济指标评估等，直至满足需要及规划条件。从最初设计到达到最佳竖向设计需要五六次调整，现经过相关工具开发和经验总结，项目的调整次数不会大于三次，较大程度上减少了设计人员图纸调整的时间周期，提高了整体工作效率，实施流程如图 1-6-3 所示。

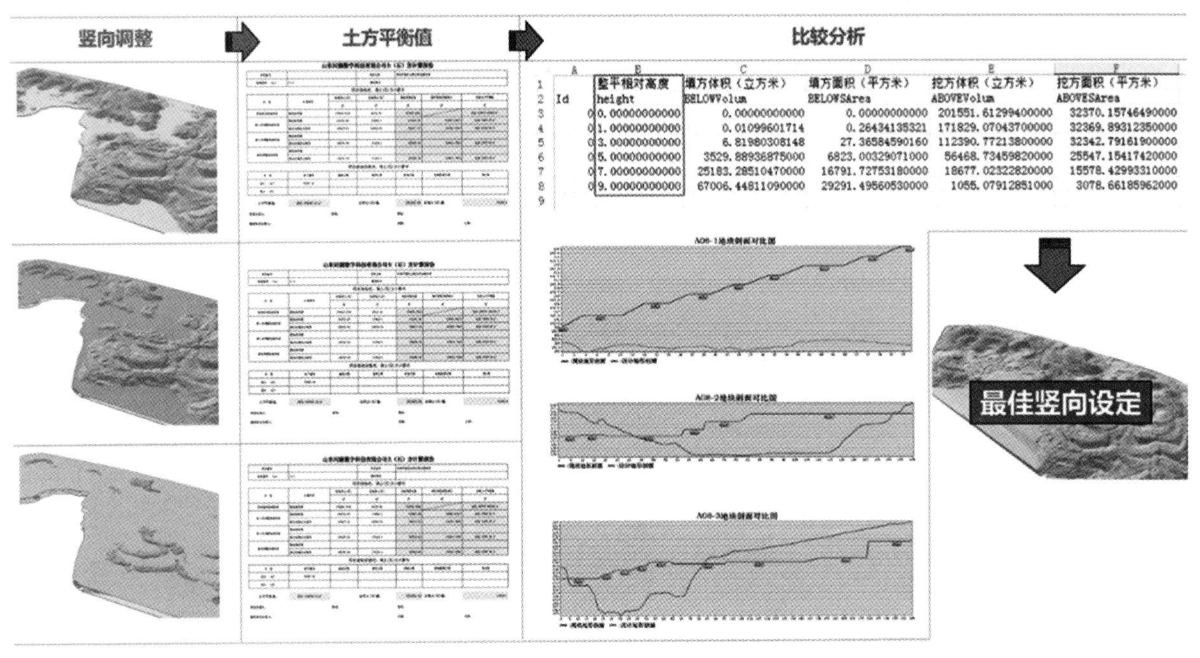

图 1-6-3 竖向设计优化实施流程

2. 土石方平衡分析

根据现状地形数字模型、规划设计数字地形模型，以及岩土分层模型，进行土石方量分类统计分析。主要包括场地平整挖、填面积及岩土分类体积，基坑开挖面积及体积，绿地种植土置换面积及体积，管沟开挖岩土置换面积及体积，场地、道路做法岩土置换面积及体积五个方面。根据规划场地竖向设计、主要基坑开挖及深度、绿地面积及种植土置换深度、需要岩土置换的管沟开挖面积及深度、需要岩土置换的场地做法范围、深度等要求对场地总挖、填方量进行计算，通过平台进行分析并找到挖填方量平衡的关键点。

建设单位应在基坑开挖之前完成土石方平衡工作，提前对项目土石方工程量有预判，在施工过程中，基于平台化管理手段实时查看填挖方量，对进度实现实时监控，同时在工程款支付过程中作为有效数据支撑，实现工程造价的透明化管理，土石方平衡分析实施流程如图 1-6-4 所示。

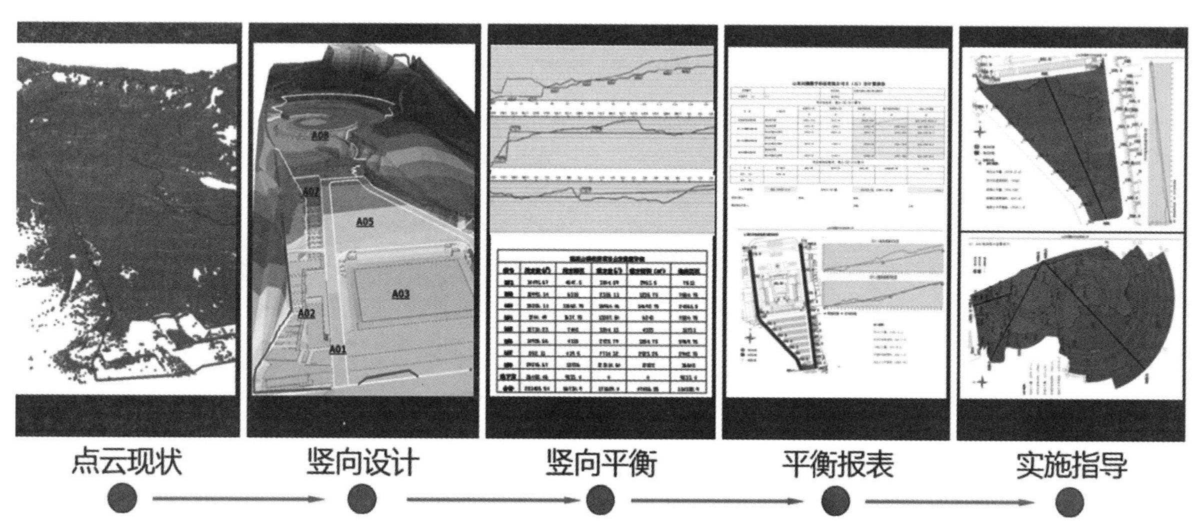

图 1-6-4 土石方平衡分析实施流程

通过调研结合项目土方开挖、石方爆破、土石方外运、种植土买入等单价进行经济指标计算，对数据进行深入挖掘，辅助建设单位进行岩土工程预算分析。另外，为了让分析计算出的土石方数据得到高效、具体、直观的应用，可对土方、石方、挖方、填方等内容以三维实体的形式进行展示（图 1-6-5），极大地方便了建设单位与施工人员方案讨论与决策。

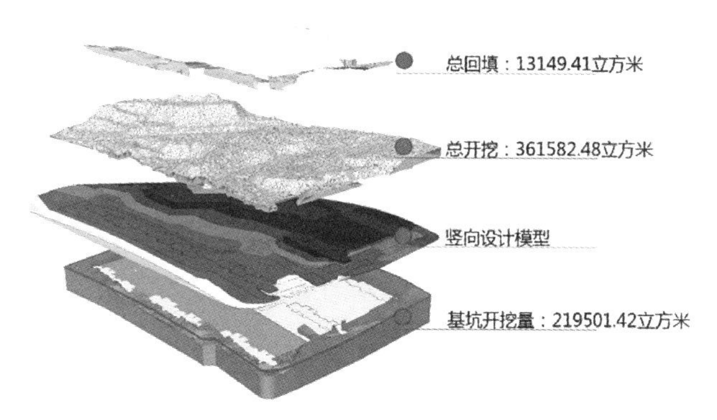

图 1-6-5 三维实体展示

（二）BIM 模型构建

BIM 技术具有可视化特征，即“所见即所得”。医院建设项目具有“多甲方、不可复制性”的特点，上至医院决策层，下至临床科室，都是甲方的一员，而这部分人群大多出身于医学学科，不了解医院建设过程。临床科室和工程建设者之间产生了需求表达障碍，导致使用者需求不能够完全传递给工程建设者。传统二维施工图只是各个构件的信息在图纸上线条式的表达，建筑物真实的样子要靠工程师基于图纸的标高、构件在图纸上的表达方式去勾勒项目建成后的样子。经常出现临床科室看不懂图纸、看不透图纸、看错图纸的情况，导致原定设计方案在建成后反馈与设想中不一致，进而大量的设计变更、投资超概、工期延误。随着医院建设项目规模的扩大，设计方案复杂度的提高，靠想象的方式去勾勒建筑的方式越来越不现实，抑或是工程技术人员由于某一因素的影响造成对建设项目理解的偏差。BIM 模型构建分为土建、机电两个专业，同时要涵盖医疗专项设计等专业，通过三维模型效果可直接反映设计成果。

1. 土建专业（建筑、结构）

通过构建建筑、结构专业 BIM 模型，以三维几何实体模型直观展示空间布局情况以此进行推敲论证，达到完善设计方案的目标，直至完成施工图设计（图 1-6-6）。模型精度应达到各阶段 BIM 应用深度要求，满足各阶段 BIM 技术应用需求。

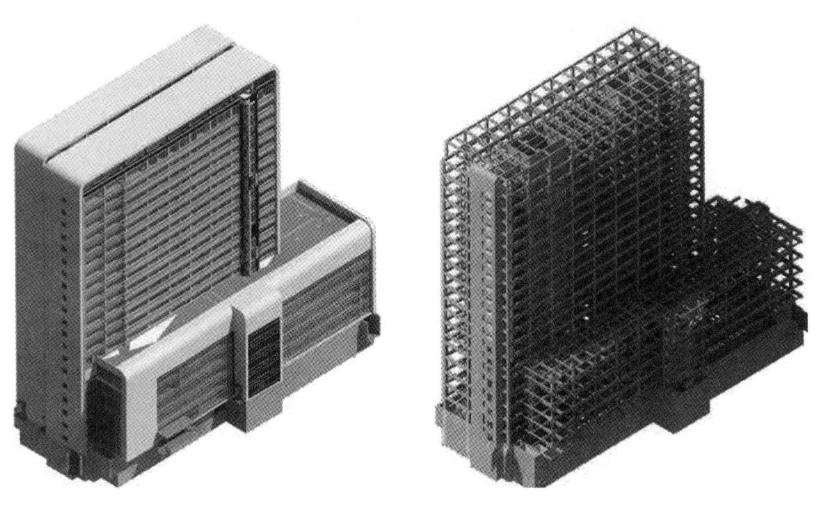

图 1-6-6 土建专业 BIM 模型

2. 机电专业（水、电、暖）

通过构建给排水、电气、暖通等专业 BIM 模型，直观展示建筑空间内设备管线的布置情况，配合建筑专业完成对建筑区域功能划分、重点区域优化工作，通过初步建立机电专业主管线模型，配合协调并优化机房及管井设置，优化主管路敷设路线，后期需完成至施工图设计。模型精度应达到各阶段 BIM 应用深度要求，满足各阶段 BIM 技术应用需求。

土建、机电 BIM 模型结合医疗专项 BIM 模型经历"方案阶段—初步设计阶段—施工图设计阶段"，形成完整的设计 BIM 模型。基于三维模型在前期辅助科室空间布局、面积指标等信息论证，后期基于各阶段 BIM 模型进行建筑性能分析、设计方案比选、虚拟仿真漫游、净高（空）分析，管线综合优化等后续工作，是开展后续工作的基础数据模型。

（三）建筑性能分析

建筑性能分析的主要目的是利用专业性能分析软件，使用 BIM 模型或者通过建立分析模型，对建筑物的日照、采光、通风、能耗、人员疏散、火灾烟气、声学、结构、碳排放等进行模拟分析，以提高建筑的舒适度、绿色、安全性和合理性。在设计阶段，辅助设计人员确定合理的建筑方案，如风环境模拟、采光模拟和日照模拟等。

实施 BIM 应用时应提前做好 BIM 模型或相应方案设计资料、气象数据、热工参数及其他分析所需数据准备工作，过程中综合各项结果反复调整模型后收集各单项分析数据进行评估，寻求建筑综合性能平衡点。通过室外风环境模拟，改善建筑周边人行区域的舒适性，改善流场分布；通过室内风环境模拟，改善室内舒适度；通过采光模拟，分析室内自然采光效果，根据房间功能使用情况，进一步优化调整房间布局等。

（四）设计方案比选

设计方案比选的主要目的是选出最佳设计方案，为初步设计阶段提供对应的设计方案模型。通过构建或局部调整的方式，形成多个备选设计方案（包括土建、机电、医疗专项等）进行比选，使项目方案的沟通讨论和决策在三维可视化场景下进行，通过比对多个备选方案模型的可行性、功能性和美观性等方面，实现项目设计方案决策的直观和高效。该阶段应用 BIM 技术时，宜组织多方会审，对不同设计方案进行多角度论证，保证最终设计方案的可实施性。

（五）虚拟仿真漫游

通过视频、VR 等可视化技术，结合医疗工艺流程，提供身临其境的视觉、空间感受。在空间论证方面，通过虚拟仿真漫游对大厅、电梯厅、护士站、走廊等公共区域的空间效果进行方案推敲，辅助设计人员对设计成果进行优化，虚拟仿真漫游的结果还可用于辅助建设项目的施工管理（图 1–6–7）。

基于 VR 的工艺流程展示通过虚拟现实技术结合医疗工艺流程，对功能单元布局进行适应性论证，满足医院建筑的功能空间需求，实现各科室纵向布置合理，人流、物流动线合理，方便患者就诊医疗服务及后期管理。在医院建设项目中普遍存在由于前期流程论证不充分，造成后期建筑资源的浪费、人流与物流动线紊乱的现象，给患者就医带来了极大的不便。基于 VR 的工艺流程展示，应该给规划和方案设计阶段留有充足的时间，对医疗工艺流程进行反复讨论和沟通，实现科室布局的合理布置。后期进行二级、三级工艺流程可视化论证，对临床科室、医技科室整体布局及房间布局等进行论证分析，确保建设过程减少需求变更，这将有利于设计与方案评审，促进工程项目的规划、设计、招投标、报批与管理。

图 1–6–7 *虚拟仿真漫游*

（六）辅助优化设计

医院建设项目不同于住宅及其他公共建筑，除了常规建筑、结构、给排水、电气、暖通等专业外，还有净化空调、物流传输、医用气体、放射防护、医用废水处理等医疗相关二次设计，这类专项设计在医疗业务开展过程中作用尤为重要。由于多数专项设计没有标准的工艺设计规范，其深化设计跟所选择的设备品牌密切相关，在建设项目前期需求很难明确，导致医院建设项目产生进度、投资的不可控和大量设计、施工的返工。BIM 技术及与其配套的各种设计优化工具提供了对复杂项目进行优化的可能。

传统二维设计就专业内部而言，问题不容易暴露，各专业 BIM 模型搭建完成形成综合 BIM 模型，主要完成以下几个方面的工作：一是提前发现各专业设计衔接处不对应问题，重点落实主体设计单位与专项设计单位系统衔接问题，可能由于专业设计要求的特殊性造成设计重复变更，影响设计整体进度；二是通过平面、立面、剖面检查、碰撞检测等手段对各专业设计进行优化。

一般性调整或节点的设计工作，由设计单位落实解决，较大变更宜由建设单位协调后落实解决方案。对于二维图纸难以直观表达的造型、构件、系统等，建议提供三维模型截图辅助表达，确保各专业之间的碰撞问题得到解决。由于 BIM 实施过程中会有各类设计问题需要协调解决，建设单位在应用 BIM 技术时，应制定严格的BIM 实施流程，保证设计问题及时得到回复，避免问题落实进度滞后，造成工期延误。

（七）净空（高）分析

基于全专业 BIM 模型，进行管线综合方案排布，对建筑物最终竖向设计空间进行检测分析，并给出最优净（高）空高度。在前期对大厅、电梯厅、护士站、走廊、病房等公共区域进行重点分析，估算装饰完成面高度，形成净高（空）分布图（图 1–6–8）。建设单位需重点落实净高（空）分布图中的高度能否达到空间使用要求，对不满足要求的地方协调设计人员、BIM 人员进行设计方案优化，待净高（空）分布图能初步满足建设单位要求后将其交给内装设计单位用以辅助吊顶高度、装饰造型等推敲论证，对不满足装饰效果要求的地方进行节点专项论证，在保证使用功能的同时提升装饰效果。

净高分析过程中，应避免重使用功能轻装饰效果或重装饰效果轻使用功能的情况，在满足设计规范、施工规范、装饰效果基础之上进行合理化分析论证，对二维图纸难以直观表达的造型、构件、系统等，提供剖面图和三维透视图等辅助表达。

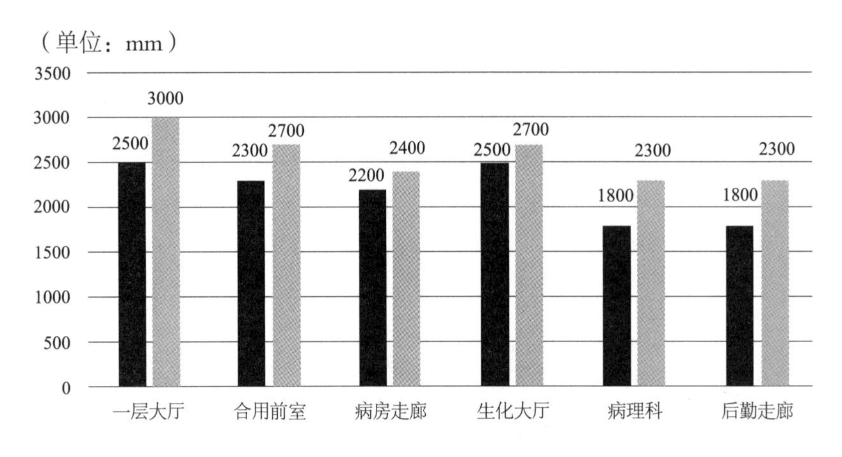

图 1-6-8 净高对比

（八）幕墙工程专业深化论证

在医院建设项目中，幕墙工程需要与土建工程、机电安装工程及各医疗专项工程配合完成，幕墙施工过程中，仍存在机电专业、医疗专项设计深度不够的现象，造成原设计幕墙外立面效果与实际效果不统一。在设计阶段，基于 BIM 技术集成幕墙设计与机电、医疗专项等专业设计，统筹幕墙外立面效果。幕墙工程也是建筑所有专业里面比较接近加工制造的小专业，生产加工和施工安精度要求极高，面对复杂异形的建筑外观，BIM 技术为复杂异形幕墙带来全新的数字化全流程解决方案，包括项目方案设计、优化设计、深化设计、加工制造、施工安装、项目管理等各个阶段。

幕墙工程是在具备完整的主体结构后开始施工，可与机电安装工程并行施工，与其他各专业在空间占位上紧密联系。复杂幕墙系统通过 BIM 技术可解决以下空间占位问题：传统项目管理模式下，实施过程中出现设计"不一致"问题或者施工过程中产生新的空间占位问题，通过召开协调会，提出解决方案，出具设计变更。基于 BIM 技术可以真实地还原物理空间，在计算机中处理设计阶段的碰撞问题，然后项目各参与方进行讨论协调，使问题早暴露、早解决。

（九）医疗专项区域深化论证

医疗专项系统配置复杂、专业化程度高，功能房间多、设备管线复杂、施工难度大且工期紧，审批、设计、施工、运维缺乏协同，因沟通不畅带来大量重复劳动，且各医疗专项工程要求相对比较严格。随着数字技术的迭代更新，BIM 技术可更好地应用于工程建设项目全生命周期各个阶段，服务于工程建设项目各参与方。

1. 净化工程

净化工程作为医院的重要组成部分，需要高质量建设。通过 BIM 技术，各专业设计师可以根据同一个中心模型文件进行设计，当一个模型构件发生变化时，整体效果也会立马展现出来，潜在问题可以及时得以暴露。

以净化手术室建设为例，其建设属于后期工程，大到医疗设备，小到插座面板，涉及设计、施工单位多达数十家，协调工作比较困难。净化等级要求高，风管尺寸大、层高低，为保证手术室建成后的效果，可利用 BIM 技术预先模拟净化区域空间效果。手术室设备点位多、安装要求高，难以实现统筹协调。BIM 技术在保证净化区域空间使用功能前提下，对末端进行精确定位，提前发现并解决管线与结构、精装点位、龙骨、设备安装等碰撞问题（图 1-6-9）。通过 BIM 技术协调医疗设备、管线、结构和照明系统，提高施工图质量，除解决工程技术自身问题外，建设单位应组织科室使用者基于 BIM 模拟效果对净化区域进行功能使用论证分析，避免需求不明确就开始大面积施工，最终影响科室满意度。

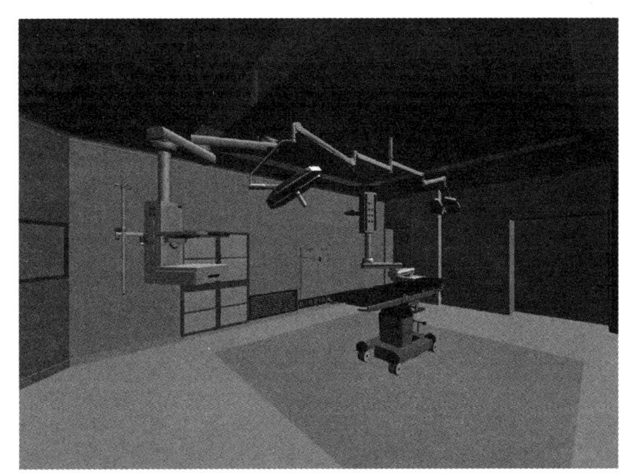

图 1-6-9 净化手术室

2. 直线加速器机房

直线加速器区域有防辐射需求，所有管线穿越墙体时均采用异形套管方式，无法实现后期开洞。以某工程直线加速器机房施工方案为例，墙体厚 1500mm，局部厚 3300mm；顶板厚 1300mm，局部厚 3300mm。如此厚度进行钢筋绑扎、模板支撑、异型洞口预留预埋定位及大体积混凝土施工难度大。通过 BIM 模拟建造，充分考虑现场实施难度，找出方案可能存在的不足，辅助方案调整优化（图 1-6-10、图 1-6-11）。

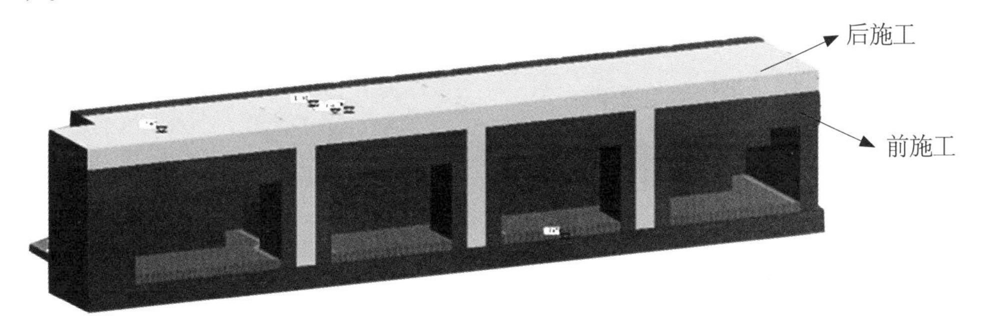

图 1-6-10 大体积混凝土施工方案

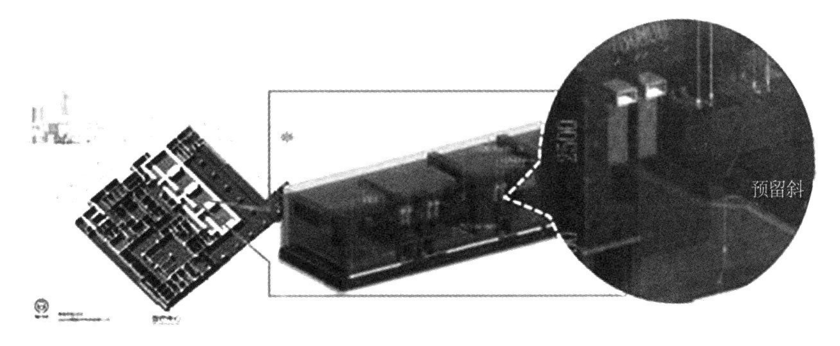

图 1-6-11 异形洞口预留预埋

3. 标准病房专项模拟

在传统病房建设过程中，重视工程技术问题，而忽略了病房建设整体效果，设计人员与决策者需求不能得到有效翻译，设计施工分离，医院建设后期产生大量的需求变更、设计单位变更、施工单位变更，导致工期拖延、工程质量下降。“样板先行”是工程创优和保证施工质量的一项重要管理手段，通过样板间工程可以在大面积施工之前发现设计缺陷，同时可以让施工班组成员了解施工作业的质量标准，让不懂工程的人，也可以更为直观地了解管理难点及验收标准。

为提高整体建设效果，可利用BIM技术对标准病房进行虚拟建造，构建建筑、结构、给排水、电气、暖通、装饰、医疗家具、医疗设备等构件，深化标准病房数字化模型，并对其空间合理性进行论证，避免装饰、医疗家具、医疗设备尺寸、安装方式等信息不确定而影响整体协调效果（图1-6-12）。在标准病房专项BIM应用过程中，设计阶段应基于BIM模型对病房相关指标进行统计分析，并输出病房家具配置清单；施工阶段应保证常规机电安装与使用功能，同时对家具、设备的摆放做合理性论证，形成多种备选方案，辅助家具选型等相关工作。为减少现场样板间制作成本，可采用基于BIM技术的虚拟样板间工作，实现对标准模块的精细化论证，避免后期由于局部问题造成项目大面积拆改，同时提高了整体建设效果。

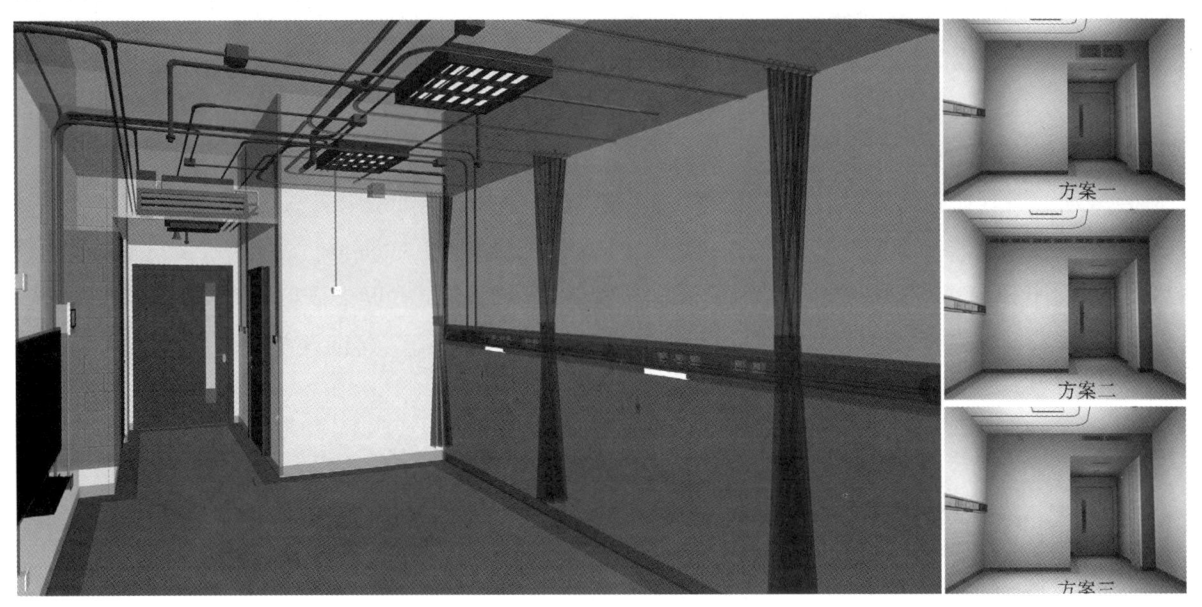

图1-6-12 标准病房模拟论证

（十）工程量统计

BIM模型是一个存储项目构件信息的数据库，可以真实地提供造价管理需要的工程量信息，为造价人员提供造价编制所需的项目构件信息。借助这些信息，计算机可以快速对各种构件进行统计分析，从而大大减少了根据二维图纸资料统计工程量带来的烦琐人工操作和潜在错误，同时能够非常容易地实现工程量信息与设计方案的一致性。通过基于BIM模型进行工程量统计，辅助设计概算、施工图预算、竣工结算及施工过程造价管理。从造价管理角度对设计成果提出可行性建议。

初步设计模型的深度或完整性等存在不能达到设计概算工程量统计要求的情形，此时，宜采用传统工程量计算或概算指标给予补充，做到两者有机结合，让造价工程师从烦琐的机械劳动中解放出来，节省更多的时间和精力用于更有价值的工作。在施工图预算、竣工结算及施工过程造价管理过程中依据相关要求进行模型深化工作，宜采用BIM算量与传统算量相结合的方式。

二、施工阶段BIM应用

（一）主体结构预留预埋

结构预留预埋是机电安装过程中最基础而又重要的一个环节，如预留预埋不到位将直接影响安装质量，甚至影响结构的质量安全及使用寿命。主体结构预留预埋主要为管道井、穿楼板的预留孔洞及部分穿梁套管安装以及穿混凝土墙的孔洞套管预留预埋。基于全专业BIM模型，校核机电专业施工图与土建结构图纸预留位置、孔洞尺寸及标高，确定所有预埋预留点位的准确性（图1-6-13），确保主体结构质量及工期不受影响，提高预留洞口的利用率。

各专业设计深度不够、图纸专业不全直接影响结构预留预埋的准确性，需提前落实相关设计问题，避免主体结构预留预埋过程中仍有大量的设计错误，重点关注前期辅助设计优化过程中设计问题的落实情况以及医疗专项设计图纸的落实情况，机电安装方案宜在主体结构施工之前确定下来。

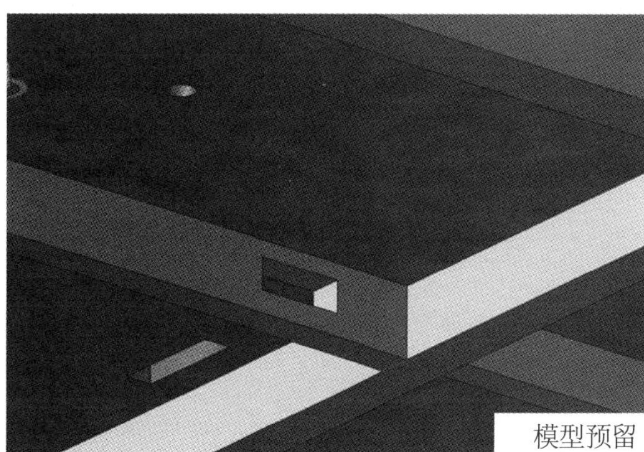

图 1-6-13 主体结构预留预埋

（二）数字化深基础基坑模拟分析

将BIM技术引入基础基坑工程特别是复杂深大基坑的设计、施工、监测过程，通过构建基坑的BIM模型，打破基坑设计、施工和监测之间的隔阂，实现多方无障碍信息共享，通过三维可视化方式加强管理团队对成本、进度计划及质量的直观控制，提高工作效率，降低差错率，减少现场返工，节约投资。基于BIM技术的基坑设计是通过构建包括各种信息的三维基坑模型，实现二维设计向三维动态可视化设计转变，然后根据模型自动生成各种图形和文档，当模型发生变化时，相关联的图形和文档将自动更新；BIM模型中所创建的对象存在着内建逻辑关联关系，当某个对象发生变化时，与之关联的对象随之变化，BIM模型贯穿基坑建设周期，它本身丰富的信息可以用于指导基坑设计、施工、监测的整个阶段。

1. 基坑、支护数字化模拟论证

通过GIS平台三维技术，在电脑环境下建立施工场景，包括放坡、桩基、土钉模型等，对施工过程进行可视化模拟，根据模拟施工结果，验证其是否正确，找出安全隐患，辅助建设单位或设计人员进行快速修正，优化设计方案，使“预防为主”的标准化安全管理体系有了实现的基础（图1-6-14）。

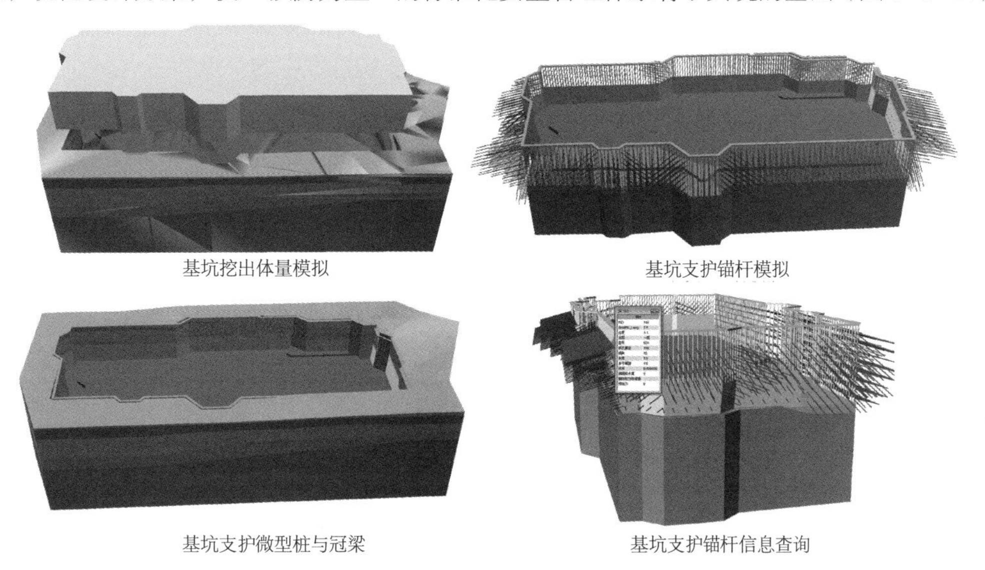

图 1-6-14 基坑及支护

2. 深基础数字化模拟论证

对岩土层进行三维可视化还原，同时对各桩基穿过各地质层的长度进行统计，对基础桩是否进入持力层进行验证，辅助建设单位与设计人员进行决策，有效避免补桩或桩基过长情况发生。BIM 基础数据可用于辅助现场管理、工程结算等相关工作（图 1-6-15）。

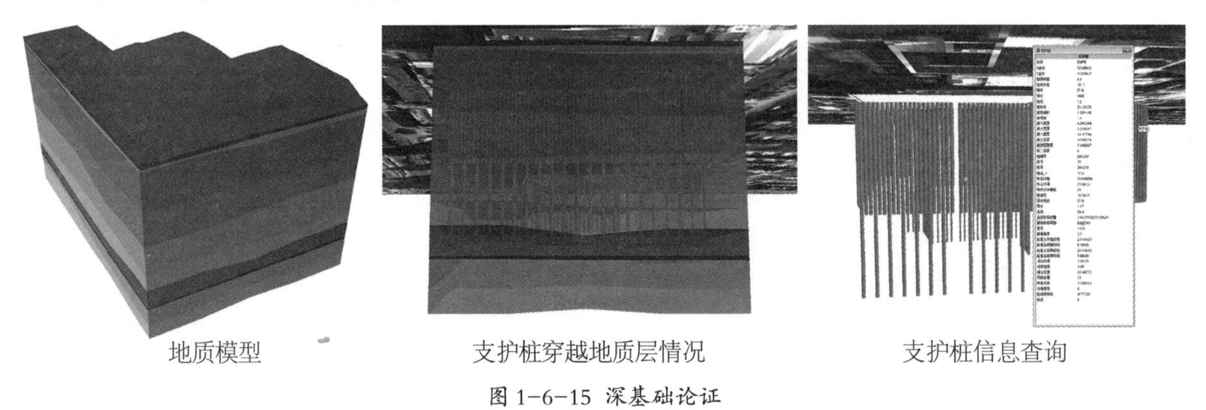

图 1-6-15 深基础论证

（三）材料设备运输分析模拟

在建设工程中，机械设备的管理工作是工程项目安全管理的核心内容。利用 BIM 技术预先对设备运输行走路径进行模拟，合理调配机械设备，规划设备进出场路线，规避前期运输阻力，检查可能遇到的问题。例如浇筑混凝土时使用的泵车，根据 BIM 漫游提供的运输路线信息进行合理的场地布置，选择臂架更高、泵送排量更大的泵车，以此节约工期及人力成本。

建设过程中材料管理的目标是将合同范围内所有质量合格的材料适时、适地、适量地提供给材料的使用者，以此来达到降低工程成本、保证工程进度、实现现场安全文明施工的目的。虽然在“施工组织设计总平面布置图”中对于材料的堆放区域有明确的标示，但是利用 BIM 技术进行三维模拟，可以综合考虑时间、空间等因素，优化材料运输路线，选择合理的堆放场地，就能最大限度地减少材料的二次搬运，增加材料的周转效率。前期模拟好材料堆放位置，可以节约施工现场用地，减少临时设施的投入，从而降低成本。

（四）4D 施工进度模拟

通过 BIM 模型与施工进度计划相链接，将空间信息与时间信息整合在一个可视的 4D 模型中，可以直观、精确地反映整个建筑的施工过程。借助 BIM 对施工组织的模拟，项目管理方能够非常直观地了解整个施工安装环节的时间节点和安装工序，并清晰地把握在安装过程中的难点和要点。

通过虚拟建造、施工模拟等技术，施工图方案能够得到优化、资源配置及场地协调均能够在施工前得到合理计划与安排，从而使得项目管理人员能够提高工作效率，有效减少冲突，增强与施工人员的协作，从而保证项目在计划工期内完成，提高经济效益。

通过 BIM 技术与进度管理相结合，减少信息不对称的现象，提高了进度计划的准确性。与时间相关联的冲突，例如场地布置冲突、工作面冲突以及资源配置冲突都能够提前发现，通过优化施工现场及施工方案得以解决，大大提高了进度管理的效率。

（五）管线综合优化

常规机电安装工程中往往存在“先期进场抢位安装”的现象，后进场机电安装单位既安装困难，又安装不合理。基于 BIM 的管线综合工作在前期可将多个专业汇总在一起，依据设计、施工规范进行优化调整工作，主要解决各专业间的不协调、碰撞等问题，当局部无法满足规范或甲方需求时，基于 BIM 技术协调设计对管线进行经济性路径优化，后期输出管线综合平面图、剖面图、三维大样图、单专业安装定位图用以指导安装工作，减少过程中拆改，提升安装质量和效率。

管线综合优化主要经历以下几个阶段：

（1）方案讨论。在设计阶段我们通过 BIM 模型将各专业间碰撞问题进行解决协调后，依据甲方需求和相关规范要求，确定排布方案后进行管线综合排布工作。

（2）管线综合排布。按照前期确定的方案，进行优化调整，尤其针对重点、管线密集区域，如公共空间、设备层、机房区域等处，提前模拟现场施工，查看是否安装可行顺畅、避免现场无法施工、后期无法检修等问题。改变传统安装模式“多高即多高、无力扭转”的局面，尽量避免建筑缺陷（图 1–6–16）。

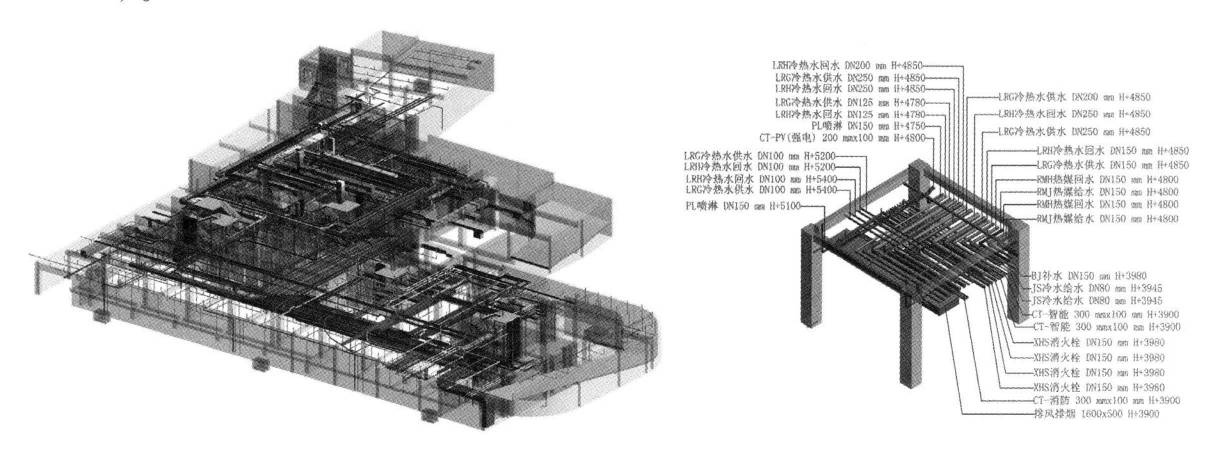

图 1–6–16 管线综合优化

（3）可视化技术交底。依据前期管线综合成果，提出成果资料：预留预埋定位图、净高平面分布图、剖面图等用以指导施工，结构施工时应做好前期结构洞口预留工作，安装过程中做好施工工序控制、施工质量交底，落实 BIM 成果应用，装饰过程中参照净高平面分布图完成装饰龙骨等的安装。

召开可视化技术交底会议，施工总包、各分包等参建单位根据成果制订各专业穿插施工计划，严禁无序施工造成其他专业施工困难。

（4）指导施工。在医院建设项目走廊空间有限的前提下，如何将大量机电管线合理规范的安装是一个棘手的问题。在项目施工过程中，采用综合支吊架既可以保证了安装空间的合理利用，又可以保证机电管线安装的美观性。基于 BIM 技术可实时剖切走廊断面，进行支吊架深化工作，进而确定支吊架的形式及间距，经合理安排施工工序后，各专业依据 BIM 成果进行管线安装，避免了传统施工过程中专题会召开频繁，问题解决效率却依然低下的问题。

（六）院区数字管网工程论证

利用 BIM 技术对院区内现状和规划的水、电、气、暖、通信及专用管线等数据进行 1:1 模型构建，为后续运营管理、新管线规划建设等相关分析决策提供三维化、平台化数据支撑。通过对院区内现状数据和规划数据进行三维数字化模拟仿真及平台化管理（图 1–6–17），可以直观、快速实现管网工程相关的分析论证工作。

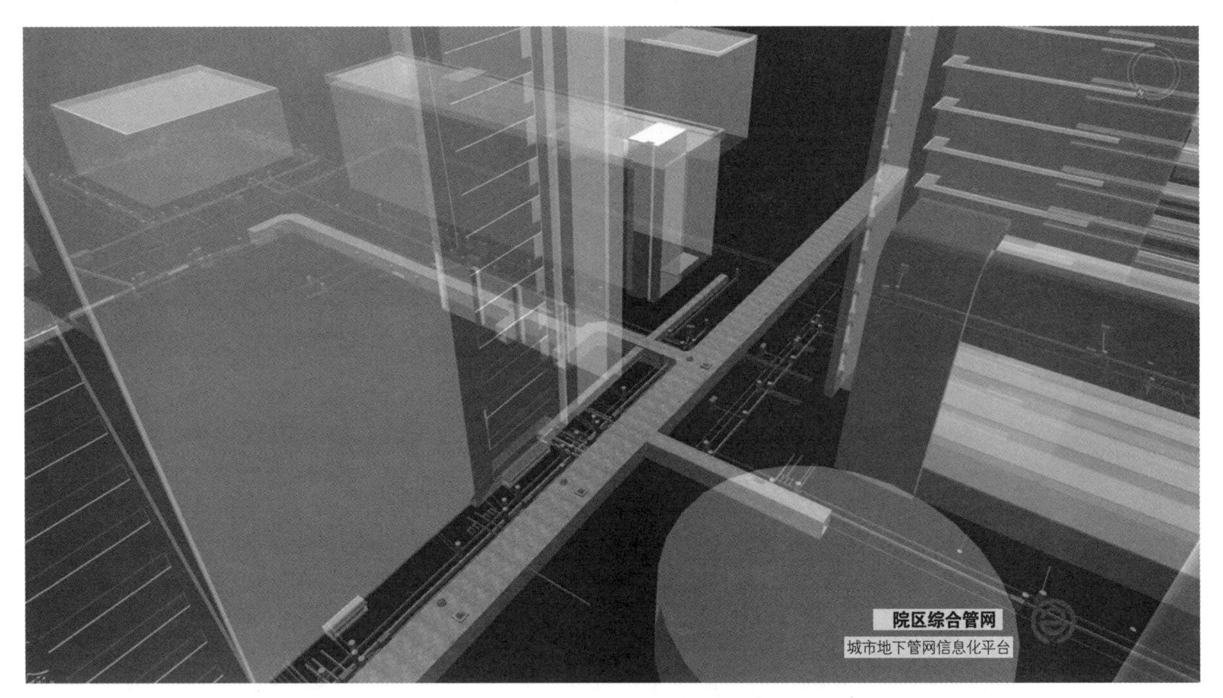

图 1-6-17 院区管网

1. 最短路径分析

可方便快捷地分析出管线上任意两个管点之间的最短路径，辅助规划设计人员参考以往建设的管线来规划新的管线，极大地提高了管线设计效率。

2. 连通分析

可方便地检查管线上任意两个管点之间是否连通，以帮助设计人员检查管线数据的合法性和实际管线连接的合理性。

3. 开挖分析

可以直观地在施工前模拟开挖后的地下管线和设施的分布情况，并且计算出开挖土方的方量。通过该功能可以有效避免在开挖过程中对管网产生的破坏，科学地指导厂区管线的施工建设。

4. 断面分析

可快速、精确地绘制出指定位置的地下管网横断面和纵断面图，通过各个断面展示各个管线断点在水平和垂直方向上的位置关系，以及与道路和周围建筑物的位置关系，使设计人员和施工人员方便直观地了解到地下的管网分布情况。

5. 净距分析

可分析指定管线与其周围各类管线在水平和垂直方向上是否符合国标中的净距规范，并对有冲突的管线位置进行定位。

6. 碰撞分析

可分析指定管线与其周围各类管线在水平和垂直方向上是否发生碰撞，并对有冲突的管线位置进行定位，指导维护人员和实施人员进行调整。

（七）BIM 技术 + 工厂化预制

传统机电安装与土建施工交叉进行，只有土建提供相应的工作面，才能进行机电的深化设计和安装。对于大型机房安装工程，土建很多时候只能分步提供场地，这就给机电安装工程造成了大难题。各部分设备、管道、支吊架、构件的走向、标高、尺寸没办法一次性完成测量，安装人员就只能量一段、做一段，分段深化、分段下料、分段加工、分次运输、分段安装，效率极低。

BIM 技术在机房预制加工方面的应用，从工厂加工角度：首先根据机房管线综合布置情况，考虑预制加工成品管段运输、就位、装配等条件限制，在预制加工条件允许的情况下，尽量减少分段，避免由于分段过多造成漏水隐患点的增加。将每个管段进行编号，并出具管段定位图及加工详图（图 1−6−18）。

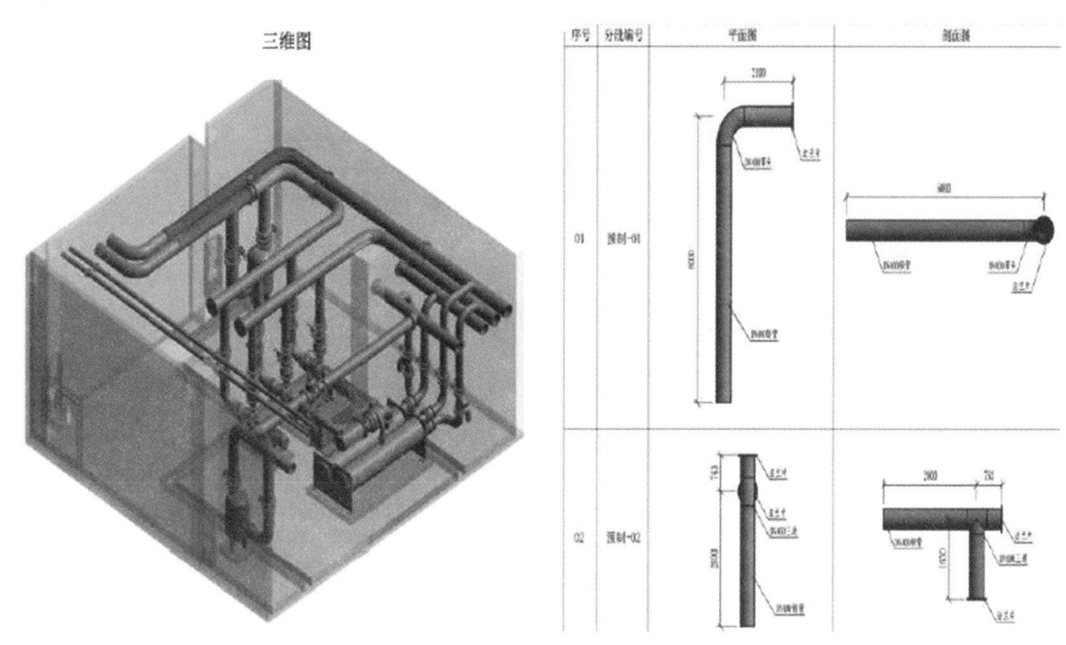

图 1−6−18 管段定位图及加工详图

将生产详图转交工厂，生产预制前对工厂技术负责人及工人进行设计生产交底预制加工质量控制，确保与设计尺寸一致，对与设计尺寸不符的管道附件退场处理，以确保管段预制准确性，为后期现场装配做好基础。

考虑预制管段形状差异、管道运输路线、各管段空间位置关系等因素编制《BIM+ 工厂化预制施工专项方案》，对管道安装顺序进行最合理安排，并对班组长及操作工人进行方案及图纸交底。经“安装支吊架钢板—管段运输—支吊架与管段安装—组装完成”过程完成制冷机房机电安装，过程如图 1−6−19 所示。

图 1−6−19 安装过程

预制加工可以减少现场的操作工人及危险作业点，既能减少劳动力成本，又能提高现场安装的工作效率。与常规同等规模机房安装工程对比后，采用“BIM 技术 + 工厂化预制”可以显著节约工期（表 1-6-1）。

表 1-6-1 进度对比

安装技术	工期
传统方式	2~3 个月
BIM 排布	1 个月
BIM 技术 + 工厂化预制	7 天

（八）变更签证管理

BIM 技术能够提高设计协同能力，更容易发现设计问题，从而减少各专业间冲突。基于 BIM 技术进行协调综合，不合理方案或问题方案也就不会出现了，减少设计变更。例如在项目实施过程中设计阶段往往只提供设备参数，在后期设备采购过程，经常会有各种因素导致现场情况不满足设备安装，基于 BIM 模型可提前发现此类问题，并及时做好变更签证管理工作，避免设备进场后各种问题频频暴露而造成的大面积拆装。大型医疗设备等对土建要求高的区域都应采取提前模拟论证的方式，减少现场变更签证工作。

（九）施工质量控制

在施工质量控制中应用 BIM 技术可以实现建筑信息数据的高度集成，与传统质量管理相比，在设计图纸质量、施工组织设计质量、原材料质量、结构质量、装修质量等方面，基于 BIM 技术的质量管理具有更突出的价值。建设单位通过 BIM 技术可直观了解和掌握项目的总体质量情况，能够在三维模型中全面有效地阅读模型展示出的信息。在施工现场可以边施工边通过移动端实时查看模型信息，将现场的质量问题一一暴露、问题情况信息上传至云端。将所有施工进场的物料情况与实验报告录入信息模型中，通过信息集成管理平台不仅可以做到全过程质量管理，还可以建立追踪反馈机制。

（十）现场应用

BIM 应用各项成果可以在 PC 端、手机端、网页端实现施工各要素的跟踪管理，灵活方便，而且及时，使得项目管理的效率极大提高。通过移动平台、iPad 平台和三维彩色数据展示管线综合排布成果，直接浏览模型、进度、图纸，方便过程管理，让工人更直观地了解现场管线排布情况。

三、竣工验收阶段 BIM 应用

（一）对比验收

基于 BIM 技术对医院建设项目进行全过程模拟，前期发现并解决隐存问题、管线综合优化、加工预制构件、指导现场施工管理等。施工完成后，通过模型辅助工程验收（图 1-6-20），并及时对模型信息进行更新，使模型信息延续至后期运营维护过程。通过模型实时查看各个房间的布局、家具、装饰吊顶内管线布置等，避免后期改扩建项目中对原有管线不了解、不清晰，造成使用不便，为后期基于 BIM 的运维管理平台开发提供了基础数据。

图 1-6-20 对比验收

（二）竣工模型

BIM 模型经历设计、施工的反复检核、追踪修订、持续增进数据，保证了最终的竣工模型的正确性和完整性。在 BIM 模型中录入数据信息，比如对构件、设备等记录规格、生产日期、厂家等信息，对设备运维资料进行联动管理，使得周期性设备维保工作更加及时、准确，还可以辅助设备进行运维管理。

（三）3D 档案数字化交付

传统项目管理过程中，由于日常管理工作的繁杂，造成部分资料缺失或者不准确，后期项目运营过程中，原始资料可参考度较低。通过协同管理平台可保留整个建造过程的每个细节，全过程保证信息可追溯性，同时建立电子档案使得信息保存更加便捷、后期查找更加容易，有效指导后期运营维护管理及改扩建工作。

第四节　项目管理 BIM 云平台建设与应用

随着医院建设与信息化技术、数字化技术结合越来越紧密，BIM 技术在工程建设领域发挥出越来越大的价值，医院建设者在利用 BIM 技术为工程建设项目提供全流程专业信息化服务的基础上，基于 BIM 技术搭建项目管理平台成了医院数字化项目管理的新模式。

一、平台应用内容

（一）平台服务应用

项目管理 BIM 云平台作为以 BIM 数据为基础的项目管理平台，承载了 BIM 各项应用，BIM 应用贯穿于整个项目建设过程，服务阶段涵盖规划阶段、设计阶段、施工阶段和运维阶段，服务方包括设计方、管理方、建造方等多方参与者，在规划设计、地基与基础工程、主体工程、安装工程、装饰工程、竣工验收、运营维护各个阶段提供相应的专项服务，使各方都可在平台中找到自己需要的应用点。

（二）平台功能板块

本平台系统功能框架（图 1-6-21）。

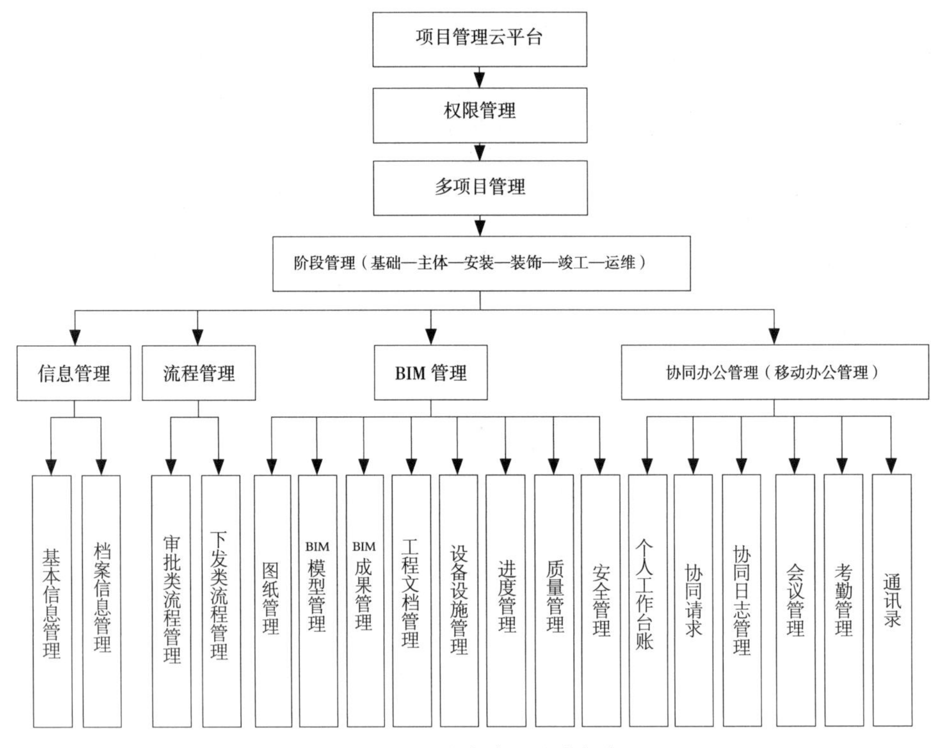

图 1-6-21 平台系统功能框架

项目管理 BIM 云平台采取多级权限管理，权限管理机制采用基于角色的权限管理模型、灵活严格的授权模型和操作配置进行权限设计。角色及岗位的定制灵活、易操作，能够有效满足系统业务流程的建设和发展需求。

主平台的功能模块分为：信息管理、流程管理、BIM 管理、协同办公管理。

1. 信息管理

本模块包括基本信息管理和档案信息管理。基本信息包括项目的基本情况、参建单位信息、标准规范等。档案信息管理主要是对于平台内流转的各类流程的附件进行管理，具体包括审批流程的附件和下发类流程附件。档案信息管理主要是对线上流程中流转的文件信息进行管理，根据线上流程的分类，所管理的档案信息分为审批类流程结果和下发类流程结果。

2. 流程管理

该部分内容是对线下流程的线上实现，包含监理规范组织的各项流程，具体分为审批类流程管理和下发类流程管理；同时能够实现按权限汇集每个人相关的流程内容。

审批类流程管理的功能特点是每项流程过程明确，必须上一环节通过才能进入下一环节，各环节都有专门权限的人去处理，有通过、驳回的反馈机制，且所有环节通过确认后才可以打印相应的文件。

3.BIM 管理

BIM 管理主要是对平台上与项目相关的 BIM 应用成果、图纸文件进行管理，此外以 BIM 为 UI 的要素管理也属于此模块。具体包括图纸管理、BIM 模型管理、BIM 成果管理、工程文档管理、设备设施管理、进度管理、质量管理和安全管理。

（1）图纸管理。图纸管理是对项目相关的图纸文件进行管理，包括版本管理、变更管理、阶段管理、专业分类、上传下载、在线查阅的基本功能（图 1-6-22）。

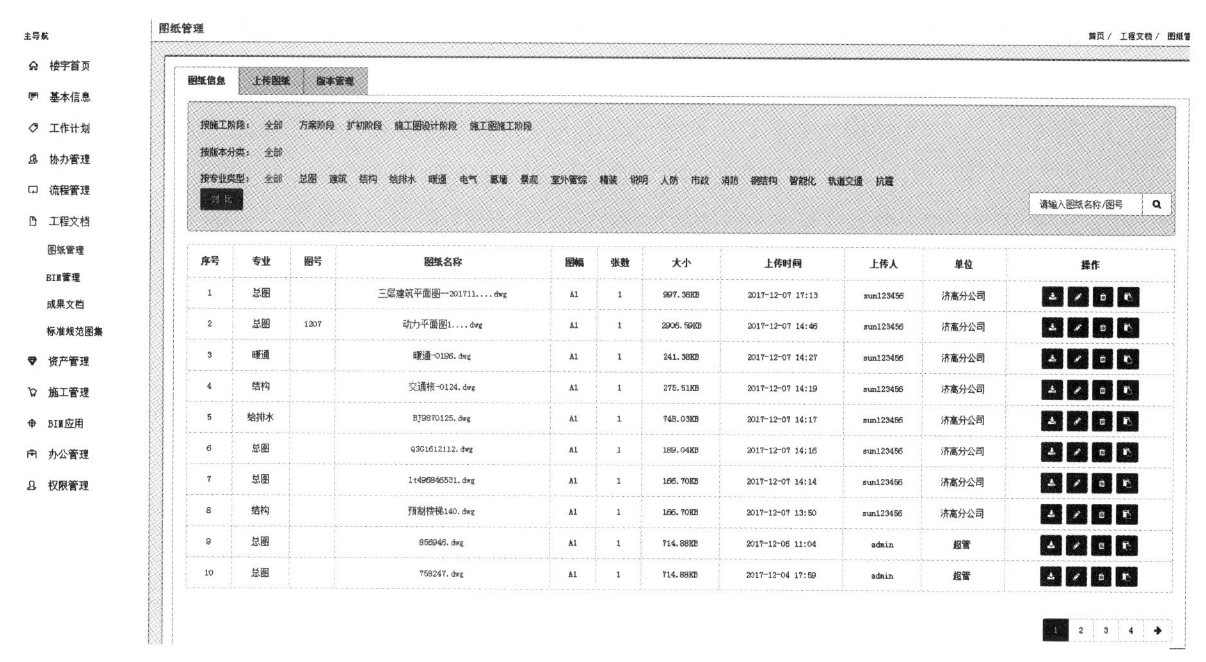

图 1-6-22 图纸管理

界面中可按照施工阶段、图纸版本及专业分类显示图纸文件列表，方便分类检索；同时也支持文件的模糊搜索。

（2）BIM 模型管理。BIM 模型管理是对项目相关的 BIM 模型文件进行管理。与图纸管理一样，该界面中也可按照施工阶段、图纸版本及专业分类显示 BIM 模型文件列表，方便分类检索；同时也支持文件的模糊搜索。

具体功能包括：BIM 模型上传、模型版本管理、模型轻量化在线浏览、二三维协同、模型分类统计算量、模型定位、模型内部漫游、模型在线剖切、模型在线测量、模型在线分解等。

（3）BIM 成果管理。BIM 成果管理是对成果类文件的管理，包括专业分类、上传下载、在线查阅、文件关联，具体功能页面与 BIM 管理、图纸管理类似。

（4）工程文档管理。工程文档管理功能主要是将与 BIM 相关的工程文档在线与 BIM 关联，以 BIM 为 UI 实现通过 BIM 模型来查询与浏览与单个构件或整层有关的任何文档信息，如图纸、审批文件等。

（5）设备设施管理。设备设施管理主要是对一些需要重点关注的设备设施在以 BIM 为 UI 的界面上实现设备定位、设备筛选及设备相关属性信息查询等。

（6）质量管理。结合 BIM 模型及其应用解决质量管理相关问题，包括质量信息管理、BIM 管理、现场协同、统计分析。需要与现场移动端配合，实现质量管理的闭环管理。

（7）进度管理。将传统组织进度计划与 BIM 模型相关联，并结合现场移动端设备，实时获取现场进度情况，通过与模型显示的计划进度进行对比，实现工期的有效管控。具体功能包括：甘特图 BIM 管理、进度模拟等。

（8）安全管理。结合 BIM 模型及其应用解决安全管理相关问题，具体包括安全资料管理、文档资料与 BIM 模型关联、现场协同、统计分析等。也可与现场移动端配合，实现安全管理的实时、闭环管理。

4. 协同办公管理

参与方多、管理难是医院工程建设项目比较明显的特点和难点，而 BIM 又具备信息集成的特性，因此基于 BIM 实现多方协同成为项目管理平台的重要作用。主要功能包括个人工作台账、协作请求、协同日志管理、会议管理、考勤管理、通讯录等。

（1）个人工作台。对平台中所有涉及当前使用者的相关功能和信息进行汇集，方便使用者可以在统一入口找到所有和自己相关的任务和信息。个人工作按日期组织，并可按状态、分类、范围等进行筛选。

（2）协作请求。此功能模块主要是为了满足公司内部及各参建单位的协同管理，可以方便平台中任意两方的沟通，并且对此沟通过程进行信息化存档，实现所有协同工作过程可追溯。

（3）协同日志管理。以日志的形式组织管理各参与方的协同信息，方便建设单位了解各参与方每天的工作动态，并对过程提供协作帮助。

（4）会议管理。实现会议的组织安排管理，并协助调取在线视频会议功能。具体功能如可用会议室查询、我的预定查询、历史记录等。

（5）考勤管理。记录并展示使用者的考勤情况，需要移动端的配合，实现实地位置的实时记录。

（6）通讯录。对平台使用者的通信信息进行记录及展示，方便平台各使用者之间进行互动。

二、平台指标

（1）基于平台的 BIM 模型浏览和校审环境，能够实现 BIM 模型与相关资料、文件的双向关联，项目各参与方的信息共享和协同管理，帮助管理人员进行有效决策和精细管理。

（2）工程质量管理：实现项目质量目标、质量检查设置，质量问题提报、质量问题整改、质量问题复查、质量统计等功能，把过程数据与 BIM 模型进行关联，实现移动终端的应用，能够在移动平台中查看 BIM 模型，并通过照片、文字等形式进行实时的质量问题记录。

（3）工程安全管理：实现项目安全目标、安全检查设置，安全问题提报、安全问题整改、安全问题复查、安全统计等功能，并把过程数据与 BIM 模型进行关联，实现移动终端的应用，能够在移动平台中查看 BIM 模型，并通过照片、文字等形式进行实时的安全问题记录。

（4）通过 BIM 模型关联重要材料设备信息，实现通过管理平台移动端进行材料设备的进场验收，并通过材料设备二维码扫描等手段跟踪使用及安装部位、方便后期的运营管理等工作，实现可追溯性。

（5）资产运营管理功能：基于 BIM 模型将运营、维保阶段需要的信息进行整合，可以查阅所有设备信息。

（6）工程文档管理：实现项目文档的组织与管理；支持二维、三维、办公等文档的在线提交、审查、浏览、实时批注、自动对比（并显示差异）、归档管理功能；能简便有效地整合并轻量化各阶段 BIM 工作成果；工程资料和信息与 BIM 模型实现技术关联；不同参与方在统一界面上工作，实现资料权限分级管理、共享与检索。

三、平台应用价值

（一）社会价值

数字化项目管理平台应用是医院差异化价值的体现，改造和提升建筑行业技术手段和生产组织方式，提高医院经营管理水平和核心竞争力，间接促进整个医疗建设行业规范化、秩序化；有效发挥医院职能部门的监管力度，实现监管工作的有效性、准确性和实时性，同时为医院建设行业未来数字化、信息化以及数字院区规划，奠定了坚实的基础。

（二）经济价值

数字化项目管理平台最为直接的受益方为医院，数字平台的诞生使项目的全生命周期各个阶段、项目的各组成部分、项目的各参建单位都实现了无缝衔接，使 BIM、GIS 技术的成果得到有效利用，实现过程跟踪、实施协同、成果有记录、责任可追溯的一个完整体系。

第五节 应用与发展

一、应用总结

（一）BIM 技术在医院建设全生命周期中的应用模式

医院建设项目具有专业性强、涉及专业多等特点，在运营过程中需要根据不断变化的需求进行功能重组、改建和扩建，这就决定了医院建设项目需要探索符合自身特征的 BIM 应用模式，目前建设项目 BIM 应用模式主要有以下三种。

1. 设计单位主导 BIM 应用

设计单位利用 BIM 技术表达设计方案，进行造型、体量和空间分析，使得初期方案决策更具有科学性；利用 BIM 模型结合专业分析软件进行能耗、声场、日照等分析；综合各专业 BIM 模型进行碰撞检查和规范性检查，除此之外，工程量统计、各种平面和剖面图纸等信息都能够从 BIM 模型中获取。由于设计单位服务工作范围、时间范围和专业经验的限制，该模式往往只服务于设计阶段，无法参与施工阶段 BIM 应用，对于运维阶段的支撑则更少。

2. 施工单位主导 BIM 应用

施工单位采用 BIM 技术将方案可视化，与分包单位沟通并细化方案，最后确定最优方案，进行施工指导，提高整体施工水平。同时，采用 BIM 技术可进行 4D 施工模拟和进度控制，对项目进度管理发挥着重要作用。对复杂节点进行可视化技术交底，确保管理人员、施工班组理解交底内容，可提高项目施工质量。但是施工单位缺少设计管理经验，施工阶段 BIM 应用成本高，往往只受限于本阶段 BIM 应用，对后期运维管理不利。

3. 建设单位主导 BIM 应用

医院建设项目被看作建筑行业项目管理的难点，在运营过程中需要根据不断变化的实际需求进行功能重组、改建和扩建，这决定了医院建设项目需要探索符合自身特征的 BIM 应用模式。在项目全生命周期中每个阶段应用 BIM 技术都会使建设单位在成本和进度方面受益，尤其是运营期间应用 BIM 技术受益最为突出。建设单位是医院建设项目的总组织者，由其驱动 BIM 应用具有天然的优势。鉴于医院建设项目的特点和 BIM 技术应用的专业性，建设单位往往聘请独立的 BIM 咨询单位为建设项目 BIM 应用提供专业化的咨询服务，BIM 咨询单位在 BIM 实施过程中扮演“代理业主”的角色。

（二）BIM 技术发展的阻碍

目前我国已有多家医院在建设过程中应用 BIM 技术，但是在应用过程中还存在很多问题。第一，缺乏复合型 BIM 人才。从事 BIM 方面的人员除了要深入了解 BIM 理论知识，掌握核心 BIM 软件并熟练操作外，还必须有足够的工程建设经验，只有这样才能在建设过程中结合项目实际情况制订科学合理的 BIM 应用方案。目前，这种复合型的高素质人才十分欠缺，医院建设复合型人才更是少之又少。第二，BIM 技术应用规模受限。目前很多设计施工单位仍然采用传统的二维设计，加之科技水平落后，管理模式陈旧，这种现象很难一时转变，影响 BIM 技术广泛推广。第三，BIM 数据标准缺乏。目前，虽然国际组织推行 IFC 数据标准，但是由于我国对其研究较浅，不能将其与国内建筑工程实际情况很好地结合，阻碍了 IFC 数据标准在我国建筑领域的应用和推广，数据孤岛和数据交换困难的现象还是经常发生。

二、展望

随着 BIM 技术在医院建设项目应用的逐步深入，BIM 技术与医疗工艺、项目管理、运维管理等活动，以及云计算、大数据等先进信息技术集成应用，呈现出“BIM+”特点，形成多阶段、多角度、集成化、协同化、普及化等应用趋势。

（一）在应用阶段方面

从聚焦设计或施工阶段应用向全生命周期深化应用延伸。目前我国关于 BIM 技术在医院建设项目中的应用大部分集中在设计或施工阶段，包括可视化方案、碰撞检查和管线综合优化及专业间协同、深化设计等方面，未来将逐渐向全生命周期方向延伸。实践表明，这种应用方式大大提升了工程决策、规划、设计、施工和运营管理的效率，减少了返工浪费，缩短了工期，提高了工程质量和投资效益，并探索了“可视化”运维的价值，以实现医院建设项目 BIM 应用价值最大化。

（二）在应用领域方面

BIM 技术在医院建设项目中与医疗工艺和后勤管理的结合是必然趋势。医院建设项目作为医疗服务的基础设施，在空间上影响了医生、患者及管理人员等最终用户的行为路线，以及医疗服务的效率和效果。因此，将 BIM 可视化、参数化模型与医疗工艺相结合，进行空间功能布局优化、功能重组优化、行为动线优化等，会大幅度提高医疗功能设计、规模设计和服务流程的科学性，从而提高医院管理水平、服务水平以及各类最终用户的满意度。另外，经过多年的信息化建设，国内医院后勤管理基本实现了信息化，但从总体而言，后勤智能化管理水平还不高，还无法支持未来智慧医院的需求。BIM 技术与后勤管理的结合应用，为医院设备设施管理和运维能效的智能分析提供了重要的数据基础，可视化的展现方式为运维管理提供了更为直观、便捷和高效的用户界面和表现形式，其全生命周期信息模型为后勤运维管理的无缝集成和数据融合提供了信息基础。因此，基于 BIM 技术的后勤智能化管理是未来医院建设项目 BIM 应用的一大趋势。

（三）在应用集成方面

目前医院建设项目通过应用单独的 BIM 软件来解决单一业务问题，以局部应用为主。医院建设项目参与方众多，管线复杂，不同专业 BIM 模型多样化，通过模型集成应用，可带来更大的应用价值，有效避免建设过程中模型脱节等问题。此外，在医院建设项目预制装配式建造过程中，BIM 技术可在模块设计、模块生产、采购管理、供应链、物流管理、施工方案、现场装配、质量控制以及后期跟踪服务等方面发挥重要作用，有助于智慧建造和精益建造理念的实施，也为医院建设项目标准化提供了重要基础。

（四）在应用智能化方面

依托于云计算、大数据等先进技术实现协同应用，形成“BIM+”特点。随着互联网的蓬勃发展，智慧建设成为推进医院现代化进程的客观需求。医院管理的精准化、科学化、智能化发展趋势，对医院基础设施体系提出了构建全方位、系统化信息平台的客观需求。互联网技术、BIM 技术与智慧医院的协同应用可以为智慧医院的推行与实施带来新的契机。随着全生命周期 BIM 技术应用，BIM 模型成为各类设备设施数据的重要载体，结合决策技术、仿真技术、数据分析技术、流程处理技术等，可进一步形成智能决策、流程自动化、能耗分析智慧化等应用场景，为医院的投资决策、建设实施和运维管理提供服务。

（五）在应用对象方面

从标志性项目应用向一般项目应用延伸，从新建项目向大修项目延伸。近年来，BIM 技术在国内医院建设项目中应用范围不断扩大，从最初应用于一些大规模、标志性的项目，发展到开始应用于一些中小型项目。另外，随着医院建设规模的控制，现有医院建设项目的改造提升成为未来趋势，医院改扩建项目也开始积极推广 BIM 应用。虽然 BIM 技术被认为是建筑数字化的一场革命，多个国家和地区在大力推广但目前 BIM 技术更多地应用于新建项目，对于既有建筑项目的应用还缺乏成熟经验。针对医院建设项目自身特点，既有建筑大修是 BIM 应用的重要场景，利用原有图纸、3D 扫描补充、大修过程模型构建和校对等方法，不断累积和迭代，最终实现既有建筑 BIM 技术的全面应用。

第六节　工程案例

案例一：BIM 技术在千佛山医院儿科诊疗基地暨手术中心楼中的应用

（一）项目概况

本项目位于济南市经十路 16766 号山东省千佛山医院院区内，地块竖向地形由西北向东南方向呈上升趋势；建筑面积 49325m^2，地下 2 层，地上 19 层，共设置床位 400 张。本项目根据山东省千佛山医院发展建设规划和医院建设安排，主要安排儿科门诊、医技、手术室、供应室、病房及医疗保障系统等，并配套建设地下停车场等内容。效果如图 1-6-23 所示。

图 1-6-23 项目效果图

（二）BIM 应用

1.BIM 实施部署

2014 年末，项目策划阶段，建设单位主动邀请设计、施工双方 BIM 团队介入。梳理工作流程，规范协作制度，统一信息标准，基于 BIM 形成了“业主发起、多方联动、模拟先行、流水作业，协作共享”的建筑全过程生产管理模式。

由建设单位牵头，BIM 设计、施工、监理代表组成联合 BIM 团队，形成基于 BIM 的“四位一体”生产管理架构，以实时动态 BIM 模型为“生产流水线”贯穿从设计、施工直到运维的建造全过程。

2. 软硬件配置

基于BIM应用要求，为本项目配备多台高性能图形工作站，引入多软件平台承载BIM应用（表 1-6-2，表 1-6-3）。

表 1-6-2 多软件平台承载 BIM 应用

软件名称	主要用途
Revit2014	模型搭建平台
Navisworks 2016	方案模拟、后期处理
BIM360 GLUE	现场施工实施指导
自主开发算量插件	工程量提取
MagiCAD、建模大师	辅助模型搭建
EbergyPlus、鸿业、Inventor2016	能耗分析、水力计算、预制加工
自主开发信息化协调管理平台	项目实施运营管理平台

表 1-6-3 硬件配置

项目	高性能台式工作站配置	移动工作站硬件配置
处理器	intel i7 5960X （8 核，3.0GHz，3.5GHz）	Intel E3-1535M V5
（4 核，2.9GHz，3.8GHz）		
内存	64G DDR4 3000MHz	32GB DDR4 2133MHz
硬盘	256GB SSD+2TB 机械硬盘	256GB SSD+1TB 机械硬盘
显卡	NVIDIA Quadro 4200	NVIDIA Quadro M4000M
显示器	LG34UC97-S34"（3440×1440）	17.3" 4K（3840×2160）

3.BIM 生命周期应用

本项目 BIM 流程分为四个阶段，方案策划、扩初设计、施工图设计、加工施工。在方案策划阶段对方案进行日照分析，比选出最佳方案，完成方案模型；从扩初阶段开始，使用协同设计平台，多专业协同深化设计、管线综合设计，同时生成施工阶段模型；为体现 BIM 全生命周期价值，甲方、施工方共同完成预制加工设计和施工深化工作，生成深化模型。

（1）设计阶段（方案策划、扩初设计）的 BIM 应用。

①基于 BIM 的日照分析。根据建筑设计总体方案，对整个山东省千佛山医院基于 BIM 模型进行日照分析（图 1-6-24）。

②照度分析 。对山东省千佛山医院儿科诊疗基地暨手术中心楼标准病房等空间进行光照度模拟，按实际灯具厂家提供的参数，直观地对空间的照明进行精确的数据分析，大幅度提高设计的工作效率和准确性。

③碰撞检查。基于 BIM 模型进行预建模拟建造，将设计图纸中的隐存的问题提早发现，包括图面表达问题、专业与专业间的碰撞问题、不符合规范要求的问题等；摒弃简单的机器检查，利用专业人员丰富的设计施工经验，检查更深层次的设计问题，出具专业碰撞检查报告（图 1-6-25），为设计人员提供优化与调整的依据。

现阶段，设计单位多采取分专业设计制图方式，各专业设计师交流沟通有限，设计深度不足。本项目 BIM 团队由建设单位、设计单位、施工单位等多方联合组成，打破设计、施工间信息壁垒，提前介入，同步成模。通过实时提交的冲突检测报告，实现多专业设计师顺畅沟通，协同工作，提升设计成果质量。

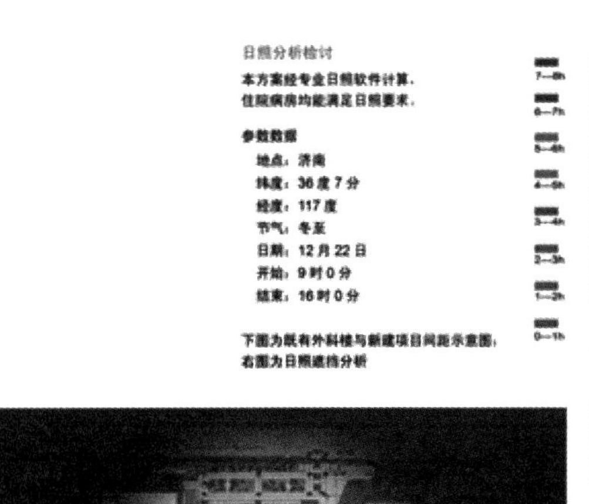

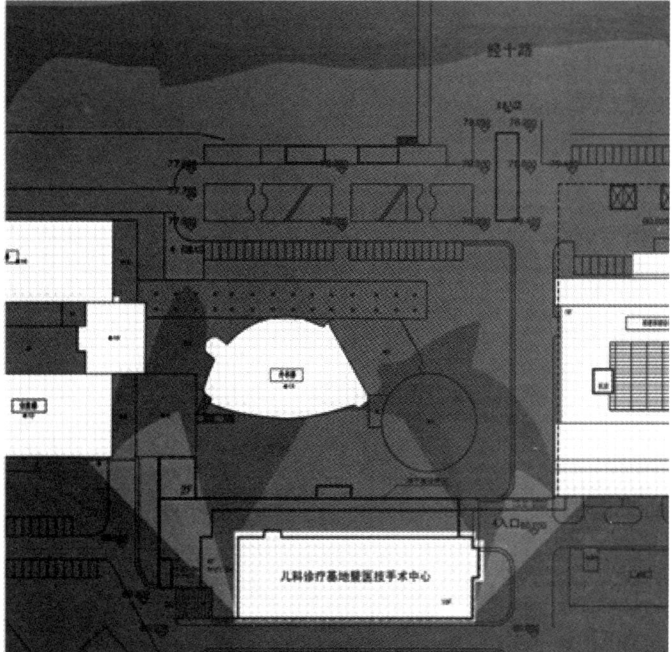

图 1-6-24 日照分析

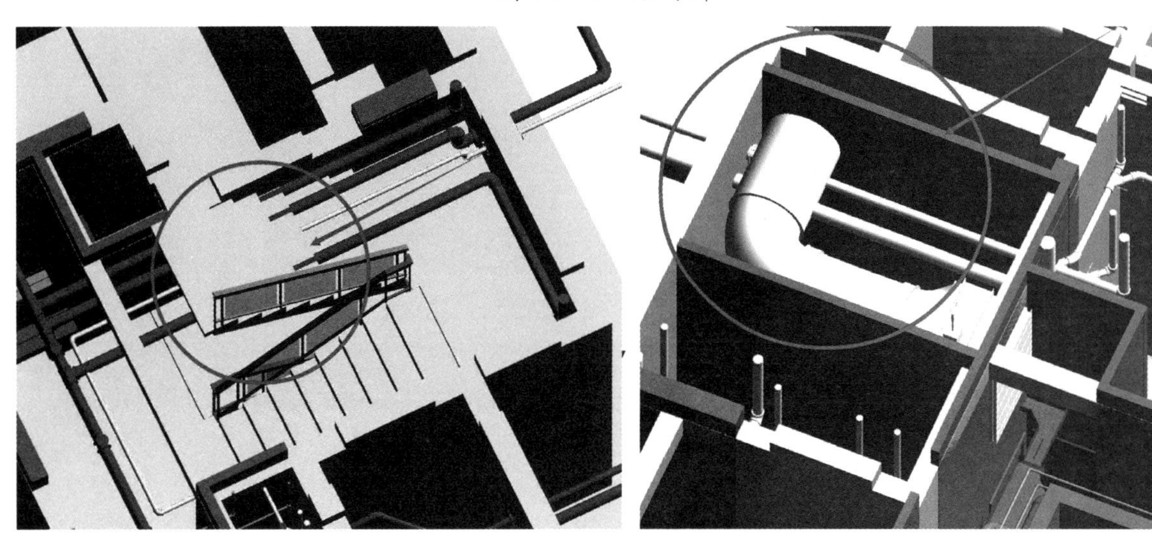

图 1-6-25 碰撞检查

④净高（空）分析。通过多方参与的设计例会制度，充分汇集各参与方意见，形成施工现场可操作的深化方案后，对建造空间中机电管线排布密集处提前进行净高分析，净高不够提前修改方案，避免土建施工以后限制条件固定，造成净高不够，无法挽回。

（2）BIM 深化设计阶段（施工图设计、施工图深化）。由建设单位牵头，联合 BIM 团队组织，通过建立常态化的多方设计例会制度，各方都以 BIM 模型作为沟通媒介进行方案讨论，由驻地深化设计师负责汇总各方意见，将设计模型逐步完善细化成为施工模型，真正实现了设计和施工的完美沟通，也推动了 BIM 模型在建筑生命周期中的传递。

①管线综合优化。依据医院建设项目特殊要求和安装工程的管线避让原则，基于 BIM 模型进行管线综合排布工作，对管线进行经济性路径优化，以降低成本、保证净高要求，并输出管线综合平面图、剖面图、三维大样图、单专业安装定位平面图用以指导安装工作，提升安装质量和效率。

本项目基于 BIM 模型对管线综合排布（图 1-6-26），解决了各分包独立实施带来的冲突问题和净高不满足的问题，为机电安装提供了准确的参照依据。

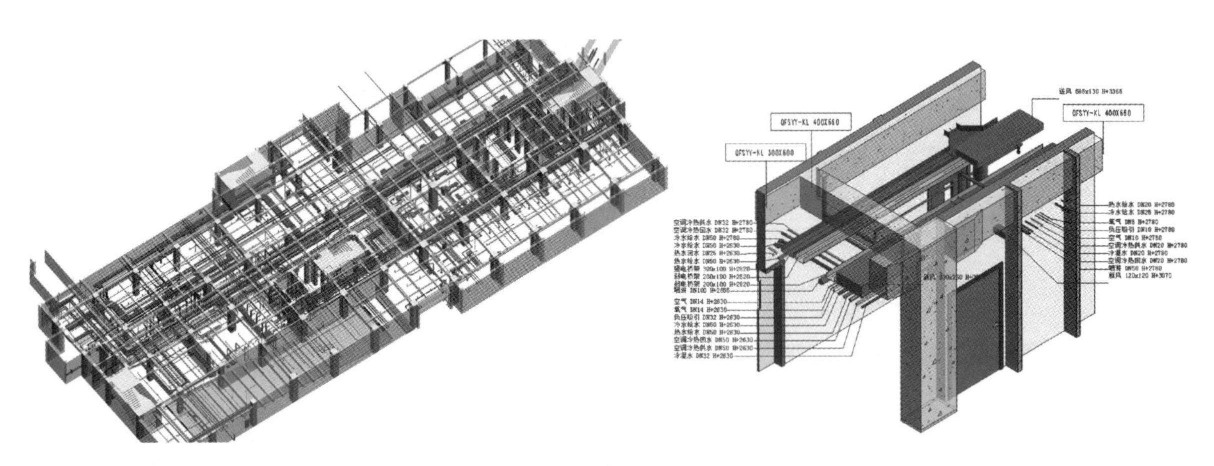

图 1-6-26 管线综合优化

②管井优化。管道井是管线最为密集交叉的区域之一，尤其对于医院建设项目来说，各类专业系统纷繁复杂，而管道井的空间又十分有限，因此，在管道井中的管线安装显然是十分困难的工作。基于BIM模型专门针对管道井进行管线路径的梳理、优化（图1-6-27），能够提前完善管线在三维空间的排布和避让关系，以及与管道井外部空间的连接关系，避免碰撞或无法安装的情况发生。

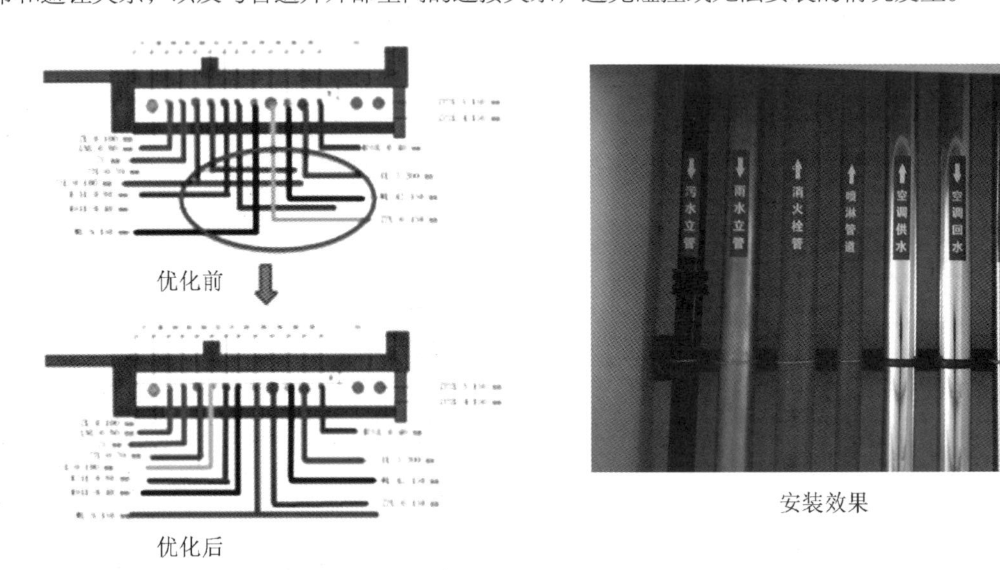

图 1-6-27 管井优化

③基于BIM进行施工过程管理。基于BIM模型，依托联合BIM团队的组织优势，对各专业分包单位统一指挥，明确各专业管线的作业位置，统一协调、有序穿插，有效提高过程中的协调管理效率。本项目病房样式统一且院方要求吊顶高度较高，因此最终采用BIM技术来对各专业分包分支管线安装进行精确控制。

综合支架安装过程中，由建设单位牵头组织各专业进行管线安装碰头会，根据管线布局确定管线施工顺序，制订各专业穿插施工计划，严禁无序施工造成其他专业施工困难。

为确保支架牢固及加快支架施工进度，预埋阶段提前根据“BIM支架定位图”预埋支架底座。支架定位图可准确定位支架安装位置，并将支架编号、每个支架进行剖面展示，根据管线排布位置确定支架样式，并与支架编号一一对应，方便后期安装。

同时，BIM咨询单位提供复杂节点的三维安装大样图，能够使施工人员直观地了解管线走向和各专业之间的相互关系。

（3）运营维护阶段。基于BIM的运维管理模式通过建筑信息模型将建筑全生命周期的各种相关信息集成在一起，使得信息相互独立的各个系统实现资源共享和业务协同；协助应急响应人员定位和识别潜在的突发事件，并且通过图形界面准确定位危险发生的位置，提供预警并辅助决策。

（三）价值分析

在整个建设过程中，采用 BIM 的信息管理、碰撞检查、模拟分析、管线综合优化、工程算量等服务内容，通过 BIM 强大的数据能力、优化能力、协同能力，在资源计划、技术工作和协同管理方面都获得极大的提升。加快了施工工期，提升了建筑品质，在后期运维管理过程中与信息技术相结合，大大提升了运维管理效率。

案例二：BIM 技术在合肥京东方医院项目辅助机电工程施工深化设计中的应用

（一）工程概况

合肥京东方医院项目位于安徽省合肥市新站综合开发试验区，地处东方大道与文忠路交汇处，工程总用地面积为 89645.82m^2，其中建筑面积 193413m^2（地上 134468m^2，地下 58945m^2、建筑基底面积 22387.38m^2）。本工程地下 2 层，地上 17 层，其建筑高度为 84.3m。设计内容包括门诊、医技、住院病房、地下后勤服务、地下车库及设备用房等。医院总病床数 1000 床。

（二）BIM 应用背景

本项目设计图纸、方案变化大，机电管线种类多达四十余种，各系统复杂、设备机房多且布置集中（地下二层有制冷机房、给水机房、医疗真空泵房、中水泵房、换热站，地下一层有换热机房、柴发机房、锅炉房、消防泵房），单层施工面积大（地下一层单层面积近 4 万平方米），加之医疗功能区施工要求高（如核医疗区、直线加速区等），专业众多安装、协调工作难度大，施工周期短等具体情况。本项目采用 BIM 技术，建立项目 BIM 应用体系，对机电全专业进行深化设计，达到 BIM 应用效果最大化。

（三）工程 BIM 技术应用成果

1. BIM 实施流程制定

BIM 实施流程参见图 1-6-28。

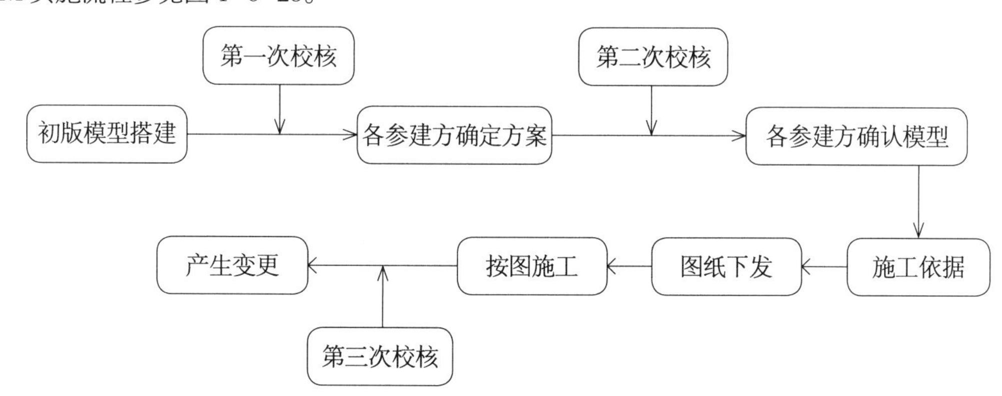

校核流程	目的	主要内容	主要参与方
第一次校核	达到设计意图	功能满足需求；确定控高、路由变更等	美方、中方设计、建设单位、总包单位
第二次校核	达到施工精度	管线综合排布；形成细部施工图、剖面图、综合支吊架图、预留洞图等	总包单位、各分包单位
第三次校核	达到交付标准	功能变更；调整模型图纸；精装末端追位	总包单位、精装单位

图 1-6-28 实施流程

2.BIM 实施标准制定

BIM 实施需参见的标准及规定，见图 1-6-29。

管道名称	RGB	管道名称	RGB
【J1】低区生活给水管	0,255,0	【Z】蒸汽管	204,153,0
【J2】中区生活给水管	102,204,0	【ZN】蒸汽凝水管	
【J3】高区生活给水管	127,255,127	【RG1】一次热水供水管	128,0,64
【RJ】生活热水给水管	255,127,0	【RH1】一次热水回水管	
【RH】生活热水回水管		【LM】冷媒管	204,0,0
【XH1】低区消火栓给水管	255,0,0	【PZ】膨胀水管	255,127,127
【XH2】高区消火栓给水管	153,0,0	【BS】补水管	128,128,0
【ZP】自喷给水管	255,0,255	【SF】送风	0,255,255
【ZJ】中水给水管	0,204,153	【PF】排风	255,191,127
【W】重力污水管	255,255,0	【P(Y)】排风兼排烟	255,200,100
【YW】压力污水管	255,255,128	【PY】消防排烟	255,255,0
【F】重力废水管	255,191,127	【XF】新风	0,255,0
【YF】压力废水管	255,210,160	【HF】回风	255,0,255
【Y】重力雨水管	0,255,255	【ZY】加压送风	255,0,0
【YY】压力雨水管	128,255,255	【XB】消防补风风管	100,50,200
【T】通气管	204,102,102	【S(B)】送风兼消防补风风管	80,120,180
【N】冷凝水管	0,127,255	【PYY】厨房排油烟	153,51,51
【SR】软化水管	0,128,128	【YD】烟道	255,63,0
【XS】泄水管	180,130,50	高压桥架	255,50,50
【LRG】空调冷热水供水管	0,204,153	动力桥架	255,0,128
【LRH】空调冷热水回水管		通信桥架	128,0,55
【LQG】空调冷却水供水管	159,127,255	消防桥架	255,128,0
【LQH】空调冷却水回水管		【OS】柴油机供油管	255,0,255
【CRG】采暖热水供水管	76,153,0	【OR】柴油机回油管	102,0,255
【CRH】采暖热水回水管		【QM】气体灭火管	204,0,204
【SP】水炮给水管	0,153,255		

图 1-6-29 系统缩写及颜色设置示例

表 1-6-4 线宽设置

线宽 / 比例		1:50	1:100	1:150	1:200
管道类型	给水及回水管道	0.25mm	0.50mm	0.75mm	1.00mm
	排水管道	0.30mm	0.60mm	0.90mm	1.00mm
通风管道		0.25mm	0.50mm	0.75mm	1.00mm
电气桥架		0.25mm	0.35mm	0.50mm	0.70

表 1-6-5 线型设置

线型 / 填充图案	管道类型
实线	生活给水管、生活热水给水管、消火栓给水管、自喷给水管、中水管、空调冷热水供水管、空调冷却水供水管、采暖供水管、蒸汽供水管、一次热水供水管、冷媒管、膨胀水管、补水管；所有电气桥架以及通风管道
点线 -3.5（3.5-1.5-3.5-1.5）	重力污水管、压力污水管、重力废水管、压力废水管、重力雨水管、压力雨水管、空调冷热水回水管、空调冷却水回水管、采暖回水管、蒸汽凝水管、一次热水回水管
中心线 -7（7-1.5-1.5-1.5）	生活热水回水管、冷凝水管
高压桥架	高压桥架
动力桥架	动力桥架
通信桥架	通信桥架
消防桥架	消防桥架

3.BIM 模型搭建

土建、机电全专业模型搭建（图 1-6-30，图 1-6-31）。

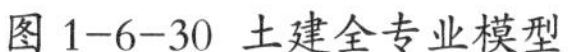

图 1-6-30 土建全专业模型

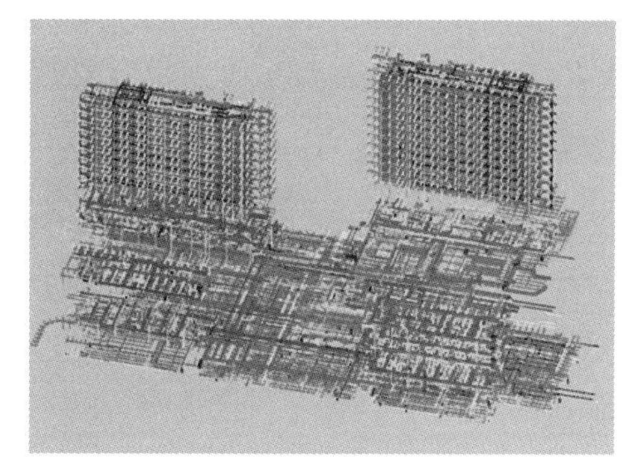

图 1-6-31 机电全专业模型

4. 图纸会审

进行图纸会审，地下一层运行碰撞报告检查出 1650 处（图 1-6-32）。

图 1-6-32 碰撞检查

5. 碰撞报告（图 1-6-33）及设计回复（图 1-6-34）

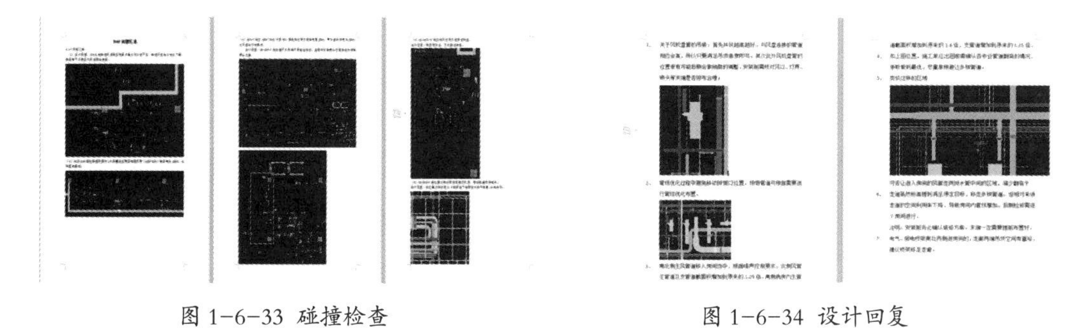

图 1-6-33 碰撞检查　　图 1-6-34 设计回复

6. 管线综合排布

（1）管线综合排布总体避让原则。

- 综合管线让结构
- 桥架让风管（强电、动力桥架除外）
- 小管让大管

· 有压管让大管
· 无保温管让保温管
· 价值低的让价值高的
· 电气管线尽可能位于水管上方布置
· 兼顾排布整体合理性
· 考虑后期支架设置

（2）管线排布复杂区域优化（图 1-6-35）。

7. 二维施工图输出

平面图输出（图 1-6-36）。

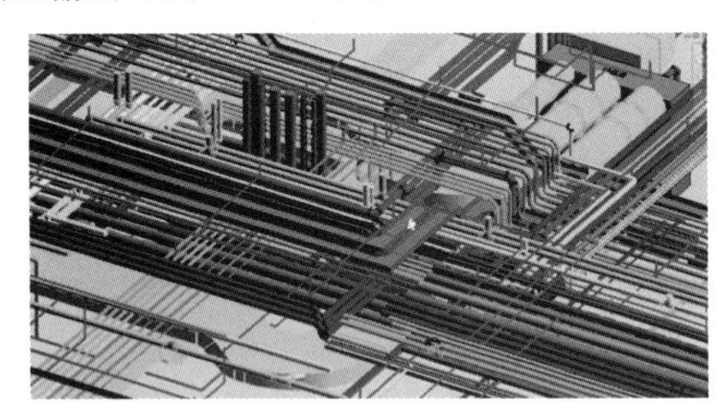
图 1-6-35 复杂节点 BIM 模型展示

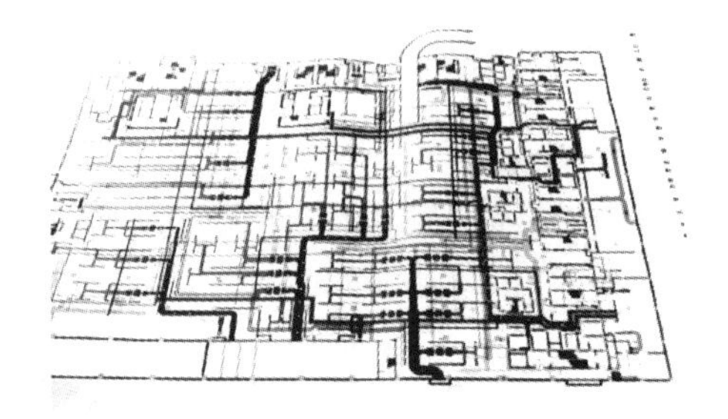
图 1-6-36 平面 BIM 图输出

8. 预留洞口校核

建立模型后，进行管线综合排布，对预留孔洞进行校核，并出具一次结构、二次结构预留孔洞图（图 1-6-37），保证现场预留预埋的准确性，现场复测（图 1-6-38）。

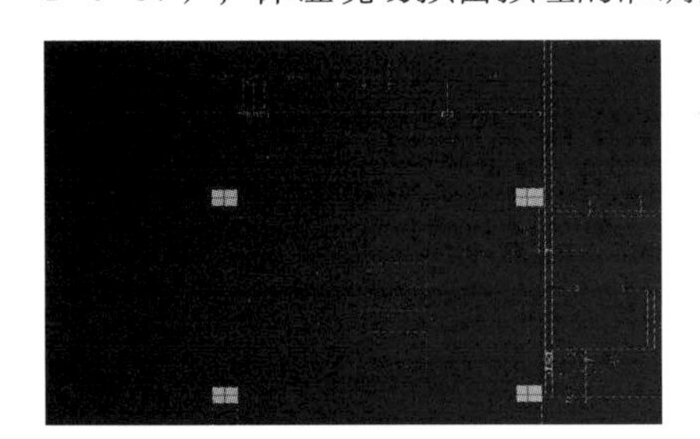
图 1-6-37 二次结构预留孔洞图

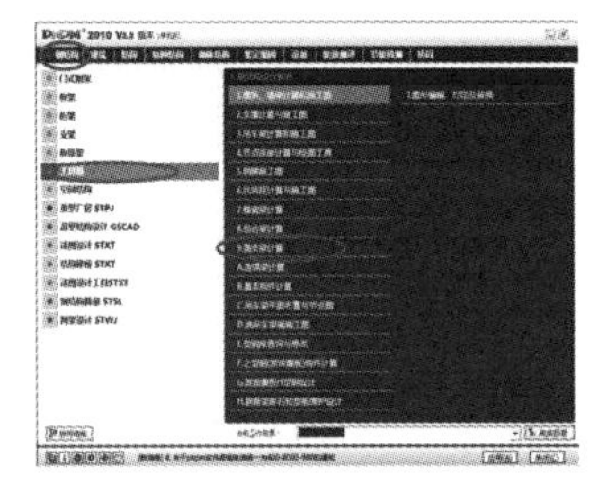
图 1-6-38 综合支架分析

3、简支梁挠度验算

△ 标准组合：1.0恒+1.0活

断面号	1	2	3	4	5	6	7
弯矩(kN.m)	-0.000	0.444	0.807	1.089	1.291	1.412	1.452
剪力(kN)	4.840	4.033	3.227	2.420	1.613	0.807	0.000

断面号	8	9	10	11	12	13
弯矩(kN.m)	1.412	1.291	1.089	0.807	0.444	-0.000
剪力(kN)	-0.807	-1.613	-2.420	-3.227	-4.033	-4.840

简支梁挠度计算结果：

断面号	1	2	3	4	5	6	7
挠度值(mm)	0.000	0.540	1.039	1.463	1.784	1.985	2.053

断面号	8	9	10	11	12	13
挠度值(mm)	1.985	1.784	1.463	1.039	0.540	0.000

最大挠度所在位置：0.600m
计算最大挠度：2.053(mm) < 容许挠度：6.667(mm)

简支梁挠度验算满足。

****** 简支梁验算满足。 ******

====== 计算结束 ======

图 1-6-39 受力计算书

9. 综合支吊架应用

（1）使用软件进行受力分析（图 1-6-38）且生成受力计算书（图 1-6-39）。

（2）支吊架模型与现场对比（图 1-6-40）

（3）支吊架图纸输出（图 1-6-41）

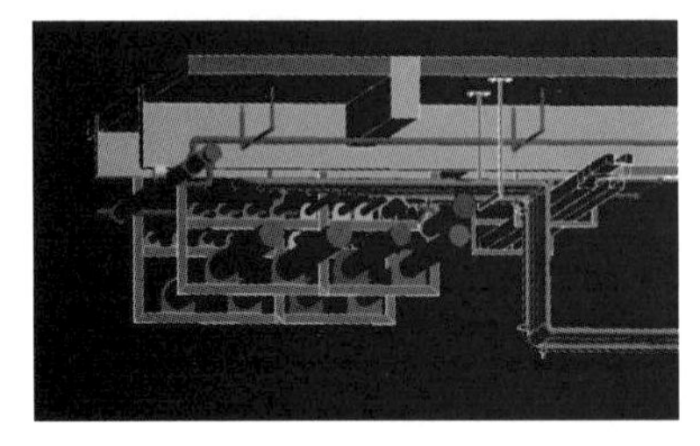

图 1-6-40 支吊架模型与现场对比

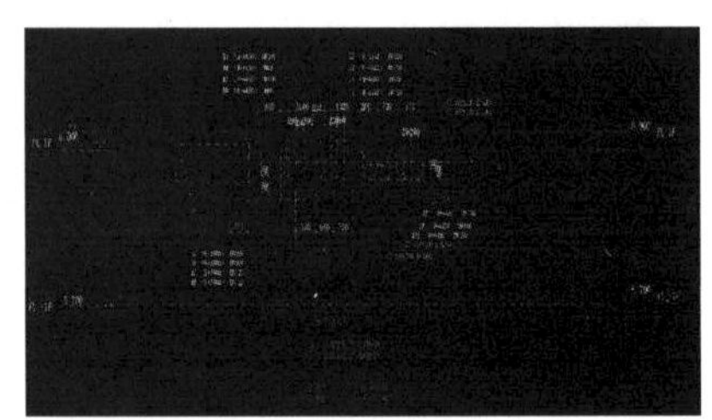
图 1-6-41 支吊架图纸

10. 机房深化设计（以冷水机房为例）

（1）收集资料。

① 图纸收集：机房大样图、结构建筑图、设备定位图等。

② 设备参数收集：设备外形尺寸图、管路附件、配电柜尺寸等。

③ 施工现场复核：设备吊装路线、现场材料（支吊架材料）等。

（2）创建冷水机房 BIM 模型（图 1-6-42）。

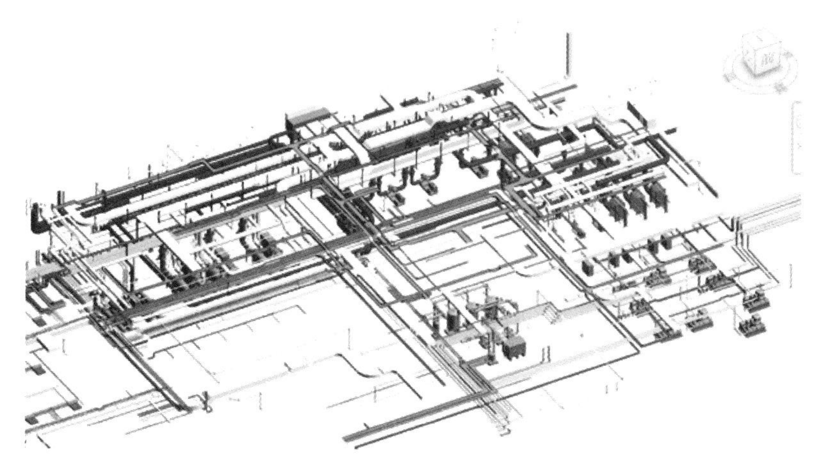

图 1-6-42 冷水机房 BIM 模型

（3）基础尺寸大小及定位确定（图 1-6-43）。

图 1-6-43 基础定位

（4）通过 BIM 模拟进行管路优化（图 1-6-44）。

图 1-6-44 管路优化

（5）其他机房示意（图 1-6-45）。

给水换热站

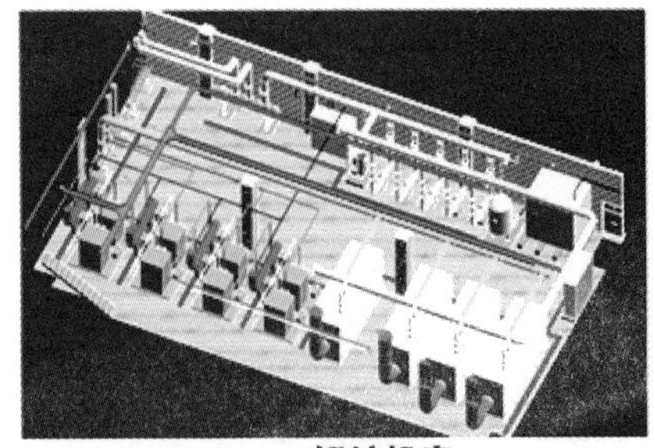
锅炉机房

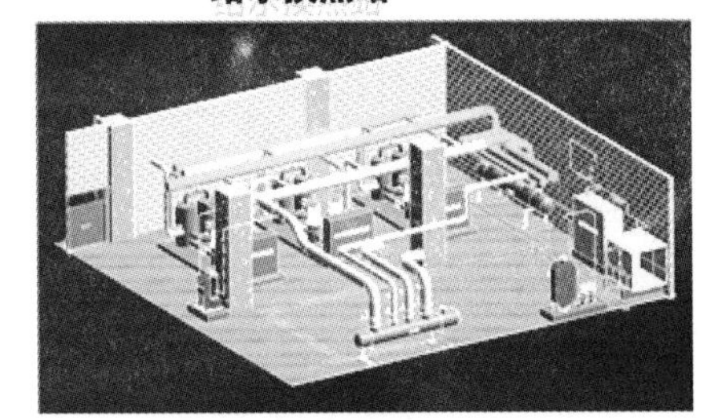
空调换热机房

中水机房

图 1-6-45 其他机房

（四）工程 BIM 应用效益分析

本项目通过应用 BIM 技术对机电全专业进行深化设计，输出施工图纸指导现场施工，得到了巨大的经济和社会效益。

1. 经济效益

通过对机电专业的深化设计，保证了现场施工 95% 的施工准确度，在如此复杂的机电管线安装情况下，节省了大量由拆改造成的材料、人工支出，同时也节省了工期。大规模利用综合支吊架对机电专业进行管线综合排布，使布线美观简洁，净高控制准确，同时节省了使用单支吊架造成的多余的材料、人工支出；合理安排施工顺序，避免了不同专业施工的冲突，节省工期。通过前期复核工作完美利用主体结构预留洞口，并通过输出二次结构留洞图，提前预留二次墙洞口，节省了后期开洞等造成的材料和人工支出，保障项目施工有序进行。

2. 社会效益

本项目规划于 2018 年下半年试运行，受施工时间紧张，要罕见高温、暴雨等天气影响，施工时间被进一步压缩。项目及时采用了 BIM 技术，缓解了紧张的工期，保证了项目的竣工时间，同时医院也能按时间进行试运行，使医院能及时地为广大人民服务。

案例三：BIM 技术在厦门大学附属翔安医院的应用

（一）项目概况

厦门大学附属翔安医院位于厦门市翔安区，是由厦门大学与厦门市政府共同投资建设的非营利性公立医院。作为厦门大学的直属附属医院，翔安医院按照三级甲等医院标准建设成一所集医疗、教学、科研、预防为一体的综合性临床研究型医院。

项目总占地面积 360 亩，规划建设床位 3000 张；其中一期投入 20 亿元人民币，用地 180 亩，建设床位 1000 张。建筑楼群包括门诊楼、急重症医学楼、医技楼、科教综合楼和两栋住院大楼，建筑总面积 15.2 万平方米。图 1-6-46 为整体鸟 瞰模型效果图。

（二）项目背景

本工程为厦门大学附属翔安医院净化系统项目工程，包括但不限于：住院楼 1#：二层中心供应、三层手术部、四层产房和七层 NICU；医技楼 1#：二层静配中心、三层 ICU；医技楼 2#：一层 DSA；教学综合楼：三层细胞培养。

本项目的 BIM 服务，旨在做施工中的协助，配合现场项目经理工作，跟进现场的实际施工进度。施工模型精度为 LOD400，竣工模型精度为 LOD500。

图 1-6-46 整体鸟瞰模型效果图

（三）BIM 应用

1.BIM 工作准备

（1）BIM 组织架构。由现场的项目经理负责制定 BIM 工作规划，由 BIM 团队负责执行，BIM 负责人接受项目经理的任务后，组织分派各专业 BIM 工程师的工作，同时向施工班组交底，并收集现场问题反馈。

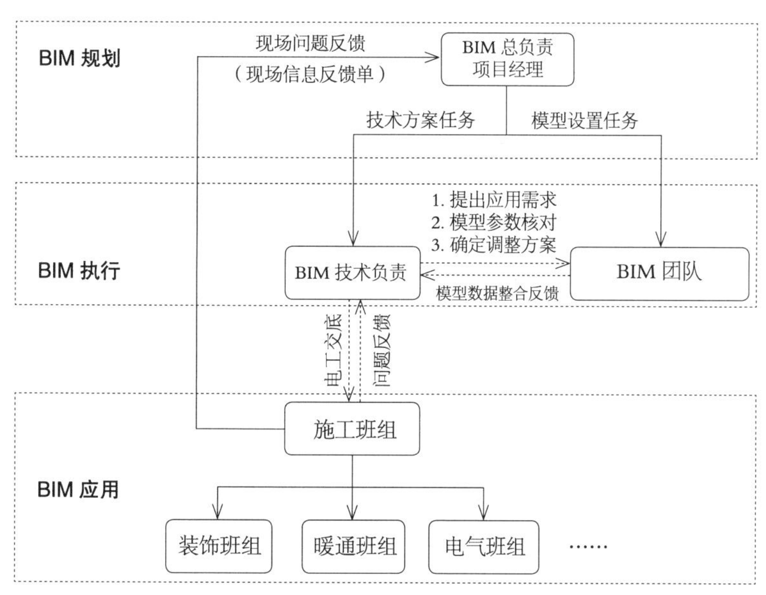

图 1-6-47 BIM 组织架构表

（2）BIM工作内容。工作内容包含模型的建置和应用两大部分。模型内容包含建筑的整体外观模型、室外场地及景观模型、土建模型、机电模型、净化区域精装修模型、工艺模拟相关模型等，模型应用重点是净化区域范围。

（3）BIM工作目标。本项目应用BIM技术，期望达到的目标为可根据模型导出施工图，指导现场施工；可根据模型提取工程量，辅助材料采购，同时对工程结算提供依据；可记录各类信息添加至模型，以便于后期提供数据服务。

（4）BIM应用软件。本项目应用BIM技术，所用到的7款基础应用软件，BIM应用软件一览表详见表1-6-6。

表1-6-6 BIM应用软件一览表

软件名称	应用项目	使用方法
Revit2015 简体中文	建模及优化	根据原施工图和现场情况进行建模，然后进行施工优化
AutoCAD2017 简体中文	优化出图	根据实际情况优化模型，然后导出施工图纸，辅助现场施工
Navisworks Manage 20...	漫游及施工模拟	模型完善后，进行后期的模型漫游以及施工工艺模拟，更直观地展示现场施工工艺
Excel 2016	工程量导出	根据模型导出详细工程用量，进行工程量统计和汇总，核对下单工程量
BIMx	现场模型应用	通过使用BIMX模型，对现场施工进行指导和校核
Cyclone	点云技术应用	使用徕卡设备进行施工现场扫描，了解现场管道安装情况，根据现场情况结合模型进行管综优化
Pr	后期视频剪辑	漫游视频导出后，进行后期的剪辑和加工

（5）BIM工作流程。BIM的实施改变了原有项目的工作流程，使得各部门的连接更加紧密，同时也为技术部和成控部的工作提供数据支持。具体工作流程详见图1-6-48。

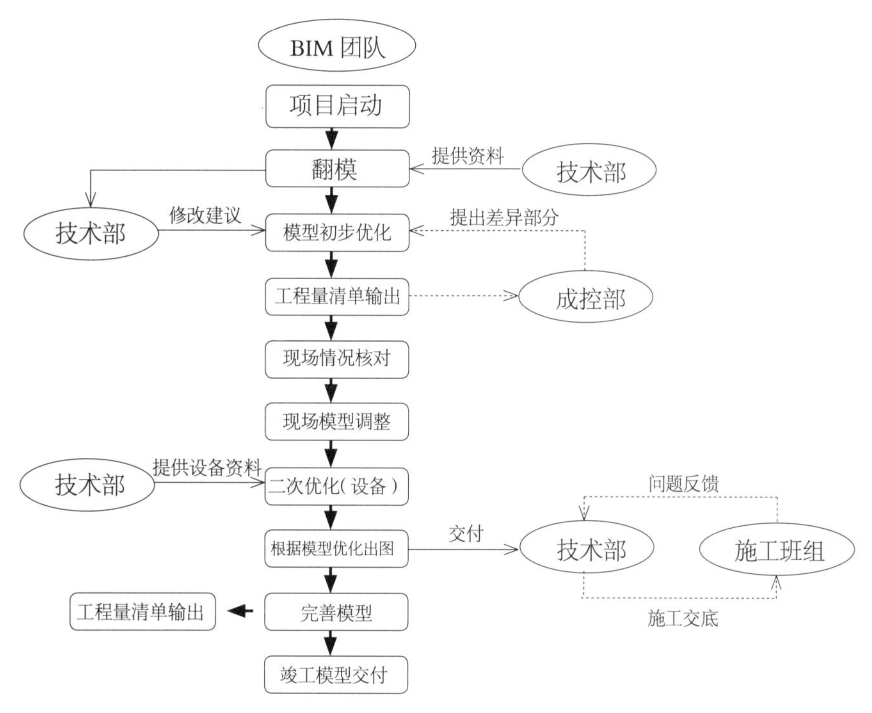

图 1-6-48 BIM 工作流程图

（6）BIM 工作节点。BIM 工作包含前期筹备阶段、设计模型阶段、施工前期阶段、施工后期阶段和竣工模型阶段，具体的各阶段工作重点详见图 1-6-49。

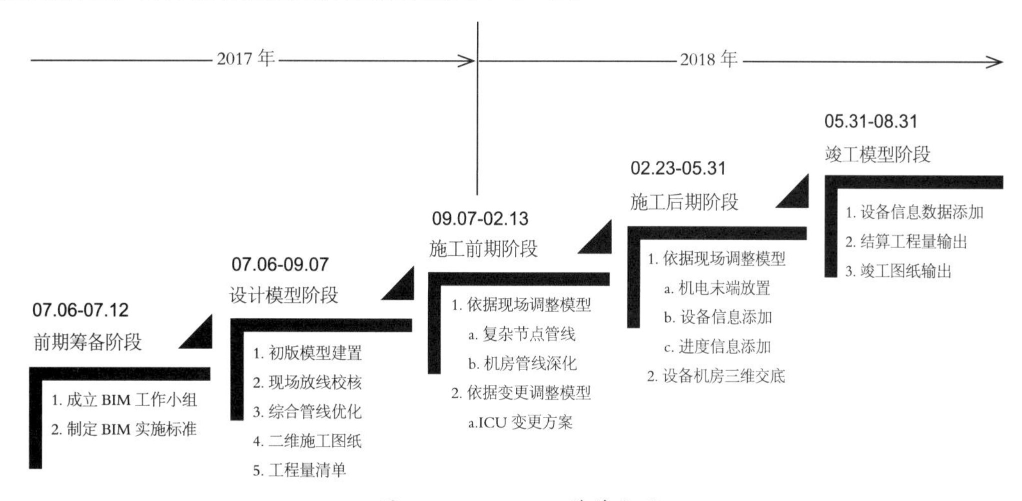

图 1-6-49 BIM 工作节点图

（7）工作协同方式。本项目采用三种不同应用场景下的协同方式，BIM 团队内部的多专业协同，采用的是阿里云平台，作为中心文件服务器；BIM 团队与技术部、项目部的外部协同采用 360 云盘，作为模型及资料的传输共享；现场管理人员的模型轻量化查看采用的 IPad 移动端配置 BIMx 软件。

2. BIM 应用点

（1）点云扫描。对于医院净化区域的施工而言，现场的放线工作，即现场的结构尺寸校核是最基础也是最重要的一项工作。本项目尝试应用徕卡设备对比较复杂的手术室区域进行点云扫描，经历两天四十个站点扫描，并将扫描得到的数据进行拼接整合成住院楼 3F 手术室点云模型，再导入 Revit 当中，与原有的土建模型进行校对，在此基础上进行二次深化设计的修正。

（2）机电管线综合。净化区域的管线系统不仅包含常规的空调、通风、防排烟、给排水、电气系统，自控系统和医用气体系统也是重要的组成部分。除此外，手术室和 ICU 区域还需考虑吊塔的吊架对管线排布的影响，DSA 手术室还需考虑设备轨道、地面线槽、铅防护等安装工序。

BIM 团队派人员驻扎现场，与技术部保持实时沟通，在模型中进行土建与机电、机电管线的碰撞检查，即时确定碰撞点的修正方案。同时，针对复杂区域，利用 BIM 模型可辅助项目经理进行现场施工工序的安排，避免模型中可实现的净高现场缺无法达成的问题。图 1-6-93 为优化变更记录表，图 1-6-94 为模型与现场对比图。

（3）设备机房深化。净化区域为了保持空气的洁净度，空调系统通常要求系统能够独立控制，因此设备需要与洁净区域一一对应。本项目住院楼有 23 台空气处理机， 医技楼 1#、2# 各区共有 9 台空气处理机，对应风冷热泵机组放置于各楼的屋面。

对设备机房的深化工作，首先是根据实际采购的设备品牌和对应的型号，建立符合实际尺寸的设备模型，并对设备进行定位；在设备定位后，完成进机房管路与设备的连接主管路的排布，在排布时要充分考虑阀门等管路附件的安装空间。由于机房管线一般尺寸较大，因此在确定管路路径后，可提取此部分的主材数量，作为现场施工班组下料的依据。

（4）设备族库的建置。在项目的执行过程中，随着设备采购进程，对于已确定品牌规格的厂商，BIM 团队依据设备样册和图纸资料，对设备族库进行完善，除了常规机电设备，如风冷热泵、空气处理机、定压补水装置、加药装置、水泵、配电箱等，还包含无影灯、吊桥吊塔、层流送风天花、器械柜、情报面板、气体终端等医疗专用设备族。图 1-6-50 为医疗设备参数化族库。

图 1-6-50 医疗设备参数化族库

（5）二维施工图纸。在对各专业管线进行综合排布并进行碰撞点修正后，BIM 团队依据设计施工图的目录清单，导出二维施工图纸交付现场施工人员，图纸深度在满足设计施工图的标准基础上，增加了管线平面定位尺寸和标高信息。

除了各专业平面图外，还可导出全专业综合管线图，图面标明各复杂节点的平面位置，同时附各节点的三维剖图，辅助现场施工。图 1-6-51 为智能化桥架平面图，图 1-6-52 为走道天花剖面图。

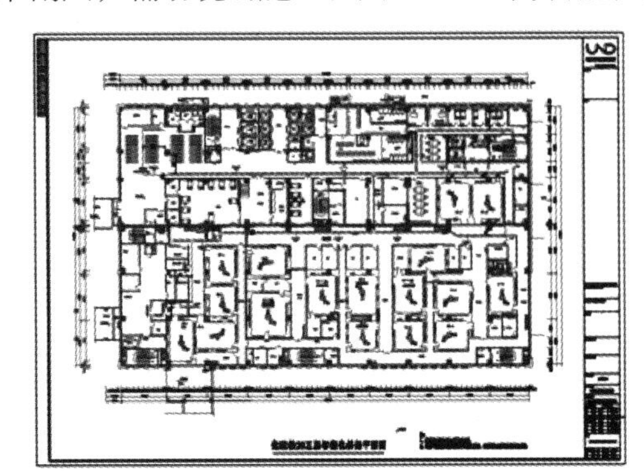

图 1-6-51 智能化桥架平面图

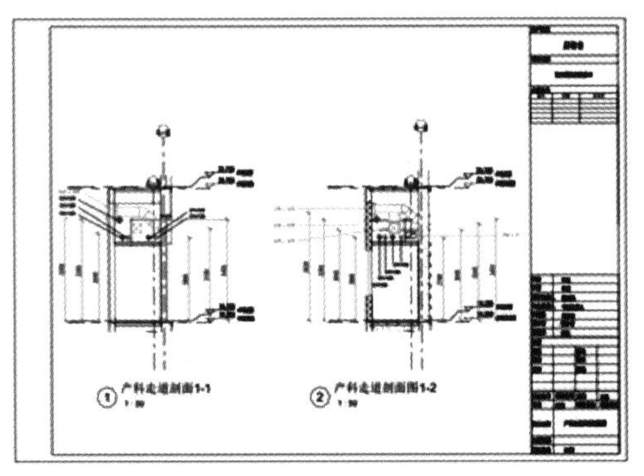

图 1-6-52 走道天花剖面图

（6）工程量清单。在管线方案确定后，可从模型中导出工程量清单，材料清单的详细程度是依赖于模型的细致程度，本项目主要对主材数量进行控制。装修材料按照功能区域分项进行统计，机电材料按材质类型和规格进行分项统计。统计数据提交给相关部门，作为材料购买和分包结算的参考依据。

（7）三维施工交底。由于机房管线错综复杂，很难用二维图纸标明管线走向，因此采用设备接管系统图、三维剖面图、扫码看模型相结合的方式，打印相应区域的图纸贴于机房内，对现场工人进行安装指导。图1-6-53为AHU-Y1-302设备机房管路三维图。

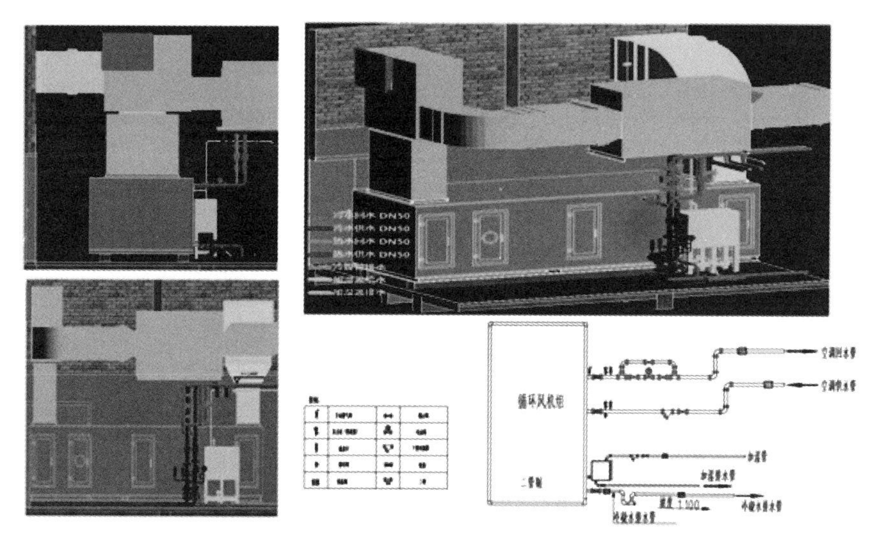

图1-6-53 AHU-Y1-302设备机房管路三维图

（8）施工工艺模拟。针对手术室区域，由于装修采用电解钢板材料，对下料精准度和现场安装要求较高，因此BIM团队结合手术室的安装工序，对整体拼装过程进行模拟，并形成工序模拟视频，这样大大降低了施工交底的难度，同时模拟视频也可作为对后续人员培训的素材资料。图1-6-54为手术室施工工序流程图。

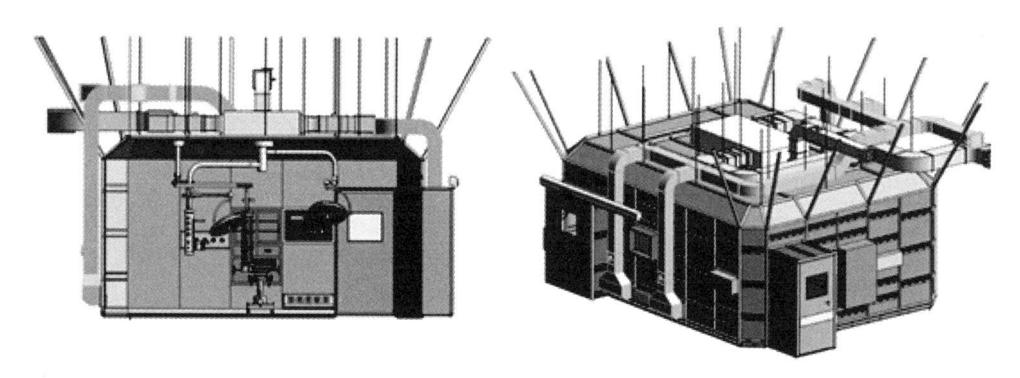

工序流程：地面找平、地面放线、地面龙骨、墙面龙骨、机电管线、墙面器具安、吊顶器具、电解钢板、手术室设备

图1-6-54 手术室施工工序流程图

（9）中心供应室专项方案。中心供应室按照工艺流程划分为去污区、检查包装及灭菌区和无菌物品存放区。区域内放置的设备保护大型清洗机、多腔清洗机、单腔清洗机、蒸汽发生器、高温灭菌器、低温过氧灭菌器等。在设备采购品牌确定后，厂家针对院方需求，对设备型号和数量进行了二次确认，并对平面局部做了二次优化，BIM协助对优化后平面进行模型建置，配合平面方案检讨，并按照选型建立符合实际尺寸的设备族库。图1-6-55为中心供应室平面布局模型图。

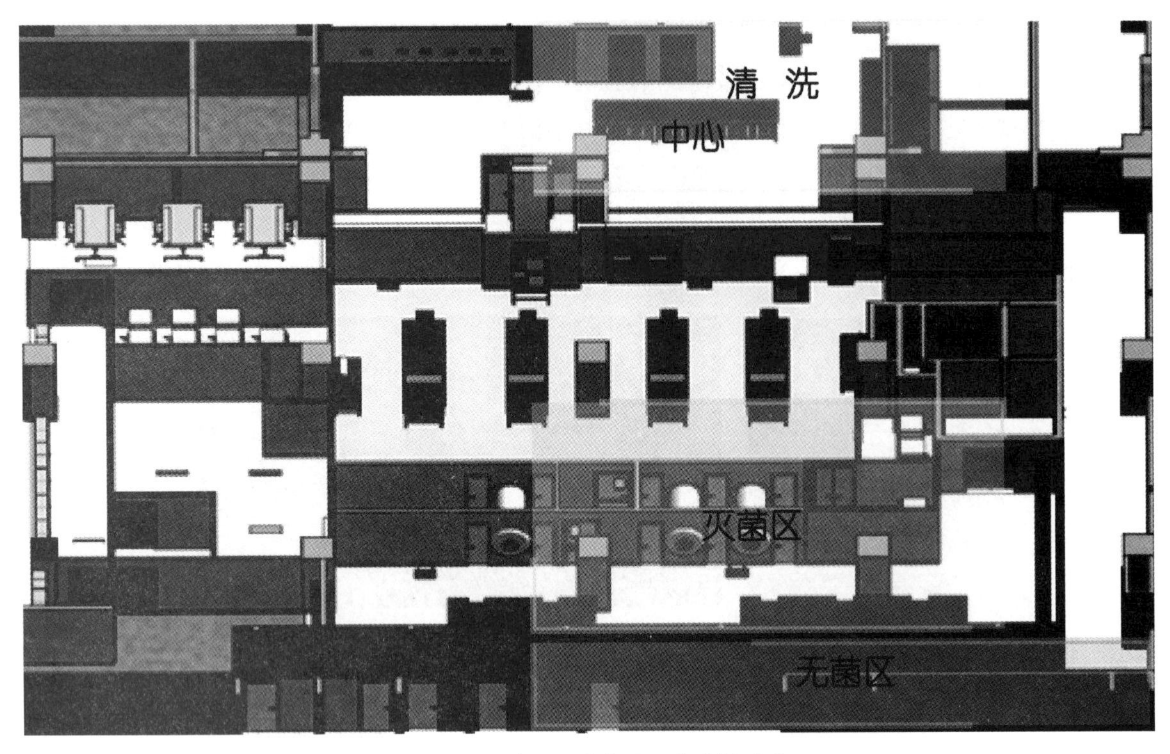

图 1-6-55 中心供应室平面布局模型图

（10）DSA 专项方案。介入手术室是运用数字减影血管造影（DSA）技术，利用心血管造影机设备使用于人体的手术室。由于设备的特殊需求，DSA 手术室有别于一般的洁净手术室，需配置天顶悬吊式移动支架，地面预留电缆沟，墙面敷设防辐射铅板，楼板浇灌硫酸钡水泥，并配置中央控制室等。在施工过程中，确定设备品牌后，BIM 协助对整体手术室进行模型建置，并将各项安装工序在模型中体现，便于实现过程中的可视化交底和对整体施工质量的控制。图 1-6-56 为 DSA 手术室三维模型与实时渲染对比图。

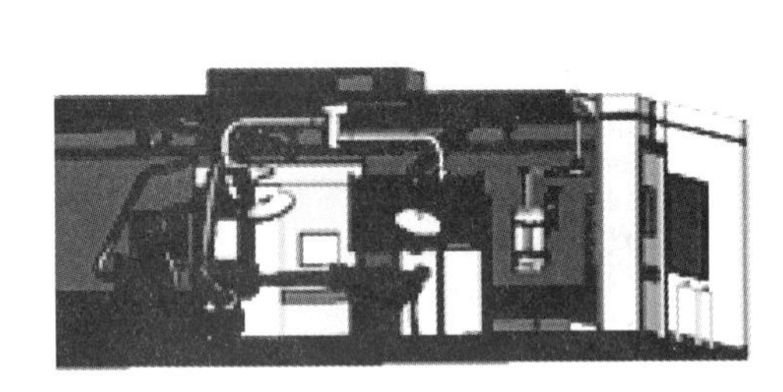

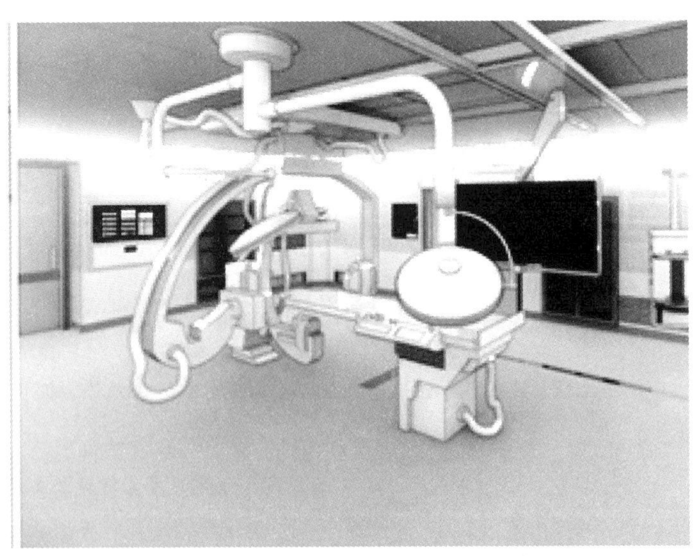

图 1-6-56 DSA 手术室三维模型与实时渲染对比图

（11）设备维护相关数据录入。为了将施工模型与后期的运营维护相结合，在竣工模型阶段，BIM 团队对设备相关信息进行收集整理并录入模型中，包含设备安装位置、设备编号、规格型号、设备名称、生产厂商、属性类别、系统区域等。

（四）价值分析

本项目利用 BIM 技术，让施工企业内部的人员能够串联到 BIM 的工作流程中来，让各部门人员能够充分了解 BIM 技术，而不再是停留在 BIM 是无所不能的粗浅认知概念上。三维模型可视化的特性为管线综合带来很大的帮助，但同时也要求现场管理人员严格把控，才能贯彻执行；若要将数据进一步应用到成本管控、物料管控、质量管控上，应该在项目之初明确好方向，对模型的建置标准和侧重方向进行定义，再结合各部门职能，将 BIM 之所长发挥出来。

总之，本项目的尝试不仅将 BIM 技术利用于项目管理，更将 BIM 的应用与企业内部流程结合，同时也带动技术人员积极应用建筑新科技，是向企业级 BIM 应用的过渡，也是对施工企业的一次技术提升。

第七章

医院建设项目管理变革

张向宏　庞玉成

张向宏 中国中元国际工程有限公司医疗事业部总经理

庞玉成 滨州医学院卫生工程管理研究所所长

第一节 概述

医院工程建设首先要确定工程项目管理模式。工程项目管理模式是指项目单位组织管理工程项目建设的组织形式以及在项目建设过程中各参与方所扮演的角色及合同关系。工程项目管理模式决定工程项目管理的总体框架、项目参与各方的权利义务和风险分担。

医院建设的项目管理过程本身是一个复杂的过程，而项目管理知识体系尽管近年来在不断发展更新，但越来越多的管理者发现，很多问题是在微观层面的具体项目，管理操作层无法完善解决。比如：项目经理责任与权力不对等问题，项目组织架构与人员分工问题，项目招投标模式与项目融资模式问题，项目社会环境与工作环境问题，等等。因此，传统的聚焦于项目质量、进度、投资等目标的项目管理方法与工具已经不能满足业主对项目顺利推进实施和有效控制的要求，项目治理研究日益得到了理论和实践的重视。项目治理可以理解为“对项目管理的管理”，其本质是建立项目目标，确立责权利规则和组织内外工作机制等，这其中最重要也是最困难的是对项目各个利益相关者的协调。利益相关者对项目都有各自的利益诉求，同时他们之间又彼此关联，形成一种关系网络，如何通过有效的项目治理，为项目管理实施创造良好的内部和外部环境，这是当前亟待重视和解决的问题。

为加快产业升级，促进建筑业持续健康发展，国务院《关于促进建筑业持续健康发展的意见》中提出要“培育全过程工程咨询”，“鼓励投资咨询、勘察、设计、监理、招标代理、造价等企业采取联合经营、并购重组等方式发展全过程工程咨询，培育一批具有国际水平的全过程工程咨询企业”。全过程工程咨询涵盖了上述工程项目管理，将项目前期立项阶段的技术咨询服务和施工过程中的技术咨询服务统一集为一体。工程项目管理和工程全过程咨询都是建设单位自身的项目管理方式。

医院工程立项的前提是建设资金落实，项目资金来源不同，建设管理模式有很大的不同。对政府投资项目，我国政府相关部门对工程建设有诸多的规定。近年来，除了传统的政府拨款、业主自筹（包括贷款）外，公立医院建设资金来源采用政府与社会资本合作（PPP）模式融资是政府主推的一种资金筹措模式。国家出台了诸多 PPP 相关政策文件，该模式下，社会资本方的投入资金需要从工程建设或后期运营中得到回报，社会资本方既是出资方，也可能是工程施工方、运营方。这种模式下，由政府方、社会资本方合作成立项目公司作为项目建设单位组织工程建设。

工程项目建设需要委托专业的队伍来完成，主要由设计、设备材料供货商、施工单位组成，一般称为工程的发承包模式。我国传统的方式是设计—招标—施工（DBB）模式，近年来，我国逐步推广设计施工一体化的工程总承包模式。国务院《关于促进建筑业持续健康发展的意见》中也提出要“加快推行工程总承包”。文中要求：“装配式建筑原则上应采用工程总承包模式。政府投资工程应完善建设管理模式，带头推行工程总承包。加快完善工程总承包相关的招标投标、施工许可、竣工验收等制度规定。按照总承包负总责的原则，落实工程总承包单位在工程质量安全、进度控制、成本管理等方面的责任。”住建部 2014 年在浙江省推行试点，2016 年在上海、广西、四川、重庆、湖南、福建、吉林等省、自治区、直辖市进行试点，目前各省市已经出台诸多相关政策。住建部已经发布了《房屋建筑项目和市政项目工程总承包管理办法》（征询意见稿），以 EPC 为代表的工程总承包模式未来将成为政府投资项目的主要承发包模式。

第二节 医院建设项目治理

在实践中，由于不少业主缺乏医院建设项目管理的经验，从而使得管理效率低下、项目目标失控、冲突频发等问题不断出现。不少业主意识到这是由于缺乏专业化的业主方项目管理。这一问题的解决，一般认为主要从两个方面入手：一是提升业主方项目管理能力，二是降低业主方项目管理难度。对于前者，可采取的措施包括：招聘专业项目管理人员、聘请专业项目管理公司、实施业主方集成管理整合多方合力等；对于后者，则体现在提倡实施工程总承包等提升项目整体性的发包方式。

然而在医院工程建设实践中，诸多项目管理者仍然感觉困扰，主要体现在项目管理者根据现代项目管理理论实施管理时力不从心、责大权小，项目计划执行时涉及的参建单位配合度差等诸多方面。项目实践的效果也使得不少人产生疑虑：有意识地按照现代项目管理论进行医院建设管理，对比传统的、自发的医院建设管理，其优越性应该如何更好地体现出来？目前已经基本形成的观点是：若想使医院建设项目获得成功，在实施科学的项目管理之前，首先需要解决好项目治理的问题。

一、项目治理的含义

治理（Governance）的含义是控制、引导和操纵的行为和方式。随着现代项目日益大型化和复杂化，传统的项目管理理论在项目管理实践中暴露出一些不足之处，主要体现在项目管理者的责、权、利往往处于不对等状态，而项目管理的工具、方法经常只处于理想概念中，现实中收到诸多项目内外部因素制约难以较好地实现。项目治理是一种旨在从项目利益相关者的关系出发而进行的一系列相对于项目管理更为宏观的活动，其目的是确保项目在生命周期内能够有效地协调利益相关者的矛盾冲突，优化项目资源配置，从而使项目目标高效地完成，最终实现项目利益相关者需求的整体最大化满足。项目治理是一个静态与动态相结合的过程，其中静态是相对的，是指制度和体制层面的治理；而动态是绝对的，是指根据项目的变化随时进行调整以及项目运行层面的治理活动。

二、医院建设项目复杂性和项目治理的关系

医院建设项目被公认为最复杂的民用建筑类型，其特征主要体现在：专业化程度高，系统配置复杂，技术要求高，施工工艺复杂，专业分工细，施工交叉作业面多，医疗设备对建筑要求高，需求变化多等方面，总结而言，建设管理难度大。建设管理难度与项目复杂度成正比关系，医院建设项目的复杂性主要体现在六个方面，即组织复杂性、目标复杂性、环境复杂性、任务复杂性、技术复杂性、信息复杂性，如图 1-7-1 所示。

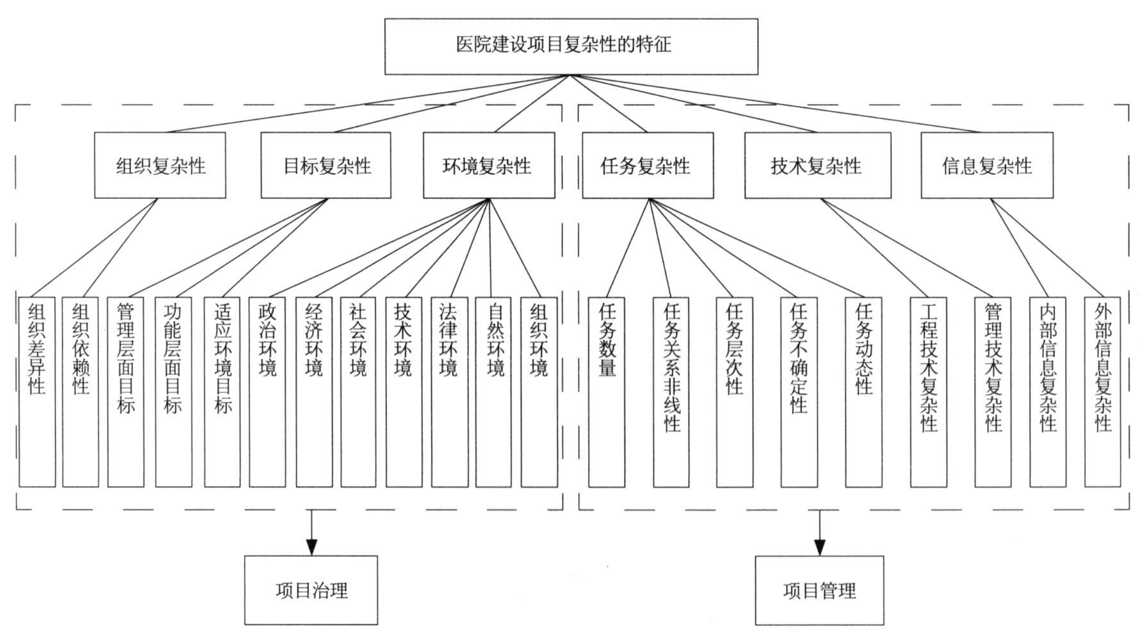

图 1-7-1 医院建设项目的复杂性特征

组织复杂性、目标复杂性、环境复杂性所体现出来的管理难度，如组织复杂性表现出的组织内不同单位、不同个体的专业技术水平、工作能力、经验的差异性，组织对外部环境和资源的依赖性；项目目

标体系的复杂性带来的多个“可行解”的选择问题，以及“最优解”的评价问题，各类环境对项目的影响和制约等，都无法仅仅从项目管理的层面去应对，而更需要从项目治理的角度进行考虑解决。任务复杂性、技术负责性、信息复杂性所体现出的管理难度，可以从现有项目管理理论体系中寻找到合适的方法和工具去解决。如针对任务数量和不确定性进行动态WBS（Work Breakdown Structure，工作分解结构），借助互联网技术实施集成管理来应对信息复杂性等。因此，医院建设项目的项目治理主要用以解决组织复杂性、目标复杂性和环境复杂性。

三、医院建设项目治理体系的构建

讨论医院建设项目治理体系，应当从宏观、中观、微观不同层次进行，即政府治理层面、业主决策层治理层面和业主项目部治理层面。其中，政府层面又可分为国家层面和地方政府层面，地方政府层面又有省、市、县区等层级差别，由于地方政府在医院建设项目治理政策上往往是国家层面政策的深化，基层政府层面对具体项目的治理又可归于业主决策层治理的范畴，因此不再单独进行讨论。结合目前我国医院建设现状，通常的医院建设项目治理体系可包含3个层面9个领域，如图1-7-2所示。

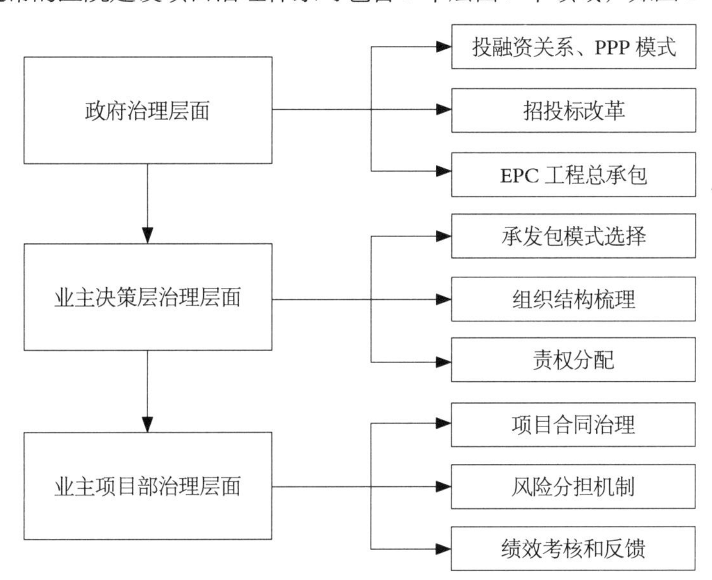

图1-7-2 医院建设项目治理体系

（一）政府层面的治理

政府并不直接参与具体项目的治理和管理，但是对于某一个领域的工程建设，可以通过法规和政策起到重要的倡导和引领作用。政府对医院建设项目的治理体现在三个方面：一是项目投融资模式的改革，二是项目招投标模式的改革，三是项目承发包模式的改革。随着新的医药卫生体制改革的启动和推进，人民群众对医疗服务的需求从量和质上都不断增加，各级地方政府财政压力逐渐增大，以PPP模式进行医院建设逐渐成为我国医疗服务供给的重要方式。这一模式的推行使得医院建设项目组织结构变得更为复杂，为微观层面的项目治理带来了新的挑战。在招投标模式改革方面，国家发改委近期对《中华人民共和国招标投标法》《中华人民共和国招标投标法实施条例》提出了修改意见，旨在遏制最低价中标法的滥用，更加突出评定分离，尊重业主定标权，这将使得业主在选择承包商时具有更大的主导权，更有利于微观层面项目治理措施的落实。在项目承发包模式方面，近年来国家大力推行工程总承包，医院建设中越来越多的业主选择采用EPC模式，这在一定程度上简化了业主方的管理界面，简化了委托—代理链。

（二）业主决策层面的治理

业主决策层一般是指医院项目投资建设单位的决策人层面。这个层面往往不直接进行项目建设管理的具体工作，是具体项目治理的核心层面。决策层对项目的立项、规划、设计、采购等问题具有决策权，业主在项目中的主导权在决策层体现得最为充分。在项目策划阶段，项目承发包模式的选择和应用直接决定了后续的项目治理以及项目管理工作，可以说是项目治理的基础性决策。在此基础上，则需要认真设定项目的组织架构，理顺项目各个参建单位之间的指令和合作关系。同时应注意到，对于医院建设项目，由于其周期较长、项目工序繁多，这一临时性项目组织内的参建单位也变化频繁，项目的组织架构应随着项目的进展进行动态调整。在组织架构的基础上，项目决策层应进行合理的责权分配，对业主项目部内部设定明确的岗位职责，尤其是项目负责人的权力范围。业主方的其他单位，如工程监理公司、项目管理公司、造价审计公司等，也应明确其职责范围和权力边界，同时对于项目承包商方的各个单位，应明确业主方单位对其的管理权限和职责范围，确保项目责权分配与项目目标的一致性。

（三）业主项目部层面的治理

业主项目部是实施项目管理的主体，但其部分行为仍属于项目治理范畴。首先是项目合同治理，合同治理是对各参建单位在合同实施周期内各种争议平衡和协调的基础，主要包括确定合同治理部门、确定合同条款、监督合同履约、合同风险控制、合同变更追踪和合同后评价等工作。首先，应有专门的合同治理部门或负责人，安排具有相应法律、工程、经济知识的工作人员，对项目合同开展策划、安排和协调。其次，应加强合同签订前的早期治理，分析项目特点和业主诉求，研究项目内外部环境和各合同乙方的利益诉求点，确定各类型合同专用条款的原则性内容，如付款比例、违约责任、变更准则等。再次，应强化合同执行期间的治理工作，主要是以制度形式，将合同主体、范围、权利、责任、义务等及时对相关单位和部门进行交底，避免执行时理解不透彻出现偏差，及时跟踪合同执行情况，确定合同纠纷解决准则等。最后，应加强项目完工后的合同治理，这部分工作往往被忽视，主要应制定合理的合同后评价机制，总结治理利弊和经验教训，形成持续改进的优化机制。

业主项目部治理的第二项重要内容是设立合理的风险分担机制。风险意味着未来的损失或者收益，在我国工程建设实践中，业主普遍倾向于把风险尽量交由承包商来承担，而承包商为了获得工程承包权往往倾向于先接受合同，在施工中再进行变更、调价、索赔来获得补偿，这种对抗性思维使得项目实施中纠纷频出，影响工期、质量和投资，阻碍项目绩效的提高。从承包商的公平感知角度考虑，当其感觉到不公平时会减弱其与业主合作的意愿。因此，业主项目部如何恰当地运用主导地位，从单边“赢”的风险分担策略转向“公平清晰”的风险分担策略，以促进承包商的合作，从而实现真正的共赢，是项目治理的重要内容。

业主项目部治理的第三项重要内容是项目实施的绩效考核与反馈。绩效考核工作主要是根据项目目标体系的要求，监督考核项目各项实施主体能否按照计划顺利推进，主要包括质量、进度、投资、安全、文明施工等内容。在一个常态化组织内部，绩效考核与反馈属于人力资源管理范畴，因为可以与薪酬、晋升等挂钩，往往容易实现。但是在建设项目中的绩效考核，主要是针对参建单位而不是个人，其考核结果的运用也往往存在诸多限制，因此更需要业主项目部在项目伊始就进行制度性设计，设定科学合理的评价标准及奖惩准则，并将其以合同专用条款及项目制度等形式加以固化落实。

业主项目部层面事实上是通过项目治理与项目管理手段的综合运用来管理建设项目，而无论风险分担还是绩效考核，都需要通过合同治理来体现。因此，作为项目治理的基础，业主应当对合同治理加以高度重视，并根据项目具体的承发包模式和自身的目标需求确定相应的治理对策。

第三节　医院工程建设全过程工程咨询

一、全过程工程咨询的定义及服务内容

2017 年，国务院办公厅《关于促进建筑业持续健康发展的意见》文件中明确提出：大力发展“全过程工程咨询”。

全过程工程咨询是对工程建设项目前期研究和决策以及工程项目实施和运行（或称运营）的全生命周期提供包含设计和规划在内的涉及组织、管理、经济和技术等各有关方面的工程咨询服务，即建设单位委托一家从事工程咨询服务的企业，在建设单位授权范围内对建设项目提供涵盖投资咨询、勘察、设计、监理、招标代理、造价等建设全过程的专业化咨询服务。其服务内容包括但不限于：项目建议书、可行性研究报告编制、项目实施总体策划、项目管理、勘察及设计、工程监理、招标代理、造价控制、验收移交、配合审计等。

二、医院建设项目全过程工程咨询的内容

医院全过程工程咨询服务包含医院项目前期策划、招标采购咨询服务、工程设计咨询服务、工程管理咨询服务和医疗设备咨询服务五部分内容。

（一）项目前期策划

按照建设单位（委托方）对拟建医院建设项目的期望和未来发展预期，通过项目调研、价值工程分析，提出优化学科设置、学科发展、学科建设规划的建议，为建设方组织提供项目发展规划的咨询，通过医疗工艺策划书、项目运营策划书、建筑及空间策划书、医用设施策划书、建设管理策划书等形式，实现建设方深化、明细医院项目建设需求和工程建设各项目标。

在项目前期策划阶段，全过程工程咨询企业要协助建设单位完成项目报建手续所需要的各项咨询报告的编制及报批工作，对项目建议书、可行性研究报告、环境影响、交通影响、工程地质影响、建筑功能需求、设计任务书等进行咨询服务。对于医院建设工程，涉及医院专项报建报批，包括职业病危害预评价报告、医疗专项环评；医院专项的检测，包括手术室、医用气体、实验室、防护与屏蔽，医院专项验收，包括手术室（疾控或卫生监督部门）、医用气体（质监局特种设备管理部门）、医用防护（疾控或卫生监督部门）、污水处理（环保）、厨房（卫生监督）等。

（二）工程设计咨询服务

根据建设工程的要求，全过程咨询企业要协助建设单位对设计工作进行全过程（设计阶段、施工阶段、试运营阶段）的监督及管理并对全过程、全内容、全专业范围的设计成果文件进行复核及审查，纠正偏差和错误，提出优化建议，出具各阶段设计文件审查意见、咨询报告，保障建设工程项目设计的安全可靠和经济合理，督促设计进度，保证设计文件深度及设计质量，确保项目工期及投资目标的最终实现。

1. 工程设计咨询涉及专业

工程设计咨询涉及的专业包括：建筑、结构、暖通空调、电气、建筑智能化、动力系统、给排水、人防、安防、防雷、消防、幕墙、室内外装修、导视、电梯、园林景观、室外广场道路、交通设施、室内外综合（管廊）管线、路灯照明、泛光工程、燃气、厨房工程、通信工程、市政工程、道路、桥梁、隧道、水利等为完成本项目建设而需涉及的所有专业工程。对于医院建筑项目，还有医疗专项专业，包括净化工程、医疗气体工程、放射防护工程、中央纯水工程、污水处理工程、放射防护工程、检验及病理工艺、物流传输系统、实验室专项、厨房工艺等。

2. 设计合同管理

全过程工程咨询企业要协助建设单位以设计合同为依据对设计单位进行管理。

（1）合同签订的管理，包括协助建设单位审查设计单位资质，编制相关合同，对合同相关条款提出风险警示及给出正式书面意见等。

（2）合同执行的管理，包括检查设计单位对合同执行情况（如定期汇报、处理、协调合同执行发生的问题），检查设计单位人员投入情况，包括人员素质、数量、构成和专业配备情况等，以及对设计单位派驻现场人员的情况进行考核，确保设计单位的投入能满足设计工作的需要及保证设计的进度和质量，检查设计单位质量保证体系，质量保证措施落实情况。

（3）设计计划管理，根据建设单位要求制订设计进度计划，合理安排工作计划，审核设计单位的设计计划及人员投入是否能满足本项目工期要求并给出整改意见及督促落实，给出设计计划控制的关键点及重要制约因素等，及早组织协调解决相关问题。

3. 设计综合管理

（1）设计接口及工作协调。对设计过程内部、外部技术接口的职责、传递渠道、方式、内容等进行控制，确保设计质量及设计文件的可追溯性。督促设计单位处理好各专业交接界面的衔接问题，给出相关指导性意见及提出解决方案、措施及办法。

（2）协助建设单位完成设计相关评审和报建，制订详细的报建计划。

（3）协助工程招标评标与技术谈判，配合建设单位进行设计、设备采购、施工的招标评标，以及参加技术谈判等工作。

（4）定期召开设计例会，协调设计问题。协助建设单位召开各种设计协调会或技术专题研讨会，对设计变更进行审查，出具变更审查意见，协助对施工、监理等单位提出的施工方案、技术措施进行审查、把关。

（5）设计文件的版本管理。对设计单位提供设计成果电子文件保存、归档，并做好相关台账记录；对设计成果文件立卷归档，满足建设单位及城建档案馆相关要求；协助工程竣工验收，协助竣工图编制，资料移交、归档造册。

4. 方案设计阶段咨询服务

（1）核查本阶段设计咨询所需的设计依据文件、规范、标准、工程资料、项目可行性报告、立项批文、设计任务书、各主管部门批文等是否齐全，以确保设计工作不受影响。

（2）核查设计原则及理念是否体现建设单位及其上级部门的要求和批示。

（3）核查方案设计的内容和深度要求是否符合设计合同的约定和住建部及地方有关规定。

5. 初步设计阶段咨询服务

（1）核查本阶段设计咨询所需要的设计依据文件、规范、标准、工程资料等是否齐全，包括方案设计批文、建设单位签发的要求和条件、建设项目环境影响评价报告、已建和拟建的建筑物的坐标图、周围地下管线图、各主管部门批文等，以确保设计工作不受影响。

（2）核查初步设计是否体现方案设计批文、建设单位及其上级部门的要求和批示。

（3）核查初步设计成果的内容和深度是否符合设计合同约定和住建部及地方有关规定。

（4）督促设计单位按照审核意见修改完善，形成最终初步设计成果文件。

6. 施工图设计阶段咨询服务

（1）核查本阶段设计咨询所需要的设计依据文件、规范、标准、工程资料是否齐全，包括初步设计批文、建设单位签发的对本阶段设计的要求和条件、各主管部门批文、设计所选用的各种设备和材料的样本或说明书等，以确保设计工作不受影响。

（2）核查施工图设计是否体现初步设计批文、建设单位及其上级主管部门、建设单位及使用方的要求和批示。

（3）核查施工图设计的内容和深度要求是否符合设计合同规定和住建部及地方有关规定。

7. 施工配合阶段咨询服务

（1）对施工阶段所有与设计相关的问题出具咨询意见和建议，督促设计单位进行处理。

（2）协助完成施工图交底工作，督促设计单位按时处理解决图纸会审提出的问题，并对图纸会审中的相关问题及设计回复给出书面咨询意见。

（3）对施工深化图纸进行审核和把关，重点审核施工深化图是否与经审查的施工图相符合，能否满足施工图的设计理念、要求和设计效果，造价是否控制在施工图预算范围内，是否进行了优化和深化设计，应避免不必要的浪费等，并给出正式审核意见。

（三）采购管理咨询服务

此阶段职责主要包括编制项目招标管理制度，明确组织管控体系、各方权责、管理流程、质量标准；组织进行招标策划，根据项目实际情况和建设单位要求确定采购方式，划分标包、标段、工作界面；编制并审定招标计划，根据项目进度总控制计划，合理确定招标启动时间，按计划完成各项招标工作；配合招标代理编制招标文件，组织相关各方讨论招标文件，包括招标条件、合同条款、技术要求、材料品牌，经建设单位最终审定招标文件后并按照计划发布；参与合同谈判，协助建设单位签订合同；制订设备采购计划，对设备选型、采购及安装运营进行统筹管理；组织招标代理进行资料归档和移交等。

（四）施工管理咨询服务

全过程工程咨询服务单位协助建设方做好工程建设的组织管理、计划管理、投资管理、技术管理、变更管理等项目控制内容，复核修订各参建单位提出的方案、细则、制度等文件或成果。

1. 进度控制管理服务

根据招标人要求编制总进度计划、节点控制计划，并组织参建单位按计划实施；组织协调施工计划，并及时纠偏；每月向招标人提供本月工程完成情况报表、计划对比分析表和下月工程计划，随时掌控建设动态；对于计划中的主要设备、原材料，制订采供计划（包括需用量、采购及供应时间等）并列入进度计划等。

2. 质量控制管理服务

要求并督促承包商建立、完善施工管理制度和质量保证体系；组织工程监理组开展工作；参与分项工程和隐蔽工程的检查、验收；负责定期和不定期对工程进行检查和检测，发现质量问题及时组织整改；在发生质量事故时及时查明原因和具体责任，报招标人备案，并组织施工处理方案的实施；申请和组织工程竣工验收，对工程是否达到合同约定标准向招标人提出意见等。

3. 投资控制管理服务

组织编制施工阶段各年度、半年度资金使用计划并控制其执行；组织进行未明确价格材料、设备的询价、认价工作及合同清单漏项项目和增加工程项目的组价确认工作；处理合同实施过程中有关索赔事宜并提出相应的对策；健全投资控制管理制度，组织相关单位按进度款支付流程进行进度款的申报、审核、审批及拨付工作；对合同风险进行分析，向招标人提出咨询意见；监督合同执行情况，分析合同非正常执行原因并形成咨询意见；制定工程变更管理办法，负责工程变更审核及管理；进行概预算评估分析，跟踪监督落实限额设计等。

4. 安全文明施工管理服务

按照政府和行业管理的有关规定，建立安全文明管理制度；负责协助招标人办理安全监督申报等有关手续；督促工程监理组明确施工单位的安全职责、安全文明施工的专项方案、检查施工单位安全施工措施的制定和落实；如有事故发生，积极参加事故调查、督促监理、施工单位采取措施保护事故现场，按安全事故责任管理办法等有关规定及时向有关部门上报；对现场的安全文明施工情况进行监督，并实时反应在管理月报中等。

5. 信息与协调管理服务

建立健全项目信息管理体系；对前期工作资料进行梳理，并据此提交专题报告，通过报告反应前期工程资料、实体的遗留问题以及解决问题的思路；对工程项目资料文件进行审核及分类保管，建立各类台账；负责项目建设工程组织协调等。

6. 竣工验收及质量保修管理服务

组织项目竣工收尾工作，组织编制项目竣工计划；根据招标人需求组织相关单位进行初验，对初验中发现的问题组织拟订整改方案并报招标人审定，落实整改措施，整改复验合格报质检站申请备案；组织单机设备调试和项目联动试运转；与相关单位联系，按有关规定组织验收；负责协助审核竣工图及其他竣工验收资料；负责组织编制项目竣工工程结算、竣工财务决算，向招标人提供工程结算、决算建议；负责组织竣工资料的移交档案馆，办理资产移交手续；组织编制重要设备设施的使用及维护手册；使用过程中的招标人（用户）的回访；负责项目审计管理等。

7. 全过程项目参建方协调管理服务

按照“统筹资源、属地协调”管理原则，推进建设外部环境协调和内部横向工作协调，提高建设协调效率，确保工程按计划实施；统筹项目建设外部资源，建立常态协调工作机制，落实招标人建设协调责任，加强与政府相关部门的沟通汇报与工作衔接；落实现场施工临时用水和用电等条件、组织施工图设计技术交底和审查签发交底会议纪要；加强综合计划与建设进度计划、工程形象进度与财务进度的协调统一，建立物资协调工作机制和工程建设外部协调属地化工作机制，提高工程建设效率；项目管理单位定期组织召开工程建设协调会，分析建设进度计划执行情况，协调解决存在问题，提出改进措施并跟踪落实；负责工程的日常协调管理，开展项目建设外部协调和政策处理工作，重大问题上报建设管理单位协调解决；工程启动验收投运前，按规定成立工程启动验收委员会（启委会），启委会工作组根据启委会确定的验收、投运等时间节点开展工作，确保工程有序启动投运等。

（五）医疗设备咨询服务

医疗设备咨询是根据医院科室及科研情况，制订医疗设备引进计划，提出医院建筑接口建议，确保建筑设计给医疗设备足够的预留，同时统筹医疗设备的使用频率，实现医疗设备系统化的充分使用，主要内容包括但不限于以下方面：

（1）设备需求策划（设备设施需求分析、原有设备升级分析、新设备设施推介、医疗设备规划清单、医用设施要求清单、医用家具要求清单、操作及安装要求、招标采购要求、设备参数及空间场地要求、设备和系统选择论证分析，药物配置、餐食配送、后勤供给等设施系统方案）；

（2）医用设施计划咨询（医院自动物流传输系统计划、理化和生物有害物质的处理计划、医院中心消毒洗涤设施计划、医疗家具和卫生设施计划等）；

（3）设备使用流程及使用率设计（所有设备使用流线设计、使用率评估等）；

（4）设备进场计划及路线（设备采购计划、进场安装路线图）；

（5）设备预留要求（结构要求、电力、智能弱电等参数要求，并给建设设计提出任务书要求）；

（6）设备使用教程（设施设备使用说明书修改及完善）。

第四节　PPP 医院建设项目管理

一、政府与社会资本合作（PPP）模式

PPP 是 Public-Private Partnership 的英文首字母缩写，指在公共服务领域，政府采取竞争方式选择具有投资、运营管理能力的社会资本，双方按照平等协商原则订立合同，由社会资本提供公共服务，政府依据公共服务绩效评价结果向社会资本支付对价。PPP 是以市场竞争的方式提供服务，主要集中在纯公共领域、准公共领域。PPP 不仅是一种融资手段，而且是一次体制机制变革，涉及行政体制改革、财政体制改革、投融资体制改革。

二、医院 PPP 项目操作流程

一个医院PPP项目的运作一般由项目识别、项目准备、项目采购、项目执行和项目移交五个阶段组成。

（一）PPP 项目识别项目发起

政府和社会资本合作项目由政府或社会资本发起，医疗项目以政府发起为主。

1. 政府发起

政府和社会资本合作中心负责向医疗行业主管部门征集从国民经济和社会发展规划及医疗行业专项规划中的新建、改建项目或存量公共资产中医疗行业主管部门认可的项目。

2. 社会资本发起

社会资本应以项目建议书的方式向政府和社会资本合作中心推荐潜在政府和社会资本合作医疗项目。

财政部门（政府和社会资本合作中心）会同医疗行业主管部门，对潜在政府和社会资本合作医疗项目进行评估筛选，确定备选项目。财政部门应根据筛选结果制订项目年度和中期开发计划。

对于列入年度开发计划的项目，项目发起方应按财政部门的要求提交相关资料。新建、改建项目应提交可行性研究报告、项目产出说明和初步实施方案；存量项目应提交存量公共资产的历史资料、项目产出说明和初步实施方案。

财政部门、政府和社会资本合作中心会同医疗行业主管部门，从定性和定量两方面开展物有所值评价工作。定量评价工作由各地根据实际情况开展。

定性评价重点关注项目采用政府和社会资本合作模式与采用政府传统采购模式相比能否增加供给、优化风险分配、提高运营效率、促进创新和公平竞争等。

定量评价主要通过对政府和社会资本合作项目全生命周期内政府支出成本现值与公共部门比较值进行比较，计算项目的物有所值量值，判断政府和社会资本合作模式是否降低项目全生命周期成本。

为确保财政中长期可持续性，财政部门应根据项目全生命周期内的财政支出、政府债务等因素，对部分政府付费或政府补贴的项目，开展财政承受能力论证，每年政府付费或政府补贴等财政支出不得超出当年财政收入的一定比例。

（二）PPP 项目准备

按照地方政府的相关要求，明确相应的医疗行业管理部门、事业单位、行业运营公司或其他相关机构，作为政府授权的项目实施机构，在授权范围内负责 PPP 项目的前期评估论证、实施方案编制、合作伙伴选择、项目合同签订、项目组织实施以及合作期满移交等工作。考虑到 PPP 运作的专业性，通常情况下需要聘请 PPP 咨询服务机构。

项目组织实施通常会建立项目领导小组和工作小组，领导小组负责重大问题的决策、政府高层沟通、

总体工作的指导等，项目小组负责项目公司的具体开展，以 PPP 咨询服务机构为主要组成。项目实施结构需要制订工作计划，包含工作阶段、具体工作内容、实施主体、预计完成时间等内容。

1. 内部调查

项目实施机构拟定调研提纲，应至少从法律和政策、经济和财务、项目自身三个方面把握，主要包括政府项目的批文和授权书，国家、省和地方对项目关于土地、税收等方面的优惠政策、特许经营和收费的相关规定等；社会经济发展现状及总体发展规划，与项目有关的市政基础设施建设情况、建设规划、现有管理体制、现有收费情况及结算和调整机制等；项目可行性研究报告、环境影响评价报告、初步设计、已形成的相关资产、配套设施的建设情况、项目用地的征地情况等。

2. 外部投资人调查

根据项目基本情况、医疗行业现状、发展规划等，与潜在投资人进行联系沟通，获得潜在投资人的投资意愿信息，并对各类投资人的投资偏好、资金实力、运营能力、项目诉求等因素进行分析研究，与潜在合适的投资人进行沟通，组织调研及考察。

3. 招商方案编制

通过前期的调查研究及分析论证，完成项目招商实施方案编制。招商实施方案主要内容阐述如下。

（1）项目概况：主要包括基本情况、经济技术指标和项目公司股权情况等。

（2）风险分配基本框架。按照风险分配优化、风险收益对等和风险可控等原则，综合考虑政府风险管理能力、项目回报机制和市场风险管理能力等要素，在政府和社会资本间合理分配项目风险。

（3）PPP 运作模式：主要包括委托运营、管理合同、建设—运营—移交、建设—拥有—运营、转让—运营—移交和改建—运营—移交等。

（4）交易结构：主要包括项目投融资结构、回报机制和相关配套安排。项目投融资结构主要说明项目资本性支出的资金来源、性质和用途，项目资产的形成和转移等。项目回报机制主要说明社会资本取得投资回报的资金来源，包括使用者付费、可行性缺口补助和政府付费等支付方式。

（5）合同体系：主要包括项目合同、股东合同、融资合同、工程承包合同、运营服务合同、原料供应合同、产品采购合同和保险合同等。项目合同是其中最核心的法律文件。

（6）监管架构：主要包括授权关系和监管方式。授权关系主要是政府对项目实施机构的授权，以及政府直接或通过项目实施机构对社会资本的授权；监管方式主要包括履约管理、行政监管和公众监督等。

（7）采购方式选择。采购方式包括公开招标、竞争性谈判、邀请招标、竞争性磋商和单一来源采购。项目实施机构应根据项目采购需求特点，依法选择适当采购方式。

（8）实施方案审核。为提高工作效率，财政部门应当会同相关部门及外部专家建立 PPP 项目的评审机制，从项目建设的必要性及合规性、PPP 模式的适用性、财政承受能力以及价格的合理性等方面，对项目实施方案进行评估，确保“物有所值”。评估通过的，由项目实施机构报政府审核，审核通过的，按照实施方案推进。

（三）PPP 项目采购

项目实施机构应根据项目需要准备资格预审文件，发布资格预审公告，邀请社会资本及其合作的金融机构参与资格预审，验证项目能否获得社会资本响应和实现充分竞争，并将资格预审的评审报告提交财政部门备案。

项目有 3 家以上社会资本通过资格预审的，项目实施机构可以继续开展采购文件准备工作；项目通过资格预审的社会资本不足 3 家的，项目实施机构应在实施方案调整后重新组织资格预审；项目经重新资格预审合格社会资本仍不够 3 家的，可依法调整实施方案。

资格预审公告应包括项目授权主体、项目实施机构和项目名称、采购需求、对社会资本的资格要求、是否允许联合体参与采购活动、拟确定参与竞争的合格社会资本的数量和确定方法，以及社会资本提交资格预审申请文件的时间和地点。提交资格预审申请文件的时间自公告发布之日起不得少于15个工作日。

项目采购文件应包括采购邀请、竞争者须知（包括密封、签署、盖章要求等）、竞争者应提供的资格、资信及业绩证明文件、采购方式、政府对项目实施机构的授权、实施方案的批复和项目相关审批文件、采购程序、响应文件编制要求、提交响应文件截止时间、开启时间及地点、强制担保的保证金交纳数额和形式、评审方法、评审标准、政府采购政策要求、项目合同草案及其他法律文本等。

项目PPP运作需建立方案评审小组。评审小组由项目实施机构代表和评审专家共5人以上单数组成，其中评审专家人数不得少于评审小组成员总数的2/30，评审专家可以由项目实施机构自行选定，但评审专家中应至少包含1名财务专家和1名法律专家。项目实施机构代表不得以评审专家身份参加项目的评审。

项目实施机构应成立专门的采购结果确认谈判工作组。按照候选社会资本的排名，依次与候选社会资本及其合作金融机构就合同中可变的细节问题进行合同签署前的确认谈判，率先达成一致的即为中选者。确认谈判不得涉及合同中不可谈判的核心条款，不得与排序在前但已终止谈判的社会资本进行再次谈判。

确认谈判完成后，项目实施机构应与中选社会资本签署确认谈判备忘录，并将采购结果和根据采购文件、响应文件、补遗文件和确认谈判备忘录拟定的合同文本进行公示，公示期不得少于5个工作日。

公示期满无异议的项目合同，应在政府审核同意后，由项目实施机构与中选社会资本签署。需要为项目设立专门项目公司的，待项目公司成立后，由项目公司与项目实施机构重新签署项目合同，或签署关于承继项目合同的补充合同。

（四）PPP项目执行

社会资本可依法设立项目公司。政府可指定相关机构依法参股项目公司。项目实施机构和财政部门应监督社会资本按照采购文件和项目合同约定，按时足额出资设立项目公司。

项目融资由社会资本或项目公司负责。社会资本或项目公司应及时开展融资方案设计、机构接洽、合同签订和融资交割等工作。财政部门和项目实施机构应做好监督管理工作，防止企业债务向政府转移。

社会资本项目实施机构应根据项目合同约定，监督社会资本或项目公司履行合同义务，定期监测项目产出绩效指标，编制季报和年报，并报财政部门（政府和社会资本合作中心）备案。项目合同中涉及的政府支付义务，财政部门应结合中长期财政规划统筹考虑，纳入同级政府预算，按照预算管理相关规定执行。项目实施机构应根据项目合同约定的产出说明，按照实际绩效直接通知财政部门向社会资本或项目公司及时足额支付。

项目实施机构应每3～5年对项目进行中期评估，重点分析项目运行状况和项目合同的合规性、适应性和合理性；及时评估已发现问题的风险，制定应对措施，并报财政部门备案。

（五）PPP项目移交

项目移交时，项目实施机构或政府指定的其他机构代表政府收回项目合同约定的项目资产。

项目合同中应明确约定移交形式、补偿方式、移交内容和移交标准。移交形式包括期满终止移交和提前终止移交；补偿方式包括无偿移交和有偿移交；移交内容包括项目资产、人员、文档和知识产权等；移交标准包括设备完好率和最短可使用年限等指标。

项目实施机构或政府指定的其他机构应组建项目移交工作组，根据项目合同约定与社会资本或项目公司确认移交情形和补偿方式，制订资产评估和性能测试方案。

社会资本或项目公司应将满足性能测试要求的项目资产、知识产权和技术法律文件，连同资产清单移交项目实施机构或政府指定的其他机构，办妥法律过户和管理权移交手续。社会资本或项目公司应配合做好项目运营平稳过渡相关工作。

项目移交完成后，财政部门应组织有关部门对项目产出、成效益、监管成效、可持续性、政府和社会资本合作模式应用等进行绩效评价，并按相关规定公开评价结果。

整体 PPP 项目操作流程如图 1-7-3 所示。

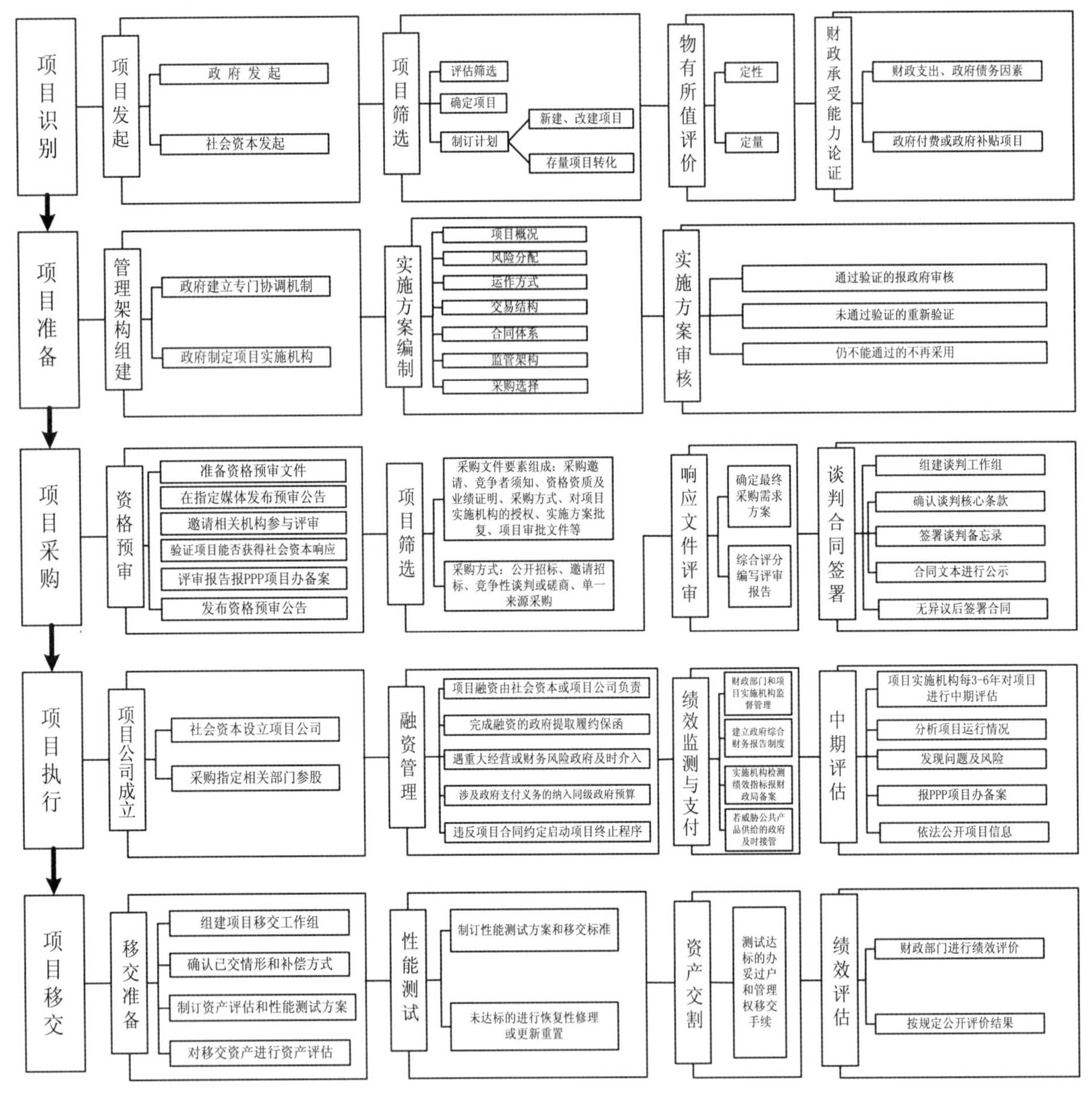

图 1-7-3 PPP 模式操作流程图

三、医院 PPP 项目管理

（一）PPP 项目管理策划

项目管理策划由 PPP 项目管理部编制，是 PPP 项目的管理原则，是具体实施的纲领，充分体现了对 PPP 项目的管理思路。

1. 分析项目特点

主要分析项目的融资方式、边界条件、担保方式、回购风险等。

2. 设计管控模式

根据项目规模、专业范围、计价方式等特点具体设计不同的管控模式。

3. 界定管理职责

针对不同的管控模式界定 PPP 项目管理部、项目公司、总承包项目部、项目管理公司（如有）、设计承包商等不同主体的管理职责。

4. 理清管理关系

理清 PPP 项目管理关系的核心原则就是各主体之间建立合同关系，以主合同为依据，签订管理协议、分包合同等，从而建立 PPP 项目合同体系，厘清不同合同主体的管理关系。

5. 梳理管理主线

以合同管理、计划管理和资金管理作为三条主线。合同管理主要包括主合同、承包合同、分包合同的管理及相应的合同履约评价管理；计划管理包括主导制订开发计划、编制资金需求计划及融资计划、监控施工计划的结果等；资金管理包括落实融资资金、回收政府付费款、管理项目公司财务工作、监管总承包部资金使用情况等。

根据三条主线分别建立三个管理体系，即 PPP 合同体系、计划管理体系、资金管理体系。

6. 突出管控重点

在项目管理策划中制定合同管理、计划管理、资金管理的各项管理要点，突出了管控的重点。例如：项目开发计划主导、政府方主合同履约评价、回购担保条件跟踪，以及承分包合同管理中的履约担保条件、主要管理人员把关、计量支付约束性标准、激励约束机制等都是管控的重点。

7. 制定管理标准

在制定了管理要点，明确了管控重点之后，就必须制定相应的管理标准。通过建立从主合同评审谈判到项目移交各个阶段的各类制度办法、工作流程形成 PPP 项目管理标准体系。例如：PPP 项目各类合同范本、PPP 项目承（分）包商专库入库标准、承分包监管通知、分包工作管理要点、履约评价办法、月报制度及考核办法等。

8. 明确管理方式

在管控模式、职责定位、管理关系、管理重点及标准均已明确的前提下，确定合理的管理方式尤为重要。根据项目管控模式的不同，对 PPP 项目的管理方式及深度也不同。PPP 项目管理部将主要通过驻点监管、项目巡查、专项检查、报表系统、考核评价等方式进行监管。

（二）PPP 项目实施规划

编制项目实施规划要响应项目管理策划。核心要说清楚总部如何管理，项目部如何执行。主要包含以下 10 个方面的内容：

（1）工程概况及特点；

（2）管控模式、组织机构；

（3）项目管理目标；

（4）分包策划；

（5）资源配置；

（6）技术及进度管理；

（7）项目风险管理；

（8）信息管理；

（9）各类组织保障措施；

（10）激励与约束机制。

实施规划由 PPP 项目管理部组织评审，最核心的内容为管控模式及组织机构、分包策划、资源配置。

1. 管控模式及组织机构

重点是要求管控模式必须以管理策划制定的模式为基础，设置科学合理的组织结构，并且对各管理层级的授权要合理、充分、适度。

管控模式、组织结构及职责的设计，既要体现风险共担、利益共享的总体原则，又要体现出出资方承担融资风险、工程承包方承担施工风险的区别与侧重点，形成协同作战的管理格局。

2. 分包策划

分包策划是实施规划的重点。分包策划是对承建项目拟采用的工程承包、专业工程分包、劳务分包做系统性的规划，明确标段划分、招标程序等。分包策划是劳动力资源配置的前提，必须坚持“分包策划在前、资源配置在后”这一原则，才可以根据分包策划进行各类分包商的采购工作。

3. 资源配置

资源配置是 PPP 项目能否顺利实施的基础保障。按 PPP 业务的总体要求，具体施工的承包商、分包商必须是成建制、实力强的优秀施工单位，要避免传统施工项目中那种民工队式的施工队伍。允许优秀的承（分）包商进行施工材料、设备物资的采购，充分发挥其管理水平及整体调节能力，更好地控制成本，保证进度与质量。

（三）四个体系

1. 合同管理体系

PPP 项目管理体系的重要组成部分是合同管理体系，通过 PPP 项目主合同、管理协议、项目管理合同、设计承包合同、工程承包合同、专业分包合同、劳务分包合同等一系列的合同构建出 PPP 项目合同管理体系。

（1）PPP 项目主合同：与政府方或授权机构签订的 PPP 项目的各类合同，如投资人协议、投资建设合同或项目 PPP 合同等。

（2）EPC/ 施工总承包合同：是项目公司与总承包人签订的项目建设施工合同。

（3）补充协议：包括两类：一是 PPP 合同的补充协议（即单项工程补充协议），主体是政府方与集团公司，主要是对 PPP 合同补充、完善、细化，尤其是对签订 PPP 合同时单项工程概预算、工期等具体约定；二是 EPC/ 施工总承包合同补充协议，主体是项目公司与总承包人，对应单项工程补充协议，是合同体系的延续及承继。

（4）委托代建协议：投资公司与 PPP 项目管理部签订委托代建协议，明确项目投资概算和质量、工期目标，将建设管理任务委托 PPP 项目管理部。

（5）管理协议：PPP 项目管理部与子公司签订的合同协议。这是 PPP 项目合同体系的重要组成部分，是 PPP 项目管理的核心内容，将双方各自应履行的义务及承担的责任以合同契约的形式进行体现。其中，全面详细地明确了 PPP 项目管理部与子公司的责权利，确定了管理费用的收取额度。

（6）项目管理合同：与项目管理公司签订的合同协议。项目管理公司由 PPP 项目管理部选择及管理，负责 PPP 项目的工程建设及设计的现场管理。

（7）设计承包合同：EPC 总承包合同中由甲方选择确定的设计分包商与总包商签订的合同协议。

（8）工程承包合同：PPP 项目中进行单体工程或者单项工程整体分包时签订的施工合同。根据情况，承包商可以是子公司选择使用的分包单位，也可以是 PPP 项目管理部选择使用的与子公司共同承担项目施工任务的集团内部或外部承包商。

（9）专业工程分包合同：子公司或承包商进行专业工程分包时签订的施工合同。

（10）劳务分包合同：子公司或承包商依法进行劳务分包时签订的分包合同。

2. 计划管理体系

PPP项目实施过程中，通过各类计划的制订与监控实现项目的目标管理，由项目开发计划、施工计划、经营计划、资金需求计划、融资计划、投资计划等一系列计划构建了计划管理体系。

（1）项目开发计划：是由PPP项目管理部主导制定的分批次、分步骤进行项目开发建设的总体计划。该计划需要与政府方协商一致，是PPP项目管理部根据政府方已开工项目履约情况好坏，对后期单项工程进度节奏、是否继续或暂停施工的决策体现。

（2）施工计划：是由子公司编制的项目具体实施的施工计划，内容包括进度计划、资源配置计划、产值计划、保障措施计划等。PPP项目管理部对施工计划进行监控，检查其执行情况，发现偏离时，提出整改要求。

（3）资金需求计划：是由总承包部或子公司按月编制，项目公司审核汇总报PPP项目管理部，是根据政府方确认投资额、总承包部结算额、以及根据进度计划和支付计划而制订的资金实际需求计划。

（4）融资计划：是由项目公司按季编制，PPP项目管理部汇总，以季度投资计划为依据而编制的用于融资的计划。计划须经集团股份公司审批。

（5）投资计划：是由PPP项目管理部编制，按照各PPP项目的施工计划、资金需求计划而编制的总体投资计划。

3. 资金管理体系

根据资金流向的不同环节，从融资管理、资金使用及监管、资金回收三个方面制定了工作制度及流程，明确了各参与主体的资金管理职责与范围。

（1）融资管理：PPP项目管理部参与融资方案的制订，负责项目公司融资合同的签订与执行；负责审核项目公司融资计划并提交审批。

（2）资金使用及监管：项目资金严格实行计划管理，项目公司支付按照PPP项目管理部审批后的计划执行。子公司资金计划由项目公司负责审核，并随同项目公司的资金支付计划报PPP项目管理部备案。PPP项目管理部负责对项目公司及子公司资金使用情况进行监管。

（3）资金回收：资金回收责任在《管理协议》条款明确分解到各个参与主体，负责落实政府付费签认、及时汇报政府履约情况等工作，项目公司负责督促政府将用于政府付费的财政资金及时注入共管账户，政府付费来源及担保条件的动态跟踪监督以及款项回收。

4. 履约评价体系

为了确保PPP项目的顺利履约，需要对PPP项目各参与方的履约情况进行定期的跟踪分析，并形成考核评价，拟建立起PPP项目履约评价体系包含政府方评价、总承包单位评价、承（分）包单位评价三个方面。

（1）政府方评价：由PPP项目管理派驻人员组建的项目公司负责组织，总承包单位配合，按照季度进行评价，评价内容为主合同中约定的政府方主要职责，主要包括施工协调及配套服务、项目开发进程安排的合理性、担保条件的落实、付费来源、政府回购款和投资回报、组织交工验收及项目移交工作等方面。评价结果作为项目后期进行市场开发及制订项目开发计划的重要因素。

（2）总承包单位评价：由PPP项目管理派驻人员组建的项目公司负责组织，按照季度进行评价，评价内容为总承包单位的工程履约及项目管理情况，主要包括设计管理、安全生产管理、质量管理、进度管理、文明环保管理、结算支付管理、合同管理、组织机构设置及人员配置、风险监控管理、分包管理等方面，评价结果作为后期对总承包单位选择和履约奖励基金兑现的重要因素。

（3）承（分）包单位评价：由总承包项目部负责组织，按季度向PPP项目管理部上报履约评价资料，评价内容为各承（分）包商的工程履约情况，主要包括安全生产、施工进度、施工质量、投诉情况、劳务管理、文明施工、劳务工资发放情况等。评价结果将存档至各个承（分）包的资料中，作为对承（分）包商信誉、业绩的重要参考资料，并决定该承（分）包商能否继续进入公司的PPP项目承（分）包专库。

第五节　医院建设工程总承包

一、工程总承包的定义

工程总承包是指从事工程总承包的单位按照与建设单位签订的合同，对工程项目的设计、采购、施工等实行全过程或者若干阶段承包，并对工程的质量、安全、工期和造价等全面负责的工程建设组织实施方式。一般采用设计—采购—施工（EPC）总承包或者设计—施工（DB）总承包方式。

二、工程总承包的适用性

工程总承包模式广泛适用于各类工程项目建设，尤其适用于建设规模大、专业性强、技术性复杂、工期紧、投资控制严格的建设工程项目。住建部要求，政府投资项目、国有资金占控股或者主导地位的项目应当优先采用工程总承包方式；采用建筑信息模型技术的项目应当积极采用工程总承包方式；装配式建筑原则上采用工程总承包方式。

医院建筑工程是公认的最复杂的民用房屋建筑工程，医院建筑既有建筑艺术性要求，同时其内部必须符合医院医疗工艺和医院院感控制的要求，除了通常建筑的建筑、结构、暖通空调、给排水、电气系统外，还有洁净空调、医用气体、医院智能化和信息化、污水处理、射线防护、实验室等专项系统，功能设计与医疗设备产品相关性强，这种特性更适合采用设计施工总承包建设模式进行工程建设。在该模式下，可充分发挥以设计为龙头的总承包商的技术和专业优势，在项目前期充分与业主沟通，统筹安排设计与工程计划，完成整体项目的组织、实施。在建设过程中，业主方发挥中间纽带协调作用和监督职能，总承包方发挥技术和工程管理的能力，共同完成项目建设，大幅提高工程建设的效率。

三、工程总承包模式的优缺点

（一）工程总承包模式的优点

（1）责任单一明确，效率提高。采用设计施工总承包模式，设计与施工自然结合，避免出现责任不清、互相推诿的现象。工程总承包单位负责工程实施过程，将设计、施工、专业分包统一管理协调，减少了管理环节，提高工作效率。

（2）管理简洁，任务明确。医院可减少大量的施工管理工作，可将主要精力集中在建设标准制定、质量的检验、核查方面。

（3）大幅度缩短建设周期。由于设计施工由一家完成，减少了大量的中间环节，设计与施工有机结合，工程建设周期得以缩短。

（4）节省投资，降低造价，投资控制容易。虽然设计费用在工程中所占的比例仅为3%左右，但设计质量对工程造价的影响达80%以上，经过优化的施工图设计将大大有利于工程造价的控制，可降低工程总投资。

（5）利用承包商资金，减轻资金压力。工程总承包商应具备较强的资金能力、融资能力，在建设过程中减少业主自身的资金压力。

（6）一体化管理，工程质量提高。采用设计施工总承包模式可由工程总承包单位灵活掌握设计周期，设计与设备生产厂家技术深入沟通，设计深度、准确程度得以加强，工程质量得以保证，能够充分发挥设计在工程中的龙头作用。

（二）工程总承包模式的缺点

（1）工程总承包模式是一种新型模式，须与当地政府主管部门沟通，取得当地政府主管部门的支持。

（2）业主项目前期准备工作要求高，要提出合理的、完整的需求。

（3）工程一般采用固定总价合同，合同双方均需承担价格变动的风险，工程总承包单位承担很大的风险，所以对工程总承包单位的工程设计能力、管理能力、技术能力、资金能力、诚信度要求较高。

四、工程总承包的招投标

（一）招投标阶段和条件

建设单位在可行性研究审批后、方案设计审批后或者初步设计审批后，在项目范围、建设规模、建设标准、功能需求、投资限额、工程质量和进度要求确定后，即可进行工程总承包招标。

招标文件的编制由建设单位委托招标代理完成，按照国家和地方住建部门招投标程序组织招标。

（二）招标文件组成

工程总承包招标文件由以下文件组成：

（1）招标前完成的水文、地勘、地形等勘察和地质资料，工程可行性研究报告、方案设计文件或者初步设计文件等基础资料；

（2）招标的内容及范围，主要包括设计、采购和施工的内容及范围、规模、标准、功能、质量、安全、工期、验收等量化指标；

（3）招标人与中标人的责任和权利，主要包括工作范围、风险划分、项目目标、价格形式及调整、计量支付、变更程序及变更价款的确定、索赔程序、违约责任、工程保险、不可抗力处理条款等；

（4）要求投标文件中明确分包的内容；

（5）采用建筑信息模型或者装配式技术的，招标文件中应当有明确要求；

（6）最高投标限价或者最高投标限价的计算方法；

（7）要求提供的履约保证金或者其他形式履约担保。

（三）投标人资格要求

对于投标人资格，要求其具有与建筑工程规模相适应的工程设计资质（仅具有建筑工程设计事务所资质除外）或者施工总承包资质，还要有相应的财务、风险承担能力，同时具有相应的组织机构、项目管理体系、项目管理专业人员以及与发包工程相类似的工程业绩。投标单位不能是工程总承包项目的代建单位、项目管理单位、监理单位、造价咨询单位、招标代理单位，也不得是与上述单位有利害关系的关联单位。招标人在公开发包前完成可行性研究报告、勘察设计文件的，发包前的可行性研究报告编制单位、勘察设计文件编制单位可以参与工程总承包项目的投标。

由于当前阶段，同时具备勘察设计资质和施工资质的企业不多，一般允许两到三家单位组成联合体投标。如果以联合体投标，应以设计单位为联合体牵头人，以充分发挥设计单位的主体责任。

投标人的项目经理要求具有相应工程建设类注册执业资格，包括注册建筑师、勘察设计注册工程师、注册建造师、注册监理工程师，或者具备工程类高级专业技术职称，熟悉工程技术和总承包项目管理知识以及相关法律法规，具备较强的组织协调能力和良好的职业道德，担任过与拟建项目相类似的工程总承包项目经理、设计项目负责人或者施工总承包项目经理。

（四）招标文件中发包人要求

发包人要求应尽可能清晰准确，对于可以进行定量评估的工作，发包人要求不仅应明确规定其产能、功能、用途、质量、环境、安全，并且要规定偏离的范围和计算方法，以及检验、试验、试运行的具体要求。对于承包人负责提供的有关设备和服务，对发包人人员进行培训和提供一些消耗品等，在发包人要求中应一并明确规定。

（五）不同阶段招标的其他要求

1. 可行性研究报告审批后的招标

招标人要提供审批后的可行性研究报告、建设工地规划许可证、规划红线图、建设用地规划条件。

2. 建筑方案审批后的招标

招标人要提供审批后的可行性研究报告、审批后的建筑工程规划许可证和建筑方案。

3. 初步设计审批后的招标

招标人要提供审批后的可行性研究报告、审批后的建筑规划许可证和建筑方案、审批后的初步设计文件、通过审查的地质勘查文件。

（六）投标技术文件深度和报价形式

1. 工程总承包投标文件组成

（1）投标函及投标函附录；

（2）法定代表人身份证明或授权委托书；

（3）联合体协议书；

（4）投标保证金；

（5）价格清单；

（6）承包人建议书；

（7）承包人实施方案；

（8）资格审查资料；

（9）其他资料。

2. 不同阶段招标的投标文件深度要求

上述投标文件中，承包人建议书一般是指设计方案图纸，对拟建项目的各专业描述。承包人实施方案是指总承包管理方案，阐述承包人如何保证工程质量、安全、进度和费用等目标的实现。不同阶段招标，给予投标人编制投标文件的时间不同，如果需提供设计方案图纸，时间一般为45天；如果无须提供，一般不超过30天，最短为21天。不同阶段招标，由于提供的发包人要求文件深度不同和时间限制，投标文件中的承包人建议书和价格清单的深度也不同。

（1）可行性研究报告审批后的招标，承包人建议书至少要做到建筑方案深度。

（2）在建筑方案审批后的招标，承包人建议书至少要做到初步设计深度。

（3）在初步设计审批后的招标，由于时间限制，一般无须提供施工图设计，但在承包人建议书中应体现投标人的施工图设计能力，主要是承包人对发包人要求文件的深化和优化。

3. 投标报价方式及合同价格形式

工程总承包的报价分为勘察设计费报价和施工费报价。

勘查设计费报价一般有两种方式：

（1）按照建筑面积，报单平方米设计费；

（2）按照可行研究报告批复的建安费为基数，按照2002版勘察设计取费标准核算标准设计费，投标人报下浮费率核算实际设计费。

施工费的报价一般按如下方式进行。

（1）在可行性研究报告审批后的招标，由于投标时技术文件仅做到方案深度，无法核算准确的工程量，一般采用费率下浮方式报价。工程总承包商在完成施工图设计后，由建设方委托工程造价咨询单位或政府财政评审部门编制施工图预算，确定预算价，按照投标所报的下浮比例核定工程造价。

（2）建筑方案审批后的招标，由于投标时技术文件一般要求做到初步设计深度，应可以据此编制出初步设计概算并报价。

（3）初步设计审批后的招标，由于投标时间限制，一般无法做到施工图深度，但由于招标人已经提供了初步设计文件，故报价可以采用初步概算报价。在建筑规模不大或时间允许的条件下，招标人也可要求投标人完成施工图设计并据此按施工图预算报价。

参考文献

［1］Zhang，S. B.，Zhang S. J.，Gao Y.，Ding X. M. Contractual Governance：Effects of Risk Allocation on Contractors’ Cooperative Behavior in Construction Projects［J］. Journal of Construction Engineering and Management. 2016，142（6）：04016005（1–11）.

［2］Turner J.R.，Anne Keegan. The versatile project–based organization：governance and operational control［J］.European Management Journal，1999，17（3）：296–309.

［3］Turner J R. Towards a theory of project management：The nature of the project governance and project management［J］. International Journal of Project Management，2006（2）：93–95.

［4］Bekker. M. C，Steyn H. Defining “project governance” for large capital projects［C］. Windhoek：AFRICON，2007：1–13.

［5］Keith Lambert. Project Governance［J］.World project Management Week，2003，27（3）：8–9.

［6］LAM K C，WANG D，LEE P T K，TSANG Y T. Modelling risk allocation decision in construction contracts［J］. International Journal of Project Management，2007，25（5）：485–493.

［7］刘俊颖 . 工程管理研究前沿与趋势［M］. 北京：中国城市出版社，2014.

［8］庞玉成 . 复杂建设项目的业主方集成管理［M］. 北京：科学出版社，2016.

［9］段运峰，李永奎，乐云 . 复杂重大工程共同体的社会结构、网络关系及治理研究评述［J］. 建筑经济，2012（10）：79–82.

［10］沙凯逊 . 建设项目治理［M］. 北京：中国建筑工业出版社，2013.

［11］丁荣贵，刘芳，孙涛 . 基于社会网络分析的项目治理研究——以大型建设监理项目为例［J］. 中国软科学，2010（6）：69–74.

［12］沙凯逊，华东东，徐聪 . 一个建设项目垂直治理的委托代理模型［J］. 项目管理技术，2011，9（5）：28–34.

［13］杜亚灵，尹贻林 . 不完全契约视角下的工程项目风险分担框架研究［J］. 重庆大学学报（社会科学版），2012，18（1）：65–70.

第二篇

医院建设前期策划

第一章

项目前期准备

刘建平　赵宁

刘建平 三胞医疗健康建设管理有限公司总经理

赵　宁 三胞医疗健康建设管理有限公司工程部部长

兼战略运营总监

第一节　医院建设前期工作要点

一、医院建设前期的界定

鉴于医院建设复杂性及专业性等特点，将项目建设前期界定在建筑初步设计完成时为宜，理由是：在医院建设项目可行性研究批复、立项及建址选定、场区准备的基础上，当完成建筑初步设计，则标志着建筑规划、建筑规模和标准，建筑及各专业技术条件，各种医用设施、医疗装备配置等基本确定，项目概算也相应成立，医院项目从总体到分项，从专业技术方面到建设投资与成本等都具备了更加准确可靠的定性定量依据，有利于项目建设计划可控、如期实现。所以，医院建设前期应包括项目可行性研究与立项、设计组织、工程组织和建设投资管理四大方面的工作。

二、医院建设前期各项工作要点

（一）医院建设项目可行性研究与立项

医院建设项目可行性研究（简称可研）是根据区域卫生规划以及医院建院宗旨、发展战略和技术发展与服务的需求，对拟建项目在技术、经济、环境、社会效益以及建造能力等方面进行系统的分析、论证，科学地预测和评价项目建设方案是否先进适宜，从而提出拟建项目是否值得投资建设和怎样建设的意见，为项目投资决策提供可靠的依据。可行性研究适用于医院新建、改建、扩建项目。

1. 可行性研究解决的问题

（1）项目需求与项目提出是否有理有据。

（2）项目方案在规模、标准、医疗工艺设计、设备与装备配置等方面是否符合国家有关技术标准，是否先进适宜。

（3）建筑项目需要投资额及建设资金的解决渠道。

（4）建设项目的投入与产出是否具有效益。

（5）拟建项目建成后能形成怎样的医疗服务能力，是否具备可持续发展能力。

（6）医院工程项目建设组织与建设周期是否合理。

2. 可行性研究的价值和地位

（1）医院建设项目投资决策的依据。

（2）确定项目资金筹措方式和偿还方式的依据。

（3）编制和审定项目任务书的依据。

（4）审定医院任务能力的依据。

（5）确定项目建设程序的依据。

（6）确定项目法人及其责任、权力、义务的依据。

（7）作为项目考核依据。

3. 阶段划分与工作内容

项目可行性研究分为项目建议、初步可行性研究、可行性研究、评价与决策四个阶段。各阶段的工作性质、工作内容、工作成果及作用，投资成本精度等各不相同，各阶段的内容由浅入深，工作量由小到大，按四个阶段的顺序，任何一个阶段得出“不可行”的结论，则不再进行下一阶段的工作（表2-1-1）。

表 2-1-1 医院项目可行性研究分阶段工作内容与作用

工作阶段	项目建议书阶段	初步可行性研究阶段	可行性研究阶段	评估与决策阶段
工作内容	1. 项目背景与需求分析 2. 项目建设设想 ·性质：新建、改扩建 ·医院任务能力设定 ·建设规模标准 ·投资筹措方式 ·对外合作意向 ·投资效益评估 ·项目建设意见 3. 选址建议	1. 项目定位分析 2. 项目目标描述与分析 ·医院任务：规模、工作量 ·建设规模和标准 ·项目目标管理与落实 4. 项目范围与内容分析 5. 项目投资构成与估算 6. 项目实现条件分析 7. 项目建设程序与组织 8. 拟定项目评价条件、方法	1. 拟定设计任务书 ·医院工艺设计要求 ·项目建设设计要点 2. 提出规划设计方案 ·医院工艺设计方案 ·建筑规划设计方案 3. 环保评估 4. 投资估算 5. 确定项目组织程序 6. 项目管理 7. 确定设计方案评选意见 8. 项目综合分析意见	1. 评价投资效益 2. 设计方案优选优化 3. 综合分析论证可行性研究报告 4. 审核判定项目建设的真实性、可靠性 5. 决策项目投资方案、项目管理和项目组织程序
工作成果	1. 项目建议书 2. 对外合作意向书	1. 初步可行性研究报告 2. 项目投资估算	1. 确定医疗工艺设计方案 2. 项目规划设计方案 3. 投资估算 4. 环保评估报告 5. 可行性研究报告	1. 项目可行性报告 2. 设计方案评定意见 3. 项目投资方案

4. 医院项目可行性研究的要点

（1）项目概况。

①项目提出的背景；

②可行性研究工作的依据和范围；

③可行性研究的主要结论，存在的问题和建议。

（2）需求预测和拟建规模。

①医疗市场需求分析；

②医院建设和发展需求分析；

③项目方向性选择与定位；

④项目建成后可能形成的医疗服务能力；

⑤拟建项目规模设定：床位数、门诊量、手术量等。

（3）医院项目建址选择。

①建址选择与比较意见；

②建址地理位置与地形、当地社会经济状况（包括现时情况和中长期发展预期）和人口情况等；

③交通状况。

（4）项目任务书要点。

①医院性质、规模、标准、投资额度与投资来源等；

②医院项目的医疗业务、医疗设备与装备、使用与管理等技术规格，内容及对建筑设计的要求；

③拟建项目室内外空间环境处理；

④对改扩建项目的改扩建措施。

（5）医院医疗工艺设计方案。

①拟建项目医疗工艺布局；

②拟建项目医疗工艺流程设计；

③拟建项目功能单元工艺设计及对建筑的要求；

④医用配套系统：医用水、电、气源，各种洁净室和医疗信息系统等；

⑤特殊要求：射线防护、射频屏蔽、噪声与电磁屏蔽、消毒隔离等；

⑥实现使用功能与管理要求的条件与方法。

（6）建筑设计方案。

①项目的构成范围；

②总体规划、建筑布置、建筑单体及功能单元设计；

③内外交通处理及流线设计；

④各专业设计要点及说明；

⑤深化设计条件及意见。

（7）投资方案。

①项目投资构成及投资额；

②项目投资成本因素及控制要点（承发包与跟踪审计）；

③项目投资筹措方式及回收方式；

④项目管理费比例及用途；

⑤投资结算、决算责任机构及审核机构；

⑥投资形成资产的移交处理；

⑦投入与产出效益评估；

⑧项目投资结论性意见。

（8）环境保护评估报告。

①环境现状调查；

②拟建项目对环境的影响。

（9）项目建设程序与项目建设管理方案。

（10）项目评价。

①医疗工艺设计方案评价意见；

②建筑设计方案论证评价意见；

③投资方案论证意见；

④技术、经济效益评估意见。

（二）项目设计组织工作

项目设计由医疗工艺设计、建筑设计、二次专业设计组成。

1. 医疗工艺设计

医疗工艺设计是对医院医疗业务结构、流程及相关技术条件、资源配置等所进行的系统性医疗功能设计，为编制可行性研究报告、设计任务书及建筑方案设计提供依据，并与建筑设计深化、完善过程相配合。

2. 建筑设计

建筑设计的任务主要包括建筑方案设计、初步设计、施工图设计、建筑外装修和内部精装设计，以及集成医用设施的二次专业设计等阶段。应强调的是医院建设方在下达设计任务书前必须完成项目医疗工艺设计，以此作为功能性设计依据供建筑设计使用。在建筑方案设计阶段，医院建设方应着重解决医院平面功能和各楼层功能组合配套问题，对人流物流通道、消防设施与紧急疏散通道、病人等候区和休息／休闲区（包括卫生间）等空间设计也应提出基本要求，以确保在建筑结构方面为日后使用时提供最优的功能组合和最高的运行效率；在建筑初步设计阶段，医院建设方应着重解决各种医疗使用条件问题，包括医疗专业、医疗设备等使用环境、空间、水、电、气、暖通等技术要求以及卫生学和防护设施要求等。

3. 二次专业设计

集成各医用设施的二次专业设计应在建筑初步设计阶段开始进行专业方案设计，在建筑结构工程完成时完成专业施工图设计。

（1）医用气体：氧、负压、压缩空气、CO_2、氧化亚氮（笑气）等。

（2）洁净室工程：手术部、ICU、生殖中心、血液干细胞移植病房等。

（3）医院信息系统综合布线工程：HIS、PACS 网络等。

（4）大型医疗设备机房工程：放射、放疗、核医学、实验室等。

（5）物流传送系统：气动物流、智能车传送等。

（6）医用装备：实验台、护理用车、台、架、床等。

（7）医院标识系统：VI 设计。

（8）医用纯水系统：如 5 兆欧和 10 兆欧纯净水制备供应。

（三）工程组织工作

1. 工期计划

（1）总工期：开工时间至竣工时间。

（2）阶段工期一般分为基础工程、主体结构工程、建筑内外装修工程、设备安装工程、各专业系统调试、总体验收交付几个大的工期节点标定阶段工期。

2. 合约规划

（1）按医院项目科学合理的划分出各子项工程制订各项合约计划。

（2）按各项合约和设计概算编制各合约分项预算。

（3）按阶段工期和分项工程进度划定各合约分项招标计划。

（4）各合约分项经招投标中标后签订相应的工程合同。

3. 工程管理模式

（1）工程管理模式。

① 医院作为项目建设法人全权负责项目管理，对投资人负责。

② 医院作为项目建设法人委托工程管理公司负责项目管理，管理公司对医院负责，医院对投资人负责。

③ 投资人指派项目管理单位负责项目管理，医院负责提需求和项目交付后使用管理，即代建制。

上述三种方式各有优缺点，从建设和使用一致性和专业管理工程角度，第二种方式较为适合我国医院建设的实际。

（2）工程管理分工。

①建安工程：负责土建、安装、场区工程的建设。

②医疗设备：负责医院医疗装备计划制订及招标、采购、安装工作。

③ 信息系统：负责 HIS 方案设计及专业软件、网络工程建设工作。

④ 投资管理：负责投资预算管理，招投标合同管理，以及结算、公算和投资绘图工作。

4. 工程组织要点

在总工期目标和各分项工程进度工期明确的前提下，应注意以下工作要点。

（1）重策划。医院建设涉及的各项工程，均应从投资、技术、工程实施等角度事先策划充分，从而提出最佳的解决方案。

（2）计划可控。在策划并拟定出解决方案后，应进一步制订出各项工程的实施计划。以工程进场时间为起点，计划应有适度提前量，为专业设计、招投标、专业施工进场准备提供合理的时间。当计划确定并进入施工时，应严格执行、按图施工及监理制管理，尽量减少变更，确保质量如期完成。

（3）以专业方式解决专业问题。医院建设专业复杂，技术难度愈来愈高，无论是设计和工程营造都应依靠科学的专业分工，解决专业工程问题。

（4）投入产出效益。项目建设遵循经济、适用的原则，在医院建设中无论项目规模、标准、建设成本与运营效益都必须注重以适宜为最好。

（四）投资管理工作

1. 投资筹措

（1）自筹。

（2）政府财政投资。

（3）社会融资等。

2. 项目造价

（1）交工标准。①建筑总体交工：达到建设总体落成交验标准。②建筑单体交工：总体工程未完，仅单体建筑落成交工验收。③交钥匙工程：建筑落成并完成医疗装备达到开诊标准。

（2）预算编制。①项目估算：较竣工结算偏差 20%，在可研批复时完成。②项目概算：较竣工结算偏差 10%，在建筑初步设计完成时完成。③项目预算：以项目概算作为项目总投资，竣工结算与项目总投资偏差≤ 3%，项目预算是各分项工程中标价总和。

3. 造价管理要点

（1）项目概算控制重点在建筑初步设计完善到位，建安一类、二类费用和医用设施专业工程等各个项目成本因素计入完全不漏项，以此作招标预算在可控范围。

（2）项目预算控制重点是各分项工程技术设计到位，商务条件约定明确，工程实施变量小，中标价作为合同执行价可控。

（3）总投资控制要点是在上述两项工作到位的基础上，合理利用项目概算、预算间的投资使用空间。

4. 投资转固定资产工作

此项虽是项目竣工后的工作，但医院建设前期即应预先安排。

（1）工程档案应按竣工工程档案要求收集、整理，以便提供竣工结算使用。

（2）竣工结算。应在工程招投标时明确竣工结算程序及结算审计审结单位，并纳入中标合同。竣工结算必须以具备合法合规的验收通过为条件。

（3）竣工决算。在完成竣工结算后，应将项目结算和项目财务费用汇总审计并形成竣工决算并经投资人批准。

（4）投资转固定资产是将竣工项目向经营方移交的程序，须完成竣工决算、投资形成的固定资产明细清单、资产总值、建设方与经营方移交手续等，移交后的固定资产进入医院经营成本及管理责任。

第二节 医院建设前期工作中的重要环节

一、医疗规划方案

在项目建议书、可行性研究阶段及后续的建筑方案阶段，一向受到忽视的内容是医疗规划方案。传统模式下，医疗功能是根据所给的建筑面积，各科室把自己科室功能装入。这种操作模式有一定盲目性，缺乏科学性及合理的规划。

医疗规划方案。首先，医院应与“咨询团队”组成班子，根据医院自身的医疗定位、医教研各方面任务，确定各科室的发展规模、医技科室发展规模、后勤部门管理规模，全面合理规划。在此基础上深入研究做出医疗规划方案。此方案不等同于报规划行政主管部门的建筑方案。“咨询团队”由有经验的护士、医生和有医院建设经验的相关方面的管理者组成，而非临时召集人员进行讨论。

医疗规划方案的确立，标志着一项更为科学合理的建设阶段走上正轨。这项工作缺失，将给后续建筑方案设计、初步设计、施工图设计及施工过程带来无穷尽的修改，不但经济上和工期会受到损失，还会出现更多设计工作的失误。由于缺乏科学合理、论证严密的医疗规划方案而造成工程失误甚至失败的教训不少，医院管理者应对此有足够的重视。

二、深化设计

在医院设计中，有很多大型医疗设备（CT、DSA、DR、MR）。这些设备与电器、空调、下水、信息之间有直接关系。虽然由有医院设计经验的设计师参加，但他们并非对所有医疗设备都很了解，因此会出现施工图与后续设备不匹配的情况。需要医院建设者根据医疗规划方案，尽早提供医疗设备技术文件给设计院，以便做好深化设计。

三、专业设计

专业设计包括：热力、燃气、配电外线等专业，应委托专业设计院设计。以下重点阐述设计与施工中需要注意的问题。

（一）建筑

地下室的防水工程：应采用刚性与柔性防水并举，不能仅采用刚性防水。刚性防水一旦出现裂缝，上层滞水渗入地下室结构外墙。地下室采取的补救措施均为被动防水，很难堵漏，即使堵住漏水点，地下结构外墙中钢筋在裂缝处仍被地下水浸湿。

肥槽回填问题：由于市中心区场地狭小，肥槽宽度开挖有限，在回填时如采用土回填，压实将很困难。并且遇到雨季时，土中含水量无法控制，造成压实时形成橡皮土。如果经济条件允许，可采用天然沙砾回填。

（二）建材

天花板：医院建设时多采用矿棉吸音板，应购置正规品牌，产品有保证。否则产品易吸水分，造成天花板变形。

墙体：采用砌块体，其优点是墙体稳定，墙体挂一些物品时，比较好处理。缺点是施工进度相对缓慢。轻钢龙骨石膏板墙体优点是施工进度快，缺点是墙体挂一些物品时要预埋。现在有一些新产品，如钢悬板墙，在墙体砌筑完成后，如需开通风管道或箱体洞时，将有很大麻烦。

踢脚：一般医院采用卷材，当卷材作为踢脚上墙卷起时，砌块体墙面出现卷材明边。而轻钢龙骨墙体在卷材高度上，用多层板，达到卷材与墙面平齐，也保证粘贴牢固。

地材：地下室采用卷材时，多采用橡胶，以防止燃烧的烟雾有毒。在急诊，由于 24h 有患者，地面应采用易清理材料。人流大的区域，应用耐磨性强的材料。在选用 PVC 地材时，耐脏性与 PUR 含量有很大关系。PVC 的另一缺点是与再生橡胶轮摩擦易出现黑的痕迹。

（三）给水系统

给水系统中易出现的问题需谨慎处理，主要包括以下各方面。

（1）水龙头。内科、皮肤科、口腔科、感染性疾病科等诊室洗手池须做感应式水龙头，有条件的医院可以在所有诊室中都使用感应式水龙头。

（2）设计人员在设计从洗浴冷水系统中取水时要慎重，否则会干扰洗浴的水温。

（3）洗浴的冷热水混水阀，可根据投资情况选取冷热水平衡阀。

（4）饮用水。直饮水虽然方便，但患者比较习惯用开水，并且直饮水在一段时间停用后，支管内的水易滋生细菌，造成水质污染。所以，必须有可靠的维护保养以及水质定时检测机制。

（5）PVC 管材。下水采用 PVC 管道易有噪声。特别是晚上影响患者的睡眠。雨水管采用 PVC 材料时，主要是连接管道的胶易老化，发生漏水。

（四）电器

（1）设备的电器容量：由于医疗设备是由其他部门采购，采购者在定购设备时不一定会认真核对基础设施的配套情况，由此出现所定购的设备与实际的基本用电规模脱节，定购的设备超容量，给工程带来拆改等一系列问题。

（2）电器箱体制作中应注意的问题：隔离变压器是特殊环境中使用的设备，在配制箱体时，要考虑箱体的散热条件。在配电箱体中有强电与弱电设备时，应考虑箱体中强弱电的分区安排。在箱体需配置防射线构造时，箱体构造要满足放射防护材料自重要求。

（3）供电的要求：手术、ICU、大型医疗设备，应考虑单独供电、从配电室直配。以防止其设施对系统供电影响。

另外，在设计全院用电负荷和供电系统布线时，一定要考虑在未来 10 年左右因用电设备增加而需要供电系统扩容的情况，在设计上留有适当的余地。

（五）空调通风

（1）过渡季节空调：手术室、检验科由于有大量的医疗设备，这些设备产生大量的热，特别在过渡季节，冬季过后（3—4 月）至中心冷冻站开机及夏季过后（9—10 月）至中心冷冻站关机应设置过渡季节空调。及时反映上述过渡季节问题，供应室、ICU 也应相继提出此类问题。

（2）同层内不同区域的温度问题：外围护墙区域与中心区域散热条件不同，特别是中心区有发热设备时，在冬季需要给送冷。

（3）供应室的高压锅：供应室的高压锅产生大量热，需专用的排风系统排除其热量。

（4）针灸科的排风问题。

（5）病理科的回风方式。

（6）内镜清洗间通风排风问题。

（7）皮肤科激光室、妇科 LEEP 刀室等的局部排风。

（8）生物安全柜通风问题。

（9）UPS 与弱电间散热问题。

（10）厨房操作间、煎药室、制剂室的送风排风方式。

（11）暗房间或易产生异味空间的排风与新风处理。

第三节　医院建设功能规划要点

一、医院项目定位

（一）依据

（1）区域卫生发展规划及卫生主管部门机构批准文件。

（2）项目可行性研究报告及立项批复。

（3）设计任务书。

（4）医院分级管理相关规定。

（二）医院服务任务

（1）门、急诊量：人次／年，1次／日。

（2）急救通过量：例／次。

（3）核定病床数：张。

（4）手术量：例／年。

（三）教学、科研任务

（1）各级各类教学任务规模（包括教学任务类型：本科教育或研究生教育、学生数量、住宿生数量、总教学时数等）。

（2）拥有的学科或专科数量、科研院所和实验室数量，以及年进院科研经费额度、教师人数等。

（3）需要配备的各类教室、会议室、办公室、虚拟及开放实验室的数量等。

（4）对重点学科、重点实验室的建设用房计划。

二、医院业务结构

临床科室：门急诊设置、住院设置及治疗科室设置。

医技科室：以诊断为主的各检查科室。

重点专业：医院特色专科，应明确分科及业务能力。

三、医疗流程

一级流程：科与科之间的流程，以病人诊疗服务为主线设计。

二级流程：科室内流程，以医护工作合理为主线设计。

医疗流程设计应符合下列原则：

（1）程序合理，简捷高效；

（2）各环节工作任务明确，操作和联系简明规范；

（3）各环节所需工作条件合理明确（空间、位置、使用设施等）；

（4）医疗流程与医院信息系统合理匹配；

（5）符合卫生学要求（生物、理化等防护标准）；

（6）符合相关法律要求；

（7）医疗流程可被建筑设计和工程营造接纳并实现。

四、医疗装备

（一）医疗设备

医疗设备配置：按医院定制及任务量设计。

医疗设备机房：机房选址，机房数量、尺度、水电、空调要求，设备通道、承重、降板等建筑结构要求，以及各种防护要求。

医疗设备安装：安装时间与建筑施工有关系。

（二）护理装备

护理装备配置：按医院科室设置和任务量设计。

护理装备布置：应符合医疗操作流程布置到房间定位。

（三）设计要求

大型医疗设备配置和机房设计应在初步设计阶段明确并纳入建筑设计图纸。护理装备应在建筑初步设计完成后纳入建筑设计平面图。

五、医院信息系统（HIS）

随着信息技术包括互联网、物联网技术、远程医疗和移动医疗技术以及人工智能技术的快速发展，医院信息系统的规模、功能和需要依托的建筑条件都不断在发生变化。在医院建筑设计时应根据当时的信息技术发展水平和医院需要做出适当的调整。HIS 的基本内容由临床信息系统（CIS）、图像传输系统（PACS）、管理信息系统（MIS）、自动办公系统（OA）等组成。

HIS 建设方法如图 2-1-1 所示。

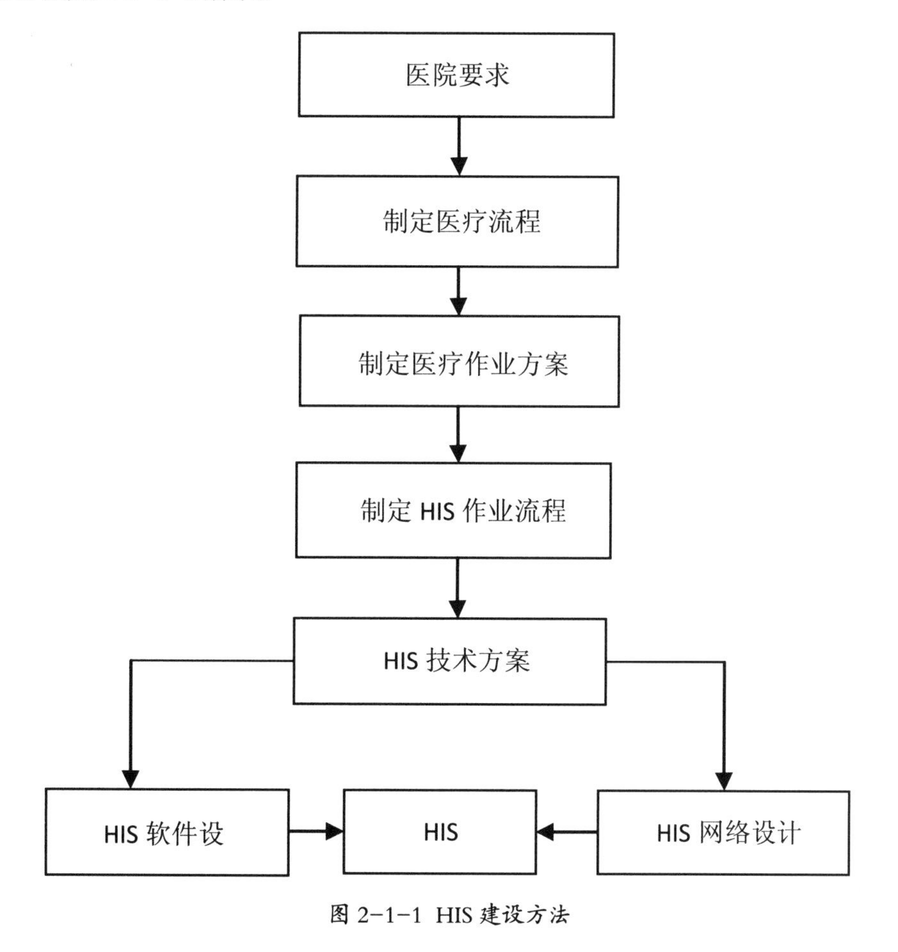

图 2-1-1 HIS 建设方法

六、与建筑设计有关的医疗工艺指标

（1）门诊诊室间数：诊室间数 = 日平均门诊诊疗人次 /50 ~ 60 人次。

（2）急救通过量：为同一时间最多能够处理的急救病人数。

（3）总病床数：病床数 = 年收治住院病人数 × 平均住院日 /（365 天 × 平均床位使用率）。

（4）护理单元床位设置：每一护理单元宜设 35 ~ 45 张病床。

（5）手术室间数：手术室间数 = 总病床数 /50 床。

（6）IUC 床数：按总床位数 2% ~ 4% 测算为宜。

（7）心血管造影机台数：单机工作量：大于 10 例 / 日 / 台。

（8）X 线拍片机台数：X 线拍片机台数 = 日平均拍片人次 /40 ~ 50 人次。

（9）胃肠透视机台数：胃肠透视机台数 = 日平均胃肠透视人数 /10 ~ 15 例。

（10）胸部 X 线透视机台数：胸透 X 线透视机台数 = 日平均胸透视人数 /50 ~ 80 人次。

（11）心电检诊间数：心电检诊间数 = 日平均心电检诊人次 /60 ~ 80 人次。

（12）腹部 B 超机台数：腹部 B 超机台数 = 日平均腹部 B 超人数 /60 人次。

（13）心血管彩超机台数：心血管彩超机台数 = 日平均心血管彩超人数 /40 人次。

（14）胃十二指肠纤维内镜台数：胃十二指肠纤维内镜台数 = 日平均检诊人数 /10 ~ 15 例。

（15）各科门诊量占总门诊量比例：各科门诊量占总门诊量比例如表 2-1-2 所示。

表 2-1-2 各科门诊量占总门诊量比例

科别	占门诊总量比例	科别	占门诊总量比率
内科	28%	儿科	8%
外科	25%	耳鼻喉、眼科	10%
妇科	15%	中医	5%
产科	3%	其他	6%

（16）各科住院床位数占医院总床位数比例：各科住院床位数占医院总床位数比例如表 2-1-3 所示。

表 2-1-3 各科住院床位数占医院总床位数比例

科别	占医院总床位比率	科别	占医院总床位比率
内科	30%	儿科	6%
外科	25%	耳鼻喉、眼科	6%
妇科	15%	眼科	6%
产科	3%	中医	6%
		其他	7%

（17）医用气体系统三种基本医用气源为氧气（O_2）、真空吸引（Vac）、压缩空气（Air）；氮气、氩气、二氧化碳可按实际需要配置；手术室应设置手术废气回收装置。供气终端设置见表 2-1-4。

表 2-1-4 供气终端设置

气源种类	使用部位	终端配置
O_2、Vac、Air（三气）	ICU、CCU、导管室、分娩室、急救室	每一套
	手术室	每床（间）两套
O_2、Vac（二气）	各病房、静脉点滴室、血液透析室	每两床一套

（18）呼叫对讲系统设置如表 2-1-5 所示。

表 2-1-5 呼叫对讲系统

设置部位	点一点关系	要求
手术部	护士站—各手术室	呼叫、对讲
导管理	护士站—各导管理	呼叫、对讲
各护理单元	护士站—各病房床头	呼叫、对讲
ICU、CCU	护士站—各病床	呼叫、对讲
各病房卫生间	护士站—各卫生间	呼叫
CCU、静脉点滴室	护士站—各病房卫生间	呼叫
分娩室	护士站—各分娩室	呼叫、对讲

（19）物流传输系统：宜采用气压管道传输方式，每个物流传输站点终端应装备标准计算机接口和电话机接口，物流传输系统的使用应建立符合责任要求的管理措施，物流传输系统站点设置见表 2-1-6。

表 2-1-6 物流传输系统站点设置

	门诊、急诊、体检	医技科室	临床科室	管理科室
功能单元站点	收费、挂号、诊室护士站；采血、取样；急诊护士站、急救室体检护士站	药房；B 超、心电图、护士站；放射科登记处；检验科；病理科；核医学科；中心供应室；血库	各护理单元护士站；ICU、CCU、护士站；手术部护士站；血透室；放疗科护士站	病案统计住院处；图书馆
终端数量	各 1 个	各 1 ~ 2 个	各 1 个	各 1 个
传输物品	病历、检验单、标本	药品、标本、血液、单据	标本、血液、药品、单据	病历、单据、资料

（20）医院标识系统：具有定位、指引、服务、管理等功能，也是医院形象设计的一部分，可采用标牌、专用符号、专用色彩、多媒体技术等方式体现设计（表 2-1-7）。

表 2-1-7 医院标识系统

一级导向	二级导向	三级导向	四级导向
户外 / 楼宇标牌	楼层，通道标牌	各功能单元标牌	门牌、窗口牌
建筑单体标识 建筑出入口标识 医院道路指引标识 医院服务设施标识 医院总体平面图 医院户外形象标识	医院楼层索引 医院楼层索引及平面图 医院厅、通道标识、医院公共服务设施标识 出入口索引	各医院功能单元标识 各行政、会议单元标识 各后勤保障单位标识	各房间门牌 各窗口牌 医院公共服务设施门牌

（21）医院常用医疗房间护理装备配置，见表 2-1-8。

表 2-1-8 医院常用医疗房间护理装备配置

医疗用房	装备名称	单间装备数量	产品规格说明（单位：mm）
诊室	诊查桌	1	1950（L）×700（W）×700（H），可安装一次性床垫卷筒纸
	诊桌	1	1200（1）×750（W）×800（H）
	医生座椅	1	带靠背
	病人圆凳	1	可升降，无靠背
	屏风	1	1980（L、三折）×1800（H）
	观片灯	1	单联
	脚蹬	1	200（H）
换药室	诊查床	1	1950（L）×700（W）×700（H），可安装一次性床垫卷筒纸
	药品器械	1	900（L）×450（W）×1800（H），全玻璃门
	医生座椅	1	可升降，带靠背
	病人圆凳	1	可升降，带靠背
	操作台	1	1500（L）×800（W）×750（H），人造石台面
	换药车	—	680（L）×450（D）×900（H）
	器械托盘	—	托盘尺寸：480（L）×320（D），可升降
	污物桶	—	
	脚蹬	1	带护手，200（H），带护手
医疗用房	装备名称	单间装备数量	产品规格说明
治疗室	药品柜	1	900（W）×450（D）×1800（H）
	器械柜	1	900（W）×450（D）×1800（H）
	操作台	2	1500（W）×800（D）×750（H）
	治疗车	1	650（W）×430（D）×900（H）
	抢救车	1	700（W）×460（D）×900（H），红色
	脚蹬	1	脚蹬

表 2-1-8 医院常用医疗房间护理装备配置（续）

医疗用房	装备名称	单间装备数量	产品规格说明（单位：mm）
治疗室	冰箱	1	170 升
	污物桶	1	
	药品柜	1	900（W）×450（D）×1800（H）
	器械柜		900（W）×450（D）×1800（H）
	操作台	2	1500（W）×800（D）×750（H）
	治疗车	1	650（W）×430（D）×900（H）
	抢救车	1	700（W）×460（D）×900（H）
	脚蹬	1	200（H）
	冰箱	1	170 升
	污物箱	1	
清创室	诊查床	1	1950（L）×700（W）×700（H），可安装一次性床垫巷筒纸
	脚蹬	1	200（H）
	器械柜	1	900（W）×450（D）×1800（H）
	清创车	1	650（W）×430（D）×900（H）
	单头灯	1	
	换药车	1	680（L）×450（D）×900（H）
	医生座椅	1	带靠背
	病人圆凳	1	可升降，无靠背
抢救室	药品柜	1	900（W）×450（D）×1800（H）
	器械柜	1	900（W）×450（D）×1800（H）
	操作台	1	1500（W）×800（D）×750（H）
	治疗车	1	650（W）×430（D）×900（H）
	抢救车	1	700（W）×460（D）×900（H），红色
	器械托盘	1	托盘尺寸：480（L）×320（D），可升降
	单头灯	1	
	病床	1	2060（W）×960（D）×500~900（H）三折
	观片灯	1	双联
处置室	服药车	1	850（W）×630（D）×1132H
	诊查室	1	1950（L）×700（W）×700（H），可安装一次性床垫卷筒纸
	药品柜	1	900（W）×450（D）×1800（H）
	器械柜	1	900（W）×450（D）×1800（H）
	脚蹬	1	200（H）
	污物桶	1	
	单头灯	1	

第四节　项目开工前涉及的相关部门

一、发展与改革部部门

发改部门作为宏观调控部门，在投资项目报建审批管理过程中，具有项目审批职责、节能审批职责、社会稳定风险评估管理办法制定3项职责。同时指导工程咨询行业发展，企业委托机构编制的可行性研究报告，机构需要的工程咨询单位资质就归发改委下设的中国工程咨询协会管理。

不在核准目录的项目都需要备案。核准或备案时不需要项目可研报告，国家于2017年出台的《企业投资项目核准和备案管理条例》对申报所需材料进行了简化。核准时的项目申请报告找专家编制，无须找第三方机构编制，可节约70%的资金。项目节能报告可以找专家编制，无须资质要求。项目社会稳定风险分析报告可以找专家编制，无须资质要求。

（一）项目审批、核准、备案

2004年7月25日，国务院颁布的《关于投资体制改革的决定》正式对外公布，该决定确立了我国社会主义市场经济下的投资项目审核体系：审批制、核准制、备案制三种方式并存，并一直沿用至今。审批、核准、备案的区别及适用见表2-1-9。

表2-1-9 三种方式的区别及适用

方式	适用项目类型	审核机构	必备材料	审核程序	审核内容
审核制	适用于政府投资项目和使用政府性质资金的企业投资项目	政府各级发改委（发改局）及经济委员会（经济管理局）	依法办理环境保护、土地使用、资源利用、安全生产、城市规划等许可手续和减免税确认手续	五个环节：项目建议书、可行性研究报告、初步设计、开工报告、竣工验收	政府既从社会管理者角度，又从投资所有者的角度审核企业的投资项目
核准制	适用于企业投资且在《政府核准的投资项目目录》中的项目			项目申请报告及项目所在地政府要求的附加文件	政府从社会和经济公共管理的角度审核，内容主要是“维护经济安全、合理开发利用资源、保护生态环境、优化重大布局、保障公共利益、防止出现垄断”等
备案制	《政府核准的投资项目目录》以外的企业投资项目			企业向地方政府投资主管部门报备，提交材料齐全，即办结项目登记备案证	政府审核项目必备的程序材料

（二）工程咨询单位资质

工程咨询是指遵循独立、科学、公正的原则，运用工程技术、科学技术、经济管理和法律法规等多学科的知识和经验，为政府部门、项目业主及其他各类客户的工程建设项目决策和管理提供咨询活动的智力服务，包括前期立项阶段咨询、勘察设计阶段咨询、施工阶段咨询、投产或交付使用后的评价等工作。

工程咨询单位资格共设甲、乙、丙三个等级。

甲、乙级工程咨询单位资格，由省、自治区、直辖市、计划单列市以及新疆生产建设兵团工程咨询协会，中国工程咨询协会在各行业设立的专业委员会（含分会）初审，报中国工程咨询协会评审认定，并颁发《工程咨询资格证书》。

丙级工程咨询单位资格，由省、自治区、直辖市、计划单列市以及新疆生产建设兵团工程咨询协会负责评审认定，并颁发相应的《工程咨询资格证书》，报中国工程咨询协会备案。

（三）项目建议书与可行性研究报告

项目建议书与可行性研究报告同为项目前期决策阶段十分重要的决策依据和支持材料，都是对项目进行的全面综合分析论证。

表 2-1-10 项目建议书与可行性研究报告的区别

	项目建议书	可行性研究报告
定义	项目建议书是对拟建项目的轮廓性设想，是从客观上考察项目建设的必要性，看其是否符合国家长远规划的方针和要求，是否符合申报单位的事业发展需要，同时初步分析建设项目条件是否具备，是否值得进一步投入人力、物力作进一步深入研究。从总体上看，项目建议书是属于定性性质的。	可行性研究报告是在投资决策之前对拟建项目所进行的综合论证，包含项目建设的必要性、财务的营利性、经济上的合理性、技术上的先进性、资金来源以及建设条件的可行性，并据此形成的项目前期审批的基础文件。一般来讲，可行性研究报告是定量分析，可为投资决策提供科学依据。
区别	（1）研究任务不同。项目建议书是进行项目初步选择，决定是否需要进行下一步工作，主要考察建议的必要性和可行性；可行性研究则需进行全面深入的技术经济分析论证，做多种方案比较，推荐最佳方案，或者否定该项目并提出充分理由，为最终决策提供可靠依据。 （2）基础资料依据不同。项目建议书是依据国家的长远规划和行业、地区规划以及产业政策，拟建项目的有关自然资源条件和生产布局状况，项目主管部门的有关批文。可行性研究除把已批准的项目建议书作为研究依据外，还需把文件详细的设计资料和其他数据资料作编制依据。 （3）内容繁简和深度不同。两个阶段的基本内容大体相似，但项目建议书不可能、也不要求做得很细致，内容比较粗略、简单，属于定性性质，可行性研究报告则是在这个基础上进行充实补充，使其更完善，具有更多的定量论证。 （4）投资估算的精度要求不同。项目建议书的投资估算一般根据国内外类似已建工程进行测算或对比推算，误差准许控制在 20%，可行性研究必须对项目所需的各项费用进行比较详尽精确的计点，误差要求不应超过 10%。	

综上所述，项目建议书和项目可行性研究报告是有区别的，在项目前期审批和后期建设中发挥的作用也不同，建议分别编制。

（四）项目可行性研究报告的分类及用途

1. 项目可行性研究报告的分类

（1）用于企业融资、对外招商合作的可行性研究报告，此类研究报告通常要求市场分析准确、投资方案合理，并提供竞争分析、营销计划、管理方案、技术研发等实际运作方案。

（2）用于报送国家发展和改革部门进行项目审批立项的可行性研究报告，此类报告要求充分展现项目建设的必要性和可行性。

（3）用于银行贷款的可行性研究报告，商业银行在贷款前进行风险评估时，需要项目方出具详细的可行性研究报告。

（4）用于境外投资项目核准的可行性研究报告。

（5）用于企业上市的可行性研究报告。

（6）用于申请政府资金的可行性研究报告。

2. 项目可行性研究报告的用途

（1）建设项目论证、审查、决策的依据。

（2）编制设计任务书和初步设计的依据。

（3）筹集资金，向银行申请贷款的重要依据。

（4）申请专项资金，向有关主管部门申请专项资金的重要依据。

（5）股票发行，向证监会申请股票上市的重要依据。

（6）取得用地，向国土部门、开发区等申请用地的重要依据。

（7）与项目有关的部门签订合作，协作合同或协议的依据。

（8）引进技术，进口设备和对外谈判的依据。

（9）环境部门审查项目对环境影响的依据。

（10）指导整个项目的前期筹备、建设施工和竣工验收各个阶段的工作。

（五）项目申请报告

《国务院关于第一批清理规范 89 项国务院部门行政审批中介服务事项的决定》国发〔2015〕58 号规定，申请人可按要求自行编制项目申请报告，也可委托有关机构编制。

1. 项目申请报告

项目申请报告是企业投资建设应报政府核准项目时，为获得项目核准机关对拟建项目的行政许可，按核准要求报送的书面项目论证报告。

2. 项目申请报告与可行性研究报告的区别

审批方面，核准类项目需报批申请报告，审批类项目需报批可行性研究报告。

内容方面，申请报告以可行性研究报告为基础，但更强调从宏观角度对项目的外部性影响进行论证。

（六）项目资金申请报告

1. 项目资金申请报告

资金申请报告是指项目方为获取政府专项资金支持而向政府相关部门出具的一种报告。政府资金支持包括投资无偿补助、奖励、转贷、贷款贴息等。

2. 申请报告项目范围

地方政府投资的项目以投资补助、转贷或贷款贴息方式使用政府投资资金。中央政府安排给单个地方政府投资项目的中央预算内投资资金在 3000 万元及以下的，按投资补助或贴息方式管理，需审批资金申请报告。

企业投资项目以投资补助、转贷或贷款贴息方式使用政府投资资金的。

3. 资金申请报告的作用

（1）报送主管部门获取资金支持的基础申请材料。

（2）主管部门审批决策是否给予资金支持的依据。

（3）项目进行其他途径融资辅助材料。

（4）项目后续工作开展的依据。

4. 资金申请报告提出时间

（1）按有关规定应报国务院或国家发展改革委审批、核准的项目，可在报送可行性研究报告或项目申请报告时一并提出资金申请，不再单独报送资金申请报告；也可在项目经审批或核准同意后，根据国家有关投资补助、贴息的政策要求，另行报送资金申请报告。

（2）按有关规定应由地方政府审批的地方政府投资项目，应在可行性研究报告经有权审批单位批准后提出资金申请报告。

（3）按有关规定，应由地方政府核准或备案的企业投资项目，在核准或备案后提出资金申请报告。

5. 资金申请报告附件

（1）银行（省级分行以上）出具的贷款承诺文件或已签订的贷款协议或合同。

（2）地方、部门配套资金及其他资金来源证明文件。

（3）自有资金证明及企业经营状况相关文件（包括营业执照、损益表、资产负债表、现金流量表）。

（4）技术来源及技术先进性的有关证明文件。

（5）环境保护部门出具的环境影响评价文件的审批意见。

（6）节能、土地、规划等必要文件。

（7）项目核准或备案文件（在有效期内且未满两年）；已开工项目需提供投资完成、工程进度以及生产情况证明材料。

（8）项目单位对项目资金申请报告内容和附属文件真实性负责的声明。

（七）项目节能评估

关于《固定资产投资项目节能评估和审查办法（修订征求意见稿）》规定，申请人可按要求自行编制项目节能报告。

项目节能评估是为加强固定资产投资项目节能管理，合理控制能源消费增长，从源头上杜绝能源浪费，提高能源利用效率，根据节能法规、标准、规范和政策，对固定资产投资项目的能源利用是否科学合理进行分析评估，并编制节能评估报告书、节能评估报告表或填写节能登记表的行为。

二、住房和城乡建设部门

项目前期工作在住房和城乡建设部门中涉及的事项最多、最为复杂。主要涉及工程开工审批事项和工程设计、施工、监理、勘察、招标代理资质的核发两大块。其中工程开工审批事项以“三证”为主，它们是建设用地规划许可证、建设工程规划许可证、建筑工程施工许可证。

（1）不是划拨用地不需要办理选址意见书。

（2）目前我国没有明确规定办理“三证”审批事项所需的材料，故在办理“三证”时各地材料清单有所不同，建议找专业人员专门对接办理。

（3）选址意见书。按照《中华人民共和国城乡规划法》第三十六条规定：“按照国家规定需要有关部门批准或者核准的建设项目，以划拨方式提供国有土地使用权的，建设单位在报送有关部门批准或者核准前，应当向城乡规划主管部门申请核发选址意见书。前款规定以外的建设项目不需要申请选址意见书。”也就是说，建设项目属于《划拨用地目录》，才需要先行办理《建设项目选址意见书》，之后办理《建设用地划拨决定书》，最后申领《国有土地使用证》。

（4）专项规划、控制性规划、修建性规划的区别。

专项规划是指国务院有关部门、设区的市级以上人民政府及其有关部门，对其组织编制的有关医疗项目专项规划简称为专项规划。

控制性详细规划是以城市总体规划或分区规划为依据，确定建设地区的土地使用性质和使用强度的控制指标、道路和工程管线控制性位置以及空间环境控制的规划要求。根据城市规划的深化和管理的需要，一般应当编制控制性详细规划，以控制建设用地性质、使用强度和空间环境，作为城市规划管理的依据，并指导修建性详细规划的编制。

修建性详细规划是满足上一层次规划的要求，直接对建设项目做出具体安排和规划设计，并为下一层次建筑、园林和市政工程设计提供依据。对于当前要进行建设的地区，应当编制修建性详细规划，用以指导各项建筑和工程设施的设计和施工。

（5）“两证一书”和施工许可证的关系。《建设用地规划许可证》《建设工程规划许可证》《建设项目选址意见书》是工程施工之前需要对于项目的有关建设项目选址和布局、其建设项目位置和用地范嗣、有关建设工程进行的行政许可的法律凭证。《建筑工程施工许可证》是建筑施工单位符合各种施工条件、允许开工的批准文件，是建设单位进行工程施工的法律凭证，也是房屋权属登记的主要依据之一。

使用划拨用地进行建设项目的，要取得《建设项目选址意见书》需要编写《项目选址论证报告》作为前置条件。

三、卫生健康委员会

（一）医疗机构设置许可

根据《医疗机构管理条例》2016 年修订第九条的规定：“单位或者个人设置医疗机构，必须经县级以上地方人民政府卫生行政部门审查批准，并取得设置医疗机构批准书。”；同时第十五条：“医疗机构执业，必须进行登记，领取《医疗机构执业许可证》。”办理医疗机构设置许可即为领取医疗机构执业许可的前置必要条件。

1. 设置审批

（1）各省、自治区、直辖市应当按照当地《医疗机构设置规划》合理配置和合理利用医疗资源。

（2）《医疗机构设置规划》由县级以上地方卫生行政部门依据《医疗机构设置规划指导原则》制定，经上一级卫生行政部门审核，报同级人民政府批准，在本行政区域内发布实施。

（3）县级以上地方卫生行政部门按照《医疗机构设置规划指导原则》规定的权限和程序组织实施本行政区域《医疗机构设置规划》，定期评价实施情况，并将评价结果按年度向上一级卫生行政部门和同级人民政府报告。

（4）医疗机构不分类别、所有制形式、隶属关系、服务对象，其设置必须符合当地《医疗机构设置规划》。

（5）床位在100张以上的综合医院、中医医院、中西医结合医院、民族医医院以及专科医院、疗养院、康复医院、妇幼保健院、急救中心、临床检验中心和专科疾病防治机构的设置审批权限的划分，由省、自治区、直辖市卫生行政部门规定；其他医疗机构的设置，由县级卫生行政部门负责审批。

（6）医学检验实验室、病理诊断中心、医学影像诊断中心、血液透析中心、安宁疗护中心的设置审批权限另行规定。

2. 规划审批

（1）县级以上地方人民政府卫生行政部门应当根据本行政区域内的人口、医疗资源、医疗需求和现有医疗机构的分布状况，制定本行政区域医疗机构设置规划。

（2）机关、企业和事业单位可以根据需要设置医疗机构，并纳入当地医疗机构的设置规划。

（3）县级以上地方人民政府应当把医疗机构设置规划纳入当地的区域卫生发展规划和城乡建设发

展总体规划。

（4）设置医疗机构应当符合医疗机构设置规划和医疗机构基本标准。

（5）医疗机构基本标准由国务院卫生行政部门制定。

（6）单位或者个人设置医疗机构，必须经县级以上地方人民政府卫生行政部门审查批准，并取得设置医疗机构批准书。

（7）国家统一规划的医疗机构的设置，由国务院卫生行政部门决定。

（8）机关、企业和事业单位按照国家医疗机构基本标准设置为内部职工服务的门诊部、诊所、卫生所（室），报所在地的县级人民政府卫生行政部门备案。

（二）对放射诊疗建设项目职业病危害放射防护预评价

建设单位应当在可行性论证阶段和竣工验收前分别委托具备相应资质的放射卫生技术服务机构编制《放射诊疗建设项目职业病危害放射防护预评价报告》和《职业病危害控制效果放射防护评价报告》。立体定向放射治疗装置、质子治疗装置、重离子治疗装置、中子治疗装置、正电子发射计算机断层显像装置（PET）等建设项目的放射防护评价，应由取得甲级评价资质的放射卫生技术服务机构承担。放射诊疗建设项目职业病危害放射防护评价报告分为评价报告书和评价报告表。对放射性危害严重类一般类的建设项目，应编制评价报告表。同时具有不同放射性危害类别的建设项目，应当按照危害较为严重的类别编制评价报告书。

1. 设定依据

根据《放射诊疗管理规定》第十一条的规定：“医疗机构设置放射诊疗项目，应当按照其开展的放射诊疗工作的类别，分别向相应的卫生行政部门提出建设项目卫生审查、竣工验收和设置放射诊疗项目申请， 新建、扩建、改建放射诊疗建设项目，医疗机构应当在建设项目施工前向相应的卫生行政部门提交职业病危害放射防护预评价报告，申请进行建设项目卫生审查。根据《放射诊疗建设项目卫生审查管理规定》（卫监督发〔2012〕25号）第七条建设单位应当在放射诊疗建设项目施工前向卫生行政部门申请建设项目职业病危害放射防护预评价审核。 第十条放射诊疗建设项目竣工后，建设单位应向审核建设项目职业病危害放射防护预评价的卫生行政部门申请竣工验收”作为设计依据。

2. 办理条件

医疗机构设置放射诊疗项目，应当按照其开展的放射诊疗工作的类别，分别向相应的卫生行政部门提出建设项目卫生审查、竣工验收和设置放射诊疗项目申请：

（1）开展放射治疗、核医学工作，向省级卫生行政部门申请办理；

（2）开展介入放射学工作，向设区的市级卫生行政部门申请办理；

（3）开展X射线影像诊断工作，向区级卫生行政部门申请办理；

（4）同时开展不同类别放射诊疗工作，向具有高类别审批权的卫生行政部门申请办理。

四、环境保护部门

（一）主要职责

环保部门在项目前期工作中主要负责审批项目环境影响评价文件。

（1）投资的项目需委托环评机构开展项目环境影响评价报告书/报告表/登记表，具体请查阅《建设项目环境影响评价分类管理名录》。

（2）委托环评机构时建议将环境监测的工作一起打包委托，由环评机构负责对接环境监测单位可以减少很多不必要的沟通事项。

（3）环境机构编制的报告需给设计单位确认，避免出现批建不符，给后期项目竣工环保验收带来非常大的麻烦。

（二）环境监理

根据进程，建设项目环境监理一般划分为开工前、建设中和竣工验收三个阶段。

1. 第一阶段：开工前——环境影响评价和环境监测

（1）环境影响评价。

定义：环境影响评价是指对规划和建设项目实施后可能造成的环境影响进行分析、预测和评估，提出预防或者减轻不良环境影响的对策和措施，进行跟踪监测的方法与制度。

要求：《中华人民共和国环境保护法》第十九条规定，建设对环境有影响的项目，应当依法进行环境影响评价。未依法进行环境影响评价的开发利用规划，不得组织实施；未依法进行环境影响评价的建设项目，不得开工建设。

分类：环境影响评价分为报告书、报告表及登记表三类，具体可查阅《建设项目环境影响评价分类管理名录》。

（2）环境监测。

定义：项目环境监测是环境监测机构通过对影响环境质量因素的代表值的测定，确定项目实施前后环境质量及其变化趋势的专业活动。

要求：项目开工前和试生产期间建设单位应当对环境保护设施运行情况和建设项目对环境的影响进行监测。

2. 第二阶段：建设中——环境监理

定义：项目环境监理是环境监理机构接受建设单位的委托，承担其建设项目的环境管理工作．代表建设单位对承建单位的建设行为、对环境的影响情况进行全过程监督管理的专业化咨询服务活动。包括主体工程和临时工程实施过程中污染防治措施、生态保护措施落实情况的监督检查及配套环境保护工程建设的监督检查，确保各项施工期环境保护措施、各项环境保护工程落到实处，发挥应有效果，满足环境影响评价文件及批复要求，符合工程环境保护验收的条件。

要求：环境监理在时间上是对建设项目从开工建设到竣工验收整个工程建设期环境影响进行监理，在空间上包括工程施工区域和工程影响区域。

3. 第三阶段：竣工验收——环境保护验收

定义：建设项目竣工环境保护验收是指建设项目竣工后，环境保护行政主管部门根据法律规定，委托相关专业机构进行验收调查或验收监测，以考核该建设项目是否达到环境保护要求的活动。

要求：建设项目竣工后，建设单位向环境保护部门提出验收调查或验收监测申请，同时提交建设项目环境保护“三同时”执行情况报告以及相关信息公开证明。

五、水利部门

（一）主要职责

水利部在项目前期工作中主要负责水资源论证报告及水土保持方案审批。

针对医院项目来说水利部门报建审批事项整合为：取水许可（水资源论证和取水许可）；水土保持方案审批；入河排污口设置论证报告。

涉及企业投资审批的水资源论证报告、水土保持方案、入河排污口设置论证报告都可以委托专家编制。

水土保持方案要明确是委托报告书还是报告表，后期还要缴纳水土保持补偿费，施工中还要进行监理，竣工后要验收。

（二）取水许可与项目水资源论证报告

根据国发〔2015〕58号《国务院关于第一批清理规范89项国务院部门行政审批中介服务事项的决定》，申请人可按要求自行编制水资源论证报告，也可委托有关机构编制，同时也可根据您的需求预约相关专家。

1. 定义

取水许可制度，是直接从地下或者江河、湖泊取水的用水单位，必须向审批取水申请的机关提出取水申请，经审查批准，获得取水许可证或者其他形式的批准文件后方可取水的制度。

水资源论证报告是对建设项目取用水的合理性与可行性，取水与退水对周边水资源状况及其他取水户的影响进行分析论证的综合性报告。

2. 编制水资源论证报告

《取水许可和水资源费征收管理条例》第十一条规定了取水申请人在申请取水许可时应当向水行政主管部门提交申请材料，材料之一是“由具备建设项目水资源论证资质的单位编制的建设项目水资源论证报告书”。该规定将开展水资源论证作为申请人申请取水许可的必经前置程序。

3. 取水许可和水资源论证的关系

适用范围上，二者具有完全一致性，水资源论证受取水许可适用范围的制约。根据《中华人民共和国水法》第四十八条和《取水许可和水资源费征收管理条例》第二条的规定，取水许可只适于直接从江河、湖泊或地下取用水资源的单位和个人。受上述范围的限制，现行建设项目水资源论证制度也只能适用于直接取用江河、湖泊和地下水资源的行为，而不能适用于各间接取水行为（如取用自来水）和取用其他非常规水源（如取用雨水、中水、海水淡化水等水源）的行为。

作用发挥上，水资源论证完全为取水许可服务。水资源论证制度是科学审批、发放取水许可证的重要依据。

适用阶段上，水资源论证先于取水许可的审批和发放。建设项目的基本建设程序包括项目建议书、可行性研究报告、初步设计、施工图设计、年度投资计划、开工报告和竣工验收等阶段。在这些程序中，水资源论证位于项目可行性研究阶段，是基本建设程序的前期工作。当建设项目批准立项后，水资源论证工作也将结束。取水许可证的审批和发放是在项目建设管理的最后环节。

4. 水资源费

《中华人民共和国水法》第四十八条规定：“直接从江河、湖泊或者地下取用水资源的单位和个人，应当按照国家取水许可制度和水资源有偿使用制度的规定，向水行政主管部门或者流域管理机构申请领取取水许可证，并缴纳水资源费，取得取水权。”因此，取水单位或者个人应当缴纳水资源费。

（三）水土保持方案

水土保持方案是有可能造成水土流失的开发建设单位和个人必须编报的，关于主体工程及立项概况、项目所在地的水土流失重点防治区划分情况、主体工程水土保持分析评价结论、水土流失防治责任范围及预测结果、水土保持措施总体布局、水土保持投资估算及效益分析的综合性报告。

申请人可按要求自行编制水土保持方案报告，也可委托有关机构编制，同时也可根据需求预约相关专家。

1. 报告书和报告表的选择

凡征占地面积在一公顷以上或者挖填土石方总量在一万立方米以上的开发建设项目，应当编报水土保持方案报告书；其他开发建设项目应当编报水土保持方案报告表。

2. 水土保持补偿费

开办生产建设项目或者从事其他生产建设活动，损坏水土保持设施、地貌植被，不能恢复原有水土保持功能的，应当依法缴纳水土保持补偿费，专项用于水土保持工作。

（四）入河排污口设置论证报告

入河排污口设置论证报告是关于对人河排污口所在水功能区管理要求和取排水状况分析、人河排污口设置对水功能区水质和水生态影响分析、入河排污口设置对有利害关系的第三者权益影响及人河排污口设置合理性分析的综合性报告。

申请人可按要求自行编制入河排污口设置论证报告，也可委托有关机构编制，同时也可根据需求预约相关专家。

有下列情形之一，不予同意设置入河排污口：

（1）在饮用水水源保护区内设置入河排污口；

（2）在省级以上人民政府要求削减排污总量的水域设置入河排污口；

（3）入河排污口设置可能使水域水质达不到水功能区要求；

（4）入河排污口设置直接影响合法取水户用水安全；

（5）入河排污口设置不符合防洪要求；

（6）不符合法律、法规和国家产业政策规定；

（7）其他不符合国务院水行政主管部门规定条件。

六、安全监察部门

（一）职责范围

安全监察部门在项目前期工作中主要负责项目安全评价验收及职业病评价验收工作，并核发安全、职业病及检测机构资质。

企业投资项目涉及危险化学品生产、储存装置和设施，伴有危险化学品产生的化学品生产装置和设施在项目开工前需要委托相关资质单位编制安全预评价报告，建议委托同一家机构。同时委托设计资质单位进行项目安全设施设计并审查。

企业投资项目存在或产生《职业病危害因素分类目录》所列职业病危害因素的项目，开工前需要委托相关资质单位编制职业病危害预评价报告，同时委托编制项目职业病防护设施设计专篇并审查。职业病防护设施设计专篇可以自行编制。

（二）安全评价

“安全评价”是所有安全相关评价的总称，“安全评价”在施工的各个阶段都需要。

1. 施工前

项目安全设施规定和国务院规定的其他建设项目因素的项目，开工前需要委托相关资质单位编制职业病危害预评价报告，同时委托编制项目职业病防则上以拟建项目可行性研究报告中提出的建设内容为准，并包括拟建项目建设施工和设备安装调试过程。对于改建、扩建建设项目和技术改造、技术引进项目，评价范围还应包括建设单位的职业卫生管理基本情况以及设备设施的利旧内容。

2. 生产经营中

对于改建、扩建建设项目和技术改造、技术引进素作业环境的部位，有相应防护作用的设施和用品对应效果的评价。单位必须进行的职业病危害因素采取有效的防护措施。这一个报告，就是对这些保护措施的评价。

作业环境的部位，有相应防护作用的设施和用品对应效果的评价。单位必须进行的职业病危害因素采取有效防护措施。这一个报告，就对这些保护措施的评价。范围还应包括建设单位的职业卫生管理基本情况以及设备设施的利旧内容，是基本建设程序的前期工作。当建设项目批准立项后，水资源论证工作也将结束。

3. 工程验收阶段

工程验收阶段部位，有相应防护作用的设施是指建设项目在完工验收时对是否存在职业病危害因素进行评价，以确定是否可以完成验收。根据《中华人民共和国职业病防治法》，就是对这些保护措施的评价。范围还应包括建设单位的职业卫生管理基本情况等。

特别值得注意的是：建设项目在完工验收时对是否存在职业病危害因素进行评价，以确定是否可以完成验收。

七、国土资源部门（土地类）

（一）主要职责

国土资源部门在项目前期工作中主要负责建设用地的审批。

（1）了解土地权证的种类，建设用地除了缴纳土地出让金以外，还会涉及多项税费（如契税、耕地占用税、土地开垦费、征地费、测绘费），详细需查阅工程建设领域收费目录。

（2）已批建设用地无须办理用地预审和建设用地报批。

（3）土地预审报批和建设用地报批需紧密衔接，委托开展的地质灾害评价、土地勘界用地面积需一致。

（二）土地的用途

土地用途一般是指土地权利人依照规定对其权利范围内的土地的利用方式或功能。土地用途包括农用地、建设用地和未利用地。

《中华人民共和国土地管理法》第一章第四条规定："国家编制土地利用总体规划，规定土地用途，将土地分为农用地、建设用地和未利用地。严格限制农用地转为建设用地，控制建设用地总量，对耕地实行特殊保护。

前面所称农用地是指直接用于农业生产的土地，包括耕地、林地、草地、农田水利用地、养殖水面等；建设用地是指建造建筑物、构筑物的土地，包括城乡住宅和公共设施用地、工矿用地、交通水利设施用地、旅游用地、军事设施用地等；未利用地是指农用地和建设用地以外的土地。"

（三）土地证的种类

土地证是土地所有者或者土地使用者享有土地所有权或者使用权的法律依据。根据国家有关规定，我国颁发的土地证书主要有三种：

（1）集体土地所有权证。县级人民政府对农民集体所有的土地进行登记造册，核发集体土地所有权证，确认所有权。

（2）集体土地建设用地使用权证。县级人民政府对集体所有的依法用于非农业建设的土地进行登记造册，核发集体土地建设用地使用权证，确认建设用地使用权。

（3）国有土地使用权证。县级以上人民政府对单位和个人依法使用的国有土地进行登记造册，核发国有土地使用权证，确认国有土地使用权。

2003 年，开始颁发林权证，其四项权益里，也包含了部分土地权益：集体土地所有权证，集体土地建设用地使用权证，国有土地使用权证。

（四）用地使用年限

土地使用权出让最高年限按下列用途确定：

（1）住宅用地（也就是人们常说的商品房用地）：全国统一执行的土地使用年限为70年；

（2）工业用地（也就是人们常说的工厂、工业区）：全国统一执行的土地使用年限为50年；

（3）教育、科技、文化、卫生（医院）、体育用地：全国统一执行的土地使用年限为50年；

（4）商业、旅游、娱乐用地：全国统一执行的土地使用年限为40年；

（5）综合或者其他用地：全国统一执行的土地使用年限为50年。

（五）土地使用权

我国的土地所有权是归国家或集体经济组织所有的。对于国有的土地，我们不能拥有所有权，但我们可以拥有其在一定年限内的使用权。根据《土地管理法》《土地登记办法》的相关规定，土地使用类型只有土地划拨和土地出让两种形式。

1. 划拨土地使用权

划拨土地使用权是指经县级以上人民政府依法批准，在土地使用者缴纳补偿、安置等费用后，取得的国有土地使用权，或者经县级以上人民政府依法批准后无偿取得的国有土地使用权。由此可见，划拨土地使用权有两种基本形式。

（1）经县级以上人民政府依法批准，土地使用者缴纳补偿、安置等费用后取得的国有土地使用权。这种划拨土地使用权有两个显著特征：一是土地使用者取得土地使用权必须经县级以上人民政府依法批准；二是土地使用者取得土地使用权必须缴纳补偿、安置等费用。

（2）经县级以上人民政府依法批准后，土地使用者无偿取得的土地使用权。这种划拨土地使用权也有两个显著特征：一是土地使用者取得土地使用权必须经县级以上人民政府依法批准；二是土地使用者取得土地使用权是无偿的，无须缴纳任何费用、支付任何经济上的代价。

2. 出让土地使用权

出让土地使用权是指国家以土地所有者的身份将国有土地使用权在一定年限内让与土地使用者。由土地使用者向国家支付土地使用权出让金后取得的土地使用权。取得出让土地使用权有以下主要特征。

（1）取得的土地使用权是有偿的。土地使用者取得一定年限内的土地使用权应向国家支付土地使用权出让金。

（2）取得的土地使用权是有期限的。

（3）取得的土地使用权是一种物权。

土地征收是指国家为了社会公共利益的需要，依据法律规定的程序和批准权限，并依法给予农村集体经济组织及农民补偿后，将农民集体所有土地变为国有土地的行为。土地征收指国家依据公共利益的理由，强制取得民事主体土地所有权的行为。我国土地征收的前提是为公共利益。

（六）企业征地程序与流程

征地需要遵照一定的流程，才能够保证征地行为的合法有效。

（1）转用、征用土地，必须符合土地利用总体规划、城市建设总体规划和土地利用年度计划。因此，用地单位在初步选定某农用地为建设用地后，应首先向国土资源部门、建设部门、规划部门咨询是否符合该农用地的各项规划。

（2）确认该用地可以用于建设，再根据建设部门的要求，进行和编制建设项目可行性论证，向建设部门提交用地申请，建设部门审查符合的，颁发建设项目的《选址意见书》。用地单位应按规定缴纳选址规费。

用地转用和土地征收批准文件有效期两年。农用地转用或土地征收经依法批准后，市、县两年内未用地或未实施征地补偿安置方案的，有关批准文件自动失效。

（3）用地单位持该《选址意见书》向同级国土资源部门提出用地预审申请，由该国土资源部门核发《建设项目用地预审报告书》。

建设项目用地预审文件有效期为两年，自批准之日起计算。已经预审的项目，如需对土地用途、建设项目选址等进行重大调整的，应当重新申请预审。

（4）用地单位凭《建设项目用地预审报告书》向建设部门、环保部门等办理立项、规划、环保许可等手续，并缴纳各项审批费用。

（5）用地单位再持以上审批文件，向原预审的国土资源部门提出项目用地的正式申请。

（6）国土资源部门根据土地利用总体规划、城市建设总体规划和土地利用年度计划，拟定农用地转用方案、补充耕地方案、征地方案和供地方案，分不同类型，经各级人民政府审批。以下建设占用土地涉及农用地转为建设用地的，需报国务院批准。

（7）由国土资源部门具体负责对该农用地的所有权人和使用权人进行征用，签订补偿安置协议，按征地程序办理征地手续。

（8）国土资源部门根据批准的供地方案，在征地的补偿、安置补助完成后，向用地单位发出批准用地文件和《建设用地批准书》，被征地单位应在规定的期限内交出土地。

（9）被征用单位交出土地后，该土地即成为国有土地，由国土资源部门与土地使用者签订国有土地有偿使用合同（出让供地）或向土地使用者核发划拨决定书（划拨供地）。用地单位按约定缴纳出让费用。

（10）签订出让合同并按约定缴纳费用后，用地单位才真正获得该土地的使用权，用地单位即可办理建设项目的相关审批手续予以施工建设。

（11）如用地单位欲转让该土地使用权，必须符合国家关于已出让土地转让的定和《国有土地使用权出让合同》的约定。转让国有土地使用权时，不得改变规定的规划设计条件。以转让方式取得建设用地后，转让的受让人应当持《国有土地使用权转让合同》、转让地块原建设用地规划许可证向城乡规划行政主管部门申请换发建设用地规划许可证。

（七）征地审批

征地需要诸多的程序，其中审批十分关键。只有通过审批，征地行为才能实施。其中审批需要的文件有：

（1）省级人民政府建设用地请示文件；

（2）省级国土资源部门审查意见；

（3）建设用地项目呈报材料“一书四方案”（含汇总表）；

（4）建设用地申请表；

（5）建设项目用地预审意见；

（6）可行性研究报告批复文件或其他立项批准文件；

（7）初步设计批准文件或其他设计批准文件；

（8）地方人民政府关于征地补偿安置有关情况的说明。

（八）土地测绘资质等级及专业划分

测绘资质分为甲、乙、丙、丁四级。其中，甲级测绘资质包括甲（特）级和甲级。测绘资质的专业范围划分为：大地测量、测绘航空摄影、摄影测量与遥感、工程测量、地籍测绘、房产测绘、行政区域界线测绘、地理信息系统工程、海洋测绘、地图编制、导航电子地图制作、互联网地图服务。甲级、乙级可从事业务范围内的所有项目，丙级测绘资质的业务范围仅限于工程测量、摄影测量与遥感、地籍测绘、房产测绘、地理信息系统工程、海洋测绘，且不超过上述范围内的四项业务。丁级测绘资质的业务范围仅限于工程测量、地籍测绘、房产测绘、海洋测绘，且不超过上述范围内的三项业务。

八、气象部门

气象部门在项目前期工作中负责重大工程气候可行性论证，对项目防雷设计委托有关机构进行检测。

（一）防雷装置设计审核

（1）根据《国务院关于第二批清理规范 192 项国务院部门行政审批中介服务事项的决定》不再要求申请人提供新建、改建、扩建建（构）筑物防雷装置检测报告，改由审批部门委托有关机构开展新建、改建、扩建建（构）筑物防雷装置检测。

（2）国家气象局宣布将“防雷装置设计技术评价”和“新建、改建、扩建建（构）筑物防雷装置检测”两项服务改由气象部门委托有关机构开展，不再向行政相对人收取费用，“雷电灾害风险评估”“防雷产品测试”两项行政审批中介服务事项则彻底成为“历史”。

（3）防雷装置设计审核是有关气象部门对建设工程项目设计的雷电防范装置是否符合气象部门的有关规定的审核。

（4）根据《中华人民共和国气象法》第三十一条的规定，各级气象主管机构应当加强对雷电灾害防御工作的组织管理。因此气象局出台了《防雷装置设计审核和竣工验收规定》，规定中涉及了防雷装置设计审核。

（二）防雷装置设计审核相关政策变动

《国务院关于优化建设工程防雷许可的决定》（以下简称《决定》）。

1.《决定》整合部分建设工程防雷许可

（1）气象部门承担的房屋建筑工程和市政基础设施工程防雷装置设计审核、竣工验收许可，整合纳入建筑工程施工图审查、竣工验收备案，统一由住房城乡建设部门监管。

（2）油库、气库、弹药库、化学品仓库、烟花爆竹、石化等易燃易爆建设工程和场所，雷电易发区内的矿区、旅游景点或者投入使用的建（构）筑物、设施等需要单独安装雷电防护装置的场所，以及雷电风险高且没有防雷标准规范、需要进行特殊论证的大型项目，仍由气象部门负责防雷装置设计审核和竣工验收许可。

（3）公路、水路、铁路、民航、水利、电力、核电、通信等专业建设工程防雷管理，由各专业部门负责。

2.《决定》清理规范防雷单位资质许可

取消气象部门对防雷专业工程设计、施工单位资质许可；新建、改建、扩建建设工程防雷的设计、施工，可由取得相应建设、公路、水路、铁路、民航、水利、电力、核电、通信等专业工程设计、施工资质的单位承担。

3. 政策推动防雷技术新发展

国家为规范防雷检测行为，降低防雷装置检测单位准入门槛，全面开放防雷装置检测市场，允许企事业单位申请防雷检测资质，鼓励社会组织和个人参与防雷技术服务。

九、地震部门

地震部门在项目前期工作中负责项目地震安全性评价工作。

（1）根据《国务院关于第一批清理规范 89 项国务院部门行政审批中介服务事项的决定》，不再要求申请人提供地震安全性评价报告，改由审批部门委托有关机构进行地震安全性评价，已不需要缴纳相关评价费用。

（2）地震安全性评价是指在对具体建设工程场址及其周围地区的地震地质条件、地球物理场环境、地震活动规律、现代地形变化及应力场等方面深入研究的基础上，采用先进的地震危险性概率分析方法，按照工程所需要采用的风险水平，科学地给出相应的工程规划或设计所需要的一定概率水准下的地震动参数（加速度、设计反应谱、地震动时程等）和相应的资料。

（3）重大建设工程和可能发生严重次生灾害的建设工程，必须进行地震安全性评价，这是国家和地方法律、法规的要求。《中华人民共和国防震减灾法》第十七条第三款做了明确规定，这是经济建设可持续发展的需要，也是工程建设的百年大计。

建设工程不进行地震安全性评价，简单地套用烈度区划图进行抗震设计，很难符合工程场址的具体条件和工程允许的风险水平。这种抗震设防，显然缺乏科学依据。如果设防偏低，将给工程带来隐患；如果设防偏高，则会增加建设投资，造成不必要的浪费（通常从7度提高到8度工程投资增加10% ~ 15%）。

十、消防部门

消防部门在项目前期工作中主要负责项目消防设计审核及验收。

项目开工前，消防设计需进行审核，是施工许可证办理的前置条件。提供材料比较繁杂，建议工程负责人员协助办理对接。

工程项目在建设之前，其设计的建筑总平面布局和平面布置、耐火等级、建筑构造、安全疏散、消防给水、消防电源及配电、消防设施等有关消防文件，均需经消防部门审核。

（一）审核设定依据

《中华人民共和国消防法》第十条：按照国家工程建设消防技术标准需要进行消防设计的建设工程，除本法第十一条另有规定的外，建设单位应当自依法取得施工许可之日起七个工作日内，将消防设计文件报公安机关消防机构备案，公安机关消防机构应当进行抽查。

（二）申请单位（建设单位）办理新建、扩建工程消防申报需提供的材料

（1）《建设工程消防设计审核申报表》（由建设单位盖公章确认）。

（2）建设单位的工商营业执照等合法身份证明文件。

（3）建设工程规划许可证明文件。

（4）设计单位资质证明文件。

（5）建设工程消防设计文件和光盘。

（6）其他因项目特殊性依法需要提供的材料。

第五节　房地产“一书”“四证”办理

医疗项目“一书”“四证”是开发商需要具备的资格文件，具体是指《医疗设置批准书》《建设用地规划许可证》《国有土地使用证》《建设工程规划许可证》和《建筑工程施工许可证》。

一、医疗设置批准书

（一）所需资料

申请设置医疗机构，应当提交下列文件：

（1）设置申请书；

（2）设置可行性研究报告；

（3）选址报告和建筑设计平面图；

（4）单位或者个人设置医疗机构，应当按照以下规定提出设置申请：不设床位或者床位不满100

张的医疗机构，向所在地的县级人民政府卫生行政部门申请；床位在100张以上的医疗机构和专科医院按照省级人民政府卫生行政部门的规定申请；

（5）县级以上地方人民政府卫生行政部门应当自受理设置申请之日起30日内，做出批准或者不批准的书面答复；批准设置的，下发设置医疗机构批准书。

（二）办理程序

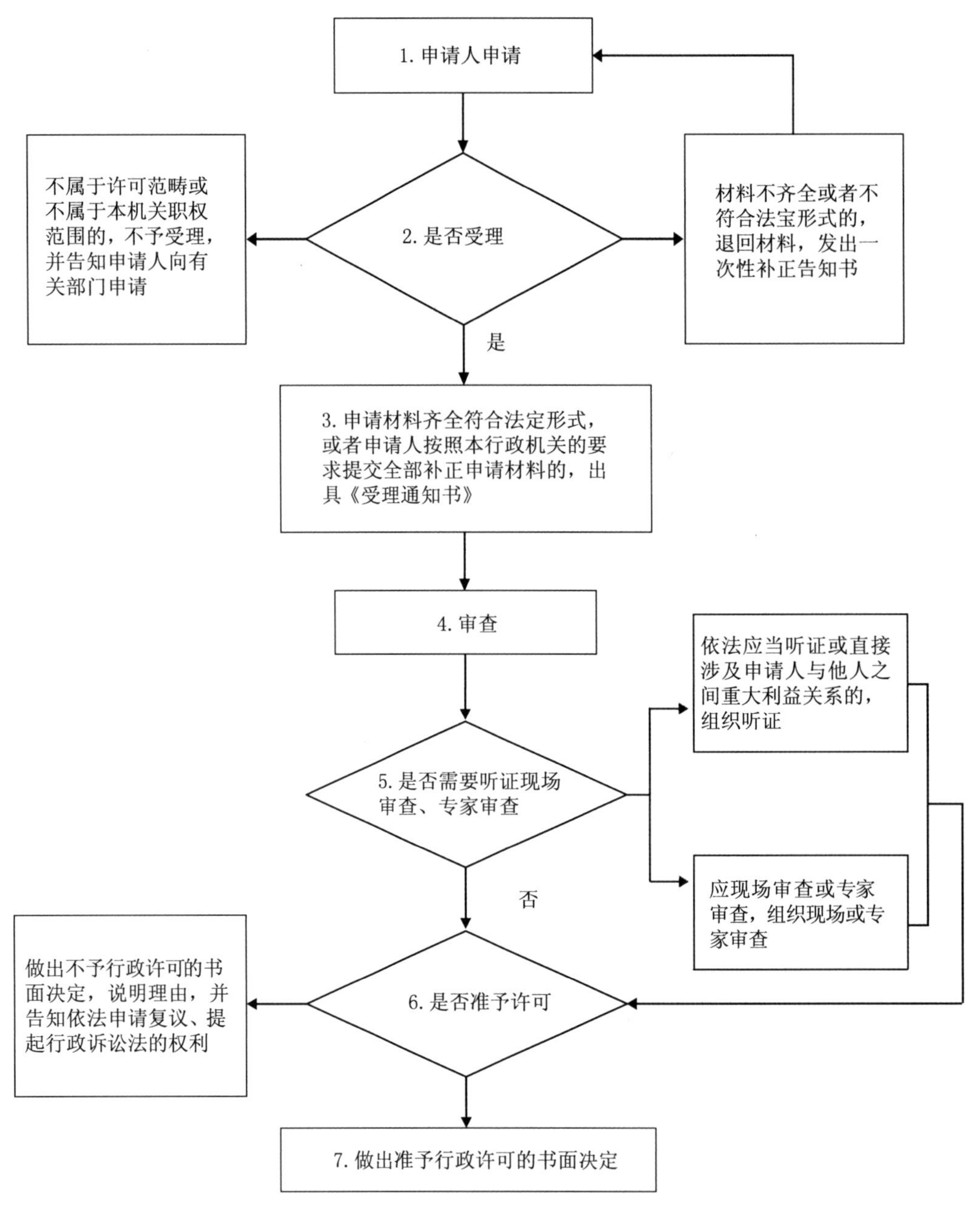

图 2-1-2 医疗机构设置许可流程图

二、《建设用地规划许可证》

在城市范围内开发建设项目，建设项目的用地单位应按规定程序申请办理建设用地的规划审批手续。在取得建设用地规划许可证后，才可按程序办理以出让方式取得的国有土地使用权、以划拨方式取得的国有土地使用权或征用集体土地的各项审批工作。

（一）所需资料

办理《建筑用地规划许可证》需要的资料，主要包括如图 2-1-3 所示的几种。

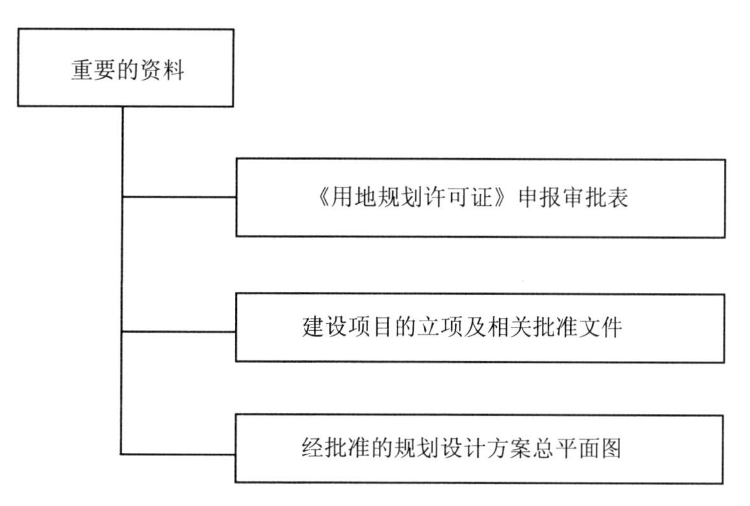

图 2-1-3《建筑用地规划许可证》所需资料

（二）办理程序

《建设用地规划许可证》的办理程序，具体如图 2-1-4 所示。

许可证办理的申请

向审批行政主管部门提交规定的申请文件和资料，填报建设项目审批报表，提出申请。

许可证申请的受理

审批行政主管部门接受地单位提交文件和资料，寻于符合要求的即时予以受理，制作《建设用地规划许可证立案表》行政主管部门接受用地单位提交的申请文件和资料。对于不符合要求的不予受理，将所需齐补正的全部内容等相关情况告知用地单位。

许可证申请的受理

审批行政主管部门对用地单位提交的文件和资料，按照初审的标准进行初步审查，审批行政主管部门根据初审意见及审核标准对用地单位提出的申请进行审核，对符合要求的制定《建设用地规划许可证》文稿，对不符合要求的终结审批。

许可证申请的审定

审批行政主管部门的相关主管人员根据审核及复审标准对用地单位提出的申请进行复审，做出同意或不同意的复审意见。审批行政主管部门的相关主管人员根据复审意见及审定标准对用地单位提出申请进行审定，出具同意或不同意的审定意见。

许可证申请的批准

审批行政主管部门根据审定结论对用地单位核发《建设用地规划许可证》或《退件通知书》。

图 2-1-4 《建设用地规划许可证》的办理程序

三、《国有土地使用证》

《国有土地使用证》，是证明土地使用者向国家支付土地使用权出让金，获得了在一定年限内某块国有土地使用权的法律凭证。

（一）所需材料

办理《国有土地使用证》所需材料，具体如图 2-1-5 所示。

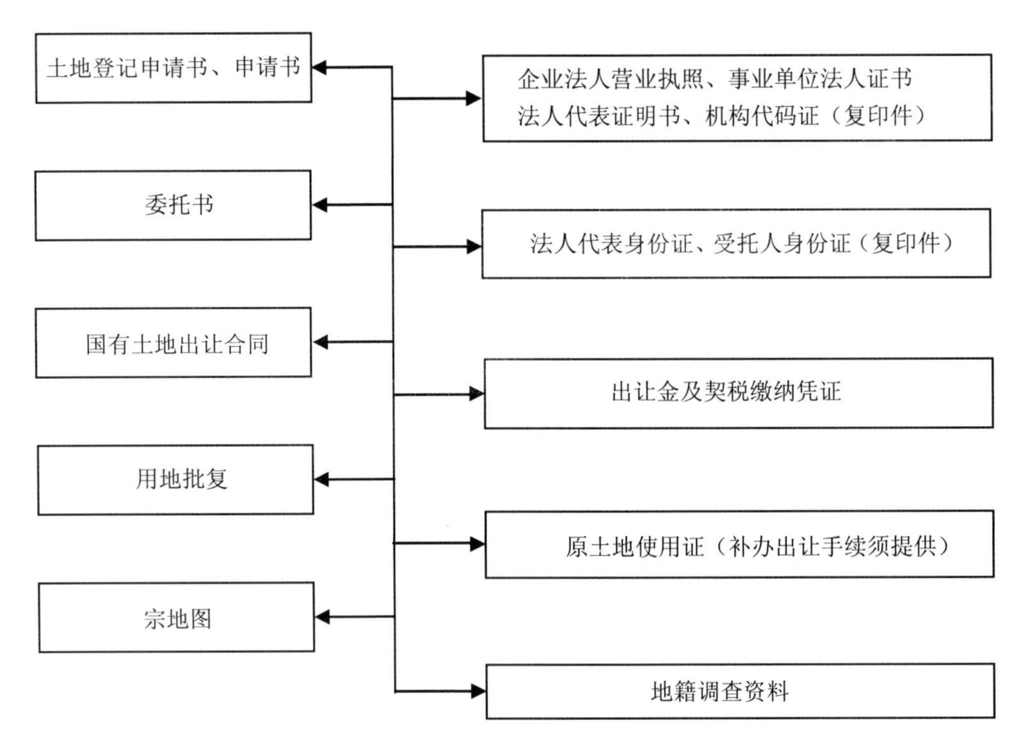

图 2-1-5 《国有土地使用证》所需材料

办理《国有土地使用证》所需材料以上注明为复印件的资料，均须向登记中心窗口交验原件，收取加盖公章的复印件，人民法院裁定补办出让手续的，如不能提供原土地使用证，须由执行法院提供刊登注销土地使用证公告的报纸原件。

（二）办理程序

（1）土地登记申请。

（2）地籍调查。

（3）土地权属审核。

（4）颁发国有土地使用权证书。

四、《建设工程规划许可证》

《建设工程规划许可证》是有关建设工程符合城市规划要求的法律凭证。

在城市规划区内新建、扩建和改建建筑物、构筑物、道路、管线和其他工程设施，必须持有关批准文件向城市规划行政主管部门提出申请，由城市规划行政主管部门根据城市规划提出的规划设计要求，核发建设工程规划许可证件。

（一）所需材料

办理《建设工程规划许可证》所需的材料，具体内容见表 2-1-11。

表 2-1-11 办理《建设工程规划许可证》所需的材料

序号	材料类别	具体说明
1	必要文件	（1）先行申报人防审查，取得人防审查意见书 （2）《建设工程规划许可证》申请表 （3）计划部门立项批文 （4）《建设用地批准书》及用地红线图或《土地使用权证》 （5）勘测院的“建设工程规划监测报告” （6）施工图审查机构出具的审查报告书 （7）施工图审查机构盖章的建筑施工图（三套） （8）设计单位提供盖章的建筑分层面积表、功能分类面积核算表 （9）“建筑方案设计会审纪要”或“建筑方案设计审查意见书”，扩初设计批复 （10）建设单位授权委托书，委托代理人身份证复印件
2	选择性	（1）合法的建设计划文件（发改委备案函、教育局文件） （2）开发规模（针对房地产商品开发项目） （3）经济适用房指标 （4）环境保护行政主管部门意见 （5）日照分析图 （6）指标复核意见 （7）效果图（包括夜景效果图） （8）其他

（二）办理程序

建设单位或者个人在取得建设工程规划许可证件和其他有关批准文件后，方可申请办理开工手续。申请《建设工程规划许可证》办理程序如下：建设单位提出建设申请，填写建设工程规划许可证申报表，城市规划行政主管部门根据城市规划审定设计方案，城市规划行政主管部门对各项技术指标进行审定，同时建设单位须完成开发规模的审批、节能审批、文物勘探、人防报批、缴费等程序，跟进最后审定结果，规划部门对建设单位的建设工程规划许可证予以公示，没有异议的核发证书，有异议的退回。

五、《建设工程施工许可证》

《建设工程施工许可证》是建筑施工单位符合各种施工条件、允许开工的批准文件，是建设单位进行工程施工的法律凭证，也是房屋权属登记的主要依据之一。

（一）所需材料

办理《建设工程施工许可证》所需的材料，主要包括以下几项：

（1）建筑工程施工许可证申报表（原件 1 份）；

（2）建设单位法人委托书（建设单位组织机构代码、办理人身份证复印件及联系电话）原件1份；

（3）建设工程规划许可证（核原件留复印件 1 份）；

（4）建设工程中标通知书（核原件留复印件1份）；

（5）项目资金证明（原件 1 份）；

（6）建设工程安全施工措施审查备案表（核原件留复印件1份）；

（7）工程质量监督登记表（核原件留复印件 1 份）；

（8）大型人员密集场所和其他特殊建设工程，须提供公安部门出具的消防设计审核意见书；

（9）行政事业性收费建委系统专用缴款通知书（核原件留复印件1份）；

（10）建筑领域农民工工资保障金存储通知书（建设、施工单位）及承、发包方承诺书（原件 1 份）；

（11）建筑劳务分包合同备案登记表（原件 1 份）；

（12）监理合同（原件 1 份）；

（13）商品混凝土合同（原件 1 份）；

（14）施工合同（原件 1 份）；

（15）外地企业的资质须经资质管理部门认可（原件 1 份）；

（16）违规工程还须提供施工资质证书和安全生产许可证、监理企业资质证书（核原件留复印件1份）、违规工程质量检测表（原件1份 >、违规工程处罚结果通报（原件1份）。

（二）办理程序

企业申请办理《建设工程施工许可证》，应当按照图 2-1-6 所示的程序进行。

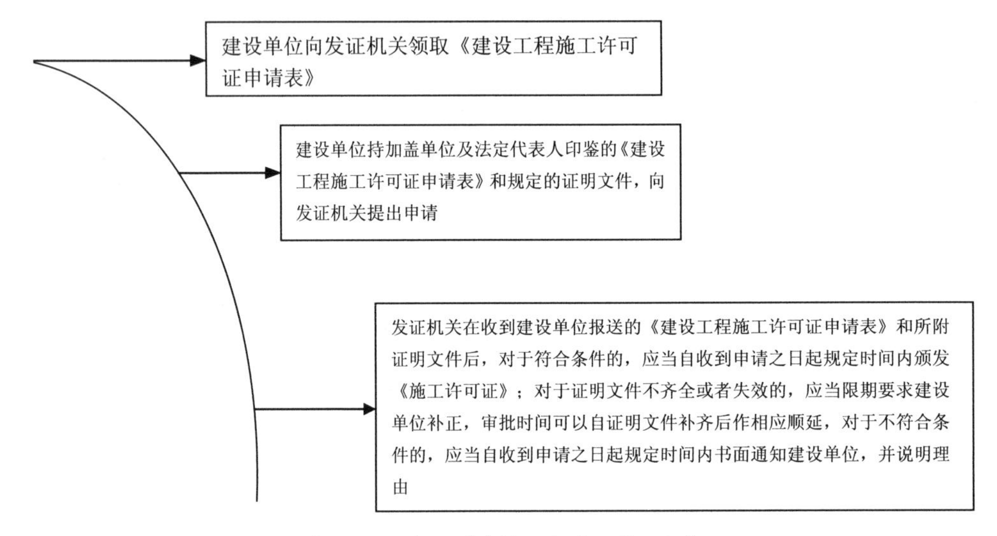

图 2-1-6 办理《建设工程施工许可证》

第二章

医院建设项目前期专项工作

路阳

路　阳　北京医路阳光管理咨询有限公司创始人

第一节　医疗项目战略规划

大部分潜在投资者了解医疗行业基本投资逻辑，在投资新建医院或者是收购医疗项目之前，通常会制定出一整套的策略。长远看来，全面而有效的战略规划可以保障医院稳定运营，并同时为投资者带来积极的回报。在外部环境不断变化的今天，医院的投资者常常会运用成熟的策略参与医疗行业的角逐中来，以获得持续的行业竞争优势。

在过去的 20 年，甚至更长的时间里，来自卫生经济学、管理学、宏观及微观经济学、保险支付（第三方补偿）、非营利性组织等多领域的专家逐渐将各自方法论用于医疗行业并得以充分实践，我们将在这些经验基础上做出进一步解释，阐述战略在医疗机构前期规划乃至持续运营中的意义和作用。

一、医院战略管理的意义

医院战略是关于如何在医疗市场和医疗产业中获取最佳运营成果的理论，用于指导医院运营实践并达成目标。

投资者所采用的战略，可以分为以下三种基本模式。

（一）简单策略法

一般投资者在进入医疗行业之初，确定简单而易于理解的目标，凭借对医疗行业感性而直观的认识，或者来自相关行业成功的经验，对进入的目标及预期达到的成果给予直接赋义。例如，定位“区域内单体最大的综合性医院”这样简单明确的目标，团队成员在理解中不易产生偏差。简单策略法在医院快速扩张期把发展目标直观反映出来，但是随着产业规模不断发展，长期则需根据不同发展阶段的特点进行适用性调整，进而引导医院从规模化向效率化发展。

（二）权变策略法

投资者进入医疗行业，根据外部环境、医疗技术特点、运营阶段、医院组织结构、医院管理层能力及特点等多项因素，制定适宜的战略目标和经营策略。类似的权变策略符合机构成长周期的内部规律，制定并调整其战略规划是一个适应性的发展过程。医疗行业本身具有一定的抗周期性特点，医疗产品非商品特性，医疗服务本身是刚性需求，因此在每一阶段，医院管理者都需要复杂而精密的方法。简单的说，权变策略是要在较长的发展周期内划分相对独立的短周期，根据外部外部环境及医院内部组织特点，制定适合的发展策略（后续将在医院发展阶段特点中进一步的解释）。

（三）博弈法

医疗与商业具有相似的竞争性环境，每一家医疗机构的运营者所面对的外部与内部环境在一定时期有可能是相似的，投资者需要在熟悉运作规律的前提下能采取策略，策略的选择会随着国家对于基本医疗服务定价体系、第三方补偿机制、新型治疗技术、新型检测技术、新药上市 、产业结构、医疗服务需求等多重因素升级变化而不间断的动态变化。正是这样的动态变化，促使投资者必须了解自身所处的竞争结构，在医疗服务提供方、患者、支付方三者之间寻找那些能够组织领导并激励员工的有效规则。

虽然，从经济学的角度复杂的博弈法并非最优战略，但从长远来看，博弈及价格均衡是推动社会发展、推动医院卓越发展有效保障，也是实现投资行为永续经营及价值最大化的途径。

二、战略管理的过程

通常为医院制定一个长期发展战略（行业竞争成功），是通过战略管理过程来实现的。战略管理过程是指有助于提高选择优势战略的可能性，在医院采取的一系列有序分析并选择的整体过程（图 2-2-1）。

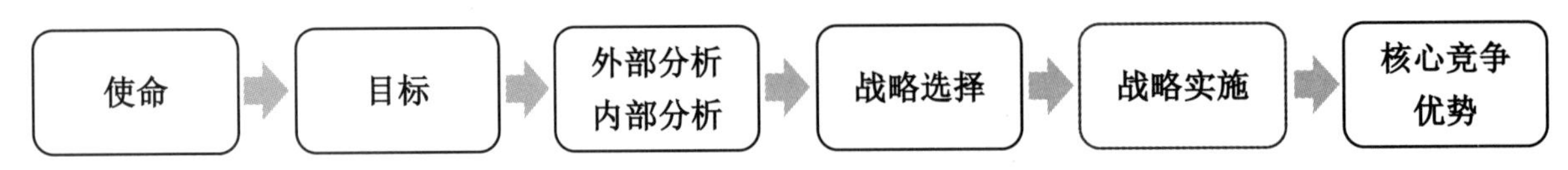

图 2-2-1 战略管理过程

医院战略规划进行细分，可以成为更为具体的可实施子项，具体包括：学科战略、运营战略、医疗质量战略、人才战略、品牌战略、营销战略等子战略系统。

三、医疗投资分析

21 世纪以来，人口结构、流行病学，疾病类型和医疗服务体系均发生了深刻的改变，即从急性传染病到慢病、从急病防治到慢病管理乃至生活质量提升。以科学为基础发展的医疗服务体系，以循证医学为基础发展的医学知识体系，以基因组学和大数据为基础的生物技术体系，以信息技术和网络技术为基础的数字移动应用系统，促使医疗服务越来越趋向个性化和精准化，这些创新技术将会给人类社会以及健康生态体系带来大的冲击。

（一）医疗行业特点

医疗行业是一个高门槛的行业。不仅具有政策门槛，也具有技术门槛。医疗行业也是一个资源依赖度高的行业，不仅需要有形资源（钱、土地、设备），也需要依靠无形资源（医生、技术、质量、品牌）。新建医疗机构通常集资金、技术、劳动力密集于一体，培育周期长，投资回报周期也比较长。

医疗服务需求是刚性需求，一般不受经济周期影响。一旦能够在专业领域形成技术优势、在医疗行业树立正面的品牌形象，在社会上形成患者和大众口碑，那么就会实现现金流持续稳定，资产增值，经济效益和社会效益双丰收。

在医院的进化历程中，南丁格尔不仅是现代护理的开创者，也是现代医院的管理者，更是一位清醒的思想者，现代医院制度的反思者和变革者。《护理日记》积极倡导以照护为中心的专业化服务，聚焦于“治疗和照护”的关系上。重点强调医院的核心价值是人性的呵护，周到的生活料理、身心灵的关怀。《医院日记》积极倡导以舒适为中心的医院设施改造。重点强调完整的治疗不只是着眼于器质性损害和修复，更不能让患者生活在嘈杂混乱的空间，医院应该首先提供良好的生活环境，然后才是良好的治疗环境。因此医院建筑既服务于功能，也要服务于形式。既要满足诊疗功能和管理职能，也要照顾患者感受和服务体验。

（二）医疗机构发展的周期性

医疗机构的发展需要长期培育、积累和沉淀，一般情况下需要经历如下五个阶段。如图 2-2-2 所示。

1.“有与无”阶段

相当于“十月怀胎”，这个阶段胚胎在母体内孕育，胎儿的健康一方面取决于父母的基因，更直接的影响来自母体。投资方和领导团队关于战略、品牌、定位、学科、人才、财务等各方面的决策能力、资源配置及整合能力，不仅影响到项目能否顺利“出生”，也为未来的经营定下基调。

2.“生与死”阶段

相当于“婴幼儿期”。医院在这个阶段关键是“安全”，通过构建一个安全的服务体系，能够初步获得患者及家庭的信任。学科设置和人员尚未完全就位，需要科室协同，互相补位，让患者体验到方便且连续性的服务。可能在这个阶段发现“先天性畸形疾病”，需要及早“诊断”和“治疗”。这个阶段医院文化建设至关重要，通过核心价值观引导实现团队融合，渡过艰难期。

3.“上与下”阶段

相当于“青少年期”。医院发展需要靠“技术”驱动，结合资源和市场需求扩展学科范围，发展“特色专科”或“专病诊疗”，加大力度培养中青年医师。基于医疗质量和患者安全管理，建立风险预警和管理体系。医院社会知名度和患者认可度得到进一步提升。如果这个阶段不能“技术”主导，医院的发展则走向另外一个方向。

4.“强与弱”阶段

相当于“青年期”。发展靠内涵。“重点学科”是关键，实现“重点学科”要求“医疗、教学、科研”全面开花。教学和科研能力既解决医院人才培养问题，也是医院可持续发展的动力。重点学科不仅具有带动效应，即提升内部相关部门的能力和水平，也具有品牌效应，即在患者群体形成口碑，在社会上形成美誉度。另外，重点学科的确立也意味着在医疗行业内部树立标杆，成为受人尊重的医院，转诊患者及科研合作能够促进学科进一步发展。

5.“大”与“小”阶段

相当于“中年期”。发展进入成熟期，医院的管理、学科、人才、品牌四大要素在这个阶段具备了复制的条件，既可以满足水平方向扩张，也可以向垂直方向深耕，进一步整合资源，实现资产的活化与增值。

当然，以上五个阶段不是截然分开的，其中的要素也不是一定在某个阶段才能实现。这里只是试图揭示一种发展思路和逻辑，提示一种潜在的规律和价值。

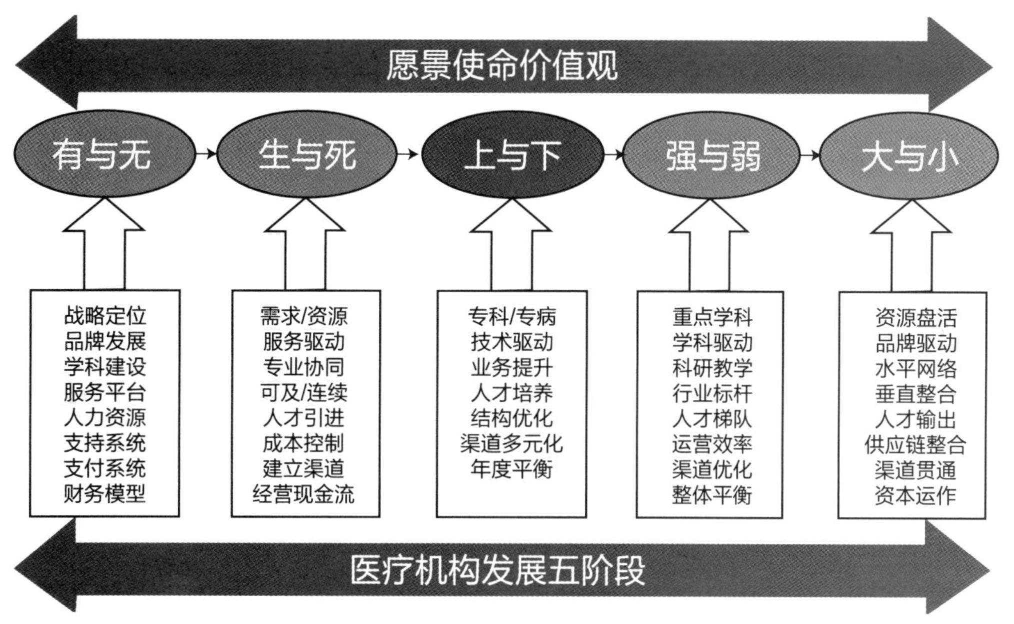

图 2-2-2 医院机构发展规律

（三）使命

确定使命，是战略管理的起点，是未来长期发展的目标。使命具有两个内涵，一方面医院在长期发展中希望成为的目标，另一方面也是将来要避免形成的结果。使命通常以宣言的方式定义了医院的核心价值，具有独特性，是区别于其他机构的标志，使命宣言通常会直接阐述医院的服务范围以及主要服务目标，进而有效地引导组织行为。

医院经营理念是组织的灵魂，是医院管理者秉承的信念，并在此基础上建立的一套健全的思想体系，并作为决策和日常运营的最高指导方针和原则。其目的在于寻求组织存在的意义和价值、创造经营绩效、谋求可持续发展。

医院的发展不是靠利益来驱动，而是靠愿景、使命和价值观的凝聚力来引导。将使命转化为愿景和目标，让员工具有一致的努力方向；将价值观注入员工的日常行动，成为医院持续发展的动力。

美国波士顿儿童医院的使命是提供最高质量的医疗服务；成为医学研究和新发现的源头；培养下一代儿童医疗领域的领导者；提高儿童及其家庭的健康水平。价值观包括卓越（excellence）、感性（sensitivity）、领导力（leadership）、社区（community）。

美国克利夫兰医学中心的使命是为患者提供更好的医疗服务，深入钻研患者问题并教育患者。愿景是在患者体验、临床服务、科研、教学等方面成为世界领导者，为此必须做到：

（1）精于医术，基于教育与科研；

（2）研发应用、评估分享新技术；

（3）吸引优秀人才；

（4）提供卓越的服务；

（5）永远将医疗质量置于首位。

价值观的核心包括：质量、创新、团队、服务、正直、同情心。

美国安德森癌症医学中心的使命是致力于在得克萨斯州、美国乃至全球范围内消灭癌症，整合临床服务、科研和预防项目，提供本科生、研究生、进修生和专科培训以及健康教育。愿景是要成为世界上最好的癌症医学中心。依托最好的医生、研发和科技驱动的患者服务模式，要让癌症成为历史。价值观包括关爱（caring）、正直（integrity）、发现（discovery）。

（四）医院运营的“三角”关系

经营一家医院关键在于处理好医院和医生的关系、医生和患者的关系，医院和患者的关系（图2–2–3）。

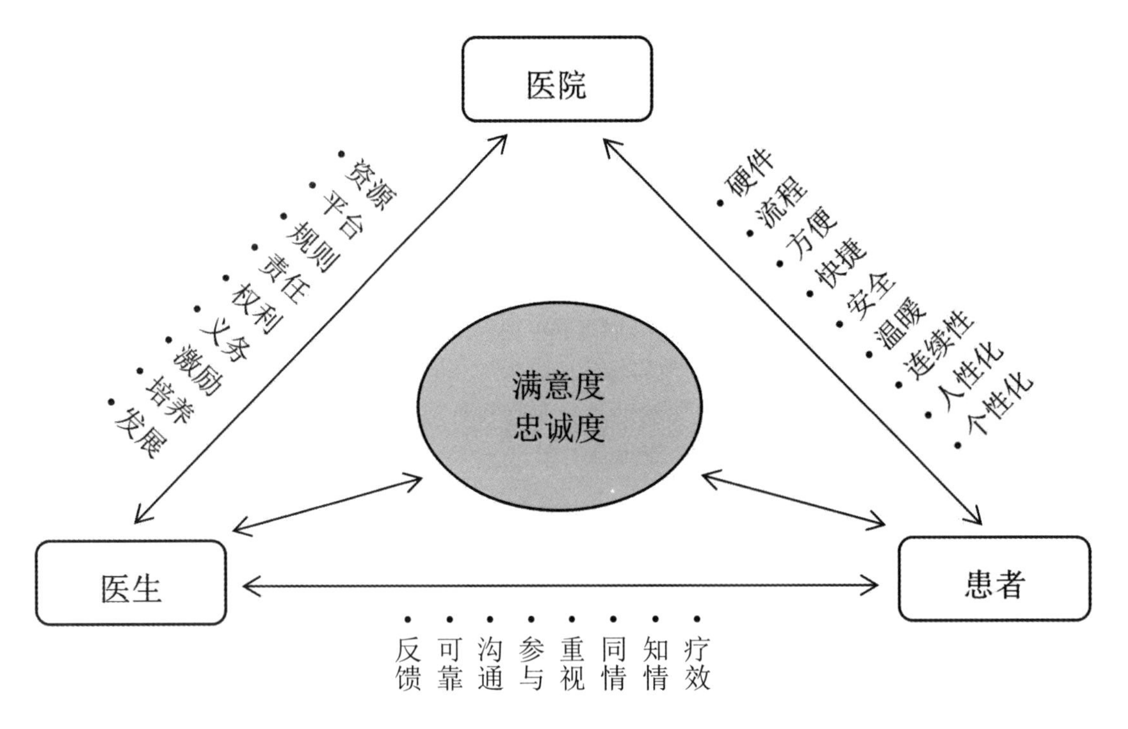

图 2–2–3 医院管理的运用三角

1. 医生与患者关系

随着患者权利意识的增强、互联网和移动通讯设备的普及，越来越多的 E–patient、新媒体形式下病毒式传播和影响力，带来越来越多的知识型患者及家属。医患之间变成共同协商和决策模式，在这种情况下，医患关系变成了契约关系，双方共同承担责任、义务和风险，并寻求一致利益和价值。最为理想的医患关系是一种伙伴关系，双方互相信任、平等合作、共同御“病”。患者能够理解“生老病死”是人生必须面对的事情；医生不是救世主，医疗实践的风险极高；在疾病面前，医生和患者目标一致，彼此坦诚相待；遇到问题和困难，大家共同面对和解决。这种情况下，医患之间不是博弈关系，而是一个战壕里的“战友”。

2. 医院与患者的关系

医学的局限性、个体的差异、疾病的特异性、执业个体职业水平和道德水准参差加剧了患者安全风险和医疗质量的不确定性。“二战”后，技术发展催生了强大的辅助诊疗系统（CT、核磁、直线加速器、生化免疫检测等），也强化了医院作为技术服务场所的强势地位。同时，医院为了吸引自由执业的医生转诊患者并来院执业，所有设计均围绕医生的需求来实现。医院如今演变成医疗技术中心和装备中心、强调功能性大于体验性，技术性大于服务性，强调工作流程，而不是服务流程。但是对于患者来说，生病除了病痛本身以外，最受影响的是心态和情绪，强烈的无助感伴随着对于结果不确定性的恐惧感。因此医院的真正价值在于创造诊疗环境，让医疗团队走近患者、倾听患者、教育患者、关心患者并帮助患者树立起战胜疾病的勇气和信心，尽快回归健康、回归生活、回归社会。

3. 医院和医生的关系

医疗机构的“主营业务”是为患者提供诊疗服务，医疗机构的专业智慧汇集于医师、护士、技师、药师等具有专业技术的医护人员身上，这些专业医护人员独立运用专业技术来治疗患者。医疗专业人员在处理患者事务方面应该具有高度的自主权和自主性，而人力、信息技术、后勤、采购供应、市场等专业人员，则应支持专业医疗人员的工作。只有医疗前台和后台部门之间的密切配合，才能使价值创造的过程顺利开展。因此，理想的医疗机构不是一种直线指挥型的阶层体系架构，而应该是支援型的组织机构。医疗机构的经营者不是发号施令，而是解决组织所遭遇的障碍和问题，合理分配资源，协调组织科室顺利运作。

医院运营管理的基本原则是善用有限的资源，产生最大的效益，进而服务患者，贡献社会。然而资源有限，期望无限，每家医院都希望能够以最小的成本和风险实现最佳的质量和效率。因此，任何一家医疗机构都面临着在“质量、效率和成本”之间的平衡。

（五）行业分析

1.SCP 模型

医疗服务及医疗产品具有准公共品属性，因此医疗市场并不是完全意义上的竞争市场，在制定战略及进行战略选择时需要尊重医疗行业投资规律，兼顾投资收益与社会效益。在战略管理的过程中，必须对内部和外部环境进行全面的分析，其中包括组织内部优势与劣势，外部的机会与威胁。

投资者进入医疗行业的动机一般希望获得现有行业内医院经营所取得的业绩，新的医院投资者加剧现有机构之间的竞争水平，如果进入医疗行业的行业壁垒不够高，就会持续吸引新的医疗投资行为，直到行业竞争优势逐渐消失，行业利润水平下降。

从投资者角度看待医疗项目投资，是引入新的竞争者的过程，我们使用 SCP 模型“医疗行业－医院经营－运营效益”三个维度对投资医院进行全面分析。

表 2-2-1 应用 SCP 模型投资分析

一、规模经济	目标地区及全国医疗服务的市场需求量	发病率 现患病率 知晓率 单次门诊费用水平 单次住院费用水平 门诊频次 每百门、急诊入院率
	目标地区及全国现有医疗服务供应量	医疗机构数量 诊疗范围 患者来源 转诊渠道 服务量指标（年门诊人次、年出院人次、年手术量、年分娩量等核心业务指标）
	市场定价水平	行业对标 基本医保支付比例 C-DRGs 病种限价 商保支付额度 自费占医疗服务总支出的比例
	行业平均利润率	公立医院：总收入、差额拨款或财政全额拨款 民营医院：总收入、总成本、行业平均利润 人力成本：市场化的薪资水平、占总收入比例 药品耗材：采购模式、占总收入比例 运营费用：占总收入比例
	利基市场	现有医疗行业进行专科精细化分工 医疗行业因新技术、新检测、新药带来的契机 新型技术获得高新技术认定
二、医疗服务产品的差异化	技术壁垒	医疗技术优势（治愈率、缓解率、死亡率、随访长期生存率、并发症） 技术创新性特点、技术难度特点 专科技术持有者人数（有资质医师人数） 团队协作能力 配置医疗设备、辅助检查等辅助支持
	服务特点	医疗服务链各接触点（院前、院中、院后） 服务附加值
	定价优势	C-DRGs 支付模式下病种权重指数优势（CMI 值） 非基本医保项目定价权 政府购买公共卫生服务 商业保险议价能力

表 2-2-1 应用 SCP 模型投资分析（续）

三、不依赖于规模的成本优势	医疗用房	自有房产用于医疗投资 所在位置的区位经济优势 长期租赁物业
	财务费用	融资规模 借贷利率
	卫生技术人员资源	教学医院 医学院附属医院 住院医师规范化培训基地 专科技术培训基地
	运营管理经验	成熟的医院运营团队 IT 系统 BI 系统 科研数据平台 基于关键医疗服务所形成的智力资本
	供应链	集中式招标采购 药品配送 议价能力
四、政府调控	医疗卫生规划	医疗卫生事业发展目标 区域内联合（医联体、医共体、基层卫生服务） 符合特殊医疗规划的选址要求 区域临床用血规划
	基本医保	申请准入周期性 基本医保定价标准 诊断相关组预定额付费 (DRGs-PPs) 控费、智审系统
	商业保险	长期护理险 重大疾病险
	环境影响评价	规划土地性质 选址合理性 医疗废物废水处理
	放射类项目环境影响评价	放射性污染及其防治 甲类设备配置许可
	其他政策鼓励或限制性因素	专科技术评价（临床重点专科审批） 科研项目资助
五、其他	项目投资方案	总投资规模 运营资金保障 投资周期及预期回报率

2. 综合医院与专科医院怎样选择

综合医院发展需要靠规模效应，竞争优势在于成本。难点在于如何在保证品质和效率的同时降低成本。专科医院发展需要集中资源，竞争优势在于聚焦。难点在于如何体现差异化，锁定专科患者，建立专科品牌。

3. 整合型医疗服务体系

医院是集技术密集、知识密集、人员密集于一体的服务机构。医疗机构分类逻辑应该先根据患者护理康复需求及技术复杂程度进行服务定位，其次根据这些特点确定相关资源配置。

（1）支付方。

在现代医疗服务业，支付方的力量可能成为整合之“导演”：从时代的潮流、医疗环境的演变或保险支付的变化，医疗服务的整合是医疗产业未来必走之路。

随着医保政策的演变，支付风险越来越多地转向医疗服务提供方。

论量计酬制度（Fee For Service, FFS）意味着只要有医疗行为就会带来收入；而前瞻性支付制度（Prospective Payment System，PPS，如总额预算下的论人计酬制）是在医疗费用支付固定的前提下，各种诊疗行为不是收益，而是成本。这将促使医疗服务提供者主动节约医疗资源，注重预防保健，从疾病诊疗转向健康维护与促进。在这种“省钱就是挣钱”的激励诱因下，医疗体系将通过整合，提高资源利用度、保证医疗服务质量。价值将成为关注的焦点。

目前我国医保体系仍然处于起步阶段，医疗市场尚未形成医疗服务提供方和支付方的议价机制，更没有形成基于价值的支付体系（value-based payment）。

未来的竞争将是医疗体系之间的竞争：传统医疗细分专科化的后果导致了医疗服务是片段的、不连续、不协调的。整合型医疗服务体系将急性医疗服务、门诊服务、家庭护理、康复等服务无缝链接，通过评估患者应在哪个层面接受服务，然后对应相关的机构和治疗方案，患者可以在体系内流动。由于机构之间资源与信息共享，保证高质量服务的同时，资源利用度和效率大幅提升。

（2）整合的基本要素。

中国医疗市场目前尚处于初级整合阶段，不论是一些医疗集团还是医联体，整合的要素不外乎规模、技术、医师、患者和数据等资源。不同要素的整合体现着不同的整合思路，也会影响相应的整合效果。影响整合效果的关键，在技术层面，需要实现三个“标准化”：

① 临床诊疗行为标准化，如临床路径、诊疗规范、技术规范；

② 服务流程标准化，即如何将门诊 / 住院、科室之间、院前 / 院中 / 院后等环节有机地“串”起来；

③ 数据标准化：包括电子病历、健康档案、临床数据、财务数据等。

未来医疗市场的竞争将不再局限于单一机构与单一机构的竞争，而是医疗群体与医疗群体的竞争，甚至是医疗体系与医疗体系的竞争。

（六）学科战略

如果医院是一个企业，那么学科就是产品线，病种就是产品。学科是医院投资收益中心，也是资源的成本中心；学科是诊疗服务的源头、也是市场需求的发动机。学科是为患者提供诊疗服务的功能单元、也是专业人才实现价值的平台。也是医院的品牌资产。学科可以强大到独立为一家专科医院，也可以在综合医院内部成为重点科室，并对相关科室形成驱动效应。只有围绕患者需求，积累内部与外部资源、整合有形与无形资源，通过高效地组织运营、发挥学科的驱动力和影响力，打造疾病诊疗服务链，学科才能形成核心竞争力。

1. 学科定位

医疗技术是医疗机构在市场的立足之本和可持续发展动力。技术驱动靠的是学科和人才，也就是要具备吸引人才的机制、培养人才的环境和留住人才的文化。技术驱动必须有医疗、教学、科研三大支柱，才能支撑可持续发展。但是，越靠技术驱动的医疗机构复制的难度越高，越不容易形成规模效应。当然，仅仅靠技术优势无法形成强势品牌，必须要在服务和管理两个方面齐头并进。技术相当于“发动机”，只有插上服务和管理的“翅膀”，医院才能展翅高飞。

应用GE矩阵进行学科定位。GE矩阵（GE Matrix/Mckinsey Matrix）又称通用电气公司法或麦肯锡矩阵。GE矩阵可以用来根据事业单位（SBU）在市场上的实力和所在市场的吸引力对这些产品（线）进行评估，也就是说根据每个学科在专科领域上的实力和所在市场的吸引力对学科进行评估，判断其强项和弱点。一般在战略规划中，应用GE矩阵分为以下5个步骤。

（1）确定业务单元（学科），并对每个业务单元（学科）进行内外部环境分析。业务单元可以是二级学科，如内科；或者是三级学科，如神经内科、神经外科；或者将神经内科和神经外科组合成“神经中心”，或者根据专病设立“脑血管病”业务单元。然后，针对每一个业务单元进行内外部环境分析。

（2）确定评价因素及每个因素权重。确定市场吸引力和学科竞争力的主要评价指标，及每一个指标所占的权重。市场吸引力和学科竞争力的评价指标没有通用标准，必须根据所处的行业特点和发展阶段、行业竞争状况进行确定。从总体上讲，市场吸引力主要由专科市场的发展潜力和盈利能力决定，竞争力主要由人力资源、技术能力和经验、品牌资源与能力决定。确定评价指标的同时还必须确定每个评价指标的权重。

横轴（学科竞争力）：学科带头人、人才梯队、技术壁垒、诊疗效果、科研能力、协同效应、口碑效应；学科带头人意味着影响力和技术品牌，人才梯队情况意味着专科领域的服务病种范围和深度。技术壁垒代表着学科的地位和技术的特色，诊疗效果是终点质量指标。科研能力代表着学术地位和未来可持续发展。协同效应意味着学科自身的发展可以对其他学科起到驱动作用，同时形成患者口碑和正面的社会评价。

纵轴（市场吸引力）：患者来源、竞争对手、替代技术、支付渠道、定价机制、投资成本、运营成本市场规模和发展潜力意味着现有患者情况和潜在患者需求。专科疾病的发病率、患病率、两周患病率、治愈率、死亡率、并发症发生率等均纳入评估。结合特定人群考虑（某个地区、某个性别、某个年龄组等等），也包括高风险群体（潜在患者）。患者价值、定价价值和支付渠道决定学科收入。第三方支付是决定患者流量的最重要因素。不同学科的目标受众不同，学科的不同病种报销渠道、诊疗项目的报销比例均有不同。不同的支付渠道报销政策不同，客户群体不同。目标客户群体由医院定位决定。另外，规模因素起决定作用。

（3）进行评估打分。根据分析结果，对各业务单位的市场吸引力和竞争力进行评估和打分，并加权求和，得到每一项业务单元的市场吸引力和竞争力最终得分。

（4）将各业务单元标在GE矩阵上。根据每个业务单元的市场吸引力和竞争力总体得分，将每个业务单元用圆圈标在GE矩阵上。在标注时，注意圆圈的大小表示业务单元的市场总量规模。有的还可以用扇形反映市场占有率。

（5）对各业务单元（学科）策略进行说明。根据每个业务单元在GE矩阵上的位置，对各个业务单元的发展战略指导思想进行系统说明和阐述。

2. 基于数据进行战略决策

医疗行业具有政策门槛，学科规划既要了解国家性政策，也要熟悉地方性特点；既要了解医院整体性的规定，也要熟悉学科层面的规范，从医院或学科的人员资质、技术准入、设备和设施的管理、以及医疗质量相关的规范要求，都需要进行调研，并在策划阶段结合医院设计、学科设置、设备采购、人员招募等全程遵守、贯彻和执行。有一些政策属于指导性或指南性的，有一些政策必须遵守，属于底线。

更为重要的调研数据来自于以业务单元为核心的学科调研，主要方法包括专家访谈、患者访谈、专题研讨、实地参观、学术会议或文献检索。一方面，要结合专科特点，了解学科人才与技术特点、新技术或业务、国内外技术进展和趋势；另一方面，要结合市场特点，了解患者来源与价值、诊疗效果、学科运营特点以及投入 / 产出效率等。

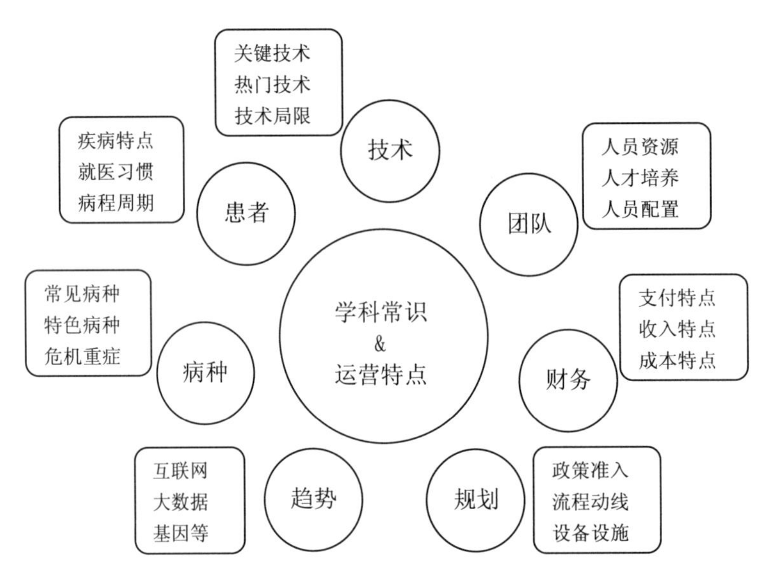

图 2-2-4 学科常识与运营特点

3. 学科运营方案

（1）学科运营是以学科为单位，组织人、财、物等资源，在一定的空间内为患者提供服务，并获得经济和社会效益。

（2）学科运营目标包括开业第一年目标、中期目标（3 ~ 5 年）、长期目标（5 ~ 10 年）。

（3）学科运营目标要进行多维度分解：

财务目标：门诊量、住院量、手术量、均次费用、运营成本、利润；

市场目标：新患者、老患者、满意度、支付方、合作方、品牌管理；

业务目标：技术项目、人才引进、人才培养、科研项目、外部合作；

管理目标：医疗质量、服务流程、供应链管理、信息化、文化建设。

4. 其他运营方案

（1）业务方案：从学科、学组、技术角度，结合患者来源、病种结构、病种费用和成本，从技术到服务、从竞争对手到标杆科室、从门诊到住院、从临床到科研等多方面多维度开展学科规划。

（2）市场方案：从新患者获取到老患者维护，从第三方支付到竞争对手，从渠道建设到合作第三方，从患者满意度到患者忠诚度的品牌管理和提升，多层次多方位开展市场规划。

（3）资源配置方案：根据业务规划和市场规划方案，确定学科发展需要的硬件和软件配置，硬件包括场地需求、设备需求、信息系统需求、药品耗材等；软件包括人才需求、政策需求、公关需求、患者来源、科研平台、品牌建设等。

(4)人力资源方案：既包括技术人员，也包括管理人员和服务人员；既包括全职人员也包括兼职人员；既包括人才引进也包括人才培养；既要配置计划，也需要计算薪酬成本。

(5)质量方案：既要形成质量管理的组织、体系和框架，也要制定质量管理的目标、计划和预算。既要了解质量管理的终点指标，也要明确过程如何管理；既要明确质量管控的重点，也要形成不良事件上报的机制；既要形成质量管控的监督措施，也要形成发现不良事件后持续改进的机制。

(6)财务预算：根据以上业务、市场、资源配置、人力资源和质量管理方案，形成针对业务收入、运营成本和投入成本的预测和评估，进行形成财务预算。

（七）医疗服务战略

以患者为中心的医疗服务模式是衡量医疗质量的重要标准。在美国国家医疗质量报告“跨越质量鸿沟”（2001）中明确了“以患者为中心”的服务定义：尊重患者个体的个性化需求和价值观并保证在诊疗过程和临床决策中实现患者利益，同时将以患者为中心的服务作为医疗质量的六个衡量维度之一。

医院是一个知识密集和技术密集的组织，临床、药学、医技、护理、管理、后勤、保障、分工明确。临床医生做出临床决策下达医嘱，护理和医技部门负责执行医嘱并监测，支持部门负责供应保障，管理部门负责制定规则监督执行。高度专业化意味着分工明确但也存在副作用，即服务的片段化和不连续。因此，基于质量保证和患者需求，医院内部存在诸多的横向沟通与协同，通常以委员会（COMMITTEE）的形式，多学科协作（MDT）、项目组（TASK FORCE）、服务团队（SERVICE TEAM）等形式，渗透在组织内部，一方面通过资源整合为患者提供连续性服务，同时让不同专业的一线管理者和医护人员能够共同议事和决策，体现授权和信任。因此，医院是一个既崇尚知识和专业，也强调合作与协同；既明确分工与责任，也强调整合与信任的组织。

医院管理的首要任务是保证质量与患者安全，因此，尽量降低不确定性、降低差异化程度，通常从“标准化”入手：

(1)流程标准化：诊疗过程（临床指南、临床路径、技术规范等）；

(2)结果标准化：行业对标（感染率、死亡率、并发症发生率等）；

(3)结构标准化：资源配置（人员、培训、设备、设施等）。

医疗服务是一个价值传递的过程，价值链的起点是“疾病”，终点是“健康”。在这条价值链上，患者与医疗服务者在每个接触点上的互动都是价值提升的节点，在节点与节点之间的传递体现着价值提升的效率。

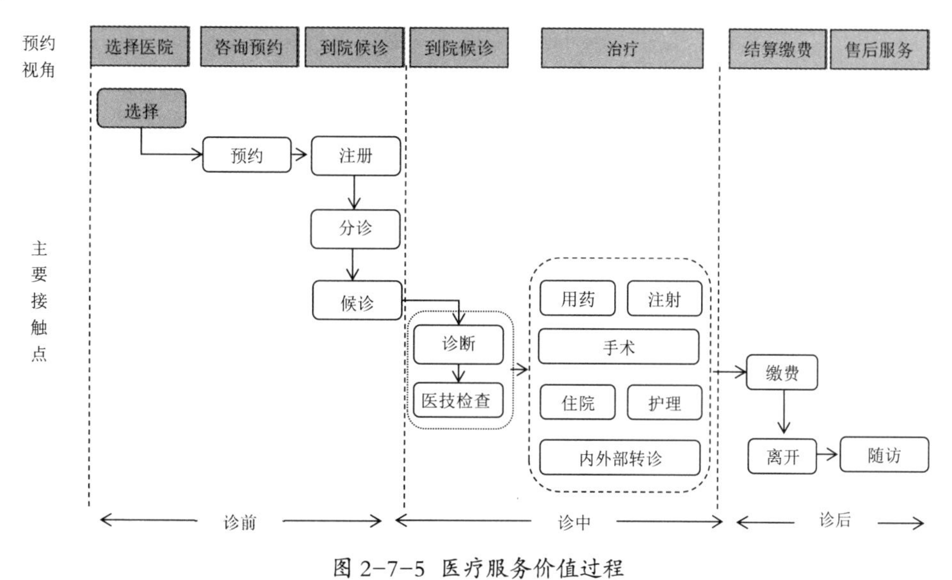

图 2-7-5 医疗服务价值过程

在医院内一般通过观察员工的步行动线，绘制点对点的图表，找出流程或布局改进的可能。美国一家医院通过 72h 连续观察记录其 61 名员工（医生 8、护士 26、其他 8）的院内活动得出结论：能够提升价值的活动占用时间不超过 50%。浪费的时间中电脑录入占 40%、反复澄清解释占 30%、无效走动占 30%。由此，估计一个病区每年浪费约 160 万美元。

回归到“以患者为中心”的原点，我们才能真正了解患者的需求，并围绕患者需求设计、并提供服务价值。我们才会真正发现，不是所有的活动或服务都是有价值的。无价值的活动可能导致更多的疏忽或医疗差错、甚至医疗事故、同时增加成本。无价值的活动大部分是服务体系和流程设计问题，患者不愿意也没有理由为此埋单。无价值的活动大大消耗员工士气、降低员工的满意度、降低工作效率、增加运营成本。“以患者为中心”的方法追踪服务动线，发现系统缺陷、漏洞、识别并摒弃无价值活动。

（八）人力资源战略

医院是所有服务事业体系中最复杂的一种组织。一所大型医院可能雇用数百种不同职务的人员，所使用的物料耗材更可能高达千万种，因此医院必须具备明确的组织系统及高效率的管理模式，才可能将千头万绪的琐事经营得井然有序。尤其医院每天有成千上万的患者及家属进出，要照顾他们住院期间的衣、食、住、行、娱乐等，所以医院所负担的医疗、服务、法律、道德种种重大责任，显得格外繁重。

1. 医院组织内部：五类人和五种力量

如果从组织角度看，医疗机构通常由以下五类人组成（Mintsberg,1983）：

第一类高层管理者：战略决策、配置资源、设计结构、绩效评估和激励；

第二类技术管理者：技术管理者处于高层管理和一线员工之间，负责收集反馈、参与决策、直接监督、管理边界问题（部门之间）。如临床科室主任、护士长等；

第三类一线服务者：直接为患者提供服务的人员，包括医师、护士、药师、技师等；

第四类管理幕僚者：为高层管理者提供决策依据，同时为一线工作者制定规则和标准；

第五类运营支持者：为一线工作者提供保障和支持的人员。

五类人代表着五类势力群体，各有各的诉求，各有各的专业。五类力量的博弈结果造就了医院内部运营机制，影响医院文化。

（1）高层管理者。一般倾向于集权化，“中央集权”的好处是决策效率高；缺点是如果直接越过技术中层指挥一线工作者，则会大大挫伤中层团队的积极性，同时也有可能是“外行指挥内行”。一般多见于一些诊所、门诊部等小型医疗机构，高层管理者同时也是核心医师。

（2）管理幕僚者。倾向于通过制定规则和标准施加对技术工作者的影响力。如果讲究工作方式和方法，可以提高质量，降低成本，也可避免高层管理和技术团队直接冲突。但如果幕僚力量过于强势，生硬照搬规章制度和标准流程，可能引起知识工作者的抵触和反抗，也可能压抑创造性和组织的创新能力。对于患者的一些个性化需求也无法及时满足。一般这种机械式管理模式多见于护理服务机构等标准化程度高的医疗机构。

（3）技术管理者。集专业与管理于一身，倾向于从高层获得授权，同时挤占部分一线技术人员的权力，把权力集中到自身或小单位，容易演变成“占山为王”（重点学科）。优点是集中优势资源形成学科竞争力，缺点是如果＂山头＂过高或过多，则不利于资源共享和多学科协作。通常见于一些“大专科，小综和”的医院。

（4）一线服务者。力求把各级各类管理者对自己工作的影响降到最低。他们希望能够相对自主地工作，同时能够参与决策，影响政策。这样有利于形成扁平化组织结构。好处是“以患者为中心”及时决策与反馈；缺点是医疗质量可能存在风险，需要借助外部约束力量，规范其行为和技能，如行政管理、学会组织、评估认证机构等。但在目前封闭的医疗系统内部，医生和医院是雇佣关系，一线服务者的充分授权很难实现。

（5）运营支持者。虽然是支持部门，其实也具有其专业性（律师、公关、IT、工程师、设备、采购等），因此其定位在专业基础上提供服务、也具有部分管理职能。运营支持层若过于强势，强调管理（如成本控制），可能会影响一线服务效率。这种情况常见于一些医疗集团，为整合资源将支持功能进行控制。

医院的五类人代表着五种力量，在组织内部出于不断地牵引和拉锯状态，其中总有一种或两种力量处于强势地位。于是，我们看到，尽管组织架构大同小异，但是内部机制和企业文化迥然不同。

2. 医院组织设计的关键问题

在组织“五力”分析的基础上，最终要落地的是组织结构。组织结构方面的决策是一个领导层必须做出的最基本决策。在决策之前，需要回答以下的问题：

（1）专业化：当把任务或活动分解为相互独立的岗位时，细化到什么程度；

（2）部门化：对工作岗位进行组合的基础是什么；

（3）标准化；规章制度在多大程度上指导管理者和员工行为；

（4）控制度：一个管理者可以有效地管理多少员工；

（5）横向联系：个体或部门之间的沟通渠道和机制；

（6）指挥链：个体和部门接受谁的指令，向谁汇报工作；

（7）授权度：什么样的决策权对应放在哪一级。

3. 医院组织形态的发展趋势

（1）从功能型转向服务型。传统：医院的组织结构呈现功能型特点，学科设置遵循医学的分科逻辑，管理上强调通过职能部门实施监督和控制。

演变：医院的组织结构呈现服务型特点，即“前台服务患者，后台服务前台”。

首先学科设置逐渐转向以患者为中心的结构设计，如神经内科和神经外科结合成为神经中心；心脏内科与外科结合成为心脏中心；肿瘤内科和外科、放疗科、化疗科结合成为肿瘤中心等。在服务方面形成围绕“专病”形成多学科协作小组（MDT）为患者提供全方位的服务，多学科小组包括医师、护士、药师、技师、康复师、理疗师、心理、营养、社会工作者、志愿者等；在职能管理方面更多转向通过委员会机制让更多的一线部门人员参与，形成自发的上报系统和透明的“不惩罚”的医院文化。

（2）从金字塔型转向扁平型。传统医院的组织结构呈现金字塔特点，强调权力等级和正式沟通。以组织特性而言，金字塔型组织是以科室分工为导向；扁平式组织是以服务为导向，一个主管的管理幅度为 10 ~ 20 人，甚至更多。以功能而言，金字塔型组织倾向保守且层层节制，而扁平式组织则较灵活具有弹性。如主诊医师负责制就是医院组织扁平化表现。在医院组织再造过程中，如何将组织扁平化，以强化其效率，提升品质，其关键在于信息技术的应用程度、数据的标准化和挖掘程度、人员的临床素质和技能能否足够支撑。

（3）未来趋势：阿米巴型医院。医学科技的进步、伴随着移动技术和数据技术与医疗服务的融合，未来的医院将拆掉围墙，成为无边界的组织，而这种无边界组织适合采用阿米巴形态。五大特征：

① 工作特征：多任务、超链接。以具有个人品牌和学术地位的专家为核心聚集专业学术团队；以患者为中心随时组建专病 MDT 小组提供服务。

② 服务特征：多入口、多出口、连续性。网络诊所或医院、社区医院或专科医院、综合医院形成线上线下的患者流动，充分共享信息、资源、知识和技术。

③ 数据特征：POC、云数据、智慧医疗。依靠先进的 ICT 技术支持团队内部及之间的相互调节，

患者数据基于云处理的采集、存储、传输、分析、挖掘。基于大数据的 CDSS（临床决策支持）无处不在。从数据到信息，最后成为智慧医疗。

④ 权力特征：多中心，移动式。决策权力转向一线的专家及团队，随患者的专业需求而调整。

⑤ 组织特征：组合式、扁平化。一线服务层基于患者需求的任务团队，随时集结，相当于美军的空降特种部队；幕僚部门与技术中层、高层管理三者融合成为运营的中枢系统，相当于作战指挥部；支持类服务高度精细快速响应。

医院组织将成为一个崭新的融合体，内部组织的疆界消失，外部边界逐渐模糊。融合了超级链接、任务编组、自治性等组织形式，深具弹性、多重任务、基于数据共享、智慧决策、注重团队学习的阿米巴组织。

在这样的组织里，用理念和价值观统一思想和行为，尊重生命尊严、尊重医学规律、尊重医疗价值渗透入每个人的血液。一切控制的手段来自充分授权，一切的成果来自主动积极。全员发挥高度参与感、享受高度成就感，不断追求高品质的医疗，充分满足患者的需求及期待。

第二节　投资分析与医院财务模型

一、投资分析的作用

医疗行业投资者及运营者通常希望达到两个经营目标，第一个是医院股东及员工获得合理的回报；第二个是实现医院高品质、高效率运营及永续发展。投资分析正是在已制定医院战略的基础上，采取模拟经营的方式，将医院运营所有核心要素加入测算的模型中。推演医院未来 5 年甚至 10 年的自然经营状态，并且在推演中不断明确其核心要素，分别进行调整、控制（压力测试、敏感性测试），以保证在未来达成预期的战略目标。

投资分析是权变策略重要的基础，也会提供有力的推测依据。医院运营要素在不同运营阶段所产生的影响力相距甚远，单纯的增加某一个要素不能提高整个医院的服务能力和效率，财务模型本质上是为不断修订权变策略提供支撑。

医院财务模型在运营中实际作用不仅限于前期投资分析，更重要的作用在于医院实际运营的各阶段，掌握实际经营数据后，对数据模型进行复盘，分析运营中超过或者未达成预期经营目标的主要原因。财务模型是进行战略管理的一个重要的实践工具，运用得当需要一定的周期及大量实际运营数据的积累。

二、财务目标

确保医院建设、筹备资金需求，保证医院按照筹备周期顺利开业。财务规划必须与医院建设及营运的目标、周期保持一致。以满足医院各运营阶段的资金需求及保障为目标。

三、财务投资策略

（一）多元融资模式

新建医院因建设规模大，资金需求量大，常须由多方股权合作投资建设，在医院未正式开业期间（筹备期）资金主要由发起股东自筹资金。医院开业后根据实际负债比例，为推进医院营运可考虑通过股权融资方式引入战略投资者，同时根据不同阶段具体需要，引入融资组合，可考虑股权融资、债务性融资、债权融资、融资租赁等多元融资模式。

（二）稳健实务模式

在投资者资金来源较为充裕的情况下，考虑以稳健经营的方式提供运营资金，保持医院运营初期及业务转型阶段良好的现金流，使资金运作顺畅。确保投资的回收，制定合理的投资收益。医院开业后将主要依靠营运资金流入维持运营，并以运营收益进行后续资产投入，必要时合理运用财务杠杆。

四、财务模型

搭建财务模型，主要包含四个模块数据来源：前期资金投入、收入预估、运营费用支出、投资收益分析。

（一）前期资金投入

1. 工程建设及安装投资

工程建设投资包括土地、建筑、设计、监理、机电设备以及以此相关的费用支出等。如表 2-2-2 所示。

表 2-2-2 工程建设投资表

序号	预算项目	费用明细	预算金额（万元）
1	前期费用	环评、交评等费用	
2	土地费用	土地补偿金、土地出让金及手续费	
3	设计、审计、监理费	建筑设计费、精装修设计费、审计、监理	
4	机电材料、设备采购	电梯、空调、电缆及电线、小型机电设备	
5	结构、机电工程、消防工程、外幕墙	主体结构施工、机电工程、外幕墙工程、消防工程	
6	建筑精装修	精装修、幕墙工程、标识导向系统、软装及配饰	
7	医疗专项	手术室等洁净区、医用气体、辐射防护、电磁屏蔽、医学检验、消毒供应中心、静脉配液中心、生物样本库	
8	市政工程及配套费	市政费、外电源、园林绿化、小市政、污水处理	
9	强电工程	配电箱、设备配电、电缆、管线、开关、插座	
10	弱电工程	弱电设计、施工、监控设备	
合计			

2. 医疗设备及设施

医疗设备及设施的配置及分期投入必须符合项目医疗规划、服务规划，所需仪器设备根据分期运营规划，除运营初期开业需购置的设备外，其余设备将依据实际运营目标分期、逐步购置，并备注拟投入周期，所投入设备设施在投资分析中均以预期财务费用支出时间为准，列入财务模型。

医疗设备投入以学科战略规划为依据，为医院开展专科技术做好充分的准备，体现在财务测算中，一般应在实际开展该项技术并取得经营收入前至少 6 个月投资到位，为设备验收、人员培训上岗、设备申报资质及计量做好充足的时间准备。

3. 信息系统

信息系统投入包含三项内容：硬件设备、软件设备、系统运营维护费用。医院信息化建设是一个持续投入的过程，与医疗规划、科研教学密切相关。考虑医院信息系统每年运营维护、系统开发、硬件设备周期性更新等费用的持续性投入。

4. 运营基础设施投入

运营基础设施包括：办公家具、培训教学、营养食堂、员工餐厅等。

5. 开办费

指医院在筹备期间所发生的各项费用，包括医院筹建期人力成本、办公费、培训费、差旅费、印刷费、申请医疗机构注册登记费用以及不计入固定资产和无形资产购建成本的汇兑损益和利息支出。筹建期是指从医疗机构获得上级行政主管部门“同意设置”批准之日起至正式取得医疗机构执业许可证（或正式开业运营）的期间时段。

根据我国新企业会计准则，开办费一次性进入当期损益，在管理费用中核算，而不在长期待摊费用中核算。

（二）营业收入预估

1. 门急诊业务收入

（1）次均费用。

根据新建医院定位，对标所在地区上年度卫生统计数据，参考相同服务类型、性质、定位医院，对医疗服务价格进行预测。例如：在北京地区新建三级综合性医院，考虑未来申请取得基本医保协议定点机构资质，以北京市基本医保定价为标准，预测门急诊收入水平。参考 2015 年北京市属 21 家医院“门诊患者次均费用”为 462.94 元。开业初考虑本地就诊者为主，运营早期依据基本医保定价策略等因素，开业初门急诊就诊者次均费用仍以 462 元的水平为宜。

除开业初期定价，还应考虑门急诊次均费用以年度为单位变化趋势。参考 2013—2015 年北京市属医院门急诊次均费用年均增长率为 8.7%，综合考虑国家经济、医保控费、药品定价等各项因素，预测实际门急诊次均费用增速合理范围在 5%~7% 内进行测算。

目标以商业保险患者为主，且性质为营利性的医院，其定价体系将更为灵活，这一类型医院多以市场化的定价水平为基础，在细分专科领域制定有竞争力的医疗服务产品及相应的服务价格。

（2）服务量。

新建医院在规划阶段，需根据医院项目定位对医疗服务量进行预测，通常有两种方式。

① 区域内现有医疗服务量市场占有率预测

医院定位于服务于区域内 5~10 公里就诊人群，各专科就诊量为上年度已公布数据（或来源于医疗市场调研），根据学科规划，预测目标服务市场份额，以 10 公里范围内常住人口 100 万人的社区为例，具体见表 2-2-3。

表 2-2-3 区域内医疗服务占有率

区域	常住人口（万人）	学科	区域内医院日门急诊量（总）	学科就诊率	日门急诊量	市场占有率（预测）	新建医院日门急诊量
10 公里范围直径	100	心血管内科	18790	32.7%	6144	15%	921
	100	呼吸科	18790	6.5%	1221	5%	61
	100	内分泌科	18790	5.3%	996	5%	50
		…					

以上方式测算门急诊服务量预测，适合测算主要就诊人群为区域内慢性疾病、妇科、产科等科室。

② 区域医疗服务增量预测。

对于定位于某专科技术的新建医院，因技术优势明显，患者来源常常不局限于 10 公里区域内就诊患者，例如：器官移植、心脏外科、神经外科、血液系统疾病（造血干细胞移植技术）等高技术壁垒型专科医院，在区域内因技术虹吸效应常能做出令瞩目的行业运营业绩。因此，对于此类以专科技术为特点的新建医院，区域医疗服务量已不能作为财务测算依据，应根据全国或者区域内近 3 年平均年新发病例数、现患病率、现有行业服务量等综合因素进行分析，聚焦优势诊疗科目（病种）合理预测业务发展速度。

医院正式运营后就诊人数呈现逐步增长的过程，以开业首月为基数，以每个月开诊 20~25 天计算。

（3）门诊量饱和。

财务模型需根据学科规划开展诊疗科目情况合理设置门诊饱和量，根据医院整体规模、专科技术关键限制条件、目标服务人群来源等因素设置合理的门诊饱和量。

（4）门诊量波动。

新建医院开业后因取得基本医保协议定点资质等因素，会带来门诊量的短期快速增加，可参考相同类型医院门诊量波动范围。医院在开业后各年度业务稳步增长，一般不必考虑季节性就诊患者波动影响。

2. 住院业务收入

（1）住院次均费用。根据新建医院定位，对标所在地区上年度卫生统计数据，参考相同服务类型、性质、定位医院，对住院次均费用进行合理预测。例如：2015 年北京市属医院“住院患者例均医疗费用”为 20773.74 元，新建医院如定位取得基本医保协议定点机构，预计以收治医保住院患者为主，住院次均费用仍以 20773 元进行测算。另外，2013—2015 年北京市属医院住院患者例均医疗费用年均增长率为 7.53%，考虑国家经济增速放缓等因素，财务测算住院次均费用按 7% 预测年增长率。

（2）出院患者量。根据新建医院定位，对标所在地区上年度卫生统计数据，根据平均入院率进行计算。例如：根据北京市公布数据，2012 年北京市门急诊人次与出院人次比约为 40（门急诊入院率 2.5%）。北京市三级医院实收治来着全国患者，住院业务量趋于饱和，不同科室候床率约为 20% ~ 50%。因此，在财务测算中，可适当提高门急诊入院率，直至医院住院量趋于饱和。

（3）出院患者饱和量。依据医院规模设置总床位数、收治患者病种、单病种平均住院日等因素，每年医院可收治住院患者总量为出院患者饱和量。

3. 其他非医疗业务收入

医疗集团在品牌授权使用等其他项目所取得非医疗服务收入。

表 2-2-4 营业收入模表

序号	项目		数值	单位	第 1 年	第 2 年	第…年	第 10 年
一	收入总计			万元				
1	门急诊收入			万元				
	次均费用	参考值		元				
	次均费用增速	年均增率		%				
	门诊量饱和度	预测值		%				
	年门急诊人次	计算值		人次				

表 2-2-4 营业收入模表（续）

序号	项目		数值	单位	第 1 年	第 2 年	第…年	第 10 年
2	住院收入			万元				
	次均费用	参考值		元				
	次均费用增速	年均增率		%				
	开放床位	预测值		张				
	平均住院日	参考值		天				
	床位使用率	预测值		%				
	年出院人次数	计算值		人				
3	非医疗业务收入			万元				

（三）营运支出

1. 人力成本

前三年因开业初期医疗业务逐步发展，根据学科规划及人力资源规划，应考虑人员配置既符合基本诊疗服务要求，同时也要满足人才储备需要。人力成本所占医疗收入比并不稳定，因此，常用的做法是按实际医疗、护理、医技、行政序列实际人员配置核算人力成本。

表 2-2-5 人力成本模表

序号	项目	单位	第 1 年	第 2 年	第…年	第 10 年
1	工资总额 – 医疗	万元				
	人均年收入	万元				
	人员数量	人				
2	工资总额 – 护理	万元				
	人均年收入	万元				
	人员数量	人				
3	工资总额 – 医技	万元				
	人均年收入	万元				
	人员数量	人				
4	工资总额 – 行政	万元				
	人均年收入	万元				
	人员数量	人				
5	企业承担	万元				
6	职工福利	万元				
7	培训费用	万元				
8	人力成本合计	万元				

2. 药品成本

参考药品购销实际情况，药品净成本为药品总支出占总医疗收入比例，应考虑国家宏观医药分家、控制药价、市场药价竞争、阳光集采平台等因素。

3. 卫生材料成本

包括耗材及其他材料费用成本。因各专业类型差异，实际需参考各类型医院结合新建医院实际供应链采购特点。

4. 折旧费用

（1）建筑安装工程按 20 年直线折旧，残值率 5%。

（2）医疗设备设施根据不同类型、价值可采取不同折旧方式，按 5 年直线折旧测算。

（3）前期投资运营基础设施及信息化建设，按 5 年直线折旧。

（4）开业后次年起按每年新增固定资产投资，按 5 年折旧。

5. 管理费用

管理费用包括医师执业责任险、品牌授权使用费、特许经营费、办公用品等费用。根据我国新企业会计准则，开办费一次性进入当期损益，在管理费用中核算，而不在长期待摊费用中核算。

6. 品牌建设费用

网站建设、医院品牌建设、宣传等费用，新建医院在开业初期业务收入处于起步阶段，品牌建设费用投入可根据实际开展业务需求进行调整。

7. 教学研究费用

依据医院整体发展目标，在运营各阶段配合学科规划、人才规划，医疗收入再投入用于科研项目投入、临床药理基地申报、国家重点临床中心、教学医院申报等工作。

8. 运营费用

包括房租、水费、电费、空调费、热力蒸气、医疗气体费用及其他社会化服务，例如：外送消毒、保洁服务、安保、物业管理等委托第三方服务项目一并纳入运营费用。

9. 其他不可预见费用

第一年因建院初期不可预见费用项目需提前予以一并纳入测算范围。

10. 损益表

财务测算通过合并经营收入与成本费用后最终汇总成为损益表，通常从医院筹备建设期（第 0 年）到经营 10 年期，损益表体现了医院经营预期，投资者掌握医院项目整体投资周期并测算投资收益率，合理规划资金。同时，通过调整测算模型，进一步分析新建医院经营敏感性指标，对不同类型医院通过模型“推演”指导未来实际经营活动。

财务测算的另一个重要的作用，是为医院新诊疗项目、新技术的使用提前做好准备。例如：重资产型医院开展新技术常需提前配置医疗设备、人才引进、开展培训，提前做好筹资准备，投资者在合理预测未来现金流的基础上，做好筹资准备，降低财务费用负担，也为医院的长期发展提供决策依据。

单位：万元

表 2-2-6 损益表样表

项目	第 0 年	第 1 年	第 ... 年	第 N 年
收入合计				
一、门急诊收入				
二、住院收入				
成本费用合计				
成本合计				
一、药品成本				
二、卫生材料（耗材）成本				
三、人力资源成本				
费用合计				
一、运营相关费用				
1. 运营费				
2. 品牌建设				
3. 管理费				
4. 教学科研				
二、投资相关费用（折旧）				
三、房屋租金费用				
四、财务费用				
成本收入比				
费用收入比				
税前利润总额				
累进税前利润				
所得税计税额				
税后利润（扣减所得税）				

（Source：WHO，Health System：Improving Performance，2000）

第三章

医用设备配置规划

陈海勇　刘华　李雪梅　周绿漪

陈海勇 四川大学华西医院基建运行部技术主管

刘　华 四川大学华西医院审计处处长

李雪梅 四川大学华西医院审计处会计师

周绿漪 四川大学华西医院核医学科副主任技师

第一节　医用设备概述

一、基本概念

与医用设备相关或类似的名称主要有医学装备、医疗器械、常规医用设备等，这些名称或约定俗成的称谓是从某个角度出发，考虑配置、使用、管理、区分或强调的习惯叫法。它们大同小异，但又不完全相同，有时往往混用。

（一）医学装备

2011年，原卫生部印发的《医疗卫生机构医学装备管理办法》（卫规财发〔2011〕第24号）中定义：医学装备是指医疗卫生机构中用于医疗、教学、科研、预防、保健等工作，具有卫生专业技术特征的仪器设备、器械、耗材和医学信息系统等的总称。从该定义来看，医学装备不仅包含医疗机构中使用的设备，而且涵盖了医学研究机构、卫生防疫系统和医学院校中所使用的设备，其中一部分设备若用在其他科研机构或院校中，就称为科研设备或教学设备。

（二）医用设备

医用设备指医疗卫生机构开展医疗卫生工作所配置的相关设备，包括医疗设备、疾病控制设备、妇幼保健设备、医学实验室设备、血站设备以及卫生执法监督设备等。医用设备局限于医疗机构中使用的相关设备，涵盖了医疗机构中使用的各类医用设备，如诊断检查设备、手术治疗设备、监护急救设备、生化检验设备、康复理疗设备等。

（三）医疗器械

2014年，《医疗器械监督管理条例》（国务院令第650号）中定义：医疗器械是指直接或者间接用于人体的仪器、设备、器具、体外诊断试剂及校准物、材料以及其他类似或相关的物品，包括所需要的计算机软件；其效用主要通过物理等方式获得，不是通过药理学、免疫学或者代谢的方式获得，或者有这些方式参与但只起辅助作用。因此，医疗器械是一个具有确切定义和预期目标的产品总称。

（四）常规医用设备

常规医用设备是一个与大型医用设备对应的模糊概念，习惯叫法还有基本（医疗）设备、常规（医疗）设备、基本（医疗）装备、常规（医疗）装备以及普通医疗器械等，为临床应用范围比较广、应用功能比较成熟、产品结构简单、投入成本不高的医疗器械，并在健康检查或常见病、多发病的诊断和治疗过程中使用频率较高的设备。

二、医用设备分类

医用设备种类多、用途广、功能差别大，按照有关文件和著作，其分类方式有：①按医用设备的功能属性分类；②按医用设备的应用范畴分类；③按临床科室的设备配置分类；④按医疗器械国际通行分类规则分类；⑤从医用设备监督管理的角度按照风险高低程度分类。

根据《医疗器械监督管理条例》第四条的规定：国家对医疗器械按照风险程度实行分类管理。第一类是风险程度低，实行常规管理可以保证其安全、有效的医疗器械。第二类是具有中度风险，需要严格控制管理以保证其安全、有效的医疗器械。第三类是具有较高风险，需要采取特别措施严格控制管理以保证其安全、有效的医疗器械。

三、大型医用设备

大型医用设备是一类特殊的卫生资源，具有技术含量高、应用复杂、资金投入量大、运行成本高、收费相对较高，对患者看病就医、检查及治疗、医疗机构正常运行和社会卫生总费用影响较大等特点，而且与医疗卫生费用和人民群众的健康利益密切相关。

需进行配置许可证管理的大型医用设备是指列入国家卫生行政主管部门管理品目的医用设备，以及尚未列入管理品目、省级区域内首次配置的整套单价在 1000 万元人民币以上的大型医疗器械。另外，还有其他的大型医用设备不需进行配置许可证管理。

（一）配置许可证管理分类及品目

2018 年 5 月，根据国家卫生健康委员会《关于发布大型医用设备配置许可管理目录（2018 年）的通知》（国卫规划发〔2018〕5 号），大型医用设备配置许可管理目录（2018 年）分为甲类和乙类，其具体的品目分别如下。

1. 甲类（国家卫生健康委员会负责配置管理）

（1）重离子放射治疗系统。

（2）质子放射治疗系统。

（3）正电子发射型磁共振成像系统（英文简称 PET/MR）。

（4）高端放射治疗设备。它是指集合了多模态影像、人工智能、复杂动态调强、高精度大剂量率等精确放疗技术的放射治疗设备，目前包括 X 线立体定向放射治疗系统（英文简称 Cyberknife）、螺旋断层放射治疗系统（英文简称 Tomo）HD 和 HDA 两个型号、Edge 和 VersaHD 等型号直线加速器。

（5）首次配置的单台（套）价格在 3000 万元人民币（或 400 万美元）及以上的大型医疗器械。

2. 乙类（省级卫生健康行政部门负责配置管理）

（1）X 线正电子发射断层扫描仪（英文简称 PET/CT，含 PET）。

（2）内窥镜手术器械控制系统（手术机器人）。

（3）64 排及以上 X 线计算机断层扫描仪（64 排及以上 CT）。

（4）1.5T 及以上磁共振成像系统（1.5T 及以上 MR）。

（5）直线加速器（含 X 刀，不包括列入甲类管理目录的放射治疗设备）。

（6）伽马射线立体定向放射治疗系统（包括用于头部、体部和全身）。

（7）首次配置的单台（套）价格在 1000 万～3000 万元人民币的大型医疗器械。

（二）大型医用设备招标采购

1. 招标采购条件

根据有关规定，大型医用设备招标采购需具备必要的基本条件：

（1）针对非营利医院或公立医院的医疗机构，需取得卫生主管部门对所采购的特定大型医用设备配置申请批复或配置许可证，而对营利性医院的大型医用设备的采购不需配置许可证或申请批复。

（2）已经落实设备采购和组织实施所需的资金。如使用财政资金，应取得资金计划的批复文件。

2. 招标采购任务和计划

落实大型医用设备采购具备的基本条件后，招标采购的主要任务及工作流程是：明确采购需求与目标；组建采购小组；编制采购计划；实施采购；采购后评价等。其中以下两个内容十分重要。

（1）明确采购需求。需要明确：需要的产品名称、功能和性能要求、数量或服务内容，明确交付要求，明确供应商服务与响应，提供给供应商的其他相关信息等。

（2）编制招标采购计划。采购计划是采购人明确采购需求并了解供应市场情况后，对实施采购活动做出具体安排。采购计划的主要内容包括：采购对象（采购什么）、采购规模（采购数量）、采购预算（采购费用）、采购方式、采购周期（采购时间）、相关文件等。

3. 招标采购实施控制要素

大型医用设备采购控制要素包括：采购的预算控制、质量控制、进度控制和行为控制。

4. 招标采购相关规定

《卫生部关于进一步加强医疗器械集中采购管理的通知》（卫规财发〔2007〕208号）规定的医疗器械集中采购品目与范围包含了甲、乙两类大型医用设备。如果政府行政管理部门发布了新的相关规定，以新的规定为准。

5. 招标采购方式

（1）公开招标。公开招标是指采购人以招标公告的方式邀请不特定的法人或其他组织投标。

（2）邀请招标。邀请招标是指采购人以投标邀请书的方式邀请特定的法人或其他组织投标。

（3）竞争性谈判。竞争性谈判是指采购人通过与符合相应要求且不少于3家的供应商分别谈判，明确采购要求、商定价格及合同条款，最后从中确定成交供应商。

（4）询价采购。询价是指采购人向3个及以上潜在的符合相应资格要求的供应商就采购的标的物询问价格，从中选择采购对象。

（5）单一来源采购。单一来源采购是指采购人直接与唯一的供应商进行谈判后签订采购合同。

政府对不同性质和规模的采购活动应采用的招标方式有一定的规定，如招标的标的价格大于某一规定金额时，必须采用公开招标。不同时期、不同省市可能有不一样的规定，请参考当地政府的相关文件规定。在政府文件许可范围内，招标采购人应根据采购目的和使用需求，以及市场的供应情况，选择恰当的采购方式。

第二节　医用设备配置规划

原卫生部颁发的《医疗机构基本标准（试行）》中医用设备的配置标准是医疗机构执业需达到的最低标准，是卫生行政主管部门核发《医疗机构执业许可证》的依据。该标准规定了各级各类医疗机构基本医用设备配置品种清单，大部分医疗机构的基本设备属于常规医用设备。一级综合医院的基本设备有18类，二级综合医院的基本设备有45类，三级综合医院的基本设备有68类。

一、基本医用设备配置标准

根据我国《医院等级划分标准》的要求，对一、二、三级综合医院的基本医用设备配置标准如下：

一级综合医院的基本医用设备配置包括：心电图机、洗胃器、电动吸引器、呼吸球囊、妇科检查床、冲洗车、气管插管、万能手术床、必要的手术器械、显微镜、离心机、X光机、电冰箱、药品柜、恒温培养箱、高压灭菌设备、紫外线灯、洗衣机18类基本医用设备。

二级综合医院的基本医用设备配置包括：除满足一级综合医院的基本医用设备外，还需配置心电监护仪、自动洗胃机、给氧装置及呼吸机、心脏除颤器、多功能抢救床、无影灯、麻醉机、胃镜、万能产床、产程监护仪、婴儿保温箱、裂隙灯、牙科治疗椅、涡轮机、牙钻机、银汞搅拌机、分析天平、钾钠氯分析仪、尿分析仪、B超、冷冻切片机、石蜡切片机、敷料柜、器械柜、手套烘干上粉机、蒸馏器、下收下送密闭车等45类基本医用设备。

三级综合医院的基本医用设备配置包括：除了满足二级医院的基本医用设备外，还需配置麻醉监护仪、高频电刀、移动式X光机、多普勒成像仪、动态心电图机、脑电图机、脑血流图机、血液透析器、肺功能仪、支气管镜、食道镜、十二指肠镜、乙状结肠镜、结肠镜、直肠镜、腹腔镜、膀胱镜、宫腔镜、胎儿监护仪、骨科牵引床、生化分析仪、酶标分析仪、细胞自动筛选器等68类基本医用设备。

二、大型医用设备配置制度

2018年5月下旬，根据《国务院关于修改〈医疗器械监督管理条例〉的决定》（国务院令第680号），国家卫生健康委员会和国家药品监督管理局先后印发《大型医用设备配置与使用管理办法（试行）》（国卫规划发〔2018〕12号，以下简称《办法》）和《甲类大型医用设备配置许可管理实施细则》（国卫规划发〔2018〕14号，以下简称《细则》），以规范大型医用设备配置许可及使用监督管理等。

该《办法》旨在“深入推进简政放权、放管结合、优化服务，促进大型医用设备合理配置和有效使用，保障医疗质量安全，控制医疗费用过快增长，维护人民群众健康权益”；并主要规范了大型医用设备的管理目录、配置规划、配置管理、使用管理、监督管理等，共7章49条。其中，明确了国家对大型医用设备实行配置规划管理和配置许可证制度，并按管理目录实行分级分类管理，其使用应当遵循安全、有效、合理和必需的原则。医疗机构承担使用主体责任，卫生健康行政部门对使用状况进行监督和评估，建立使用评价制度。卫生健康行政部门对大型医用设备配置规划执行情况、《大型医用设备配置许可证》持证和使用情况、大型医用设备使用情况和使用信息安全情况、使用人员配备情况、医疗器械使用单位按照规定报送使用情况等事项实施监督检查。

该《细则》主要针对国家卫生健康委员会负责的甲类大型医用设备配置许可申请、受理、审查审核、决定等全过程管理的程序和要求等，共5章26条。按照相关法律法规规定，甲类大型医用设备配置许可全面纳入政务大厅“窗口”管理，建立第三方技术审查评估制度，实行受理、评审、审批相分离，消除自由裁量，并依托统一的许可和监管信息系统，实行全程信息化管理。省级卫生健康行政部门参照该《细则》，并结合当地实际情况，具体制定乙类大型医用设备配置许可实施程序。

三、大型医用设备配置规划与管理

（一）按品目分类管理

根据国家卫生健康委员会和国家药品监督管理局印发《大型医用设备配置与使用管理办法（试行）》（国卫规划发〔2018〕12号）中第九条的规定：大型医用设备配置管理目录分为甲、乙两类。甲类大型医用设备由国家卫生健康委员会负责配置管理并核发配置许可证；乙类大型医用设备由省级卫生健康行政部门负责配置管理并核发配置许可证。

（二）配置规划

（1）大型医用设备配置规划应当与国民经济和社会发展水平、医学科学技术进步以及人民群众健康需求相适应，符合医疗卫生服务体系规划，促进区域医疗资源共享。

（2）大型医用设备配置规划原则上每5年编制一次，分年度实施。配置规划包括规划数量、年度实施计划、区域布局和配置标准等内容。

（3）首次配置的大型医用设备配置规划原则上不超过5台，其中，单一企业生产的不超过3台。

（4）大型医用设备配置规划应当充分考虑社会办医的发展需要，合理预留规划空间。

（三）配置管理

（1）医疗器械使用单位申请配置大型医用设备，应当符合大型医用设备配置规划，与其功能定位、临床服务需求相适应，具有相应的技术条件、配套设施和具备相应资质、能力的专业技术人员。

（2）申请配置甲类大型医用设备的，向国家卫生健康委员会提出申请；申请配置乙类大型医用设备的，向所在地省级卫生健康行政部门提出申请。

（3）医疗器械使用单位申请配置大型医用设备应当如实、准确提交下列材料：

① 大型医用设备配置申请表；

② 医疗器械使用单位执业许可证复印件（或医疗器械使用单位设置批准书复印件，或符合相关规定要求的从事医疗服务的其他法人资质证明复印件）；

③ 统一社会信用代码证（或组织机构代码证）复印件；

④ 与申请配置大型医用设备相应的技术条件、配套设施和专业技术人员资质、能力证明材料。

（4）受理配置申请的卫生健康行政部门应当对医疗器械使用单位申报事项实施第三方专家评审，并自申请受理之日起 20 个工作日内，做出许可决定。

（5）国家卫生健康委员会负责制定大型医用设备配置许可证式样和《甲类大型医用设备配置许可证》的印制、发放等管理工作。省级卫生健康行政部门负责本行政区域内《乙类大型医用设备配置许可证》的印制、发放等管理工作。

（6）大型医用设备配置许可证实行一机一证，分为正本和副本。

（7）医疗器械使用单位取得大型医用设备配置许可证后应当及时配置相应大型医用设备，并向发证机关报送所配置的大型医用设备相关信息。配置时限由发证机关规定。

（8）大型医用设备配置许可证信息发生改变的，医疗器械使用单位应当在信息改变之日起 10 个工作日内向原发证机关报送。发证机关应当在收到之日起 10 个工作日内修改相关信息。

（9）医疗器械使用单位配置的大型医用设备应当依法取得医疗器械注册证或备案凭证。

（10）国家卫生健康委员会、省级卫生健康行政部门应当分别公开甲类、乙类大型医用设备配置许可情况。

（11）省级卫生健康行政部门应当在每年 1 月向国家卫生健康委员会报送上一年度乙类大型医用设备配置许可情况。

备注：上述“配置规划”与“配置管理”的具体内容均直接引用《大型医用设备配置与使用管理办法（试行）》（国卫规划发〔2018〕12 号）的相关内容。

四、大型医用设备配置可行性研究

医疗机构向卫生行政主管部门申请大型医用设备配置，有新增和更新两种情况，其中新增大型医用设备需进行可行性研究。配置原则是符合大型医用设备区域配置规划，满足机型阶梯配置要求，有利于解决人民群众看病难的问题，有利于医疗、科研工作的开展和医院整体医疗水平的提高。因此，医疗机构实施大型医用设备的可行性研究可从以下几个方面加以分析论证。

（一）申请配置设备的必要性

1. 符合性分析

拟申请设备的名称、规格、数量，是否符合大型医用设备区域配置规划，满足机型阶梯配置要求。

2. 需求分析

从地理位置、服务覆盖区域、患者来源、常见病、多发病等方面出发，进行需求分析；从门急诊人次、出院病人数、手术人次、住院病人疾病顺位等业务指标及现有相关设备利用情况，分析目前医疗服务情况，从侧面反映需配置设备的需求。阐述购置某种大型医用设备对优化基础医疗设施、完善综合服务能力、提高医疗水平、满足人民群众基本医疗需求等方面的迫切性、重要性和必要性。

3. 在临床及科研中的作用

根据配置规划时区域的优势和要求，充分表述配置设备在临床、科研方面符合要求的优势和有利条件，进而强调拟购置某种大型医用设备具备的功能、性能和配套要求等在临床及科研应用中的作用。

4. 预期使用率

根据需求分析，估算服务量及预期使用率。

（二）医疗机构的申请条件

医疗机构的申请条件，包括但不限于以下主要内容。

（1）医疗机构的基本情况。

（2）医疗机构发展规划和学科建设。医疗机构发展规划是医院根据自身的服务范围和医疗特色的需求拟定的发展目标和发展分阶段任务与实施步骤。大型医用设备配置应符合医疗机构发展目标和发展分阶段任务，与医疗机构的整体实力、医疗水平相匹配，并以此推动和促进相关学科的发展，主动做好经费来源、房屋与配套设施等方面的准备工作，从而使大型医用设备配置前的规划具有更明确、更具体、更有效的支撑条件。

（3）人员配置与岗位资质情况。大型医用设备使用技术复杂，对人员素质要求高，申请配置的医疗机构应有相应人才储备，包括医师、技师、医学工程技术人员，并能提供资格证、培训计划等说明配置人员所具备的能力。

（4）配套方案。配置大型医用设备需具备适宜的房屋、水电、防护、环保等相应的基础设施。

（5）经费来源。说明经费落实情况，是自筹资金或财政资金，并能提供资金来源的证明文件。禁止公立医院以合作方式引进大型医用设备，基层公立医疗机构不得贷款购置大型医用设备。

（三）拟配置设备的评价

拟配置大型医用设备的评价包括技术性评价和经济性评价。

1. 技术性评价

（1）大型医用设备技术评估，包括技术本身的特性及技术是否应该使用、使用的程度、使用的成本效益等，这是大型医用设备配置可行性研究的重要内容之一，应从这几个方面进行考虑：①技术特性；②临床安全性；③有效性；④社会特性等。

（2）设备选型就是从众多的可以满足特定需要的不同品牌、不同型号、不同厂家的同类设备中，通过技术、经济评价分析，选择最佳技术规格和配置方案。设备选型遵循的原则有：①功能够用或适当超前（能满足在该设备的使用期限内，本单位可能开展的新技术、新项目的需要）；②技术先进；③质量可靠；④经济合理；⑤服务响应等。

2. 经济性评价

经济评价包括财务评价和国民经济评价。经济性评价对于加强固定资产的宏观调控、提高投资决策水平、引导和促进各类资源的合理配置、优化投资结构、减少和规避投资风险、充分发挥投资效益等具有重要作用。因此，经济性评价是医疗机构配置大型医用设备决策阶段的重要工作。

大型医用设备配置规划应侧重于国民经济评价。国民经济评价是在合理配置社会资源的前提下，从国民经济整体效益的角度，测算项目对国民经济的贡献，分析项目的经济效益、效果和对社会的经济影响，从而评价项目在宏观经济上的合理性。

具体到某一医疗机构配置某一种特定大型医用设备，应侧重于财务评价。财务评价是在国家现行财税制度和价格体系的前提下，测算项目范围内的财务效益和费用，分析项目的盈利能力、清偿能力和财务生存能力，从而评价项目在财务上的可行性。在我国，公立医疗服务机构具有公益性的特征，为非盈利性项目，财务评价可以只评价项目的财务生存能力。

第三节　大型医用设备场地配置

涉及大型医用设备的临床医技科室主要包括放射科、核医学科、放射治疗科、病理检验科、手术室、高压氧治疗等，在考虑其场地配置时，应由大型医用设备厂家提供准确的技术参数需求，其中最主要的是医用设备的空间配置和对建筑结构的承重要求。根据《综合医院建设标准》（建标 110—2008）第三章第二十一条，大型医用设备机房作为单列项目测算所需房屋建筑面积指标，即大型医用设备的空间配置，具体的面积指标详见表 2-3-1。

表 2-3-1 综合医院大型医用设备单列项目房屋建筑面积指标（m^2）

<table>
<tr><th>序号</th><th colspan="2">项目名称</th><th>建筑面积指标（m^2）</th><th>备　注</th></tr>
<tr><td>1</td><td colspan="2">医用磁共振成像装置（MR）</td><td>310</td><td>包括扫描间、控制室、辅助设备间、准备室等</td></tr>
<tr><td>2</td><td colspan="2">正电子发射型电子计算机断层扫描仪（PET）</td><td>300</td><td>包括扫描间、控制室、辅助设备间、注射室等</td></tr>
<tr><td>3</td><td colspan="2">X 线电子计算机断层扫描装置（CT）</td><td>260</td><td>包括扫描间、控制室、辅助设备间、准备室等</td></tr>
<tr><td>4</td><td colspan="2">数字减影血管造影 X 线机（DSA）</td><td>310</td><td>包括扫描间、控制室、辅助设备间、准备室等</td></tr>
<tr><td>5</td><td colspan="2">体外震波碎石机室</td><td>120</td><td>包括接待登记、控制室、碎石机室等</td></tr>
<tr><td rowspan="3">6</td><td rowspan="3">高压氧舱</td><td>小型（1 ~ 2 人）</td><td>170</td><td rowspan="3">包括医护办公及更衣、氧舱治疗室及控制室、辅助设备间、清洗间、病患更衣及卫生间、等候区等</td></tr>
<tr><td>中型（8 ~ 12 人）</td><td>400</td></tr>
<tr><td>大型（18 ~ 20 人）</td><td>600</td></tr>
<tr><td>7</td><td colspan="2">直线加速器</td><td>470</td><td>包括治疗室、控制室、辅助设备间、准备室等</td></tr>
<tr><td>8</td><td colspan="2">核医学（含 ECT）</td><td>600</td><td>包括核医学诊断室、医护办公、读片室、ECT 机房及控制室、注射室、休息室、等候区、清洗间等</td></tr>
<tr><td>9</td><td colspan="2">钴 60 治疗机</td><td>710</td><td>包括医护办公、接待、治疗室、控制室、辅助设备间、准备室、清洗间等</td></tr>
</table>

注：1. 本表所列大型医用设备机房均为单台面积指标（含辅助用房面积）。
　　2. 本表未包括的大型医用设备，可按实际需要确定其建筑面积。

另外，大型医用设备的电源配置均为独立电缆供电（且 MR 系统与 PET/MR 系统需双回路供电），机房的空调、照明及电源插座等需另行回路提供；设备工作接地保护由专业厂家设计及安装（保护接地电阻均小于 2Ω），由当地相关部门作测试，并提交测试报告合格后才能安装。同时，大型医用设备机房四周均需进行放射防护（除 MR 系统机房需电磁屏蔽外），必须采用可靠的辐射防护措施（防护墙体、顶棚及地面，铅防护门及铅玻璃观察窗，辐射警示标志及警示灯、门机连锁装置等）；大型医用设备场地配置还包括机房环境、设备基础、地沟、设备运输、网络端口等场地需求。

本节主要介绍放射科、核医学科、放射治疗科及高压氧舱等大型医用设备的场地配置需求。

一、放射科大型医用设备场地配置

放射科医用诊断设备主要包括乳腺机、普通 X 线机、计算机 X 线摄影系统（CR）、直接数字化 X 线摄影系统（DR）、X 线电子计算机断层扫描装置（CT）、数字减影血管造影 X 线机（DSA）、核磁共振系统（MR）等，其场地配置包括机房空间配置、平面布置、设备承重、设备电源及机房照明、机房环境、放射防护、设备运输、射线警示灯及门机连锁装置等要求。

（一）乳腺机房场地配置

现以某医用设备厂家的乳腺机房为例，介绍其场地配置。

1. 机房空间配置

乳腺机房包括检查室和控制室，其空间配置为 5.3m×3.0m（含控制室），其净建筑面积需大于 10m^2、短边不小于 2.5m，净高需 2.6m 以上。

2. 设备电源及机房照明

（1）设备电源。乳腺机电源采用单相三线制，220V、50Hz；设备功率为 10KVA。

（2）机房照明。照度标准值为 200lx，检查室和控制室配备两路照明，即恒定的荧光照明和可调的白炽照明。

3. 机房环境

（1）温湿度参数。检查室温度为冬季 21 ~ 22℃、夏季 26 ~ 27℃，湿度为 40% ~ 45%。

（2）电磁干扰。乳腺钼靶设备需远离静磁场 1 高斯线以外；扫描架需远离发生器柜 1m 外；不能靠变压器、大容量配电房、高压线、大功率电机等。

4. 放射防护

乳腺机房放射防护预评价中最大参考曝光参数为 40KV、600mA，其检查室四周防护墙体及铅防护门窗需达到 1mm 铅当量。

5. 设备运输

乳腺机运输通道尺寸为 1.5m×2.1m。

（二）直接数字化 X 线摄影系统（DR）机房场地配置

以常用的数字化 X 线摄影系统（DR）机房为例，介绍其场地配置。

1. 机房空间配置

DR 机房主要包括检查室和控制室，其检查室平面尺寸为 5.5m×5.0m，净建筑面积需大于 20m^2、短边不小于 3.5m，机房净高需 2.6m 以上；控制室平面尺寸为 4.0m×3.0m。

2. 设备电源及机房照明

（1）设备电源。DR 电源采用三相五线制，380V、50Hz，独立电缆供电；最大功率 135kW，待机功率 25kW，额定电流为 30A。

（2）机房照明。照度标准值为 200lx，其扫描间和操作间设两路照明系统，即恒定的荧光照明和可调的白炽照明系统。

3. 机房环境

（1）温湿度参数。检查室温度为冬季 21 ~ 22℃、夏季 26 ~ 27℃，湿度为 40% ~ 45%。

（2）电磁干扰。机房远离静磁场 1 高斯线以外，设备布置应远离变压器、大容量配电房、高压线、大功率电机等附近，以避免产生强交流磁场影响设备的工作性能。

4. 放射防护

根据国家放射防护标准，X 光检查室四周防护墙体及铅防护门窗需达到 2mm 铅当量。

5. 设备运输

DR 设备运输最大质量约 650kg，运输通道尺寸为 1.5m×2.1m。

（三）X 线电子计算机断层扫描装置（CT）场地配置

以某厂家 CT 医用设备为例，介绍 X 线电子计算机断层扫描装置设备机房场地配置。

1. 机房空间配置

CT 机房包括扫描室、控制室和设备间，各房间的空间配置分别为：扫描室为 7.2m×5.5m×2.8m（净建筑面积需大于 $30m^2$、短边不小于 4.5m），控制室为 5.5m×3.0m×2.8m，设备间为 5.0m×2.5m×2.8m。

2. 设备基础及机房地面

（1）设备基础。CT 主机架及病人床应安装在具有足够承重能力（厚度大于 16cm）的混凝土基础上；如果原有地面不满足这些要求，需做 T 型混凝土基础、其混凝土强度等级不低于 L25；如需要铺设钢筋、应避让扫描床固定孔周边位置；T 型基础上表面与房间装修完成后的地面齐平。

（2）机房地面。CT 主机架及病人床下方完成地面的水平度误差在 ±2mm 内。

3. 设备电源及机房照明

（1）设备电源。CT 设备采用三相五线制，380V、50Hz；最大功率为 150kW，待机功率 25kW；电源内阻≤ 40mΩ；从电源变压器至 CT 设备之间敷设独立电缆供电，在扫描室、控制室和设备间设置电缆沟。在 CT 设备专用配电箱需设漏电保护器、过流保护器和急停按钮等。

（2）机房照明。照度标准值为 200lx，机房内的环境照明应达到灯光柔和无闪烁、亮度可调节，在图像显示器的附近不要有强烈的自然光和室内灯光。

4. 网络端口

CT 设备操作间、扫描间和设备间均设 2 ～ 3 个网络端口，安装于 CT 计算机系统旁。

5. 机房环境

（1）温湿度。其扫描室温度为冬季 21 ～ 22℃、夏季 26 ～ 27℃，湿度为 40% ～ 45%。一般情况下，在扫描室安装吸顶式分体空调，以保证工作环境温度达到 24±2℃，以利设备的长期稳定工作及病员的舒适性。机房内严禁出现冷凝水现象，在机房通风口安装空气过滤器。

（2）电磁干扰。CT 设备需放置在小于 0.1mT 的静磁场环境中，避免电磁干扰。

6. 放射防护

CT 机房射线防护评价参考指标：该设备单个球管工作电流为 20 ～ 800mA，双球管工作电流为 40 ～ 1600mA；工作电压为 80 ～ 150kV。按国家相关标准，CT 机房的射线防护要求为：

（1）一般工作量下的机房屏蔽：16cm 混凝土（密度 $2.35t/m^3$）或 24cm 实心砖墙（密度 $1.65t/m^3$）或 2mm 铅当量的其他防护材料；

（2）较大工作量时的机房屏蔽：20cm 混凝土（密度 $2.35t/m^3$）或 37cm 实心砖墙（密度 $1.65t/m^3$）或 2.5mm 铅当量的其他防护材料。

7. 设备运输

一般情况下，CT 设备运输最大质量约 2.2T，运输通道尺寸为 2.1m×2.2m，通道门的宽度> 1.5m。

（四）数字减影血管造影 X 线机（DSA）场地配置

以某医用设备厂家心血管机为例，介绍数字减影血管造影 X 线机（DSA）机房场地配置。

1. 机房空间配置

DSA 机房主要包括检查室、控制室、设备间，并设病患准备室，各房间的空间配置：检查室为 10m×8.4m×3.0m，控制室为 6.0m×3.0m×2.7m，设备间为 3.0m×4.5m×2.8m。检查室内地面承重约 $6kN/m^2$。

2. 天吊系统及室内装修

（1）天吊系统。天吊系统在天棚顶上的吊重约 1.5T。悬吊 C 臂及监视器移动轨道的天花吊架及天花出线口吊架由钢结构支撑，其底部到最终完成地面的高度为 2.0m，吊架钢结构要求其底部最高点到最低点的水平偏差小于 2mm。

（2）机房吊顶。采用可拆卸方式，完成后的天花吊顶底部应与吊架结构底部齐平，但不得遮盖住吊架结构底部。所有安装于吊顶且低于吊顶的其他设备，不得影响设备的运动范围。

（3）检查床基座底板安装。检查床基座铁板由厂家提供，业主完成底板混凝土基础的施工和基座铁板的安装，铺设铁板的水平偏差不大于 2mm。

（4）室内装修。此类设备多用于介入手术诊断和治疗，故检查室需参考手术室装修要求：室内地面铺设 2mm 厚橡胶地板或同类材料；墙面和顶棚装修应平整、无缝隙，转角处应作弧形阴阳角处理。

3. 设备电源及机房照明

（1）设备电源。DSA 设备采用三相五线制，380V、50Hz，独立电缆供电；最高功率为 150kW，待机功率 25kW；电源内阻≤ 100mΩ。

（2）电缆沟 / 槽。电缆沟尺寸为 150×150，机房天花、墙面及墙内线槽、电缆沟等需按照设备要求定位；线槽宜使用金属材料，均需有可打开的外盖，并可靠接地。

（3）机房照明。照度标准值为 200lx，在显示器附近区域的灯光应使用带电阻调光器的白炽灯，一般的日常照明建议使用平面安装或嵌入式的荧光灯。

4. 放射防护

DSA 设备机房需完成放射防护预评价报告，其射线指标参数为：X 线球管最大管电流为 1250mA、最大管电压为 125kV。

5. 网络端口

DSA 设备远程服务需 ADSL 端口 1 个，在控制室观察窗下方设 2 ~ 3 个网络端口。

6. 机房环境

（1）温湿度。DSA 检查室温度为冬季 21 ~ 22℃、夏季 26 ~ 27℃，控制室温度为 20 ~ 24℃、设备室温度为 18 ~ 22℃（常年制冷），空调 24h 运行、温度变化小于 5℃ /h，无冷凝结霜现象。各房间相对湿度为 30% ~ 70%。

（2）电磁干扰。DSA 设备需放置在小于 0.1mT 的静磁场环境中。

7. 设备运输

DSA 设备最大单件包装箱尺寸为 2.7m×1.2m×2.1m，质量约 1.2T；拆除包装后带有运输支架的最大单件部件的尺寸为 2.5m×1.0m×1.9m，质量约 1.0T。从室外至机房应有平坦的运输通道，通道门洞净高不小于 2.1m，通道净宽不小于 1.5m。

（五）核磁共振（MR）系统机房场地配置

核磁共振（MR）系统成像设备的规格型号比较多，如 1.0T、1.5T、3.0T、7.0T 等，医院常用的临床实用型规格为 1.5T 核磁共振，常用的临床科研型规格为 3T 核磁共振。现以某厂家 3.0T 核磁共振成像设备为例，介绍 MR 系统设备机房场地配置。

1. 机房空间配置

MR 系统机房包括扫描室、控制室、设备室和等候室等，各房间配置分别为：扫描室为 8.0m×6.5m×2.9m，控制室为 6.0m×3.0m×2.7m，设备室为 6.0m×3.0m×2.9m。

2. 设备质量及地面承重

（1）磁体和检查床。MR 系统在液氦达到 70% 的情况下，磁体和检查床总重约 6 ~ 10T，故扫描室地面需满足其承重能力。磁体和检查床所在地面（3m×3m）的水平误差不得超过 2mm。

（2）机柜。MR 系统共有 2 个机柜，GPA/ACC 质量约 1.3T，SEP 质量约 0.4T；为避免磁场的干扰，机柜需放在 5mT 磁力线范围以外；机柜周边需保证调试和维修操作空间。

3. 设备电源及机房照明

（1）设备电源。MR 系统电源采用三相五线制，380V、50Hz，独立电缆供电；平均功率 110KVA、瞬间功率 125KVA，电缆内阻≤ 100mΩ，主交流接触器≥ 160A；扫描室内不能安装交流插座。

（2）机房照明。照度标准值为 200lx，扫描室内采用直流照明，直流电的交流残余波纹≤ 5%。

4. 机房环境

（1）温湿度。MR 系统机房室内相对湿度为 40% ～ 60%、没有冷凝水产生。其扫描室温度为冬季 21 ～ 22℃、夏季 26 ～ 27℃，控制室温度为 18 ～ 28℃、设备室温度为 15 ～ 28℃，最大温度梯度为每 5 分钟小于 1K，故采用恒温恒湿的精密空调系统；为防止空调冷凝水滴入电子器件而损坏 MR 系统设备，空调风管走向和送回风口必须避开滤波器和 MR 系统机柜。

（2）电磁屏蔽。MR 系统所在位置需保证运行中既没有外部的电磁干扰而影响磁场的均匀性和系统的正常运行，也要保证医护人员和病患的安全，以及其他敏感设备的功能不受该磁场的影响，特别要求在 0.5mT 限制区域需要设磁场警告标志。如果磁通密度在指定区域超过 0.5mT，需设置警告标志并做限制进入措施。MR 机房电磁屏蔽的技术要求详见本书第五篇中“医院辐射防护与电磁屏蔽”一章第五节相关内容。

5. 设备运输

（1）磁体和检查床。磁体和检查床总重约 6 ～ 12T，需专业运输公司负责磁体的吊卸及就位。

（2）运输通道。磁体搬运通道高宽为 3.0×3.0m，磁体室隔墙上预留搬运洞口高宽为 2.8×2.8m。

二、核医学科大型医用设备场地配置

核医学科大型医用设备场地配置与放射科类似，同样包括机房空间配置、机房平面布置、设备承重、设备电源及机房照明、环境参数、放射防护、设备运输要求等，所有铅防护门上方需安装警示灯，并设置门机连锁装置等。

另外，核医学科因使用同位素（如 18F、99mTc、131I 等）进行显像，故核医学科检查区分为非限制区、半限制区、限制区等，所有同位素运输和使用的范围（半限制区和限制区）均需放射防护，其医护流线必须分开、病患动线为单向（一进一出、且入口和出口需一定的安全距离）；与使用同位素有关的废水（包括病患卫生间排水、医护人员洗手盆排水等）必须采用专用防护排水管道收集到衰变池（一用一备、有效容积需根据实际使用量进行测算、其整个衰变池体均需防护），该特殊废水需收集储存十个半衰期后才能排入医院污水处理站进行处理达标，然后排入市政污水管网；与使用同位素相关范围的废气（采用上送上排方式）需统一收集（主要是限制区需单独排风），收集至楼顶经吸附处理达标后才能排放，且排风管口底标高超过主楼屋顶最高处 1.5m。

（一）单光子发射型电子计算机断层扫描仪（SPECT/CT）机房场地配置

SPECT/CT 医用设备由 SPECT 和 CT 两部分设备组成（部分产品采用小型 X 线球管与探测器），既可用作断层扫描，也可取代伽马照相机做平面局部或全身扫描。以某厂家 SPECT/CT 医用设备为例介绍其机房场地配置。

1. 机房空间配置

SPECT/CT 设备机房由扫描室和控制室组成，各房间空间配置分别为：扫描室为 6.0m×5.0m×2.8m，控制室为 4.5m×3.0m×2.7m。

2. 设备电源及机房照明

（1）设备电源。SPECT/CT 电源为三相五线制，380V、50Hz，采用专用动力线路供电，额定功率 25KVA，主断路器 40A，电源内阻≤ 200mΩ，扫描室和控制室之间设置电缆沟。

（2）机房照明。在显示器附近区域的灯光应使用带电阻调光器的白炽灯。

3. 网络端口

SPECT/CT 设备远程服务所需 ADSL 端口 1 个，网络端口数量为 2 ~ 3 个，其位置在控制室观察窗下方距地 30cm 处 2 个网络端口和机架后墙上 1 个网络端口。

4. 机房环境

（1）温湿度。SPECT/CT 设备机房内相对湿度为 30% ~ 70%，无冷凝结露现象；检查室和控制室温度为 16 ~ 26℃，温度变化小于 5℃ /h。

（2）电磁干扰。SPECT/CT 设备需放置在小于 0.1mT 的静磁场环境中。

5. 放射防护

SPECT/CT 设备机房的放射防护方案需由有资质的防护评价单位，根据所使用的同位素源和每天病人累计辐射量等进行计算，并报当地卫生监督部门审批确认。

6. 设备基础和地面

（1）设备基础。采用不低于 L_{25} 混凝土现场一次浇筑，表面原浆压光，表面水平度误差小于 ±2mm。

（2）机房地面。设备基础表面不铺设面层，基础表面和机房最终完成地面标高一致。

7. 设备运输

SPECT/CT 设备运输通道尺寸为 1.5m×2.1m（通道门宽度为 1.5m），机房门净尺寸为 1.2m×2.1m（走廊宽度为 1.8m），电梯净尺寸为 1.5m×2.1m（电梯门净尺寸为 1.1m×2.1m）。

（二）X 线单光子发射型电子计算机断层扫描仪（PET/CT）机房场地配置

PET/CT 医用设备是由 PET 和 CT 两部分设备组成，具有两者的使用功能。目前，PET/CT 成像设备在国内已投入使用的数量不多，该设备既可作为临床检测使用，也可供临床科研使用，每次检查所需时间较长，故每天所检查的人次较少。以某公司 PET/CT 医用设备为例，介绍其机房场地配置。

1. 机房空间配置

PET/CT 机房包括扫描间、控制室和辅助用房（一次等候区、同位素药物库房、注射室、二次等候区、休息室、污洗间等）组成。各房间的空间配置分别为：扫描间净尺寸为 7.5m×6.0m×3.0m，出入门净尺寸为 1.5m×2.1m（与设备出入门相临的走廊宽度大于 2.7m），控制室净尺寸为 6.0m×3.0m×2.8m。

2. 设备电源及机房照明

（1）设备电源。PET/CT 电源采用三相五线制，380V、50Hz，独立电缆供电；最大功率为 90KVA，连续功率 20KVA，功率因数 0.85；最大瞬间峰值电流为 152A，连续电流 30A；三相导线标明相序后与 PE 线一并引入配电柜。

（2）机房照明。在各房间配备足够的照明设施。在扫描间和操作间配备两路照明系统，即恒定的荧光照明和可调的白炽照明系统。

3. 设备承重及地面

（1）扫描间承重。扫描机架的质量约 2.1T，CT 扫描机架的质量约 1.9T，扫描床自重约 0.5T，机架设备和床均用地脚螺栓固定于地面。

（2）地面。其地面平整度小于 ±2mm，机架设备砼基础厚度大于 16cm。

4. 机房环境

（1）温湿度。PET/CT 机房湿度为 30% ~ 60%，湿度变化率≤ 5%/h，因晶体探测器对湿度要求非常严格，故扫描间需配备专用的抽湿机。扫描室和控制室的温度为 18 ~ 26℃、温度变化率≤ 3℃ /h。

（2）电磁干扰。扫描机架、扫描床和控制台需处于静磁场 1 高斯线、交流磁场 0.01 高斯线以外的地方，特别是要远离变压器、大容量配电房、高压线、大功率电机等。

5. 放射防护

PET/CT 机房的放射防护需委托专业卫生防护评价单位完成机房预评价报告（该设备 CT 部分最大的曝光参数为 140kV、380mA），经专家审查合格后报具有审批权限的卫生监督部门审批。

6. 设备运输

PET/CT 设备运输通道尺寸要求：运输走道净宽大于 2.1m、净高大于 2.4m，通道门净宽大于 1.5m、净高大于 2.3m。

（三）正电子发射型断层磁共振成像系统（PET/MR）机房场地配置

正电子发射型断层磁共振成像系统（PET/MR）是集分子影像技术（PET）和磁共振影像技术（MR）为一体的全新大型设备，尚处于初级发展阶段，若干关键技术问题有待进一步完善。

原国家卫生计生委于 2015 年同意国内首批 5 家医院配置试用 PET/MR（共 5 台）甲类大型医用设备，配置试用期为 1 年。故 PET/MR 成像检查设备在国内的数量很少、已投入使用的更少，该设备主要作为临床科研使用，在条件许可下供临床使用，每次检查所需时间较长，故每天检查的人次较少。

PET/MR 成像设备机房场地配置要求与 PET/CT 成像设备机房类似，同时需满足 MR 系统成像设备机房的场地配置，故其机房场地配置较多、要求很高、技术上比较复杂。现以某厂家 PET/MR 成像设备为例，介绍其机房场地配置。

1. 机房空间配置

PET/MR 设备机房包括扫描间、控制室、设备间和辅助用房（如一次等候区、同位素药物库房、注射室、二次等候区、休息室、污洗间等）组成，各房间空间配置分别为：磁体间净尺寸为 8.0m×6.0m，净高大于 3.0m，磁体间屏蔽门净尺寸为 1.3m×2.1m、采用外开方式确保安全；操作间净尺寸为 6.0m×3.0m×2.8m，操作间门尺寸为 1.0m×2.1m，观察屏蔽窗尺寸为 1.5m×0.9m、观察窗底边距地面 0.8m；设备间净尺寸为 4.5m×6.0m×3.6m，设备间门尺寸为 1.5m×2.1m。

2. 设备承重及基础

（1）磁体自重约 7.7T、扫描床自重约 0.3T，用膨胀螺栓固定于地面，需保证有 20cm 厚混凝土层。

（2）磁体和扫描床安装处的下面区域内地面水平度小于 ±2mm。

（3）确保磁体正下方 3.5m 见方范围内的地面钢筋含量需满足 MR 系统设备要求。

3. 设备电源和机房照明

（1）设备电源。PET/MR 系统电源采用三相五线制，380V、50Hz，独立电缆供电；相间电压间的最大偏差不得超过最小相电压的 2%；本系统设备最大瞬时功率 135KVA、连续功率 100KVA、功率因数 0.9；设备最大瞬间峰值电流为 187A、连续电流 152A。

（2）专线供电。专用变压器容量需大于 225KVA，三相线标明相序后与 N、PE 线一并引入配电柜。进线电缆必须采用多股铜芯线，接入柜内额定电流为 200A 断路器；配电柜具备防开盖锁定功能；配电柜紧急断电按钮需安装在操作间操作台旁的墙上。

（3）电缆截面。变压器到配电柜之间供电电缆截面的选择应保证独立变压器输出端到设备配电柜的压降小于 2%。

（4）磁体间、设备间及操作间均设 2 ~ 4 个 220V/10A 插座；紧急退磁装置处需设 1 个带地线的 220V/10A 电源，电源线（L、N、G）引出墙面外预留 50cm。

（5）主配电柜系统。因电缆均从设备顶部连接，故 PET/MR 的主配电柜采用上进上出方式。

（6）设备电缆布线。因设备间和磁体间所有电缆均从设备顶部连接，故需准备设备专用电缆桥架，且必须做到防水防油，远离发热源；磁体间严禁使用铁磁质金属电缆桥架；电缆桥架两格之间的距离需小于 30cm。

（7）机房照明。磁体间内采用直流照明，需提供直流电源；磁体间不允许使用荧光灯、调光器。

4. 设备运输

（1）PET/MR 属精密医疗影像诊断设备，包装运输时属于易碎及危险物品。在设备搬运前，需考虑设备运输路径和路径的承重要求确保设备顺利运抵安装现场。

（2）吊装尺寸及质量。其包装尺寸为 2.5m×2.9m×2.5m，其质量约 10T。

（3）通常情况下，磁体间在靠外墙的墙体上预留 2.8m×2.8m 搬运洞口，通向磁体间的通道需平整，并能满足磁体运输的承重要求。

5. 周边环境及电磁屏蔽

PET/MR 精密影像诊断设备机房对周边环境要求较高，主要是 MR 系统的电磁屏蔽要求。

（1）周边环境。MR 磁体部分的环境要求与放射科 MR 机房环境要求基本一致。通常离磁体中心点一定距离内不得有电梯、汽车等大型运动金属物体；近距离的铁磁质物质也会影响 MR 磁场的均匀性；MR 场地要尽量远离振动源、高压线、变压器、大型发电机及电机等设施。

（2）电磁屏蔽。磁体基座承重位置、扫描床固定位置、失超管位置俯视图射频屏蔽要求，为了达到高清晰的图像质量，磁体间需要进行射频屏蔽以阻止外界射频源的干扰。屏蔽房包括六面屏蔽体（地面、顶棚、墙面）、屏蔽门、屏蔽观察窗等。

（3）失超管要求。MR 系统需安装到空旷室外的失超管用来散发失超时的大量氦气。失超管在外墙上出口需高于地面 3.7m，失超管的室外出口需防止雨、雪、老鼠等进入，需采用保温材料包裹。

6. 机房环境

（1）通风换气。确保磁体间通风换气次数及氧气含量，在磁体间顶上或墙上设置大于 0.6m×0.6m 的气压平衡口，确保磁屏蔽门的开启。磁体间要求安装紧急排风系统，紧急排风口需安装在失超管附近的吊顶最高处，出口需在安全的室外且独立于失超管；当紧急排风启动时，至少需有 5% 的室外空气补充进磁体间；紧急排风开关安装在操作间操作台旁。

（2）温湿度。PET/MR 机房的温度梯度应严格控制在 3℃以内。因磁体间不得有空调机组，需安装送、回风的风道系统且需单独控制，故 MR 系统需配备精密空调、采用双压缩机组。各房间的湿度为 30% ～ 60%、湿度变化率≤ 5%/h，磁体间温度为 15 ～ 21℃，操作间和设备间的温度为 15 ～ 28℃。

7. 放射防护

PET/MR 机房的放射防护与 PET/CT 机房基本一致。但是，因该类机房射频屏蔽工程的需要，扫描间地面通常需降板 30cm（含承重基座、防水处理等），待射频屏蔽工程结束后，扫描间再回填至楼地面；扫描间内应采取相应的降噪措施以满足相关规范。

（四）回旋加速器机房场地配置

回旋加速器设备主要是生产供 SPECT/CT、PET/CT、PET/MR 等核医学检查及治疗时供病人使用的同位素，其功能分为四个区：放射性核素生产区、药品生产区（净化区）、质量控制区（净化区）、办公区及人流物流通道等。以某厂家 HM-10 型回旋加速器为例，介绍该设备机房的场地配置。

1. 机房空间配置

回旋加速器机房空间配置一般为 6.5m×5.0m，机房吊顶高度≥ 2.7m。

2. 设备电源及机房照明

（1）设备电源。回旋加速器电源采用三相五线制，380V、50Hz，独立电缆供电；功率约 50KVA，需配备变压器和稳压器。

（2）管道和电缆布置。需在每个房间的地沟内准备相关管道和电缆。回旋加速器房间分别和热室、控制室之间需提前准备穿墙洞，以连接相关管道和电缆。

（3）机房照明。照度标准值为 300lx、局部为 500lx。

3. 设备运输

（1）设备运输通道。回旋加速器设备可通过机房顶板上临时吊装洞口吊入（垂直吊装洞口有效尺寸大于 2.5m × 2.0m），设备吊入后应及时封闭临时吊装洞口。回旋加速器的运输通道尺寸为 2.0m × 2.4m，移动路线的地面承重需满足设备的运输要求。

（2）设置吊钩及地沟。机房墙体上需提前预埋吊钩以顺利搬运和移动回旋加速器主体。吊钩需安装在侧面墙上，每个承重 3 吨、共需 3 个。回旋加速器机房需预留地沟，设屏蔽型地沟盖板。

（3）机房空调安装到位。该设备搬入前，机房内空调需提前安装到位并能正常使用。

4. 水供应和废水设施

（1）水供应。冷却水及城市用水管道需连接到回旋加速器房间内，冷却水是直接连接到回旋加速器的热交换水冷系统。热交换水冷系统配备温度监测仪和连锁，遇到冷却水温度过高，回旋加速器自动停止操作。水供应应该满足设备厂家的技术要求。

（2）废水处理设施。回旋加速器室和热室内需分别设两个放射性地漏下水道（地沟内），对于有可能接触放射性物质的下水道，其排水管需连接至放射性废水衰变处理池进行处理。

5. 机房环境

（1）温湿度。该设备机房温度为 15 ～ 30℃，湿度为 30% ～ 60%（无冷凝水）。

（2）在回旋加速器室内需要长时间保证相对负压，让所有空气往外排放。在这两个房间采用主动送风、主动排风的换气装置达到负压。房间气压比相邻房间低 25Pa，通风管道应独立供给回旋加速器室和热室，确保净化区的空气质量，回旋加速器室内通风换气量每小时至少 10 次。

（3）采用适当的空气排放系统，降低排放气体的放射性浓度。要求把放射性管道连接至就近最高建筑屋顶上 3.0m 排放，并安装过滤吸附装置。

（4）对回旋加速器室的送风和排风管道，采用弯曲设计以降低辐射。回旋加速器室内的空气需洁净无尘，并控制湿度以防止结露。

6. 放射防护

（1）回旋加速器室机房四周墙体厚度需须根据放射防护评价和设计布置来决定，需安装屏蔽防护门。放射性气体或液体的传输应从地沟传输，管道上应加入铅屏蔽。地面采用灰泥涂抹、合成树脂涂抹，墙表面采用乙烯基刷漆（加碳化硼），天花采用乙烯基刷漆（加碳化硼）。

（2）门机连锁及急停开关：安装门机连锁及紧急停止开关装置，以保护工作人员和参观人员的辐射安全。紧急停止开关应安装在回旋加速器室入口位置。

（3）提示灯及指示牌：需安装 3 个运行提示灯，分别在热室和回旋加速器室的进出口，把电线连接到控制室。在整个回旋加速器设施入口设置辐射指示牌，并设置登记管理。

7. 其他要求

（1）压缩空气系统：压缩空气供应以管道连接至回旋加速器室，此压缩空气用以操作多套仪器、冷却加速器内射频系统的关键部分及化学合成模块。根据设备厂家提供压缩空气的参数进行设置（如露点温度、颗粒大小、含油量、供应压力、流速、保留容量等），还需配备干燥过滤器。

（2）气体供应和气体管道要求：需设置气体库房存储所需气体（供给加速器、靶及化学合成系统）

及气瓶调节器，安装气体管道及连接气体库房至加速器室，至气体分发箱。所需气体包括氢气、氦气、氮气，把干燥氮气供应至加速器室（用于真空罐内部增压），需设固定气瓶支架及减压阀。所需气体及其纯度和减压阀规格由设备厂家提供技术要求。

（3）通信系统：在热室安装电视监视系统，监控回旋加速器室情况；在热室和回旋加速器室之间安装对讲通话系统；在热室安装电话、宽带，以建立远程维护服务。

三、放射治疗科大型医用设备场地配置

放射治疗科大型医用设备场地配置同样包括机房空间配置、机房平面布置、设备承重、设备电源及机房照明、机房环境、设备运输等，所有铅防护门上方需安装警示灯，并设置门机连锁装置。但是，因为在放射治疗过程中医用设备将产生较大能量的 x 射线、γ 射线、臭氧和中子等有害物质，故治疗机房的放射防护要求较高、其防护厚度也比较厚，一般情况下需在机房入口处设置迷道（采用“L”型或“S”型布置），治疗设备电源所需负荷均较大且需独立电缆供电。同时，放射治疗机房的废气需单独收集（采用上送下排方式）至楼顶最高处经吸附处理达标后高空排放，故放射治疗机房内的通风换气次数不低于 4 次 / 小时。

（一）直线加速器（LA）机房场地配置

1. 机房空间配置

一般情况下，根据现行放射防护设计规范，直线加速器治疗室净面积应大于 $45m^2$，其室内净宽（主防护墙之间）为 6.0 ~ 7.0m，前后副防护墙之间净宽为 7.5 ~ 8.5m，净高（自机房顶板防护墙下表面至机房完成地面）为 4.2 ~ 4.5m、室内装修吊顶高度为 3.0 ~ 3.3m，迷道净宽为 1.5 ~ 2.0m、迷道门洞宽度与迷道净宽一致，在迷道外靠副防护墙设置控制室（其宽度为 3.0 ~ 3.6m）。

根据直线加速器设备防护评价报告确定其机房六个面所采用防护材料及厚度。一般采用振捣密实的钢筋混凝土进行防护，其机房主防护墙厚度为 2.5 ~ 3.0m，副防护墙厚度为 1.2 ~ 1.6m。

2. 放射防护

直线加速器治疗室屏蔽体外 30cm 处因透射辐射所致的周围剂量当量率应不超过 2.5μSv.h−1，治疗室和控制室之间应安装监视和对讲设备，治疗室入口处必须设置防护门和迷道，防护门应与加速器联锁。相关位置应安装醒目的放射指示灯及辐射标志。X 射线能量超过 10MV 的直线加速器，其机房屏蔽设计应考虑中子辐射防护。

（1）X 线参数。直线加速器设备最大 X 线能量、最大剂量率、最大射野尺寸等由设备厂家提供。

（2）电子线参数。直线加速器最大电子线剂量率、最大射野尺寸也需由设备厂家提供。

3. 设备电源

（1）直线加速器及精确治疗床系统电源：采用三相五线制，380V、50Hz，从主电源变压器直接独立供电；额定功率为 30kW；电流强度为每相最大浪涌电流为 60A；三相动力电需连接到一个隔离器或空气开关上。

（2）真空泵系统电源：采用单相三线制，220V、50Hz，额定功率为 2kW，最大浪涌电流 10A。

（3）XVI 电源：采用三相四线制，380V、50Hz，额定功率为 32kW，最大浪涌电流 63A。

（4）水冷机房电源：采用三相五线制，380V、50Hz，额定功率为 10kW，最大浪涌电流 30A。

4. 机房环境

（1）隔断板后侧区域（机架区）。在隔断板后侧，机架和接口柜的散热在正常治疗时接近 5kW。空调系统应能使温度保持在 22 ~ 24℃，机房内相对湿度小于 70%。

（2）病人治疗区。为去除异味并使病人及操作人员感觉舒适，治疗室通风换气次数不低于 4 次 /h，

治疗室内需确保通风系统正常工作，需符合环境评估报告的要求，注意送风和排风管道的设置位置、避免空气流通短路。室内温度为 22 ~ 24℃，治疗区相对湿度小于 70%。

（3）操作控制区。控制设备的总散热约 2KW，需操作间内温度在任何时间保持在 22 ~ 24℃，相对湿度小于 70%。

（4）水冷机。水冷机标准配置为分体式水冷机，如果采用一体式水冷机，需要确保水冷机房内散热量约 15KW 的要求。

5. 其他配置

（1）电缆沟及地坑。机房内供电电缆和空调风管等穿过防护墙体时不能占用设备所需的电缆沟；电缆沟壁需浇筑混凝土；固定机器的螺栓孔位置是固定的，其地坑及机架基础范围内的电缆沟位置及尺寸需按照厂家提供的基础图进行二次施工，位置误差小于 10mm。

（2）地坑及机架基础的混凝土地面。地坑及机架基础部分混凝土地面厚度不小于 25cm，该厚度范围内的混凝土需一次性浇筑；地坑及机架基础部分混凝土强度大于 30MPa；地坑及机架基础部分混凝土密度大于 2.35t/m^3；地坑及机架基础部分使用混凝土中水泥含量大于 275kg/m^3；机架混凝土基础平面对角水平误差小于 2mm。

（3）“工”字钢梁。确保“工”字钢梁位置在等中心轴线正上方，左右偏差小于 20mm，工字梁下方的吊顶需要预留 60 ~ 80cm 宽滑车通道，工字梁下方不得有横穿的管道。

（二）钴 60 机房场地配置

钴 60 机房设计和直线加速器机房基本一致，其机房环境要求与直线加速器基本相同，但不需要水冷机等辅助房间，其电源要求比较简单，其机房空间需求相对较小。钴 60 机房由治疗室、控制室、准备室三部分组成，如果单独修建钴 60 机房时，应尽量缩短与 X 光室、门诊肿瘤患者之间的距离。

1. 机房空间配置

钴 60 机房包括治疗室、控制室、设备室等，其治疗室的净面积大于 30m^2，该机房空间配置：治疗室平面尺寸为 5.5m × 6.5m、吊顶后净高 ≥ 2.8m、控制室平面尺寸为 4m × 3m、迷道净宽 ≥ 1.5m。

2. 地面承重及运输通道

（1）机房地面承重：能承受荷载 8kN/m^2。

（2）设备运输通道：治疗室和控制室之间采用一次转折迷道（采用“L”型或“S”型布置）；内入口做成门洞形式，不能直通到顶棚，门洞净高大于 2.0m。

3. 设备电源及机房照明

（1）设备电源：钴 60 电源采用单相三线制，220V、50HZ，最大功率 500W；治疗室内设 2 ~ 3 个普通插座；控制室穿墙孔下安装 2 ~ 3 个普通插座。

（2）机房照明：钴 60 机房采用封闭式钢筋混凝土结构时，室内采用人工照明，照明开关应在入口门内、外和控制室各设一个；控制室、准备室内应安装照普通明灯。

4. 网络端口

在钴 60 机房治疗室和控制室内分别设置 2 ~ 3 个网络端口。

5. 机房环境

钴 60 机房室内温度范围为 18 ~ 28℃，相对湿度范围为 30% ~ 70%。机房通风方式以机械通风为主，通风换气次数不低于 4 次 / 小时。

6. 放射防护

治疗室屏蔽体外 30cm 处因透射辐射所致的周围剂量当量率应不超过 2.5 μSv/h。根据周围环境情况采用封闭式屏蔽墙结构，机房防护厚度应根据放射防护预评价报告来确定。

（三）后装治疗机房场地配置

典型后装治疗设备机房场地配置相对比较简单，主要用于妇科肿瘤治疗，其场地配置。

1. 机房空间配置

后装治疗设备机房包括治疗室、控制室、准备室，其治疗室内有效使用面积应不小于 20m²。治疗室平面尺寸为 5.5m×4.5m、吊顶后净高≥ 2.7m、控制室平面尺寸为 3.0m×4.5m、迷道净宽大于 1.5m。

2. 设备电源

后装机设备电源采用单相三线制，220V、50Hz，使用功率 500W；控制室穿墙孔下安装 2 ~ 3 个单相插座；设置电缆沟。

3. 网络端口

在治疗室和控制室分别设置 2 ~ 3 个网络端口。

4. 机房环境

后装机机房室内温度范围为 18 ~ 28℃，相对湿度范围为 30% ~ 70%。机房通风方式以机械通风为主，通风换气次数不低于 4 次 / 小时。

5. 放射防护

机房屏蔽体外 30cm 处因透射辐射所致的周围剂量当量率应不超过 2.5μSv/h。根据周围环境情况采用封闭式屏蔽墙结构，机房防护厚度应根据放射防护预评价报告来确定。

（四）伽马射线立体定位治疗系统（γ 刀）机房场地配置

伽马射线立体定位治疗系统（γ 刀）机房设备类似于钴 60 治疗设备机房，其场地配置如下：

1. 机房空间配置

r 刀治疗机房包括定位室、准备室、计划室、控制室、治疗室等，其治疗室的净面积大于 30m²。治疗室平面尺寸为 6.5m×4.8m、净高≥ 3.0m，机房门洞净尺寸为 1.8m×2.0m，定位室、规划室及控制室尺寸一般为 4.2m×3.6m。

2. 设备运输

设备运输通道宽度大于 2.0m、高度大于 2.2m，其地面承重要求大于 8kN/m²。

3. 设备电源

γ 刀电源采用单相三线制，220V、50Hz，使用功率 5kW，各房间设 220V/16A 电源插座 4 个；控制室内沿靠操作台距墙边 10cm 设电缆沟。

4. 网络端口

控制室与治疗规划室之间设网络线连接，各设置 3 ~ 5 个网络端口。

5. 机房环境

γ 刀机房内夏季温度为 26 ~ 27℃、相对湿度为 45% ~ 50%，冬季温度为 23 ~ 24℃、相对湿度为 40% ~ 50%。机房内通风方式以机械通风为主，通风换气次数不低于 4 次 / 小时。

6. 放射防护

其机房辐射区四周墙体及顶棚防护厚度、防护门铅板厚度需根据放射防护预评价报告确定。保证在距治疗室墙体外 30cm 可达界面处停留的医务人员（不含放射工作人员）或其他公众成员所受到的平均年有效剂量不超过 1mSv，该处因透射产生的空气比释动能率一般应不大于 2.5μSv/h。

（五）模拟定位机房场地配置

放射治疗科常用的模拟定位设备包括普通 X 光模拟定位机、CT 模拟定位机、MR 模拟定位机等，这些模拟定位机房的场地配置与放射科相对应医用设备机房的场地配置基本相同。

四、医用高压氧舱设备场地配置

（一）高压氧治疗作用

高压氧治疗是指在密闭且高于常压的环境下吸入高浓度氧（氧浓度为85%～99%，常压下吸氧氧浓度仅为25%～55%），从而治疗相关疾病的一种治疗或康复方法。高压氧的治疗作用包括：①使氧气大量溶解于血液和组织，从而提高血氧张力、增加血氧含量、收缩血管和加速侧支循环形成，以利降低颅内压，减轻脑水肿，促进神经功能恢复；②增加受损细胞供氧，加速受损细胞恢复；③加速残留血肿的清除，加速胶原纤维和毛细血管再生，加速病灶修复；④提高网状激活系统和脑干的氧分压，加快意识恢复速度；⑤加强机体清除自由基和抗氧化的能力，减少组织再灌注损伤；⑥抑制细菌生长，有利于控制继发感染。

（二）医用高压氧舱组成及分类

医用高压氧舱由治疗舱体和给氧装置组成。其舱体是一个密闭圆柱体，属于特种压力容器，然后通过管道及控制系统把纯氧或净化压缩空气输入舱体内供患者使用。舱外医生或护士通过视频监控系统、观察窗和对讲系统与舱内接受治疗的患者进行沟通。高压氧舱按一次性治疗人数的规模分为大型、中型和小型三种款式，其中大型氧舱设有18～20个座位、中型氧舱设有8～12个座位、小型氧舱仅设1～2个座位；高压氧舱按安装方式又分为立式、卧式、坐式等三种，其中小型氧舱可采用立式或坐式，而大中型氧舱均采用卧式。

（三）医用高压氧舱场地配置

1. 选址及空间配置

高压氧舱的选址必须远离居民住宅区、变配电站、存放易燃易爆物品区，以及人员密集场所等；一般来说，大中型高压氧舱治疗区宜单独建设，并设置单独出入口。高压氧舱所需建筑面积参照本章表2-4-1指标进行空间配置，其空间布局应满足消防安全要求，应设置医生诊断室、医护办公室、更衣及值班室、病患更衣室、治疗等候区、氧舱治疗区、公共卫生间等功能用房，其空间布局需满足相关医疗工艺及使用流程等要求，且高压氧舱治疗区必须进行封闭式管理。

2. 设备电源及保护接地

高压氧舱所在空间的电器需防爆，氧气站房及氧气排出口需满足现有规范要求；氧气加压舱需设置有效的加湿系统和静电导出系统。高压氧舱设备电源需由设备厂家提供准确的功率及电压等参数要求。舱体与控制台必须设置保护接地装置，工作接地小于2Ω。

3. 辅助设备机房

高压氧舱设备的辅助设备机房包括空压机房、排风机房、空调机房，以及储气罐、气水罐、污水罐等辅助设备房，需根据设备厂家提供的技术需求和规划空间进行合理布局。

4. 设备运输

由于高压氧舱体为成品的压力容器，其体积较大、重量比较重，在运输及安装过程中不能拆分，故在设计和施工阶段需考虑高压氧舱舱体设备运输通道或预留吊装洞口。

5. 氧舱供氧

氧舱供氧方式科常采用中心供氧，将供氧管路从气源引致控制台，其供氧压力和供氧流量需满足氧舱设备的具体参数要求，其供气系统及管路材质等应满足《医用供气工程技术规范》（GB 50751-2012）中相关技术要求。

参考文献

[1]《中国医院建设指南》编撰委员会.中国医院建设指南(第三版)[M].北京：中国质检出版社、中国标准出版社，2015.

[2]董永青.医疗功能房间详图集Ⅰ[M].北京：中国轻工业出版社，2011.

[3]沈崇德，朱希.医院建筑医疗工艺设计[M].北京：研究出版社，2018.

第三篇

医院规划与建筑设计

第一章

概述

朱希

朱　希　深圳市柏鹏建筑设计事务所有限公司总建筑师

第一节　医院规划与建筑设计

医院规模各不相同，基于功能应拥有一定的院区场地、一栋或多栋医疗及非医疗建筑物、各种构筑物等；医院应能够提供避难及休息空间、使来者舒适、具备接待条件，能够被管理者持续或永续经营。建造医院首先要进行一系列的规划和建筑设计，然后根据设计图纸施工建造。

一、医院的规划属性及规划要点

（一）医院建设用地规划

1. 医院在卫生部门的设定

由国家、区域和地方卫生主管部门发起，根据人口发展情况、预防及妇幼保健需求、疾病谱和死因情况、公共卫生机构业务能力、社会办医情况、卫生装备、卫生投入、科教工作等，进行统一的卫生规划，提出本地卫生规划要求，包括医院类型、医院数量、床位数量、医院布局、社康布局、医学院校布局等。

2. 医院在规划部门的设定

根据卫生主管部门提出的医疗卫生规划，由城市规划部门委派当地规划设计院在城市总体规划中做出卫生专项规划，然后分解到各分区规划中；分区规划被批准后，进一步编制区域控制性详细规划，以土地利用规划的方式落实医疗卫生用地布点及下达控制性规划指标。

在控制性详细规划的分图图则里规定了：医院用地范围、征地面积、容积率、覆盖率、绿地率、配建设施等，包含对医院用地规模、周边市政道路及机动车开口的规定；明确可供应给医疗卫生用地的周边市政公共配套设施，包括更大范围的市政道路、公共交通、公共停车场地、公共绿地、市政工程设施（电力、通信、供暖、给水、排水、供气等）等。可根据以上资料进行医院交通影响评价、环境影响评价。在城市重点地区的设计中对医院出入口、交通动线、建筑空间、天际线、开放空间、绿地等以导则形式加以指引。

由于规划层级不同，产生了国家级医院、区域中心级医院、市属医院、区属医院等，分别由国家、省、市、区等各级财政分担医院建设资金。

3. 医院建设用地的属性

医院建设用地属于城市规划中建设用地规划里的“公共管理与公共服务设施用地”，在医院建设前期进行用地选址时，应结合“城市公共服务设施规划控制指标”里关于“医疗卫生设施规划用地指标”的规定，如表 3-1-1 所示。

表 3-1-1　城市医疗卫生设施规划用地指标

城市规模	小城市	中等城市	大城市		
			Ⅰ	Ⅱ	Ⅲ
占中心城区规划用地比例（%）	0.7 ～ 0.8	0.7 ～ 0.8	0.7 ～ 1.0	0.9 ～ 1.1	1.0 ～ 1.2
人均规划用地（m^2/ 人）	0.6 ～ 0.7	0.6 ～ 0.8	0.7 ～ 0.9	0.8 ～ 1.0	0.9 ～ 1.1

（二）医院建设用地指标

医院建设用地的规划指标应根据医院类别和规模确定，见下表 3-1-2。

表 3-1-2 各类医院建设用地指标

<table>
<tr><th>医院类别</th><th colspan="7">建设用地指标</th></tr>
<tr><td rowspan="3">综合医院</td><td>建设规模（床位数）</td><td>200 ~ 300</td><td>400 ~ 500</td><td>600 ~ 700</td><td>800 ~ 900</td><td colspan="2">1000</td></tr>
<tr><td>床均指标（m²/ 床）</td><td>117</td><td>115</td><td>113</td><td>111</td><td colspan="2">109</td></tr>
<tr><td colspan="7">注：（1）表中所列是综合医院七项基本建设内容（急诊部、门诊部、住院部、医技科室、保障系统、行政管理和院内生活用房等）所需的最低用地指标，当规定的指标确实不能满足需要时，可按不超过 11m²/ 床的指标增加用地面积，用于预防保健，单列项目用房的建设和医院的发展用地；
（2）新建综合医院的绿地率不应低于 35%；改建、扩建综合医院的绿地率不应低于 30%；
（3）建设规模介于表列规模之间时，可用插入法计算实际需要的用地面积；
（4）承担医学科研任务的综合医院应按副高及以上专业技术人员总数的 70% 为基数，按每人 30m²，承担教学任务的综合医院应按每位学生 30m²，在床均用地面积指标以外另行增加科研和教学设施的建设用地；
（5）综合医院设置公共停车场时，应在床均用地面积指标以外，按小型汽车、非机动车的占地标准另行增加公共停车场用地，停车数量按当地规定</td></tr>
<tr><td rowspan="3">中医医院</td><td>建设规模（床位数）</td><td>60</td><td>100</td><td>200</td><td>300</td><td>400</td><td>500</td></tr>
<tr><td>日门（急）诊人次</td><td>210</td><td>350</td><td>700</td><td>1050</td><td>1400</td><td>1750</td></tr>
<tr><td colspan="7">注：（1）建设用地应包括：建筑用地，道路、广场、停车用地，绿化用地及发展用地；
（2）新建中医医院绿地率宜为 30% ~ 35%，改建、扩建中医医院绿地宜为 25% ~ 30%；
（3）新建建筑容积率宜控制在 0.6 ~ 1.5 之间，改扩建用地紧张时不宜超过 2.5</td></tr>
<tr><td rowspan="3">传染病医院</td><td>建设规模（床位数）</td><td colspan="2">150</td><td colspan="2">250</td><td colspan="2">400</td></tr>
<tr><td>床均指标（m²/ 床）</td><td colspan="2">130</td><td colspan="2">125</td><td colspan="2">120</td></tr>
<tr><td colspan="7">注：（1）表中指标为传染病医院七项基本建设内容所需的最低用地指标：当规定的指标确实不能满足需要时，可按不超过 11m²/ 床指标增加用地面积，用于传染病预防监测、科学研究用房建设及满足突发公共生事件应急时期紧急护展用地的需要；
（2）表中指标包括必要的隔离警戒用地</td></tr>
<tr><td rowspan="2">精神专科医院</td><td>建设规模（床位数）</td><td colspan="2">70 ~ 199</td><td colspan="2">200 ~ 499</td><td colspan="2">≥ 500</td></tr>
<tr><td>床均指标（m²/ 床）</td><td colspan="2">108</td><td colspan="2">105</td><td colspan="2">105</td></tr>
</table>

注：本表摘自《综合医院建设标准》《中医院建设标准》《精神卫生专科医院建设标准》《传染病医院建设标准》；若项目所在地有地方标准，可执行地方标准。

二、医院的建筑属性及设计规定

医院属于城市公共建筑，医院建设受城市规划对建筑及其基地的限定，医院项目应获得一书两证（即选址意见书、建设用地规划许可证、建设工程规划许可证）之后才能进行实施性规划设计。

医院建筑基地规划控制线包括以下三种情况：

（1）征地红线：规划部门和国土部门共同批复的用地边界，含代征用地（道路、绿地）；

（2）用地红线：项目用地使用权属范围边界线，不含代征用地（道路、绿地）；

（3）建筑红线（建筑控制线）：有关法规或规划详细确定的建筑物、构筑物的基地位置不得超出的界限。

医院规划与建筑设计应符合城市规划中的以下要求：

（1）公共建筑总体布局要求：临两条城市道路、有足够的机动车停车用地、出入口远离城市道路交叉口；

（2）城市设计要求：整体风貌、交通、空间；

（3）建筑基地的规划指标控制：用地控制、建设容量控制、密度控制、高度控制、绿化控制；

（4）建筑间距要求：防火间距、日照间距、卫生间距、不同方位间距折减系数；

（5）建筑面宽控制：如无特殊要求，一般建筑高度≤ 24m, 建筑最大面宽≤ 80m；建筑高度 24<h ≤ 60m, 建筑最大面宽≤ 70m；建筑高度 >60m, 建筑最大面宽≤ 60m；有特殊要求见的，当地规划部门的相关规定；

（6）建筑高度控制：文物保护、重要风景区、航线控制高度内建筑物的高度系指建筑物的最高点，无论新建或改扩建均应符合有关部门的限高规定；

（7）场地竖向及坡度的限定：场地设计标高应高于或等于城市设计防洪防涝标高；沿海或受洪水泛滥威胁的地区，场地设计标高应高于设计洪水位标高 0.5~1.0m，否则应设防洪措施。

三、医院的工艺属性

医院功能包括但不限于：急救、医疗、教学、科研、保健、生产—药品制剂、假肢研制、动物实验室等，当疾病卫生防控中心、急救中心、慢病防治等公共卫生项目与医院联合建设时，院内还具有院前车辆调度、信息管理、预防、保健、慢病控制等功能，因此具有相关工艺及流程要求。

四、医院的文化属性

医院建设触及宗教、信仰、种族、地域在文化上的限制，如藏医院、蒙医院等民族医院，伊斯兰教徒就医对于营养餐要求，基督徒教会医院，高海拔地区医院；故医院建筑设计必须满足各民族、各类不同信仰者在精神上、物质上、环境上的要求和禁忌，表现医院文化、人文精神、民族风格等方面的传承。

第二节　医院建筑分类与规模

一、医院建筑等级与分类

从事医院建筑设计首先要设定医院建筑等级。

（1）医院建筑等级：医院的建筑、消防、人防、防灾、避难、生物安全、救护、污染防控等级在城市公共建筑中属于除了纪念性建筑之外的最高等级。

（2）从民用建筑防火角度分为：多层建筑、高层建筑；无论多层还是高层，医院建筑均为一类公共建筑，耐火等级均为一级。

（3）从医院建筑组合形式上分为：单体建筑、综合体建筑、多栋单体建筑的集群。

（4）从医院建筑风格上分为：现代风格、传统中式风格、传统西欧风格、民族风格（藏族、苗族、傣族 / 东南亚等）。

二、医院建筑规模

医院建筑规模是建筑设计的基本依据，测定建筑规模属于医院建筑前期策划工作；既有医院改扩建的新增部分应根据局部需要、结合医院现状与发展目标测定，新建医院需确定以下规模和指标。

（一）医院等级规模

根据《医院分级管理标准》，我国的医院可分为一、二、三级，每级再划分为甲、乙、丙三等，其中三级医院增设特等。

（二）医院床位规模

综合医院的建设规模按病历床数量可分为 200 床、300 床、400 床、500 床、600 床、700 床、800 床、900 床、1000 床九种。

（三）建筑面积规模

公立医院按国家标准和各省、自治区、直辖市地方标准建设，私立医院不受限制。

综合医院中急诊部、门诊部、住院部、医技科室、保障系统、行政管理和院内生活用房等七项设施的床均建筑面积指标应符合表 3-1-3 要求。

表 3-1-3 综合医院建筑面积指标（m^2/ 床）

建设规模（床）	200~300	400~500	600~700	800~900	1000
面积指标	80	83	86	88	90

（四）科室面积规模

医院内各科室面积规模是支撑整个医院建筑规模的基础。我国目前没有建立统一的科室面积指标，公立医院需要分别从我国已经颁布的现行各科室建设与管理指南、建设规范、管理规定或条例、技术规范、验收标准等文件中摘取。例如：急诊科、药学部、静脉用药调配中心、消毒供应室、医学实验室、病原微生物实验室、洁净手术部、重症医学科、血液透析室、生殖中心、新生儿病室、人类辅助生殖、输血科、医院感染管理等。

私立医院虽然总体规模不受限制，但出于科室验收及市场运营的角度，科室建设规模通常也需要遵照上述依据执行。

（五）大型机电设备

大型机电设备需占用一定的建筑面积，个别设备用房需要独立用地，如大型锅炉房、液氧站、换热站、污水处理站等，对医院用地指标、建筑面积指标都有影响，详见有关章节。

（六）大型医疗设备

大型医疗设备需占用一定的建筑室内面积及空间高度、室外及露天场地、室外及高空特殊气体排放口、重大荷载等，个别设备需要独立用地，详见有关章节。

第三节　医院规划与建筑设计工作内容

一、医院建筑规划设计包含的专业

（一）专业分类

1. 规划

规划是指城乡规划专业，应具备城市规划、城市设计等方面的知识。城市规划设计、城市规划管理、决策咨询、地产开发等部门从事城市规划设计与管理，开展城乡道路交通规划、城乡生态规划、园林游憩系统规划。从事规划的设计师为规划师，规划师通过执业资格考试获得注册规划师资格。

规划师不从事医院建筑工程设计，只在宏观上了解医院用地特点、主要服务功能使用中发生的城市问题，包括动态与静态交通、建筑密度、日照关系、污染情况、服务半径等。规划师负责进行城市规划工作中的卫生专项规划，进行详细规划中的医院用地规划、编制医院建设用地的分图图则、下达医院用地各项指标、审批医院选址、制订医院用地规划设计条件、编制医院所在城区的城市设计。

2. 建筑设计

建筑设计是对从事建筑工程设计工作所有专业的统称，一般泛指建筑、结构、机电（水、电、暖通）三大专业。医院建筑设计是指对医院建筑、结构、机电等专业所进行的设计。

建筑学专业的从业者包括助理建筑师（初级职称）、建筑师（中级职称）、高级建筑师、研究员级高级建筑师、注册建筑师。结构和机电工程类专业的从业者包括助理工程师（初级职称）、工程师（中级职称）、高级工程师、研究员级高级工程师、注册工程师。

我国实行注册建筑师、注册工程师与建筑师 / 工程师（职称包括建筑师 / 工程师、高级建筑师 / 工程师 / 副高、研究员级 / 教授级高级建筑师 / 工程师）双轨制。在医院建筑设计招投标的投标人资格中，若要求项目负责人同时拥有注册建筑师和高级工程师两项资质，则提高了对项目负责人能力的要求，通常注册建筑师在设计项目管理能力上的标准高于高级工程师。

（二）医院设计专业细分及其工作内容

随着城市功能的完善、楼宇建造技术的发展、人工智能与自动化程度的提高、人文与人性化要求的提升，逐渐从建筑、结构、机电三类基础学科中分化衍生出许多亚专业学科，如室内、景观、信息、BIM 等，从而大大促进了建筑业的现代化。因医院建筑的城市属性、功能特殊性和建造复杂性，这些新生的亚专科几乎无一不在医院规划和建筑设计中出现，且有特定的亚专业产生，如医疗工艺、医用工程等。迄今为止，当代医院规划与建筑设计业内已有以下 19 类主要专业工种参与，在上下游协同工作。

1. 城市设计

对医疗城和用地规模超过一个及以上街坊的大型医院，宜进行城市设计，同时进行控制性详细规划，以控制医院所在城区的整体风貌、开放空间尺度、沿街建筑形象、动线、公共绿地等。

2. 交通规划

对位于城市高密度区域的大型医院做交通规划及交通影响评价、市政道路出入口开设、动态及静态停车系统指引、公共交通设施配建等。

3. 总图

在医院征地红线内进行总体布局、场地设计、竖向设计、道路及交通设计，包括修建性详细规划，通常合并在建筑设计专业中。

4. 建筑

是医院规划与建筑设计的统率和龙头专业，其一小部分工作是自身建筑学专业的设计，另一部分工作是设计管理，要自始至终向全体专业宣贯设计宗旨，带动全体专业制订方案、进行设计、协调、现场配合、控制造价，是全体专业设计品质的总负责。

5. 医疗工艺

其工作内容向前延伸为辅佐甲方进行医疗功能规划、协同建筑师完成建筑策划，中心工作是分担建筑学专业中的功能与流程深化设计，后期辅助建筑师、室内设计师，向结构和机电专业提供医用工程设计资料。医疗工艺专业的知识体系包括建筑学基础、制图、空间思维能力、医院运营、临床 / 药学 / 医技 / 护理基本知识、医疗活动及相关设备等。

6. 结构

医院建筑物、构筑物、景观中涉及结构体等的设计。

7. 机电

建筑内部给排水、强电、弱电、采暖、通风、空调、动力设计及各专业的外网管线设计、管线综合等设计。

8. 人防工程

人民防空战时工程、平战结合工程等设计。

9. 医用专项工程

净化工程、气体工程、放射防护与屏蔽工程、医用水系统工程、医用信息工程、自动化物流、物联网等设计。

10. 建筑专项工程

支护工程、钢结构、幕墙工程、厨房工程、亮化工程、建筑智能化、太阳能、直饮水、市政设施接驳、巨幅钢构招牌、自动化停车系统及相关构筑物、建筑防洪、冰蓄冷、垃圾压缩站等。

11. 室内装饰

建筑室内外装饰的深化设计，设计师需具备艺术创作能力。

12. 景观

院内露天绿地、屋面和立体绿化、建筑室内绿化等的专项设计，核心技术是苗木配置。

13. 导示

院内外、建筑室内外标识系统设计。

14. 绿色建筑

泛指各专业涉及节能、减排、可重复利用材料等的专项设计。

15. 海绵城市

涉及雨水回收、绿化、生态系统修复等的专项设计。

16. 建筑节能

泛指各专业涉及节能、新技术、新型节能材料推广应用等的专项设计。

17. 环境工程

涉及医疗污、废物处理、污水处理、环境保护、污染防控、卫生安全等的专项设计。

18. 造价

建筑经济，含估算、概算、施工图预算。除非单独付费，设计机构只做到初步设计概算，不做施工图预算。施工图预算由独立的第三方造价咨询公司承担。

19. BIM （Building Information Modeling）

即建筑信息模型，是建筑学、工程学、施工、运维的工具，用以实现建筑信息的集成。从建筑的设计、施工、运行直至建筑全寿命周期的终结，各种信息始终整合于一个三维模型信息数据库中。设计团队、施工单位、设施运营部门和医院等各方人员可基于 BIM 进行协同工作，有效提高工作效率、节省资源、降低成本、实现可持续发展。

（三）医院设计各工种协作方式

医院规模越大、品质要求越高、造价越高，需要的专业工种越多，各专业工种可参考以下分工和协作模式。

第 1 项城市设计：是对城市总体和局部重点地段风貌管理的一种行政手段，当医院用地跨越两个或两个以上街区时，宜由规划主管部门委托规划设计院或专业规划咨询机构进行城市设计。其执行波及城市设计范围内的所有地块，规划部门需将城市设计与用地规划条件同时下达医院建设方，属于指导性的上位规划。若多块土地已经合宗，政府则不能主导编制城市设计，设计机构在进行医院总体规划时应纳入城市设计技术手段，顾及城市或街区需求，避免产生城市问题。

第2项交通规划：需经业主委托，由城市交通研究部门负责编制。其执行波及城管、道路、公共绿地、市政管网、公共交通设施、相邻用地红线变化等，属于上位规划。

第3～7项专业：通常由一家综合性设计机构承担，也可采用建筑师事务所+结构工程师事务所+机电工程师事务所+工艺/造价咨询公司共同完成的模式。此种形式为国际通行模式，建筑师事务所为设计总承包或总牵头单位，实行总建筑师负责制。

第6项中若出现特殊结构形式，如钢结构、木结构、竹结构，一般设计机构往往不能完成，需要委托专业机构协同完成；基坑支护应由岩土工程公司负责设计，不包含在结构设计之中，业主需要单独委托，除非事先约定一切设计工作均总包给设计机构，若设计机构不具备岩土工程设计资质，则需要联合设计。

第8～19项：通常采取分包方式，由更具相应专业特长的设计或咨询机构承担；若设计机构内拥有此类专业工种人员，能一并承担，则内部沟通比外部沟通更便捷高效。各专业须协同工作、互为支撑，才能完成医院规划与建筑设计，各专业的主要协作方式是互提资料、管线综合、汇签。

二、医院建筑设计阶段划分

医院规划和建筑设计需分阶段有序进行，逐渐深入，一般划分为方案设计、初步设计、施工图三个阶段。

投资额较少的小型项目可以省略初步设计阶段；前文所述第10～16项根据主管部门和业主要求做选项。

由于医院建筑项目的复杂性、前期不确定性，大型项目在建设前期可以增加“概念规划、实施方案设计”阶段，以对项目进行更为慎重的考虑，先务虚，再务实，将“报批方案文件”用于规划审批流程，等待规划批复的同时在总指标不动的情况下同步优化、深化方案设计。

三、医院建筑设计各阶段设计文件编制深度

（一）概念规划

在医院建设前期或编制项目建议书阶段，为了进行选址、拿地、规模论证、前期策划，为了争取更好的规划条件，为了便于理解项目特性，可以通过概念规划的方式摸索规模、厘清思路、探讨方向。

概念规划的深度较浅，且可以做多个差异性较大的方案进行比较。其主要包括以下规划内容：总平面图、分期建设方式、建设指标、交通分析、功能布局、体量分析、建筑风格意向，个别项目需要时，可做造价匡算。

概念规划的编制时间约30天。

（二）规划报批方案

用于规划报批的医院规划方案文件编制深度需符合建设部《城市建筑方案设计竞选管理试行办法》中的城市建筑方案设计文件编制深度的相关规定。

主要内容包括：医院鸟瞰图及沿街效果图、总平面图、技术经济指标、交通组织、建筑平立剖面图、各专业方案设计说明书、投资估算。大型或重要的医院建筑根据工程需要可加做建筑模型（费用另收）。

通常情况下，城市规划报批不需要配备实施的医院建筑功能，主要控制总平面及建设指标，提供建筑平面、立面、剖面图，用于建筑面积指标复核。在指标不发生改变的情况下，规划批复后，可在此基础上进一步研究实施方案。

规划报批方案文件编制时间约30天。

（三）实施方案

在医院可行性研究阶段应，进行实施方案设计。此阶段应明确医院各专业的设计任务书，完成医疗工艺方案设计，据以进行实施方案设计。

具有可实施性的医院总体规划和建筑设计应包括以下设计内容：总平面图、场地竖向设计（地形高差复杂时）、交通组织、建设指标、建筑平立剖面图、医疗工艺一级流程图、每栋建筑各角度效果图、各专业方案设计说明、造价估算。

实施方案应能够用于进行初步设计，可供医院制订运营管理方针、人力资源配置、大型设备配置指标申请、施工前期土地整备、土方平衡等工作。

实施方案设计时间因项目复杂程度、业主把控能力而异，短则45天，长则一年甚至更长，其中建筑方案设计向前期延伸为建筑策划、医疗工艺规划，向深度延伸为室内、景观、物流、设备、材料等方案的论证，向后延伸到运营的可实现度、人力资源配置、医疗设备配置额度；其根本技术问题在于项目广义上的可行性：包括技术可行性、造价可行性、运营可行性等。如果没有实施方案环节，而将大量问题堆积到初步设计阶段，会牵扯更多专业，降低设计效率，积重难返，导致后续进度延误。

（四）初步设计与概算

初步设计也称扩初，是前文所述第3~18项所有专业依据批复的设计方案全面展开技术设计、数据计算、单线制图或简要制图的阶段，是将方案阶段各专业以说明书形式所描绘的文字性方案变成方案设计图的过程，是初步统计各专业工程造价的过程。各专业在此阶段完善自我，进行平行作业，互相提出对相关专业的要求。经过大量协商，使各专业互相基本予以满足，投资额得到初步把控。

初步设计文件含设计说明书、各专业设计图纸（含主要设备及材料表）、概算书三部分。初步设计文件编制时间不宜少于70天（其中设计45天，概算编制25天）。初步设计文件编制深度需符合建设部《建筑工程设计文件编制深度规定》的要求；若医院建筑、结构、消防等设计超出现行设计规范所制约的范围，需进行超限审查。初步设计图纸深度应能据以编制概算、控制投资、进行施工准备、进行主要设备订货；初步设计概算是控制医院建设总造价的限制性指标，应包含所有用于建造的分项工程造价，若初步设计内容有缺漏项，则会导致概算造价的缺漏项，原则上施工图预算不得突破初步设计概算。

政府投资项目通过初步设计评审来管控医院建设的整体水平和投资额，评审机构包括发改、规划、卫生、消防、人防、环保等部门，各专业评审专家依据国家和地方法规、规范、标准、财政投资能力等对初步设计进行评审、评价，提出意见和下一阶段设计要求。评审也是对业主所提设计要求的审议，业主和设计机构应据以修改初步设计文件，直至各部门下达审批通过的相关文件。

如果建设主管部门实行总投资限额建设，出于缩短审批周期和促使设计在达到足够深度时再进行评价的目的，不设立初步设计及概算评审环节，而是要求设计方直接做出施工图，据以做出施工预算后，若发现超出投资限额，则令设计方进行施工图调整，直至控制到施工预算造价不突破限额为止，再直接交送施工图审查。这种情况下尽管不进行外部评审，但设计单位仍然需要做内部初步设计，只是不对外发图，目的是在施工图之前各专业先定实施方案，避免把技术问题带入施工图而导致不可逆转的技术错误。

（五）施工图设计

施工图设计必须根据批准的初步设计进行编制，医院建筑施工图应包含前文所述第3~17项所有专业的设计，其中建筑专业为主导工种，应先行将工艺、设备要求等内容提交各有关工种；设计深度应能据以编制工程预算，据以进行设备、材料订货，据以进行施工、安装和调试，符合投资控制要求。医院建筑施工图设计时间不宜少于 90 天。

施工图设计包括以下施工现场配合：向施工单位进行设计意图、范围及图纸的技术交底；工程施工期间，按图纸要求核对施工情况，对于难以按图施工的情况要根据现场实际做出局部修改或补充；对于无法采购到的设备、材料应做出替代变更；竣工时会同质检、监理和业主进行工程验收。

我国《建筑工程设计文件编制深度规定》是针对一般民用建筑制定的，只含一般土建和安装工程设计深度要求，施工图设计审查也只审查土建和安装工程设计，不包含对医院专项工程设计的深度要求和图纸审查。这导致我国医院建设项目通常只做出第 3~8 项施工图设计就开始施工招标，把第 9~17 项放到开工后甚至结构主体施工结束才开始设计，这样施工图设计周期缩短了，但实际产生后期边设计边施工的情况，不仅要增补前文提到的第 9~17 项施工图，还导致第 3~8 项原施工图的设计变更；而第 9−17 项设计没有官方图审，出现问题均压至施工和验收阶段，致使工程迟迟无法验收。

四、驻场设计服务

设计机构的施工图设计包含施工图交底、施工配合、施工期间的设计变更，但不包括驻扎在施工现场的服务，因此，若业主需要设计机构派代表驻场进行技术服务，则需要另行签订驻场服务合同，另行支付服务费用。

除了结构主体施工之外，其他任何施工现场发生的情况都可能导致设计调整、设计变更，都可能涉及前文所述的第 3~17 个专业之间的协调问题，且图纸变更需要经过设计、校对、审核甚至审定，才能出图盖章签发出去，因此，设计变更不可能在现场完成。因驻场人员不可能懂得所有相关专业的知识，故无法识别现场的专业问题，也没有权利进行任何现场变更，只能起到传达反馈现场问题的作用；在高速信息化时代，通过同声、画面、视频、手机微信、手机 CAD、PDF 看图等，均可实时向相关专业人员反映现场问题，设计方可立即调度相关各专业进行会诊，快速解决，及时出变更图，较之派人驻场更加快捷有效。

五、竣工图

竣工图不属于设计，不在设计机构的服务范围内，其用途是反映实际施工发生的工程量，据以进行施工单位工程款结算。竣工图应由施工单位编制，设计单位对竣工图盖章是审核确认其与“施工图 + 施工变更图 + 变更通知单”的符合度，发现违规问题应通知施工单位整改；若施工单位委托设计机构代为编制竣工图，应由编制方付费。

第四节　医院建筑规划设计采购

一、建筑设计机构类型

（1）建筑工程综合设计公司和综合设计事务所拥有建筑、结构、机电专业工种的一级注册工程师，承接建筑工程设计范围不受限制。

（2）建筑工程专业设计事务所：由具备一级注册执业资格的专业设计人员合伙设立，从事建筑工程设计或其中某一专业设计业务的设计机构，包括建筑师事务所、结构工程师事务所、机电工程师事务所。建筑师事务所除了从事建筑专业工程设计之外，可以进行建筑工程设计总承包；其他专业事务所只能承接本专业的设计。

（3）设计联合体：是指两个或以上设计公司、事务所组成联合体，共同承担一项建筑设计任务，各自发挥自身专业特长、优势互补，包括国内、国际设计机构与国 / 境内外设计公司的联合体，国内综合设计公司与专业设计事务所联合体、建筑 + 结构 + 机电事务所联合体等形式。由于我国限制无中国设计资质的境内外设计企业承接我国政府投资项目的设计任务，由联合体中拥有资质的一方对设计图纸加盖资质印章，据以进行图纸申报。

二、工程设计资质

我国为适应社会主义市场经济发展，根据《建设工程勘察设计管理条例》和《建设工程勘察设计资质管理规定》，结合各行业工程设计的特点，制定了工程设计资质标准。

医院建筑工程设计方案报批、初步设计报审、施工图报建应由拥有工程设计甲级资质的设计机构出图。医院建筑工程前期概念规划与建筑方案设计、方案竞赛不受资质限制。

三、建筑师负责制

建筑师负责制是以担任民用建筑工程项目设计主持人或设计总负责人的注册建筑师为核心的设计团队，依托所在的设计企业为实施主体，依据合同约定，对民用建筑工程全过程或部分阶段提供全寿命周期设计咨询管理服务，最终将符合建设单位要求的建筑产品和服务交付给建设单位的一种工作模式。建筑师负责制需单独收费，其服务内容不在建筑工程设计费对应的服务范围之内。

四、建筑设计总承包

建筑设计总承包是指医院工程建设交钥匙前所有需要设计的工作由一家设计单位承担，有以下几种形式：

（1）由一家设计机构负责全部设计（前述第 1~19 项专业）、全过程出图（方案、初步设计、施工图）的总承包；

（2）由施工单位负责全过程设计、施工总承包，该施工单位负责分项采购设计服务或采购设计总承包服务，若施工单位本身拥有甲级设计资质，可自行设计；

（3）由方案设计机构提供医院建筑方案，初步设计和施工图由施工单位总承包；

（4）设计机构负责方案设计和初步设计，施工图由施工单位总承包。

我国设计机构内部的项目设计管理通常有总建筑师负责制（重大工程）、注册建筑师负责制、项目负责人制、项目经理制几种类型。项目技术质量管理通常采取三校（自校、互校、汇签）、两审（审核、审定）制，甲级设计机构需通过 ISO 质量体系认证。一般情况下，项目负责人（应为注册建筑师）为技术总负责人，项目经理为项目管理及成本核算的商务经济负责人，总建筑师负责整个设计机构全部项目的方案把关和核心技术审定。

无论医院建筑工程项目采取上述何种承包形式，整个设计最好有一位自始至终把控项目全过程的总建筑师。当设计按阶段被拆分给几个独立的设计机构时，每个设计阶段的项目负责人之间应深入交底，做到彻底了解方案设计意图，以方便后续技术管理。

国际上通行的工程总承包制通常采用上述第 4 种模式，即由设计机构做方案设计和初步设计，以控制建设标准与造价，由施工企业编制施工图，以发挥施工企业各自的施工、构造、工艺、材料采购等技术能力，但同时实行建筑师负责制，以确保设计作品的实现度。

五、设计机构服务形式

选择设计师或采购设计服务的方式有以下几种。

（一）举办方案竞赛

（1）国际竞赛：国际上有优秀业绩的设计师或设计机构；

（2）全国设计竞赛：国内有优秀业绩的设计师或设计机构；

（3）方案有偿征集。

（二）组织设计投标

设计机构参加医院工程设计投标是以承接项目全过程设计为目的的，对投标方案要求有落标成本补偿金；投标方案应由行业内技术水平较高、有实践经验的知名专家进行点评、优选；方案评审应有业主方或使用方参加评审，在评审中业主应向专家评委申明医院对设计的要求，对严重不符合医院运营要求的方案，业主应有一票否定权。

（三）直接委托设计

在一定额度内不需公开招标的政府工程项目，可直接委托设计；非公立医院项目不需要招标，可以选择自己信任的建筑师或设计机构，直接委托设计。由于多数个性化的建筑师以个人设计事务所承接业务，提供个性化服务，此类公司没有设计资质，或只有建筑单专业设计资质，只接受委托的前期规划和建筑方案设计。

（四）组织联合体设计

没有资质的设计机构与有资质的设计机构之间、两个或以上有不同特长的设计机构之间可以组成联合体，承接工程项目全过程设计，以发挥各自优势。通常设计机构之间的分工界面如下所示。

1. 按阶段划分

（1）方案 + 扩初：施工图（含施工配合）；

（2）方案：扩初 + 施工图（含施工配合）；

（3）对于将施工配合分包给项目所在地第三方设计机构或个人的情况，存在独立的施工配合阶段，施工配合方与施工图设计单位之间存在交界面。

2. 按专业划分

（1）建筑设计：室内设计、景观设计、专项设计；

（2）建筑设计 + 室内设计 + 景观设计：专项设计。

经过分工的不同设计机构、不同专业之间应进行协同工作，互提资料、相互校对、汇合签署对方的设计图纸、文件，在项目总负责人或项目总建筑师带领下实现所有专业图纸的完整性、建筑底图的一致性，设计交界面不重叠、不矛盾、互为补充。

（五）从事设计咨询

设计机构从事的咨询工作内容包括：

（1）协助甲方编写医院建筑设计任务书；

（2）建筑施工图审查；

（3）医疗工艺咨询；

（4）对医院建筑方案、结构、机电、专项设计等提供技术顾问服务，进行设计优化，提供设计图纸审核、把关服务；

（5）医院建筑设计全过程咨询、设计监理。

第二章

医院建筑设计

刘玉龙　王灏霖　王彦　蔡文卫

刘玉龙 清华大学建筑设计研究院有限公司董事、副院长、副总建筑师

王灏霖 清华大学建筑设计研究院有限公司医疗健康工程设计研究分院工作室主任

王　彦 清华大学建筑设计研究院有限公司第三分院建筑所副所长

蔡文卫 上海浚源建筑设计有限公司副总经理、副总建筑师

技术支持单位

上海浚源建筑设计有限公司

上海浚源建筑设计有限公司是具有国家建筑工程甲级设计资质、城乡规划编制乙级资质的设计企业。公司坚持走专业化发展道路，形成了以医疗、养老建筑为设计专长的企业特色。公司主要设计作品有复旦大学附属中山医院，广东银葵医院等，获得多项设计大奖。公司多次荣获“中国医院建设十佳设计供应商”和全国民营设计企业医院专项设计领先企业榜第一名。公司以科技创新为引领，打造企业核心竞争力。公司自主研发的“医院建筑智慧设计系统”已取得重大阶段性成果。

第一节　概述

一、医院建筑的定义

医院建筑是指供医疗、护理病人之用的公共建筑。当代医院建筑的范畴已延伸至健康养生等全新领域。

（1）医院建筑是为病患者、生理精神缺陷者以及健康人群提供医学诊断、治疗、护理等服务的综合性建筑，其功能还包括疫病预防、医学研究、医学教学等，是医疗资源的载体。

（2）当前医院超越了传统意义上治疗病患的范畴，作为一个医疗服务的提供者，服务对象已从单一的病患扩展到健康人群。所提供的服务也从病患的诊断、治疗、护理，逐步延伸到健康养生、医学美容等提高人类生活品质的全新领域。

（3）各类康复、体检中心、整形（容）中心等都归属于医院领域。

（4）以医学研究和公共卫生安全为目的的医学机构，如医学实验室、职业病防治中心、疾病控制中心等不属于医院范畴，因其所具备医学、生物化学等特征，一般亦归属于医疗建筑。

（5）现代综合性医院建筑是跨学科的专业，由建筑学、医学、卫生学、医技工程学、信息科技工程学等多方面结合构成。医院建筑一般为分：医疗、后勤、管理三部分。医院建筑构成系统复杂，各部分协同工作要求高。

二、医院建筑的特征

（一）建筑的空间本质

建筑的目的是供人使用，并为人类提供一个良好的环境，满足物质与精神的双重需求；应符合实用、经济、绿色、美观的建筑方针。建筑既是科学的艺术，又是艺术的科学。同时，作为功能复杂的建筑类型之一，医院建筑有其自身的特殊性，更着重安全、效率、舒适、可持续的要求。

安全：确保医患人身和财产安全，针对紧急事件及灾害的应对能力。

效率：紧跟现代医学学科的发展，注重医疗程序，遵循诊疗的工艺流线。

舒适：诊疗环境的健康和舒适度、病患就诊满意度以及医护人员工作体验。

可持续：节能减排，提升医院运营效率，降低医院运营成本。

（二）建筑结合环境

建筑物是人类生存环境中不可或缺的一部分，是自然生态系统的组成部分。建筑物与其周边环境，包括自然环境和人文环境相互影响、相互协调。建筑物应该融入周边环境，构成一个和谐的整体，达到整体环境的和谐。

良好的环境可以舒缓就诊病人急躁焦虑等不良情绪，合适的尺度、有序的空间、亲近自然的绿化、阳光和空气都能让人心里感觉安定。围合或有领域感的等候或休息空间的设计能够促进更多的交往，从而减少患者恐惧和孤独感等负面情绪。

医院建筑应与医疗环境相结合，这是医院建筑与环境发展的共同要求，代表了医院建筑的未来发展方向。考虑病患的特殊需求，寻求适用医疗技术与情感的平衡。注重现代医学技术的发展和新医学模式的变革，充分体现物质技术与精神心理治疗结合，突出自然生态环境的生态文化理念，创造优质、健康、舒适的治疗和工作环境。

（三）建筑融入城市

医院既是社会的缩影，也是城市的缩影。通过多种设施的混合使用与相互支持，形成综合医疗体。医院公共空间为周边生态环境、人群的活动提供积极的支持，众多医院集合为医疗城，形成包括医疗、预防、教学、科研、生产的综合医疗产业服务园区，通过整合优质医疗资源，打造完整的健康产业链。

（四）建筑的美学特征

建筑的审美标准不仅要求使人感官愉悦，更重要的是恰当地表现形象本身所包含的社会、文化内涵。建筑艺术的形式美直接来源于功能内容，同时与其所处的自然、人文、社会环境密不可分。

医院建筑要注重总体规划，具有一定的地区特色，体现人文气息。作为大型公共建筑，应充分考虑主体建筑的可识别性。

三、医院建筑设计原则

医院建筑应根据不断发展进步的医疗技术要求而变化，具有长久稳定的适用性，流程高效合理。

（一）功能合理

医疗建筑是多种功能的综合体，功能布置得合理对于人员的方便使用起到了决定性作用。建筑空间应具备一定的灵活性，考虑可持续发展原则；安全与效率及资源共享。

（二）流线清晰

医院建筑设计人流、物流、信息流的构成高效明确、互不干扰。

（三）景观优美

医院建筑设计坚持以人为本的设计，注重环境与人文的融合。

（四）安全卫生

在设计中注意避免医院污水、医疗垃圾、放射物质等医疗废弃物对院区及周边地区的污染，合理的规划医疗废弃物品的运输及处理。

（五）节能环保

整体设计中充分注重节能环保，从自然条件利用、设计布局、材料选择等方面加以考虑，同时对能源消耗按部门进行计量；避免热岛效应，使用不同的处理手法，尽量减少建筑表面和路面对热量的吸收。

第二节　医院规划设计

一、选址与总体规划

（一）医院选址

院址应选择在交通方便、便于病人到达，环境安静、空气清洁和有清洁水源、电源供应，并有城市下水管网的地方。既要避开烟尘的污染，也要考虑医院本身的污水排放和放射性物质对周围环境的影响，适当预留有调整和发展扩建的余地。

（二）建设用地构成

医院用地涵盖七个部分。

（1）医疗用地（门诊、急诊、医技、住院）。

（2）行政后勤用地（办公、管理、设备、氧气站房、汇流排站房、锅炉房、热交换站房）。

（3）生活用地（宿舍、食堂、商业）。

（4）科研教学用地（学生宿舍、专家公寓、教室、实验室、会议交流、图书馆、展览馆）。

（5）交通用地（广场、道路、停车）。

（6）绿化用地（休闲、活动场所）。

（7）医用气体、污废物处理及存放用地（液氧站、污水处理、医疗垃圾站房、生活垃圾站房、污物被服存放站房）。

（三）规划设计要点

医院建筑要遵循医疗发展策略，满足医疗功能需求，结合医疗工艺设计，合理安排诊疗流线，创造人性化的就医环境，满足日照规范要求。

1. 功能分区

总体功能规划需分区合理、弹性规划，充分考虑功能更新和容量需求。

医院整体功能组成：包括门诊部、急诊部、医技科室、住院部、后勤保障、行政管理和院内生活等七个部门。其中，急诊部应设在门诊部附近，并应有直通医院内部的联系通路。

医院对外联系：医院建筑总体规划中，在对外联系方面需要便于利用城市设施；环境安静，远离污染源；地形力求规整；不应邻近少年儿童活动密集场所。

医院医疗分区：一般分区为门急诊部、医技部、住院部三大功能区。随着现代医院发展方向——以病种为核心，整合各类医疗资源，形成多个医疗中心的分区布局，使得各医疗中心既能高效独立运行，又能全面协调服务于公众、患者。

2. 环境设计

医疗环境已成为现代生物—心理—社会医学模式的重要内容，对患者疾病的预防治疗和康复都有积极的作用。

环境协调：充分利用地形，规划完整院区，利用绿地景观、垂直绿化等方式，营造立体景观，为医院创造良好的景观环境。

文化融合：建立和发展具有自身特色并与当地文化相融合的文化内涵。

日照优先：病房前后间距应满足日照要求，有良好的朝向和景观，50% 以上的病房宜朝南向。

环境影响评价是指在充分调研和分析的基础上，从环境保护角度对拟建项目建设做出综合性的评价结论，为环境保护管理部门进行决策、设计部门优化设计和建设单位环境管理提供技术支持，包括拟建医院项目在建设和运营期间对周围环境的影响，提出可行的应对措施。

3. 分期预留

根据服务人口规模及变化，疾病谱的变化做出发展预测。遵循立足当前，考虑发展，适度超前的规划原则，满足医院可持续发展的动态需求。

二、交通规划

（一）外部交通

医院院区宜临两条或两条以上的城市道路。院区出入口尽可能布置在城市次干道或支路上，利用城市公共交通吸引和疏导人流。

1. 出入口

医院出入口不应少于两处，宜单独设置门、急诊、后勤物流、职工出入口。同时，在医院主要出入口应留有适当场地，满足临时停车需要。

人员出入口不应兼作尸体和废弃物出口，应有单独的污物通道，实现医患分流和洁污分流。

急诊出入口需遵循快速、准确、方便的理念，应在院区中患者和急救车辆方便到达的部位。自成一区，单独设置出入口。

2. 公共交通系统

医院基地周边应设置公交站点，且距医院主出入口较近。考虑到公共交通车辆临时排队、上落客的需求，并为减少其与通过性交通流的相互影响，应设置港湾式停靠站，避免公交车站点拥堵干扰医院出入。

毗邻地铁站点的医院，宜设置地下通道或地上连廊与医院连接，方便医患到达。

人口密集的大城市，公共交通系统可充分利用立体交通与医院内部实现无缝接驳，形成便捷的落客区域。

3. 出租车停靠

医院应有出租车专用等候位及出入流线，应考虑设置出租车停靠区，避免出租车辆在院外道路排队堵塞，对城市交通和医院出入口造成交通压力。

4. 交通影响评价

由于近年来医院规模扩大，带来交通量的增加，一般应在规划设计阶段作交通影响评价，以判断其对城市交通的影响，取得局部交通和城市总体交通的协同。

（二）内部交通

医疗机构内部应遵循人车、洁污、医患分流和交通无障碍的原则，并避免院内感染风险。在建筑周边设置环状道路，满足消防要求。

公共流线：组织便捷的场地交通。医院场地动态交通主要分为机动车流线和行人流线两种形式。机动车流线包括急救和门诊、社会车辆和出租车、供应和服务等车流；行人流线包括医护和患者、门诊和急救、住院和探视等人流。

医患流线：门诊、急诊、住院应在建筑中设置独立出入口；一些特殊科室，如发烧门诊、儿科、体检等也应有独立出入口。

物流流线：宜设置独立的物流通道，不与任何其他流线相交叉。医院内应规划专门的装载和卸货区（药品、食品、危险物品、尸体、污染物品、生活垃圾压缩等），一般设置于与物流出入口联系便捷且病人不宜到达的独立场地，或设置于地下室。如设于地下室，应有货车进出的流线，设置卸货平台等设施。

洁污流线：洁污路线需清晰，避免交叉感染。独立的污物流线直接连接垃圾暂存、太平间、病理解剖室等。

（三）静态交通

静态交通是指机动车停车和非机动车停车，应预留相应的停车场地，满足使用要求。

1. 机动车停放

机动车应在医院车行出入口附近进入地下车库与地面停车位，减少对院区的干扰，宜在门急诊、住院等处分别提供病患及公共人员的车辆临时停放，满足就近停车的需要。

处于用地紧张区域的医院，可将外部交通引导进入内部地下；利用立体交通形成一个交接区，与外部交通形成便捷联系。

2. 非机动车停放

非机动车停放设施作为医院静态交通的重要组成部分，宜与环境设计相结合，既满足非机动车停放的需要，又形成良好室外环境。固定停车场宜设车棚，以遮风挡雨、避免太阳直晒，内设车架，以便按顺序停放；场内要利于排水。非机动车停放设施的标识要醒目。

3. 交通与休憩区域

步行交通系统应结合地形及周边环境，创建舒适又丰富的景观环境。比如，可在广场中央设置装饰性草坪、花坛、水池、喷泉、雕塑等，或在步行路边设置景观小品、休闲的绿化停留空间，不但可极大地丰富院区内的景观环境，而且对舒缓病人及家属的焦虑心情有极大的辅助作用。

三、综合医院规划

综合医院是指提供全科或主要综合科目医疗服务的医疗机构。综合医院建设项目应该由急诊部、门诊部、住院部、医技科室、后勤保障、行政管理和院内生活等七项设施构成。

（1）综合医院建设应符合城镇总体规划和区域卫生规划。

（2）用地宜力求规整，适宜医院完整功能布局。

（3）综合医院应优先考虑与城市公共交通的接驳。

（4）建筑布局紧凑，交通便捷。

（5）对于承担医学科研、教学任务的综合医院，教学科研等用房应独立成区、环境安静。

（6）主要建筑物有良好的朝向，建筑物间距应满足卫生、日照、采光、通风、消防等要求。

（7）应有完整的绿化景观规划。

（8）改建、扩建的项目，应尽可能实现资源整合和共享。

四、专科医院规划

（一）涵盖类型

专科医院是主要侧重于提供某专一病种、专用治疗方法等专门方式的医疗服务机构。包括：老年医院、口腔医院（含牙科医院）、耳鼻喉医院（含五官科医院）、肿瘤医院、心血管医院、胸科医院、血液病医院、妇产（科）医院（含妇婴（儿）医院）、儿童医院、妇幼保健院、精神病医院、传染病医院、皮肤科医院、结核病医院、麻风病医院、职业病医院、骨科医院、康复医院、整形外科医院、美容医院、生殖医院及其他专科医院。

（二）需关注重点

（1）专有患者人群的医院：职业病医院患者以专项健康检查为核心，职业病专科治疗为主导。放射性职业病危害严重的建设项目防护设施设计，应当经卫生行政部门审查同意后，方可施工。

儿童医院的公共空间、诊疗用房及其出入口，设置符合儿童生理和心理特点的专项趣味活动空间。停车位可以适当高于规划要求。

（2）需有一定隔离空间的医院：如精神病医院、传染病医院、麻风病医院、结核病医院等，不宜设置在人群密集区；不应邻近食品和饲料生产、加工、贮存，家禽、家畜饲养、产品加工等企业；不应邻近幼儿园、学校等人员密集的公共设施或场所。

传染病区与医院其他医疗用房的卫生间距应大于或等于 20m。传染病区宜设有相对独立的出入口。

医疗废弃物单独处理，注意主导风向与建筑朝向的关系。

（3）住院周期较长的医院：如老年医院、康复医院宜环境安静、远离人群居住区，整体院区交通应满足无障碍要求。

病房应尽可能获得直接日照，有利于患者康复，病房宜配置辅助技术设施。公共空间注重患者的社会交往、家庭参与功能。

（4）注重私密性的医院：如生殖医院、整形外科医院、美容医院等，布局要独立成区，避免与其他医院或科室交叉。建筑设计时应考虑其私密性，为患者提供一个专业舒适、有安全感的疗愈环境。

五、中医医院规划

（1）中医医院：中西医结合医院、肛肠医院、正骨医院、针灸医院、按摩医院等。

（2）中医医院建设规模宜在 60 ~ 500 床，不宜超过 500 床；承担科研教学和实习任务的中医医院，以临床编制人员数量为基数，可按适当的比例额外增加。

（3）中药制剂、中药调剂：由于中医药的特殊性及自有专利药品，需要制剂科或制剂厂。中药饮片、中成药以及灭菌制剂生产用房均要求有整洁、无污染的优良环境，应符合药品生产质量管理规范，以防止药品受污染。

（4）适度反映传统建筑文化特色。中医药学是我国传统文化的一部分，中医医院建设可考虑适度结合传统建筑空间和形式特征，形成文化特色。

六、民族医院规划

民族医院荟萃了中国各主要少数民族医药的精华，主要包括：蒙医院、藏医院、维医院、傣医院等。

（1）传统医学对医院建筑布局有着深远的影响，如藏医药浴、放血治疗，蒙医的针刺、石热敷疗、敷脏疗法（"瑟必素"疗术），建设中需考虑其独特的空间和排风、洁净要求。

（2）关注民族宗教特点，注意精神空间。民族医院建设要尊重当地民族风格，设置一定的宗教精神设施和空间。例如，藏医药的加持仪式用房、转经筒等，穆斯林净身、礼拜用房等。

（3）适度反映民族传统建筑文化特色。建筑是建筑文化的载体，不同地域和民族的建筑艺术风格等各有差异，可在建筑设计中适度体现。

第三节　医院建筑设计

医院建设模式主要包括两大类型：一类是完全新建的医院院区项目；另一类是在现有院区基础上的改扩建项目。

一、新建医院建筑设计

新建医院是指完全新建的医疗设施。近年来，在我国快速城镇化的过程中，医院作为重要的公共服务设施，进行了大规模的医院新院区投资和建设。新建医院规划建设中应遵循的主要原则有：

（1）门诊、急诊、医技、住院、后勤保障、行政办公等功能分区合理；

（2）医疗流程科学、安全、高效；

（3）实践绿色可持续发展院区；

（4）设计具有一定的适应性，以应对未来发展需求。

医疗建筑空间组合模式，需要综合医院科室设置、医疗流程、社会需求、用地条件等多方面因素，其形态模式可以归纳为集中式、分散式、组团式三大类型。

（一）集中式

医院主要设施如门诊、医技、住院等功能科室集中布置在单栋大型建筑中，在水平或垂直两个方向紧凑、密集发展，呈现高层筒式、水平板块式等形态。该模式布局紧凑，各部门之间联系流线便捷，省时增效、节约用地和管线。水平板块式由于连续室内空间巨大，房间密集，也带来了能耗较大及空间体验欠佳的结果，可以通过在局部采光井来改善自然通风采光条件，如工字形、王字形、指状形、田字形等形态都可以归类于该类型，各功能区通过医疗街相互连接。医疗街不仅仅是交通组织的空间，也是开放空间和公共服务的枢纽。集中式布局比较适应于用地紧张的大城市区域，并且能够提高建筑的综合利用效率。

（二）分散式

医院设施分散布局在数栋建筑中，使用功能相对独立，建筑之间可以通过连廊进行整合联系。该模式多应用于我国一些早期的医院，或是逐步扩建形成的医院。由于建筑布局分散，可以适应不同的地形条件，并且有助于自然通风采光和相互隔离，同时也比较有利于分期建设与实施；但分散布局由于建筑占地广、不同设施之间距离较大，易造成医疗流线长、联系不便、工程管线浪费等问题。

（三）组团式

医院建筑功能日趋复杂，且规模也越来越大。超大规模的综合医院宜采用组团式布局，分为“综合医疗区 + 专科医疗区”，或“医疗区 + 办公科研区”等不同的组团组合形式，医院布局从分散走向集中，又向适度集中分区转型。一方面可以避免过度集中带来的流线交叉、空间体验较差的问题，另一方面既联系又分离的布局模式，也有利于提高医院的环境品质和整体效率。

在近年来提出的“一站式医疗中心”思想影响下，医疗建筑设计形成以病人为中心的共识，建立由若干集成就诊、检查、治疗为一体的诊疗中心，大型医技设备等共享使用，形成多中心的组团发展模式。国外的一些大型医疗城也可以认为是组团式医院的发展模式。

二、改扩建医院建筑设计

面对医疗技术的飞速发展和医疗服务需求的不断提升，一些医院需要引进新型医疗设备，或是增加新的医疗服务项目，现有的空间规模和形式不能适应新的需求，因此医疗建筑需要进行改建和扩建。我国当前医院建设在经过近数十年的快速发展后，大规模的既有医院也面临新的需求，因此医院的改扩建将成为下一阶段医院建设的重要内容。改扩建医院设计应遵循的主要原则有：一是新增建设需要与现有建筑、功能、设备等合理整合；二是改扩建工程应尽量减少对医院运营的影响。

（一）院区改造

医院院区进行较大规模的扩建等，如新建门急诊、医技部、住院部等，增加部分空间以适应新的医疗服务需求，重新梳理医疗流程以适应新的医疗模式。此类项目中，首先，要对医院设施和周边城市状况进行全面调研和评估；其次，要探讨循序渐进的分期建设策略；最后在工程中要注意协调建设，尽量减小对医院日常运营的影响。

（二）建筑局部改造

医院建筑总体布局保持不变，通过建筑物的局部改扩建或室内布局的调整及装修改造，满足当前发展需求，使得建筑空间能够适应新的功能设置、医疗设备、流线组织，这也是医院建筑使用过程中的常态。同时，由于我国已进入老龄化社会，医院也面临无障碍、适老化改造的任务，以应对老年病患的需求。改建、扩建建筑应符合国家和地方相应规范标准的要求，特别是消防、结构等专业的新规范要求。

三、建筑设计要点

（一）整合性设计

医疗建筑设计是一个需要整合多专业、综合多种技术的工作过程。一方面，相对于普通公共建筑而言，还需要重点关注工艺流程、感染控制等方面。随着现代医疗技术的进步，利用医疗设备在智能化、数字化，信息传输方式上的不断创新，统筹新的硬件与网络技术，进一步探讨新模式的医院空间组织架构。例如，物流系统、信息系统的投入使用，可以大大解放前台与后端的空间关系，有些部门甚至可以做到完全外包。同时，医院作为城市重要的公共建筑以及能耗重点单位，需要运用合理的绿色生态技术，实现全寿命周期的低耗能、碳中和、绿色节能医院。

（二）空间灵活性设计

医院空间应具有一定的弹性和灵活性，以适应不断变化的社会需求和进步的医疗技术。一方面，规划设计需要根据服务人口规模、区域内医疗机构数量、社会疾病谱等的变化做出医院发展的合理预测，遵循立足当前、适度超前的原则，构建有利于发展建设的空间模式；另一方面，可以通过模块设计和组合的模式，使建筑空间能够灵活适应不同科室或部门，特别是运营中面临的改造、更新、扩建等需求。

（三）环境舒适性设计

当代医疗建筑在提供高质量的医疗诊治服务的基础上，也越来越重视医院的人性化、舒适性问题，在空间、细节、色彩、形象等方面处理上，体现温暖、温馨、人性化、家庭化的原则，营造健康舒适的诊疗环境，医院中就诊、工作、生活的所有人，包括病患、医护、家属等，提供良好的就诊满意度、工作体验和生活感受。当代医院也需要体现城市公共建筑的公共性，提供更多的公共服务，如商业、休闲等设施。

同时，医院建筑作为大型公共建筑，应充分考虑主体建筑的可识别性，应具有一定地域性，体现人文特色。

（四）模块化设计

医疗建筑采用规则柱网，形成尺度统一的空间尺寸，适应空间的调整使用；各组成模块空间相对独立，有利于日常运营中的独立使用或维护改造；空间利用强调灵活性，通过标准模块的增减实现功能的发展变化，门诊单元、医技单元、病房单元都可以实现模块化，而模块化也是实现多中心化的重要技术途径。

（五）安全设计

医院建筑属于人员密集场所，非完全行为能力人群多（患者、老人、儿童），各种流线复杂。与普通建筑相比，医院建筑存在更多的安全风险。建筑工程设计项目各专业均应在适宜的阶段对设计进行系统的评审，以便评价设计的结果满足风险控制要求，发现和识别设计中的问题并提出必要的措施。

四、建筑设计与医疗工艺设计的结合

医疗工艺设计是医院规划建设的重要组成部分，医疗工艺设计应确定医院医疗业务结构、功能、规模，以及相关医疗流程、设备、技术条件和参数，主要包括从一级流程到三级流程的工艺设计，贯穿于医院建筑设计每个阶段，量化分析医院建设的临床需求，合理布置医院医疗流程。

医疗工艺设计和建筑设计是相辅相成的关系，在医院策划设计不同阶段交替主导工作进程，在项目定位、规模和功能策划阶段应以建设方和医疗工艺策划方为主；在规划设计阶段应以建筑师为主。具体见第八节。

（一）需求测算

在前期策划阶段需要进行未来的医疗需求测算，以满足项目可行性研究报告编制、设计任务书制定和方案设计的需要，医疗需求应按照医院规划服务区域的人口数量、疾病谱以及现有医疗设施状况等进行测算。该阶段成果包括住院病床数测算、日平均门诊量测算、主要大型医疗设备需求测算、建筑规模、医护人员规模估算等。

（二）一级流程

在建筑方案阶段需要同步进行一级流程设计，即门急诊、医技、住院、后勤辅助等部门的总体布局，以及重要医疗空间的平面布局设计。该阶段成果包括主要医疗空间类型和数量列表、医院主要医疗空间的布局平面图。

（三）二级流程

在初步设计阶段需要同步进行二级流程设计，即每个门诊科室、医技部门，以及住院、后勤等部门的内部功能房间布置。该阶段的成果为医院各功能科室房间平面布置图，应满足初步设计阶段的提资条件深度要求。

（四）三级流程

在施工图设计阶段需要同步进行三级流程设计，即房间内部的具体设备、家具、灯具等的布置。该阶段的成果为医院各医疗功能房间平面布置图，满足施工图设计阶段的提资条件深度要求，包括每个使

用房间内固定 / 活动设施布置，各种后勤支持，如给排水、暖通、电气、气体等接口数量及位置等，以及特殊的墙体、门窗、荷载需求。

第四节　建筑结构选型与主要医疗专项设计

一、建筑结构选型

医院建筑设计应重视平面、立面和竖向剖面的规则性对抗震性能和经济合理性的影响，宜择优选用规则的形体，其抗测力构件的平面布置宜规则对称、侧向刚度沿竖向宜均匀变化，避免侧向刚度和承载力突变。采用抗震性能较好的结构体系，如钢结构、剪力墙结构、框架剪力墙结构等，必要时可采用隔震或消能减震等减轻地震灾害的技术措施。

在结构材料分类上，主要包括钢筋混凝土结构、钢结构两大类。在施工方式上，主要包括现浇钢筋混凝土结构、装配整体式结构（如装配式钢结构）两种类型。在设计中应根据建筑结构特点。经济性指标等选取适合的材料体系。

在方案阶段，应根据建筑方案的特点、项目所在场地、抗震设防烈度等条件，初步论证拟采用的结构材料、结构形式等；在初步设计阶段，应根据项目的特点及地质勘查报告等依据，经过结构整体计算和论证，确定地基基础形式、地下室结构体系、地上结构体系等结构方案。在施工图阶段，进行结构准确计算和具体构件设计，满足可实施的施工图深度要求。

医院建筑功能复杂，对结构设计提出了较高的要求。在满足功能需求的前提下，医院中较大荷载的用房应尽量布置在较低楼层，并考虑该区域结构构件尺寸相应增大对楼层使用高度的影响；对于需要设备吊装等重荷载房间的位置安排，应考虑其运输通道的可行性和便捷性，应保证运输安装路径尽量较短，以免途径之处均按较大荷载设计，增加造价。建筑层高和柱跨应均匀变化，尽量避免平面和竖向突变，以达到结构受力和经济性的合理。建筑设计中应考虑到结构伸缩缝对医院使用空间的影响，尽量避免超长结构，如现浇钢筋混凝土框架结构伸缩缝最大间距不超过 55m，现浇钢筋混凝土抗震墙结构伸缩缝最大间距不超过 45m，钢结构应考虑温度应力对超长结构的不利影响等。

设置屋顶直升机停机坪的医院建筑，应根据不同型号，考虑 2 ~ 6t 的局部荷载，或根据设备的具体参数进行荷载选用。建筑应根据停机坪具体要求进行设计，同时结构应根据具体荷载进行构件设计，造价比一般屋面有所增加。

针对医院建筑的一些特点，如地下室层数较多、基坑开挖较深的医院建筑，应充分考虑这类工程在施工阶段，基坑支护、降水、底板及外墙防水、沉降观测等方面造价的增加和对工期的影响。对于设备用房、大量分散设置的厕所的降板要求，建筑设计应做到布局合理，尽量控制和减小降板，以减小荷载和因降板导致梁高加大对相关区域净高的影响。

二、建筑机电设计

高效、合理的机电设计是医院运营的基本保障，医院建筑的机电设计主要包括给排水、暖通、电气专业设计，在设计阶段，建筑、结构、机电各专业需要在建筑师的主导下相互配合、互提资料，完成从方案设计、初步设计到施工图设计全过程。

（一）给排水设计

医院建设需要对院区范围内的给水、排水、消防和污水处理工程进行统一规划设计。给排水专业设计范围包括给水系统、生活热水系统、医疗纯净水系统、中水系统、生活污水系统、检验医疗废水系统、核医放射性废水系统、雨水系统、消防系统等。

在方案设计阶段，需要协调消防水泵房、消防水池、屋顶水箱间、真空泵房、给水加压泵房等设备用房大小与位置、水平/竖向排水方式；在初步设计阶段，各专业之间需要明确基本的板洞、荷载、电量等条件；在施工图阶段，上述各专业互提条件应精确化，包括具体的板洞形状、大小，荷载大小，设备基础形式，用电负荷等，能够满足施工图深度要求。

（二）暖通设计

医院建设应根据其所在地区的气候条件、医院性质，以及部门科室的功能要求，确定院区采暖与通风、普通空调、净化空调的设置方案，医院空间的空气质量要求高于普通公共建筑，通风系统标准较高。暖通专业设计范围包括供暖系统、空调系统、通风系统、防排烟系统、冷热源系统、消防系统等。

在方案设计阶段，需要协调系统方式、锅炉房、换热站、进排风机房、排烟机房、空调机房、净化机房等设备用房大小与位置、水平/竖向风道；在初步设计阶段，各专业之间需要明确基本的板洞、荷载、电量等条件；在施工图阶段，上述各专业互提条件应精确化，包括具体的板洞形状、大小，荷载大小，设备基础形式，用电负荷，房间温湿度要求等，能够满足施工图深度要求。

（三）电气设计

医院建筑电气设计可分为强电和弱电两个部分。其中，强电系统包括供电系统、应急电源系统、低压配电系统、照明系统、防雷系统、接地与安全系统等。弱电系统包括电话交换系统、计算机网络系统、综合布线系统、室内移动通信覆盖系统、医疗信息系统、有线电视系统、公共广播系统、会议系统、信息发布系统、时钟系统、建筑设备及诊疗设备监控系统，火灾自动报警系统、安全技术防范系统、应急响应系统、候诊呼叫系统、护理呼叫信号系统、病房探视系统等。

在方案设计阶段，需要协调变配电室、柴油发电机房、网络机房、消防监控室、强弱电间等设备用房大小与位置、水平/竖向管线与桥架通道；在初步设计阶段，各专业之间需要明确基本的板洞、荷载、电量等条件；在施工图阶段，上述各专业互提条件应精确化，包括具体的板洞形状、大小，荷载大小，设备基础形式，空调形式与负荷需求等，能够满足施工图深度要求。

三、其他主要医疗专项设计

医院建筑需要多种安全高效的技术保障系统来实现设施的顺利运营，涉及医用气体、防辐射工程、物流系统、洁净工程、智能化等专项设计，需要在建筑设计阶段确定各专项工程的系统、指标，并提出必要的条件，以供相关专业反应在设计图纸中。

（一）医用气体工程设计

用于医学诊断和生命救助的气体工程，主要包括医用氧气供应系统、医用真空供应系统、医用空气供应系统、医用气体汇流排系统、医疗设备带和气体终端，在设计阶段需要提出设备用房的数量、大小、位置，以及竖向/水平管道需求。

（二）防辐射工程设计

为防止医学射线对人员及环境造成危害，以及电磁环境对医疗设备的影响，需进行防护设置，主要是针对直线加速器、PET、DR、CT、MRI、牙片室等用房，利用混凝土、防辐射涂料、铅板、铜板、铅玻璃等进行防护处理，在设计阶段需要对房间的墙体、门窗提出具体防护、材质要求。

（三）物流系统设计

医院物流主要包括大量药品、器械、消耗品、小型设备、医用气体、检验样品、文件、病房用品等物品的传送，需要设置自动化的物流系统。医用物流系统包括气动物流、小车物流、自动导航车、机器人运输等系统，可以在医院不同部门、科室之间，实现准确、快速、高效的医用物品传输。在设计阶段需要明确采用的系统类型，以及相关的管井、轨道流线，设备用房的数量、大小、位置要求。

（四）洁净工程设计

医院净化属于生物净化，对使用房间进行除尘除菌，控制室内空气的洁净度，包括洁净用房和手术部两大类用房。其中，洁净用房包括重症监护室（包括 ICU、CCU、NICU、PICU、RRCU 等）、烧伤病房、血管造影、中心供应洁净区、配液中心等用房；手术部包括洁净手术室、辅助用房两部分。洁净用房等级可分为Ⅰ、Ⅱ、Ⅲ、Ⅳ级，空气洁净度则可分为 5 级（原 100 级）、6 级（原 1000 级）、7 级（原 1 万级）、8 级（原 10 万级）、8.5 级（原 30 万级）。设计阶段需要明确具体房间的净化级别要求。

第五节　建筑环境设计

医院建筑服务的人群具有一定的特殊性，需要更加精细、温馨、友好的室内外氛围，形成具有良好疗愈环境、工作环境的场所，因此建筑设计、室内设计、景观设计应在建筑师的统筹下合理分工、密切配合、协同工作，创造对包括患者、医护人员、访客、家属等所有使用者友好的场所。

一、室内设计

医院建筑室内空间作为医疗功能流线的纽带和不同人群通行、活动的场所，其设计的合理性、高效性和体验舒适性直接影响医院运行的效率和安全。

（一）设计原则

1. 满足功能要求

医疗建筑室内设计满足使用功能是最基本的要求，在充分把握现代生物医学、整体医学模式下的人性化的整体医学环境所要求的使用功能，了解日益更新的医疗器械设备的使用环境要求，使流线组织合理化，让各功能空间处于高效、有序的运作状态，是医院建筑室内设计的最基本原则。

2. 技术与艺术结合

在医疗建筑室内设计中，医疗技术、建筑技术与室内设计应进行整体的一体化考虑，将使用功能要求、医疗设备、医疗技术、建筑室内环境的空间氛围等和谐统一，创造舒适宜人的诊疗、工作、生活场所。

3. 人性化空间营造

人性化空间的创造是当代医疗建筑设计的重点关注内容。首先，围绕以人为本的理念，通过餐饮、商业、交通、休闲等服务设施的安排，让医院空间回归公共建筑的本质属性，营造方便快捷、愉悦放松的室内活动环境；其次，充分考虑使用者的实际需求和心理需求，包括无障碍设计、老年友好设计等；同时，在标识、色彩、材质、灯光等方面应协同设计，形成良好的空间体验。

（二）公共空间

医院公共空间包括门诊大厅、医疗街、候诊空间等，由于医院功能和空间组织复杂，需要通过不同层级的公共空间来进行功能组织、人流集散，以及人员活动。其中，第一层级为门诊大厅、医疗街，集中了导医、挂号、取药、收费等功能，也是门急诊、医技、住院、商业服务等功能连接、转换的枢纽；第二层级为候诊空间，是主要公共空间与医疗空间的过渡。近年来，医院公共空间的城市属性不断加强，可以提供更多的服务功能，如商业、休闲等，满足人群的不同需求。

（三）医疗空间

医疗空间包括就诊空间、治疗空间、康复空间等。其中，就诊空间主要是门急诊的普通诊室；治疗空间主要是配置大型医疗设备的医技科室，如影像科、核医科、手术室等；康复空间主要是病房单元、留观等空间。

医疗空间设计以满足基本医疗流程、感染空间为基础，同时也要考虑病患、医护人员的感受和体验。

室内设计与建筑设计应无缝衔接，避免造成经济和工期方面的浪费。

二、景观设计

医院景观设计主要包括室外开放空间景观、植物配置、园林照明、室外公共空间家具设施等方面的设计，不仅提供舒适的医疗环境，也会对患者的治疗、康复具有一定的辅助效果。循证设计研究表明，良好的环境可以舒缓就诊病人急躁焦虑等不良情绪，合适的尺度、有序的空间、亲近自然的绿化、阳光和空气都能让人心里安定。围合或有领域感的等候或休息空间的设计能够促进更多的交往，从而减少患者恐惧和孤独感等负面情绪。

现代医学技术的发展和新医学模式的变革，强调自然环境的生态文化理念，创造优质、健康、舒适的治疗和工作环境，考虑病患的特殊需求，寻求适用医疗技术与情感的平衡，实现物质技术与精神心理治疗结合。

（一）设计原则

1. 环境协调

充分利用地形，规划完整院区，利用绿地景观、垂直绿化等方式，营造立体景观，为医院创造良好的景观环境，具有生态效应，形成多层次的绿化景观系统。

2. 医疗特色

满足特定使用者的行为特征和需求，如疗愈、康复功能、无障碍设施、适老化设计等。

3. 文化传承

建立和发展具有自身特色并与当地文化相融合的文化内涵，体现地域性、多样性的景观生态。

（二）设计内容

1. 硬质景观

硬质景观包括院区的入口、广场、道路等以硬质铺装为主的场地的景观设计，作为人流密集转换的场所，应以能够快速疏解人员为原则，要求视线开阔、流线清晰、无障碍设施完备，辅以适当的植物，形成良好的环境。

2. 中心绿地

作为医院的核心绿化空间，规划首先要考虑均好性原则，即院区各主要功能区到中心绿地的可达性；其次，中心绿地一般设置在相对安静、背风向阳的区位，营造良好的步行和活动环境；再次，通过植物的合理搭配、适宜的微地形处理以及景观小品的布置，形成院区的生态核心。

3. 疗愈花园

疗愈花园是将康复、治疗等行为与日常休闲活动结合起来而设置的花园空间，设计除满足无障碍的要求，还需要满足康复治疗在物理空间、心理感受等方面的需求。疗愈花园的设置成为当代医院景观设计的重要内容之一。

（三）康复景观

1. 概念

康复景观是指能够恢复或保持健康的环境，具有促进身体和精神的康复作用，疗愈花园即是康复景观的一种类型。当代的康复景观设计，建立在循证设计、环境心理学等学科基础上，强调可感知性和可参与性。针对不同年龄人群、不同疾病患者，康复景观设计面临不同的任务和需求。

2. 设计策略

（1）提升院区整体环境，并形成多样化的、具有不同功能与疗效的康复场所。

（2）满足使用者需求，在生理、心理、社会技能等方面，实践康复景观的主动性干预模式。

（3）实现可持续发展，创造生态化的院区环境，适应不断变化发展的医院需求。

三、标识设计

医院建筑功能流线复杂、使用人群感知能力差异较大，因此需要良好的标识系统进行合理的导引，划分不同的区域、指示路线、标注空间名称等，通过不同的传播媒体，利用文字、图案、符号、色彩等可视化手段传递医疗信息、导向信息，有效地组织不同人流、物流。

建筑内标识系统可分为三级导视牌：一级牌为楼层总索引标识，内容为当前楼层分布信息，位于电梯间、楼梯间及主要通道楼处，如楼层平面导视图；二级牌为通道分流牌，指向目标区域或科室，如病房单元导视图；三级牌为门牌指引标识，表明特定房间名称。此外，还有无障碍导盲标识系统，如盲道、电梯盲人触摸键、防撞栏盲人触摸标识等。

标识系统由标识设计专业完成，需要与建筑设计、室内设计、景观设计专业相互协作，配合完成。

第六节　绿色医院

一、相关概念及政策背景

（一）绿色建筑

绿色建筑是指在全寿命期内，节约资源、保护环境、减少污染，为人们提供健康、适用、高效的使用空间，最大限度地实现人与自然和谐共生的高质量建筑。它是实现“以人为本”“人、建筑、自然三者和谐统一”的重要途径。

（二）绿色医院建筑

绿色医院建筑是指在全寿命期内（规划、设计、施工、运行、拆除和再利用等）以及保证医疗流程的前提下，节约资源、保护环境、减少污染，为使用人员（包括病人、医务人员以及访客）提供健康、适用、高效的空间，最大限度地实现人与自然和谐共生的高质量医院。

根据《绿色医院建筑评价标准》要求，绿色医院建筑分为一星级、二星级、三星级共三个等级，均需满足标准要求的控制项要求，且每类指标评分项得分不少于 40 分，三个等级的最低得分分别为 50 分、60 分、80 分。该评价可以分为设计阶段评价和运行阶段评价，应根据地区的经济发展、项目的资金投入、政策要求、技术条件等，合理选择绿色医院建筑创建的等级。

（三）政策背景

绿色建筑是当前我国建筑行业实现高质量发展的重要抓手。2017 年住房城乡建设部颁布的《建筑业发展“十三五”规划》，明确提出将从提高建筑节能水平、推广合用绿色建材、推进可再生能源建筑应用等多方面，促进绿色建筑发展。为此，“十三五”期间，我国政府投资的公益性建筑以及保障性住房全部要达到绿色建筑设计一星标准。一部分公共建筑还应在节能改造的同时进行绿色化改造，在节水、可再生能源利用等方面提高建筑的绿色性能，进一步减少建筑运营所导致的碳排放。

在医院建设领域，由于其特殊的工艺和卫生要求，使得其单位面积能耗水平显著高于普通的公共建筑，如何在确保健康和安全需求的前提下，实现医院建筑的全面绿色化，正获得越来越多的关注。2015 年住房和城乡建设部发布第 1003 号公告，批准《绿色医院建筑评价标准》（GB/T 51153—2015）为国家标准，自 2016 年 8 月 1 日起实施，标志着绿色医院建设逐步进入规范化阶段。

二、实施路径

绿色医院设计应贯穿医院规划设计的全过程，应与规划设计同期开始策划，避免在规划设计基本完成后，以“绿色技术”作为绿色医院建设的途径的简单做法。

（一）外部环境优化先行

通过对日照、主导风向及地形等的研究，合理安排建筑朝向、间距与组合，以减小建筑对场地环境的冲击。

（二）合理规模适度紧凑

在综合考虑实际需要和未来发展潜力的前提下，论证并控制医院建筑的规模，防止医院建筑规模无限制扩大，是实现医院建筑节能的基础。将用能需求相似的功能和使用需求集中布置，各种流线简捷、各部门配置在合理的位置，以有利于建筑不同部分采暖、空调、通风及照明用能的优化。

（三）被动优先与主动优化

首先对医院建筑外围护结构的隔热保温性能、热惰性体形系数、窗墙面积比、屋顶透明部分的比例等直接影响建筑物冷、热负荷的被动设计参数进行优化。根据能耗分布特征和系统节能贡献度，确定最优系统节能策略实施次序，通过采取以下策略实现主动系统的节能优化：① 设备系统节能（可满足部分时间部分空间使用需求的采暖空调系统、高效冷热源和输配系统、新风热回收、节能灯具与低能耗设备等）；②控制管理节能（能源综合监测与控制平台、智能化控制系统等）；③ 医院功能区域特定节能技术（手术室、病理科、感染科、中央纯水等）；④ 可再生能源（太阳能、地热能、风能、生物质能等）。

（四）空间的弹性和灵活性

通过标准柱网、模数空间以及灵活隔断等手段，提高医院建筑的空间弹性，以实现医院长远的功能适用性，降低未来改造难度与耗费。

三、经济投入

由于绿色建筑在满足传统强制性节能设计标准的基础上，还须满足节地、节水、节材以及环境品质等要求，因此绿色医院实践有可能带来初始投资的绿色增量成本。

（一）建设期投入

根据对已获得绿色建筑评价标识的项目进行经济成本分析发现，绿色建筑初始成本一般比传统建筑明显高出 5% ~ 10%，高星级的增量成本高于低星级，但一星级的绿色增量成本十分有限。如果设计师善于因地制宜地进行设计，一星级绿色建筑几乎不增加额外成本。

（二）全寿命期

建筑全寿命期，是指绿色建筑中涉及建筑规划设计、施工建造、使用维护、报废回收各个过程。美国 Veterans Affairs(简称 VA) 机构负责全国 172 家医疗中心共 2000 栋建筑的运营及维护，VA 机构采用 40 年分析周期和 5% 的折现率进行全生命周期成本分析，发现运营及维护成本是建造成本的 7.7 倍。据研究表明，绿色建筑相较于传统建筑运维成本可节约 50% ~ 60%。由此可见，绿色建筑前期的投资费用高于传统建筑，但其在运营维护阶段所产生的费用远远低于传统建筑，因此绿色建筑的长期效益较为明显。

四、发展趋势

绿色建筑作为城市建设和发展的最新方向，近年来得到政府的大力推广，中国的绿色建筑数量呈几何级数高速增长。随着党的十九大对我国经济发展的总体定位与部署提出的新要求，在社会经济发展从高速模式向高质量模式转变的大背景下，绿色建筑的发展也必将进入一个新的历史阶段。

从国际的发展经验看，医院建筑领域的可持续发展探索经历了从节能医院到绿色医院再到低碳医院的历程。其中，节能医院建筑是利用各种建筑节能新技术和材料达到建筑节能的主要途径。建筑节能应从建筑环境现状出发，根据区域采取不同的节能措施，从建筑设计、建筑施工、建筑材料等各个方面加强节能技术的应用。

绿色医院建筑是指在建筑的全生命周期内，最大限度地节约资源，保护环境和减少污染，为人们提供健康、适用、高效的使用空间，与自然和谐共生的建筑。绿色建筑也称生态建筑、可持续建筑、与环境共生建筑等。

低碳医院建筑是指建筑在采暖、空调、通风、照明等能源方面，碳排放量都很大。目前，成熟的措施有：能源组合优化，建筑节能，节约资源，采用天然材料，舒适和健康的环境。注重建设过程的每一个环节，以有效控制和降低建筑的碳排放，并形成可循环持续发展的模式，最终，实现建筑物有效节能减排并达到低碳建筑。

虽然不同的发展阶段侧重点有所不同，但在技术选择上存在如下基本共识：

（1）技术选择须结合具体的国情和区域性特征，因地制宜；

（2）策略选择应聚焦在医院的特殊性上，节能 / 绿色 / 低碳的前提是确保医院的功能性要求；

（3）注意定量和定性的有效结合；

（4）注重加强过程控制。

除此之外，绿色医院措施的选择，不仅要做到绿色效果显著，也要看为达到此目标需要付出的经济成本，要结合医院工程建设和后续使用的实际情况，做到在投入合理的情况下，把绿色效果做到最优化。因而，绿色医院建筑需自全局规划开始，从选址、设计、施工、建成、使用等全过程考虑，始终以能效比为衡量标准，大量绿色建筑技术的“堆砌”是需要特别避免的技术误区。在实际工作中加强对各种绿色技术方案的适用性评估，防止绿色工作标签化。

第七节　智慧医院

一、相关概念

随着科学技术的不断发展，传统医院建筑在融合了互联网、物联网、云计算、大数据、人工智能等技术后，在某种程度上具备了智慧的特性，从而全面提升医院的管理水平和医疗服务质量，改善患者的就医体验。

智慧医院设计需要在项目策划阶段开始对全寿命周期进行统筹规划，其项目投资、建设标准、机房设置等均有不同的要求，需由电气 / 智能化专业、建筑及其他专业协作配合完成，与普通医院建筑相比，相关弱电机房、控制室、监控室、水平管线通道、竖向管线通道等方面均需要专项设计与预留。

（一）智慧建筑

智慧建筑是指以建筑物为平台，基于对各类智能化信息的综合应用，集架构、系统、应用、管理为一体，具有感知、传输、存储、决策的能力，形成人、建筑和环境协调的整合体，为用户提供安全、高效、便利和可持续发展的建筑。

（二）智慧医院建筑

智慧医院是智慧建筑的一个分支，传统医院将从无生命的钢筋水泥结构进化成可感知、可控制、具备人工智能的“生命体”，形成医院建筑、各类设备和医患之间融合的智慧系统。这种融合能够提升医院资源利用率，优化医院服务流程，构建人性化的和谐医院空间。

（三）政策背景

2018 年 4 月，国家卫生健康委员会颁布了《全国医院信息化建设标准与规范（试行）》，针对目前医院信息化建设的现状，着眼于未来 5 ～ 10 年医院信息化应用发展要求，针对不同等级的医院临床业务、业务管理等工作，覆盖医院信息化建设的主要业务和建设要求，从软硬件建设、业务应用、信息平台、基础设施、安全保障、新技术应用等方面规范了医院信息化建设的主要内容和要求。使医院的信息化建设有章可循，在国家层面构建起一个较为完整的体系框架。

二、实施路径

在规划设计阶段，智慧医院作为一个独立的专项进行规划设计。

（一）总体规划

智慧医院的建设可以参照《全国医院信息化建设标准与规范（试行）》，在规划、设计、施工、运行的各个阶段选择适用的技术和信息系统融入医院的体系中。

在智慧医院的建设中，各级医院应制订符合本院的智慧医院发展纲要，为未来的信息化发展制订路线图，并以此为基础逐步完善、修订后续各阶段的具体信息化实施细则。

由于智慧医院的概念和功能是随着科技进步和经济发展不断完善的，社会对于智慧医院的理解也在随时更新，因此在规划智慧医院的建设过程中，应结合自身实际情况确定适合的方案。

在制订规划方案时，要以需求为主导，信息系统硬件基础为前提，信息应用系统为手段。各信息子系统要统筹规划，做好顶层设计，最忌“头疼医头、脚痛医脚”，避免子系统各自为政、重复建设。

（二）智慧技术热点

随着人们生活水平和对身心健康需求的不断提高，推动着各种新技术被应用到智慧医疗领域，以下就简要介绍几类近年快速发展的智慧技术。

1. 物联网

物联网简写为 IOT(Internet of things), 是物物相连的互联网。物联网主要通过二维码识读、射频识别 (RFID)、红外感应器、全球定位系统 (GPS) 和激光扫描器等信息传感设备，把相关物品通过约定的协议与互联网相连，进行信息交换和通信。物联网可以实现智能识别、定位、跟踪、监控和管理。

物联网技术是智慧医疗的重要组成部分，智能物流管理、病患远程监测、婴儿腕带系统、自动身份识别、人员定位、生命体征信息的自动采集监视、电子化病房巡查等都是物联网在智慧医院中的应用案例。

2. 人工智能

人工智能简写为 AI（Artificial Intelligence），是研究、开发用于模拟、延伸和扩展人的智能的理论、方法、技术及应用系统的科学。

人工智能作为计算机科学的一个分支，通过研究人类智能的实质，用机器去模拟人类的思维、判断和反应。该领域的研究包括机器人、语言识别、图像识别、深度学习和专家系统等。人工智能从诞生以来，理论和技术日益成熟，应用领域也不断扩大。

在智慧医院领域，人工智能有着广泛的用途。现阶段已经应用于智能导医、物流运输、医疗影像识别与辅助诊断系统、虚拟医疗助理、医疗机器人等领域。

3. 大数据与深度学习

大数据（Big Data）是在获取、存储、管理、分析方面，规模远超出传统数据库能力范围的数据集合。大数据具有海量的数据规模、快速的数据流转、多样的数据类型和较低的价值密度。大数据的意义在于对数据进行专业化处理，实现数据的“增值”。

深度学习是机器学习中一种基于对海量数据进行表征学习的方法。通过建立模拟人脑分析学习的神经网络，然后模仿人脑的机制来解释数据，是对大数据进行处理的一种重要手段。

在智慧医疗领域，对大量临床知识、基因组数据、病历信息、医学文献进行深度学习，可以为临床医疗提供辅助决策。在医院的运营中，通过收集和分析医疗服务质量的评价数据、绩效数据，可以帮助实现科学决策，促进医疗服务质量的提高。

2018 年，卫健委发布的《国家健康医疗大数据标准、安全和服务管理办法（试行）》，明确了健康医疗大数据的定义、内涵和外延，并对标准、安全、服务管理三个方面进行了规范。对于统筹标准管理、落实安全责任、规范数据服务管理具有重要意义。

4. 云计算

云计算 (Cloud Computing) 是一种基于互联网的超级计算模式，可以通过网络以按需、易扩展的方式获得所需的资源 (包括硬件、软件和平台)。通过云计算，可以实现以更高性价比实现超大规模的运算能力，并提供高可靠性、高扩展性、高通用性的计算服务。

当智慧医疗应用大数据和进行深度学习时，必须依托云计算的分布式处理、分布式数据库、云存储和虚拟化技术，才能提供智慧医院所需的信息存储、应用和基础设施服务。

5. 建筑信息模型

建筑信息模型简称 BIM(Building Information Modeling)，是一种应用于工程设计、建造、管理的数据化工具，通过对建筑的数据化、信息化模型整合，在项目策划、运行和维护的全寿命周期过程中进行信息共享和传递。这个模型通常包含了建筑物的几何信息、专业属性及状态信息。

利用建筑信息模型，医院建筑从设计、施工、运行直至拆除的全寿命周期中，可以整合各种信息：始于动态数据库中，在应用中不断更新、丰富和充实。设计团队、施工单位和医院的运维部门可以基于 BIM 进行协同工作，有效提高工作效率、节省资源、降低成本、实现可持续发展。

BIM 平台是智慧医院的重要技术基础，信息应用系统中如医患定位系统、导航系统、医疗设备管理、智能物流系统、建筑设备监控系统、后勤管理等都是依托 BIM 平台实现的。

6. 移动互联网

移动互联网简称 MI(Mobile Internet)，是将互联网的技术、平台、商业模式和应用与移动通信技术结合，达到移动中也能方便地从互联网获取信息和服务的目的。智能终端、4G/5G、NFC、IPV6 等技术的发展是移动互联能够迅速普及，并进入实用领域的重要推动力量。

随着移动互联的日益普及，包括远程诊断、远程治疗、远程医学教学的移动医疗、电子支付、可穿戴设备的实时监控、各种智能 APP 的应用均成为可能。

本节仅列举了几项现阶段发展迅速的热点技术，对科学的追求是没有止境的，将会有更多的新技术被应用到智慧医院中。

三、经济投入

从传统医院升级到智慧医院，可以提升医院的管理水平和医疗服务质量，改善患者的就医体验，而提升的代价之一就是投入成本的增加。从全寿命周期这个维度，可以将智慧医院的投入分为基础建设期和运维期两个阶段。

（一）基础建设期投入

基础建设从很大程度上决定了智慧医院的全寿命期的定位和发展，很多基础条件一旦在初期确定，后期发现不足再进行升级和改造的代价甚至可能高于初期建设的费用，运营期间的改造还会对医院的正常运行造成影响。

基础建设期的投入包括各类信息基础设施的建设和各类信息应用系统的采购，机房工程、布线系统、各类智能化系统是其中的主要内容。

（二）运维期投入

科学的发展日新月异，对于一所智慧医院的全寿命周期内，不仅已有的技术会更新换代，还会有新的技术应用不断涌现，因此，对于智慧医院的建设投入将伴随医院的运维随时存在。

四、发展趋势

近年来，我国医卫信息化和医药行业深化改革政策密集发布，智慧医疗产业呈现高速增长，年增长率超过 15%。健康和医疗云端平台、机器人、传感器、5G 等新兴技术与新材料的发展加速了智慧医疗的进程。未来医疗行业将融入更多的科技，使医疗服务走向真正意义的智慧化。

第八节　设计全过程建设各方工作节点与内容

一、工作节点

医院建筑设计主要包括前期策划、方案设计、初步设计、施工图设计这四个阶段，这也是医院建设各方在设计阶段的主要工作节点。

二、各阶段工作内容

表 3-2-1　医院设计过程中各阶段的主要工作

序号	工作节点	工作内容
1	前期策划	项目定位、目标与选址 组织项目建议书编制 可行性研究报告编制
2	方案设计	设计任务书制定 委托专项评估（环境影响评价、环境影响评价、人防专项等） 土地、规划等（或多规合一）报审
3	初步设计	地质勘查、初步设计及评审
4	施工图设计	施工图设计及审查、绿色建筑审查、开工许可证、施工招标

三、建设各方各阶段工作分工

医院设计过程中医院建设方、工艺设计、建筑设计在项目细分阶段的主要工作分工如表 3-2-2。

表 3-2-2　项目细分阶段分工

序号	项目阶段	建设方	工艺设计	建筑设计
1	立项	○		
2	项目领导小组	○		
3	医疗需求研究	○	○	
4	项目定位与目标	○	○	△
5	可行性研究	○	△	△
6	医疗功能策划	△	○	△

表 3-2-2 项目细分阶段分工（续）

序号	项目阶段	建设方	工艺设计	建筑设计
7	用地选址	○	△	△
8	项目估算	○	△	○
9	方案设计	△	△	○
10	初步设计	△	△	○
11	项目概算	△	△	○
12	项目报审	○	△	△
13	施工图设计	△	△	○
14	项目招标	○	△	△

注：○表示负责方，△表示辅助

第三章

医院建筑医疗工艺设计

朱希　徐小田

朱　希　深圳市柏鹏建筑设计事务所有限公司总建筑师

徐小田　深圳市柏鹏建筑设计事务所有限公司总经理、医疗工艺总监

第一节　医疗工艺设计概述

一、医疗工艺设计的定义

《综合医院建筑设计规范》（GB 51039—2014）中医疗工艺定义为：“医疗流程和医疗设备的匹配，以及其他相关资源的配置。”医疗流程定义为“医疗服务的程序和环节。”医疗工艺设计应在选址与总平面、建筑设计之前开展工作。

医疗工艺设计是为医疗机构制订的比较全面长远的发展计划，是对医院医疗方面未来整体性、长期性、基本性问题的思考、考量和设计未来整套行动的方案。按内容性质分，有医院总体规划和学科专业规划；按范围分，有全院发展规划和部门发展规划；按时间分，有远景规划、中期规划、近期规划。医疗工艺设计从这三个维度对医院内医疗和非医疗活动在内容及程序方面做出配置，包括医院的功能、医疗系统构成、医疗流程、感染控制、医疗空间及工艺流程、工艺条件、技术指标、参数等。通过医疗工艺设计得以确定医院性质、规模、功能、人员架构，决策各部门之间及部门内部如何运作、医疗设备投入、资金投入。

医疗工艺设计的依据是医院战略规划、病患需求、医疗行业规范、医疗服务模式、医院管理模式、医疗服务流程、医疗设备设施发展情况、投资造价限制等。医疗工艺设计是进行医院建设可行性研究和编制医院建筑设计任务书的重要依据，医院建筑必须依据医疗工艺规划进行空间和功能规划，使之得以满足医疗的要求。医疗工艺规划要通过总图、建筑、机电等专业进行复核、测算、设计、工艺改进，并通过运营调整来付诸实现；是一种在动态变化中不断建立、调整、完善并暨由其他学科代为表述的条件性专业。

二、医疗工艺设计程序

（1）医疗工艺前期设计，前期设计应满足编制可行性研究报告、设计任务书及建筑方案设计的需要。这个阶段从立项开始进行，到建筑设计开始之前结束。

（2）医疗工艺条件设计，条件设计应与医院建筑初步设计同步完成，并应与建筑设计的深化、完善过程相配合，同时应满足医院建筑初步设计及施工图设计的需要。这个阶段从初步设计开始时进行，到建筑施工图设计开始之前结束。现实中如果将室内设计、专项设计安排到二次设计，而非与建筑设计一体化一次性完成设计，则工艺条件设计要延续到室内和专项施工图开始前结束。

三、医疗工艺设计内容及设计要求

医疗工艺设计应确定医疗业务结构、功能和规模，以及相关医疗流程、医疗设备、技术条件和参数，如下（表 3-1-1）。

表 3-3-1 医疗工艺两阶段设计内容及要求

医疗工艺方案设计	医疗工艺条件设计
①医院性质及医疗任务量	①医疗任务量细化设定（门诊、住院、手术等）
②医疗结构设计	②医疗结构与功能设计
③医疗功能单元设置与任务量设计	③医疗功能单元设置与任务量优化设计
④一级医疗工艺流程设计	④一级医疗工艺流程优化设计
⑤医疗设备配置计划	⑤二级医疗工艺流程优化设计

表 3-1-1 医疗工艺两阶段设计内容及要求（续）

医疗工艺方案设计	医疗工艺条件设计
⑥医疗装备配置计划 ⑦医疗用房配置要求 ⑧医疗工艺相关专业设计方案（医用气源等） ⑨初步分析、评价	⑥医疗设备配置标准及设备选型、技术规格、设备所需水、电、空调等条件要求 ⑦医疗装备配置标准、种类、规格等参数 ⑧医疗用房配置要求及房间条件要求 ⑨医疗工艺相关专业配置标准及技术参数 ⑩综合分析、结论

为了完成以上设计内容，需要进行以下一系列工作。

（一）明确医院定位

（1）医院类型：综合性医院、专科医院。

（2）医院规模：床位数、年门诊量、年急诊量、年手术量。

（3）医院标准：医院等级、学科、专业设置及业务能力、教学、科研设置。

（4）医院服务：区域卫生规划所赋予的预防、保健及医疗任务。

（二）确定医院管理模式

（1）医院体制：包括产权关系，以及财政体制、医院治理结构等。

（2）医院管理：包括医院组织结构、人力资源配置、医院服务方式及后勤保障体系等。

（三）制定医疗工艺方案

（1）医疗专业结构：医院功能单元（科室）设置和业务设定。

（2）医疗工艺流程：一级流程（科与科）和二级流程（科内流程）设定。

（3）医疗业务标准：卫生学标准和各科业务标准的设定。

（4）医疗指标体系：医院质量和效率各种指标的预设。

（5）医疗工艺设计参数：应根据不同医院的要求研究确定，当无相关数据时应符合下列要求（摘自《综合医院建筑设计规范》（GB 51039—2014））：

①门诊诊室间数可按日平均门诊诊疗人次／（50 ~ 60 人次）测算；

②急救抢救床数可按急救通过量（医院急诊部同时一次性接纳急救病人的医疗能力）测算；

③个护理单元宜设 40 ~ 50 张病床；

④手术室间数宜按病床总数每 50 床或外科病床数每 25 ~ 30 床设置 1 间；

⑤重症监护病房（ICU）床数宜按总床位数的 2% ~ 3% 设置；

⑥心血管造影机台数可按年平均心血管造影或介入治疗数／（3 ~ 5 例 × 年工作日数）测量；

⑦日拍片人次达到 40 ~ 50 人次时，可设 X 线拍片机 1 台；

⑧日胃肠透视人数达到 10 ~ 15 例时，可设胃肠透视机 1 台；

⑨日胸透视人数达到 50 ~ 80 人次时，可设胸部透视机 1 台；

⑩日心电检诊人次达到 60 ~ 80 人次时，可设心电检诊间 1 间；

⑪ 日腹部 B 超人数达到 40 ~ 60 人次时，可设腹部 B 超机 1 台；

⑫ 日心血管彩超人数达到 15 ~ 20 人次时，可设心血管彩超机 1 台；

⑬ 日检诊人数达到 10 ~ 15 例时，可设十二指肠纤维内窥镜 1 台。

（四）确定医院信息系统（HIS）

（1）HIS 结构：包括 HIS、CIS［临床信息系统，如图像传输系统（PACS）、电子病历、LLS 等］、

OA（自动办公系统）和移动医疗系统等。

（2）HIS 作业流程：包括与医院服务流程和医疗流程相匹配的 HIS 作业流程设计等。

（3）HIS 网络结构：包括 HIS 综合布线方案及信息点位设置等。

（4）HIS 管理：包括编码管理、权限及数据管理等。

（五）策划专项医用设施

（1）医院洁净室：包括洁净手术部、ICU、血液病房、生殖中心等方案。

（2）医用气体：包括气体种类、终端设置及技术要求等方案。

（3）医院物流系统：包括物资存储、物流传输方式及点位设置方案。

（4）医用垃圾和污水处理系统。

（5）有毒、易燃易爆物品存储和处理系统。

（6）医院标识系统：包括医院导向方案及表达方式。

（7）医院无障碍设计方案。

（六）确定医院装备

（1）医疗设备：包括医疗设备配置清单及大型设备机房条件。

（2）护理装备：包括各种护理装备配置及房间布置要求。

（3）医院家具：包括各种家具配置方案及标准。

（七）确定后勤保障、行政、院内生活、科研、教学规模

（1）后勤保障：包括餐饮、洗衣、物资供应、保安、物业管理等方面的需求分析。

（2）行政办公室数量、标准。

（3）根据本院人力资源、实习生、规培生、进修生人数确定需要配备的科研、教学等用房。

（4）根据用地规划条件及投资意向确定宿舍、生活配套用房规模。

四、不同建设类型的医院医疗工艺设计

（一）新建医院

有运营主体和没有运营主体的医院建设，其医疗工艺设计极不相同。有运营主体的医院应由院方先提出学科规划，再由工艺师进行医疗工艺设计。没有运营主体的医院需由投资方购买第三方服务，由专业的医疗工艺设计或咨询机构来进行策划、以其提出的学科设置作为假定依据进行医疗工艺设计；当医院建成有了运营主体后，要对这个假设的医疗工艺设计进行适宜性调整。

（二）医院改扩建

医院改扩建项目都有运营主体，包括对原有用房的改造和扩建、在院内新增单体建筑，由此引发全院整体规模的增量变化。此类项目工艺设计之前应由运营方先提出学科规划，再由建筑师通过建筑策划确定医院场地承载力、未来医院建设的总量、建筑空间格局、改扩建时序、新增单体建筑选址、交通组织等，经与医疗工艺师协商做出初步的医疗功能规划和可行的工艺流程后，提出建筑策划方案，反馈给运营方，双方再根据实际可能性调整学科规划，如此反复多次，以确定具备可行性的新增或改造建筑及其医疗工艺方案。改扩建的工艺设计牵一发动全身，虽由局部而起却波及全院。应建立动态的时空观，关注腾挪期间运营状态、学科发展、疾病谱变化，需瞻前顾后、左顾右盼、平衡全局。

（三）改造既有非医疗建筑

收购、租赁非医疗建筑改造为医院类似于改扩建医院，当规划不允许增加容积率的时候，建筑几乎没有扩建余地，并受制于已有建筑空间。改造首先要提高建筑等级，增加相应的消防疏散设施，同时由运营方提出学科规划，再由医疗工艺师进行初步工艺规划，确定功能分区和医、患、物流线及流量，然后交给建筑、结构、机电工程师结合现有建筑空间的承载力研究其可行性，创造具有可实施性的出入口、

垂直交通、承重荷载、消防、水、电、空调、气体等设备及管线布置条件；医疗工艺师获得上述空间及流程可行与否的反馈后，再对工艺设计进行调整。

第二节　医疗工艺规划

一、医疗工艺规划范畴

根据医院服务类型确定，包含综合医院、中医综合医院、中西医结合医院、各民族医院、专科医院、传染病院的规划。

二、医疗工艺规划内容

（一）确定医院所属类型

不同类型医院的医疗工艺截然不同。

1. 基于管理模式的医疗工艺规划

类型如：单栋医疗建筑、单一院区、一院多址、集团化医院的总医院 / 旗舰医院或下属医院、平台型医院。

2. 基于医疗模式的医疗工艺规划

各类医院的医疗工艺规划不可复制，需要量身定制，应考虑以下不同类型医院建设的要求：综合医院、带有大型专科的综合医院、带有综合医疗要求的专科医院、专科医院。

3. 承担科研教学培训任务的医院

类型如：医学科学院、科研型医院、医学院直属教学型医院、医学院非直属附属医院。

（二）定义医院的经营性质

有非营利性公立医院、非营利性私立医院、营利性私立医院、慈善 / 补贴型医院；政府投资的公立医院应按照国家和地方政府规定的医院建设标准、医院所在服务地区范围、人口规模、政府规定的职能等要求进行医疗工艺规划；私人与非公立机构设立的医院按照投资方向、经营方针、年度财务指标、分配制度、成本核算要求等进行医疗工艺规划。

（三）确定医院的规模与等级

以床位 / 牙椅数量确定，公立医院不同分类的医院有不同的规模与等级标准，详见附录“医疗机构基本标准”，首先满足政府规定的职能，兼顾满足医院发展和职工利益的要求；私立医院根据市场需求、资本利益、慈善目标等自行确定规模和等级，不受基本标准的限制。

（四）确定诊疗科目

研究医院所处的区域位置、人口规模、疾病谱、地理气候与自然灾害规律、地方财政经济能力、地区发展水平、人民生活方式、就医习惯、风俗人情、民族特点等因素，进行医疗学科规划与配套功能规划，确定诊疗科目。

（五）确定重点学科规划特色及规模

研究国家卫生与健康政策，确定重点学科规划特色及规模，如：计划生育政策、养老政策、医保、福利等。

（六）确定医院的医疗承载能力、发展空间

根据医院用地大小、医院所在位置的交通条件、区域卫生规划情况、服务半径、周边其他医疗机构分布（如有竞争力的医院、疾控中心、急救中心、血站、信息中心的布局），是位于老城区还是心开发区，是交通不便的山区还是沿海台风频发地区等，分析确定医院的医疗承载能力、发展空间与发展变化的弹性。

（七）医疗成本 / 特色资源

根据医院是否具有教学、科研的人力资源和医疗成本 / 特色资源，如：是否医学院附属医院、医疗研究机构的附属医院，是否依托医疗制品、医药制品、生物医疗或保健制品、养老等相关产业。

根据上述因素全面衡量即可推导出医院应具备的学科规划、医疗功能、配套功能，确定医院各项设施的内容、规模、比例等，这项工作就是医疗工艺总体规划。

三、医疗功能规划

（一）医疗规模

医院建设首先要决定医疗规模，例如：综合医院的医疗规模按住院床位规模来决定，由此展开确定急救、医疗、教学、科研、预防、保健、康复等相关规模，并用一系列指标来表达。

1. 量化指标测算

量化指标测算包括学科设置、门急诊规模测算（根据床位数量、诊床比确定）、手术间数配置（医院手术间的配置根据外科系统业务量、业务水平和手术室管理水平综合确定）、大型医疗设备配置（根据门诊量、床位数、业务水平并考虑发展，估算大型放射影像、核医学、核磁影像、超声影像、内镜等设备配置数量）、检验及病理样本量预测、消毒器械数量预测、门诊处方量及病房配剂量预测等。

2. 功能单位指标

明确医院七项功能设施（急诊、门诊、医技、住院、行政、后勤保障、院内生活）分类指标，并在此基础上根据运营服务需要增加预防保健、教学、科研、健康体检和单列项目的内容。根据这些内容制定医院功能单元数量，确定各功能单元建设指标，提出功能单元内主要用房数量及面积清单如表 3-3-3。此外，根据我国各城市规划的规定应增加停车场库建设指标，包括机动车和非机动车。

摘录：综合医院建设标准（2008 年修订版报批稿）

表 3-3-2 综合医院建筑面积指标（平方米 / 床）

建设规模	200 ~ 300 床	400 ~ 500 床	600 ~ 700 床	800 ~ 900 床	1000 床
面积指标	80	83	86	88	90

表 3-3-3 综合医院各类用房占总建筑面积的比例（%）

部　门	各类用房占总建筑面积的比例
急诊部	3
门诊部	15
住院部	39
医技科室	27
保障系统	8
行政管理	4
院内生活	4

注：综合医院内预防保健用房的建筑面积，应按编制内每位预防保健工作人员 20 平方米配置。

承担医学科研任务的综合医院，应以副高及以上专业技术人员总数的 70% 为基数，按每人 32 平方米的标准另行增加科研用房，并应根据需要按有关规定配套建设适度规模的中间实验动物室。

医学院校的附属医院、教学医院和实习医院的教学用房配置，应符合表 3-3-4 的规定。

表 3-3-4 综合医院教学用房建筑面积指标（平方米 / 学生）

医院分类	附属医院	教学医院	实习医院
面积指标	8 ～ 10	4	2.5

表 3-3-5 综合医院单列项目房屋建筑面积指标（平方米）

项目名称		单列项目房屋建筑面积
磁共振成像装置（MRI）		310
正电子断层扫描装置（PET）		300
X 线计算机体层摄影装置（CT）		260
X 线造影（导管）机		310
血液透析室（10 床）		400
体外震波碎石机室		120
洁净病房（4 床）		300
高压氧舱	小型（1 ～ 2 人）	170
	中型（8 ～ 12 人）	400
	大型（18 ～ 20 人）	600
直线加速器		470
核医学（含 ECT）		600
核医学治疗病房（6 床）		230
钴 60 治疗机		710
矫形支具与假肢制作室		120
制剂室		按《医疗机构制剂配制质量管理规范（局令第 27 号）》执行

注：

1. 表 3-3-5 所列大型设备机房均为单台面积指标（含辅助用房面积）；

2. 表 3-3-5 未包括的大型医疗设备，可按实际需要确定面积。

单列项目是医院个性化的体现，表中每项的面积只是单列项目一个最小单位规模的功能用房面积，未含多个单位组合后产生的建筑公摊面积，包括：公共交通、消防、等候厅、厕所、保洁、饮水处等配套面积，而这些公摊面积大小恰恰是体现舒适性的指标。

在医院各功能分类中应细分医疗指标，例如：急诊分类表中应明确抢救床数、急诊诊室数量、留观病房床位数量、EICU 床位数量等指标，以及其他医疗设施的有无及数量。

各地方政府除了执行国家建设标准外，为了简便计算，也有不做上述单列项目的建设指标测算，而是笼统地给出总的医院建设指标，如深圳市医院建设标准没有单列项目，而是规定了每床建筑面积。

3. 建筑规模测算

医院建筑规模测算表应包含以下内容：七项设施建筑面积、设备单列项目建筑面积、体检用房建筑面积、科研教学保健用房面积、地下停车库建筑面积、市政建设规定的配套设施建筑面积、人民防空工程建筑面积、其他所需要的建筑面积。

4. 标准用房选型

确定标准诊室、标准病房等批量性建设的通用房间尺度与相互组合关系。在住宅和酒店建设项目中这项工作被称为户型、房型选型。在医院建设中也应根据医院定位、医疗需求、目标人群、竞争意图等选择较为恰当的标准房型。标准用房选型对医院门诊部和住院部建筑面积影响较大，是定档次、控制造价的基础工作。

5. 功能单元面积清单

汇总以上测算数据，结合标准用房选型，可以测算出各功能单元的使用面积清单，将这些面积清单合计出的总面积与建筑规模测算进行比较，通常这之间会出现不平衡现象。比如：病房的房型面宽过大，导致住院部面积膨胀，打破了预先设定的七项设施比例关系，侵占其他六项设施用房面积；又如：诊室间数组合过多或过少，产生防火分区的浪费，楼梯数量增加；再如：地下车库面积比例巨大，接近医院用房总量的一半以上，明显不合理。为此需要多次调整，平衡有限的面积资源，最终协调出的功能单元面积清单、房型才有使用价值，才能够用以输入建筑设计。

（二）运营模式

运营模式体现医院各级管理者的思维，是医院在组织架构、经济、管理、空间分配、设备、系统配备等方面的规划设计，不同的医院管理者、不同的医疗品牌产生不同的医院运营模式。

运营模式是对下述内容的决策：

（1）资源分配与服务品质的平衡；

（2）建筑空间和设备设施的投入；

（3）人力资源与患者满意度的标准；

（4）全院总体核算或科室独立核算。

例如：医院各科室按人数、时间、空间、舒适性等进行成本独立核算的运营模式与没有独立核算的运营模式，在建筑面积、用房数量、机电设备的控制系统设计上完全不同。

又如：独立计量独立核算的运营模式需要在建筑中划分时区（7 小时、12 小时、24 小时）、环境控制区（采暖、非采暖，空调、非空调，净化、非净化）、照明分区、信息管控区、冷热水配置分区、直饮水配置分区等。

运营规划设计成果包括：

（1）市场分析、战略研究；

（2）医院定位；

（3）服务对象、服务内容；

（4）医院人员总体配置及规模（组织架构、人员数量、薪资结构）；

（5）医院管理模式（含组织、信息、财务、设备、总务、建筑、安全、环境）；

（6）医疗管理与技术预期级别（含医疗、护理、培训、感染控制、输血、技术水平）；

（7）教学、科研管理与水平预期级别；

（8）各部门独立核算方式（不同的运营模式下投入与产出效益分析）；

（9）分期运营步骤；

（10）案例研究。

（三）科室设置

科室设置是医疗工艺设计的核心，是医院医疗工作的重点，必须由运营方提出。

案例 1：

某大型综合医院一院多址，其中一个院区分两期建设，其一期科室设置规划方案是：神经外科、神经内科、神经介入、神经重症、神经康复、精神医学、脑部放疗（伽马刀等）、核磁手术室、DSA 手术室、手术室、神经功能检查、卒中中心、脑血管区域医疗中心的科研研究中心。

这个科室设置方案阐明了该院的核心技术，确定该院区做的是神经专科。

案例 2：

某医学院附属医院提出的科室设置规划方案是：

一、住院部

临床科室：每病区 45 张床位，设：心脏、神经、肿瘤三个医学中心。

（1）非手术科室：心血管内科、呼吸内科、消化内科、神经内科、肾病科、风湿免疫风湿科、内分泌科、肿瘤科（含放射治疗）、血液内科、儿内科、中医科（病房床位 45 张）、中西医结合科、新生儿科、急诊医学科（含 EICU）。

（2）手术科室：普通外科、骨科、神经外科、胸外科、泌尿外科、心血管外科、妇科、产科（含产房）、儿外科、眼科、耳鼻咽喉科、口腔科、手术室、麻醉科、介入科、烧伤整形医疗美容科、疼痛科；外科床位占医院实际床位数≥ 30%。

（3）重症医学：综合 ICU、PICU、NICU、RICU、CCU，重症医学科床位数占医院开放床位数≥ 2% ~ 8%。

二、医技部

（1）医学检验科：体液检验、血液检验、临床微生物检验、临床生化检验、血清学检查；

（2）医学影像科：X 线、CT、核磁共振、超声科、DSA（含介入放射治疗）；

（3）病理科；

（4）心电图室、脑电图及脑血流图、神经肌电；

（5）内镜室；

（6）血液透析中心；

（7）输血科；

（8）消毒供应中心；

（9）药学部。

三、门诊部

门诊诊室根据临床科室设置进行设置，感染科只设门诊不设病房。

门诊手术室：门诊手术室设置基本手术室 4 间，人流手术室 2 间，共 6 间。

不设各专科小型消毒供应室。

体检科面积约需 3000 平方米。

根据上述医疗核心科室的设计，再配套设置相应的后勤保障、行政办公、院内生活、科研、教学、停车，一个完整的医院科室设置成果即可完成。

第三节　医疗工艺一级流程设计

一、一级流程设计范围

确定医疗功能单元之间相互关系的工作是医疗工艺一级流程设计，主要反映在医院总平面设计中，表达医院主要部门科室布局、部门或科室规模、科室特点、感染控制要求等。当科室进入建筑内部时，则要通过每栋建筑内部三维体现关系。有些医院只有一栋综合体，则完全通过建筑平面和楼层三维立体反映这些关系。

通过医疗工艺的总体规划可以决定医院建筑的总量、栋数、层数、布局、流程关系、交通、动线等。医院总体规划中反映出来的流程都属于医疗工艺一级流程，但不涵盖全部的一级流程；根据各个医院不同的规划特点，有的医疗功能单元相互关系，即一级流程反映在单体建筑内部，总图上不能完全表达，要用建筑各层平面和剖面图表达（如图 3-3-1 和图 3-3-2）。

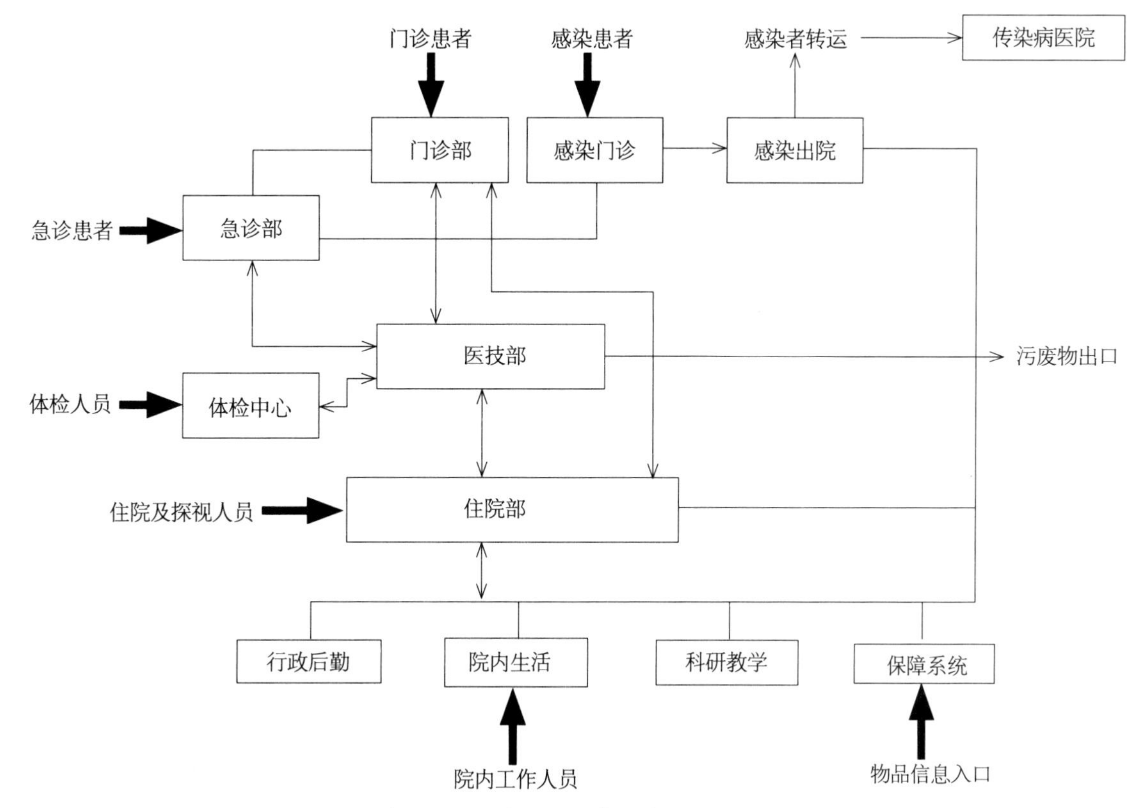

图 3-3-1 综合医院医疗工艺一级流程图

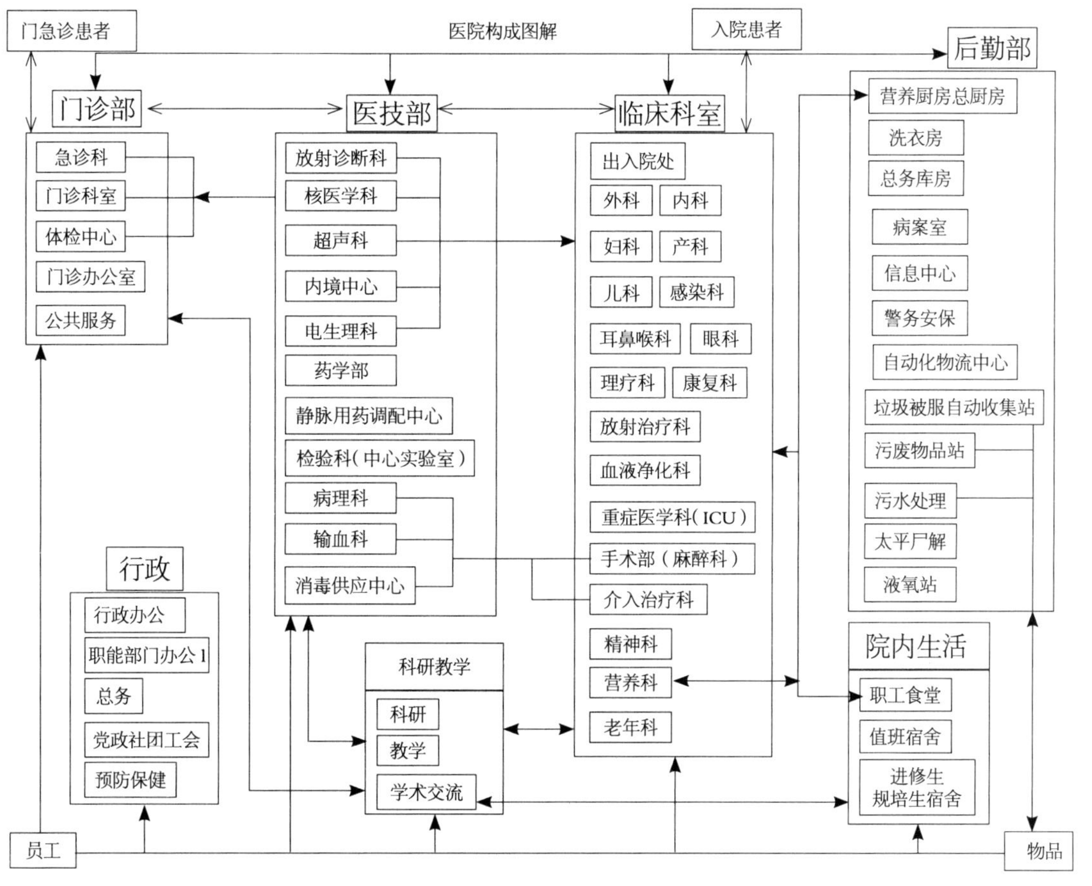

图 3-3-2 医疗功能单元间相互关系图

医疗功能单元之间相互关系的规划是医疗工艺规划的核心技术，是体现医院医疗服务流程、运营思路的框架性规划，对医院总平面布置、建筑设计的影响最大。任何医疗功能单元的增减、医疗功能单元之间相互关系的变化，对于建筑室内外空间来说都是乾坤大挪移，属于牵一发而动全身的上位规划，一旦确定，就不能再改变了。

在建筑设计的方案阶段结束之前，应完成医疗功能单元之间的医疗工艺规划，否则不应进行初步设计。

二、总体规划一级流程设计

外部流线：主要包括乘坐汽车或救护车的病人到达与离开，步行的病人到达与离开，探病者停车场所，职工的进出控制，货运流线、死者的运送、燃料废物的运送等。

内部流线：主要包括门诊病人与医技、药库以及其他管理部门的流线，入院病人与住院部、服务部、急诊区、医技部门的流线，出院病人与服务部门的流线，各部门间病人的流线，死者运至太平间的流线，职员、医生坐诊、更衣、值班流线，供应物品的流线，废物清除路线与病人或探病者的流线等。

（一）确定流线主次关系

总体流线：包括人流、物流、信息流三组流线，其中起决定作用的是人流，其流量最大、流程最复杂，频率最高，对工艺设计起决定作用，物流次之，信息流在进行部门设计时考虑。

（二）明确功能分区

医院功能分医疗区、后勤服务区、行政管理区三部分，其中医疗区是三部分中人流量最大的部分，应当位于院区交通最便捷、环境最好的部位；三者之间的联系，应以物流系统为主；后勤服务区对医疗区的支持主要体现在物流方面，它与医疗区的关系最密切；行政管理部分与二者的关系体现在信息流方面，虽然流量也很大，但由电子信息系统承担，无须占用更多的建筑空间。

（三）一级流线设计

在医疗区内部包括门急诊部、医技和住院三部分，在这一区域人流仍是主要流线，其中的患者动线特点包括以下各方面。

（1）人流量大并有高峰时段。

（2）门急诊患者需要医技部门的检验、检查和诊断结果，会有大量人流在医技部和门急诊部之间流动。

（3）住院患者需要定期在医技部接受检查和治疗，但与门诊部比较，人流量要少得多。因此在布局与流程设计上，应当是门急诊位于院区的最前端、医技部居中、住院部位于后端或外围。

（4）后勤部对这三部分的支持主要体现在物流方面，在所有的物流系统之中，医疗用品和消毒供应（对于医技部分）、药品和餐食（对于住院部分）是动态流线，应以这两者为主来设计流程。

（四）一级流线分析

（1）门诊部与医技部的流线分析。门诊与医技部联系主要是人流、物流次之、经网络系统进行信息流传输，患者流线是二者之间的动态流线。门诊患者流向医技部门，主要是进行诊治，其中医技部的功能检查、放射科要接待大部分的门诊患者，这些部门应当与门诊建立密切的流程。检验部的工作量一半以上来自门诊部门，其余来自住院部患者（由医护人员收集配送或采用气动传输系统），因此检验科应与门诊有较为密切的联系。门诊部的外科诊室是使用医技部分最频繁的科室，其次是内科诊室；急诊患者主要流向医技部的放射科和手术部，因此急诊应与放射科和手术室紧密联系，尤其是与手术部应有直接的联系通道。

（2）门诊部与住院部之间的流线分析。住院患者的主要来源是门诊患者，门诊患者在结束诊疗行为后，大多会离开医院，仅有少数人转入住院部，二者之间的联系仍然是由患者流线控制。信息流方面的要求主要是在住院部与门诊医生之间传递患者的医疗信息，该流线由网络系统承担。

（3）住院部与医技部之间的流线分析。患者流线和物流是控制二者之间联系的动态流线。住院患者要定期到医技部门作检查治疗，主要流向医技部的手术部、影像中心、中心检验和功能检查等科室，尤其是手术部。90% 的手术是来自住院部的患者，其余来自日间手术患者，手术部应靠近住院部；住院部外科病房的手术量最大，其中妇产科的手术量最大；因此，手术部应临近外科病房和妇产科病房。放射科也接待大量的住院患者，但数量上少于门诊患者。物流系统是控制二者的另一组动态流线，它主要包括：由药剂科为住院患者提供药品的流线、由中心供应室提供医疗用品的流线、由住院部护士收集患者血样体液标本往中心检验的流线，因而这几个科室与住院部之间应建立短捷的流线关系。

医疗部门的流线系统由以上几组动态流线控制，其他的流线系统作为补充，并与其他层级的流线系统共同构成医院完整的流线系统，医院建筑医疗工艺流程设计最关键的就是做好这个层级的设计。

三、三大部门一级流程设计

（一）门诊部内一级流线设计

门诊部是对患者进行初次诊断和治疗，包括公共功能部分、诊断部分、检验与治疗部分。门诊部患者人流的流动特性是影响功能布局和流程设计的主导因素，是动态流线；医护人员的流线相对较短，活动空间较稳定和紧凑，是静态流线；门诊部流线设计应以患者流线为主要依据。

门诊患者就医流程是：分诊、挂号、候诊、就诊、医技检查、付费取药、离开。其中，分诊、挂号、收费、取药是公共部分，人流最大，是医院诊室与外界联系的部位，其人流几乎都是流向诊室或由诊室流出，应设于门诊的最前端；公共部分应与诊室有直接的联系。在候诊、就诊环节中，候诊空间是介乎于公共部分与诊室之间的，是直接与各科诊室相连的部分，因而它与诊室的关系最密切。患者在诊室的行为活动结束后，会有两个走向：一是流向公共部分，缴费、取药，结束就医行为；二是流向医技部放射科、检验科等，接受检验治疗，然后再进入公共部分，因此医技科室应与门急诊部分有紧密联系。

各科室之间的关系：外科诊室和内科诊室的门诊量最大，其次是五官科、妇科和儿科。就单个科室而言，妇科门诊量最大的，其次是内科部分诊室、外科科室和儿科科室，因此这几个科室应设置在交通最方便的部位，且与公共部分的关系最密切。

（二）医技部内一级流线设计

医技部是集中设置主要诊断、治疗设施的部门，包括影像科、核医学、检验部、中心供应、药房等，是全院功能最复杂的部门。在该领域所有流线系统中，患者人流是动态流线；由于医技部门的医师和技工共同来完成诊断、治疗的一系列工作程序，所以存在内部工作人员工作流线，也是动态流线；物流系统由后勤部或物流中心完成；这三组流线共同主导医技部门的流线系统。

患者在医技部门接受诊断、治疗科室有：影像科、核医学、理疗科、手术部等，检验科、病理科虽然也参与患者的诊断，但其流线系统由物流为主导；医技部门的所有科室中放射科的工作量最大，应位于医技部门交通最便捷的地方；其次是理疗、体疗等治疗科室，其人流主要来自住院部和门诊。

医技部的物流系统主要分为医疗用品（导管、纱布、针头和胶片等）流线和检验试剂等物品流线。内部医疗用品流线主要是将中心供应室消毒后的敷料和器械送至手术部，同时将手术后可回收的污染敷料和器械送回中心供应室。外部医疗流线一类是：药剂室向住院和门诊提供药品等，另一类是：物流中心向影像中心提供导管和胶片，向检验中心和病理科提供相关试剂，向门急诊、住院部及手术部提供一次性针头和纱布等。

检验科主要承担门诊和住院部患者的检验工作，应与这两个部门保持密切联系。病理科主要承担手术部患者的病情诊断工作，应与手术部关系密切。

手术部既需要独立的工作环境，又要求与其他部门有紧密联系，得到其他医技科室的支持，其功能布局受物流和人流的共同控制。在物流方面，手术部要接受中心供应室医疗用品的输送，还要及时得到病理科的报告，因此，手术部应与中心供应室和病理科有直接的联系。在人流方面，对外，手术部主要接受住院部的患者手术以及门急诊的患者手术，故手术室在全院位置应居中；对内，麻醉部、护理部人员有特殊工作流程限制，应考虑其工作、教学和生活需求，包括及时的餐饮供应。

（三）住院部内一级流线设计

住院部由出入院处、各科室病房等组成，患者人流仍然是这一区域的最大人流，因此患者流线决定了住院部的总体布局。护理单元内部处于主导地位的动态人流是护士人流，是护理单元内部最复杂、最频繁、最长的流线，是主导护理单元布局的动态流线；患者因有其固定的活动空间，流线相对简单，属于静态流线。在物流方面，护理部主要接受药剂科和营养科的支持，经由医护人员完成，受护士流线的控制。

四、医疗工艺一级流程设计要点

一级流线设计属于工艺的顶层设计，应注重提高效率，避免病人往返迂回，在最短时间、最短距离中完成诊疗，并最大限度地防止交叉感染的发生。

（一）出入口设计

（1）主要出入口——供门诊、急诊病人，入院、探视和其他工作人员出入的主要出入口，位置明显。

（2）供应出入口——供食物、药物、燃料出入的货运入口，如与主要出入口在同一道路布置时，则应拉开两者的距离，以免混淆。

（3）污物尸体出口——该出口应远离医疗区与生活区，最好邻近太平间后院，直接开门对外，垃圾车也由此进出，该处平时上锁，专人管理。

（4）传染病出入口——具有传染性的肠道及发热门诊宜单独设置出入口中，并应设在隐蔽位置。

出入口设计的目标要达到防止混乱，使医院内形成有秩序的动态环境，组合好医院建筑空间，使各部门之间无穿越交通。

（二）分流设计

医院人流众多，感染概率提高，对病人的健康不利，交叉感染是医院内获得性感染中一个重要组成部分，指人们在医院中从他人身上获得微生物而引起的感染，所以要进行不同人流的分流设计，以避免交叉感染。

（1）时间分流：指分时段将使用同一路径的不同流线错开，如医院机械化传输系统中的定时物品的搬运。

（2）立体分流：对不同区域进行竖向分层式分流，如将医药、食物等供应流线及污物、尸体的运出流线安排在地下层；病患及医护人员流线在地面以上进行。

（3）平面分流：在特殊部门如手术部、放射诊断、传染病房内部，分设医生和病人廊道，以区分内部洁污路线。

通过分流工艺设计应达到防止交叉：一般病人和传染病人、成人和儿童患者，住院和门诊病人、食品和药品供应路线均分设；尸体路线隐蔽；各类活动路线不交叉，以免对病人产生不良精神和心理影响；

确实无法避免，要有管控措施，以减少和杜绝院内感染。

（三）路线最短化设计

（1）迅速疏导：大量的人流进入门诊大厅以后，应按就诊程序安排好各就医空间的次序，避免病人的来回往返。

（2）确定各科室间最短路线：将联系较多的科室安排于同一楼面之上，如外科与放射科、门诊手术等科室间关系密切，内科、妇产科与检验科间联系较多。

（3）科室安排照顾人流量大小及病人行动力强弱：门诊量大的科室设在较低的楼层，病人活动不便的科室安排在低层，公共服务科室可适当向上层安排。既要方便绝大部分的患者，又要缩短他们在门诊部内滞留的时间总量。

（4）每天来注射、输液、换药的人流：由于其不必要每次来诊疗时都去各科诊室，而且人流量相当大，故注射室等用房的位置应考虑单独出入口，方便患者出入，减少这部分人流在门诊部内的驻留，减少交叉感染发生的概率。

第四节　医疗工艺二级流程设计

医疗工艺二级流程设计，即各医疗功能单元内部的工艺流程设计，应确定科室规模、功能设置、房间之间的相互关系，属于底层设计，因功能单元内部基本各自为政，其设计或变化对医院全局影响不大。

只有当医疗功能单元之间相互关系确定之后，才能进行各个医疗功能单元内部的设计，一旦医疗功能单元之间相互关系发生改变，或各个功能单元的重要性发生改变，功能单元规模大小变化或此消彼长，则所有医疗功能单元内部的设计都将被部分或全部推翻不成立了。

一、急诊科（部）

（一）急诊科选址

急诊科选址对于全院所有功能单元之间的布局影响较大，应当设在医院主入口附近，便于急危重症患者迅速到达的区域。地面急救绿色通道应直通主要交通干道，急救车应能直达抢救室。急救直升机停机坪应就近设置。既要相对独立设置，又要与医技、住院有便捷的联系，又不能让门诊、住院病人过往穿行其中，以免影响急救工作的展开。急诊科入口应当通畅，设有无障碍通道，方便轮椅、平车出入，有条件的可分设普通急诊患者、危重伤病患者通道。并设有救护车通道和专用停靠清洗处及回车场地，还应充分考虑突发公共卫生事件、大批急救应急时应对处理场地。

（二）急诊科规模

急诊科规模应与医院级别、功能和任务相适应，其场所、设施、设备、药品和技术力量，应当保障急诊工作及时有效开展。一般综合医院急诊科的面积占全院总建筑面积的 3%。

（三）主要功能用房

（1）院前急救区：包括 120 救护车库 / 场、直升飞机停机坪、通信调度室、医生值班室、护士值班室、司机值班室、担架员室、库房、厕所等。考虑到风雨寒热天气对病人的影响，可以为 120 车辆设独立的室内遮蔽缓冲空间，将缓冲厅与急救大厅之间相并联，让救护车可以全天候直接进入缓冲厅。

（2）院内急救区以抢救室为核心，位置应当临近急诊分诊处，根据需要设置相应数量的抢救床位，抢救床位为一个危重症监护单元的规模、设备配置。

（3）急诊诊疗区设置急诊分诊 / 筛查 / 接诊处，患者经分诊 / 接诊按不同病情进入诊疗区，儿科急诊应当根据儿童的特点，提供适合患儿的就诊环境，包括急诊挂号收费、急诊药房等功能。

（4）急诊医技区根据医院规模、经济能力、人力资源配备，包括影像检查、功能检查、急诊检验。

（5）治疗与观察区采用多样化综合治疗形式，观察床数量根据医院承担的医疗任务和急诊病人量确定，规模以一个护理单元为宜，治疗与观察可合用治疗用房。

（6）急诊重症监护（EICU）、急诊手术。

二、门诊部

（一）门诊部规模

门诊部的建设规模按日门诊量确定，各级医院日门诊量与住院病人的比例通常在 3：1 ～ 6：1，就是说每 3 ～ 6 个门诊病人中有 1 个人将会住院，推算：一家 1000 床的医院门诊量为 3000 ～ 6000 人。这个比例取决于基层医疗条件及所在地人口结构、数量，如果基层医疗如社康、二级医院比较健全，则三级医院的诊床比取下限，反之则取上限。大型综合医院门诊大厅和门诊水平交通、垂直交通需要占用较大的建筑面积。

门诊诊室数量根据医院临床科室规模和类型确定，亚专科细分得越多、专科配备的医技越多，门诊人流量就越大，门诊部需要的面积也就越多。通常门诊部面积约为 4 ～ 6m^2 每人次 / 日，分散到各门诊科室的专用医技用房越多，这个数据越大。

门诊部应采用高效的水平和垂直交通来连接各个门诊空间，由于其水平和垂直交通量都很大，交通设施占用大量建筑面积，若过分放大交通和等候空间，则门诊的水平和垂直流线就会更长。宜将门诊的得房率（门诊功能用房与门诊总建筑面积的比率）控制在 50% ～ 60%，这个数据太大，则公共空间会很局促，数据太小，则使用率低，造成浪费。

门诊部位置不宜太高，若不得已采用较高楼层的门诊楼，则应将人流量大的科室布置在低区，如内、外、妇、儿科，而人流量小的科室布置在高区，如五官、皮肤、中医。

（二）门诊部选址

门诊部是医院对外接诊的日间服务区，人流量大，服务时间通常是 7 小时。门诊部选址应靠近医院入口前部，尽量缩短患者进出门诊部的院内流程。感染门诊必须设独立出入口且宜处于常年主导风向的下风向，有条件时可以设儿科门诊、体检科、产科、计生科、辅助生殖医学以及特需医疗的独立出入口。

（三）主要功能用房

1. 公共空间

包括门诊大厅、门诊水平交通和垂直交通空间、门诊支持服务区。

2. 门诊支持服务

是指以患者为核心的服务保障功能，包括导诊、分诊、自助挂号、收费、信息查询、接待区、等候休息区，有条件的可设立书吧、茶吧等休闲空间。配套用房有医疗协调办公室、门诊部办公室、警务办公室、医保办等。

3. 保障空间

包括员工更衣、库房、厕所、保洁、消防疏散空间、新风机房、强电间、弱电间、通风机房、各类管道间、通风排风井、消防分区及防烟灭火设施、人民防空出入口部设施、地下室空调室外风机位等。

4. 各科诊室

包括内科、外科、妇科、产科、眼科、耳鼻喉科等。

（1）内科：是医院门诊部中门诊量最大的部门之一，因病人数量较多，为更好地组织分散人流，减轻垂直交通压力，设计中应尽可能设于低层，或中间楼层，采用通用诊室；各专科中可以配套专用的小型医技用房，如功能检查室。

（2）外科：是医院门诊部中门诊量仅次于内科的部门之一，外科病人通常带有创伤疼痛，身体虚弱需躺卧，多人陪同，行动非常不便，应减少垂直流线行动，设计中应尽可能设于低层，采用通用诊室；换药室、处置室是外科门诊治疗用房，应划分清洁区、污染区；骨科门诊需要设石膏室。

（3）妇科：多数情况下系病科，病人诊察后尚需治疗。通常每 2 个妇科诊间共用一个妇科检查室，建议每个妇科诊间单独设置检查床，并进行分隔处理，外侧为诊室，内部为检查室；妇科门诊检查区一般设有 B 超室、阴道镜室等；妇科治疗区设宫颈治疗室、细胞学检查室等。

（4）产科：一般情况下产科为健康人群，为避免交叉感染宜设置单独的出入口，自成一区；内部可设置候诊区、产科诊室、检查室、处置室、B 超室、健康教育室、产后康复室、胎心监护室、休息室和孕妇专用卫生间。一般将计划生育门诊及手术区设置在产科附近。

（5）儿科：应有独立的出入口，为避免和成人患者动线交叉，可采用“一站式”管理，设独立的儿科挂号、预检分诊、收费、刷卡、打印、取药；内部可设置：儿科候诊区、儿科诊疗区、儿科治疗区、儿科输液区、儿童感染性疾病隔离诊区、观察室、抢救室、医护工作区。儿科门诊和急诊可以统筹安排，区域内应充分考虑儿童童趣化的活动空间和家属陪护空间的设置。

（6）眼科：功能用房包括诊室、专家诊室、治疗室、换药室、验光室、眼底照相室、AB 超检查室、视野检查室、角膜内皮室、超声显微镜室、眼科 OCT 室、眼底电生理室、眼底血管造影室、眼激光治疗室、门诊手术室等，功能检查房间较多。诊区划分为：候诊区、诊疗区、检查区、准分子及飞秒激光治疗中心、手术区、医护工作区，验光区、配镜区通常设在眼科门诊同层区域。

（7）耳鼻喉科：又称“耳鼻咽喉头颈外科”，是诊断治疗耳、鼻、咽、喉，及其相关头颈区域的外科学科。功能用房包括：诊室、专家诊室、治疗室、换药室、高频测听室、听觉诱发电位检查室、耳声发射、声阻抗、助听器分析室、前庭检查室、内窥镜检查室、门诊手术室等，特殊检查房间要做隔音、屏蔽处理。诊区划分为：候诊区、诊疗区、检查区、手术区、医护工作区、助听器验配区等。

（8）口腔科：分为口腔颌面外科、口腔内科、口腔修复和口腔正畸等亚专科，包括患者候诊区、诊室、专家诊室、处置室、口腔技工室、牙片机室、数字口腔全景 X 光机室、口腔 CT、设备机房等。诊区可划分为：普通及 VIP 候诊区、普通及 VIP 诊疗区、检查区、加工区和医护工作区。口腔诊室可以是单间，也可以是开放空间分出的隔断诊间，诊室楼面须降板 15cm 或设管道沟，用以敷设压缩空气及负压吸引气体管道和水电管道。

（9）皮肤科：皮肤病多带有传染性，宜设在门诊部独立僻静的地段。功能用房包括普通诊室、专家诊室、真菌检查室、免疫室、光动力室、冷冻室、激光室、微生物化验室等。诊区划分为：候诊区、诊疗区、检查区、治疗区和医护工作区。

（10）中医科：功能用房包括诊室、专家诊室、针灸室、推拿室、牵引治疗室、离子导入室等。诊区划分为：候诊区、诊疗区、治疗区、医护工作区。

（11）感染性疾病科：须与其他门诊分开，要相对独立。呼吸道（发热）和肠道疾病科应设置各自挂号收费室、候诊区和诊室、治疗室、隔离观察室，以及检验室、放射检查室、药房、专用卫生间、处置室、抢救室等。严格区分污染区、半污染区和清洁区。

（12）康复科：主要是提供综合性康复医疗服务的科室。选址上考虑到外来患者接待，服务周边人口的康复治疗大厅宜设在门诊部，并方便住院患者抵达；相对专业的疾病康复如：儿童康复、心理康复、精神康复等则需要设专区。

康复门诊包括：综合康复诊室、功能测评室、咨询室等。其中听力语音康复门诊和低视力康复门诊比较特殊，如声控室、听力测定试验室、检查暗室、验光暗室、视野检查室等可借助耳科、眼科的配套设施来完善。

康复治疗包括：运动治疗室（PT）、作业治疗室（OT）、言语治疗室（ST）、物理治疗室、传统康复治疗室、职业康复治疗室、心理治疗室等。其中 PT 室通常采用大空间，便于布置康复设备，并使治疗师同时照护多个患者。

（13）特需医疗部：有的医院将其命名为“国际医疗部”，由医院各科名医负责接诊，也可请外单位名医会诊。其自成一体，独立成科，科内除设有舒适的诊疗环境外，还配有独立的预约接待、收费、药房、样本采集，以及相应的小型检查治疗空间。

三、医技部

（一）医技部规模

确定医技科室的规模需要进行各医技科室的设备规划，明确各科的规划布局、设备数量、人力岗位；对于改扩建和分期建设的医院，还要根据分期建设的床位及门急诊量来确定分期投放的医技规模。像检验、病理、核医学这类医技很难分期建设，也不宜过于分散，所以，通常要一步到位确定建筑面积，设备逐步添加。

（二）医技部选址

医技部是为医疗诊治行为提供重要支持的技术部门，包括医学影像、检验、物理诊断、病理、输血、高压氧、放射治疗、消毒供应等。随着医学科学的进步，医技的内容、形式和设备在不断发生变化。医技部的规划设计与其采用的设备密切相关，随着现代化、自动化流水线作业设备、自动物流传输系统和新型设备的引进使用，医技各科室内部的工艺形式与时俱进、变化多样，其宗旨是合理控制人力物力的消耗、提高作业效率、改善作业环境。

医技科室的工艺规划布局通常为集中与分散相结合的方式，集中布置中央医技，服务全院，分散布置急诊医技、门诊各科专用医技、住院部医技、体检医技等，服务各区域。以中央医技为技术核心，监管各分散医技，在节约设备、人力、空间资源与方便患者、缩短工作和服务流线之间取得平衡。

案例：某大型综合医院的消毒供应，除了设有全院中心消毒供应之外，还设有手术部专用消毒供应、手术间紧急消毒，在门诊部的口腔科、耳鼻喉科、内镜中心都分别设有科室专用的消毒供应室，这种做法能够加快消毒物品的周转回用，消毒物品收发管理简便、工艺流线短，但是占用的房屋面积空间、使用的人力比较多、通排风点和上下水点位多，对建筑室内外环境影响大，这样的规划适合消毒供应量很大或医院建筑布局比较分散的医院。对于中小型医院来说通常选择集中消毒供应，但洁污物品流程长、工艺复杂。

（三）医技部各功能科室

1. 医学影像科

承担门急诊及住院患者的影像检查，及介入放射诊疗工作。中小型医院的大型影像设备用房通常集中布置，选址于急诊部、门诊部和住院部三者之间较低的楼层。大型医院影像设备的类型和数量都很多，可以分组分散布置在急诊部、门诊部、住院部的配套检查区，小型设备跟随相应专科布置，由分管科室统一排程管理。当代影像设备用房的规划十分灵活，可以跟随临床需要来选址。例如：某心内科护理单元为同层双单元布局，设有一个40床的心内普通护理单元和一个22床CCU重症护理单元，在CCU单元旁边布置一台DSA，即形成该病种的一站式服务。设备数量和功能应能满足临床和科研教学需要。

现代医院建筑都有地下室，大型影像设备可布置在地下室或地面层的楼板上，大型影像设备要考虑到运输、吊装、放射防护施工和室外空调机位布置的难度，尽可能放在较低的楼层，而轻型中小型设备布置楼层可以不受限制。几乎所有影像设备都有最佳工作状态温、湿度控制要求，可以采用局部设备层，或给室外机组以足够的场地或建筑面积，并留有取风、排风、排气口建筑面积。

（1）普通放射科。

放射科是提供X线检查的场所，其房屋和设施应符合国家环保标准、职业卫生标准、医院感染控制和放射防护要求。放射诊断功能用房包括：数字化X线摄影系统（DR）、胃肠造影、乳腺钼靶、计算机X线断层扫描（CT）等扫描室、控制室和配套的设备房、病员预约及候诊空间、更衣室、注射室、抢救室、卫生间、图像处理室、读片室、会诊室、医护人员办公值班及更衣室等辅助房间。

为方便病患，在靠近交费、报告发放窗口附近，可以集中设置自助胶片打印和报告发放的终端设备。放射科内同种设备宜邻近集中布置，可减少放射防护成本。为进行CT增强检查，在患者检查等候区应设置放射科专用注射室、观察室及抢救设施等。

（2）核磁共振。

核磁共振MR设备机房应尽量远离高低压配电房、电梯、汽车等有磁场干扰区域，同时考虑大型医疗设备之间的相互干扰，需满足专用医疗设备最小间距的技术条件。

MR机房尽量靠近外墙区域布置，便于设备吊装运输、空调水冷室外机、紧急排风口、失超管口布置等工艺条件。为进行MR增强检查，在患者检查等候区应设置专用注射室、观察室及抢救设施等。

（3）介入放射。

介入放射学是融医学影像学和临床治疗学于一体的交叉学科。数字减影血管造影系统（DSA）导管室是实施介入性放射诊疗的重要场所，是手术医师在医学影像系统监视指导下进行微创性操作的治疗检查室。由于介入放射学的操作有类似于外科手术的性质，因此其机房的整体布局除了有适合X射线机工作的环境，还要符合手术室的要求分区（限制区、半限制区、非限制区）。介入中心功能用房主要有：机房兼手术操作室、控制室、设备间及辅助空间组成。辅助空间包括：家属等候间、谈话间、病人换床间、观察室、无菌器械室、无菌敷料室、污物处置室、工作人员刷手间、值班室、办公室、卫生间、更衣室等。

（4）核医学。

核医学是用放射性核素诊断、治疗疾病和进行医学研究的医学学科。在临床上的应用主要是脏器显像、脏器功能测定、核素治疗和体外分析，核医学研究及工程技术可按各医院实际情况来定编。其选址应尽量选择在医院内部偏僻的区域，与非放射性工作场所隔开，放射源应有单独的出入口。主要功能用房有：病员预约及候诊空间、门诊诊室、SPECT/CT设备（在有条件情况下可配置PET/CT、PET/MR及提供正电子药物生产、制备与研究的回旋加速器室等配套设施的医疗设备）、配套设备房及控制室、功能测定室、敷贴治疗室、粒子植入室、体外分析室、贮源间、核废物暂存间、图像处理室、读片室、会诊室、医护人员办公值班及更衣室等辅助房间，同位素衰变池污水处理设施、特殊通排风及处理设施等。

各个功能间的设计应遵循清洁区向污染区逐步过渡，控制区、监督区、非限制区分开设置，并在适当位置设立标志。医患分流，使患者和医务人员、公共区域相对分离，减少接触放射线的机会。

（5）放射治疗科。

放射治疗是利用放射线（如放射性同位素产生的α、β、γ射线）和各类X射线治疗机或直线加速器产生的 X 射线、电子线、质子束及其他粒子束等治疗恶性肿瘤的临床科室。应根据医院定位和发展规划、服务区域内肿瘤病患需求人数的统计和预测等数据，并参照现有医院的配置情况进行放疗设备的规模确定和配置分析。目前的放射治疗设备有质子、直线加速器、伽马刀、后装机、放疗定位仪等。

在大型综合医院和专业肿瘤医院，医用电子直线加速器作为主流外照射设备，近距离后装治疗机作为应用较为广泛的内照射设备，在放疗界得到迅速推广应用。而性能更加优越的重粒子加速器，由于价格昂贵，结构复杂等原因，在相当长的时间内还难以推广应用。

为了进行有效的放射治疗，还需配备相应的辅助设备，包括：模拟定位机、治疗计划系统、挡铅制作系统、患者定位体架等。

放射治疗科的选址要方便门诊和住院放疗患者及家属到达，其主要功能用房包括各类放射治疗机房、控制室、设备层、放疗门诊、病患预约及治疗前等候区、技师办公室、医师办公室、放疗模拟定位室、放疗计划室及讨论室、信息机房、医护区（更衣室、休息室）、公共卫生间等。

放射治疗机房需要进行放射防护，机房四周、地面及顶棚防护墙体很厚（如直线加速器主防护带厚度约 2.6 ~ 3.0m），结构荷载很大，应位于地下室底板上，且布置在地下室尽端贴临挡土墙的部位；多台放射治疗机房宜并排布置，以节约防护墙体，应有放疗设备运输通道。

（6）消化内镜中心。

主要功能用房包括：患者的接待与术前准备区、内镜诊疗区、患者术后复苏或休息区、内镜器械洗消区、内镜器械储存区以及其他辅助区域。内镜诊疗区一般包括：胃镜室、肠镜室、ERCP 诊疗室、VIP 内镜诊疗室。一般按“病人预约→术前检查→按号进入接待→术前用药”的流程规划。不同部位、系统内镜的诊疗工作应当分室进行。上、下消化道内镜室应分开设置，各内镜室的使用面积应≥ 20m^2，应根据可开展的内镜诊疗项目，合理设置相应的诊疗室。

（7）超声医学。

包括三维超声成像技术、介入性超声成像技术、组织弹性超声成像技术等。其规模应视医院专业特点、科室分工，根据门诊、住院综合业务量、设备配置发展远景等综合因素来确定。诸多器官与疾病（如心、脑、肾、输尿管、膀胱、尿道、前列腺、肝、胆、脾、胰、子宫及其附件、甲状腺、乳腺、肿瘤疾病、外周血管疾病、围产医学检查等）与超声成像设备的使用关系密切，其位置的选择应考虑与上述相关联科室的门急诊部和住院部有便捷的联系。宜自成一区，或者根据专业科室的运营需求而分散设置。超声科内可设置成三个区域，即患者候诊区、检查区与工作人员办公生活区。

2. 检验科

检验科是通过采集病人或健康、亚健康人群的血液、体液、组织细胞等生物样本，对其进行实验分析，为研究病情、寻找病因、追踪疗效、估计预后、药敏试验、细菌提供临床诊断依据、耐药监测，指导临床抗生素合理使用，从事科研教学的重要医技部门。

医院的检验科通常分为以下几个部分，统一管理：急诊检验、门诊检验室、集中抽血处、儿科抽血、中心检验、中心实验室。

检验科建筑面积应根据医院规模和承担任务大小而定。对于规模较大的医院，急诊检验区域面积不应小于 100m^2，门诊检验区域面积不应小于 300m^2，中心检验区域面积不应小于 1500 ~ 2000m^2。其各区域位置的选择以满足各区域受检对象方便为原则，应各自成一区，远离振动、噪声、灰尘、辐射、电磁干扰、废气等对检测数据准确性有影响的区域。

规模较小的医院、民营医院及区域临床检验医学诊断中心，从医院规模、运营维护成本等综合因素考量，宜设置中心型集中式检验室为妥。规模庞大的综合医院医疗服务流线路径很长，为方便病人及家属，需将检验科分设成急诊检验、门诊检验、中心检验及其他临床亚科室专项检验（如产前诊断、新生儿筛查）等多个区域。

检验科工艺规划设计可以有非常大的创造性，如果在规划布局上能同时照顾来自急诊和来自门诊的患者，就可以将急诊检验与门诊检验或中心检验合并。通过设门诊标本采集处，集中采集或分散采集，由自动物流、信息系统传递标本和发放报告，就可以不设门诊检验，以节约检验设备、人力、建筑面积。

通常可以将 2 小时内出结果的检验放在门急诊检验，以方便患者，但是检验科要安排更多的人力，门急诊部要给出更多的建筑面积来布置检验设备，保障部门要配套更多的样本处置点及保洁、厕所、排风等。所以在检验科的医疗工艺设计与其建筑设计之间、在改善服务与节约成本之间永远处于博弈和平衡中，并没有绝对的好和差，而是适合医院的定位即可。

检验科内部包括候检区、样本采集区与工作区，各自处于非限制区、半限制区、限制区，为此该科总体规划布局必须一端靠近患者区，既要有污物电梯、厕所，还要有餐厅、自助报告查询打印机，另一端为内部工作人员区，靠近职工电梯，内部工作区应有良好的采光和通排风条件。

3. 病理科

医院病理科主要从事临床病理学诊断以及与临床病理相关的研究工作。病理学诊断是病理医师应用病理学知识、相关技术、个人实践经验，通过活体组织检查、细胞学检查、尸体解剖等手段，对送检标本进行详细的大体检查和在显微镜下分析，结合临床病史，而做出科学、综合的诊断科学。其为临床医师诊断疾病、制定治疗方案、评估预后和总结经验、明确死亡原因等提供了重要依据。

二级综合、中西医结合、肿瘤、儿童妇产科医院及三级各类医院应设立病理科，或根据地域条件等实际情况，组建区域病理医学诊断中心的方式，为偏远地区服务。

病理科业务用房应按满足临床工作的需要来设置，根据其功能任务、具体服务项目、医院等级，其业务用房总面积一般 600 ～ 1000m^2，二级医院一般不应小于 300m^2。

科室设置地点应合理，应满足门诊、住院各有相关临床科室病人送检、打印、咨询、会诊、借阅等功能通道便捷，宜与中心手术部联系密切。业务用房应自成一区，集中设置，统一管理。根据需要设置尸体解剖室的，宜与太平间合建，有内门相通，一般位于地下室。

病理科设置的主要房间有：病理登记收发室、病理标本巨检和取材室（含病理标本存放室）、细胞学穿刺取材室、常规切片室、快速冰冻切片室、细胞学涂片制片室、病理大体标本制作室、特殊染色和免疫组织化学染色室、分子病理实验室、超薄切片室、污洗间、污物暂存间等。对于开展病理解剖（尸检）工作的，可需要设置的有：尸检准备室、普通尸检室及根据需要设置的传染病用尸检室（应严格按照传染病管理法规的要求建设）。需要将医院所有有科研教学价值的手术新鲜标本存放在 −80℃的超低温冰箱内保存，以供科学研究、教学所用的，应当设置组织标本库。一般将病理解剖室、病理大体标本陈列室、组织标本库建于地下，邻近太平间，方便科研、教学。

4. 物理诊断

该科的规模根据医院专业特点、科室内部分工、门诊、住院综合业务量及远期发展确定，宜自成一区或根据各相关专业科室的运营需求分散设置。物理诊断检查室的数量应根据科室业务要求和设备台数来确定。主要功能用房有：脑电图、肌电图、脑血流图、心电图。

因检查设备仪器较敏感，物理诊断检查室选址时应注意避免外来强电磁波的干扰，远离大型放射影像、放射治疗、磁共振等设备，且与使用关系较为密切的相关联科室的门急诊部、住院部有便捷的联系。其工艺流程设计因各医院运营方式不同而不同，有的集中，有的分散。

5. 输血科

三级综合医院、年用血量大于5000单位的三级专科医院和二级综合医院应设置独立建制的输血科。输血科业务用房的使用面积应满足其功能和任务的需要，一般不应小于200m^2，其房屋设置应远离污染源，靠近手术部和病区，便于取血。

输血科建筑平面设置应明确区分工作区和生活区，布局流程应满足工作需要和感染控制要求。工作区至少包括贮血区、发血区和实验区，对未独立设置实验区的可以与检验科的实验室共用，但发血区、贮血区要独立出来。

6. 消毒供应

消毒供应是对医院内可重复使用的诊疗器械、器具和物品进行集中回收、清洗、消毒、包装、灭菌后，再供应给需求方进行重复使用。一家医院内可以设一个全院的消毒供应中心，也可以设多个分散的消毒供应室，如手术部消毒供应室、口腔科消毒供应室、耳鼻喉科消毒供应室、内镜消毒室等，这种分散规划使用方便，器械物品周转很快，但耗费人力物力，感染控制难度大。多个小的医疗机构或多个医院可以共享一个区域性的大型消毒供应中心，这种大型消毒供应中心可以设在一家医院内，也可以完全独立，目的是将有限资源的作用发挥到最大化，产生经济效益，但是使用起来不够方便。

消毒供应室或中心的面积规模因以上不同的规划格局和服务量，其面积差异很大。可按照每床0.7 ~ 0.9m^2 计算。消毒供应室内部区域划分为：污物回收及去污区、检查包装及灭菌区、无菌物品存放及一次性物品发放区、工作人员生活办公区。最小的单科消毒供应室面积不宜小于12m^2（如口腔科），最小的综合性消毒供应室使用面积的不宜小于200m^2，最大建议控制在一个3000m^2 的防火分区内。大型消毒供应中心宜考虑设置集中的车、床洗消区，以综合利用建筑结构防水和给排水系统。

四、药学部及营养科

（一）规模

1. 药学部

三级医院应设置药学部，并可根据实际情况设置二、三级科室。二级医院设置药剂科；其他医疗机构设置药房。药学部（药剂科）的规模应根据医院的功能、规模以及本身所赋予的职责来进行设定。

西药房的面积一般按日门诊量1501 ~ 2500人次，调剂室面积200 ~ 280m^2；日门诊量2500人次以上，每增加1000人次，调剂室面积递增60m^2；日门诊量在4500人次以上，每增加1000人次，调剂室面积递增40m^2。

中药房的面积应当与医院的规模和业务需求相适应，一般中药饮片调剂室的面积，三级医院不低于100m^2，二级医院不低于80m^2。中成药调剂室的面积，三级医院不低于60m^2，二级医院不低于40m^2。三级中医医院中药房面积通常需要200m^2 以上。

2. 营养科

被称为医院的第二药房，三级医院营养食堂面积与床位比为1.5m^2：1床；二级医院营养食堂面积与床位比为1m^2：1床。

（二）功能用房

（1）常规二级以上综合医院的药学部（药剂科）包含：门诊药房（含中、西药房）、急诊药房（含中、西药房）、住院药房、儿科门诊药房、感染疾病科门诊药房、静脉用药调配中心（室）、中药煎药室、仓储库房、临床药学工作室、办公生活用房等，部分医院设有制剂室、临床药学检测实验室，具有临床药物试验机构资质的医院设 GCP 管理部门和配套试验用房。

有条件的医院可以采用门诊药房自动化系统，根据储存药品种类、储药量、日均处方量、发药加药速度、发药窗口数、药房面积、设备尺寸、重量等因素来采购、选型、安装设备。

（2）营养科应配备营养厨房及成套设备、营养配置室、营养代谢实验室、营养门诊及辅助用房。

（三）工艺规划

1. 总体规划

总体规划中应为运药、运送食品的货车规划专用货运路径和港湾式停靠车位，避免卸货时妨碍其他车辆正常通行。在室外的药品、食品卸货点应设卸货场地，因药品、食品卸货量大，装卸时需要占用较大的场地空间，并需有遮雨条件，如果首层室外没有条件布置，可以从地下车库卸货，为此需要占用若干停车位，宜设专用垂直货梯直达药房、营养厨房或相应楼层。

2. 门诊药房

门诊药房是药学部（药剂科）的主体，下辖西药房、中药房，两药房在空间区划上应加以适当的分隔，位于门诊与急诊的交通方便处，与挂号收费处毗邻。内部空间分布有：取药等候厅、发药窗口、药物咨询窗口、发药核对区、排药区、二级库、阴凉库、办公生活区等。其中中药房又区划为两部分：中药饮片调剂室及库房，中成药调剂室及库房。

大型医院门诊药房从方便患者的角度出发，可以分散在门诊楼各层或根据专科布局分散布置，药房之间采用自动物流传输系统。

3. 急诊药房

急诊药房属于 24 小时工作区，理论上应归属在急诊科一并规划建设。若考虑减少运营成本，不想浪费空间与人力资源，门、急诊又紧邻，则可将急诊药房与门诊药房合并在一个区域内，在门诊药房内增加值班用房和急诊发药窗口，并应在照明暖通空调配置上做到分区节能。倘若不可行，则应单独设置。

4. 住院药房（中心药房）

通常位于住院部一楼或在较低的楼层布置，住院药房应能为住院患者提供 24 小时的药品供应服务。有条件的医院可以可采用住院药房的自动化摆药发药系统。

5. 中药煎药室

中药汤剂在中医临床应用中最为广泛，而汤剂煎煮质量的好坏，将直接影响到临床治疗效果。为更好地服务于患者，应加强医疗机构中药煎药室的规范化、制度化建设。其规模应当根据本医疗机构的规模和煎药量合理设置，位置应当远离各种污染源，以避免在煎药过程中造成污染。工作区和生活区应当分开，工作区应当设有储藏（药品）、准备、清洗、浸泡、煎煮、写签、包装、发放等功能区域。药渣量大的医院，煎药室应有通向垃圾暂存处的便利通道。

6. 仓储库房

应根据药品的性质、特点分别设置冷藏库、阴凉库、常温库。化学药品、生物制品、中成药、中药饮片分别贮存，分类定位存放。麻醉药品、精神药品、医疗用毒性药品、放射性药品、易燃易爆、强腐蚀性高危等药品，应按有关规定分别设库，单独贮存，存放区域应远离污染源（区）。药品库按规定还应设置有验收、退药、发药等功能区域。

7. 临床药学工作室

药剂科（药学部）的工作不仅限于审方、调剂、发药，同时还要进一步与临床紧密结合，开展有关对药剂学等方面的实验研究、药学情报、中西药结合、药物评价、药物配伍、临床制剂等方面的实验研究工作，这对于提高我国各医院的药品质量和医疗效果，有着积极的作用，此类用房布局可靠近生活区。

药学部应有主任办公室、药剂师办公室、药学质量管理办公室、示教会议室、接待室、资料室、休息室、值班室、更衣室、淋浴室、洗手间等用房。

8. 营养厨房

营养厨房选址应靠近病区，通常位于住院部下方的地下室，以便于快速向病房送餐，有封闭的送餐通道，便于日常管理与保洁。厨房应包括准备间、治疗间、特殊间、主食制作、蒸制间、各类食品库房、餐具消毒间、刷洗间、膳食分发厅、管理办公室、统计室。营养加工区应设配送点，其中布置餐车充电加温区，并可直通病区。

9. 营养门诊

设于门诊部，设 1 ~ 2 间诊室，有条件的应配设进行人体营养成分、代谢率测量等相关检测仪器设备的场地以及放置营养治疗产品的区域。

10. 肠内营养配置室

应与治疗膳食配置室临近，总面积不少于 60m^2，其工艺流程规划应按照洁污分区、人员卫生通道进行布局，洁污分流，配置室内应达到 30 万级净化等级。

设有静脉用药调配中心的医院，在静脉用药调配中心进行肠外营养配置；未设静脉用药调配中心的医院，应在营养科设肠外营养配置室，总面积不少于 40m^2，其工艺流程规划应按照洁污分区、人员卫生通道进行布局，洁污分流，配置室内应达到百级净化等级，设传递窗传递配置品。

11. 营养代谢实验室

面积不少于 50m^2，应符合实验室建设标准，配备与所开展检测项目相对应的仪器设备，有专用独立通风设备。可以位于医院中心实验室内，也可以单独设在营养科辅助用房区。

五、住院部

（一）规模

住院部根据医院总床位规模来确定，建筑面积约占全院七项设施总建筑面积的 39%，包括标准临床护理单元和特殊临床功能单元。标准临床护理单元各科基本通用，配置标准护士站和治疗用房，只有少量小型特殊治疗用房有所区别，病区规划可以是一样的，也可以有些个性化，如儿科。除了标准护理单元之外的其他临床治疗护理部门都归类为特殊临床功能单元，包括：麻醉手术部、导管介入、重症监护单元（ICU、CCU、NICU、PICU）、分娩室、血液净化、人类辅助生殖、高压氧、核素病房、烧伤单元等。这些部门与标准护理单元一样包含治疗和护理，大部分供住院患者使用，有时也为急诊、门诊患者使用。

1. 标准临床护理单元

标准临床护理单元的数量规模取决于医院的学科设置和各学科的规模，通常每个护理单元床位数量在 40 ~ 50 床。二级综合医院为 100 ~ 499 床规模，至少设有内科、普外、妇产科、儿科、五官科五类护理单元。三级医院为 500 床或以上，亚专科较多，护理单元数量随总床位数量的增加而增多，宜将若干同病种、同系统、同器官、同部位的亚专科多个护理单元形成集群，靠近同层或上下层连续布局甚或占用整栋建筑，通常被称为“×× 科中心”，如：心血管中心、妇儿中心、骨科中心、五官中心、肿瘤中心等。每个中心的床位总量达到 200 ~ 300 床，相当于一个二级专科医院住院部的规模；若达到 400 ~ 500 床，就应为其配备专用的特殊临床功能单元，为了节省人力资源，甚至将这类专科的门诊也都拉入进来，这就演变成一个综合医院内的三级专科医院，宜单独规划一栋专科楼，缩短医疗工艺流程。小于 500 床的医院通常设一栋住院楼，在这个规模内设置一套医患、物流的水平和垂直交通系统产生的人流和物流量适中，使用效率和舒适度较高。大于 500 床的住院部通常以 500 床左右为一个单位，进行水平或垂直的组合叠加，产生多栋住院楼或高层住院综合体，其内部依然按此规律进行水平分区或高低分区。每层一个独立护理单元的形式适用于床位规模较小或用地紧张的医院。大型医院通常将两个或多个护理单元同层布置，以降低建筑高度，提高垂直交通效率，便于学科之间的水平交流。

2. 特殊临床功能单元

特殊临床功能单元的类型、数量、规模根据医院的总规模来确定。

（1）麻醉手术部的规模包含手术室间数和手术室类型两个定义，通常按总床位数量每 100 床设 2 间，超过 800 床以上规模的医院，床位数越多，上述手术室间数量比例要减少。设杂交手术室（术中 MR、术中 DSA、术中 CT）和机器人的手术室应包含影像设备机房及控制室的面积。

（2）重症医学科 ICU 的床位规模占总床位数量的 2% ~ 8%。当 ICU 总床位数量在 25 床以内时，全院可以只设一个 GICU，当亚专科增多，手术量较大时，可以将 ICU 分散成多个，如：手术后的外科 GICU，内科系统的心血管 CCU、神经 NICU、呼吸 RICU，儿科 PICU、新生儿 NICU 等。ICU 以 20 ~ 25 床为一个科的护理单元，以 10 ~ 13 床为一个加强护理单元。

（3）分娩室设于产科护理单元附近，通常将新生儿室 / 科及 NICU 与其同层设置，若新生儿科和 NICU 规模均大于 25 床，其中更大比例服务于来自该产科之外的院外患儿，宜各自独立设置在不同楼层。

（4）血液透析设在肾内科附近，如果规模大于 25 床，有更大的比例服务于来自院外的非住院患者，可以设在门诊部，但要方便住院患者前往。

（5）人类辅助生殖设在妇科护理单元内，规模大的则可以成为独立的护理单元，如果有较多的门诊患者，应考虑其与生殖门诊之间的便捷联系。

（6）高压氧科应独立成区，包含其门诊、治疗、全科病房，应靠近急诊和住院部，缩短患者流线。由于高压氧舱需要自带气源设备，通常将氧舱和门诊用房放在首层，其设备放下地下室。大型高压氧重点专科带有临床治疗护理单元的，可将病房设在其对应的楼上。

（7）核素治疗病房与核医学的门诊、检查、治疗在空间和工艺流程上是一体化的，因为服用核素药物后的患者体内及排泄物带有一定的辐射性，要在监督区病房内生活一段时间。通常将核医学科设在核素治疗病房护理单元对应的底层和地下室，采用患者专用电梯上下联系，经过水平连廊联通门诊部，兼顾门诊和住院患者，以缩短携带核辐射源的患者的行动路线，实现人流出入单向循环，节约放辐射工程造价。

（8）层流病房的床位和规模可根据科室的规模和年门诊量来确定床位数，一般设 4 间可保持运营的高效性。

（二）功能与选址

住院部主要由出入院处、住院药房、住院医技及各科病房组成，有普通病区和特殊病区。普通病区包括：内、外、妇、儿、五官、中医等的各级专科；特殊病区包括：血液病区、烧伤病区、感染病区、精神病区等。

住院部应位于医院内人流较少、环境比较安静的位置，以便为患者营造宁静舒适的休息空间。住院部通常中午和晚上探视和送餐时间人流较多。如果医院四周道路交通条件优越，则应为住院设置单独的出入口。在设置出入口有限制的下，在从主要出入口进入场地后应该立即进行分流，以保证门诊，住院病人的有效分流。

住院部应与急诊急救、手术室、重症监护、产房等特殊临床科室和医技用房通过直接的垂直或水平交通紧密联系，全天候风雨无阻。运送病人的通道应该和主要公共空间以及公共交通分开，以保护病人的隐私，同时避免急救、手术病人的输送和普通探视、家属人流混杂，影响正常的交通。

住院部的公共空间通常以住院大厅为核心，并和住院部垂直交通、出入院管理、商业服务以及医护辅助空间联系。大堂外需设置宽大的雨棚，以方便患者落客和达到。住院部外的交通组织需考虑出租车、公交落客点、患者和家属落客港湾或直接进入地下室的通道，宜独立设置住院部污物垃圾收集车辆的出入口。

（三）工艺规划

1. 分区与出入口

住院部为医院内的 24 小时服务区，其公共服务区域应为住院患者及其家属提供出入院办理、短期和长期住院期间的生活保障设施。

住院部的出入口设计应将医护人员与患者分开，将药品、送餐、被服等清洁物流与污染物品、尸体流线分开。住院部应设明确的标识引导系统。

住院部是所有临床医生、护士、护工、实习生等常年工作、生活、值班、学习的地方，要为他们布置相应的功能用房，通常在住院部附近设值班宿舍、职工食堂等院内生活用房。

2. 建筑布局

（1）住院部按病种可划分为心血管楼、脑血管楼、感染楼、肿瘤楼等类型的专科楼，或按几个相近病种或相关系统靠近划分，以方便治疗、转诊。在传染病院应按不同的传染途径分虫媒传染类、血液传染类、呼吸传染类的独立病房楼，或将相应病种的门诊医技与其住院合并在一栋楼内，将门诊住院患者分类分区出入就医。在各种专病、专科楼内可以配套放置该病种专用的医技设备，如心血管楼配置 DSA 介入室及心脏专用手术室，肿瘤楼配套肿瘤放疗、核素病房、日间化疗室等，以缩短临床治疗路径，减少患者的交叉。

（2）住院部按治疗手段分内科住院楼、外科住院楼、妇幼保健楼、中医康复楼，外科楼应靠近手术室，或将手术室放在外科楼内。外科系统的医生每天带自己的病人到麻醉手术部进行手术治疗，然后再回到病房，要尽量缩短外科医生和患者到达手术部的流线。

（3）病房是住院部的核心区，按照护理单元进行划分，标准护理单元应上下集中布置，不要被特殊护理单元中断，非标准的特殊护理单元也宜集中布置，以尽可能把病房厕所的上下水管线和通风井道集中在最少的管道井内，节约建筑面积，提高平面使用率。例如：把连续各层都带有 ICU、CCU、NICU、PICU 的护理单元的 ICU 病房部分上下对齐，普通病房部分上下对齐，则可以集中布置这些 ICU 的室外空调机位，使建筑外立面的进风百页窗上下对齐，减少大量管道井上下穿越各个 ICU 大厅，拓宽监护视野。又如：把连续四个肿瘤护理单元集中在住院楼顶层，就能用一个风井把化疗药物集中配置的废气集中抽排到屋顶，此风井不必穿越其他病区。核素病房、精神病房要考虑病人路径的单向流动和隔离性，要尽量放在住院部底层，设独立的楼梯、电梯、出入口，避免占用上层的建筑空间，造成浪费。

（4）护理单元内部根据护理等级进行规划，围绕护士站、治疗区依病情的护理等级（分 I、II、III、IV 级）安排病房，抢救及重症病房靠近护士站，病情较轻的逐渐远离护士站，往末端布置。为了发挥专病诊疗优势，可以在各病种的护理单元设该病种的重症监护室，以便随时将患者在不同护理等级的病房之间进行转移，如心内科护理单元可附设 CCU、DSA 介入、重病房、普通病房、临终关怀。

3. 特殊临床功能单元工艺规划

（1）麻醉手术部：是综合医院的核心，通常设在全院所有部门抵达距离相对最短的部位，同时最靠近外科病房和 ICU。从医院手术部统一管理和协调麻醉部工作来考虑，当手术部建筑面积充裕时，急诊手术、门诊手术、日间手术、介入手术、内窥镜手术也可以被纳入中央麻醉手术部的范围内。在此情况下，手术间、消毒供应、麻醉师、医生生活、更衣、物流等空间都可以共享，但人流组织更加复杂，规划时要设法把来自门急诊部的患者和来自住院部的患者流线引导到不同手术换床区前。手术部内应按空气净化等级和手术类型分区进行规划，如：防辐射手术区、感染手术区、眼科手术区等。为了提高手术室的利用率，应配备充足的麻醉准备和麻醉恢复室。

手术部和消毒供应中心宜建立同层或上下层对应联系，除非独立设一个手术部专用的消毒供应室，因为供应中心绝大多数的处理物品来自手术部，要以尽量缩短污物流程、缩小污染范围为规划原则。血库、病理应与手术部有直接的上下对位关系或相临近，便于血液、标本快捷传输。

（2）重症监护病房（ICU）：是医院危重症病人住院的地方，与急救、手术室、影像科、血库、检验科、营养科要建立密切的联系，应在水平或垂直方向连接成有机的整体，方便危急病重患者的运送、诊断和治疗。应使手术后的病人能直接从麻醉后监护病房（PACU）送到 SICU 或病房，要最大限度地减少移动距离和移动病人所需的次数。ICU 也是患者死亡率最高的地方，要有通向太平间的隐蔽路线。ICU 的家属要陪伴在 ICU 病房附近，医院应为家属规划过夜的生活空间，包括厕所、生活必需品存放空间。

（3）分娩部：提供待产、分娩、恢复、产后（LDRP）服务，早产、隔离的婴儿则进入 NICU 进行特别护理。产房、新生儿室、NICU、产休病房之间应考虑平行或者垂直的便捷联系，母婴同室的产休病房应考虑放置婴儿床的空间。分娩室产床与产科病床数之比一般为 1:10 ～ 1:8，如产床多则要分室。

（4）新生儿病室：应当设置在相对独立的区域，接近新生儿重症监护病房 NICU，并与分娩室和手术室有紧密的联系，需通过水平或垂直方向的连接形成有机的整体，方便患儿直接运送到 NICU，最大限度地减少移动距离和移动次数。工作区域可分为医疗区、接待区、配奶区、新生儿洗澡区。医疗区包括普通病室、隔离病室，有条件的可设置早产儿室。NICU 为独立病区，以邻近新生儿室、产房、手术室、急诊室为宜。

（5）传染病房：应单独建立，自成一幢建筑，与其他建筑物之间有 25 ～ 30m 的防护隔离距离及绿化带。传染病房的位置应设在医院的下风向，地势较高，水位较低之处。20 床以下的一般传染病房，宜设在病房楼的首层，并设专用出入口，但其上一层不得设置产科和儿科护理单元；20 床以上，或兼收烈性传染病者，必须单独建造病房，并与周围的建筑保持一定距离。

（6）烧伤病区：是收治烧伤病人并行全面功能康复的医疗单元。一般医院可利用病区的一端开辟为烧伤病房，隔开走廊以便管理。可设于外科护理单元的尽端，自成一区，或单独建立烧伤病房。病区由病人用房、病人辅助用房、医护用房、附属用房四个部分构成。烧伤病房根据功能分为三个区：工作人员区、缓冲区、病房区，烧伤护理还包括监护室、普通病房、康复区、专科手术室、隔离病房等。

（7）血液层流病房：主要收治的患者为白血病种类，血液病人的治疗周期较长，一般为 1 ～ 2 个月，在此期间，不能离开病房，因而为病人创造洁净、安全、舒适的休息治疗环境尤为重要。血液层流病房可设于血液内科护理单元内，亦可自成一区。当与其他有临近要求的部门一起设置时，应既能满足相互之间的医疗联系，又能相对分离，有利于洁净环境的保持。

洁净病房一般以单床为主，房间面积小，洁净度要求高，为了节约能耗，提高效果，在满足患者使用要求的前提下，宜采用较小的面积和高度，以节省投资和运营费用。可通过降低窗台高度的方式，来扩大患者看到外界景色的视觉感受。洁净病区包括：洁净区、清洁区、探视走廊或探视室。

洁净护理单元应该远离污染源，周围有良好的大气环境，宜设置在环境安静的医院建筑末端。在洁净单元的入口处有效地控制、组织进入洁净护理单元的各种人、物的流线，各行其道，避免交叉感染。在靠近病房区域处设置封闭式外廊作为探视走廊，并兼做污物通道，做到洁污分流。

（8）血液透析室：包括候诊区、接诊区、透析治疗区、水处理区、治疗区、库房和患者更衣室等基本功能区域。各功能区域应当合理布局，区分清洁区与污染区，清洁区包括透析治疗区、治疗区、水处理区和库房等。透析治疗区由若干透析单元组成，包括普通透析单元和隔离透析单元。

高压氧治疗：在超过一个大气压的环境中呼吸纯氧气，就叫作高压氧治疗。随着高压氧医学的快速发展，医用高压氧舱的建设需求也越来越大，医用高压氧舱（以下简称医用氧舱）包括医用空气加压舱、医用氧气加压舱、医用载人低压舱和兼作高压氧治疗用途的多功能载人压力舱，是医疗机构主要用于临床治疗缺血缺氧性疾病、康复治疗、氧舱内抢救、氧舱内手术以及治疗高气压对机体损伤的一种特殊的Ⅲ类医疗设备，是近年来我国发展迅速的边缘性综合学科，属于高气压医学范畴。

医用氧舱放置处须远离居民住宅、电力部门设置的小型配电区，相隔距离一般为 10m 以上。如遇有电力部门设置的大型配电区以及易燃易爆的物品区域，应符合建筑设计防火规范的规定。医用氧舱治疗区必须进行封闭式管理，应设置候诊室大厅、医生诊断办公室、护士办公室、抢救室、医务人员值班室、病人更衣室、安检室、治疗等待区、氧舱治疗室、盥洗室、消毒间、卫生间等，候诊室应和氧舱治疗区域隔离。高压氧治疗中心整个氧舱的位置和布局应遵循人性化原则，流程合理并方便患者就诊。氧舱全部采用计算机控制，并配有监视系统、自动喷淋灭火系统，小型氧舱（小于 12 人）的建筑面积不得少于 150m^2，大型氧舱（12 人及以上）的建筑面积不得少于 200m^2。高压氧舱舱体是一个密闭圆筒，分两套系统，加压系统和供氧系统。舱内通过管道及控制系统把纯氧或净化压缩空气输入。根据输入的气体不同，氧舱可分为纯氧舱和空气舱。纯氧舱风险大，要求条件高，病人躺在舱内，不用带呼吸面罩，直接呼吸即可，可一旦遇静电就容易引燃。现医院多使用的是空气舱，即在舱里加高压空气，从而形成高压环境，病患可从墙壁管道上吸氧，这样既保证了空气中氧浓度不高，又杜绝了火灾的发生，安全系数大大提高。舱内设备应根据科室的实际情况按需配置，此外，治疗区除氧舱大厅，还应考虑设置常压吸氧区域，使不符合进舱条件的患者可进行舱外吸氧；配套设施间包括空压机房、储气房、氧气房、维修间等，空压机房应与治疗、办公区域保持相应距离，避免机房噪声的干扰。此外，空气压缩机的取气口应远离污染源，确保进入舱内的气体质量达到卫生学标准。必要时设立高压氧专科病房包含重症监护床位、配套实验室及各种检查室。氧舱的建设还需充分考虑如何方便维护保养的操作。比如，配套设施间地下室应满足大于 2m 的高度，留有充分的活动空间，保持空气流通，利于设备的维护、保养和新设备的安装等。

（9）生殖中心：主要由不育症门诊、促排卵监测、男科实验室、IVF 实验室等部门组成。由于各部门相互工作交叉较多，不利于保护患者隐私，且治疗中增加患者紧张、焦虑情绪，不利于治疗结局，故 IVF 实验室应与其他部门分开，同时选址上还应考虑取卵、胚胎移植术后患者分流的便利性，如邻近电梯，与前述部门分开的候诊区。

IVF 实验室主要包括取卵、胚胎移植室、精液制备室、胚胎培养室、胚胎冷冻室等，其他辅助功能实验室包括取精室、准备室、风淋室、资料室、储备室、气瓶室等，如可能应专门设置地面、墙面避震的显微操作室。除配子 / 胚胎操作区域必须为空气尘埃粒子百级外，IVF 实验室可为空气尘埃粒子千级或万级，其余部分可为十万级。

IVF-ET 实验室的布局，主要考虑各功能室之间的毗邻、要以方便操作者之间的交流和行走路线最短的原则来分布，为避免碰撞应设定行走的固定路线。以胚胎培养室为中心，其他功能室毗邻胚胎培养室分布。其次，取精室要紧邻精液处理室，方便精液的接收和传递，为保护患者隐私，应注意隔音处理。温湿度的监控要点：恒温、恒湿的固定条件是 IVF 实验室正常工作的重要保障。

（10）康复病区：是患者进行住院康复治疗和部分功能训练、使患者全面康复和更加接近日常生活的场所。康复护理单元的布局一般要考虑患者的私密性、交流性以及护士的护理距离等。

康复病区一般需要配置的功能房间有：康复病房、抢救室、护士站、医生办公室、处置室、治疗室、更衣室、值班室、卫生间、库房、公用卫生间、配餐室、污洗室、患者活动室等，康复病房专门为残障人士使用。康复病房设计时既要考虑促进人与人之间的交流，缓解患者的焦虑和孤独心理，同时也要缩短护理距离，提高护士的工作效率。

六、保障系统

（一）内容

综合医院要承担医疗、教学、科研和预防保健四大任务，医院建筑和所有公共建筑一样具有公共属性，要满足医院建筑使用过程中所有功能的可实施性，并满足使用人员的安全性、舒适性，为此，必须提供完善的保障系统，医院才能投入使用，正常运转。

1. 医院建筑保障系统内容

（1）建筑防火与疏散。

（2）给水排水系统、消防设备与系统（水消防和气体灭火消防）、热水系统、加湿设备、过滤设备、凝结水回水系统。

（3）蒸汽锅炉、采暖锅炉及其附属设备。

（4）采暖通风、舒适性空调系统、防排烟系统。

（5）建筑电气系统（强电与弱电）。

（6）建筑智能化系统。

（7）太阳能及空气源节能设备。

（8）绿色建筑与节能系统。

（9）人民防空工程设施。

（10）生活垃圾收集系统。

（11）交通与停车系统。

2. 医院医用保障系统内容

（1）特殊采暖与通风系统、洁净净化空调。

（2）医用气体系统。

（3）医用信息化系统。

（4）医院智能化系统。

（5）自动化物流传输（气动、轨道、机器人、箱式）。

（6）自动配药系统、自动煎药系统。

（7）X- 线放射防护、磁场屏蔽、无线电频率干扰（RFI）或其他辐射防护。

（8）实验室自动化流水线支持系统。

（9）医用纯水系统、透析液水系统、医用直饮水系统及相关的各类特殊贮水池、水处理池。

（10）高压蒸汽消毒灭菌系统、环氧乙烷消毒灭菌系统。

（11）排气设施、超低温失超物质的排放管路及安全罩。

（12）水疗池与成套设备。

（13）洗衣房（采用社会化外包的设收发控制站、洁污布件内部分拣与存放、小车存放、装卸口）。

（14）污水处理系统。

（15）核废物收集与处理系统。

（16）医疗废弃物收集处理系统。

（17）医用专用家具系统。

（18）病例档案密集柜存储提取自动化设施。

（19）导向标识系统。

（20）航空急救系统。

（21）人民防空医疗工程。

随着建筑工程学和医学科学的发展，上述设备系统会增加、减少或发生改变，医疗工艺规划应随之调整以适用。

以上保障设施的规划建设均有相关设计规范和验收规范，规划设计时应遵照执行。

（二）选址

保障系统在医院中具有重要支持性地位，是保障医院建筑品质的基础，应尽可能完善。其规划不能妨碍医院的医疗、教学、科研和预防保健活动，不应带来或产生危害健康的物质。

（1）医院建筑保障系统的主机房部分一般选址于建筑内的地下室、设备层和屋顶，若医院用地空间大，可以在地上单独占地建设能源中心，以降低建设成本。

（2）应相对隐蔽，非不得已不占据人流、物流、大型设备的主体空间。

（3）有利于提高设备的运转效率、提高效能。

（4）便于安装检修、维护和更换，有足够的施工操作面和操作场地。

（5）检修、维护和更换设备系统时不应影响医疗工作及患者安全。

（6）应规划在建筑能够预留大型设备运输及安装通道、吊装口的区域，结构应预留安装荷载。

（三）工艺规划

（1）保障系统在建筑的各楼层、各功能分区、各防火分区中要有固定的水平和垂直管线空间，以保障上下管线布置的规律性，垂直管线空间采用分类的管道间布置，通常附着在垂直交通楼梯、电梯和防火墙旁；电井不能靠近有水的房间如厕所、浴室、盥洗室等；水平管线空间位于建筑各楼层的吊顶空间内，一般小口径管线的一次和二次交叉在吊顶内解决，大口径或大断面的水平和垂直管线多次交叉的空间宜布置于设备转换层和地下室的设备管廊里，以便检修、维护和更换。

（2）空气源设备布置应获得最佳通风途径。

（3）设备应尽量减少任何潜在有毒物质的释放量（如氯氟烃 CFCs），以控制环境污染；不应使用含汞的设备，包括含汞灯、温控器、开关装置和楼宇系统中的其他原材料。

（4）不应导致环境污染，如与焚化炉和燃气消毒器有关的空气质量，地下贮罐，有害物与废物的存放、处理与清除，医疗废物的存放与清除等。

（5）各类仓库、溶剂与可燃性液体贮藏室应符合消防规范的规定，如采用防火墙和防火门、有灭火设备等。

（6）若保障设备产生噪声、震动、磁场干扰、温度或湿度变化，则可能对医疗功能、医用设备和患者产生不安全影响或质量影响，故应结合各医疗功能单元和用房的工艺规划进行合理布局，以消除影响或将影响降至最低。

（7）新风机房、新风井的风口、通风排风口、排烟口不仅要能取得最佳气流组织效果，还要注重建筑外观、室内观感的美学要求，形成一定的室内外视觉规律性。

（8）屋顶布置的设备管线应属于可以露天工作的类型，否则应予以防晒、遮荫、挡雨。

（9）太阳能设备应获得最佳光效，并尽可能不妨碍或增进建筑美观效果。

（10）在建筑设计图纸上应表明固定或移动设备安装的内容，包括要求建筑物提供的专项服务或需要的特殊结构，并表示出主要设备在室内是怎样工作的；对于甲方自理的不包含在施工合同中的设备，在施工图或深化设计图中应表明要求建筑、机械、电气工种在施工期间予以配合。

七、行政管理

医院行政管理用房包括医院的公共区域、管理用房、办公用房及各类运营支持区域；独立建设应选址在院内非医疗区域，与医疗区能风雨无阻的联系；与医疗区联合建设应位于尽量远离患者的区域，有独立的垂直交通体系，内部流程独立，患者和外来人员未经许可不得进入，可采用门禁系统控制。

（一）公共区域

（1）出入口，应设在临近市政道路的地面层，能抵御恶劣天气并便于残障人抵达和进出室内，有货运要求的出入口应设便于货物推入的坡道或卸货台。

（2）门厅，应有柜台或桌子用于接待与问询，应有公共等候区、公共厕所、公用电话或无线电话充电装置，提供饮用水条件。

（3）公共等候区，为外来人士提供服务并为需要等候的部门配备，若等候人员较多，应配备带有洗手处的公共厕所，这些厕所位于公共等候区的附近，并可服务其他区域。

（二）物业用房

含配电管理、蒸汽管理、保洁管理、绿化管理、生活管理、仓储管理等用房，是医院后勤保障的管理用房，若实行社会化管理，总务管理用房变为外包物业管理用房；若物业公司派员驻院管理，其办公用房可以分散配备；若物业公司总部设在医院内，则需要设公司总部办公室，根据物业公司规模大小配备用房，一般包括：

（1）办公室：可以集中设置；辅助保障用房，应根据所管理的区域分散布置；

（2）库房：包括耗材库房、洗涤棉织品周转库房、设备库房、工具房、维修间等，需要提供中央空调和强制性通风排风，以保障储备品的质量与安全以及工作人员的安全；

（3）修理车间：亦称设备维修保养中心，医院破损的家具、各类物品、设备要集中起来存放，能够自行修理的要安排修理，不能修理的要安排报废、分类、登记、运送出院。

（三）物料管理用房

（1）收货区：应提供远离街道、人群、消防车道的卸货设施，满足运输卡车和其他车辆的要求，卸货平台应独立布置，使卸货操作过程中的噪声和气味不影响建筑物内的使用者，不堵塞医疗活动空间或阻隔医疗流线；应方便到达货运电梯、货运垂直升降梯或物流站、内部走廊；应与废弃物、垃圾和其他外送物料处理空间分隔开；应有足够的空间供进入室内的物料与供应物品拆包、分类和分段运输用；应安排打包机和其他装置的位置，并应利于包装材料回收。

（2）综合性储藏室：除了每个部门有供应物储藏设施外，还应设集中储藏室，储藏室门口应具有在搬运物资时能防范恶劣天气的措施，如挡风帘、雨篷。

（3）废弃物管理：含收集与存放，应满足废弃物管理规范，实现减量和隔离；应对普通垃圾进行分类，利于回收；应对医疗和传染性废弃物、刀刃、有害的废弃物、水银、核反应废弃物和低放射性废弃物进行有效的分类隔离并规划安全运输路径；规划时应建立废弃物品的有效收集、运输、虫害与鼠类控制和存放路径与空间，致力于工人的健康保护与安全防护；应设置专门的贮藏和流动空间以及清洁和消毒设施；应为垃圾压缩机、垃圾捣碎机和医疗垃圾掩埋前的其他院内处理技术（打包机、垃圾压实工具、刀刃以及在装卸平台和其他废弃物搬移区进行分级的周转容器）提供房间；应为垃圾循环利用所需要的分级荧光灯提供安全存放间，应安装紫外线消毒灯、灭蚊灯、灭火器；房间数量与大小应根据存放类别、预计的容量与既定的存放时间来确定；房间内应有地面排水、易清洗的地面和墙面、照明、排气通风，不受天气影响，能防止动物和未经许可的人员进入，存放设施的冷却要求符合相关规范。

（4）环境卫生服务：院区室外及室内各功能部门和各有洁净控制、污染控制要求的空间区域内应设保洁用房和保洁车存放空间；应设全院集中或分楼栋的保洁小车清洗用房与消毒设施。

（四）办公及其辅助用房

（1）医院各级管理者办公室：包括接待用房、独立办公室、开放式办公室、机要室、文印室、休息室、公共厕所、开水房、保洁室、贮存室、保安员室或保安站点等，配套的建筑设备用房如新风机房、管道间。公立医院办公室应结合行政岗位编制、职能定位、人员职务、职称等因素，按照国家相关规定和标准来设定房间数量和面积大小；私立医院可以根据营销模式、运维能力确定办公室的规格及数量、大小。

（2）警务室：根据医院安全保卫要求，应设置投诉办公室、警卫室、保安室、保安人员更衣及休息室、值班宿舍，位置应不妨碍正常医疗活动，一般位于医院大门口或门诊部底层一楼，既能观察到医院入口和门诊大厅，又相对隐蔽。

（3）员工和志愿者支持区：医院应为实习、见习、进修人员、护工、工程师、义务志愿者等提供工作空间和私人物品存放空间，包括锁柜、休息室、厕所等，它们不为在编医疗人员使用和公用，应单独设置，通常位于门诊部和住院部的辅助用房区。

（4）会议室：大会议室 150 ~ 300 人，中会议室 40 ~ 100 人，小会议室 30 人，其位置不受建筑高度和层数的影响，一般采用平层式；有条件的大型教学医院可以设阶梯式学术交流中心，规模在 400 ~ 800 人，具有舞台演出功能，因占用两层高大空间，须建在三层及以下的低层建筑中；医院比较适合建设多功能厅，兼具职工室内体育运动、节日汇演、学术交流和展会功能。

（5）培训室包括：多媒体培训室、计算机培训室、教学培训室。

（五）档案类用房

（1）病案科：包含病案接收与采集、病例检查、病例阅览、病例保存和复印功能；该科的工艺规划宜采取分散式选址，病案库通常为密集柜仓库，荷载大、使用率低，占用建筑面积大，无须自然采光，可以布置在地下室，保持恒温恒湿，防火、防水、防尘、防虫、防鼠；病案信息采集、阅改、装订应布置在便于病案科工作人员抵达各临床科室的区域，步行流线短，有良好的采光通风；病例检查区空间要宽敞明亮，可开放式布局；阅览区供医护人员阅读使用，使用率高，应配有电子阅览区、讨论区；为患者服务的病案复印，可以布置在门诊大厅和住院大厅里。

（2）中心档案室：保存除病案之外的其他所有档案，包括管理、人事、劳资、财务、医疗、科研、教学、设备、院史、基建、特种载体等，可以参照档案馆工艺要求进行规划。医院基建档案要结合工地需求，先设工地临时档案室，竣工验收后再整理归类存档，工地档案室空间要大，便于查阅图纸、对外收发、打印、晒图；院史档案馆应可供对外参观，甚至开放延伸到公共空间里。

（3）信息科：主体是中心机房和灾备机房，两者应分布在不同的建筑内，含气瓶间、UPS 与低压配电间、监控室、通信机房，其他还包括有线电视及数字化系统机房，配套可设办公室、培训室、值班室；选址尽可能位于信息负荷中心，如高层建筑的中区或建筑群的中央区域，以缩短布线距离；在建筑各楼层及各防火分区应设弱电间；机房和弱电间四周及上方不应贴邻有水的房间。

（4）图书馆：图书及期刊阅览室、电子阅览室、资料室、书库、装订室，供工作人员使用的布置在行政楼或科研教学楼里，供患者使用的图书室布置在住院部，可采用开放式阅览。

八、院内生活用房

（一）餐饮部

（1）营养餐厅：供应普通餐、营养餐、特需饮食、方便食品，除了采用经营养厨房用餐车送餐到床前的模式，还应尽可能提供独立的餐厅，供有行动力的患者就餐，应设置无障碍餐位，供轮椅患者就餐，应选址在住院部低层，靠近患者垂直交通，或设病区楼层中的小餐厅，有良好的就餐环境，出入口便于轮椅进出。患者在此点餐、用餐，用餐时患者之间的交流利于改善心情，有助于康复。

（2）家属食堂：供探视人员就餐，可以采用社会化的食街或餐馆形式，引进各类餐饮、外卖，有独立收费系统，有助于消除医院的压抑沉闷感，改善家属心情；可以布置在医疗街中，也可以集中在全院统一的餐饮区，与其他餐厅公用厨房供应区。

（3）职工食堂：根据院内职工福利和工作需要设置，应按照院内不同工作人员的需求，提供各时段、各类型的饮食；手术部、ICU、急诊科等 24 小时不间断的工作区应尽可能提供就近用餐的餐厅甚至简便加热厨房，有便利的送餐通道、送餐电梯，送餐通道应避免有斜坡、障碍而导致汤、粥倾倒，以改善医护工作者的生活条件，这类餐厅的送餐流程、生活垃圾清运流程应符合感染控制要求，设置缓冲空间，有条件的可以配备大型自动化物流传输系统；清真厨房和餐厅应独立设置，并有独立的新风排风系统。

（4）接待餐厅：出于便利、隐私和不同接待等级要求而设立单独的小餐厅，为医院经营减少成本开支，应临近厨房便于餐食递送。

（5）体检餐厅：应位于体检科内，结合检查需要设置，应为抽血后及时补充营养、超声检查憋尿提供方便的餐食和饮水条件，通常采用自助餐形式，有条件的应为特需患者提供独立用餐空间，可设独立的厨房直接供应，也可采用中央厨房配餐、餐厅发放简餐的形式，应配备公共厕所、洗手处、保洁室、存包处；在检验科抽血处及核医学 PEC-CT 检查室，因有空腹抽血，也需要设小餐厅，或配餐间、用餐区。

（二）便利商店

（1）对于住院患者、陪伴家属、住院医护人员、值班人员来说，院内综合商业是必不可少的生活配备，应 24 小时开放，通常位于住院部入院处附近。

（2）供探视者选购礼品、营养品的便利商店可以结合医院街、入院处设置。

（3）在妇儿医院需要设孕产妇和婴儿用品商店。

（4）骨科医院、康复医院通常设康复用品商店。

（三）职工俱乐部

为改善医院职工院内生活条件而设置，通常有室外篮球场、健身房、娱乐室，有条件的可以设室内游泳池、室内球馆（羽毛球、乒乓球）。

（四）值班宿舍

满足急诊科院前值班人员、临床夜间值班人员、各保障岗位夜间轮班人员、保安人员、护工等的留宿需求，通常分散布置。

第五节　医疗工艺条件设计

一、工艺条件设计程序

医疗工艺与建筑、结构、给排水、强电、弱电、暖通等都属于医院建筑设计行业中的一个专业，建筑设计分为方案、扩初、施工图三个阶段，在每个阶段设计过程中各专业之间要互相提条件，同时满足各方的要求，每个专业都要得到其他专业的支撑。例如：结构专业给建筑专业提柱子、梁板条件，机电专业给建筑结构专业提出管道井布置条件设备荷载。

方案阶段通常只有建筑专业开展工作，结构和机电专业不介入，所以医疗工艺专业在方案阶段只需要给建筑专业提空间需求条件，并且要与建筑专业合作完成一级流程设计。

在扩初阶段，建筑、工艺、结构、给排水、强电、弱电、暖通、动力、消防、人防、环保、经济专业全部同期开展工作，建筑专业是所有专业的龙头，他带领所有专业按照技术经济目标展开与医院建设有关的一切设计；在此阶段，建筑专业将接收到来自各专业的一次条件图，包括柱子、剪力墙、防火分区隔断、管道间、设备用房等，占用建筑中大约 20% ~ 30% 的空间，建筑专业对此将进行大量协调工作，包括：结构柱网及层高调整、提高设备用房布局效率、管道走向引导及管线初步综合、要求工艺修改流程以满足消防、让开设备重大管线路由、避开结构剪力墙等，各专业经过退让、保全、修改方案等方式，争取到大家都基本满意的、安全、舒适、经济、合理的空间，然后再次出图，形成二次互提条件图，全体专业在二次条件图基础上进行各自的深化设计。

工艺专业根据二次条件图开始进行各科室的二级流程设计，并将二级流程工艺设计提交给各专业，各专业在二级流程基础上为各科室配置相应的负荷、消防、设备、管道，再次占用一定的空间后提给工艺专业，工艺专业据此经再次调整后才能完成工艺二级流程设计。完成工艺二级流程设计后工艺才可以向各专业提工艺条件。

《综合医院建筑设计规范》（GB 51039—2014）规定："医疗工艺条件设计应与医院建筑初步设计同步完成，并应与建筑设计的深化、完善过程相配合，同时应满足医院建筑初步设计及施工图设计的需要。"

二、工艺条件内容

一般情况下医院的水、电、暖通、空调按照《综合医院建筑设计规范》（GB 51039—2014）中的规定及各专业本身的设计要求进行天花、墙面、地面上的终端布点、布线，工艺专业只需要对有具体运营要求的特殊要求提条件，工艺条件涉及的内容包括以下各方面。

（1）土建：大重量库存荷载，重型和特殊尺度的医疗设备自重、安装口及通道预留要求，两层或两层以上高大空间要求，楼地面降板要求，设备管道穿墙洞口预留要求。

（2）防水、防鼠、防尘、隔声、隔振要求。

（3）特殊温湿度要求。

（4）医用气体：氧、负压、压缩空气、CO_2、氧化亚氮（笑气）等。

（5）洁净室与特殊用房：手术部、ICU、生物实验室、生殖中心、血液干细胞移植病房等。

（6）医院信息系统综合布线：HIS、PACS 网络等。

（7）大型医疗设备机房工程：放射、放疗、核医学、实验室等。

（8）物流传送系统：气动物流、轨道物流、箱式物流、智能车传送、自动污物收集、自动传送带、非载人小型货运电梯、全自动配药发药系统等。

（9）医用装备：护理站，实验台，护理用车、台、架、床等。

（10）医院标识系统：VI 布点中与医疗工艺流程、医疗服务、生物安全、防护隔离、身体隐私、感染控制、婴儿防盗、病案管理等有关的点位。

（11）医用纯水系统：如 5 兆欧和 10 兆欧纯净水制备供应。

工艺条件可以用清单形式提出，也可以绘制或标注在建筑图中，条件一经提出，不仅要落实在土建和机电等专业的扩初、施工图纸中，还应在现场土建预埋、室内家具订货、专项设备采购、装修工程过程中结合订货、施工组织方案和验收规范加以调整，避免僵化执行。

第四章

医院室内设计

孙亚明

孙亚明 江苏亚明室内建筑设计有限公司董事长，
高级室内建筑师

第一节　概述

一、室内设计介入时间

医院项目的建筑设计与室内设计之间有着密切的联系，为了防止设计施工局部环节衔接的不严谨，造成室内设计精装施工与建筑设计土建施工（包括水电暖通等）之间的混乱施工，最终造成施工资源浪费、工期延误、工程质量下降等问题。在确定建筑设计单位后，医院建设方应同时确定室内设计单位和施工单位，确保建筑设计一开始，室内设计单位就能参与到设计工作中，二者同时进行，统筹兼顾，方便对建筑与室内的设计方案所涉及环节的施工衔接进行有效的协调，提高工程质量。

建筑设计与室内设计同时介入医院项目时，需要满足以下几点要求：

（1）确保建筑设计方案的有效实施，室内设计方案应在满足甲方需求的同时，与建筑设计方案的理念统一；

（2）建筑设计与室内设计同时介入，需做到相互协调，院方在组织室内设计单位与建筑设计单位的工作流程中，两家单位依据院方提供的项目设计任务书，进行双方设计思路的协商，并以此思路为指导，拟定建筑设计草案，再根据建筑设计草案进行室内方案的设计，最终共同对总体方案进行逐项完善；

（3）为确保建筑设计与室内设计的方案能够针对医院项目达到最佳平衡，院方可以有效地协调建筑设计与室内设计之间的关系，当两者存在冲突时，院方应根据项目的实际需求与现有的条件作出合理的取舍。

二、室内设计与建筑设计的配合

（一）建筑设计阶段的室内设计参与

建筑设计师根据初步确定的设计方案向室内设计单位提出与现有室内空间相适应的项目初步构想。室内设计师以建筑方所提供的项目初步构想作为空间设计的参考要素、整体归纳，进行室内初步方案的设计。当建筑设计与室内设计的初步方案都完成后，项目参与的建筑师与室内设计师需要根据两家单位现有的方案进行讨论并提出相关意见，再对方案进行全方面的修正。修改后的方案必须获得院方项目负责人的同意后，建筑设计单位与室内设计单位才可以商定一致的总体设计规划，同时针对方案进行整体设计与深化。按照先建筑后室内的顺序，建筑方完成建筑设计方案后，室内设计单位也完成整体的室内设计方案，最终使医院建设项目能够落地施工，并逐项完善。

（二）室内设计师提出设计构想

在建筑设计阶段，室内设计师应提出设计构想，并制定出以空间设计为主的草案，供建筑方在设计空间结构造型以及布局时作为参考。室内设计师依据定案的建筑设计方案，对室内初步方案进行针对性的补充和修改，确保建筑与室内设计各方面做到统筹安排，包括水电暖通等各种工序设计之间的协调配合，实现建筑与室内的一体化设计。减少因设计不规范等因素造成的设计弊端和经济损失，确保设计各环节之间的协调到位，实现医院建筑内外功能、风格等高度统一的设计要求。

（三）对室内设计进行二次结构改造

室内设计师在建筑初步方案完成后，将医院项目室内空间以单体空间进行划分，与医院代表针对空间进行点对点的室内布局设计修改。在此条件上，建筑设计单位需再根据室内设计师完善后的空间布局情况，对建筑结构与空间划分进行二次深化改造设计。在满足院方对医院功能空间需求的同时，在建筑施工阶段，要依据室内空间需求对建筑结构进行二次结构加强，确保符合建筑设计的相关要求。

（四）建筑设计与室内设计同步进行

建筑方案与室内方案同时进行，相互穿插，一方面，可以更好地避免因室内设计不了解建筑结构与布局等相关内容，对建筑原有空间造成的损害与浪费；另一方面，二者合作设计，可以有效地避免项目资源的浪费和人工成本的过多使用，避免因建筑土建施工与室内精装施工要求不一致而造成重复施工所带来的经济损失。在建筑设计阶段就深入了解室内各个功能空间的设计，能够针对建筑结构不符合室内功能空间要求的部分进行修改，更容易调整结构。

三、施工图阶段的一体化设计

（一）机电配合方式

一般情况下，医院建筑在投入使用中应具有以下专业配套设施：给排水、常规照明、插座电气、暖通等机电专业、智能化专业以及专业设备等。需要室内设计师配合完成的机电点位有：给排水末端点位，强弱电末端点位，空调送、回风口，检修口位置，吊顶，墙面设备末端点位等，与室内设计施工有着紧密的联系，施工顺序与安装质量直接影响到整个工程的质量，必须在施工前期做好组织管理工作，进行严密的前期筹划。

1. 各专业工种插入配合时间控制

主体建筑结构中插入各专业功能设施的预留预埋，包括：在室内设计精装施工中插入穿线、墙面开关、插座盒校正、设备、灯具、感烟、洁具、管道安装等；以及室外管网工程施工插入试压，调试；直到项目工程竣工。

2. 工程施工总体控制

（1）主体工程：把握必要的时间间隔，合理安排进度，在一定范围内，不提前、不延期，在确保主体质量的基础上，为室内精装施工提供必需的施工周期。

（2）室内装修工程：同步组织好各专业工种的交叉施工，包括各专业工种的预留预埋，以及开关插座、设备安装、灯具、洁具等项目的施工。

（3）外墙装修工程：在主体封项时插入，确保施工项目在室内精装前完工。

（4）室外管网工程：尽可能提前插入，尽量与室内装修工程同步完成。

3. 室内装修项目二次核定与各专业工种配合施工项目

（1）室内装修核定：施工单位在领会设计意图及使用功能的基础上，主动与设计单位、建设单位协商，编制详尽的装饰装修核定表，分层、分部位、有机地展示室内装修做法。装修核定表中所列项目尽可能详尽，分部位、分层、分房间列出墙、地面、顶面、门窗等分项做法的内容，特别是有争议的分项工程部位和施工图中必须注明的部位。

（2）各专业功能配套设施核定：各专业工种的预埋、预留，需由各专业施工人员配合施工单位建筑与室内主体施工插入。施工单位需二次核定包括局部的管道，各个空间明露在墙面的气表、插座、开关等细节，确定在使用功能上是否便利，确保其位置、数量与室内吊顶高度、门窗位置、墙面造型等相协调。

4. 建立现场联系会协调施工

（1）建立由土建施工专业组织，各专业工种参加的定期联系会议，明确各专业工种插入的时间，采取相应措施。按项目内容，确定各专业分包单位及项目负责人的联系办法、综合要求和职责。建筑设计单位与室内设计单位需主动与各专业工种联系，完善设计中的未尽事宜，及时办理各专业技术核定签证。

（2）在总体施工进度计划的基础上，各专业工种需提出具体实施计划，并提出与之相应的施工质量要求，组织实施。

（3）定期召开有各专业负责人参加的联系会议，提出施工中需要协调的事项以及各方面存在的质量问题，制定期限，落实措施，如期完成；各专业需相互协调，避免交叉混乱，做好完工部分的保护工作。由各专业人员组成检查组，定期检查、督促分项施工项目按期完成。

5. 严格要求确保质量

各专业工种需严格配合施工中的高标准，不合格的项目必须重新施工，直至合格；严格配合施工的正确程序，形成有机的工作流程循环；严格按施工规范、规程操作；确保工程质量标准，保证成品的观感效果。注重成品保护和材料节约，预防交叉感染。

（二）机电设计要求

1. 消防

装修设计平面图需包括以下各内容。

（1）平面布置图。

（2）地面布置图。

（3）天花布置图（含顶面造型图、灯具布置图等，顶面造型与灯具位置需结合暖通、消防喷淋、龙骨吊架的平面位置，还要考虑风管道、消防管道、顶棚超高吊件的强度和间距等）。

（4）消防分区布置图。

（5）防火墙位置图。

（6）防火卷帘布置图。

（7）消火栓位置示意图。

（8）消防疏散照明及疏散指示图。

（9）挡烟垂壁位置图。

（10）门（包括钢制门、防火门等）位置及开启方向示意图。

（11）空调送、回风口位置图。

2. 给排水

（1）医院给水系统应按照横向管道布置系统建立，即设置一层主立管和各个楼层横向供水主管，供水管道设置于本层或下层吊顶内。

（2）医院热水系统要单独设置，部分特殊功能房间热水应布置控温稳压装置。

（3）设置纯水系统，对管道材料的要求较高，需增设杀菌和无菌水箱以保证水质。

（4）有无菌要求和防止交叉感染的用房，洗手池应设置感应式龙头，并避免污水外溅。

（5）给水管及排水管安装材料应按土建设计要求选用。

（6）管道均应暗装，设置防结露设施，穿墙壁和楼板的管道应加套管。

（7）小便器和洗手盆的排水管应设暗管。

（8）地漏采用高水封地漏。

（9）排水系统应独立设置。

3. 电气

（1）照明系统依据土建图纸进行控制回路设计供电、电源和深化控制回路图纸。

（2）各功能区必须满足土建图纸中的照度要求。

（3）个别功能房间需要深化调整电源及开关位置，并进行合理线槽敷设。

（三）机电、智能化末端与室内一体化设计关联性的设计要点

1. 消防喷洒头

（1）梁、通风管道、排管等障碍物的宽度大于 1.2m 时，其下方应增设消防喷洒头。

（2）两喷洒头间距不宜小于 2.4m，距墙不宜小于 0.5m。

2. 强电设备

（1）开关面板中心应距地面 1.4m，应距墙边≥ 0.15m。

（2）插座应距地面 0.3m，分体空调插座距地面 0.2m，所有插座距墙边≥ 0.15m。

（3）相邻开关面板边距宜为 0.03m，面板尺寸不同时以平底边距地尺寸为准。

（4）灯具距墙边、门口距离应≥ 0.5m，灯具距通风口≥ 0.5m。

（5）壁灯安装高度宜为 1.8~2.0m，壁挂式应急灯宜在距吊顶下 0.3m 处安装。

（6）灯具与喷淋最小间距宜为 0.5m。

（7）出口指示灯宜在门上 0.2m 处安装。

（8）疏散指示灯宜距装修完成面 0.3m。

3. 弱电设备

（1）手动报警按钮以建筑设计图纸要求标高为准。

（2）走道吊灯上居中布置火灾探测器，间距不应超过 1.5m，距墙边边距不应大于间距的一半。

（3）探测器应设置在距离梁边、墙壁水平距离 0.5m 处设置，且探测器宜接近空调回风口安装，至空调送风口边的水平距离应大于 1.5m。

（4）感烟、感温探测器与与自动喷淋头的净距应大于 0.3m；与嵌入式扬声器的净距应大于 0.1m；与顶面灯具的水平净距应大于 0.2m；与空调送风口的净距应大于 1.5m；与墙壁、梁边及其他遮挡物的距离应大于 0.5m。

（5）感烟探测器的保护半径为 5.8m，排成一条线上的最大间距为 11.6m，正常的点位间距为 8m 左右。

（6）综合布线信息插孔、有线电视插座的安装高度和水平距墙边距离与强电插座一致，但同强电插座的距离应大于 0.3m。

（7）吸顶喇叭距其他机电设备的水平距离≥ 0.5m。

（8）楼层显示器底边宜在距地 1.5m 处安装。

（9）防火门释放器安装于门体上两侧。

4. 空调设备

（1）采用上送上回气流组织形式时，送、回风口中心间距宜≥ 1.5m；散流器中心线和侧墙的距离宜≥ 1.0mm。

（2）病房空调温控面板安装高度应与电气开关面板安装高度一致，安装位置避免在房间角落，尽量设置在空气流动良好的空调区域内，方便快速感应房间温度。

5. 智能化设备

（1）火灾报警及消防联动系统：应根据医院项目的规模参见国家相关的消防规范。

（2）紧急广播和公共广播系统：宜共用末端设备（扬声器）采用一套线路，应设置消防强切开关；末端设备（扬声器）宜设置在公共场所，并在门诊、医技的候诊服务台及病房楼的护士站安装音量调协装置；末端设备（扬声器）设置的间距建议为 7.0~9.0m，音量调协装置的高度建议距地面 1.6m。

（3）楼宇自动化系统：应对医院各个系统进行监控，宜设置在消防控制中心，通过计算机显示终端完成对所有机电设备的监控、操作和管理。

（4）安全防范系统：应设置闭路电视监控系统，建议在医院的出入口、收费挂号处、财务及出院结算处、贵重药品库等地方设置监控探头；同时建议在楼层电梯厅、电梯轿厢、病房楼的护理单元及人员活动较多的场所设置监控探头。

（5）防盗报警系统：建议在医院的贵重药品库房及财务部门设置手动报警按钮或其他防盗探测原件。

（6）通道管理（门禁）系统：建议在需要进行医务人员与病人或家属区分开的通道场所和医院中重要的库房或房间设置门禁装置。对于病房区域的护理单元，宜根据建筑布局设置可视对讲系统。

（7）保安巡更系统：宜结合门禁系统进行设置。巡更点应考虑合理的巡更路线，设置在主要的通道口、须重点防范的部位，如：首层主要出入口、各层电梯厅、贵重药品库房、计算中心、各收费处等。

（8）IC 卡系统（一卡通）：医院的 IC 卡系统应在医院活动范围内使用；应能满足医务人员身份识别、考勤、门禁、停车、消费等的需求；满足病人身份识别、医疗保险、大病统筹、挂号、取药、住院、停车、消费等的需求。

（9）综合布线系统：

①门诊部各诊室应按照每个医生 1 个双孔信息插座进行设置；

②各门诊科室病人等候区前应设置 1 个双孔信息插座；

③医技部应按照医疗设备和操作医生的位置进行信息插座的设置，应每个位置设置 1 个双孔信息插座；

④标准病房每床宜设置 1 个单孔信息插座用于数据，带套间的特殊单人病房宜根据需要设置多个信息插座；

⑤收费及挂号处应按照每 1.2~1.5m 的柜台长度设置 1 个双孔信息插座；

⑥护士站应至少设置 2 个双孔信息插座；

⑦医生办公室宜按照每个医生 1 个双孔信息插座进行设置；

⑧行政人员办公室可根据使用的人员数量按照每人 1 个双孔信息插座设置或每 8~10m^2 设置 1 个双孔信息插座；

⑨教室应至少设置 1 个双孔信息插座；

⑩医生值班室、医用房间、有人值守的设备用房可根据需要设置 1 个单孔信息插座用于语音，并根据需要决定信息插座设置为语音或数据的使用功能及数量；

会议室应设置 1 个双孔信息插座，可根据使用功能和面积的大小适量增加；

公共场所应考虑到公用电话、导医终端及大屏幕显示等插座的设置。

（10）有线电视（卫星电视）接收系统：

①在医院大堂、收费和挂号窗前、候诊室、输液室、休息室及咖啡厅等公共场所应设置有线电视插座；

②在会议室、示教室、医疗康复中心等处应设置有线电视插座；

③在每个病房应至少设置 1 个有线电视插座，带套间的单人病房可根据需要在多处设置有线电视插座，病房内电视节目音频信号宜采用耳机，满足病人收听的需求。

第二节　医院室内设计各阶段主要工作及参与方

一、概念设计阶段

医院建设项目概念设计阶段流程，详情参见图 3-4-1。

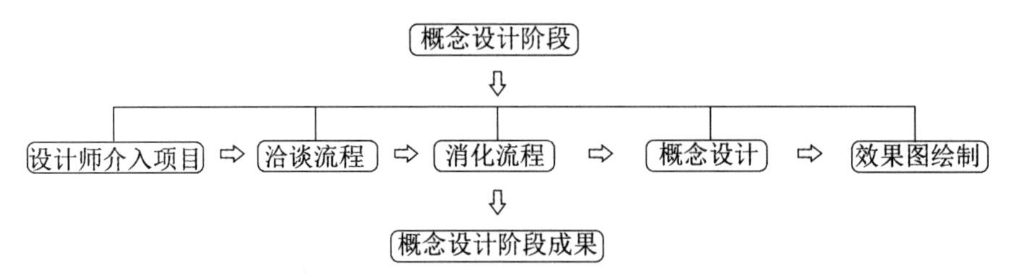

图 3-4-1　概念设计阶段流程

（一）设计师介入

设计师在项目一开始就介入，需准备与院方沟通接洽，备好甲方信息采集表及相关资料，与甲方进行洽谈。

（二）双方洽谈流程

（1）项目负责设计师应该了解院方意向，建立服务关系；

（2）项目信息采集（了解项目的面积、地域概况、文化背景、使用用途、限制条件、功能需求等）；

（3）预约现场核对建筑图纸的具体时间。

（三）消化流程

设计师与院方沟通之后，确定项目的设计风格（包括：设计理念、风格看板、提炼元素等），概念设计，初期标识导视系统的设计以及深化项目平面工艺流程等。

（四）概念设计

（1）设计师应按时进行空间与图纸的确认工作。

（2）项目设计师确认图纸后，需要对项目设计要素进行分析，确定设计风格，安排好下次方案讨论的时间，完成项目分析文案。

（3）设计师完成平面方案。

（五）效果图绘制

室内设计单位效果图负责人要及时完成主要空间效果图。

（六）阶段成果

依据建筑方案进行设计，结合项目的指标要求和甲方反馈意见调整设计，成果包括以下内容（包含但不仅限于此内容）：

（1）提供至少 2 个前期概念定位供甲方选择；

（2）具体方案设计内容；

（3）设计说明；

（4）功能分区流线图：功能分区明确、交通流线简洁和适当的标注、图纸名称及比例、标题栏；

（5）平面图：

①所有委托设计内容的墙体平面图及家具布置平面图初稿；

②体验中心（包括连接通道）建筑平面及空间格局的优化和建议；

③标识设计师进行标识导视系统初步设计；

（6）效果图：展示所有委托设计内容的室内空间效果概念图。

二、方案设计阶段

医院建设项目概念设计阶段流程，详情参见图 3-4-2。

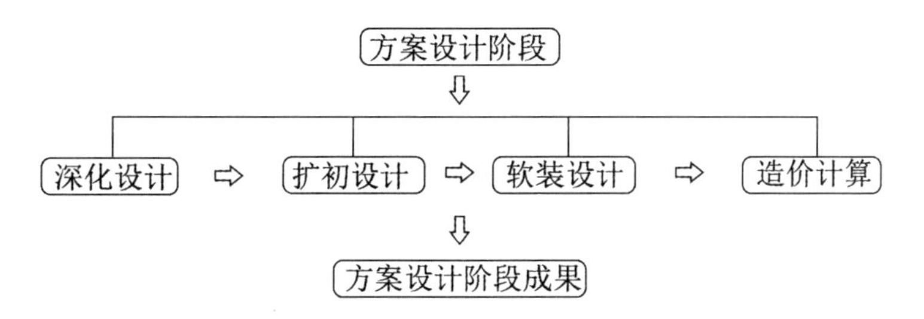

图 3-4-2 方案设计阶段流程

（一）深化设计

按项目汇报内容及细则进行深入设计和效果图的制作（是建立在方案设计基础上的深化设计，应满足编制施工图设计文件的需要，整体要求接近实施阶段的设计文件）。

（二）扩初设计

根据设计风格与意向图，深化墙面、吊顶、地面的设计图纸和家具配饰，绘制成 CAD 文件，辅助效果图的修改。（扩初设计是介于方案和施工图之间的过程，是初步设计和深化设计的延伸。）

（三）软装设计

（1）软装设计师与项目设计师合作深化软装及设备。

（2）定案设备品牌和款式。

（3）确定软装配饰意向，软装设计师进行深化。

（4）提供灯具、洁具的选型配置表。

（5）提供标识导视系统设计方案（若甲方不需要提供导视系统设计，则此步骤可省略）。

（6）提供室内家具系统平面布置方案（含固定家具、活动办公家具、诊疗家具）。

（四）造价计算

项目造价预算员参与方案的讨论，方案彻底定案后进行造价计算（包括材料费、人工费、管理费）。

（五）阶段成果

（1）图纸目录。

（2）平面功能布局及建筑方案优化建议：

①建筑方案优化调整的建议；

②平面图：体现设计后的一切室内要素，如各空间功能、主要家具配置、地面主要用材等；含主要尺寸线和地面标高；

③顶面图：含顶面标高、尺寸、材料标注、灯具布置及图例等。

（3）设计主题及风格的表达：

①文字设计说明；

②标识及导视系统彩色平面、立面及效果图汇报文本；

③效果图：各区域平面图及彩色平面图，重点区域立面图及彩色立面图，重点区域（如门诊前台、各科室、护士站、普通病房、会议室、接待室、电梯大堂等区域）效果图。

（4）主要装饰材料的选择：材料的实物样板：

①装饰灯具与活动家具方案：以参考图片及设计草图表达风格意向及主要用材、色调的搭配；

②窗帘方案：以参考图片及实物样板的形式，表达窗帘的功能形式及布艺、色调的搭配。

三、施工图设计阶段（含扩初：对设计进行再细化）

医院建设项目概念设计阶段流程，详情参见图 3-4-3。

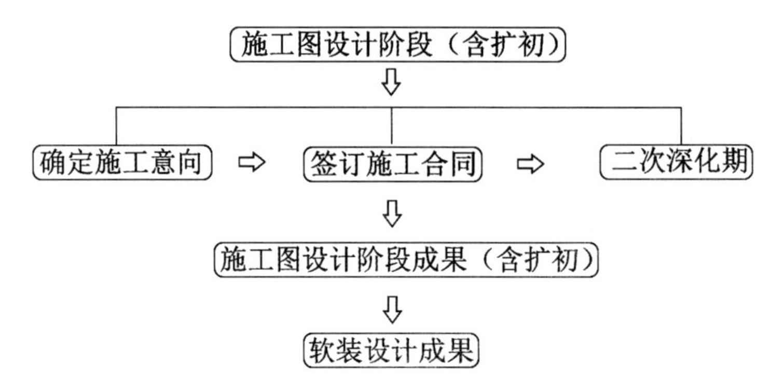

图 3-4-3 施工图设计阶段（含扩初：对设计进行再细化）流程

（一）确定施工意向

项目设计师与院方确定施工意向。

（二）签订施工合同

施工意向确定后与客户签订施工合同，合同需明确施工内容和范围。

（三）二次深化期

（1）设计单位召开内部会议，深入讨论方案细节，反馈现有问题，调整方案。

（2）项目设计师分配二次深化任务，包括调整配装方案和完整报价，绘制施工图，修改效果图（方案调整，按甲方要求修改）等，控制深化过程，把握总体时间节点。

（四）阶段成果（含扩初：对设计进行再细化）

（1）平面图：

①初始平面图；

②设计平面图；

③墙体放线平面图：标明墙体种类及放线尺寸；

④索引平面图：标明立面图索引标号；

⑤顶面平面图：标明顶面的材料、尺寸、标高，灯具的种类等；

⑥末端设备（空调进出风口、天花烟感、喷淋头、探测器、排风口、检修口等）的位置；

⑦地面材质图：标明铺地材料的材料编号和详尽尺寸，以及地面标高的变化。

（2）立面图：

①每个功能区域的主要立面图：明确表达所有墙面的造型、材料、颜色、尺寸、大样图、索引标号、开关、插座、五金安装、空调系统风口的位置等；

②重点部位剖面图。

（3）剖面详图、节点详图及放大图。

清晰表达所有施工涉及的节点大样、构造做法、不同材料交接关系等。

（4）设备图纸（二次机电图纸，负责各个末端点位的布置，各个点位应精确定位）。

①一次设计图纸的基础上结合室内装饰图纸绘制电力、照明（普通照明和应急照明）各种灯具及插座开关的布置，各个点位应精确布置，并提供主要设备材料表；

②送、回风口，新排风口，防排烟风口等天花风口定位图，空调设备定位图，各个点位应精确布置，同时校核装修天花高度；

③给排水、洁具、强弱电、空调、消防喷淋、消防栓等各种末端点位布置，各个点位应精确布置。

（5）装饰材料表、样板及设备清单。

图纸中所使用材料的供应商建议标注联系方式和市场参考价格信息。

装饰材料样板及清单，清单须配有实物照片，实物样板具体要求如下：

①布艺样板规格不小于 100mm × 150mm，如有图案须裁剪为完整图案；

②金属、玻璃、石材等板材样板规格不小于 100mm × 100mm；

③线材长度不短于 150mm；

④色卡样板不小于 50mm × 50mm；

⑤装订成册或制作成展板；

⑥洁具龙头及卫浴五金配件清单；

⑦工程灯具及开关插座面板清单。

（五）软装设计成果

（1）活动家具：

平面定位图纸，明确表达所有活动家具的位置及编号；

活动家具清单，明确表达所有活动家具的编号、数量、形式、尺寸、材料及颜色。

（2）装饰灯具：

平面定位图纸，明确表达所有装饰灯具的位置及编号；

装饰灯具清单，明确表达所有装饰灯具的编号、数量、形式、尺寸、材料及颜色（或采用参考照片加三维控制尺寸的形式）。

（3）窗帘：

窗帘清单，明确表达所有窗帘的编号、形式、材料及颜色，每款窗帘必须有材料样板照片及供货商联系方式；

窗帘材料实物样板；

布艺样板规格不小于 100mm × 100mm，如有图案须裁剪为完整图案；

百叶长度不短于 150mm；

线材长度不短于 150mm；

色卡样板不小于 50mm × 50mm；

装订成册或制作成展板。

（4）艺术饰品：

平面定位图纸，明确表达所有艺术饰品的位置及编号；

艺术饰品清单，明确表达所有艺术饰品的编号、数量、形式、尺寸、材料及颜色，每款饰品须有参考照片。

（5）预算表。

（6）向客户汇报阶段性成果。

（7）技术交底。

四、需关注的其他具体事项

（一）设计任务书

院方代表依据医院项目的建设要求，提供室内设计任务书。任务书需全面地表达设计意图，准确、合理地体现医院建设项目的室内装饰设计要求，经过院方确认通过后，及时地将设计任务书下达到室内设计单位。设计任务书的内容主要有：建设单位项目工程概况、项目资金来源、建设使用要求、工期进度要求、项目建筑空间现状等，以便使室内设计单位能够进行合理的设计。

（二）审查设计图纸

院方代表需要先认真审查设计单位的设计图纸，针对初步设计图纸，对医院工程项目室内设计的总体情况进行严格审查；针对施工图纸，对项目室内设计所需材料、构配件和设备情况等进行审查，注意是否符合设计规范。对图纸审查一旦发现不符合情况的地方，要及时和室内设计单位沟通，要求处理。

（三）设计变更

室内设计单位在施工过程中可能会出现设计变更的情况，需有效处理设计不当的部分。院方代表要严格控制，避免造成多处设计变更，准确处理变更情况。审查完设计图纸后，若图纸出现错误或与项目现场实际情况不相符，存在缺陷以及施工技术无法达到设计需求等情况，院方代表需要及时与室内设计单位沟通，要求设计师对图纸进行修改。

第三节　医院室内公共空间类型及其特点

一、门诊大厅

门诊大厅作为医院最重要的功能区域之一，是门诊楼的活动中心，人流量大、人员和行为方式复杂。门诊大厅的服务功能主要分为无偿服务功能和有偿服务功能，无偿服务包括服务台、等候、标识、咨询等；有偿服务包括挂号、划价、收费、取药等。门诊大厅面临的主要问题是人流集中和等候，包括候诊、缴费、取药、等候处的混乱。

在空间设计时需要以人文本，根据患者和医护人员的行为模式，制定合理的往返路线，减少进出人群与等候人群之间的相互干扰，避免交叉感染。传统医院设计时仅仅考虑有偿服务功能，故门诊大厅的空间只是一个单一的厅堂，现代医院不仅需要考虑无偿服务功能，还需要考虑交流、商业、休闲等功能，整体设计师要兼顾科学的工作流线和病患特殊的需求，从传统的厅堂型向中庭型的门诊大厅转变。

为使门诊大厅能够合理地满足患者和医护人员的使用需求，在设计时需要注意以下五个方面。

（一）使用功能的需求

门诊大厅不仅是医院问询、挂号、划价、收费、取药等各个职能部门的作业场所，也是医院人流量密集的公众场所。作为医院的第一形象窗口，可以在大厅设计时将使用功能和空间环境相结合，满足医患的生理和心理需求，增强使用者的印象和依赖，从而获得社会的认可。避免患者在门诊大厅挂错号而重新挂号，增加人流压力，需为患者设置专业的分诊导医台给予患者挂号建议；需在相应科室楼层设置分层挂号与分散收费处，提高收费的便捷性，减少患者往返，节省就诊时间；建议设置足够的专属区域，将挂号、收费处分层或分科设置，分散大厅各功能处，避免各个功能间的干扰。

（二）预留设备空间

应为门诊大厅预留放置大量自助服务机的空间，其中不仅包括自助服务机占地空间，还应预留使用服务机的患者排队等候的空间。为避免影响人流交通，要确保等候空间与公共交通空间不重叠使用。

（三）考虑自然采光及通风

在设计门诊大厅时应利用自然光补充空间照明，达到节能的目的，同时满足病人心理及生理的需求。根据建筑的形式和布局，门诊大厅可采用侧墙采光、顶棚采光等适宜的方式或综合使用，同时也要考虑与遮阳、通风设计结合，创造生态化的室内环境。门诊大厅需保证合适的亮度和照度，以便于患者熟悉所处地的环境特征，确保医护人员正常工作。同时，良好的照明有助于缓解患者郁闷、悲观等不良情绪，建议在各种指示标志、平面转折或有高差变化的地方，适当加强局部照明，以帮助患者识别。

（四）重视色彩环境设计

色彩是一种复杂的艺术手段，每种色彩电磁波场可以促使腺体分泌激素，从而影响人的生理和心理，达到调整体内色谱平衡、恢复健康的目的。所以合理的色彩搭配和运用可以起到调节患者情绪、辅助医疗的作用。例如：大厅以浅色系或暖色系为主色调，可以给人舒适感，搭配一些象征生命健康的重色，如黄色、绿色、蓝色等，使人在视觉上产生一定的对比感，起到活跃空间氛围的作用。运用色彩创造丰富、亲切的就诊环境，可以提高内部空间的舒适性和安全感，并可对患者及其家属、医护人员的生理和心理产生积极的影响。

（五）建立医院文化理念和独特形象

门诊大厅是医院展示医疗文化和风格形象的平台，在室内装修设计时，应根据医院自身的历史文化、人文精神、形象内涵等内容，将多样化和具有个性风格的颜色和图案、造型、纹理等融入材料中，达到营造的独特空间目的。例如，通过安全消毒板装修材料，将医院文化包括图案、文字、照片、题词等完整表现出来，不仅能美化医院环境、提升视觉效果，还体现出地域特色，给患者一种归属感。

二、医院中庭

中庭一般设置在医院中心，紧邻入口的位置，一般为医院门诊大厅的视觉中心，可以有效地避免医院不同空间在视觉上的导向障碍性。中庭空间将医院演变为开放式社区形式，空间的流线走向合理清晰，公共区域与各个服务设施之间有直接的视觉联系，从中庭出发，患者可容易地发现挂号、取药、问询的地方及候诊室、检验处等设施的位置。医院设置中庭空间的目的在于让患者产生舒适感，增强对医院的依赖和归属感，消除疾病带给患者的陌生与恐惧。中庭空间不仅是医院的交通枢纽中心，更是一个多功能复合的联系纽带。

大多数患者在就诊过程中需要多次重复使用此空间，人流量大而复杂，因此，中庭环境设计的优劣，对就诊者情绪有很大的影响。中庭空间为改善医院空间杂乱沉闷的感受，可以采用通高的设计形式，丰富空间的层次，改善患者的视觉感受，增强医疗空间的环境舒适度。为摆脱传统医疗环境的空间单一性，促使空间产生向心凝聚力，吸引医患人员在空间的停留，可以采用人性化的中庭集中式布局设计方式，利用舒适的空间环境激发医患活动交流的欲望，改变医院只为看病就医提供服务的属性，扩大医院的功能性质。

三、医疗主街

（一）空间组成

医疗主街是以医院某个节点空间为中心，沿边布置各功能科室的出入口，兼具景观空间、导向空间、功能空间、服务空间的功能，从而满足因人流量大、流线复杂而带来的对医院服务空间的需求。医疗主街一般首层高为 4.2m，标准层高为 3.6~4.2m；主街长度不宜太长，避免因流线过长影响医院的运营效率；宽度应以医患的空间感受和人流量的需求以及为依据，其主干较宽，使得空间主街与各科室内部的公共走廊区分开，满足不同功能需求。医疗主街主要是由医院核心空间、线性空间以及节点空间组成，其有序的空间组织形式提高了医院交通流线的识别性，使医疗主街更具空间导向性和趣味性，创造出层次丰富的空间序列。

（二）空间设计特点

1. 承载交通功能

医疗主街类似于城市街道的形式，将不同科室联系起来，提高了医院的运行效率，简化了医院的交通路线，主街主导医院室内空间的交通流线，提供一条简单便捷的就诊路线。通过主街、门诊街、医技街、医生通道、患者通道等将各个功能空间组织起来，形成主次分明、脉络清晰的树状交通体系。医院流线复杂，医疗主街针对医院内部人车、洁污、医患三大分流（人流分患者流线、医护流线；物流分洁物流线、污物流线及信息流）能起到良好的缓解作用，可以减少流线的聚集和交叉。

2. 提升空间品质

随着现代化医院规模的不断拓展，通高的共享空间出现在医疗主街中，通过自然采光与交通空间的结合，舒缓了医院室内空间中沉闷的氛围。若医疗主街的空间节点单一，难免导致空间乏味，因此，可以通过布置艺术品（悬挂的壁画、浮雕等）形成一条立体的室内艺术街或医疗文化街，丰富医疗主街的内部空间，这样既可提高空间的艺术性，又体现出医疗空间的人情味；还可以将自然景观引入室内，融合医院室内外空间，从整体上提高医院的空间品质，患者既可避免外界环境的影响，又能享受全天候的庭院式空间。

3. 彰显发展理念

医疗主街的概念不仅适用于新医院的分期规划建设，还可运用于旧医院的改造项目中。老医院因缺乏前期策划、分析，致使后期改扩建组织系统混乱、医疗流线混杂、医院运行效率降低，以医疗主街串联新旧建筑的各个功能可有效地解决这些问题。

4. 营造生活氛围

在功能性极强的医疗空间中引入非医疗空间有助于创造具有亲和力的环境。在医疗主街设计中引入包括大堂、商店、咖啡厅、花店、茶室、餐厅等多层交叉空间，从外部将城市生活延展进入医院内部环境，可以增强医疗空间的亲和力。这种共享空间的处理方式，可以打破传统医院将一切商业功能置于建筑外部的做法。

四、候诊空间

医院候诊空间是医院门诊部重要的服务空间之一，是患者在就诊过程中停留时间较久的区域，其环境的舒适度、便捷性与患者在等候时的心理变化、情绪起伏有着直接的关联。候诊空间的装饰材料应具有吸声和隔声效果，且室内应安装空气净化设备，保持室内卫生清洁。保持舒适温馨、宽敞明亮的候诊空间对于患者而言是必要的，在一定程度上也能提升医院的整体形象。

（一）一次候诊空间的作用

（1）满足基本功能需求：通过高品质的空间有效保障诊室的安静和秩序；

（2）满足健康需求：候诊空间应保证面积充足，尽可能地引入自然通风和采光，保障自身抵抗力低下的候诊者的需求。尤其是儿科、妇科、感染科等特殊敏感的科室，候诊空间设计时需有效地避免交叉感染；

（3）符合行为需求：在候诊空间内，就诊者除与家属、医患沟通外，设置患者个人空间；

（4）适应心理需求：客观外界对人的心理具有持续的影响作用，身体疾病是情绪有关而呈现的身体症状，可以在为特殊群体服务设计的候诊空间中，充分考虑适应心理需求，让就诊者在候诊时得到身心的休息与放松。

（二）一次候诊空间设计原则与方法

1. 独立化

预防空间拥挤和嘈杂，需明确划分不同科室的候诊空间，根据科室之间的联系，将功能相近的科室的就诊者组织在同一个候诊空间中，既可充分利用空间，又能营造出安静、有序的环境。

2. 人性化

在候诊区设置宣传、展示资料等，利用翔实多样的内容填补候诊者等待时间的空白，借助装饰品转移患者注意力，缓解患者的压力和焦虑感。

利用自然的材料具有帮助等待中人们舒缓情绪的能力，通过材质的细节传达人情味的内涵，利用材质的对比变化标示出空间的流畅性。

通过材质的色彩来划分不同空间，而且能达到不同的效果，如适当的暗色和自然色调可以帮助候诊者放松和镇静。

适当扩大候诊空间的面积可让人感到平静和松弛，利用相对较低的天花板为患者营造出安全感。

设置饮水机等辅助设施，让候诊者感受到医院传达出的人性化关怀。

（三）廊室结合候诊空间：二次候诊

廊室结合分科二次候诊，即分科室设置候诊区，患者通过叫号等方式进入二次候诊空间等待就诊，这种候诊模式对医院建筑规模、就诊管理等要求较高，是一种比较理想的候诊模式。二次候诊需要在各科室接近公共交通线处加宽走道，两边放活动座椅，避免集中在一个候诊室内拥挤、嘈杂。患者在一次候诊室由护士呼号后进入二次候诊安排好医生，既可以提高医疗质量和效率，又可以创造优美的环境。

二次候诊表明就诊人员的候诊行为已经到了最后阶段，能够清楚地知道给自己看病的医生在哪一间办公室，并了解这位医生的工作状态。进入二次候诊空间后，往往能够让人心里安定，设计时，需要把交通空间和候诊空间有序地分开，使人流自然分离。二次候诊空间宜根据不同科室患者的不同心理和生理需求进行人性化的空间设计，例如在儿童候诊区设置儿童游戏设施、儿童特色家具以及采用童趣十足的空间装饰；在老年就诊区域的走廊增设扶手等人性化基础设施；在妇女保健科室区域采用女性化的暖色调、家庭客厅式的候诊空间等。

五、商业休闲空间

（一）商业服务空间

随着社会的进步与服务行业的快速发展，目前国内大多数三甲综合医院的门诊楼公共空间呈现出一种泛宾馆化和泛商业化的空间。门诊楼内的商业空间与候诊空间、交通空间有别，功能性的要求没那么强烈，它可以很随意地布局，与其他公共空间融为一体，让人觉得轻松愉快。医院商业空间的布局主要分为四种。

（1）室内空间：是一个独立的空间，其典型形式即商业店面，由于在医疗主体空间中分隔开来，商业空间显得较为完整。

（2）角落空间：门诊楼内的角落空间往往被人冷落。布局在角落空间，让门诊大厅更为活泼，因办理事项而等候的人群可在此看书购物。

（3）外部空间：有效利用外部空间，一般设计为休憩的茶座和咖啡吧，这种商业空间可以减小患者驻留医院的苦闷，真正使患者感到温馨舒适。

（4）融入医疗主街：医疗主街是大型综合医院发展的一种主流形式。将商业空间融入主街中，既可以突出商业功能，又可以避免对医疗空间的直接干扰，且便于管理。

（二）餐饮休闲空间

综合医院社会化餐饮休闲空间包含的范围比较广泛，常见的有以下几种形态：

（1）饮食街：采取组团的形式设置，同商业建筑类似，具有便捷、高效、互补等特点；

（2）营养餐店：以连锁门店的形式出现，针对性强，为不同人群提供所对应的营养餐食；

（3）茶咖：布局灵活，利用医院内的公共空间设置，可有效提升院内的疗愈环境；

（4）其他：如自助售贩机、超市等，占用资源少，位置灵活，服务于院内全体人员。

医院内餐饮休闲空间有开敞式和封闭式两种形式。开敞式的空间既能够满足餐饮的基本功能，又可以作为暂时休憩等候的场所，同时也可以改善医院内单调冰冷的就诊氛围，主要适用于茶咖、自助服务及复合功能空间。封闭式餐饮休闲空间多自成一区，通过出入口与外界关联，位置选择较灵活，既可以置于地下空间，也能位于医疗空间的临界区域。主要适用于营养餐店、超市，也包括少量的茶咖等。各要素内容可单独设置，也可以组合方式形成封闭的环境，通过透明或实体隔墙来对空间进行限定。由于是封闭状态，可以消解嘈杂的声音和视线的干扰，避免对诊疗部分的影响，同时也能为使用人群营造出所需要的私密感和安静的环境条件，这种形式多被现代综合医院采用。

六、公共卫生间

（一）确保人员行为安全

（1）门、窗、墙壁、屋顶、便器、洗手池等设施应齐备完好，杜绝安全隐患；

（2）公共卫生间及病房卫浴间地面的设计和选材须考虑防滑，应有防滑提示，并符合排水要求；

（3）照明要明亮且柔和，暖色镜前灯有温馨之感，条件允许时应结合自然光照补充室内照明；

（4）空间无尖角设计，包括墙面、洗手台面、门把手的设计；

（5）厕门开向应朝外，门阀应能里外开启；

（6）做好门急诊卫生间等人员密集区域的消毒、院感工作，包括安装感应式水龙头、消毒式便池，按需配置洗手液、手消毒液等。

（二）人性化的设计

1. 减少等待时间

（1）卫生间位置布局要合理，符合简洁、高效的空间动线设计要求。

（2）导示牌要清晰明确，综合考虑导示牌的文字大小、位置、图形、色彩等方面，令其具有更好的导向性。

（3）根据男女用厕习惯的差异，女卫生间隔间数量应略多于男卫生间。

2. 保持环境整洁

（1）隔间应不小于 1.10m × 1.40m，安装安全扶手及放置手机等随身物品的设施。

（2）做好通风设计、空调抽风设计，换气排风力要足，安装便池自动冲水设施。

（3）结合色彩、环境图形、装饰摆件、景观绿化等，增加这一区域的视觉美观度。

3. 根据使用人群习惯做细节设计

考虑到不同情况下及不同人群的用厕需求，需做相对应的细节设计。比如提供坐便、蹲便 2 种就厕方式，卫生间内设输液吊钩，门急诊公共卫生间洗手台设高低洗手池，儿科病区的公共卫生间应考虑儿童使用尺寸。

宜设无障碍卫生间、亲子卫生间、母婴室等，丰富配套设施。

（三）装饰材料

（1）公共卫生间内的装修材料要符合医疗使用需求，如防火、防水、环保、抗撞击、耐腐蚀、易清洁，提高使用效率，降低医院的运营成本。

（2）要便于日常清洁、维护，包括阴阳角做圆角处理，采取柜体离地设计，使用集成式天花板，墙面、地面及便器使用易清洁材质。

（3）做水电节能设计，包括使用节能型照明灯具、洁具。

七、电梯厅

电梯厅的位置布局：电梯厅的设计合理与否，直接关系到整个医疗空间能否快捷、顺畅地运行。医院空间内有医生、患者、探视者、陪护者及访客等各种人员使用电梯厅，有清洁及污染物品需要垂直运输，所以合理的设计能够减少等候时间，避免交叉感染的发生。在医院电梯厅设计中，最重要的应注意以下三点。

（一）空间明亮、宽敞

医院电梯厅的设计布局要尽量争取有自然的采光和通风，创造健康的医疗环境。住院楼的候梯空间可以与自然风光结合，缓解人们等候电梯时不安的心情。若不能大面积采用自然光，建议使用人工照明，利用暖色光源，营造温暖、温馨的氛围。

（二）色彩丰富、和谐

在医疗空间中，设计师需要打破电梯厅传统、单调的色彩设计，根据不同楼层、不同科室患者的不同心理，采用不同的色彩丰富候梯空间。电梯厅的色彩不应太沉闷，应使用高明度、低彩度的调和色。厅内的小标志物、导向图标等则应色彩亮丽，对比鲜明。各类标志、导视牌应按领域对色彩、字体、尺度、图案等进行统一设计，既要协调统一，又要便于识别。

（三）人性化设计，细部考虑周到

合理的环境能调整等候者的心态，现代医院电梯厅设计正是要求采用人性化的设计手法，创造出更吸引人的公共空间。设计中除了留足必要的等候空间外，还应从候梯者的心理出发，注意每个细节的布置，如无障碍设计。

第四节　医疗功能用房典型房型及配置

一、标配诊室

（一）诊室布局基本要求

诊室是医生与患者直接交流、初步检查、诊断，并完成诊查记录的场所。在诊室完成的检查治疗用房根据不同功能有不同要求，如呼吸科一般设置雾化吸入室和肺功能室。诊室医疗行为是医生和患者共同参与的一般医疗活动，借助简单医疗设备和操作型器具，一般为一医一患，需要一定的活动空间和一定的隔声、隔视的隐私要求。具体布置见图 3-4-4。

单人诊室的开间净尺寸不应小于 2.5m，使用面积不应小于 8.0m^2；若是双人诊室则开间净尺寸不应小于 3.0m，使用面积不应小于 12.0m^2。诊室内部层高控制不低于 2.8m，常规配置一桌三椅（主治医生位、助理医生位、患者位）、一床一围帘一水池，并配置观片灯、电脑等设施，诊室门口需配置分诊显示屏和候诊椅。诊室内部空间依据“右手原则”进行布置，两个三角区域内医生和患者的流线互不干扰，并且流线距离减小，形成了一个流畅、舒适的医疗空间。

（二）诊室设计室内装饰

1. 色彩

诊室的室内装饰应根据科室、服务对象的不同，采用不同的色彩体系。确定标准色时，不仅需要注意色彩对病人以及医护人员的心理影响，还要考虑色彩的识别功能。一般科室宜用浅色调，以米黄色或白色为主，能够舒缓患者情绪；特殊科室需利用色彩调节患者心理变化，例如妇产科宜采用粉红色系作为主要装饰色调；儿科宜采用符合儿童心理的活泼颜色。

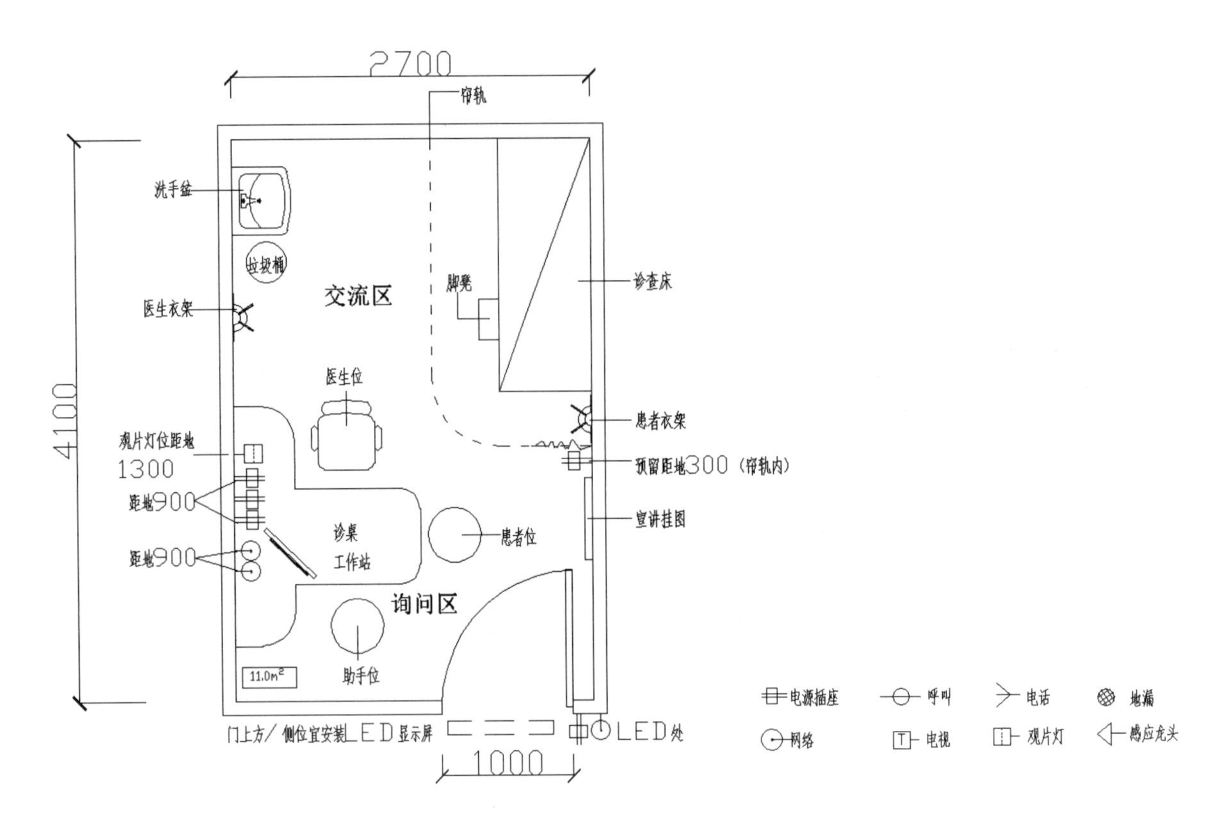

图 3-4-4 标准诊室平面布置示意图

2. 天花

诊室天花一般采用轻钢龙骨双层纸面石膏板吊顶，以隐蔽各类管线和空调机体等，注意留好检修口。在造价允许的范围内，建议采用负氧离子生态板、冲孔铝板等，以达到更好的吸声、降噪效果，不易变形，便于维护。

3. 墙面

一般采用浅色调或白色抗菌乳胶漆、抗菌釉面漆，在造价允许的范围内可采用海基布或纯纸壁纸，以及各种人造环保板材。窗帘宜采用布幔窗帘、遮光卷帘、百叶等，要注意色泽花纹的搭配。

4. 地面

一般采用防滑地砖或 PVC、橡胶地板，材质颜色可与导视系统协调。如采用地砖，应用美缝剂进行美化处理。踢脚线宜采用不突出墙面的设计形式，并在与地面结合处采用倒圆角处理，便于清洁。

5. 设施

室内设施要与公共空间整体风格一致，并注意人性化设计。诊桌、椅子、橱柜、门、窗、窗帘盒等的造型、色泽、纹理、材质应协调统一。检查床要配置幔帘，保护患者隐私。治疗用的设施、器具等，安置位置需合理，纹路管路注意隐蔽。

二、检验中心

检验中心是利用实验室技术、借助医疗仪器设备检查病人的血液（血型）、体液、分泌物、排泄物等，以获得疾病的病原、病理变化和机体功能状态等资料，为临床的诊断、鉴别、疗效观察、推测预后、预防疾病和身体状况评价等提供依据。

检验中心主要由临床检验室、生化检验室、微生物检验室、PCR 实验室、血液实验室、细胞检查室、血清免疫室、洗涤间、试剂室、材料存储用房等组成，如图 3-4-5 所示。根据需要建议配备更衣室、接待室、办公室、会议室、休息室、值班室、卫生间及医护人员体息就餐区等用房。检验中心在布局上应自成一区，与门诊区、急诊区、住院区邻近或者有一条便捷的联系通道。在平面布置中，细菌检验室应设于检验科的尽端；设无菌接种室时，应有前室；如设细菌培养室的，操作台应在右侧有采光。

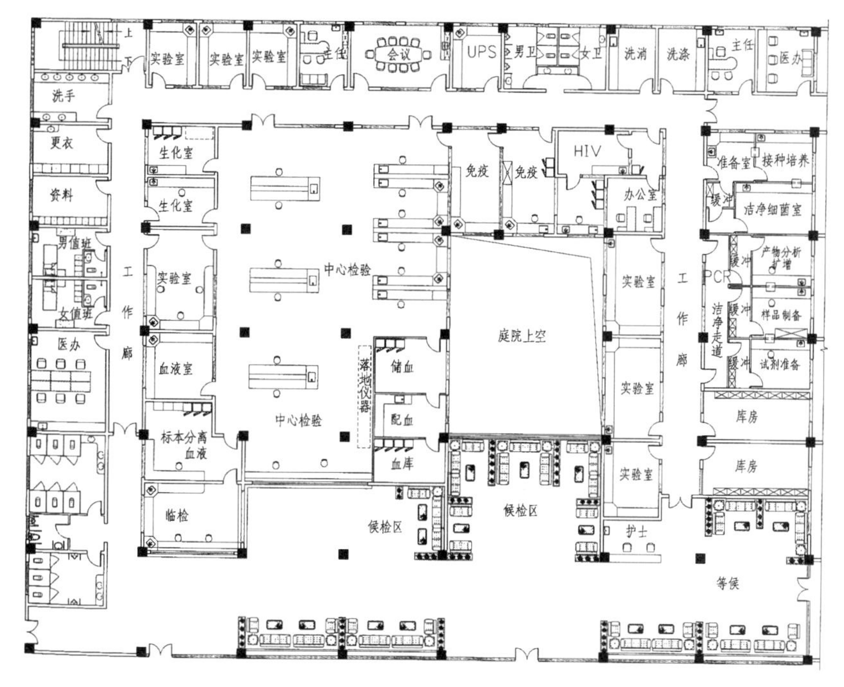

图 3-4-5 检验中心平面布置示意图

三、放射科

放射科主要功能用房为医疗设备机房，包括普通 X 线机、计算机 X 线摄影系统（CR）、直接数字化 X 线摄影系统（DR）、乳腺钼靶机、计算机 X 线断层扫描（CT）、核磁共振（MRI）、数字减影血管造影系统DSA 等扫描室、控制室和配套的设备房。另外，放射科功能用房还包括病员预约及候诊空间、病员更衣和准备间、图像处理室、读片室、会诊室、医护人员办公及更衣室等辅助房间，急诊放射科还需设置夜间值班室，如图 3-4-6 所示。

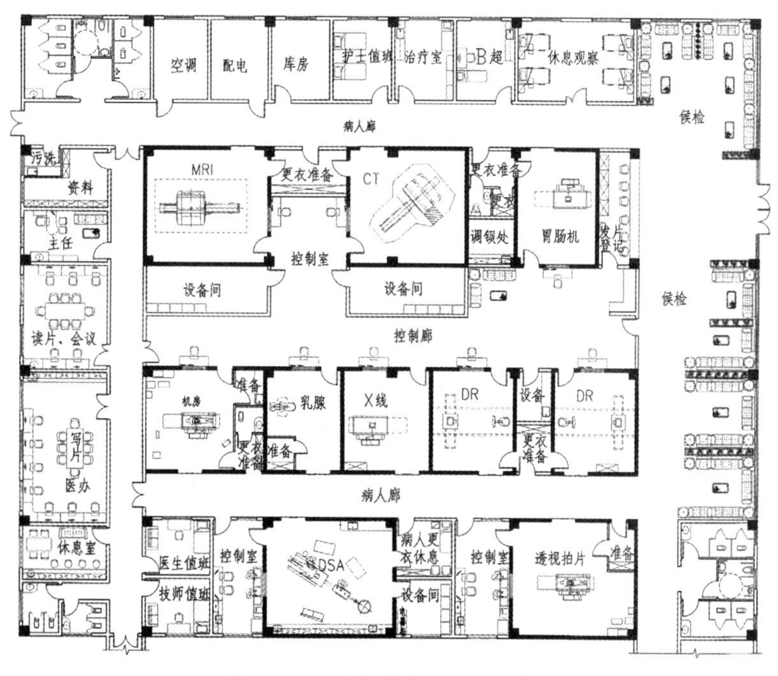

图 3-4-6 放射科平面布置示意图

（一）常规放射（DR）机房

DR 机房包括扫描室，推荐平面尺寸为 5.5m×5.0m（长 × 宽）、净建筑面积需大于 $20m^2$（部分省份放射科规范化建设要求不小于 $25m^2$），机房净高需达到 2.5m 以上，如图 3-4-7 所示。

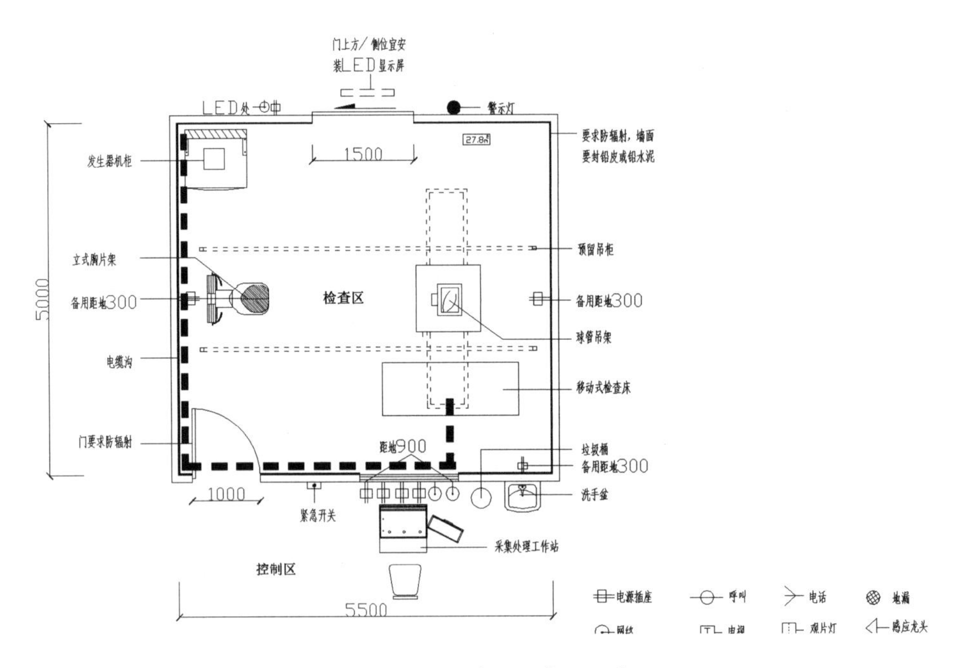

图 3-4-7 DR 机房平面布置示意图

（二）X 线电子计算机断层扫描装置（CT）机房

CT 机房包括扫描室、控制室和辅助设备室，各房间的推荐空间尺寸分别为：扫描室为 5.5m×7.2m×2.8m，控制室为 5.6m×3.0m×2.8m，辅助设备室为 5.0m×2.5m×2.8m，不同厂家不同类型的 CT 略有不同，辅助设备间可以与其他 CT 机房共享，如图 3-4-8 所示。

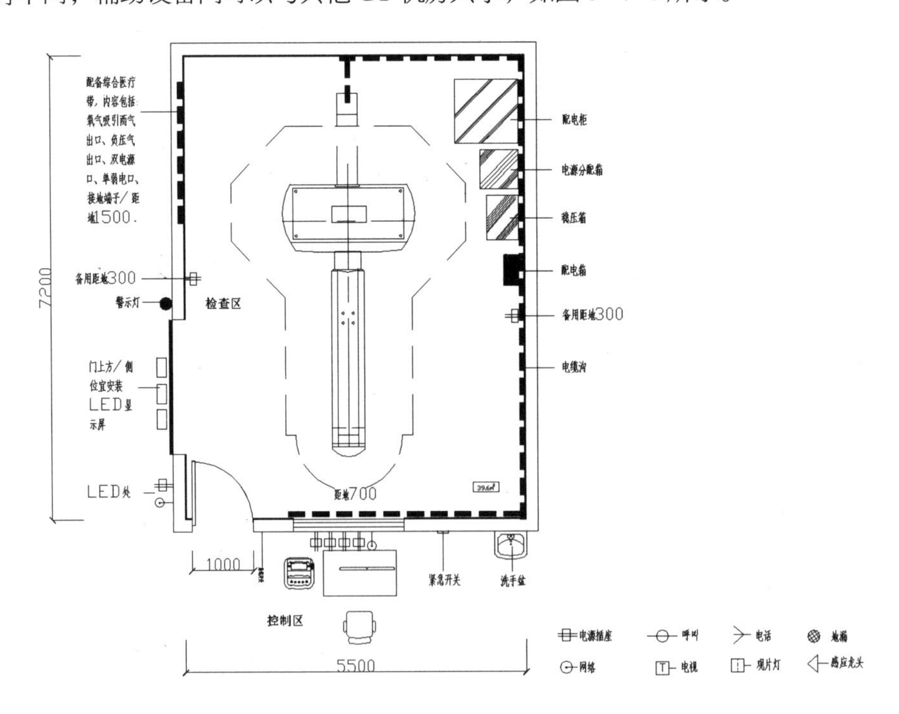

图 3-4-8 CT 机房平面布置示意图

（三）数字减影血管造影 X 线机（DSA）

DSA 机房包括检查治疗室、控制室、设备间，并设病患等候及准备室。控制室设铅玻璃观察窗（常用尺寸为宽 15m、高 0.9m），如图 3-4-9 所示。机房长轴方向可以适当长一些，便于设备部署和手术操作。

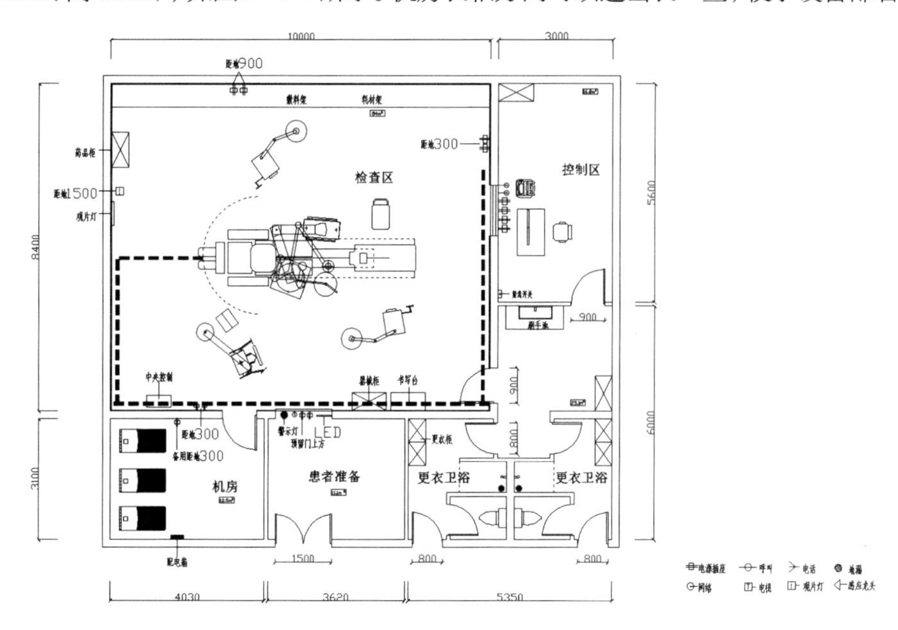

图 3-4-9 DSA 机房平面布置示意图

（四）核磁共振（MRI）

包括扫描室、控制室、设备室和等候室，如图 3-4-10 所示。平面可采用三明治结构，即扫描间在中间，一侧为控制室，另一侧为设备间，扫描间最好设置前室，或者控制室仍设置在控制廊，设备间设置在机房一侧。

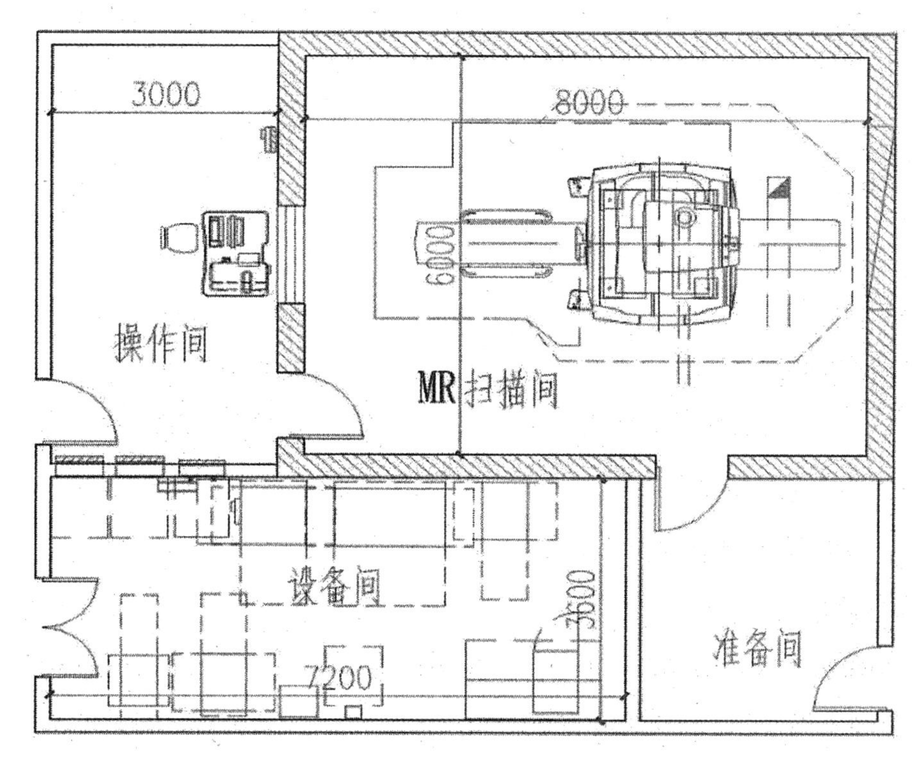

图 3-4-10 MRI 机房平面布置示意图

（注：图片来源于《医院建筑医疗工艺设计》）

（五）乳腺钼靶机房

扫描间和操作间通常在同一房间（图 3-4-11），也可单独设置操作间，该设备出入门最小净尺寸为 0.7m×2.05m（宽 × 高），与设备出入门相邻的最小走廊宽度为 1.8m。其房型图与 DR 机房类似。其房型面积可略小于 DR 机房。应注意更衣空间和隐私保护。

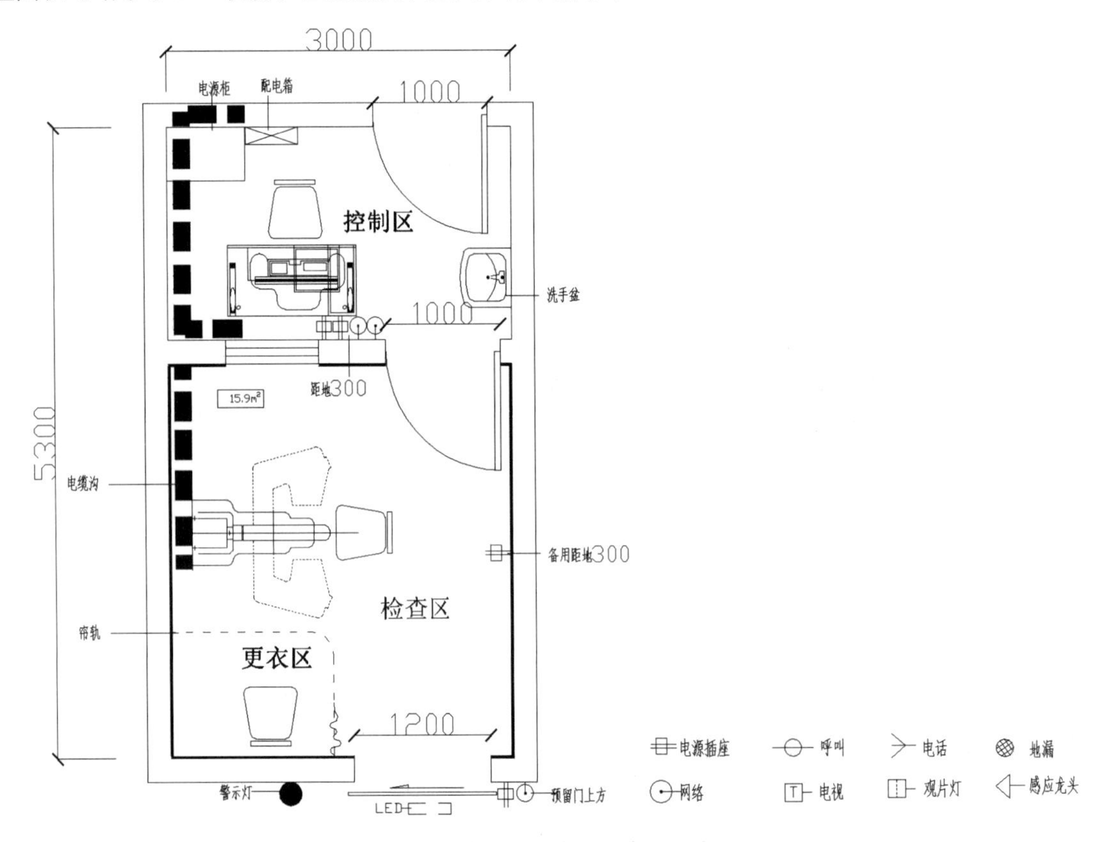

图 3-4-11 乳腺钼靶机房平面布置示意图

四、内镜中心

内镜中心各内镜室的使用面积应≥ 20m²，室内布局中建议根据内镜诊疗项目，合理设置相应的诊疗室（图 3-4-12）。不同部位、系统内镜的诊疗工作应当分室进行，例如上、下消化道内镜室可分室、分区设置，也可分时进行操作使用。内镜中心室内装修标准应接近门诊手术部，地面宜采用柔性地材，墙面可采用模块化拼装隔墙或者轻质隔墙表面安装 PET 医用洁净板、无机预涂板、酚醛树脂板、彩涂钢板等，顶面可采用铝板、集成天花等。

内镜室除了安放基本设备的空间，应保证检查床有 360° 自由旋转的空间，建议开展治疗的内镜室面积可适当扩大。任何内镜操作至少需要 2 人，操作台应安放在房间的中间，以保证其四边均可进行各自的工作，内镜医师与护士各有特殊的活动区域与位置。一般室内的一侧是医师进行文字工作、查阅图片报告的区域；另一侧是辅助区域，主要是工作台，用以放置常用附件、冲洗用水等必需物品。

（1）肠镜区域应配置专门的病患卫生间。

（2）ERCP（逆行性胰胆管造影）诊疗室因要借助 X 射线操作技术，面积在 50~60m² 左右，分两个工作区域：一个是控制区域，此区域面积可分配至 15~20m² 左右；另一个是操作区域，其内有 X 光机，因此，该区域天花、地面、墙面应作放射防护处理，面积可分配在 35~40m² 左右。

（3）VIP 内镜诊疗室。VIP 内镜室是为部分特殊患者人群需求而开展的 VIP 诊治服务。其与其他内镜诊疗室相关配套的候诊接待、术前准备、术后复苏等区域相对隔离，内装材料档次适当提高，以满足患者高端服务体验感的需求。

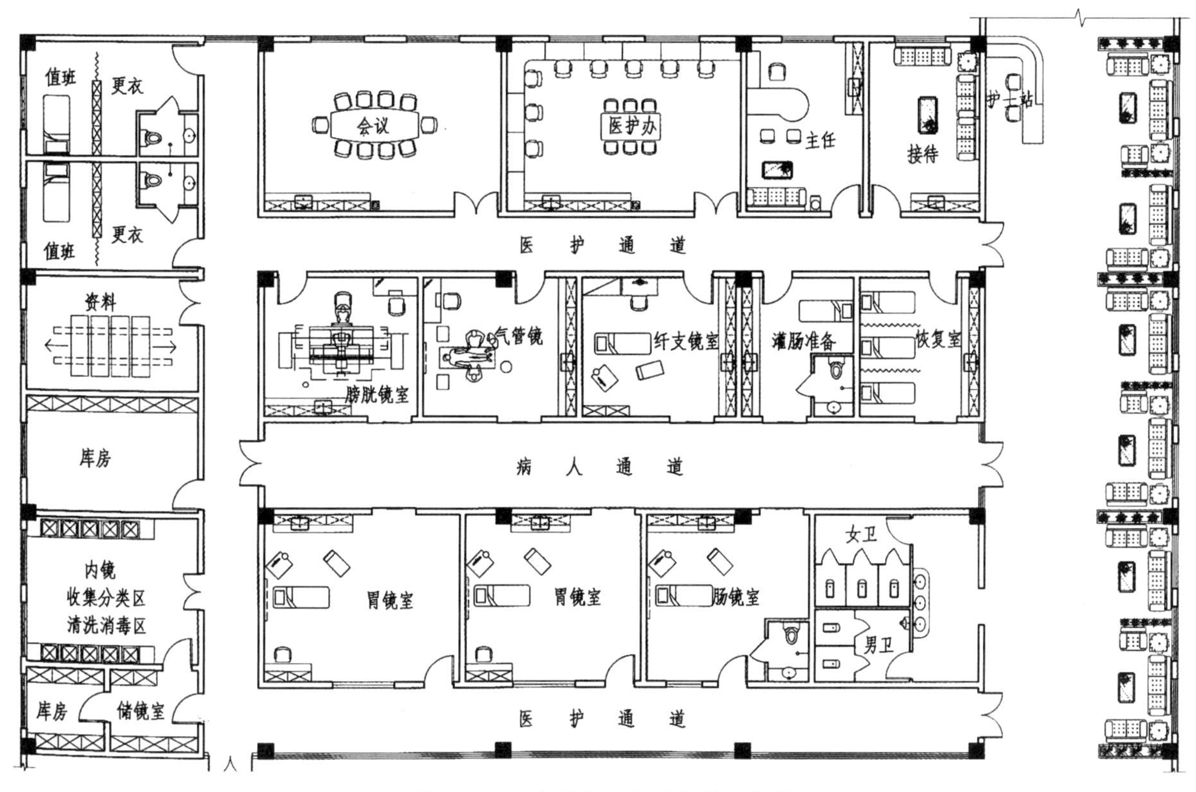

图 3-4-12 内镜中心平面布置示意图

五、超声科

超声科主要设置为患者候诊区、工作区与工作人员办公生活区三个区域（如图 3-4-13 所示）。其中患者候诊区域内有等候座椅，有分诊排队叫号系统、自助服务系统等，配置饮水设施，邻近卫生间。候诊区域需部署分诊台，分诊台一般不少于两个工位，采用高低台设置。办公生活区包括示教会议室、主任办公室、工作人员办公室，更衣室、值班室、茶歇室、卫生间等强弱电、给排水及暖通系统应按要求布置到位。

超声介入诊疗区域，应严格按照感染控制要求设置（医患出入口分开、洁污分流、设置患者准备间、介入诊疗间、工作人员准备间、污物处理间、患者观察室等）。超声检查室应根据业务要求和设备台数来设置检查室的数量。为尊重病人隐私，建议采用一人一室的形式设置，且宜就近设置患者更衣室。对于产科超声检查室，宜有同步成像显示系统供受检者本人及陪诊家属观看（可在隔壁设置一间家属视频观看室）。

六、手术部

（一）普通手术室

普通手术室除腔镜、杂交、心脏外科、眼科外，为提高手术室使用效率，手术室的面积、材料，配置应基本相同。手术室的净高不宜低于 2.8m，建筑结构层高建议在 4.5m 左右，面积应根据不同级别和手术要求而不同，一般眼科和肛肠科的手术间较小，可以在 25~30m^2；腔镜手术室和普通外科手术室建议在 30~40m^2，骨科由于 C 臂机的进入建议在 40~45m^2。

手术室的设置必须保证建筑的洁净环境，以防止交叉感染及积灰：地面一般建议使用柔性地材，包括涂料的水泥地面、水磨石地面、瓷砖地面、自流平地面、粘贴地面、涂防静电环氧树脂等都可以使用。颜色应该用浅色，使被血液污染过的地面经清洗后颜色接近。宜在地面上划出集中送风面外轮廓的投影。墙面建议使用电解钢板、医用洁净板、PET 钢板、PET 树脂板、千思板、高聚合板等易打理材料。顶面可采用与墙面相同的材料。吊顶、墙面、地面的装饰用材应耐磨、不起尘、易清洗、耐腐蚀。

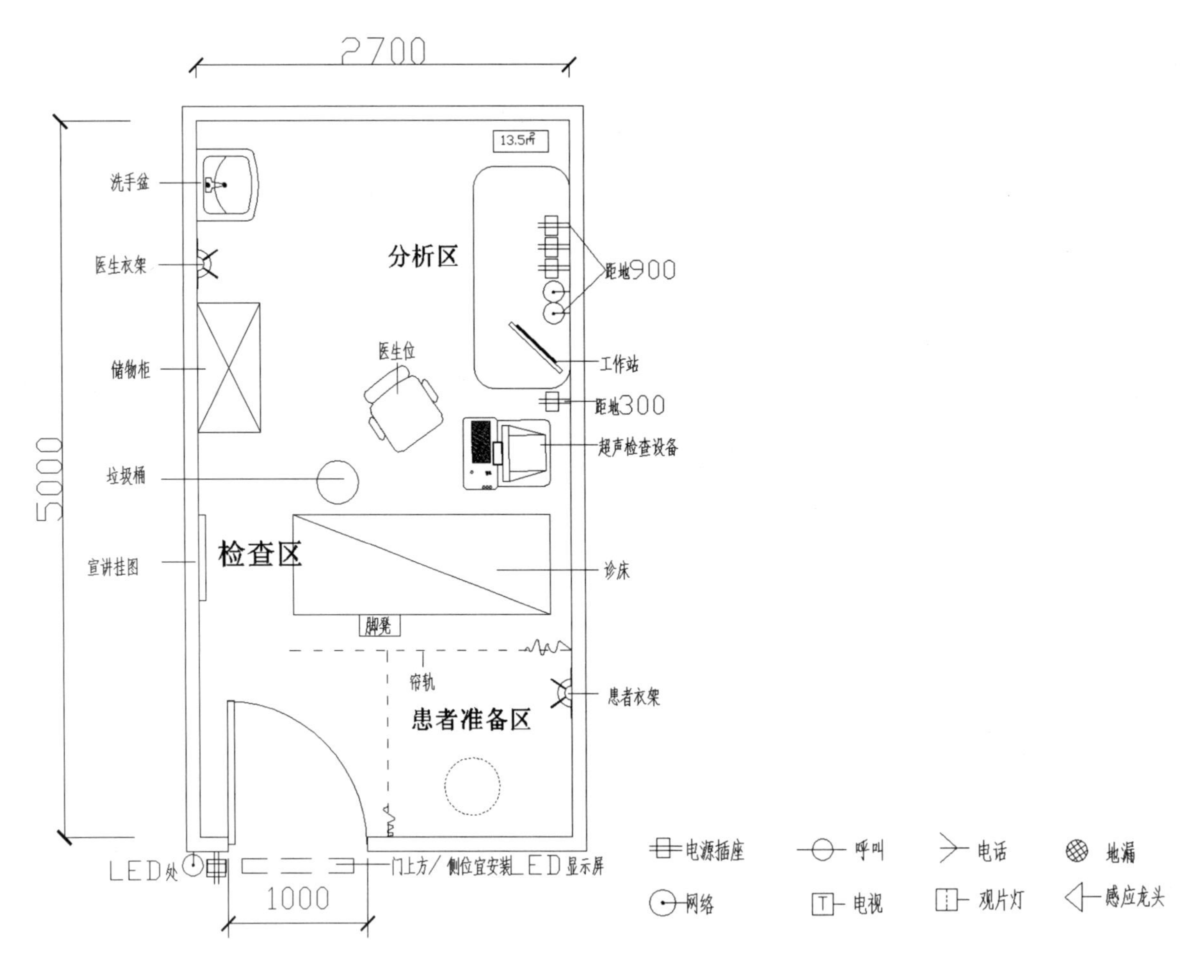

图 3-4-13 超声检查室平面布置示意图

一般小、中、大手术室平面布置可以参见 3-4-14 所示。

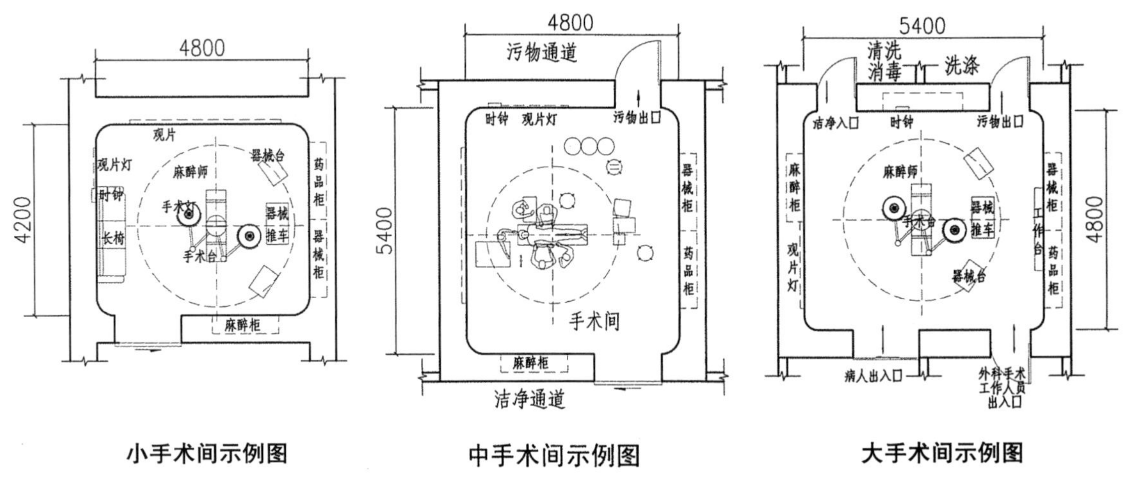

图 3-4-14 小、中、大手术室平面布置示意图

（二）复合手术室

复合手术室（图 3-4-15）设计的重点在于空间大小、荷载分区、供配电、放射防护、电磁防护等

与常规手术室需求的不同。一般复合手术所承担的手术难度高、设备多、人员多，设计时需要预留足够的面积，还需要考虑设备搬运路径，确保不破坏建筑楼面，搬运通道宽度、门体尺寸等情况。考虑结构架的高度和洁净手术室的专业要求，复合手术室所在楼层的高度宜控制在4.5~4.8m，净高通常在2.9~3.0m。复合手术室的控制室铅玻观察窗，可以使用建议双层窗设计，尽可能不要手术室内留窗台，内设电动窗帘，朝向控制室的玻璃需易于拆卸维修。手术室内操作台的设计需灵活选择，满足手术室内医护人员方便操作的需要。

手术室内色彩搭配需在施工前制订专项方案，确保手术室的色彩柔和、清静、富有立体感及一定的视觉效果，以提高工作环境的舒适性。手术床和可移动床的结合，满足三维成像的需要，手术床可上下浮动平行移动；可旋转 15° 头侧抬高降低，15° 侧面倾斜；有防震动的功能；可采用碳纤维床面材料。

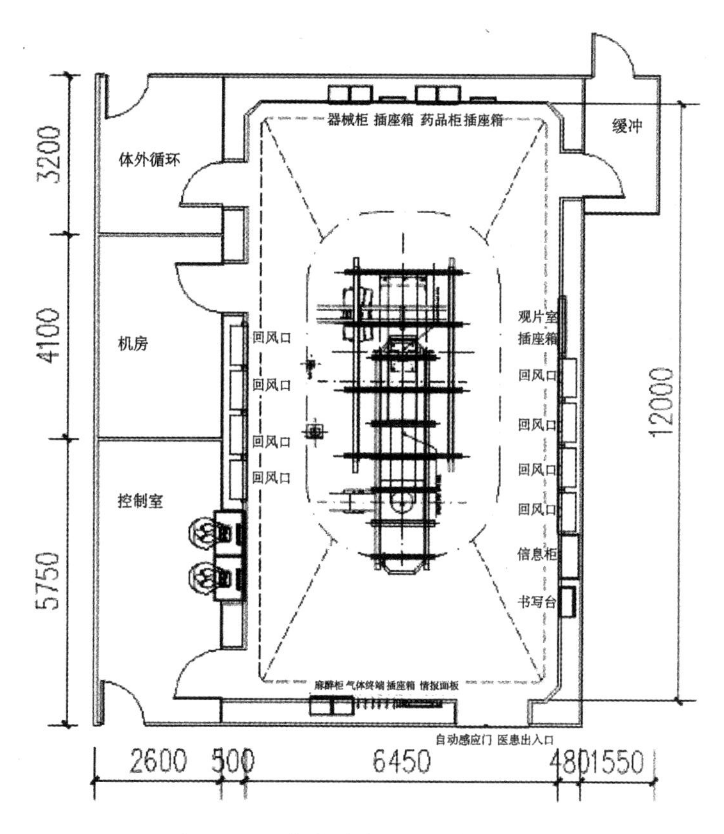

图 3-4-15 复合手术室平面布置示意图

七、重症监护 ICU 室

重症监护 ICU 病房根据使用者需求以及医院的运营管理情况，可以设置为开放式或单人间模式，也可以为半开放式。重症监护 ICU 单间病房面积为 18~25m^2，病房可以部署电动移门，也可采用门口拉帘形式。采用单间模式时，分布式护士站一般设在相邻房间的凹区内，便于观察相邻两个房间病人的情况。在国内，重症监护病房一般只接受家属的探视，主要由护士做监护。

重症监护ICU病房需要在每个病床边进行治疗和放置检查设备，随时为重症监护患者提供床边B超、X 光、生化和细菌等检查。相邻病床间距一般不小于 1.5m，应每床配备 1 台呼吸机，每床配备完善的功能设备带，提供氧气，压缩空气和负压吸引等功能支持。每床配备电源插座 12 个以上，氧气、压缩空气和负压吸引接口分别配备 2 个以上。每个 ICU 单元至少应有 1 台便携式呼吸机和监护仪，便于安全转运患者。监护室内应配置环境监测系统，如有条件应配置数字化背景音乐，可以针对不同的病人播放不同类型的音乐。重症监护室的灯光配置应注意病人的生物节律问题，既要考虑治疗的需要，又要考虑睡眠时的情况，尤其应避免相邻病人的相互干扰。

重症监护 ICU 室平面布置可参见图 3-4-16。

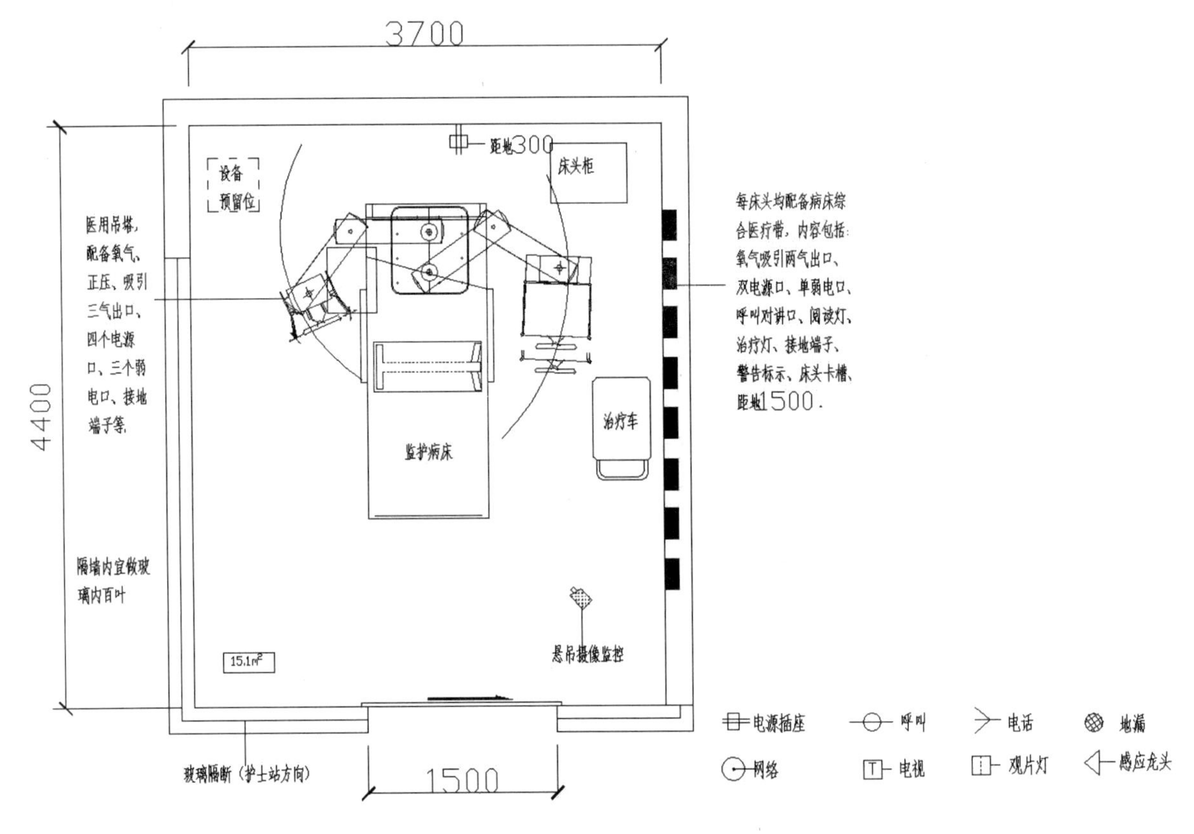

图 3-4-16 重症监护 ICU 室平面布置示意图

八、血液移植病室

血液移植病室对病房的洁净度要求高，需考虑适当的房间面积，建议在病房与前室或洁净内走廊之间设护理观察窗（也成为治疗观察前室或护理区），如图 3-4-17 所示。病房与护理观察窗之间采用透明玻璃隔断，在隔断上开设护理窗，病床设在护理窗旁边，医护人员打开该窗户即可对患者进行食品、药品及静脉点滴等日常护理，应将窗台设计得适当宽些，便于护士操作。房内对外的静压差不会有大的变化，减少医护人员进出洁净病房的次数，从而保证了房内的洁净度，减少了病人感染的可能性。

血液移植病室病房设计有以下注意事项：

（1）一般建筑结构高度 4.5m，满足层流设备安装要求，室内装修高度一般为 2.8m 左右；

（2）病房内地面材料一般选用整体无缝的柔性地材。墙面选材应用易清洁、抗菌、不产尘、不积尘、耐腐蚀、耐消毒药水擦洗，同时应隔音、耐撞，表面光滑平整，使用无缝处理。墙面建议选用电解钢板、PET 钢板、PET 医用洁净板、医用树脂板等材料，可以采用工厂预制，现场拼装，高度集成的模块化产品。墙顶地交角的地方，应采用圆弧过渡；

（3）洁净病房的装修色彩以浅色系或暖色调的颜色为宜，墙面和地面颜色以淡雅为主，不宜采用全白，也不宜太鲜艳，以使病人保持舒畅的情绪，有利于治疗和康复；材料除去色彩变化，还可以设计不同风格的图案，如将蓝天、白云或者花鸟鱼虫等自然元素融入墙面设计，通过这些图案设计，可以让病房更加贴近生活、贴近自然，病人的心情也会得到舒缓和放松；

（4）病房内需设对讲呼叫系统，方便患者、护士站、探视家属对讲联系。设置有线电视天线用户盒，室内设置电视机；为方便医护人员在护士站观察病房患者情况，建议在病房内设置监视摄像头；

（5）设置音乐扬声器和音量调节开关，有助于患者恢复健康，同时也可缓解医护人员的工作压力，提高工作效率；

（6）将病房室内噪声控制在 50db 以下，夜间以小于 45db 为宜，利于患者康复；

（7）病房内洗手盆建议采用感应自动水龙头或膝动或肘动开关水龙头，防止污水外溅。

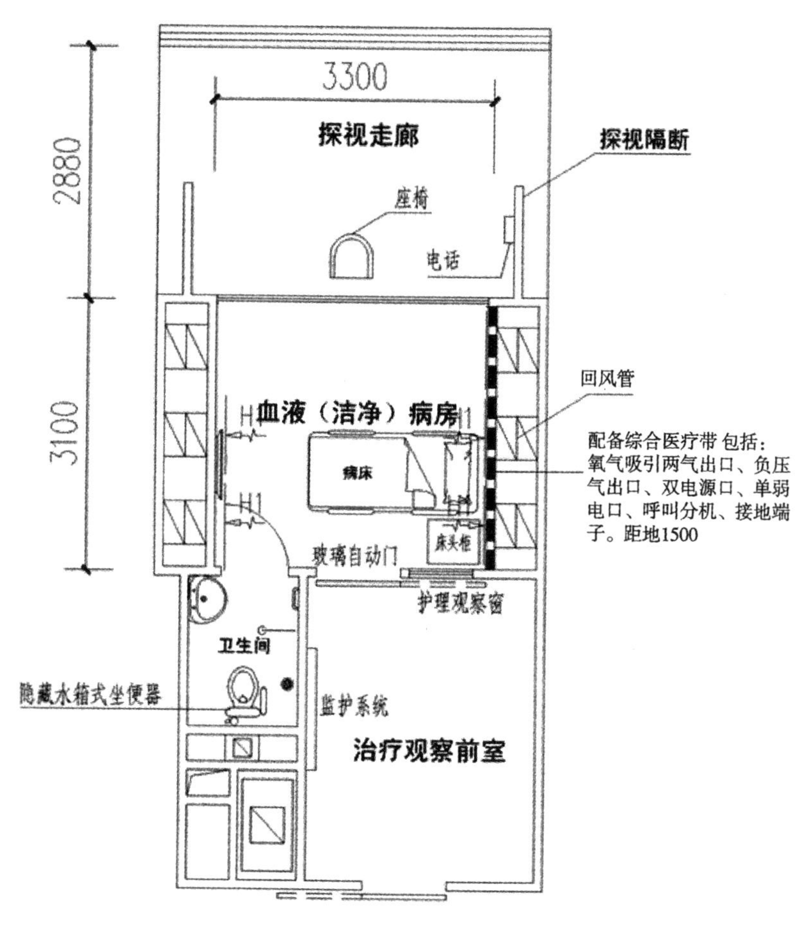

图 3-4-17 血液移植病室平面布置示意图

九、病房

病房长轴通常为 8.0~10.m，建议双人病房长轴不小于 7.0m，三人病房长轴为 9.0~10.0m。综合医院的设计规范中对病床的布置有最基本的要求，但随着人们生活水平的提高，在具体设计过程中应根据使用方需求做调整，创造更加舒适的环境。

（1）为保证室内采光，病床的排列应平行于采光窗墙面。病房的布局设计基于镜像的原理，在一个柱跨中间设置 2 个公用管井的卫生间，两侧为病房。

（2）病床单排一般不超过 3 床，特殊情况不得超过 4 床；双排一般不超过 6 床，特殊情况不得超过 8 床。平行二床的净距不应小于 0.80m，靠墙病床床沿与墙面的净距不应小于 0.60m。单排病床通道净宽不应小于 1.10m，双排病床（床端）通道净宽不应小于 1.40m，病房门应直接开向走道，不应通过其他用房进入病房。

（3）病房的大小允许在每个床边设置床边治疗和检查设备。病室设备带可采用多种形式，但须合理配置医用气体、电源插座、网络端口和病床边呼叫系统。

（4）病房可采用公用的电视，设置在房间的中央墙上，也可在每个病床前设置独立的电视或触摸屏服务系统。

（5）病房应根据病人数量合理配置橱柜和家具，一般每床单元配置一病床、一床头柜、一陪客椅、一围帘，同时在隔墙内配置一个橱柜。单人间和套间、母婴同室、LDRP病室家具和设施配置应满足不同的需求。

（6）病房灯光照明需注意以下几个因素：一是病人休息时，避免灯光眩目；二是病人之间的照明能够通过隔帘相互分开，并单独开关；三是夜间陪客活动时开灯对病人休息影响度最小；四是观察病人面色、舌苔、巩膜时颜色不失真；五是进行抢救治疗时能清楚地照射抢救治疗区域；六是节能；七是考虑夜间的夜灯；八是解决病人夜间卫生间常明灯问题；九是考虑卫生间灯的防水、亮度等问题。

（7）病房门一般净宽1.1m以上，多为1.3m左右的子母门或1.2m的单门。病房室内设计中的窗、墙应满足设计规范要求，在争取良好日照的同时，应防止室内眩光。要注意节能、通风、限位方式选择等问题。窗的选型一般采用上悬或下悬窗。

（8）病室卫生间空间不宜过于狭小；干湿最好分离；坐便器、浴室应设计各种助力装置；需设防水应急按钮；地漏的选择应适当放大，并选择P弯防臭、地漏直排；淋浴空间要有辅助设施，如病人坐凳等；洗手台、镜子、花洒的高度应符合规范；卫生间的排气通风设计、照明应满足需要。

（9）病室的内装在色彩选择上应温馨，儿童和妇产病室应富有特色。材料选择上，地面一般选择柔性地材，顶面采用石膏板或集成天花，墙面采用水性耐污涂料、全效抗菌耐污涂料或酚醛树脂板、高聚合板、医用洁净板等。

（一）标准病房（三人病房）

三人病房为经济型病房，病房需设置独立的卫浴，要求无障碍设计，洗浴盥洗间和卫生间彼此隔离。基本的配套家具应包括壁橱（储物和悬挂衣物）、床头柜、陪床椅，如图3-4-18所示。吊顶净高宜为2.6~3.0m。

（二）单人VIP病房

VIP病房（图3-4-19）意在为患者提供一个更加舒适的就医环境，除了普通的治疗病床外，通常会提供家属的休息、探视、陪护区域，可为单人间或套间。典型的病房被划为允许医务人员快速进入，同时允许家庭在窗口有一个单独的区域，这种病房设置方便家人参与病人护理。

十、产房、母婴室

（一）产房

每间普通产房的面积一般不小于25m^2（设计规范为4.2m×4.8m），内设有独立的洗手间，如图3-4-20所示；若设置为2张产床的分娩室，每张产床的使用面积不少于20m^2。产房的地面和墙壁的设计要求与手术室相同，地面建议采用柔性地材，墙面来用PET钢板、电解钢板、PET医用洁净板、高聚合板、彩钢板、无机预涂板等，顶面可采用墙面同款材料，也可采用铝板。如有可能，转角应做成圆弧，安全且便于打理。

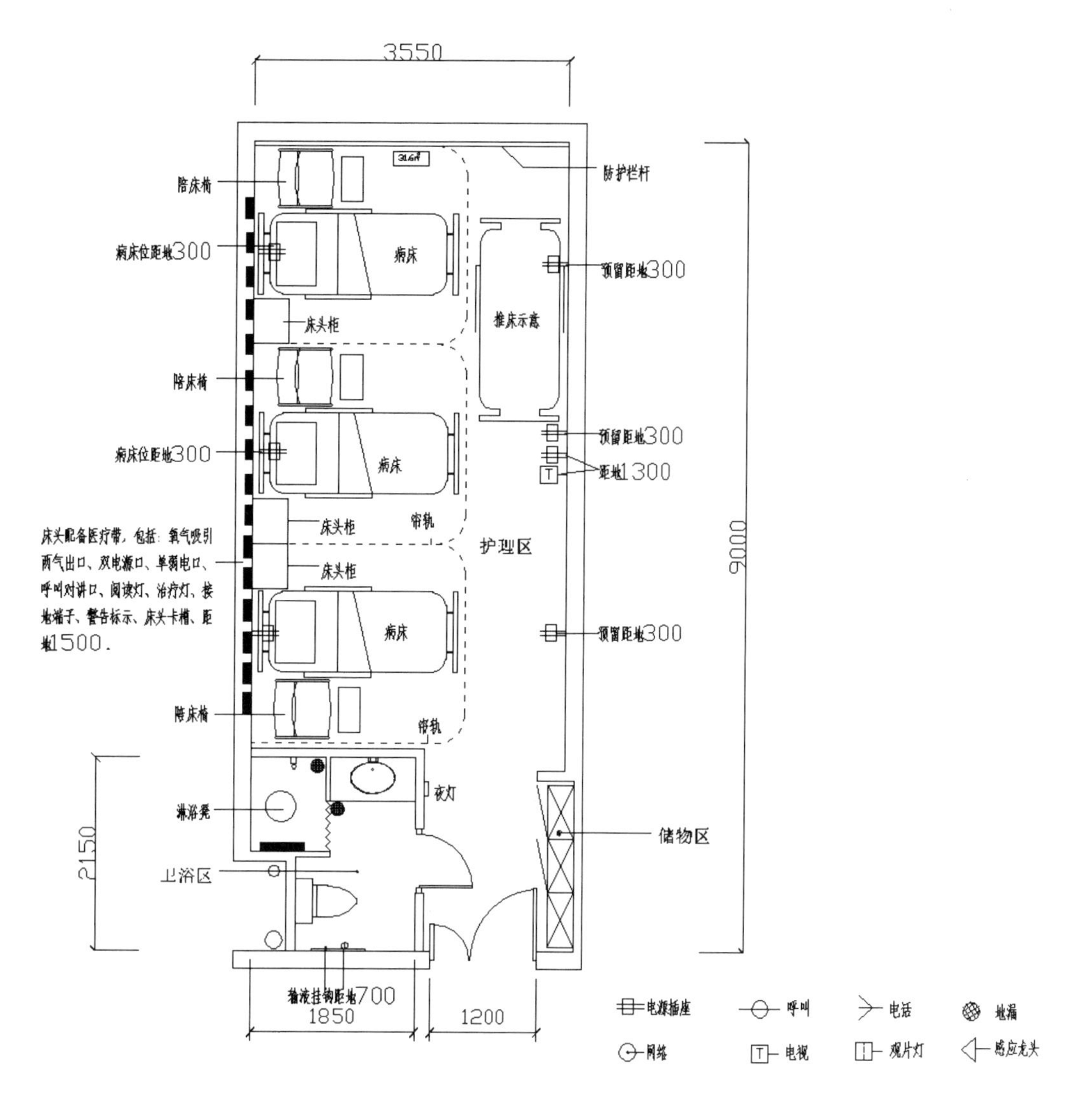

图 3-4-18 标准病房平面布置示意图

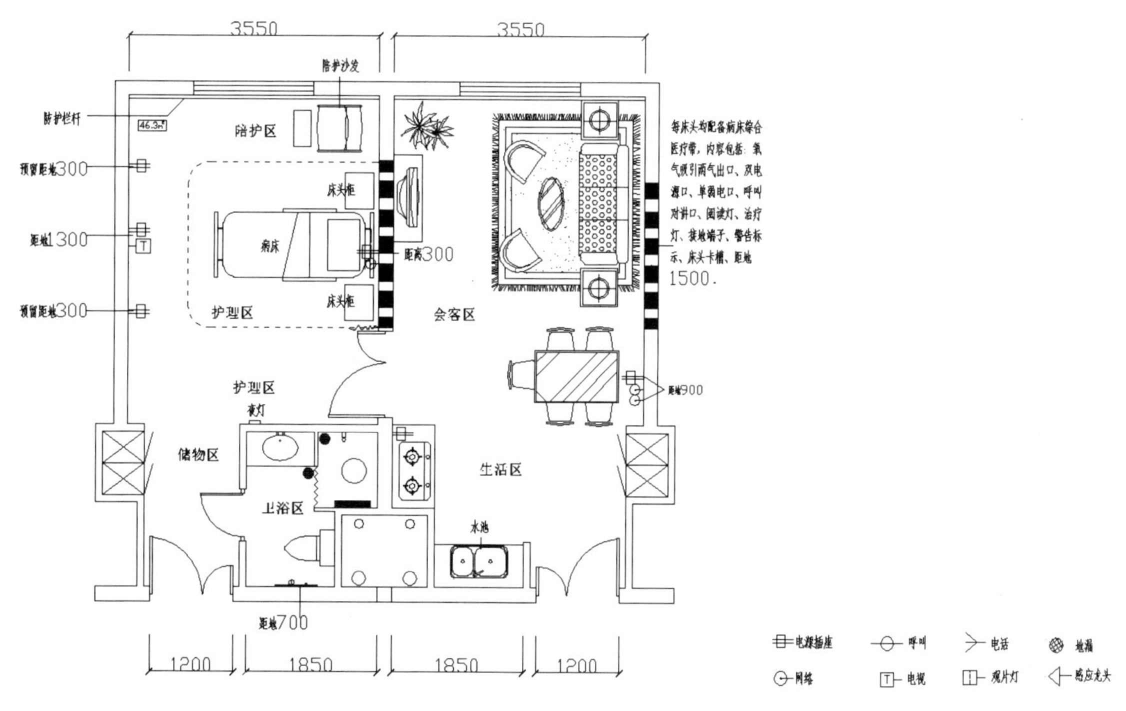

图 3-4-19 VIP 病房平面布置示意图

室内灯光系统应满足一般照明和分娩的特殊照明要求。产房室内应配置设备带，配置氧气、负压吸引和压缩空气终端，预留不少于 10 个电源插座，2 个网络终端。室内记录台区域，应预留 2 个网络终端。产房应有独立的冷热源，便于便捷控制，24 小时运行；空气处理应达到合理的温湿度，室温保持在 24~26℃，相对湿度为 55%~65%，应控制尘埃颗粒，一般不要求层流，但应满足必要的换气次数和合理的气流组织，每小时换气 6~10 次，采用新风空调系统，如有条件优先采用“全新风 + 热回收 + 静电除尘 + 高效过滤”的组合式通风系统。

产房室内设有无菌器械柜、无菌敷料柜、药品柜、手术器械台、新生儿抢救台、手术照明灯、婴儿磅秤、氧气设备、电动吸引器、中心吸引装置、多普勒胎心仪、紫外线灯、冰箱等。有条件的医院应设有胎心监护仪、心电监护仪、复苏装置。

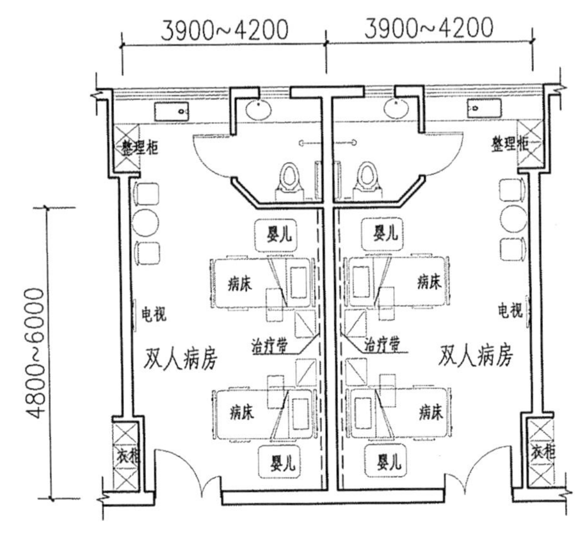

图 3-4-20 普通产房平面布置示意图

（二）隔离产房

除必要条件外，隔离产房的布局和设备应便于消毒隔离，不宜设在分娩区的中间位置。入室处备有专用的口罩、帽子、隔离衣及鞋等。进入门口处备有洗手的设置和手消毒液，并装有纱门，如图 3-4-21 所示。

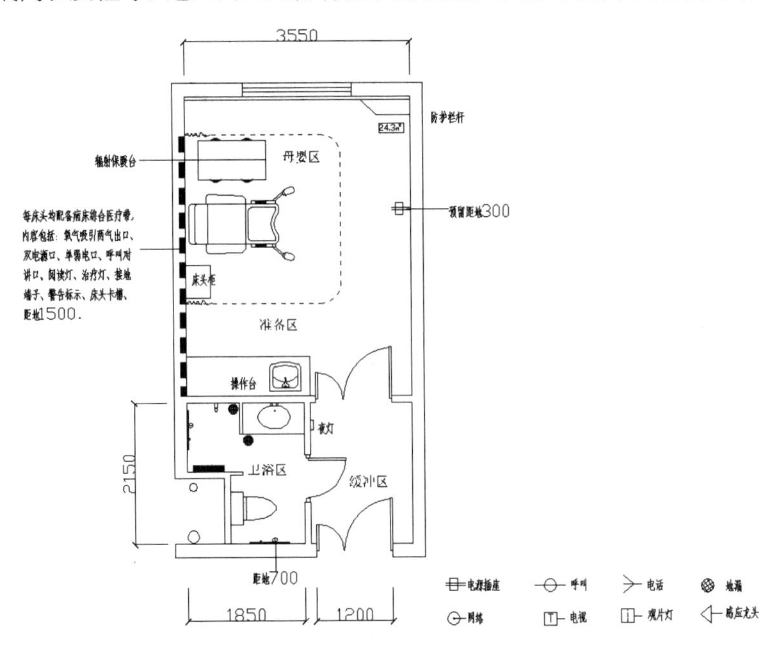

图 3-4-21 隔离产房平面布置示意图

（三）母婴室

母婴室应增设家属卫生通过，并与其他区域适当分隔。要求无障碍设计。基本的配套家具应包括病床、婴儿床、壁橱（储物和悬挂衣物）、床头柜等。吊顶净高宜为 2.6~3.0m。

母婴室平面布置可参见图 3-4-22。

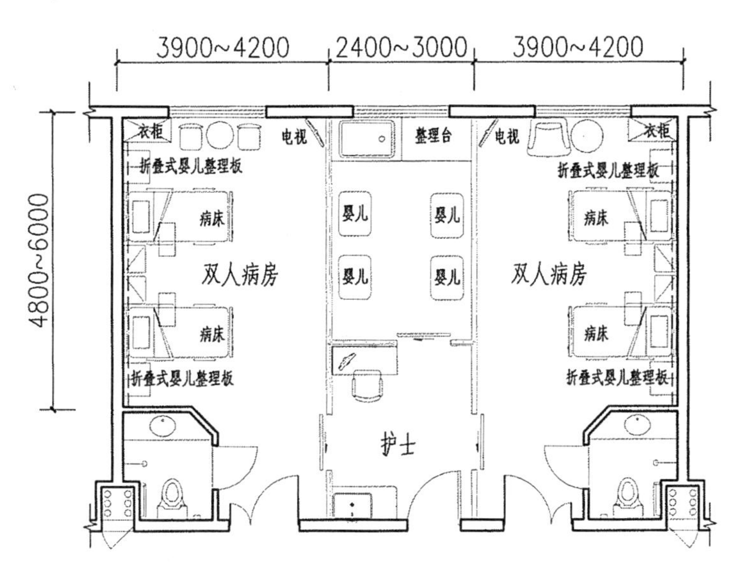

图 3-4-22 母婴室平面布置示意图

（四）产妇卫生间

产妇卫生间应以坐厕为宜，厕内布置应急呼叫设施和助力抓杆，如图 3-4-23 所示。

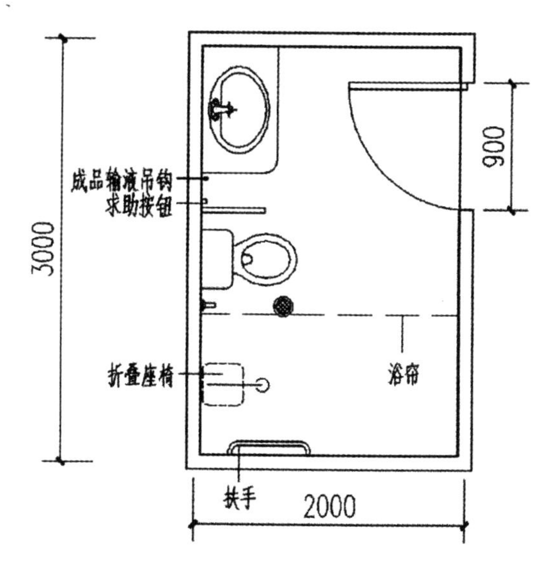

图 3-4-23 产妇卫生间平面布置示意图

十一、烧伤病房

烧伤病房根据病人的特殊性需配置能调节体位的病床或翻身床，每床配备床头柜、壁柜、立灯或床头灯、窗帘、输液天轨等基本设置，如图 3-4-24 所示。病房内应有空调设备、中心供氧和中心负压吸引管道，室温冬季控制在 30~36℃，夏季控制在 28~30℃。为保持病人局部温度，可配备红外线保温灯或自动调节高度的红外线温控器。应配置各种护架（包括各关节功能部位支架或护架）、红灯或对讲系统，以方便病人与医务人员之间的联系。病房区域内还需配备急救车、移动心电监护仪、功能康复训练床及训练器具、烧伤疤痕治疗仪等。

烧伤病房拟选用柔性地材，墙面拟选用PET医用洁净板、医用树脂板、抗倍特板、无机预涂板等板材，或者采用全效耐污抗菌涂料，墙角最好呈圆形，便于清洗消毒。每个房间应有2扇以上的窗户以便通风；门窗应能紧闭并能安置纱窗、纱门，装有空调等室温调节设备及空气净化装置，有条件的医院可设置层流病房。

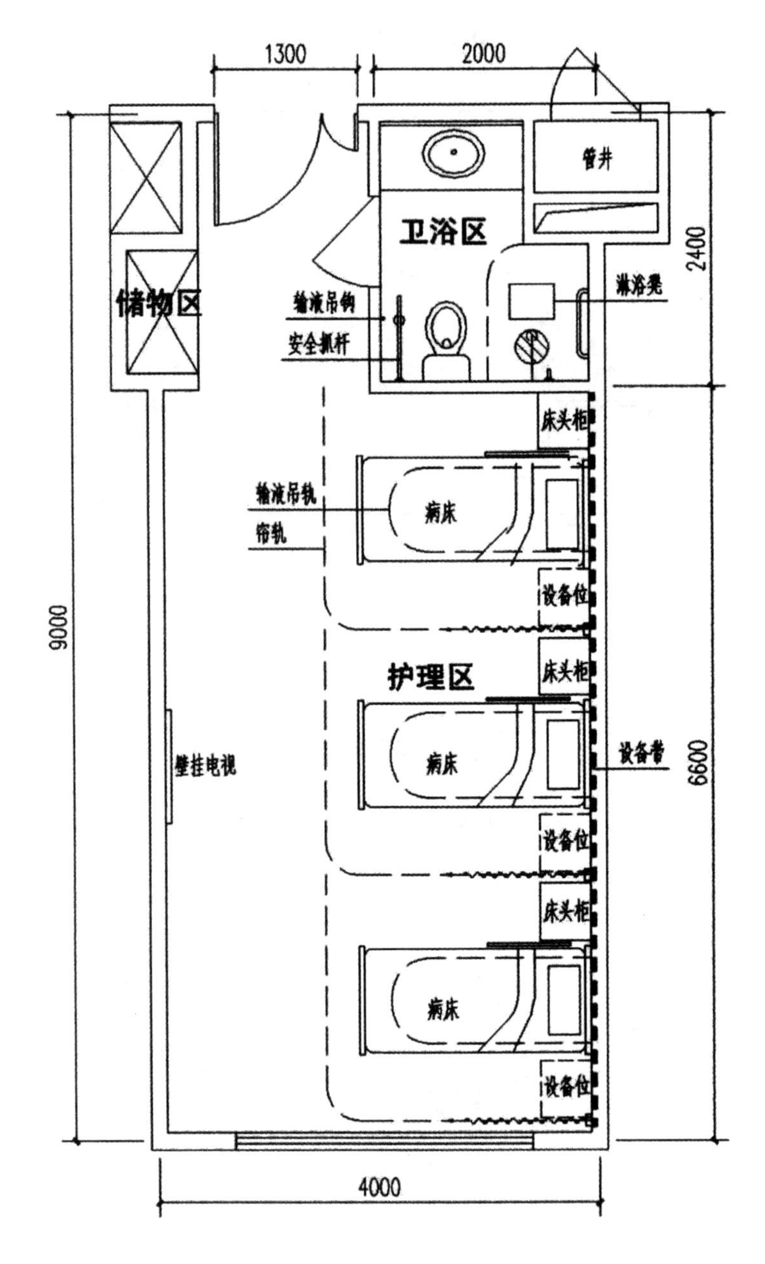

图 3-4-24 烧伤病房平面布置示意图

十二、传染隔离病房

传染隔离病房为预防交叉感染应单独建立，自成一栋建筑，与其他医院建筑物之间需设有25~30m的防护隔离距离及绿化带，如图3-4-25所示。传染隔离病房的位置应设在医院的下风向，地势较高、水位较低之处。20床以下的一般传染病房，宜设在病房楼的首层，并设专用出入口，但其上一层不得设置产科和儿科护理单元；20床以上或兼收性传染病者，必须单独建造，并与周围的建筑保持一定的距离。传染隔离病房区域内应考虑房间分隔与楼板分隔处的密封处理，避免不同区域的空间出现气流流通。由于病房外都有通廊，应考虑到间接采光的照度，采光面积应满足规范内病房采光面积的要求。内装材料应选择易清洁抗菌的材料，如全效抗菌耐污涂料、医用洁净板、抗倍特板、无机预涂板、医用树脂板等。

为防止交叉感染，疑似病房、观察病房必须采用单床布置；确诊病房可采用双床布置。病房卫生间尽可能布置于病房内靠污染廊一侧，病房小环境内的空气流向也是由清洁一侧流向污染一侧，医护人员的活动区域应位于病人的上风向位置。在双床布置的病房，两床之间应有足够的距离，病房设计应充分考虑病人由于对疾病恐惧和隔离治疗而产生的特殊心理，病房除了具有良好的采光和通风条件，还应具有较好的视野、温馨的室内设计、方便与外界沟通的可视对讲系统等，尽可能地消除病人的孤独和恐惧心理，增强战胜疾病的信心和勇气。

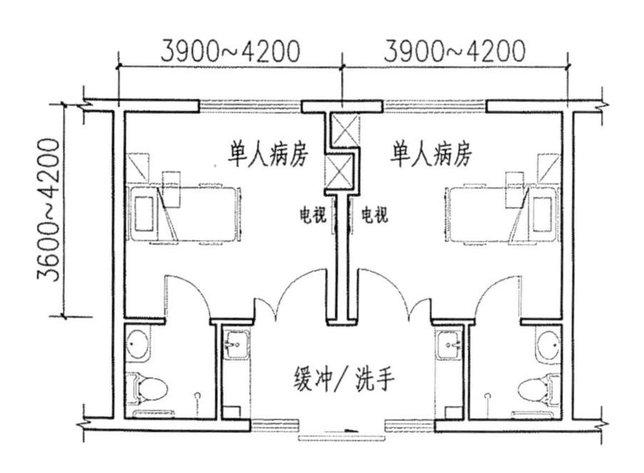

图 3-4-25 传染隔离病房平面布置示意图

十三、治疗室、抢救室、处置室

（一）治疗室

病室护士站附近设护理治疗室，面积一般在 15~25m²，兼做配药室，部分医院独立设计配药室。在治疗室设计中，橱柜设计要合理，如果没有输液中心配置，应配置生物安全柜（肿瘤病区的生物安全柜属于必备设备，主要为了减少药物对护士的职业损害）。治疗室水池采用非接触龙头，附近应配置烘干机、紧急洗眼器、擦手纸等。操作台面上距地 1.3m 处建议设置 2 组以上电源插座。还要考虑冰箱、智能化药械柜等设施的位置。灯光应保证足够照度，同时配置空气消毒机。选用易打理、易消毒的内装材料，如全效抗菌耐污涂料、内墙砖、无机板材、集成铝板吊顶等。

治疗室平面布置如图 3-4-26 所示。

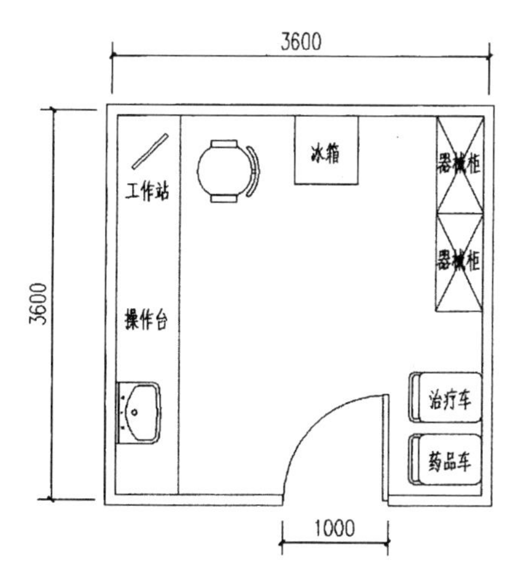

图 3-4 26 治疗室平面布置示意图

（二）抢救室

抢救室一般设置在急诊区和病房区护士站的对面，便于护士观察和及时护理。抢救室面积一般比普通病房大，通常为单人间或双人间，如图 3-4-27 所示，以方便抢救工作的开展和留有容纳仪器设备的空间。

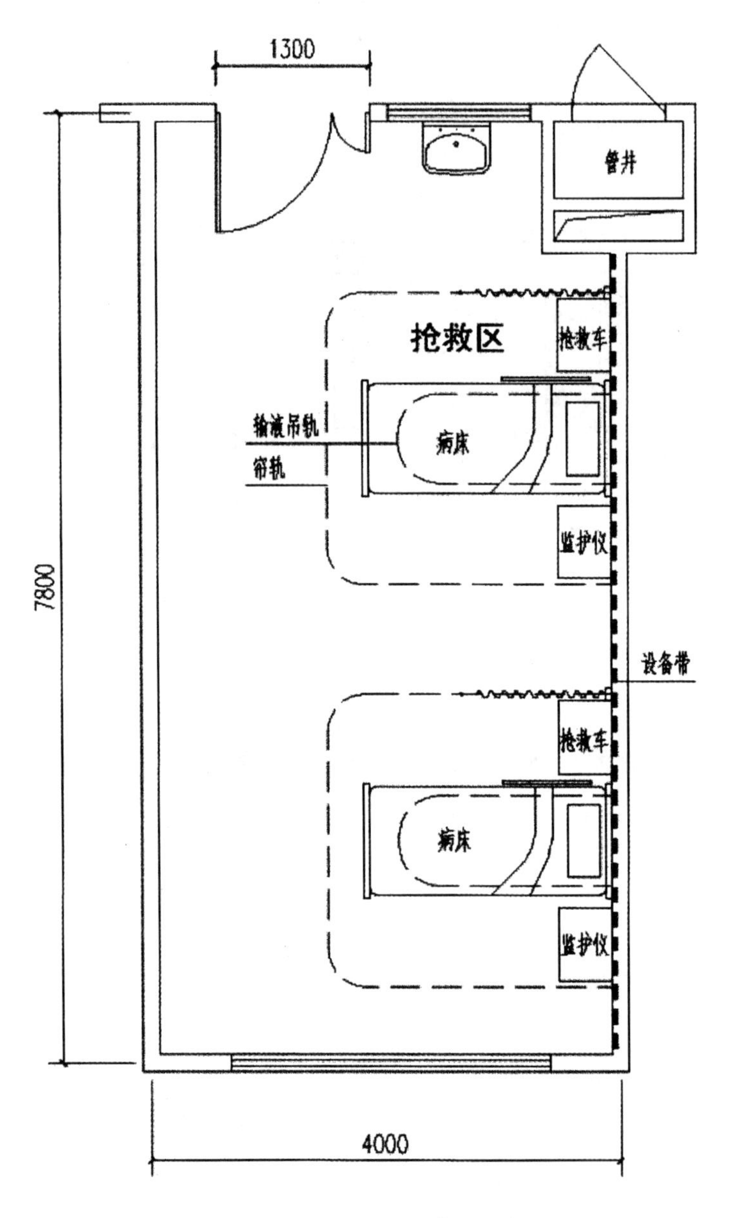

图 3-4-27 抢救室平面布置示意图

（三）处置室

处置室通常设在护理治疗室和专科换药室之间，相对划分污染区、中污染区，主要用于存放和中转病区污染物品、消毒处置部分用品的主要场所，也是医院感染管理的重要环节，如图 3-4-28 所示。处置室可在靠治疗室的一侧放置各类污物筒或在隔墙上设置投递窗口，将使用过的一次性针筒、剪断的输液管、废血袋、换药的污纱布、棉球等分别放入各个筒内，处置室的另一侧分别放置换药用物、口腔护理用物、雾化吸入导管等初步消毒的浸泡桶。这样，既保持了治疗室、换药室的整洁，又符合医用垃圾分类原则。处置室应注意室内通风，需配置空气消毒机，通风系统应注意换气次数和风的流向。室内装饰建议选用易打理、易消毒的内装材料，如全效抗菌耐污涂料、内墙砖、无机板材、集成铝板吊顶等。

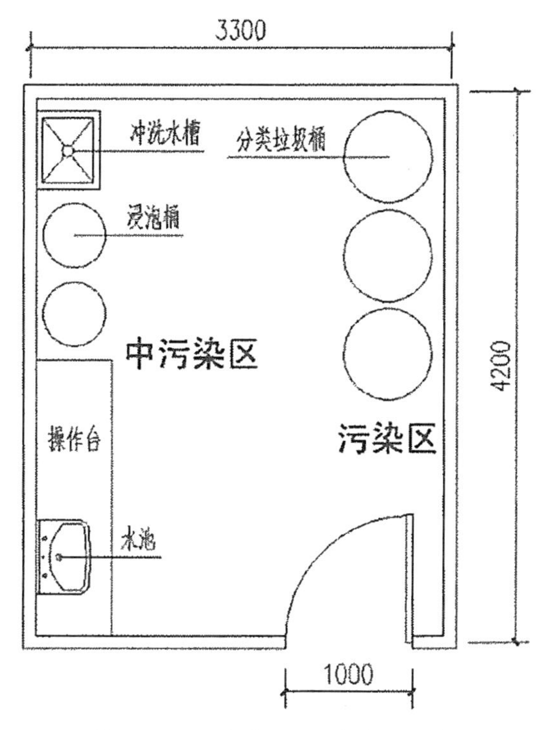

图 3-4-28 处置室平面布置示意图

十四、保洁室、值班室

（一）保洁室

保洁室房间面积建议不小于 $6m^2$，主要可用于功能区域存放卫生清洗、保洁用品，如图 3-4-29 所示，主要采用紫外线消毒或采取其他消毒方式。保洁室同时是保洁人员值班、交接、休息的场所，房间内需设水池、开放式储物柜、储物架等，地面、台面用材建议选用耐擦洗、耐消毒剂、耐腐蚀的材料。

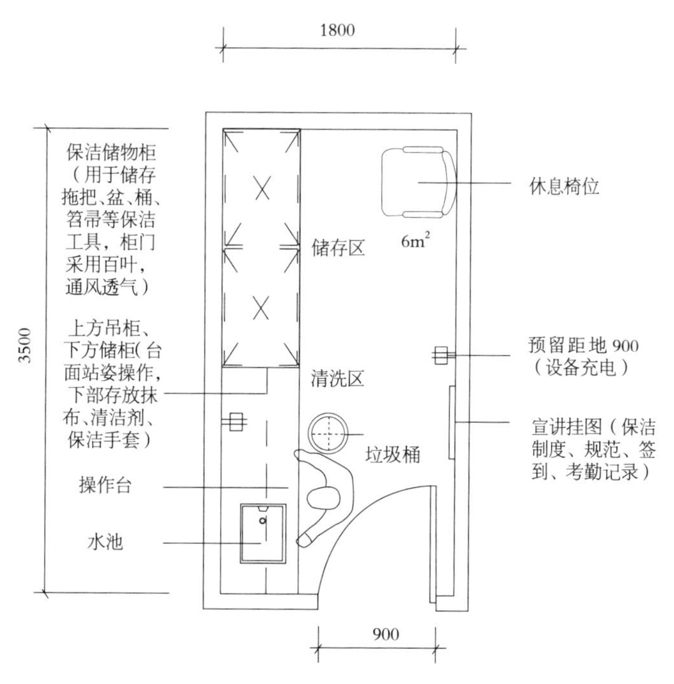

图 3-4-29 保洁室平面布置示意图

（二）值班室

医护值班室是医护人员值班休息时使用的的功能房间，如图 3-4-30 所示。室内最好放 2 张床，可考虑双层床。应设置存放被褥寝具的多格储柜，便于倒班的医护人员各自存放寝具。房间家具布置考虑空间使用效率、最大化外窗等人性化需求。

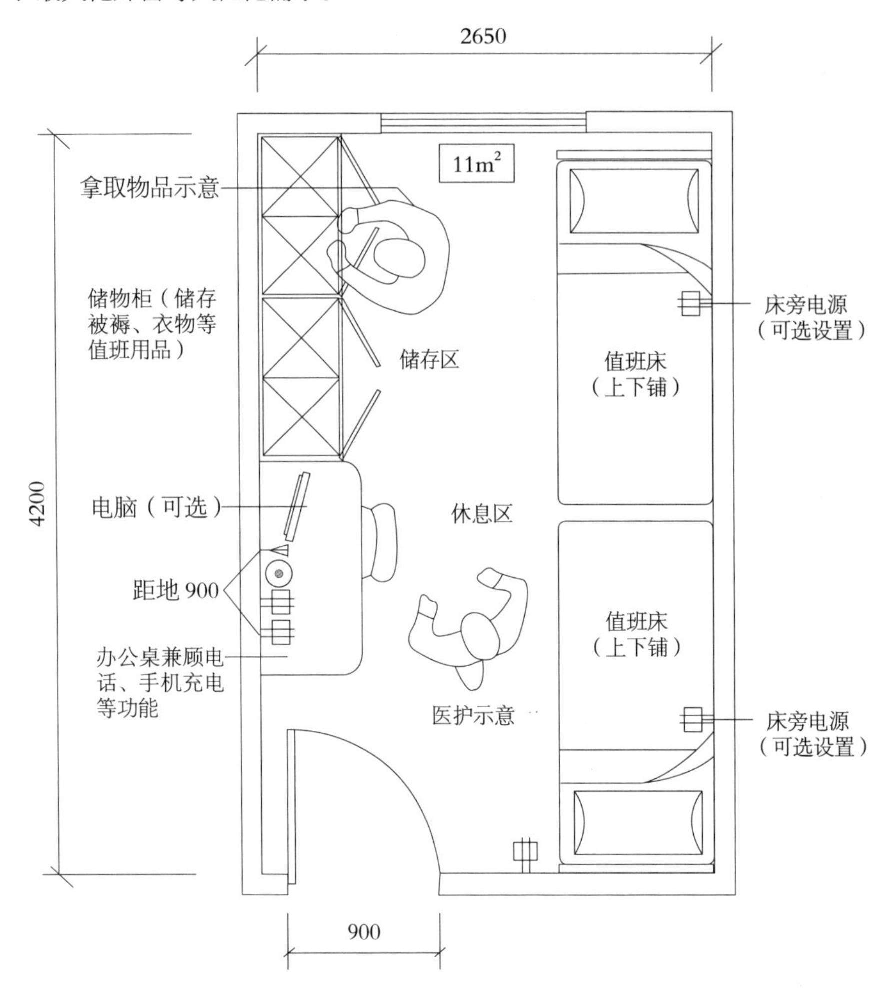

图 3-4-30 值班室平面布置示意图

第五节 医院常用房间家具配置设计

一、标准诊室

（1）诊室标准配置为一桌三椅，即诊桌、医生座椅、患者座椅、助手桌椅，如图 3-4-31 所示；

（2）诊桌造型建议使用 T 形诊桌，满足工作站、打印机、观片灯、扫码器、检查耗材的需要；

（3）门诊诊室门侧位建议安装 LED 屏配合房间号和导引，含叫号系统、坐诊医生信息，配合候诊空间使用。

标准诊室家具配置清单（2700mm×4100mm 宽 × 进深）		
家具名称	数量	备注
诊桌	1	T 形桌，宜圆角
诊查床	1	—
脚凳	1	—
诊椅	1	可升降
圆凳	2	—
衣架	2	—
帘轨	1	L 形
洗手盆	1	洗手液、纸巾盒
垃圾桶	1	—

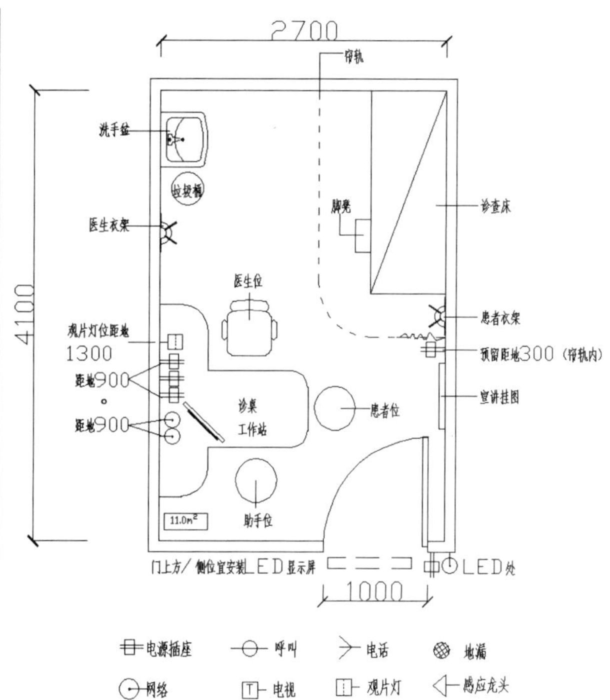

图 3-4-31 标准诊室家具布置图

二、耳鼻喉科室

（1）耳鼻喉科诊室分为分析区与诊查区，诊查区是使用专用设备对患者进行问诊、检查的区域，需设置患者检查座椅、耳鼻喉综合治疗台、可移动内镜等；分析区是医生对检查结果分析的区域，如图 3-4-32 所示；

（2）为方便医生分析检查结果并书写报告，需设置医生座椅、医生工作站、器械药品柜、整理台等，整理台可用于物品的临时存放。

耳鼻喉科诊室家具配置清单（2700mm×4100mm 宽 × 进深）		
家具名称	数量	备注
诊桌	1	宜圆角
诊椅	1	可升降带靠背
储物药品柜	1	—
座椅	1	—
衣架	2	—
整理台	1	—
洗手盆	1	洗手液、纸巾盒
垃圾桶	1	—

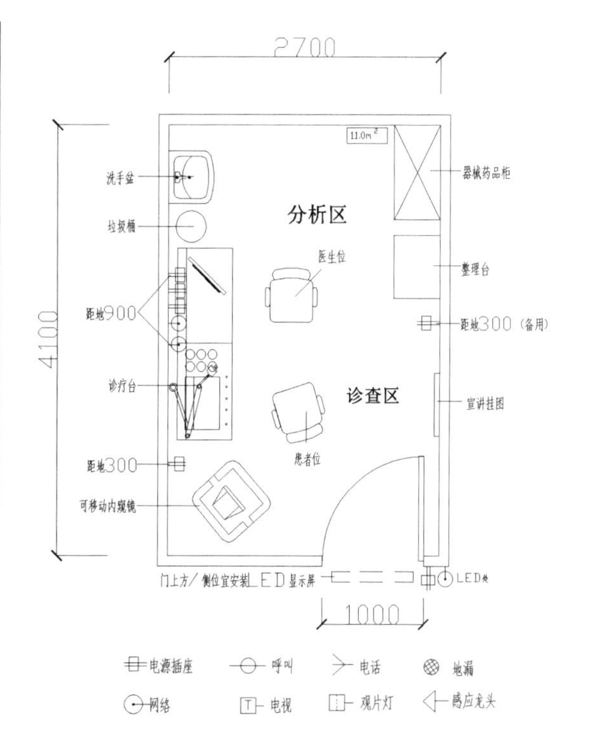

图 3-4-32 耳鼻喉科室家具布置图

三、妇科诊室

（1）妇科诊室分为诊问区与检查区，两个区域需设置隔帘，检查操作中保护患者隐私；

（2）检查区需配置检查床、治疗车、洗手盆等，由于妇科检查较多，需要留存标本、应设置样本台，用于标本留存，如图 3-4-33 所示。

妇科诊室家具配置清单（2700mm × 5000mm 宽 × 进深）		
家具名称	数量	备注
诊桌	1	T 形桌，宜圆角
诊查床	1	—
脚凳	1	—
诊椅	1	可升降
圆凳	2	—
衣架	2	—
帘轨	1	L 形
洗手盆	1	洗手液、纸巾盒
垃圾桶	1	—

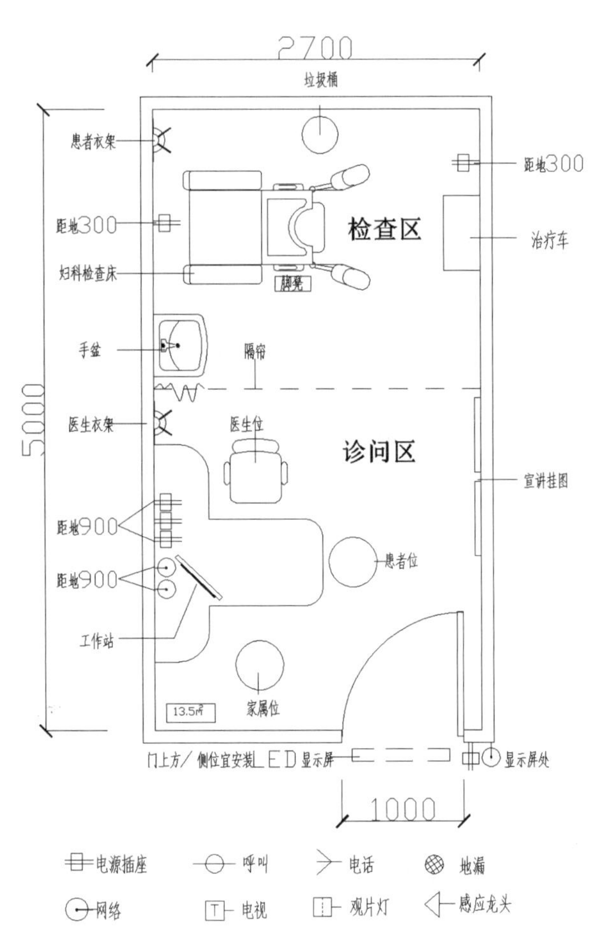

图 3-4-33 妇科诊室家具布置图

四、口腔科诊室

（1）口腔科诊室主要有操作区、工作区以及辅助区。操作区需配置综合治疗牙椅 1 台，设置医生位、护士位。牙椅头侧应背对入口，面向自然光方向摆放，如图 3-4-34 所示。

（2）工作区进行物品准备、病历录入等工作。辅助区需设置操作台、医生工作站、水池等。

五、分诊候诊单元（一次候诊、二次候诊单元）

（1）候诊区座椅数量需根据医院高峰期门诊量、诊室数量、家属陪伴系数以及就诊时间等进行测算。建议利用诊室外侧走廊做二次候诊空间时，单侧候诊走道净宽不超过 2.4m，两侧候诊走道净宽不应小于 3.0m，如图 3-4-35 所示。

（2）分诊候诊单元需设护士站，护士站建议采用高低台形式。

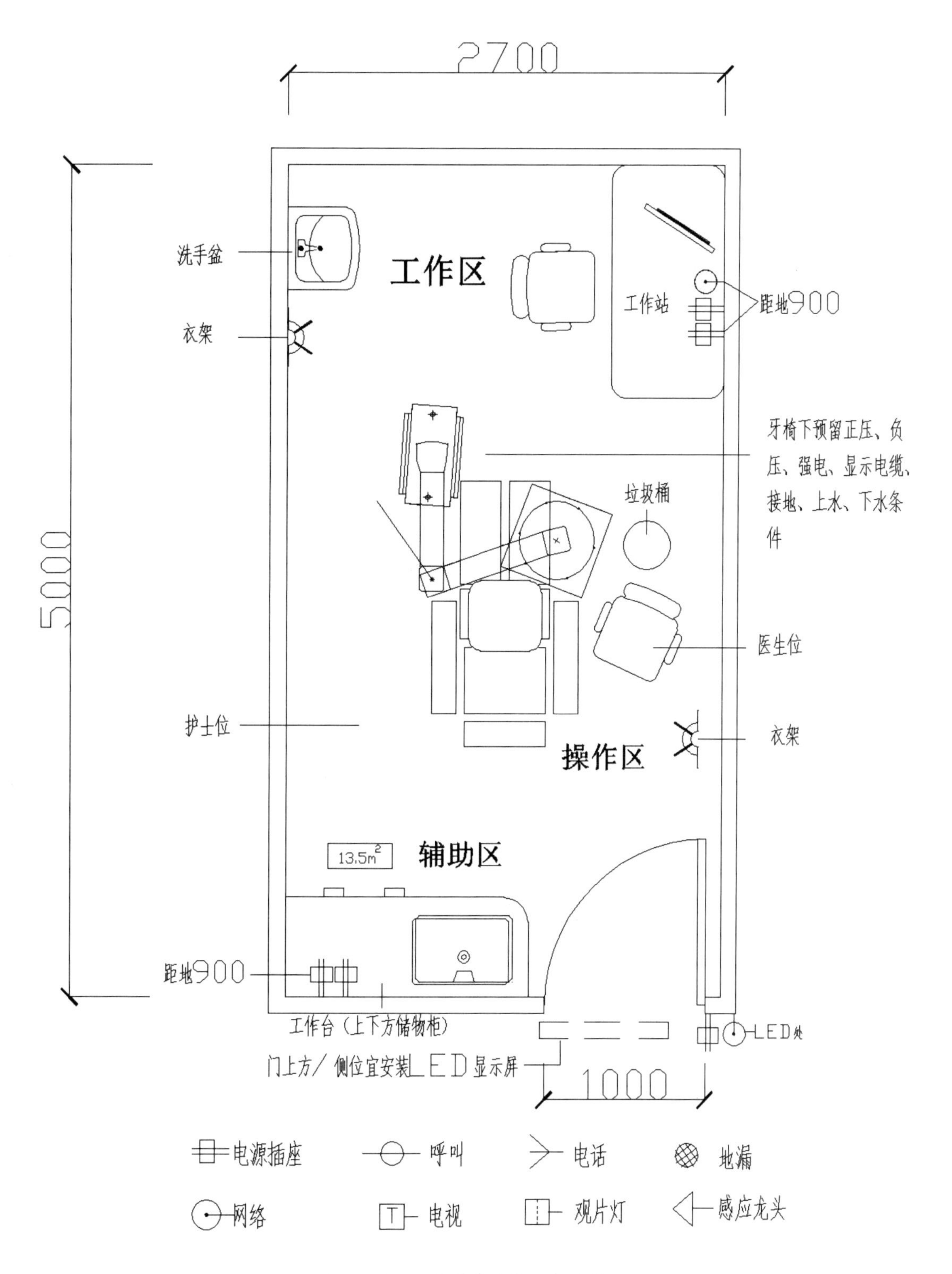

图 3-4-34 口腔科诊室家具布置图

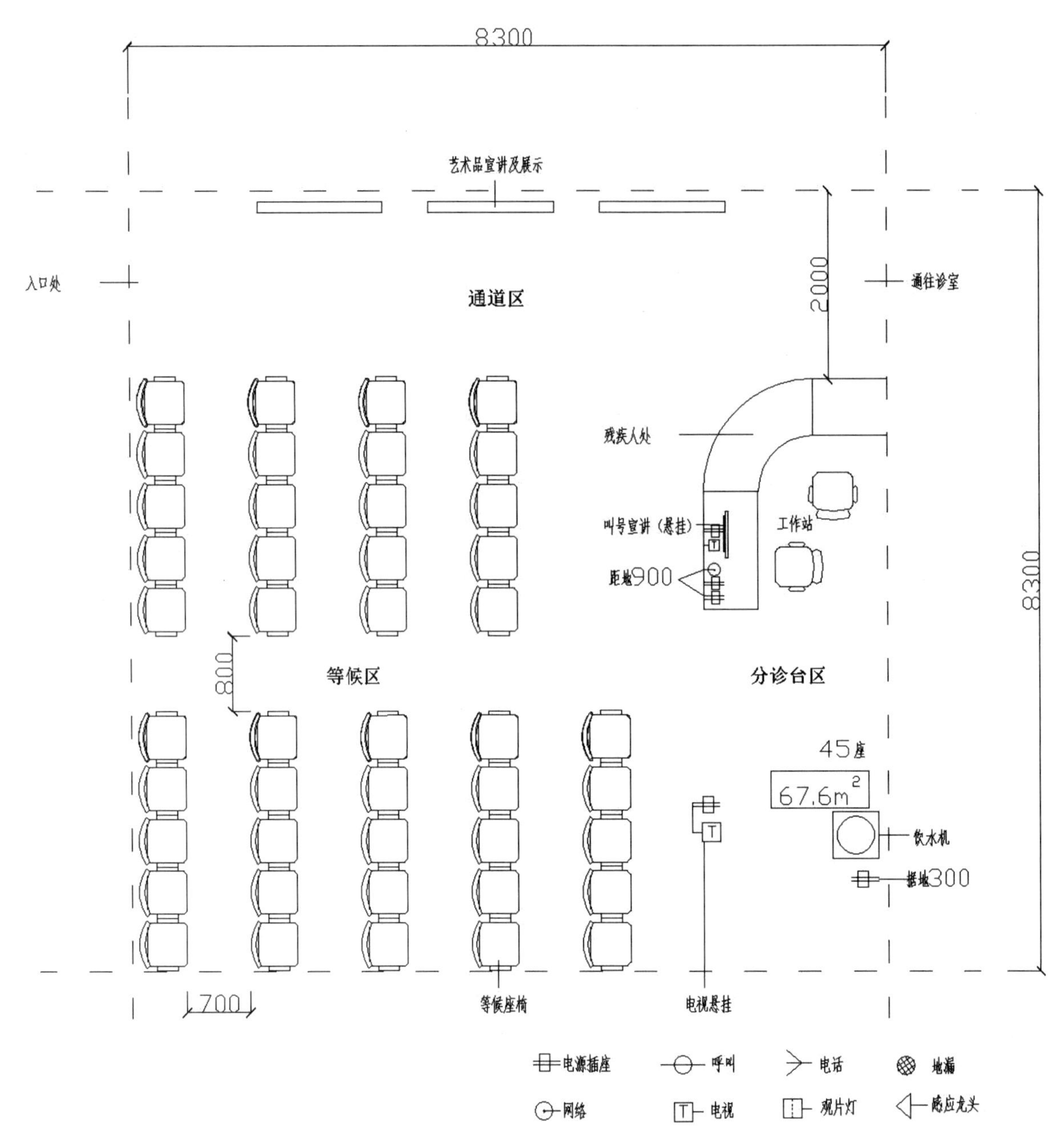

图 3-4-35 分诊候诊单元家具布置图

六、收费挂号单元

（1）收费挂号单元的工作位建议采用侧向窗口设计，增加了工作台面的使用空间，方便电脑、打印机、点钞机等物品摆放，如图 3-4-36 所示。同时缩短了工作人员和窗口的距离，便于钱款、票据的传递。

（2）窗口台面距地建议 1.1m 高，需考虑使用轮椅的患者，应设置无障碍收费窗口。

七、注射室

（1）准备区护士需进行处方核对、药液配置及用物准备的区域，应设护士工作站、配置台、洗手盆，设置时钟计时，如图 3-4-37 所示。护士接受药品和处方后在配置台上进行药液配置。配置台上方及下方设储物柜。

（2）注射区需设置注射用椅和治疗床。皮试注射在座椅上完成，肌肉注射需在治疗床上进行。该区域需设置隔帘以保护患者隐私。治疗床区域需设置设备带，包括正负压和氧气，以确保患者出现过敏反应能得到及时处理。

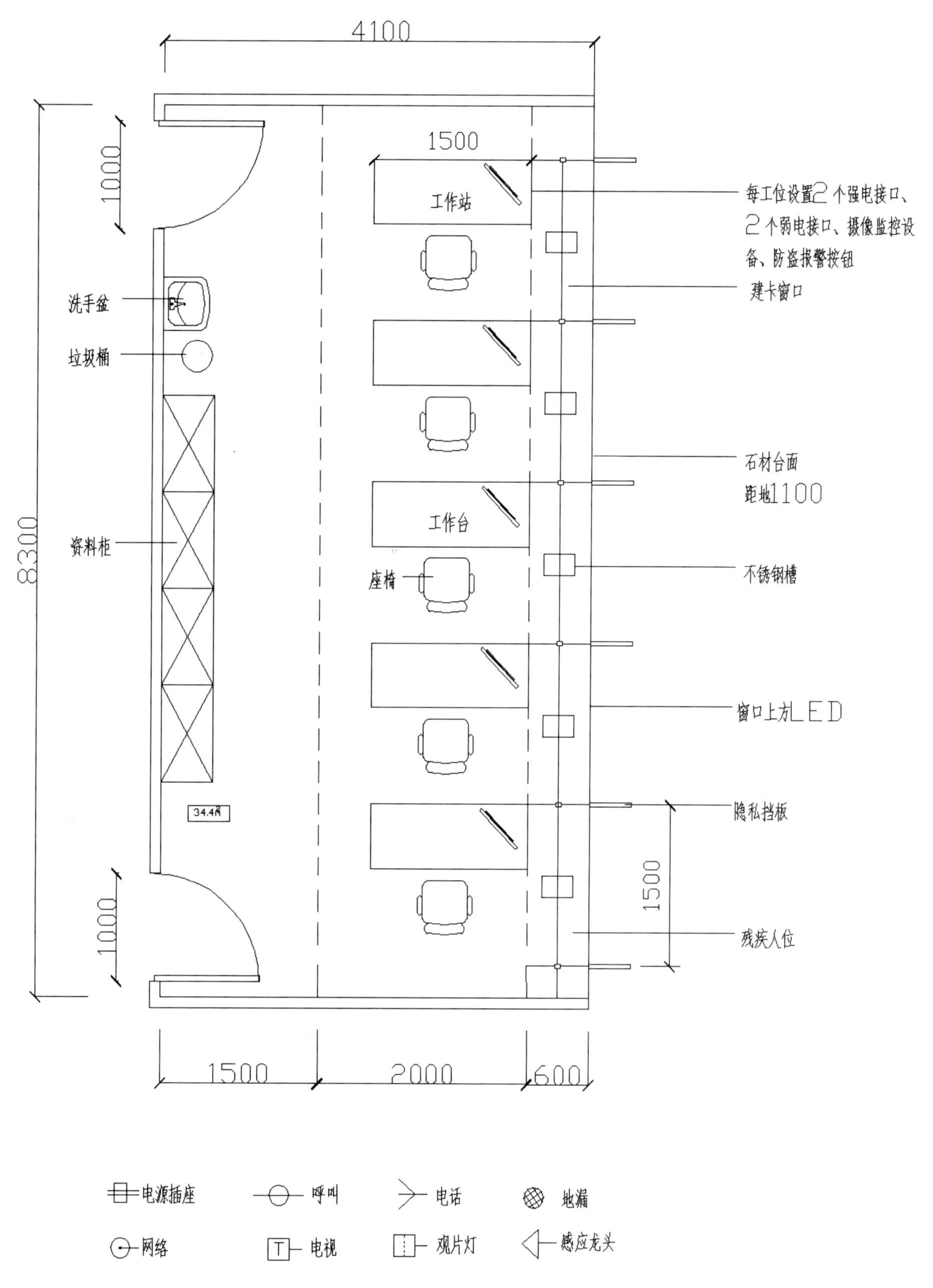

图 3-4-36 收费挂号单元家具布置图

（3）观察等候区是患者皮试期间及注射后休息、等候的区域，设置座椅、电视、饮水机、相关知识的宣讲挂图。

注射室家具配置清单（4100mm×5000mm 宽 × 进深）		
家具名称	数量	备注
治疗床	1	宜安装一次性床垫卷纸筒
患者座椅	1	肌注用座椅，可升降
帘轨	1	直线型
衣架	1	—
洗手盆	1	洗手液、纸巾盒
垃圾桶	2	垃圾分类
配剂台	1	—
座椅	10	等候区

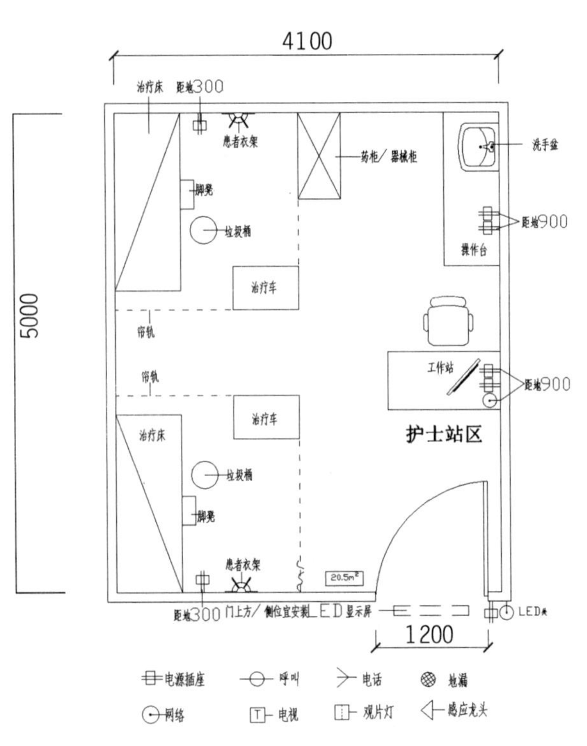

图 3-4-37 注射室家具布置图

八、联合会诊室

（1）会诊讨论区需设置会议桌椅，满足会议、示教、远程会诊等的使用需求。设置电话、投影、会议摄像等强弱电接口。

（2）多媒体设备包括投影、电视，满足会诊、授课、远程会诊等的使用需求。另一侧设置白板、观片灯。

（3）设置吧台及储物柜。配备饮水机，储物柜可存放书籍资料。

（4）入口设置门禁，防止无关人员进入，确保重要文件和设备的安全。

联合会诊室家具配置清单（5400mm×4100mm 宽 × 进深）		
家具名称	数量	备注
储物柜	1	—
座椅	20	—
会议桌	1	—
洗手盆	1	洗手液、纸巾盒
白板	1	—

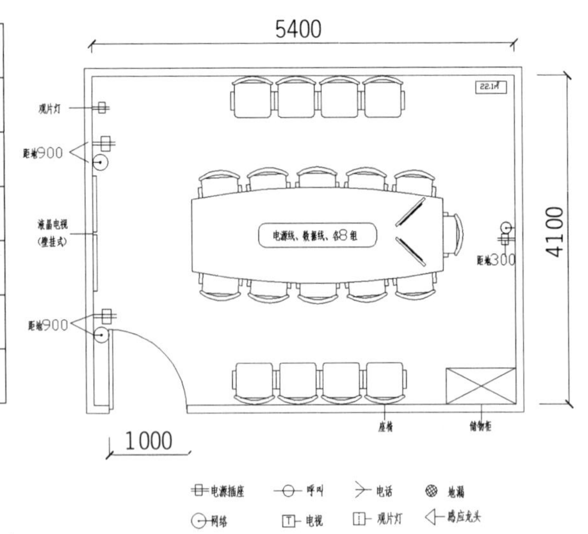

图 3-4-38 联合会诊室家具布置图

九、输液室

（1）输液室包括配剂室（图 3-4-39）和输液大厅（图 3-4-40）。配剂室应设置收发药窗口、配剂台、耗材柜，可根据情况设置输液传递轨道，用于传递输液药品。此外，应另设过渡区，配置洗手盆、洁衣柜、污衣柜。

（2）输液大厅需设置输液座椅和护士站，应注意座椅间间距，方便护士操作及治疗车通过，并面向护士站设置，便于监护。为缓解患者输液等候及输液中的不良情绪，可在输液区设置电视。座椅扶手处可设置呼叫器。

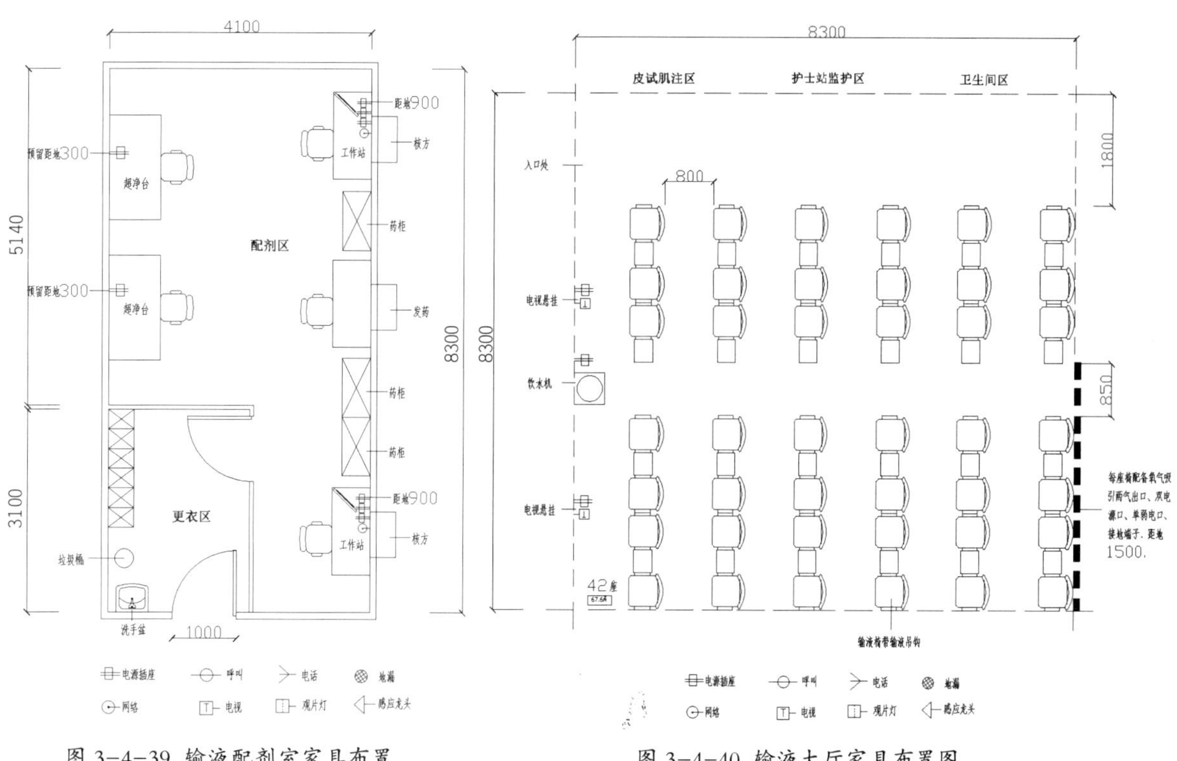

图 3-4-39 输液配剂室家具布置

图 3-4-40 输液大厅家具布置图

输液配剂室与输液大厅家具配置清单		
家具名称	数量	备注
座椅	42	输液椅
治疗车	4	—
护士站	1	—
洗手盆	1	洗手液、纸巾盒
儿童穿刺台	2	—
垃圾桶	4	感应式污物柜
配剂台	2	超净台
输液传递导轨	1	—
污衣柜、洁衣柜	4	各 2 个

十、清创室

（1）清创室除操作区外还应单独设置准备区，操作区应配置无影灯、手术床、托盘架、治疗车或移动清创车等，如图 3-4-41 所示，准备区主要用于刷手、更衣等准备工作。

（2）应设置清洁储物区，用于存放无菌物品及医疗耗材等。储物区可使用整体柜的功能模块组合，实现功能划分，下方操作台也可供护士进行用物准备。

（3）注意垃圾分类管理，设置感应式污物柜。

（4）需设置刷手池、感应式水龙头、储物柜（存放医疗器械与小型医疗设备等物品）满足操作辅助需求。

清创室家具配置清单（5000mm×5300mm 宽 × 进深）		
家具名称	数量	备注
手术床	1	—
治疗车	1	—
移动清创车	1	—
洗手盆	1	洗手液、纸巾盒
托盘架	1	—
垃圾桶	2	感应式污物柜
操作台	1	—
刷手池	1	—

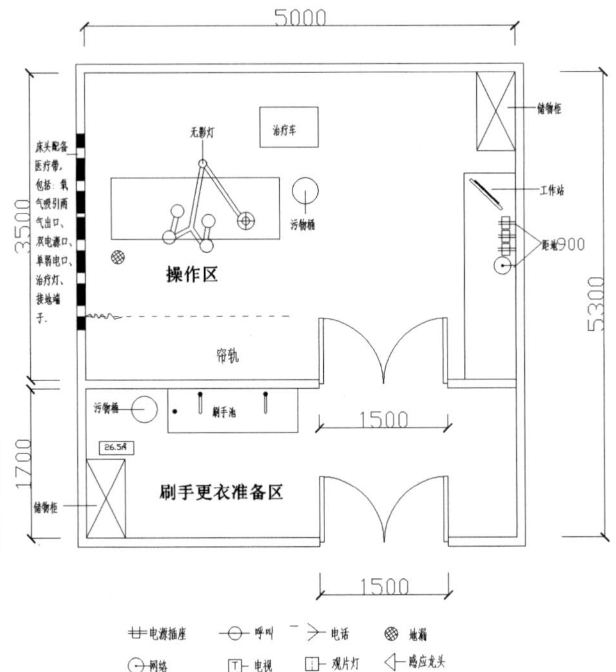

图 3-4-41 清创室家具布置图

十一、标准病房（三人病房）

（1）病房基本配置包括综合治疗带、病床、床头柜、陪床椅、帘轨，如图 3-4-42 所示，两床之间可设置矮墙隔板，每床位空间相对独立。

（2）病房内需设置储物柜存放患者和家属衣物；建议卫浴区卫生间和淋浴间干湿分离设置，洁净卫生、方便实用。卫浴区建议设置无障碍设施，如安全扶手、呼叫器、输液挂钩等，入口宽度应确保轮椅能进出。淋浴间应设置安全扶手、呼叫器、翻板淋浴凳（固定在墙面），地面铺设防滑垫。

（3）病房前室位置建议设置洗手盆与感应式龙头，方便医护人员治疗前后洗手。

十二、单人病房

（1）单人病房保持室内宽敞安静，需设置休息沙发、座椅等，桌角等尖锐区建议加装保护垫，并注意电源、电线等不要外露，如图 3-4-43 所示。

（2）病房护理区域可通过可移式隔墙与休息区域分隔开，应设置病床、设备带、陪护椅、床头柜、移动式餐桌、帘轨。

（3）建议设置无障碍卫浴区，如安全扶手、呼叫器、翻板淋浴凳、输液挂钩等，地面铺设防滑垫。入口宽度应确保轮椅能进出。

十三、感染科病房

（1）感染科病房的平面一般分为清洁区、污染区和半污染物区，病房通道分为医务人员通道和患者通道，如图 3-4-44 所示。

（2）医务人员经医务人员通道进入半污染区（病房走廊）及清洁区（办公室），按防护要求更衣后方可进入污染区。诊疗活动结束后需脱去污染的防护用品并洗手后方可离开。因此，需设置过渡区形成缓冲室。需设置洁衣柜、污衣柜、洗手盆（感应式水龙头）。

标准病房家具配置清单（3550mm × 9000mm 宽 × 进深）		
家具名称	数量	备注
病床	3	—
床头柜	3	—
输液吊柜	3	U 形轨道
陪床椅	3	—
卫厕浴	1	洗手台盆、坐便器、淋浴器
储物柜	3	床旁
帘轨	3	—

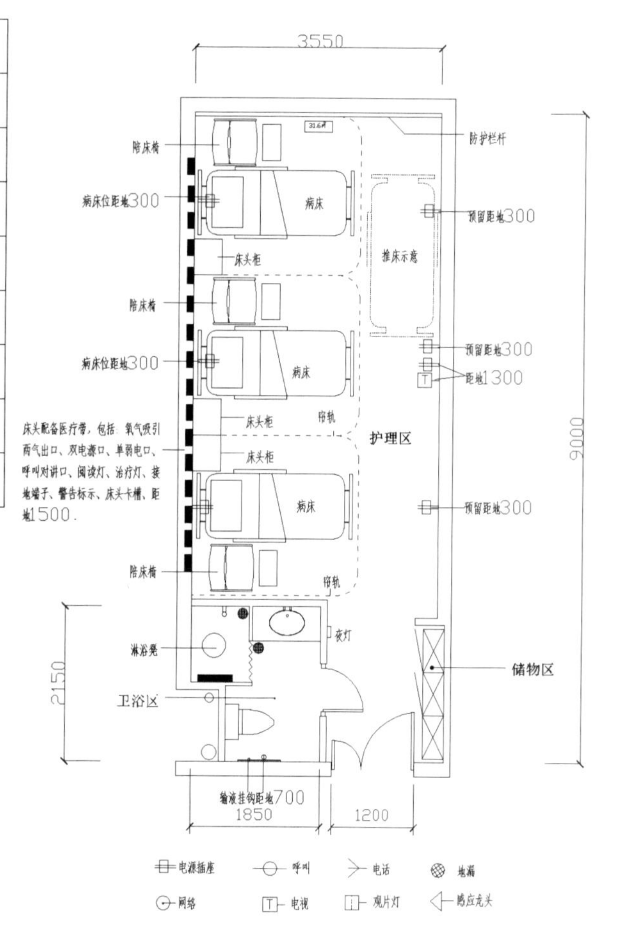

图 3-4-42 标准病房（三人病房）家具布置图

单人病房家具配置清单（3550mm × 6800mm 宽 × 进深）		
家具名称	数量	备注
病床	1	—
床头柜	2	—
输液吊柜	1	U 形轨道
患者移动天轨	1	—
陪床椅	1	—
写字台	2	—
卫厕浴	1	洗手台盆、坐便器、淋浴器
沙发、茶几	1	1 套
整体柜	2 组	—
轻质隔断	1	直线形

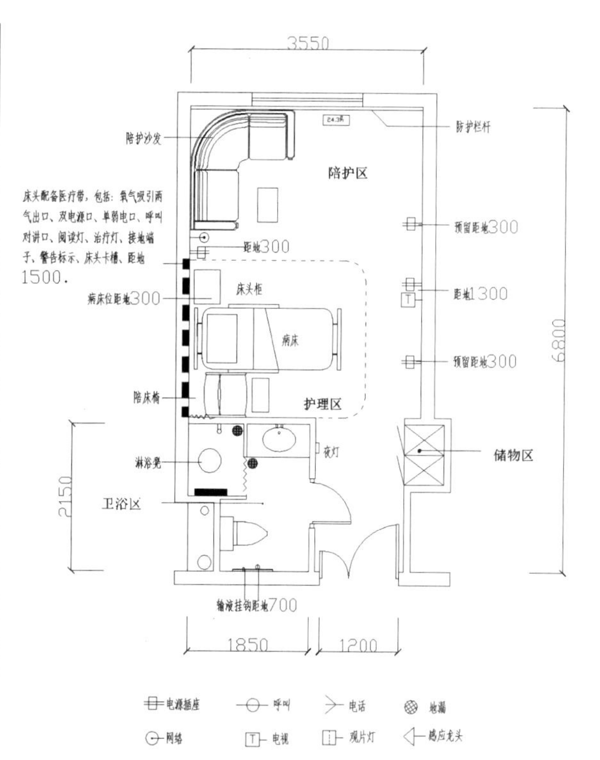

图 3-4-43 单人病房家具布置图

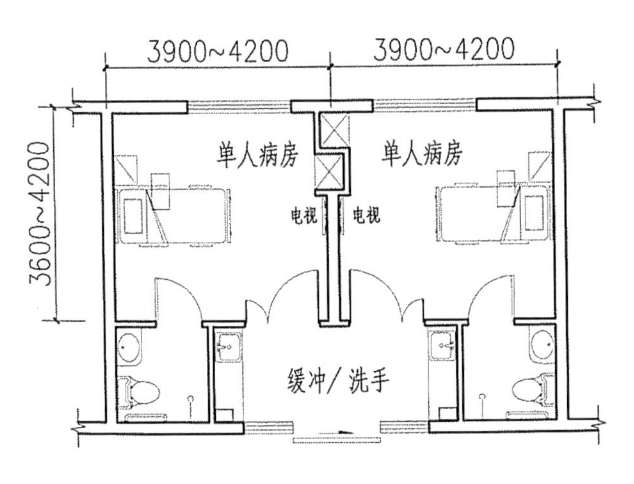

图 3-4-44 感染科病房家具布置图

十四、病房护士站

（1）病房护士站建议采用高度不同的双层台面设计，通常高层台面高度为 1.1m，低层为 0.75 ~ 0.8m。

（2）建议设置护士工作站，需满足处理医嘱、记录、打印、集中监护的功能，如图 3-4-45 所示。护士站内部信息、呼叫显示区需设置呼叫显示屏和白板，白板用于记录护理工作安排，建议在该区域根据移动工作站的使用数量预留充电位。

（3）护士站另一侧设置气送物流站点、病历车存放位、储物柜、洗手盆等。出入口宜与配剂室相通，与治疗室以门相连。

十五、病房配剂室

（1）需设置宽大的配剂台，用于药品存放、配置，便于护士操作，如图 3-4-46 所示。上方设置储物柜，存放医疗耗材等；下方储物柜可存放生理盐水、葡萄糖等静脉输液用液体。（药品存放应注意分类分区，避免混放）

（2）配剂区设置冰箱，用于存放需冷藏的药品、生物制剂等。需设置洗手盆、感应式水龙头，确保操作前后的卫生。

（3）配剂室前室是护士完成输液后进入配剂区进行垃圾处理和治疗车消毒的区域。需设置水池、分类垃圾桶、利器盒存放区。

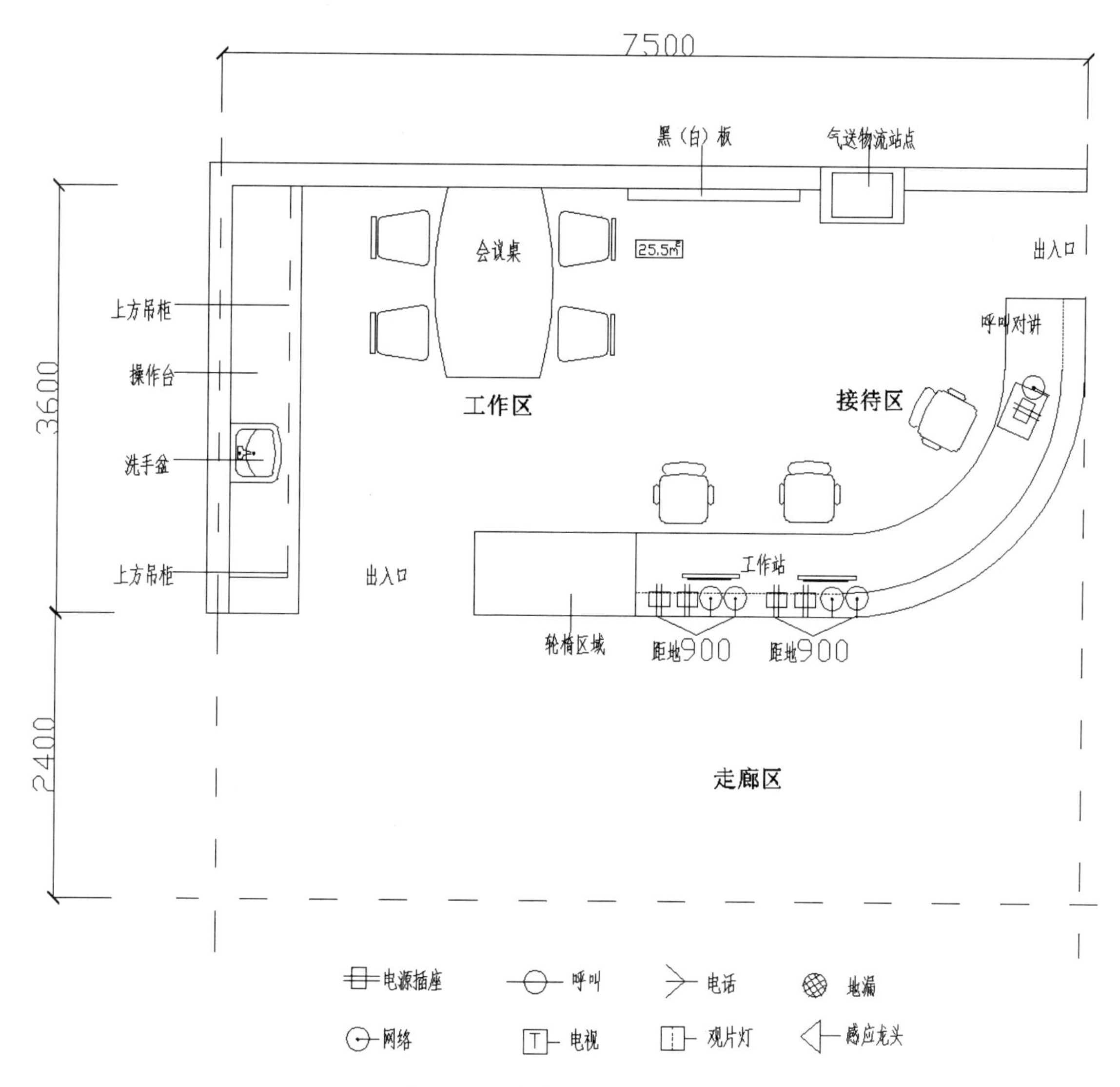

图 3-4-45 病房护士站家具布置图

病房配剂室家具配置清单（2550mm×5000mm 宽×进深）		
家具名称	数量	备注
操作台柜	4 组	—
药品柜	1	—
治疗车	1	—
洗手盆柜	1	洗手液、纸巾盒
垃圾桶	2	感应污物柜
水池	1	—

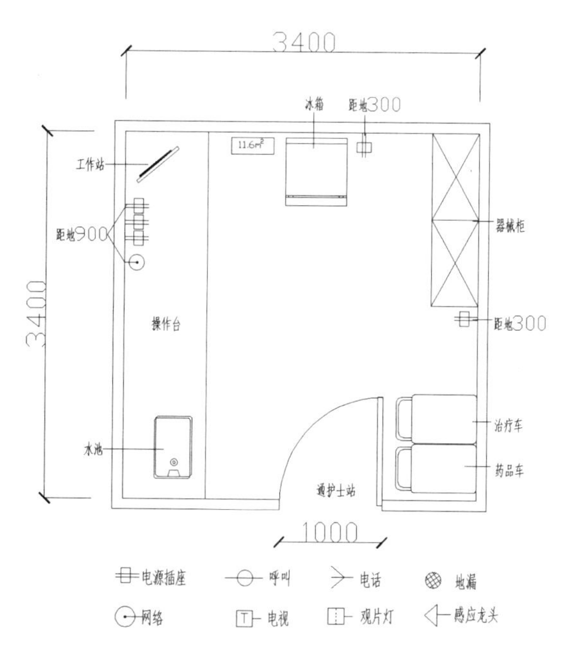

图 3-4-46 病房配剂室家具布置图

十六、病房配餐间

（1）操作台建议设稍大的水池，便于餐具清洗，如图 3-4-47 所示。

（2）应为配餐员预留休息、工作位，应预留餐车停放位。

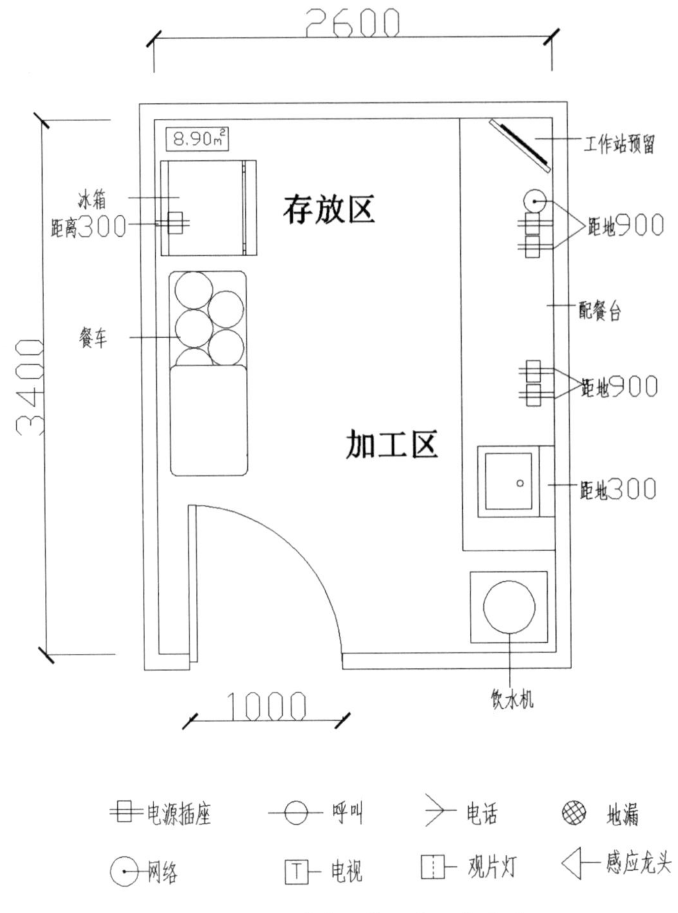

图 3-4-47 病房配餐间家具布置图

十七、会议、示教室

（1）设置会议用桌椅，桌面预留投影、电话、话筒、会议摄像等强弱电接口，如图 3-4-48 所示。

（2）演讲区设置活动讲台和多媒体柜，用于会议报告、演讲等，预留投影、话筒等强弱电接口。多媒体柜用于整合工作站、投影穿线、远程会诊摄影等。

（3）房间一侧建议设置整体柜，具备洗手、吧台饮水、储物等功能模块。

会议、示教室家具配置清单（7700mm × 4200mm 宽 × 进深）		
家具名称	数量	备注
会议桌	1	宜圆角
座椅	22	—
洗手盆柜	1	—
整体柜	3 组	—
讲台	1	—
垃圾桶	1	—

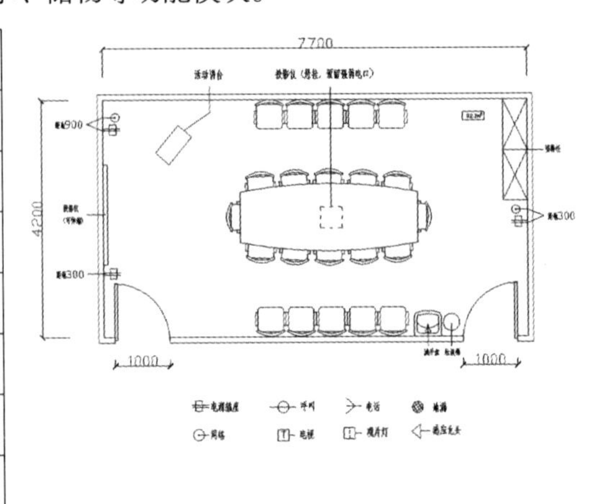

图 3-4-48 会议、示教室家具布置图

十八、医护值班室

（1）房间内建议放置 2 张双层床，共计 4 个值班床位，如图 3-4-49 所示，宜在值班床与储物区、办公区之间设隔帘。

（2）设置存放被褥和衣物的储物柜，使得医护人员有寝具存放空间。

（3）需具备办公、值班条件，设置电话、电视、网络等强弱电接口。

医护值班室家具配置清单（2650mm×4200mm 宽 × 进深）		
家具名称	数量	备注
值班床	2	双层值班床
办公桌	1	—
整体柜	2 组	—

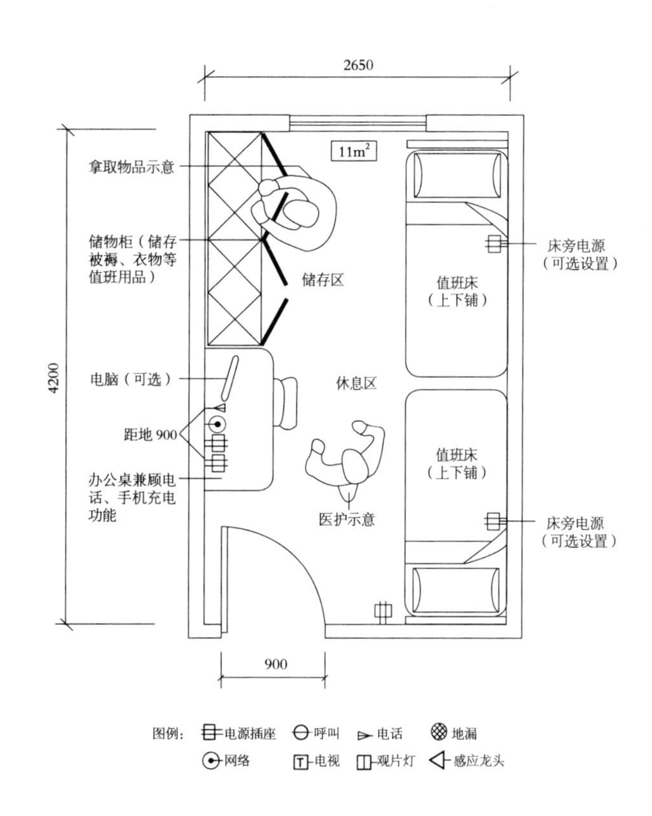

图 3-4-49 医护值班室家具布置图

十九、主任办公室

（1）办公区域应设置办公桌、工作站、观片灯、打印机、电话及软硬件接口，设置主任位座椅和会客座椅，如图 3-4-50 所示。

（2）在靠墙位置设置资料柜，用于储存书籍、资料、文件等，建议设置陈列展示柜，用于展示奖状、荣誉证书等。

（3）设置三人沙发用于接待会客，建议设置饮水机。房间入口位置需设置洗手盆和衣架，便于进屋洗手及更换白大衣。

（4）建议设置门禁，防止无关人员进入。

主任办公室家具配置清单（2500mm×4200mm 宽 × 进深）		
家具名称	数量	备注
办公桌	1	宜圆角
座椅	2	可升降
洗手盆柜	1	纸巾盒、洗手液
整体柜	2 组	包含：书柜、展示功能模板
沙发	1	—

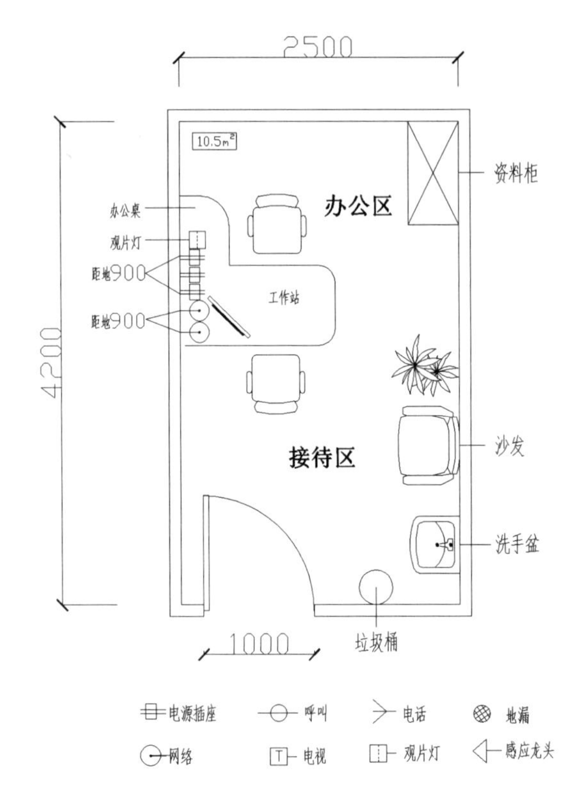

图 3-4-50 主任办公室家具布置图

二十、超声检查室

（1）为方便患者就近上床检查，检查床宜设在靠近入口处，设置隔帘，如图 3-4-13 所示，检查中需保护患者隐私。并预留平车、轮椅停放位。医生位和超声设备宜放置在患者右侧。

（2）设置工作站、助手位，检查过程中需协助检查医生进行记录。设置患者准备区，便于检查前的更衣准备。

第六节 设计与施工阶段的工作协同

设计与施工阶段的工作流程详见图 3-4-52。

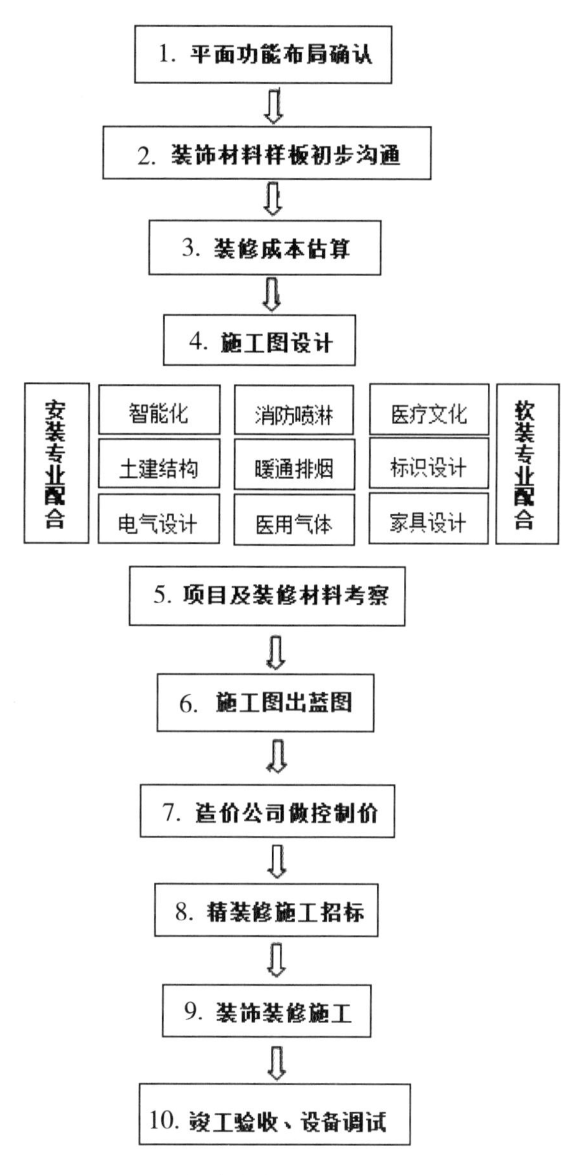

图 3-4-51 室内精装修工程施工流程及时间节点

一、平面功能布局确认

（1）室内设计单位对现有布局及工艺流程提出合理建议及深化方案，以供甲方考虑及定案，甲方使用科室提出自己的想法，双方会议面对面沟通交流后，确定楼层功能分布及平面功能布局。

（2）平面布置图是后期所有专业设计施工的依据，是重中之重，平面布局不梳理清楚会直接导致竣工交付后，科室无法使用，反而进行二次改造。或者墙体已经砌筑，又重新拆改，造成工期及成本的浪费。很多医院将新建工程做成了改造工程，都是因为平面布局不精准导致的。

（3）室内设计单位需要花费大量时间在平面布局图上，充分考虑好布局的合理性、可持续性，科室签字确认后方可进行下一步设计。

（4）平面布局是整个设计的核心，如果平面布局不精准确认会直接导致后期修改图纸，产生变更设计费用。

二、装饰材料样板初步沟通

在沟通平面布局图时，同时沟通装修材料样板，对重要空间及区域的装饰有精准认知，做到心中有数，确认风格走向及所需装修材料。

三、项目及装修材料考察

由设计方牵头，进行一些类似项目的参观及主要厂家材料考察，对未来的项目装饰做出更精准的判断。

四、装修成本估算

根据实际情况及甲方考察后的想法，充分进行沟通交流，尽量将整体装修预算做到精准，避免后期超额太多。

五、施工图设计

（1）室内设计单位根据与甲方沟通的意见对设计方案做出修改及调整，甲方确认最终平面方案，并签字确认后，我方开始绘制施工图。

（2）绘制施工图第一步是确认最终墙体定位图，室内设计单位出具最终的墙体图，返回给建筑设计院，建筑设计院按照要求，出具新的墙体定位图。很多医院在不清楚布局的情况下，按照原始建筑设计院提供的砌体图砌筑，导致二次拆改，造成工期及资源的浪费。

（3）在施工图绘制过程中需要以下专业配合。

第一，安装部分。

① 弱电智能化专业：弱电智能化根据设计单位精装修图纸，出具专业设计，由于智能化牵扯到末端点位的定位（如显示屏、呼叫器、开关插座等），需要与室内设计单位精装修图纸配合，由室内设计单位指导定位。切记不可随意摆放，影响整体美观。

② 土建设计、结构设计：原建筑设计院根据甲方与室内设计单位沟通确认的平面布局图，对建筑设计及结构设计进行复核与修改，对需要加固的部分进行加固。

③ 强电设计：原建筑设计根据最新的建筑平面图，对原电气设计进行修改，室内设计单位配合建筑设计单位，对强电设计做出具体要求，如：智能化照明、公共区域为了方便管理及安全考虑，不得随意安装无用的插座、开关等。

④ 消防喷淋设计：给排水专业根据最新确认的平面图对给排水图纸进行修改，以满足现有需求，其中的喷淋全部做成暗喷淋（地下室除外）。间距布置需要与精装修天花综合图配合，根据精装修的喷淋，重新调整。

⑤ 暖通空调、排烟设计：暖通、排烟末端，尤其影响综合顶图的美观程度，需要根据精装修图纸的末端进行局部修改，以保证装饰效果，所有末端必须成排成线。

⑥ 医用气体设计：氧气、负压吸引的开孔及设备带插座的摆放，需要与精装修配合，方便医护人员的使用。

⑦ 净化区域设计：净化区域范围的划分，需要与精装修界定清楚，交接部分的设计，需要配合沟通。风格装饰需统一。

⑧ 设备采购：普通设备、大型设备，需要电源及安装位置，需要与建筑设计、电气设计、内装设计沟通。

第二，软装部分。

① 标识设计：标识导向系统是医院装修中非常重要的一部分，标识设计与装饰装修紧密联系，直接

影响最终效果的呈现，作为指引也直接影响医患是否能快速到达目的地。其中是否需要强电配合，造型设计是否与装饰装修冲突，都需要提前沟通。

② 医疗文化、宣教、艺术品设计：医院医疗文化的建设是医院品牌竞争力的体现，如何恰到好处地将艺术品、医疗文化载体设计到医疗空间中，需要软装设计师与内装设计师紧密配合，共同完成。

③ 家具设计：装修是搭建舞台，家具就是舞台上的演员。家具设计对于装饰装修起着决定性的作用，好的家具设计会给空间加分，增加空间体验感，解决等候问题。家具设计一定要由内装设计把关，很多医院对于家具搭配没有足够重视，导致最终竣工交付时充满遗憾。家具设计对空间效果的占比达到50%，必须予以重视。

六、施工图出蓝图

（1）安装部分、软装部分与内装设计配合完成后，建筑设计院根据精装修图纸，对水、电、暖、消防、建筑、结构等各专业进行复核及修改完善。

（2）建筑设计院与室内设计单位，对安装图纸达成一致后，室内设计单位出正式蓝图。

（3）蓝图包含：平面布置图、平面家具尺寸图、装饰墙体定位给图、顶面天花综合布置图、顶面造型尺寸图、顶面灯具定位尺寸图、顶面机电末端点位图、立面图、立面造型图、剖面图及节点大样图等。

七、精装修施工招标

（1）室内设计单位配合甲方将精装修蓝图送到审图机构审图，并进行消防报审。

（2）甲方寻找造价咨询公司做内装招标清单，做精装修控制价，造价公司一般对内装设计一知半解，很容易导致造价不精准，必须与我方充分沟通、多次交流后方可发招标公告。

（3）内装施工单位招标，选择专业的施工单位。

八、装饰装修施工

（1）精装修施工交底，施工单位需提供至少2名现场深化设计师，一名深化效果图、一名深化施工图，这样不仅可以节约材料，还能有效减少工期，对设计意图的实现起到决定性作用，很多医院寻找的施工单位不专业，直接导致好的设计、好的材料不能得到更好的体现。

（2）施工一开始，施工单位在做施工计划时就要与材料供应商沟通协调，选择优秀的供应商进行材料的采购，因为材料制作有一定的周期，以免耽误我们的工期。有很多项目因为材料供应不及时，导致工期拖延半年甚至更久。

（3）室内设计单位在施工中，随时发现问题，随时解决。

九、竣工验收、设备调试

竣工验收之后，需要为期长达2个月的设备调试、保洁维护，调试结束后，才能搬家运营。

参考文献

[1] 沈崇德，朱希 . 医院建筑医疗工艺设计 [M]. 北京：研究出版社，2018.

[2] 左厚才 . 医疗功能房间详图集 II [M]. 江苏：江苏凤凰科学技术出版社，2018.

[3] 董永青 . 医疗功能房间详图详解 I [M]. 江苏：江苏凤凰科学技术出版社，2018.

[4] 康迎然 . 浅析装潢设计中绿色设计的意义与方法 [J]. 科技创新与应用，2014（18）：248.

[5] 侯涛 . 浅析绿色建筑与暖通空调设计之间的联系 [J]. 科技资讯，2014，12（17）：76-78.

[6] 李冠兰，陈俊如 . 流线主题餐饮空间设计与研究 [J]. 艺术科技，2014，27 (04)：308.

[7] 倪斌 . 解析建筑工程管理信息化 [J]. 科技创新与应用，2014 (04)：224.

[8] 李翔 . 建筑设计与室内设计联系分析 [J]. 绿色环保建材，2018 (10)：51-52.

[9] 李宁 . 综合医院社会化餐饮服务空间设计初探 [J/OL]. 中国建材科技：1 [2019-01-08]. http：//kns.cnki.net/kcms/detail/11.2931.TU.20180910.1807.052.html.

[10] 赵朝 . 室内精装设计管理流程优化探究 [J]. 工程建设与设计，2018 (02)：8-9.

[11] 涂悦 . 三甲医院公共空间的人性化设计与研究 [D]. 湖北工业大学，2015.

[12] 朱娜 . 现代医院建筑公共空间人性化设计研究 [D]. 西南交通大学，2009.

[13] 谢惠达 . 高层建筑室内装修与专业工种的配合 [J]. 四川建筑，1995 (02)：29-30.

[14] 张淑旻 . 室内设计与建筑设计之间的关系探讨 [J]. 低碳世界，2016.

[15] 何亮 . 建筑室内装修工程施工质量控制 [J]. 中国新技术新产品，2013.

[16] 刘华 . 平面设计中的空间形式 [J]. 张家口职业技术学院学报，2012.

[17] 康建鹏 . 节能、舒适、安全、可靠：全心打造绿色医院 [J]. A & S：安全 & 自动化，2012.

第五章

医院环境与景观规划设计

谷建　陈亮　俞劼

谷　建　北京睿谷联衡建筑设计有限公司主持建筑师

陈　亮　中国中元国际工程有限公司建筑环境艺术设计院院长

俞　劼　中国中元国际工程有限公司建筑环境艺术设计院副所长

第一节　概述

一、医院园林景观的概念

新时代下的医院景观不仅包含一般建筑景观的观赏性特点，还应重视使用者的社会、心理需求，从五感的体验上赋予其医疗和康复的作用，并体现与生态环境的可持续发展。一个平静、自然的医院景观环境可以引导环境使用者树立对生命与健康的积极态度，帮助病人及其亲属减轻焦虑感，帮助医护工作者舒缓工作压力，提升职业认同感。

南丁格尔曾经说过："我认为光线对于病人的重要性仅次于新鲜空气。直接照射的阳光对迅速恢复很有帮助。能够看到外面的花朵，而不是看到一堵死气沉沉的墙；或是能够在靠近床头的窗户透进的阳光下读书，都是能够加快患者身体恢复的。"自然景观对病人身体康复的作用显而易见。

景观不仅是指医院室外的园林和绿化环境，室内的园林景观也同样存在，现代医疗建筑更趋向于室内外环境的融合、互通、互融。室内一些中庭空间或四季厅内的小桥流水、堆山造景、园林植被、座椅小品都是医院园林景观的一部分。

二、医院园林景观和绿化设计的意义

（一）顺应社会发展要求

当下的医学模式正向着"生理、心理、社会"一体化的综合模式发展，医院的功能也从单一的治疗扩展到集保健、预防、康复为一体的复合型诊疗模式，医院园林景观是一种疗愈环境，是诊疗功能的补充，也是使用者用户体验的重要部分。

城市的可持续发展要求城市生态化、景观化，而城市景观是多种元素构成的复合体，医院景观是其中的一部分，因此，医院的景观设计有助于城市景观营造的完整性，是城市可持续发展的一种具体形式。同时，由于公众环境意识的增强，人们对环境的要求深入城市生活的各个方面，医院的景观设计正在逐渐与高速发展的社会环境品质的要求相适应。

（二）体现以人为本

从医疗心理学和社会心理学角度看，好的就医环境可以给患者舒适的感觉，保持愉悦的心境，增强其战胜疾病的信心和勇气，减轻患者的心理压力，对其康复起到良好的作用。同时，医院绿化环境好，还会减少疾病的传播。医院中各种电子检测仪器也会产生大量辐射，使空气中存在大量的阳离子，对人的神经系统产生干扰，绿色自然景观正好可以释放大量的负离子，与医院空气中存在的电磁辐射、阳离子发生中和作用，减少对医护人员、患者的危害。此外，优美的环境还能激发医护人员的工作热情。

（三）提升医院形象

一所外观整洁大方的医院，院内绿草茵茵，环境优美，舒适温馨，必定会给人们留下良好的印象。良好的医院形象能体现院方高效的管理手段，可以增加患者对医院的信任，也能增强医护工作者对自身职业的认可度和自信心。

三、医院园林景观与绿化设计的原则

医院建筑中园林景观的特殊性，使其与其他属性的公共景观有着非常大的差异，医院园林景观不仅仅是视觉上的美感，而且要通过嗅觉、触觉、听觉等感官刺激，令使用者从心理、社会机能与生理机能的恢复同步，最终达到良好的状态。

（一）医院受众人群的分析

医院中最基本的几类使用人群包括：医护工作人员、病人患者、陪护家属。这几类人群是最直接的医院园林景观受众。

1. 医护工作人员

医护工作人员承担着医院发展和社会职能等责任，工作强度和工作压力日益增长，更需要一个舒适、放松的环境，以舒缓日常的精神压力，提升工作效率。

2. 门诊患者

患者可以分为门诊患者和住院患者两种类型。门诊患者具有流动性大、规模大的特征，他们对医院景观环境的需求一般只是交通便利，有一定等候空间。传统意义上门诊患者更多地强调医疗效率，在等候中交流。随着信息化的发展和进步以及 App 的使用，已经把患者从候诊区释放了出来；医院商业空间等社会活动场地也成为另类的等候空间，可以进行一些社交和休闲活动，园林景观也成为医院商业空间的一部分。

3. 住院患者

这类人群在医院中的时间较长，对医院景观环境会有相对较高的需求，如优美的环境，可以供其交流、休憩的空间，能够提供复健活动的场所等，因此在医院园林景观中需要充分考虑病患休养复健的需求，使其能够在自然环境中做有益的、有步骤的锻炼，对其身体的康复大有裨益。着重营造一种健康、有活力的医院景观气氛，使医院景观环境更加人性化、细致化，更能突出社会关怀。比如，有些病房的低窗台设计，使患者躺在病床上可以看到室外的景观环境。

4. 陪护家属

家属可以作为病人患者的一部分，但他们是健康人群，医院景观同样能够为他们提供便利的交通、日常休息、缓解压力和紧张情绪的空间。

（二）医院建筑医疗功能的分析

国内医院大多是综合性医院，是就医、治疗、探望、科研、生活等多功能的组合，各种功能空间交错。医院会根据不同建筑功能划分不同的景观功能空间：如门诊、急诊外围相对应的景观空间一般会以交通功能为主，病患来医院的第一需求是高效快捷地就诊，外围景观空间设计必然将交通便捷放在第一位。住院区一般是较长时间待在医院的患者，他们的诉求更多的是尽快恢复健康，在住院区外围会设计一些健身空间、康复空间、中草药园以及室外理疗空间，以有利于病患的身体修复。

一般医技楼或医院专家楼附近要考虑医生的专属室外景观空间，使用人群文化层比较高，人员构成比较单一，在设计上也会注重景观的文化性和空间的意境，营造便于专家医生放松、交流的空间。

（三）医院园林景观与绿化的设计原则

1. 功能性原则

医院景观是医疗功能的组成部分及补充，景观是医疗功能的嵌入。景观设计要结合医院的整体功能分布和安排，要在满足医疗功能需要前提下进行景观设计。景观的功能性是指柔化冰冷的医疗动线，嵌入式地给予空间软化，在医疗空间植入景观元素成为一种软环境，如窗外景色、等候区的小景观。景观能促进和调节身体的免疫功能、降低血压、调节神经系统，使人情绪镇定。在精神上，能给人以安全感，促进交流沟通，减少急躁情绪与不安心理。

2. 生态性原则

医院景观需要融入自然。园林景观的设计要依据医院附近的景观环境来进行，与周边环境相得益彰，不能破坏生态；应尊重物种多样性，保持营养和水循环，维持植物生长环境和动物栖息地的质量。医院景观应努力创造一个与自然和谐一体的生态环境，增加空气含氧量，保持湿度和净化室外空气，改变医院小气候。

3. 安全性原则

医院景观设计要注意安全。比如场地的无障碍设计，患者在生理上有体衰力弱的特点，户外活动受到限制，很多时候只能在病房内观赏外面的景色，所以景观尽量做到视线通透。有的患者坐轮椅外出，庭院中应注意无障碍坡道的设计，如步道要考虑宽度、坡度，铺装要坚实、平坦；沿途设置牵引装置，供使用轮椅、医用推床和支架的人进行一些简易的运动；全园主要道路便捷无阻碍，不设台阶。在材料的选择上，硬质铺装做防滑处理。在危重病房周围不要使用气味特别浓重的植被，可能会引起部分患者的反应性疾病，增加患者出现意外的概率，给治疗带来影响。医院景观尽量不种植有毒植物，春季产生花粉、毛絮等使患者产生过敏的植物也禁止使用。避免深水池引发的危险。

4. 艺术性原则

景观设计是视觉艺术，要展现景美、树美、生活美。例如，在道路两侧重复几种不同的景观要素，以一种浮现的节奏感来形成一种韵律，达到心境的平和，这也符合医院的景观需要。缤纷的色彩、多彩的景观和优美的户外环境确实对患者的康复起着积极的促进作用：冷色（浅蓝、淡绿和淡紫等）有安神作用，能使慢性病人情绪稳定；暖色（米黄、浅黄等）有刺激肾上腺、胸腺和甲状腺内分泌的作用，可提高乳汁分泌，促进创伤愈合，兴奋精神等。

5. 可达性原则

可达性是指医院景观游赏过程中的便捷性和舒适性。景观融入建筑，融入使用者的医疗动线，使之可被动使用。目之所及，景观可被欣赏，而不是远离建筑，远离使用者。

6. 低维护原则

尽可能地选择环保、易于维护的建筑材料和植物材料，便于日后合理安排维护费用，及时维护以确保景观的观赏价值，使其易于打理达到最好的服务人群的效果。

第二节　医院园林景观与绿化分类

医院园林景观与绿化主要分为：功能性景观、观赏性景观、交通性景观及特殊景观。

一、功能性景观

（1）功能性景观是指针对特殊群体通过环境进行的理疗方式，以疗愈为目的的景观设计，通过专业的理论手法对患者进行辅助性的治疗。多用于住院区周围空间及疗愈空间。疗愈空间景观设计手法多样，比如体验花园、冥想花园、复健花园、疗养花园等。

（2）在医院还有一些特殊空间，如液氧站、锅炉房、污水池等，附近景观空间需要注意消防安全性。比如：液氧站周围道路不能用沥青路面，且周围绿地 5 米之内不能种植大树等，以满足国家消防安全验收需求。

（3）医院院区内部小市政管网要比一般公建多且复杂，众多管线设备按使用需求布置后，各种设备、机房、管井会穿插在景观的造型、铺装、绿地或屋顶上，给景观空间营造带来一定的困难。这就需要景观设计师使用一些造型办法削弱这些不利构件的体量，用绿植、景观墙、雕塑、地形高差来消隐。

（4）医院净化专业出屋面的风机和风口（从消毒配液中心或者部分手术净化风机组出来的风口）会释放不利气体，此类设备周边需要设隔离防护，不适宜做人员活动的花园或屋顶花园。

二、观赏性景观

观赏性景观以视觉效果为主，造型表现力强，在视觉焦点可置入雕塑或小品类景观设施，通过植物、小品等造型感强的设计手法建立视觉焦点。多用于医院入口节点，突出医院风格。观赏型的景观也同样适用于狭小的建筑中庭，在封闭庭院，通过造景手法将空间充分利用，提升医院室内景观环境。

三、交通性景观

现在医院综合性越来越强，门诊楼、医技楼、住院楼、传染楼、科研楼等建设用地越来越大，医院科室繁多，如让求医者能迅速、有序地找到所要去的部门、科室，这就要求有相对明晰的交通流线和引导，这些用于人流、车流交汇的空间就是交通性空间，如门诊入口的室外空间，将大量挂号患者及家属进行疏散是此空间的主要功能。这种空间景观可通过营造开敞式的环境，在有效位置设立座椅等休息设施，将大量候诊人群消化，并设有明确的交通流线，将休息空间与交通空间合理划分。同时医院景观导视系统可以创造清晰的方向感，避免不必要的迂回，确保对外服务、住院和货运交通互不交叉干扰。这种设计大大地减少来院患者及其家属的时间消耗，也能减轻其焦虑情绪和不必要的精神压力， 让人们在使用中感到非常方便、自然，有效控制医院秩序。

四、特殊性景观

针对特殊的就医群体，如儿童、妇幼等，根据其使用空间进行特殊设计。以儿童科室空间为例，从材质、颜色、造型等都应遵循防滑、无尖角、健康等原则；在小品设施上也要考虑儿童身高等特点，同时还要兼顾到陪同家长的休息空间与尺度。设计要满足儿童的心理与生理需求，同时注重室内外空间融合，室内外视线的通透，兼顾大人候诊等候和儿童休息的功能。

第三节　医院园林景观与绿化空间

一、医院入口空间

医院入口空间景观作为整个院区景观系统的起点，是医院对外展示的第一形象窗口，其景观设计值得关注与重视。提升医院入口区域景观质量可以对提高整个院区景观环境起到事半功倍的效果。

（一）医院入口空间的功能性

医院入口空间的特点是多功能复合，尤其体现在综合性医院。首先，由于医院入口空间是整个园区人流最集中的区域，入口空间承担了人流集散与分流的功能。其次，医院入口空间是医院形象展示空间和礼仪性空间。舒适整洁的景观环境可以为患者带来积极的心理引导，提升整个就诊流程的舒适性。最后，医院作为城市中重要的公共建筑，其入口空间对于城市街道景观有重要影响，同时也可以体现城市文脉与医院的文化。鉴于以上功能需求，医院入口区的景观设计有以下要点。

1. 便捷高效交通

医院入口空间应合理布置道路，通过道路宽度实现主次划分，以保证高效性与舒适性。现代院区停车位仍是急需，如急诊停车、特殊情况停车等，从生态效益角度考虑，可采用嵌草铺装的生态停车场。为实现场地的高效利用，绿地的布置应以景观绿地为主，更加有效地组织入口区域交通流线。

医院园区有多条交通流线，要设计清晰的方向感，避免不必要的交通迂回，同时保证不交叉干扰。对室外景观来说，就是医院景观明显铺装面积较大，尤其车行铺装，使其医院入口空间相对比较开敞。铺装材料避免使用表面光滑的材质，铺装形式上以简洁大方的图案为主，最好能结合相应的指示功能。

2. 医院文化礼仪体现

在现代医院中，医院文化已经成为体现医院人文特点的重要组成部分。医院入口空间恰好可以为医院文化的宣扬提供场所，是展现医院礼仪的空间。 主入口处景观小品可以直观地表现出医院的文化精神，展示学科发展历史沿革、纪念名医名人事迹等。一般医院的主入口空间都会设计医院标志性景观，如LOGO景石、标识性景观墙、雕塑等。

3. 联系城市

医院主入口区域作为医院直接联系城市的对接空间，在铺装材质、围墙造型、种植搭配上要与街道风格相协调、与城市风貌统一。

（二）医院入口水景设计

象征着生命源泉的水，在医疗场所的景观设计中不可或缺，不同状态的水体能给人们带来不同的感受。医院入口空间也会经常用水景设计，动态的喷泉、涌泉衬托LOGO景石或者景墙就是常用的设计手法。在卫生安全的前提下，优美的水景对平复患者情绪和传达积极态度起到了很大的作用。水体还能产生和挥发负氧离子，增加周围环境的湿度、净化空气、降低噪声，可很好地改善微环境。

二、医护人员景观空间

目前，国内外医院景观设计主要围绕患者展开，集中体现在应用景观设计完善就医条件和搭建特定康复环境两方面，而针对医生专属空间的景观设计则屈指可数。基于医护工作性质，医护工作专属景观设计应该着重围绕缓压减压、专业交流、休闲等功能展开。医护景观空间遵从医患空间隔离的前提，给医护工作者提供一个安静自由交流的专享空间。

医护专用景观设计时会注意空间上的私密性、植被上的丰富性、设计上的人性化，而且医疗专家文化层次较高，对景观设计整体的要求、对植被的选择、对材料的选择、对空间意境处理都有较高层次的要求。

三、病患康复景观空间

当代医学正向着“生理、心理、社会”一体化的综合模式发展，医院的功能也从单一的治疗扩展到集保健、预防、康复为一体的复合型诊疗模式，环境作为特殊的治疗手段逐渐为人们所关注。一个平静、自然的医院景观环境可以引导环境使用者树立对生命与健康的积极态度，帮助病人及其亲属减轻焦虑感、树立积极的生活心态。

康复型景观的特质：

（1）创造更多锻炼和运动的机会；

（2）有更多自由选择的机会，可以找到一些私密空间，进行自我控制能力的训练；

（3）通过景观设计，形成社交推动力，鼓励人们面对面交流，提供亲密交往机会，增进身心健康；

（4）亲近自然，观赏花草树木，减轻对疾病的焦虑。

（一）康复花园

康复性景观作为一种辅助治疗方法，主要是通过景观环境的影响来治疗某些疾病，帮助患者改善身体健康状况和精神面貌，有消极与积极两方面的属性。消极指的是使用者在场所内被动或半被动活动，如休憩、聆听、冥想、散步、探索等；积极指的是举行或开展有益身心的活动，如团体聚会、园艺疗法等。康复花园的类型有医疗花园、体验花园、冥想花园等。

（1）医疗花园。花园为病人提供消极或积极的恢复身体功能的机会，重点强调的是从生理、心理和精神三方面或其中一方面，重拾个人的整体健康。

（2）体验花园。花园强调病人生理上的需求以维持和提高他们的身体条件。通过积极的活动，循序渐进地保持和提高他们的身体状况，强调生命特定的阶段，借助有意义的反思和认知活动来改善精神面貌。

（3）冥想花园。花园特别的设计在于能使病患个人或群体放松心情静静思考，提供精神集中的焦点，在思考过程中转向内观。在这里，精神和心理的恢复比身体状况的恢复更为重要。

（4）复健花园。花园的设计与患者的治疗方案相比，类似于我们的健身空间，设置健身器械或者不同材质的健步道，目的是达到期望的医疗效果，主要关注身体上的康复。

（5）疗养花园。花园设计的目的是缓解压力，使病人重获动态平衡，关注病人的心理和情感健康，使他们在压力后重新达到身心平衡。

（6）园艺疗法。是通过参与“绿”的自然环境达到缓解自身压力，促进内分泌系统的正常循环来增加自身免疫力的一种疗法，通常也被称为预防医学的植物疗法。园艺疗法强调参与园艺活动的过程和活动本身的意义，植物与环境绿地的五感刺激（视觉、听觉、嗅觉、触觉、味觉）是园艺疗法作用于人体的重要途径。

康复花园应注意植物的配置与造景。植物对于人类的感官有不同的刺激，会对视觉、听觉、嗅觉、触觉等有着不同微妙的作用。有些植物散发宜人气体，通过肺部和皮肤可以进入人体，从而促进人体吸收氧气，呼出二氧化碳，使大脑供氧充足，能长时间保持旺盛的精力，从而起到防病、强身、益寿的作用。例如：蔷薇、桂花、松柏类植物（防治结核病菌），银杏的黄酮类物质（治疗心脑血管疾病），艾叶和金银花（降压），薄荷（疏散风热、清利头目、利咽透疹、疏肝行气），米兰（香味有抗癌功能）等。

（二）中草药园

中草药园使医院景观更有特色。有些医院在康复花园中种植药用植物，病人使用的药品就是从这些植物中提取出来的，对于使用者来说是一种心灵的安抚。在中草药园中铺设游步道，并设置解说牌向游客普及所种植的中草药品种，既科普药理学知识，又为景观设计增加趣味性。中草药园在总体设计上充分考虑由中药乔木、灌木、藤本、矮草本、水生植被组成林木自然生态层次分布的特点，并以“片”“块”为单位组成植物群落，形成高、低错落有致的自然生态绿色景观，体现药用植物绿化和自然景观的完美结合。药用植物是指其干、茎、叶等，能产生、散发多种香气或挥发各种物质的一类植物，能够通过人的呼吸系统或毛孔进入人体，起到防病、强身、益寿作用。例如，紫丁香、栀子等花香宜人的植物可以放松身心；香樟会挥发出乙酰丙酮，是清凉油的主要成分，能够提神醒脑；银杏、白玉兰、山桃、鸡爪槭等挥发水杨酸类物质的植物，则可以起到心血管疾病的日常保健的作用；松柏类、水杉、悬铃木属、桉树、石榴、爬山虎等植物可以挥发杀菌、抑菌物质，起到消炎的作用。

第四节　医院园林景观与绿化的种植特点

一、医院种植层级划分

医院的种植设计，总的来说，大概分四个层级。

（1）全院性绿化防护。对外防止社区污染空气和灰尘的侵袭，对内防止医院对社区的感染。在平面上要围绕园区布局，并用作各功能分区的分隔和院内重点防治区的隔离，有较好的屏障作用和最大的绿化体量，故宜以杀菌消毒的大型乔木为主，乔木、灌木、绿篱相结合，同时要注意景观种植空间上的开合处理。

（2）中心绿化园林。提供病人进行室外活动的场所。在景观上要多种植物群落组合，有叶有花有果；在配套上要有亭、台、阁、小山、扶栏、座椅、便道等，使病人走有看处，停歇有坐处，锻炼有靠处。

（3）屋顶绿化。最大限度争取绿化空间和绿化体量，最大限度将建筑物绿化；时间上争取一年四季常青。在用地紧张的医院，争取最大绿化体量尤为重要。

（4）室内绿化。室内绿化的布置是医院建筑景观设计的重要方面。《园冶》中提到“片石多致，寸石生情”，特别在高层医院，容易使患者脱离自然环境，通过中庭绿化、分层绿化、阳台绿化、点式绿化、室内借景等层层递进的绿化营造形式，使室内外景观相互渗透、交融，将景观最大化地呈现在患者身边，使用者在室内犹如置身于山水花木之中，做到最大限度地与自然和谐共生。

二、医院种植物的选择

不同植物散发不同气体，通过肺部和皮肤可以进入人体，从而起到防病、强身、益寿的作用，某些保健植物还具有杀菌素、抗生素等多种对康复病人有益的化学物质。运用具有保健功能的植物，五行对应五脏，不同的植物滋养五脏。例如，黑色入肾脏，相匹配的植被有桂花、女贞；绿色入肝脏，相匹配的植被有国槐、刺槐；红色入心脏，相匹配的植被有银杏、柿树、山茶；白色入肺脏，相匹配的植被有松柏类、梨、银杏；黄色入脾脏，相匹配的植被有棕搁、开花类植物。

第五节　医院园林景观与绿化小品设计

医院景观设施小品是在景观环境中供人们休息、观赏或用来装饰、照明的一些景观设施，一般既具有简单的实用功能，又具有装饰品的造型艺术功能，是园林环境中不可缺少的组成要素。景观小品主要分为装饰性小品和功能性小品两大类。在医院景观中常见的装饰性小品包括：雕塑、景墙、景石、花箱等，常见的功能性小品包括：廊架、凉亭、运动器械、室外灯具、座椅、垃圾桶、室外导标等。区别于普通园林景观，医院景观设施小品由于其使用人群的特殊性，一般还需考虑其安全性、私密性、功能性等特殊需求。

一、道路

道路的形式、铺装、宽度等要素都应根据患者和医护人员的需求进行设计。在道路铺装材料的选择上，要选择防滑性、透水性好的材料，如透水砖、毛面花岗岩石材，满足雨天不积水，冬季路面防滑的要求。考虑到轮椅和陪护人员通行需要，主要人行道路宽度应不小于 1.8m，且保证路面平整、坡度舒缓。园路尽量做到人车分流，保障行人安全。考虑到儿童对色彩和造型比较敏感，鲜艳活泼的颜色及多样化的造型更能吸引儿童的眼球，儿童门诊周边的铺装可选用更丰富的色彩，缓解儿童就诊时紧张的心理。在其他区域的铺装颜色不宜太艳丽，安静沉稳的色彩可以舒缓患者紧张焦虑的心情。

二、栏杆

室外扶手栏杆考虑到行动不便者、轮椅及儿童使用，应设置多层栏杆。一层栏杆高 0.65m 左右，供残障人轮椅和儿童使用；二层栏杆高 0.9m 左右，供普通人群使用；二层以上挑高空间栏杆应在 1.1m 左右。在休息座椅旁也应设置栏杆，对行动不便者具有辅助作用。

三、座椅

普通人步行适宜距离约500m，考虑医院人群的特殊性，可适当缩减距离布置休息座椅。为增加舒适度，室外休息座椅宜选用带靠背的木质座椅。根据人体工程学的要求，座椅高度 0.4m，宽度 0.45m，人均坐宽 0.4~0.6m，靠背倾角 100° ~ 110° 。北方地区座椅面材质要考虑户外体感温度，尽量选择木质或复合材质。

四、室外灯具

医院景观照明应以满足基本照明为前提，在夜晚保证行人的安全，在路口转弯处设置提示性照明。尽可能地选择高光效、低能耗、低谐波的绿色节能照明产品，如采用 LED 产品替代传统的灯具照明，在节能性、使用寿命和环境保护等方面有极大的优势及较高的社会经济效益。在满足照度的同时，还要选择灯头有防眩光格栅的灯具。园林景观照明器具多装于室外，人员接触的可能性大，这对于照明灯具的防护、线缆接口的防护、线路的漏电保护性能及接地装置提出了较高要求，应根据实际需要尽可能采用高防护等级产品。

五、健身场地及器材

健身广场应选择开敞的空间，方便到达之处，并有大树遮荫，使患者在锻炼、交谈、赏景时心情愉悦。健身器材应根据不同使用人群和身体机能要求分别考虑：对于儿童应设置趣味性较高的活动器械；对于行动能力较弱的使用者，可提供适合其高度和身体机能的无障碍健身器材；而对于一般患者，可提供带有栏杆扶手的健身器材，帮助复健，所有健身器材都应以安全性为首要原则。

六、室外标识

医院是一种极为特殊和复杂的空间环境，一套完善的标识系统将方便人们使用。室外标识应具有以下特点：

（1）简明性：一目了然，信息完整易懂，方位表示准确，位置明显；

（2）连续性：在到达指示目标地之前，所有可能引起行走路线偏差的地方，均应有该目标地的引导指示；

（3）易识别性：文字与背景的色彩要有明显的对比，可选用具有视觉冲击力的文字造型、比较明显的色彩。

第六节　项目案例

北京大学人民医院昌平区回龙观分院

一、项目概况

北京大学人民医院昌平区回龙观分院，规划设计为一所综合性的三甲医院，建设用地 5.37 万平方米，总建筑面积 14 万平方米，景观面积 3.5 万平方米，绿地面积 1.7 万平方米，绿地率 > 30%。

二、景观理念

建筑本身具有流动之感，景观的“生命曲线”也赋予出新的含义——生命的延续。“生命”诠释着医院以人为本、救死扶伤的本职。“曲线”从空间上呼应着建筑的形体线条，也勾勒出了景观的风格——现代、简洁、自由、融合。

三、功能布局和分区

医院所处位置周边人口密度高，医院综合性要求较高，包含门诊区、急诊区、住院区、医技区、儿科门诊、办公区。各功能楼周边环境要求也不尽相同，建筑围合出的庭院空间大小各异，屋顶花园是其特色空间。

（一）门诊主入口——入口特色与开敞空间

门诊入口区域是医院的门户景观，承担着对外的展示功能和人流的引导功能，同时要保证必要的疏散功能，以此为设计出发点，整体布局从交通流线，行人视线、疏散空间的要求形成开敞的景观空间。正对主入口是景观中心节点，是主要的医院展示面，也是人流的分导面。

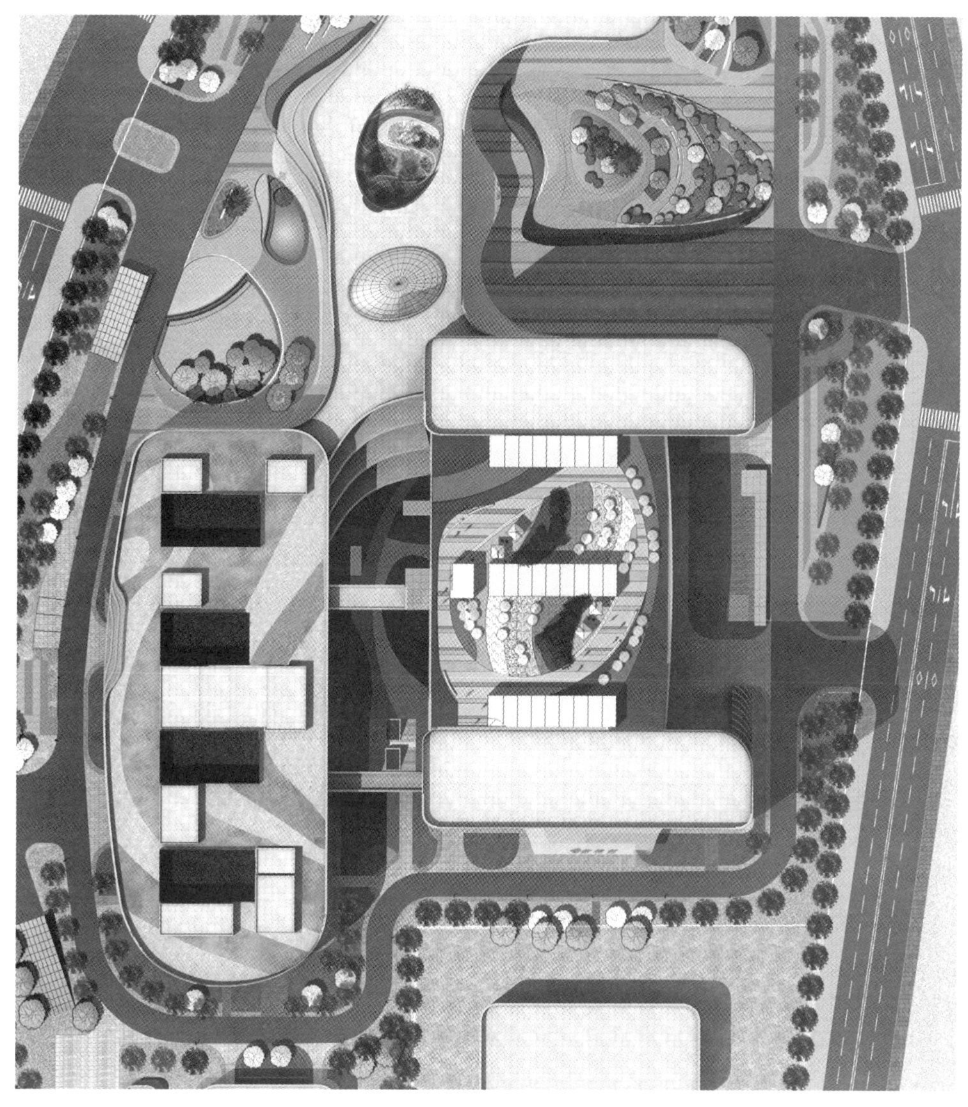

图 3-5-1 总平面示意图

图 3-5-2 西北侧鸟瞰图

曲线形的水景池犹如镶嵌在建筑内凹空间里的蓝宝石。水面涌泉，给人以亲切之感。景石油松，形成均衡稳重的审美感，形成大气精致的门户景观，同时也成为门诊区积极的引导景观。两侧的岛状绿地形成环抱之势，与建筑的环抱空间形成呼应，体现着医院的包容性。开敞的绿地空间，满足了紧急疏散的要求，局部种植乔木绿篱形成远景层次，树下设置坐凳，以满足就诊人群休息等候的需要。绿岛分隔出的铺装空间充分保证了不同方向的就诊人群，起到了分流与引导的作用，使空间利用率最大化。

（二）儿科门诊入口——室内外互动的积极空间

儿科门诊区作为独具特色的区域，重点需要考虑患者人群的不同。儿童的心理与生理需求成为重点考虑的因素。通过分析，室内儿童可活动停留的区域较少且局促，仅在入口有 20m^2 的活动空间，很难满足大容量就诊的需求。因此在门诊区入口处，结合功能需求和交通条件，设置了一处约 150m^2 的儿童室外互动场地。与室内空间隔窗相望，做到了视野互达。场地外侧通过绿篱形成多层围合，保证活动空间与车行道路的分隔，做到人车安全。场地内点缀高冠乔木，夏天可形成树荫空间，秋天可赏落叶，冬天保证室内采光。场地采用透水材料铺装和绿地草坡结合，体现无障碍及生态要求。考虑到儿科门诊的特殊性，在场地内设计了趣味景墙，满足儿童及监护家长就诊前后的逗留需求。景墙融合了生命细胞的曲线元素，错落组合，采用轻体材料镂空设计，色彩艳丽，打造出互动游戏空间，从心理上减轻儿童就诊的抵触情绪。同时趣味景墙也是儿科门诊入口的特色标志景观，达到景观功能的多样化。

（三）下沉广场——动静结合的多功能空间

下沉广场是整个医院场地中比较特殊的一处区域，下沉空间避开了东侧门诊人流的干扰，1700m^2 的面积也保证了足够的活动和采光空间。这里主要作为院职工休闲放松的场所。

首先，场地不规则的弧线形态，诠释了“生命曲线”的概念。“曲线”可以很好地与空间融合，也迎合了建筑的形态。就餐的人们透过弧形的玻璃眺望出去，绿色的背景给人以自然环抱的感觉，绿色代表“生命”，尤其在这样的公共空间显得尤为宝贵，同时可以削弱高大挡土墙给人带来的压抑感。

其次，在设计手法上，将台地与南侧的疏散楼梯相结合。弧形的挡土墙从不同的休息平台延伸出来，形成不同高差的绿地空间，其间布置汀步，形成绿地漫步的感觉。每一层绿地都通过微地形来塑造，遮挡垂直挡土墙高差的同时增加了立面绿量的效果。不同台地种植不同季相的植物，如春季的碧桃、玉兰、海棠、迎春、连翘、丁香；夏季的栾树、紫薇、大叶黄杨、金叶女贞、金银木、珍珠梅、棣棠；秋季的元宝枫、黄栌、紫叶李、紫叶小檗；冬季的红瑞木、白皮松等。形成不同的色彩层次变化，让人在咫尺之间体验到四季更迭。台地空间往下是平坦的休闲空间。通过周边四个出入口的位置及其与交通关系，设计出平面的布局关系。中间卵形绿地既是交通环岛，又是下沉广场的核心景观，还是广场排水的中心下渗区域，250m^2 的绿地面积保证了雨水涵养量。下沉广场通高的弧形玻璃幕墙，最大限度掩映了周围的绿色环境，也为内部就餐人员提供了最好的观景视野。结合玻璃幕墙的曲线，设计月牙形景观水池，活跃了景观层次与空间氛围。

（四）屋顶花园——以人为本的绿色花园

屋顶花园主要服务于住院部大楼内的患者、陪护人员和医院职工，面积约 2800m^2。基于屋面条件的限制，绿植以浅根性花灌木为主，结合休憩空间的设计，营造出休闲漫步的静养空间。漫步道路为环路形式，内环绿地以地被花卉为主，如八宝景天、三七景天、大花金鸡菊、蓝花鼠尾草、三色堇等。通过曲线设计形成纵看似水，横看呈叠的花境效果。外环绿地以绿篱灌木为主，如大叶黄杨、紫叶小檗、金叶女贞，形成围护空间。休憩木平台设计无障碍坡道，上面可布置阳伞座椅，周围丛植珍珠梅、棣棠，增加私密性。在环路周边穿插种植月季，形成近可赏、远可观的景观层次。

（五）门诊中庭——流动艺术的观赏空间

门诊大堂是人流最密集，功能最复杂的空间。大堂中央建筑预留了椭圆形的中央庭院，四周由玻璃幕墙围合，面积约 410m²，形成了大堂核心的观赏空间。如何打造一种环视的观赏面，是景观设计最重要的考虑方面。

“生命曲线”的自然、多样，寓意着生命的曲折丰富。曲线通过微地形、景观置石、水溪来营造，植物配置也以常绿植物和低维护的丛生植物为主。曲线自然弯曲，保证从任何一个角度都有完整的展示面和独特的景观点，营造移步异景的感觉。水景可以活跃氛围，放松心情。

图 3-5-3 门诊大堂中央庭院效果图

四、景观特色及成功经验

现代医院综合品质要求不断提高，室内外空间的连通性也更加密切，对景观空间的营造提出了更高的要求。把握好类似空间的设计，因地制宜，以人为本，并根据不同的功能需求，多营造积极空间，为医院充分打造具有医疗特色的景观空间。

再如：中日友好医院南花园。中日友好医院南花园始建于 1985 年，于 2016 年再次改造提升。该花园以苏州古典园林为规划骨架，秉承“以人为本”的服务理念，从医护人员和患者的精神和心理感受需求出发，巧妙运用北方的乡土树种，营造高低错落、疏密有致、三季有花、四季常青的植物群落。医院浓厚的江南水乡气息，让医护人员和患者能够直观地感受到生态环境带来的愉悦。

图 3-5-4 中日友好医院南花园

第四篇

医院建设装饰与装修工程

第一章

医院建筑装饰与装修工程概述

刘学勇　巴志强　陈阳

刘学勇 中国医科大学附属盛京医院副院长

巴志强 中国医科大学附属盛京医院后勤保障部主任

陈　阳 中国医科大学附属盛京医院后勤党总支书记，基建办副主任

第一节　概述

一、医院建筑装饰与装修的趋势

医院是最重要的民用公共建筑之一，医院建筑的规划、设计、装饰是所有民用建筑中最复杂的一种，是集医学、建筑学、医疗设备工程学、预防医学、环境保护学、建筑规划设计装饰学、信息科学、医院管理学为一体的多学科、多领域应用统合。随着医院建设的快速发展，广大患者对医疗环境、医务工作者对所处工作环境的要求也越来越高。医院装饰装修从最初的满足功能使用即可，向着更加舒适温馨、人性化交互、高智能化、绿色环保的方向发展，更趋于多元化，更加贴合患者和医务人员的需求。

医院建筑空间环境设置及装饰应契合病人在诊治过程中对不同空间环境与功能构成的需求和要求。总体空间的设置与装饰及区域功能的划分，应体现连续性、秩序性、效率性、安全性原则；公共空间环境与功能设施和环境色彩，根据病人的年龄结构、病因、生理，包括认知和情感在内的全方位心理需求特点及病人对空间环境的响应度来设计与装饰，现代医院不仅强调装修的档次与品质，还必须重视公共空间环境设计、功能设施与装饰中技术性与艺术性的完美结合，要规避空间环境与功能设施的缺位与内、外环境装饰色彩的不和谐、不统一。空间环境装饰中绝不能只强调医疗流程的需求，忽视病人在诊治过程中的心理与社会需求。

二、医院建筑装饰与装修的要求

（一）不同区域患者对装饰与装修的需求

1. 门诊病人

门诊公共空间是医院最为开放的场所，是公众诸多活动内容的集合点。因此，在门诊公共空间环境设计与装饰中应对众多使用者的需求予以支持，并通过对公共空间设置、设计、装饰以及医院强而有力的人性化服务与管理创造轻松、平和的环境，减少公众的焦躁不安。

2. 住院病人

希望得到他人的尊敬、理解、关心、关爱，渴望被他人认识、了解、接纳，适应并熟悉新环境，满足消遣娱乐需求、医疗安全需求、知情同意权需求以及医学伦理和道德的需求，包括生理和心理全方位的需求，是住院病人的普遍心理状态。

从医院建筑环境与功能及装饰角度剖析，病人对医院医疗环境与功能的不适应、空间环境与功能设施的缺位、人性化建筑设施不到位、设计师和医院管理者缺乏，是造成病人生理、心理和行为变化的主要因素。其中，只注重医疗流程的需求，而忽略病人在诊治过程中心理与社会需求；只满足管理者对空间环境构成的管理需求，没有充分考虑病人对医院总体空间的使用需求；只强调空间环境设置连续性、秩序性、效率性、安全性，忽视了病人对不同空间环境构成的需求和要求。

上述问题的存在，应辩证地从立体思维的角度来剖析。现代临床环境医学研究表明，环境、心理社会因素导致的情感过激变化是主要致病因素。良好的医技水平，满足病人生理、心理和社会需求的空间环境及温馨的医疗环境能减少并消除病人的心理压力，也有助于改善病人的心境，并产生良好的生理、心理效应，对调节病人心理、增强机体的抗病能力、疾病治疗等具有积极作用。

（二）公共空间环境设计与装饰的基本原则

医院科室分工的专业化、精细化是现代医学技术进步与医学模式发展的必然结果。医院公共空间环境的设计、装饰与科室分布、布局，必须满足医学模式发展变化的需求，满足医疗流程的效率性、秩序性要求，注重公共空间环境设置上的序列性和连续性，注重公共空间环境与功能设置对公众生理和认知、情绪、情感、行为在内的整个心理过程的影响。

医院建筑环境空间的规划、设计直接切中医院安全与感染控制的要害，空间环境规划应注重建筑布局、安全通道、火警设置及电气管道的科学性、安全性、合理性。对手术部、消毒供应中心、病区中央空调而言，还应考虑气流循环方式、洁净度、压力、温度、湿度、新风量等因素。在改扩新建中，医疗服务环境设施建设要遵循医德规范的伦理思考，满足病人生理、心理、行为和情感的需求。

1. 人性化

人性化设施需主要考虑门诊病人和住院病人的需求及行为特征，最好能与智能化相结合，如地面无高差，水池放置合理位置，轮椅存放，卫生间防滑及高低台面，护士站和分诊台家具的设计方便轮椅患者使用，治疗柜、处置柜的细节设计结合智能化方便整洁完善并统合医院功能分区，充分考虑公共空间环境的构成对公众的生理、心理和行为及精神状态的影响。“以病人为中心，以员工为本”，营造温馨、舒适的医疗环境，实施“人性化”规划、设计、建设，是医院新时期建设的指导思想和原则。

某院在 A 座与 B 座门诊病房综合楼前庭空间设计中，在共享大厅公共空间构成上，突破传统医院公共空间构成形式，向酒店共享空间靠近，以期创造出愉悦、轻松、祥和的医疗环境。这种空间环境，可以改变传统医院公共空间冷峻、严肃的形象，避免医院大厅混乱、拥挤、紧张的气氛，缓解病人进入医院紧张、焦虑的情绪，增强病人诊断、治疗、康复的信心和能力。门诊部和住院部底层入口大厅中不仅设立了鲜花礼品小卖店等设施，还将取款机、公用电话、住院消费查询机、商店、休息厅、儿童娱乐设施、问讯、健康咨询、网络查询等公共服务设施引进医院公共空间，将人工喷泉水线、景观小品、绿色植物、楼顶休闲花园、阳光观景台、医疗主街等引入公共空间环境中，根据病人年龄结构、生理和心理需求的特点及病人对空间环境的响应度，在门诊、病房不同公共空间区域，建设具有不同特点的候诊区、休闲区、阅读区、交流区、游艺区等。

2. 艺术性与技术性

色彩可通过视觉传递给大脑，促进腺体分泌，对病人的生理和心理状态具有积极的治疗与康复作用。如何将自然生态环境引入室内空间环境的设计与装饰中，使其兼具技术性与艺术性，通过二者有机结合塑造人性化的医疗环境，是现代医院建筑室内环境设计与装饰的原则和核心。在医院门诊病房楼公共空间环境设计与装饰中，要重视患者生理、心理、行为的设计，注重内环境的色彩选择、表面材料的选择、背景音乐的设置，应尽可能在空间功能、色彩、灯光、装饰、音响中采取相应措施，来降低紧张气氛、创造和谐氛围。

在设计妇产科诊室时，应注重室内空间环境的营造与女性心理特点相结合，侧重诊室空间环境的隐私性，突出室内环境平静、安逸、淡雅的特点，注重表现女性的温柔和纤巧。在医院建筑空间环境设计与装饰中，注重室内色彩、灯光、音响、背景音乐、墙壁装饰物、绿色植物、室内建筑小品、室外阳光有机相互结合。在相关区域空间引进绿色植物。注重考虑医技设施与室内环境的和谐统一。设计与安装中需注重病房顶棚悬挂输液瓶的滑道、床帘轨道、窗帘、床头上方真空吸引与供氧设备带上床头灯、呼叫器、电源插座、监护设备台架等与室内设计的协调统一性、安全性、实用性。

3. 空间环境设计与装饰色彩的协调统一

医院长期把白色系视为医院的传统色系，医院内环境被白色包裹，而现代临床环境医学理论的发展和实践表明，白色系对病人生理、心理方面会产生一定的消极影响，易引起病人心理上的疲劳、精神上的空虚和绝望。现代医院室内空间环境色彩设计既要符合卫生学要求，又要满足病人生理、心理和情感的需要，白色已不再是现代医院空间环境色彩设计中唯一的颜色，医院建筑空间环境色彩构成也将趋于安静、温馨的色调，不同区域满足不同病人的需要。通常情况下，用淡粉色或淡蓝色取代白色。

（1）手术室、急诊室改用与红色血液相补的颜色，用青绿的灰色来代替，以缓解视力疲劳和精神紧张。

（2）护理单元空间环境色彩设计也应针对不同病人的病情、生理、心理和行为来加以区别对待。有研究表明，淡蓝色对高烧病人的情绪起稳定作用，紫色可使孕妇感到安宁。

（3）护理单元空间环境色彩由墙体颜色作主色调，一般室内选用低彩度、高明度的颜色为好，明快的色调给病人以信心和轻松的感觉。

（4）门诊一般以浅咖啡、浅灰黄色、灰绿色为主。色彩学理论表明，柔和的冷色调能够缓解并减少门诊病人在就诊过程中紧张、急躁、焦虑的心理，对病人具有安抚作用。

（5）病房空间环境色彩设计，一般选用柔和的粉红色调或木纹本色作为墙壁装饰色，洁具以淡色调为主。

（6）地面材料应选用彩度不高，比墙壁色彩明度弱一些的颜色，便于整体空间环境色彩的协调。

（7）家具颜色也是室内色调的组成部分，在保证使用功能的同时，也应注意家具色彩与周围环境的协调。

（8）医院的功能科室仪器设备较多，设备的色调应尽可能选择与室内色彩协同统一的颜色。

（9）对特殊科室，如影像、检验、放疗、康复、消毒中心等设备较为集中复杂的科室，空间环境色彩设计应注意局部环境设计，以期达到警示、提示与指引的作用，如消毒供应中心用浅红色代表污染区、用浅绿色代表清洁区、用浅蓝色代表无菌区。

（10）医院外空间环境色彩的选择也应考虑病人的生理、心理、行为和情感的需求，以满足病人治疗和康复为主体，体现技术性、艺术性与医院文化的结合。各建筑物外墙颜色、景观小品造型与色彩、屋顶造型及色彩、室外灯光造型与色彩、院内标识系统形状与色彩等，均应与院内自然环境相互协调，以体现医院环境文化氛围。

（三）现代科技对医院建设的影响

1. 智能化

现代信息技术的发展，给人们生活带来便利的同时，也给医院装饰装修带来了新课题。智能化信息系统既包括物流、气体、呼叫等医院特有的设备系统，也包含通信、电视、消防及安全监控等传统楼宇智能系统，还包括计算机站、局域网、多媒体及远程医疗等计算机信息系统。智能化程度的高低是现代化医院发展水平的一个重要标志，也对医院整体功能布局提出了新的研究方向。例如：随着手机 App 的应用普及，越来越多的患者使用网上挂号、手机缴费，传统的挂号收费大厅是否还要占用明显的位置和巨大的面积？医院在装饰装修设计时，必须将智能化纳入整体规划与设计，包括设备设施的位置、信息点的位置、综合布线等。另外，装饰与装修配套设施的配置也必须适应和满足智能化、信息化要求，做到整体协调、使用方便、功能完备。

2. 装配化

装配化与传统装饰装修施工相比，具有工期短、污染小的优势。装饰装修材料市场鱼龙混杂，而工厂集约化生产的产品，在质量上可控，减少了中间环节。因此，医院的装配化装饰装修也将是一种发展趋势。

医院建筑公共空间构成及空间环境与功能的发展变化，代表了现代医学的发展水平和方向，与人类科学技术、医学模式及哲学思想的整体水平相适应。它是现代医疗理论对医院建筑空间环境设计与装饰的客观要求，是医院以病人为中心、以员工为本的体现，是创建和谐医患关系的有效保证，是提升人性化服务品质的基础，是衡量医院服务、经营理念优劣及提升医院竞争力的重要标志，是提高医疗质量、保障医疗安全的基本要素。

第二节 医院建筑装饰与装修设计

一、装饰与装修设计的意义

我国建筑业目前普遍存在着“二次设计”的现象，即先进行建筑设计，再进行装饰设计，最后再进行装饰施工。装饰设计是在原建筑设计方案的基础上，以满足实用功能要求为前提，再进行二次深化设计，弥补建筑设计中功能布局的缺失，以达到流程合理、功能运行高效有序的目的，并实现现代科技同文化艺术的结合，医疗技术同情感的融合，通过利用材料质感、灯光效果、色彩搭配的精心组合，来影响环境氛围和人们的心理情绪，塑造一个优美、健康的医疗环境。

二、装饰与装修设计的目的与功能

医院装饰与装修设计是建筑设计的末端设计，是一门综合性学科，涉及与建筑设计的协调、对医疗工艺流程的完善、机电节能、标识系统引导、无障碍设施、声光控制、色彩计划、家具配置、经济环保建材的选择以及植物与艺术陈设的配置等多个部门和专业。装饰与装修设计的目的，就是把这些环节统筹结合起来，保证装饰装修效果的整体和谐，使医院建筑空间更好地服务使用者。

在“以人为本”的前提下，医院装饰与装修设计必须满足和平衡患者、家属、医护人员的需求。

（1）尊重医护人员使用感受。医护人员是医院的常态使用者，每天长时间在一线工作，任务重、压力大、感染概率高，他们对环境的需求是放松、方便和安全。

（2）尊重患者及家属的需要。患者及家属虽是医院的过客式使用者，但却是医疗服务的享受主体，对环境的要求是便捷、高效和安慰。

三、装饰与装修设计的流程

医院建筑设计更多地体现了医院的功能和布局，而装饰与装修设计更多地体现色彩、人文、艺术等。因此，装饰设计应深入了解医院相关操作流程和工作规范，综合各种因素，进行全面考虑和设计，实现医院建筑与环境的良好结合，人性与艺术、科技与环保的结合。设计流程主要有以下几个环节：

（1）根据院方提供的设计要求计划书分析项目；

（2）平面布局优化；

（3）室内外设计风格定位；

（4）根据相关专业配套图纸进行设计方案优化；

（5）设计深化和材料选定；

（6）施工图设计；

（7）施工现场设计和配合。

第三节 医院室内非诊疗空间装饰与装修

一、入口空间

入口空间主要是指医院的门诊大厅与急诊大厅。门、急诊大厅是医院人员最密集的公众场所，同时又是医院多种流线的交叉点。门诊大厅为动区，患者就医，第一印象就要产生信赖感，即尽快到达候诊科室，所以门诊需具备宜人的排队等候环境及良好的空间导向。门、急诊大厅应合理布局，预留足够空间给信息查询机、预约挂号机、化验单打印机、取款机等信息化设备。其他辅助服务功能，如便民服务（轮椅、平车医疗设备、雨伞、电话、充电机、售卖机、ATM 机等）、水吧、超市、便民药店、医院文化宣教区等。

（一）天花

天花在造型设计上宜简洁大气，无太多暗藏面，避免藏污纳垢。天花造型可利用装饰元素来体现医院特有文化，宜成可拆卸的铝板（穿孔铝板、铝方通），在保证视觉美感的同时，兼顾吸音、质轻、防霉、灵活使用等特点。在装饰材料的选择上，应采用简洁、耐用、中高档材料。公共区域的过厅走廊、护士站、候诊大厅应根据建筑空间的划分，延续大厅的装饰风格及选材。公共卫生间可选铝扣板或轻钢龙骨防水石膏板。

（二）墙面

墙面要考虑到空间的整体性和造价等因素，不宜做复杂的装饰造型。材料的选择应耐脏、易清洁、耐碰撞。建议使用金属复合墙板、高强度的大瓷砖或人造板材。局部重点墙面或柱子可采用大理石、铝板、人造石材。在噪音问题上，建议局部采用环保吸音材料。

（三）地面

门诊大厅人员进出密度大、流量大，宜采用耐磨、耐久、耐污染、易清洁、不宜烧灼、不宜产生划痕或被损毁的地面材料；材料颜色应与墙面颜色协调。目前，地面材料采用较多的主要有暖色系大理石、花岗岩、环氧水磨石以及瓷砖等。病房走廊建议采用 PVC 或橡胶地板，能够吸音、降噪。

（四）照明

在装饰上尽量保证原建筑天窗、玻璃幕墙的采光面积，尽可能多地自然采光、通风。光源宜采用发光效率高、显色性能好、寿命长、环保节能的 LED 灯具。根据空间的使用性质选择合理的色温，如等候公共区域宜选择接近日光的 3500 ~ 4500K 色温的灯具，造型美观。照明方式采用泛光形式，保证无眩光，营造优雅氛围。

（五）标识

医院是一个特殊的公共场所。病人从进入医院起，对医院各种功能区的找寻贯穿于整个就医过程，因而标识导视系统尤显重要。

医院导视分为四个等级，要与智能化信息系统有机结合，创造出完美清晰的导向路线，清晰地展示医院各区域功能，有效地分流和指引患者。

行业要求的专业标识、天花灯箱标识、墙面标识、各科室标识等应与医院装饰与装修设计同步，风格应协调统一。在天花上应为标识预留空间和线路，尽量采用明晰的图形与文字配套，说明空间功能。一套良好的标识导视系统可成为医院彰显硬件环境的重要组成部分。

一套易于识别的医院标识导视系统应具有如下特征。

（1）简明性：一目了然，信息完整易懂，方位准确明显。

（2）连续性：在到达目的地之前，所有可能引起行动路线偏差的重要分叉点均应设置通向该目的地的引导指示。

（3）规律性：由大到小、由表及里、由远及近、由多到少。

（4）统一性：同类或同区域的指导标识应在颜色、字体、规格、位置、表现形式等方面协调统一，这样建立起来的视觉习惯有助于提升标识识别率。

（5）可视性：文字与背景的明度应有明显的对比，应选用易于识别的字体和在一定距离内能够准确辨认的字体体量。

（六）设施

大厅设施和装饰应根据实际需求设置，如休息座椅、自动扶梯、垂直扶梯、电子大屏幕、ATM 机、自助查询机、自助挂号机、自助报告 / 取片机、室内绿化、壁画、雕塑等，满足患者需要，体现人文关怀。

二、候诊空间

候诊区（室）是一个需要相对安静的区域，装饰装修应为其营造一个舒适、安逸、轻松的环境。候诊区（一次就诊）宜采用厅式候诊，二次候诊可采用廊式候诊。面积条件许可时，在候诊区内也可专门设置封闭或半封闭的“特殊候诊区”，放置沙发或座椅，以满足高龄患者、对噪声敏感的心脏病患者。儿科候诊区应设哺乳室和婴儿打理台。

（一）天花

天花板应尽量采用吸音材料。通常采用成品冲孔铝板、石膏板（防火等级 A 级）、吸音岩棉板等。由于候诊区和公共走廊天花设备管路比较多，优先选用可开启的系统天花以方便后期维护。近年来，多采用成品集合设备带，解决天花设备杂乱的问题，将灯具、喷淋、烟感、空调等设备全部集中在设备带上，美观漂亮、维护方便、效果良好。采用这种天花形式，需要在建筑设计初步阶段各个专业相互协调整合，才能达到预期效果。

（二）墙面

候诊区墙面宜采用耐清洗、抗碰撞材料。一般选用金属复合墙板、抗菌树脂板等，也可选用耐擦洗乳胶漆等涂料装饰。对于材料接缝问题，金属复合墙板及抗菌树脂板都有专用的扣条及收边。墙面转角部分应采用圆角，防止碰撞。

（三）地面

目前，综合性医院候诊区地面多选用花岗岩石材、防滑玻化砖、耐磨橡胶或 PVC、卷材。对门诊候诊区，建议选用脚感好的橡胶或 PVC 卷材。对急诊急救候诊区，建议选用橡胶卷材、耐用玻化砖。地面与墙面的踢脚线，建议采用成品卷材收边条或成品铝合金收边条。

（四）设施

候诊区应设置病人就诊流程图。流程图应简洁、明了、易懂，让病人清楚整个就医流程，避免盲目性；应配备电子叫号显示屏或电视 LED 屏，使患者及时了解自己的候诊排队情况；播放娱乐节目或医院宣传资料，让患者排遣时间，缓解焦虑；应设饮水设备、轮椅、公共电话、ATM 机、信息查询机等。候诊座椅要舒适、耐用。儿科候诊区的门、窗、候诊座椅高度、宽度等要适合儿童特点，宜小巧玲珑。条件允许时，可单独设置儿童游乐区。

（五）色彩

色彩设计可起到功能分区和引导病人的作用，增强病人的正性心理感知。柔和淡雅的色调有助于营造宁静的氛围，利用粉红色、浅蓝色、淡紫色等色调的交替，创造出优雅的对比效果。通过在医院走动，患者会通过图形的整体构成与联系及整个空间的颜色变化来区分各个功能分区。

（六）环境

医院应首选自然采光、通风。建筑条件允许时，候诊区与室外景观连通，如步入式园林、儿童乐园等，满足患者候诊时对自然活动的需求。

三、交通空间

医院街、公共走廊、电梯厅等交通空间是医院各种流线的交叉点，是人员流量最多的公共场所，既是一个个相对独立的功能空间，又紧密关联，是装饰装修的重点区域之一。在尺度和衔接上，要有很好的过渡。在装饰装修风格上，既要变化，又要协调统一，同时兼顾与相连内部空间有机结合。医疗街、公共走廊、电梯厅更应突出棚面、墙面、地面立体标识导视系统的设计与制作。

（一）医院街

医院街可设计成“艺术长廊”或“文化长廊”，充分展示医院形象，使医院的院史及文化可以得到充分的展示。在装饰中可设置盆景、植物、雕塑等景观要素，使空间生动、亲切、自然。

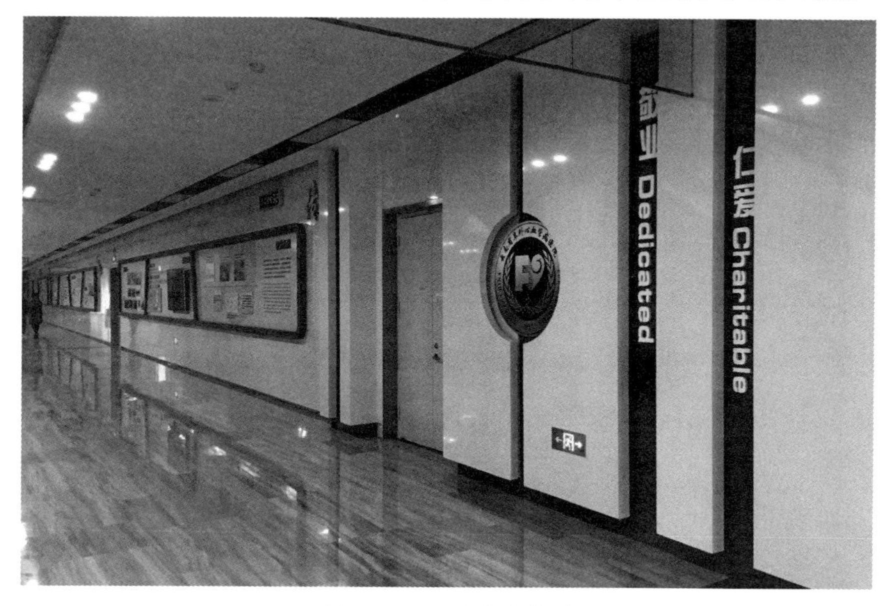

图 4-1-1 医疗街实景图

（二）公共走廊

天花：吊顶材料和形式与入口空间尽量相似、统一协调。

墙面：墙面材料应具有抗碰撞、抗污染等性能，应避免两侧墙壁大面积地使用单调的白色。

地面：地面材料应采用耐磨、耐腐蚀、防滑、防噪的材料，如花岗岩石材、防滑地砖、橡胶地板等。

（三）电梯厅

电梯入口是医院装饰设计中的重要组成部分，在装饰设计时应设计成斜边，以增大乘人、轮椅、病床等进出角度。电梯轿厢内至少应设置两处楼层按钮和盲人按钮，建议电梯口可以做彩色金属板装饰，其抗击能力能更好地满足使用要求。墙面、地面多采用金属复合墙板、石材、瓷砖等，导视应用在电梯一侧，楼层导向指示方便患者及工作人员的导视，电梯厅造型应简洁、美观、大方。

图 4-1-2 医院电梯间

四、辅助空间

辅助空间不与医疗活动发生直接关系，主要指休息区、花园、公生间等共享空间，此处主要介绍医院的公共卫生间。

公共卫生间要适合各种人群的使用。每层门诊应设置残疾人无障碍卫生间，平面净尺寸不应小于2m×2m。普通卫生间平面净尺寸建议小不于1.1m×1.5m，建议门开启方向为外开或平移。厕位旁应设置呼叫按铃、输液挂钩（病房与输液区需设）、助力扶手等。地面应选用防滑瓷砖。每个公共卫生间都应设置一定比例的坐便器，方便老年人或行动不便的患者使用。条件允许时，可选用挂墙式坐便器，便于打理。洗手盆开关宜选用感应水龙头，防止交叉感染。儿童卫生间洗手台的高度应符合儿童的使用高度，蹲便池、坐便器的大小也应符合儿童需求。在儿科或新生儿科附近，设置家庭卫生间、哺乳室和婴儿打理台等。

第四节　医院室内诊疗空间装饰与装修

医院室内诊疗空间是患者接受诊疗服务最直接的空间，也是医护人员的日常工作场所。室内装饰装修设计不能局限在物理环境上，还要关注患者及医护人员的心理环境。设计的基本原则是在以人为本的前提下，兼顾美观性与实用性，着重整体色调和室内环境布置，充分尊重和满足患者就诊住院以及医护人员工作需要，营造一个温馨亲切的空间。

现代医院室内装饰的一个显著变化是：根据科室不同、服务对象不同，采用不同的色彩体系。确定标准色时，不仅需要注意色彩对病人以及医护人员的心理影响，还要考虑色彩的识别功能。

一、诊室

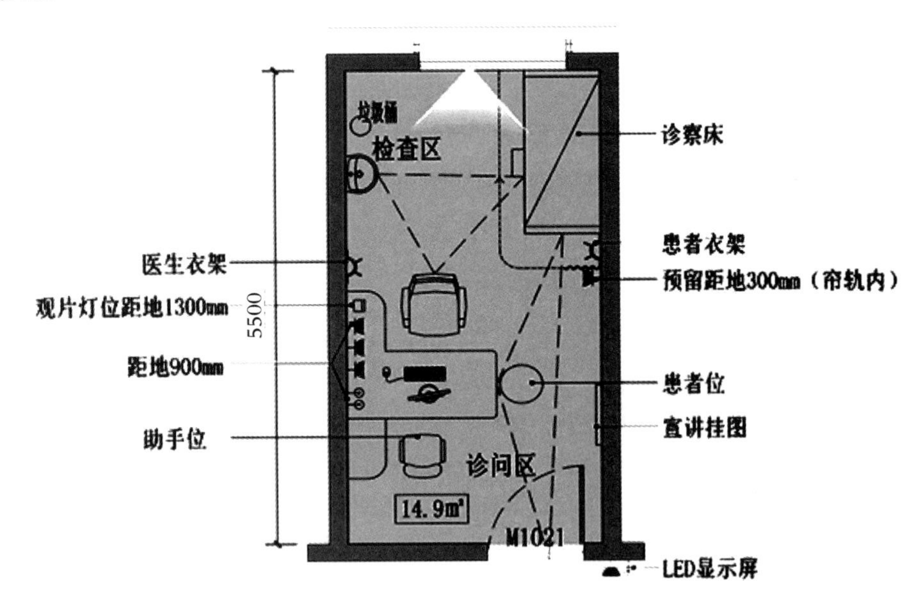

图 4-1-3 医生诊室平面布局图

（一）色彩

一般科室宜用浅色调，以米黄色或白色为主，能够舒缓患者情绪；妇产科宜采用粉红色系作为主要装饰色调；儿科宜采用符合儿童心理的活泼颜色。

（二）天花

一般采用轻钢龙骨双层纸面石膏板吊顶，以隐蔽各类管线和空调机体等，注意留好检修口。在造价允许范围内，可采用冲孔铝板、玻纤板，以达到更好地吸声、降噪效果，且不易变形，便于维护。

在有需要墙角挂饰物的房间，墙角阴角设轨道或挂画器。

（三）墙面

一般采用浅色调或白色抗菌乳胶漆、抗菌釉面漆，造价允许范围内可采用海基布或纯纸壁纸，以及各种人造环保板材。窗帘宜采用布幔窗帘、遮光卷帘、百叶窗等，要注意色泽花纹的搭配。

（四）地面

一般采用PVC、橡胶地板或防滑地砖，材质颜色可与导视系统协调。如采用地砖，应用美缝剂进行美化处理。踢脚线宜采用不突出墙面的设计形式，并在与地面结合处采用倒圆角处理，便于清洁。

（五）设施

室内设施要与公共空间整体风格一致，诊桌、椅子、橱柜、门、窗、窗帘盒等造型、色泽、纹理、材质应协调统一。检查床要配置幔帘，保护患者隐私。治疗用的设施、器具等，安置位置应合理，纹路管路注意隐蔽。特殊诊室，如妇产科室，设施应更加人性化。

二、检查室

不同科室检查室的设备设施各不相同，装饰与装修必须满足设备的需求。要重点处理好防辐射、防噪音、防静电等设备因素。在装修上对检查室进行美化处理，为患者提供温馨的就诊环境，为医护人员提供合理的操作空间。

（一）色彩

患者在检查室更容易产生心理恐惧，因而检查室色彩宜采用暖色系，营造出自然温馨的室内环境。

（二）天花

天花板如需安装设备，应设计稳固的刚性支撑结构。最低的天花板高度建议在3m左右。

天花板的材料选要点是便于安装、维修、改造。可通过绘画、LED、投影等形式，在棚面显示蓝天白云或其他装饰画等，以减轻高科技设备给患者带来的冰冷感。棚面灯光宜采用泛光软膜照明，防止产生眩光而影响患者检查。

（三）墙面

墙面设计不应有凸起或锋利的边缘，宜采用吸音性材料。单位区域的墙面应耐水洗。如层高允许，可在顶棚阴角下装挂镜线，挂镜线以上墙面应同天花一样，用同色系装饰或乳胶漆涂饰，以增加空间层次感。墙壁不显示灯光的反射，特别是在医护人员工作的视线高度。

（四）地面

地面采用抗静电地板及无毒无味、抗菌、耐磨等材质。地板表层应不透水、易清洗，带有弧形的密封边缘，有足够的排水系统。地板龙骨应针对设备和人的荷载做加固处理。

（五）设施

检查室的设施最好与医院整体设施风格一致，如采用相同色彩、相同材质、相同设计元素等，使空间与医院整体更加和谐统一。

三、病室

病室是患者较长时间住院和生活的地方。按照病室内的病床数量，可分为多人、三人、双人、单人病室等。病室装饰与装修的设计应该给患者一个自由、宽松的环境，让患者有“家”的感觉，从而减轻患者心理压力。

（一）色彩

饰材色泽应与当前家庭装修常用色泽相同，一般宜用浅色调，色调平稳，配饰和谐，如枫木、桉木等。

儿童病室宜丰富活泼一些（如天蓝色）。妇产科色彩宜采用暖色系（如浅粉色、浅紫色等）。

（二）天花

病室天花通常选用双层纸面石膏板、负氧离子生态板等新型材料做整体吊顶造型，棚面设备、管线等做隐藏式处理。天花设计宜简洁，灯具、喷淋、烟感、内嵌式幔帘轨道等设备应合理、美观、互不打扰。选用带有输液吊杆插孔的标准病床，能简化棚面排布。天花灯光宜采用二次反射照明，避免眩光。眼科病房不宜采用 LED 光源照明，保护患者视力。

（三）墙面

一般采用浅色调或白色的亚光抗菌乳胶漆或抗菌釉光漆，也可选用海基布或纯纸壁纸。患者床头如设置墙板，可选用防火等级为 A 级的抗菌树脂板、转印铝板、防火板等，易于清洁。设备带端口宜设置在病床两侧。在造价允许的情况下，可选用有调节模式的智能床头灯，满足病室医疗、患者夜间阅读等需求。条件较好的医院还可悬挂液晶电视，使病室更接近“家庭”，有利于患者排解负面情绪。

（四）地面

地面一般采用橡胶地板、PVC，墙面与地面结合处做倒圆处理，踢脚线由地材直接卷边上翻至 100mm 高，方便清洁。

（五）设施

除病床、设备带外，一般设置壁柜、床头桌、多功能座椅、陪护坐凳、电视等。病床配置床周幔帘。病室的门宽不能小于 1.2m，门上设置观察窗。根据病床的高度，在门上、过廊和墙上设置防撞护板，色彩统一。产科、儿科应设置婴儿打理台，病床应适度加宽（1.1m），满足母亲与孩子的需求。产科病室应适量家庭化，设置夫妻同室、母婴同室等。

（六）病室卫生间

病室卫生间是患者住院期间使用频率较高的附属空间，功能区别于医院内公共卫生间，跟家庭卫生间的功能类似。内设洗面盆、坐便器、淋浴器、坐浴凳等。卫生间格局最好对洗手区、坐便区、洗浴区进行空间分离，以提高卫生间使用频率。在坐便器旁边设置呼叫按铃、输液挂钩、助力扶手等。应设置冲洗便器的专门水龙头，避免在洗面盆冲洗便器。棚面采用铝板吊顶，防水防火。在洗手台台面设置止水槽，避免地面积水。地砖要考虑防滑。

卫生间阴、阳角处均应采用倒圆角处理，防止患者摔倒磕伤。条件允许时，可选用悬挂式坐便器，便于清洁。卫生间门应适当加宽、外开，板材应考虑耐腐蚀、耐水性。

老年人、残疾人或心脑血管康复患者使用的卫生间内，应在距地面高 300mm 处增设一两处紧急呼叫按钮作为呼叫系统的补充。儿科卫生间要考虑儿童和家长的双重需要，配置成人、儿童两用坐便器。由于患者住院时间较长，应考虑设置专门的洗、晒衣物空间。

四、护士站

护士站应设置在单元中部，距离最远的病房门口不宜超过 30m，便于医护人员照顾病人。护士站以敞开为宜，可通视护理单元的走廊，同时兼顾监控、收纳、净手、咨询、配液等功能。护士站台面高度要考虑方便与残疾人交流，并设置放包台。治疗室橱柜和台面应选用耐腐蚀、耐磨划、易清洁的材料（如电解钢板、人造石、高光模压板等）。护士站灯光宜明亮，能够起到引导作用。

五、洁净用房

（一）手术室（部）

手术室（部）按洁净程度一般划分为清洁区、洁净区、污染区三个区域。手术室的装饰与装修是医院装修的重要组成部分，须严格执行国家有关规范标准。材料选用须符合国家环保规范要求，并且易清洗、安全可靠。手术室的装饰装修一般由做净化施工的专业团队来完成。

1. 天花

天花吊顶宜采用轻钢龙骨，饰面板宜选用塑料复合钢板、电解钢板、搪瓷钢板、不锈钢板、彩钢板、铝板等光洁平整、不宜积尘的材料。色彩一般选用白色或米色。吊顶设置应稳固，位置应合理。

2. 墙面

墙面是营造氛围的主要部位，一般选择米色、淡绿、淡蓝等浅色调，使用不开裂、阻燃、易清洁、耐碰撞的材料。目前使用的材料主要有抗菌树脂板、电解钢板、金属复合墙板等，接缝处必须打好防水密封胶。墙的拐角、柱角及所有阳角必须处理成半圆弧形，以防碰撞，尤其是金属饰面，必须加半圆弧外角或 1/4 内角。如果墙面基础较好，也可选用防水乳胶漆等饰面。为了便于清洁，墙面一般不做造型。设置内嵌式储物柜。

3. 地面

地面通常使用PVC或橡胶卷材，色泽不宜太深，但拼缝焊接必须牢固、无砂眼，保证防水性能。目前，环氧树脂类涂料地坪以及锡钛消音地坪等新材料应用逐渐增多。

（二）ICU

ICU 单元按功能一般划分为中心观察区、病室、辅助用房。其中，病室和护士站是 ICU 的主体。ICU 单元空间组合要合理，中心观察区和病室均应有直接对外窗户，达到自然通风、透气。

中心观察区：以 ICU 护士站为核心。天花设计宜简洁，一般采用整体吊顶。空调、新风、排风、喷淋、烟感、灯具、吊顶、幔帘轨道、检修口等诸多设置应合理、美观、好用，便于维护。棚面材料要求耐水洗、防静电，一般选用石膏板、金属复合墙板、抗菌树脂板等材料。室内光线的设计应避免强光直射病人，灯光设计应做二次反射处理，避免眩光。墙面材料多采用平涂抗菌乳胶漆、抗菌树脂板等。可设置防撞护栏。地面多采用同质透心 PVC 或橡胶卷材。

病室：棚面、墙面、地面基本装饰材质同上。现在大多数医院 ICU 病室医疗管线以吊塔形式从棚面布线。天花上应设置紧急指示灯，缩短抢救时间。针对 ICU 病室特点，室内应有日历和时钟，并应悬挂在患者视野之内。如条件允许，可选用模拟日光的 LED 灯光，使患者能够感受到昼夜环境变化，促进患者正常新陈代谢。儿童 ICU 还应悬挂各种儿童画和玩具等，以满足儿童心理需求。

辅助用房：满足洁净需求，色彩以浅色为主。根据 ICU 规格、医护要求等配置相关设施。

（三）消毒供应中心

完善消毒供应中心的整体设计，要做到合理的建筑布局、科学的工作流程、专业的设备配置，同时引入先进的管理理念和方法，促进现代医院消毒供应中心的科学发展，从而提高医院的综合实力。消毒供应室承担着医疗器械、敷料等的清洗、消毒、灭菌和供应工作，建筑设计必须符合国家相关的消毒隔离法规和标准。

（1）消毒供应中心应成为相对独立的区域，设在靠近临床科室的位置。

（2）布局呈通过式，由“污”到“净”的流水作业进行排布。

污染区—清洁区—无菌区，单向流程，不交叉。

灭菌区—清洁区—污染区，各室压差 5 ~ 10Pa，洁净区压差高于污染区。

设空气净化调节装置，采取正压送风方式，以保证空气洁净。

（3）按洁净度要求不同，将消毒供应中心规划为六个区域。

生活办公区设更衣室、办公室、会议室、计算机室。

污染区：接收、分类、清洗、消毒。

清洁区：检查、打包、灭菌。

无菌区：无菌物品储存、发放。

一般工作区：器械库、被服库、敷料库。

两工作区之间设缓冲区：洗手、换鞋、更衣。

（4）工作流程：清洗—消毒—检查—准备—打包—灭菌—储存—发放。

（5）各工作区域可采取明确色标标识。

（6）消毒供应中心的建筑面积设计应与医院规模相适应，以每张病床 0.7 ～ 0.9m 设定建筑面积。

去污区：要求棚、墙、地面装饰材质抗菌性高、自洁性好、防水性强。接缝处宜做密封处理。棚面可采用铝板做整体吊顶，墙面可采用无机预涂板、抗菌板或大尺寸薄瓷板。地面可采用 PVC、橡胶或大尺度防滑地砖，做好无缝处理。

清洁区：为清洁程度要求相对较高的区域，室内不允许太潮湿，在装饰材料选择上要求材质耐水、耐酸碱、易清洁、不易积尘。棚面一般采用金属板材吊顶，防水防潮。墙面可采用金属复合墙板、抗菌树脂板或瓷砖等。在推车及设备经常出入处，设置防撞带及护角。地面采用医用橡胶或 PVC 地板。

无菌区：净化级别一般为 30 万级，而国外此区域不做净化处理。棚面饰面宜选用塑料复合钢板、电解钢板、搪瓷钢板等，并在表面做抗菌喷涂。墙面采用金属复合墙板、抗菌树脂板、电解板等，并在接缝处做密封处理。地面可采用橡胶、PVC、环氧树脂类涂料地坪、乙烯基塑料地坪等。照明灯宜采用密闭型安装，室内采用天井式分体空调，便于灵活开启与关闭。

第五节　医院室内行政后勤等空间装饰与装修

医院行政后勤科室主要有：院办、党委办公室、医务科、护理部、人事科、保卫科、对外联络处、财务科、设备科、信息科、工会、团委等。主要负责医院整体的管理工作及医院正常运营所需的一切后勤服务，是为医院提供优质医疗服务，提高医院医疗质量的坚强后盾。行政后勤空间的装饰与装修既要与医院建设的整体风格统一，又要满足日常办公的要求，为行政后勤管理人员提供一个优质的工作环境，提高工作效率。行政后勤所需房间大致包括：办公室、会议室、电教室、图书室、厨房、餐厅等。

一、办公室

行政后勤工作非常严谨，一个环节出现差错，可能带来严重后果。在装饰装修过程中需要满足不同功能房间各种使用功能。通过装饰设计手段，使功能性房间呈现稳重、端庄的感觉。色彩的选择要有主色调，统一风格。采光一定要巧妙利用自然光。避免办公环境给工作人员带来心理上的压抑。

（一）天花

天花一般选用优质可拆卸的 600mm × 600mm 或 600mm × 1200mm 负氧离子生态板，具有吸声、不燃、隔热、装饰、净化空气等优越性能，能改善室内音质，降低噪声，从而改善生活环境和办公条件，并有效降低装修成本。

（二）墙面

墙面选择乳胶漆墙面或环保硅藻泥墙面。材料施工简单、环保，降低装修成本。颜色可选择淡蓝色、淡绿色。通过色彩的使用给人安定、恬静、温和、舒适之感。

（三）地面

办公室地面一般使用同质透心橡胶或 PVC 卷材地面，具有易清洁、耐磨、静音、可翻新等特点，并有较强的装饰效果，非常适合医院使用。

（四）照明

办公室是医生工作的重要场所，是人员长时间工作、学习的地点。照明设计时要使用显色性好、维修率低的高效 LED 灯具，色温选择应在 3000 ~ 4500k，使房间接近自然采光效果，排布灯具时要考虑照度均匀度、显色指数的控制，并保证房间内无眩光。

二、会议室、电教室、图书室

会议室、电教室、图书室是为医院所有科室提供会议、学习的地点，是一个需要相对安静的区域，装饰装修应为其营造一个舒适、安逸、轻松的环境，远离噪声源。随着科技的发展，智能设备开始在会议室及电教室大量应用，在装修过程中要充分考虑设备安装位置，不仅要满足使用功能，还要保证整体装饰效果。

（一）天花、墙面

根据使用功能要求，所使用的材料必须具有良好的隔音效果，天花多使用石膏板、矿棉板等材料。墙面采用轻钢龙骨隔断时，需要隔音处理，面层使用专用吸音板。

（二）地面

地面尽可能选择一些柔性面材，既能达到耐磨、易清理的要求，又能降低人员流动带来的噪音，如地胶、地毯。电教室地面需大量设置信息、电源点位，在设计时可以考虑架空处理，为日后的设备更新、位置移动提供便利。

三、厨房、餐厅

厨房、餐厅是为全体医院人员提供工作饮食的后勤保障部门，最基本的功能是提供卫生、安全的健康饮食和轻松、舒适的就餐环境。由于就餐时间较为集中，就餐区与打餐区要合理布置，考虑人员就餐动线。避免人员交叉流动，影响就餐秩序，使原本应轻松、舒适的就餐时间变得紧张、烦躁。选择材料时需考虑日常清洗问题，宜采用防水、防潮、易清洗、吸音材料。

第六节　医院无障碍系统

《无障碍设计规范》（GB 50763—2012）中将建筑物的无障碍设计要素归纳为：无障碍出入口、轮椅坡道、无障碍通道和门、无障碍楼梯和台阶、无障碍电梯和升降平台、扶手、无障碍厕所、公共浴室、无障碍客房、无障碍住房和宿舍、轮椅席位、无障碍停车位、低位服务设施和无障碍标识系统等内容，每项从尺度、构造、材料等方面制定要求。近几年，我国医院建设的重点逐渐从追求规模以及床位的扩展，转向对工作效率、环境品质和资源分布的优化与提高。其中，医疗环境的无障碍成为医院建筑设计新一轮的发展方向。

一、无障碍设计的必要性

无障碍设计强调在科学技术高度发展的现代社会，一切有关人类衣食住行的公共空间环境以及各类建筑设施、设备的规划设计，都必须充分考虑具有不同程度生理伤残、缺陷者和正常活动能力衰退者（如残疾人、老年人）的使用需求，配备能够应答、满足这些需求的服务功能与装置，营造一个充满爱与关怀，切实保障人类安全、方便、舒适的现代生活环境。

由于医院本身的特殊性质，在医院活动的人群组成较其他公共建筑人群特殊，对无障碍设计的需求也更大。医院无障碍环境的建设对构建高效、安全和便捷的医疗环境具有重要作用。

二、无障碍设计的目的

无障碍设计的理想目标是"无障碍"，主要包括两个方面：分别是物质无障碍、信息与交流无障碍。物质环境无障碍要求：城市道路、公共建筑物和居住区的规划、设计、建设应方便残疾人通行和使用，信息与交流无障碍是指公共传媒应使听力言语和视力残疾者能无障碍地获得信息，进行交流。

三、无障碍环境设计原则

随着时代的发展，医疗领域中新理念、新技术的不断更新，使医疗空间环境发生了巨大变化，构建安全、高效和便捷的人性化医疗环境成为必然趋势，而无障碍环境作为医院人性化环境构建的主要内容，发挥着重要作用。

（一）统化原则

统化设计，一方面，要处理好交通空间和重要功能空间各自所包含内容的系统化设计。在无障碍设计细节方面，如走廊的宽度是否满足轮椅、病床的通行；走廊两侧是否设置扶手，扶手端是否做光滑处理，以方便病人在走廊中行走，防止发生磕碰；病房门窗处理是否考虑了病人的视线要求等。

另一方面，要处理好交通空间和重要功能空间各自所包含的无障碍内容的衔接。医院的无障碍设计，在空间上应有连续性，考虑各个无障碍设计元素的连贯，如城市盲道和医院盲道要无缝连接。

（二）多元化原则

医院无障碍设计涉及建筑、规划、人体设计、人体工程等多个学科，所以医院的无障碍环境设计要考虑多个学科知识的融合。如从规划角度看，医院的选址应选在交通方便，城市无障碍设施较多而又平坦的地段；从建筑学角度看，医院的建筑平面要考虑残障患者通行流线的便捷性，避免交叉和干扰；在竖向设计上，要考虑通过坡道、电梯等多种方式，解决竖向交通。同时，医院的建设还涉及景观学、室内设计学、环境行为学等。只有结合多学科知识，才能让医院无障碍环境的设计舒适而又好用。

（三）通用化原则

通用化设计是指不管使用者的年龄、身体状况或者能力水平，任何一种产品或者空间的设计尽可能符合所有人的使用。仅仅为残障患者提供的设计利用率通常较低，而通用化设计强调从通用化的视角出发，方便医院的每位使用者。

四、医院的无障碍设计涉及范围

无障碍设计不论规模大小，其设计内容、使用功能与设施，不仅要符合各类人群在通行和使用上的需求，也要满足其自身生理和心理的需求。医院建筑的功能较为明晰，概括起来可分为医疗部分与后勤供应部分。医疗部分在医院分科化的基础上，又可分为门急诊单元、医技单元、住院单元。考虑到无障碍设计的主要使用对象——医疗部分三大单元的物质无障碍，按照三大单元承担的功能任务，医疗的三大单元归类为以下空间。

（1）交通空间：承担交通功能的空间，如医院入口、门厅、楼梯、电梯厅、走廊等。

（2）医疗及辅助空间：承担与诊疗密切相关的功能空间，如各类手续办理（挂号、收费、取药、导诊）、候诊诊室、住院病房、手术室、检查室等。

（3）非医疗辅助空间：为满足医院人群日常生活的服务空间，如卫生间饮水处、电话亭、休息厅、庭院、餐饮、书店等；同时，为提高门诊及病房的管理效率，信息和交流的无障碍设计也显得尤为重要。

五、医院的物质无障碍设计

（一）医院交通空间的无障碍设计

在垂直交通方面，无障碍电梯的入口净宽均应在 0.8m 以上，方便轮椅进出，增设的盲文按钮位置要比一般按钮低，方便乘坐轮椅者使用。电梯里还要设置“倒后镜”，以方便坐轮椅者进入电梯后转身。每一层都要有语音提示层数，方便盲人出行。在水平交通方面，需要考虑人流畅通，特别是在人流拥挤的时候，在盲人经常出入处设置盲道，在十字路口设置盲人辨向的音响设施。门的净空廊宽度要在 0.8m 以上；采用旋转门的场所，需另设残疾人入口；在设置无障碍通道处，不仅要设置盲道，还要在有台阶的地方设置斜坡通道，并设扶手栏杆，方便轮椅和腿力不健的人借力通行。患者从外面到达医院入口，可假设四种到达方式：被 120 送至医院；病患步行进入医院；病患有下肢障碍使用轮椅或者拐杖；病患使用非机动车（自行车或电动车）进入医院。

要使车流和人流都能便捷地到达门诊、急诊住院部的入口，方便车辆、病人、抢救病床的出入，各入口均不设台阶。入口的车流、其他非机动车流及人流路线互不影响，地面要求设置坡道。国际通用的无障碍设计标准里要求在公共建筑的入口处，设置取代台阶的坡道，坡度应不大于 1/12，应设计成一字型、一字多段型、L 型或 U 型，不宜设计成弧形，两侧应设扶手，坡面应平整，使用防滑材料。应采用有休息平台的直线型梯段和台阶，不应采用无休息平台的楼梯和弧形楼梯；门应采用自动门，也可采用推拉门、折叠门或平开门，不应采用力度大的弹簧门；门为旋转门时，在旋转门一侧应另设残疾人使用的门。

走廊是通往目的地的必经之路，在医院设计时要考虑人流大小、轮椅类型、拐杖类型及疏散要求等因素。走廊的无障碍设计包括通道的通行空间、扶手、护墙（门）板、盲道和墙壁的突出物等。通行空间要足够大，地面要进行防滑处理、扶手两侧设高要适度，且要安装坚固，形状易于抓握；为了避免轮椅的脚踏板在行进中损坏墙面和门，在走廊两侧墙面和门的下方应设高 350mm 的护墙（门）板。

（二）医院医疗及辅助空间的无障碍设计

医院要考虑专门为残障人士设计“低位挂号窗口”，比一般的窗口低约 20cm。每个窗口都应设置“低位”，如取药、收费等。

医院建筑的平面功能，应首先考虑如何组织病人的就诊流线，减少病患往返于各楼层之间，减轻医院建筑内部交通流线的拥挤和堵塞状况。在病患少动或不动的前提下，完成一系列挂号、收费、检查、化验、治疗和取药等烦琐的医疗过程，改变不科学的就诊模式。

病患挂号后前往诊室就医，需要叫号排队，在各候诊空间和门诊大厅为使用轮椅者设置专用位置。普通患者可在休息座椅上通过屏幕看到叫号顺序；下肢障碍的病患可在候诊室预留的轮椅区等待。

（三）医院非医疗辅助空间的无障碍设计

医院内应专设无障碍卫生间，为残疾人士设置带有扶手的厕位等。扶手使用防滑抑菌材料，地面应考虑防滑，卫生间的空间应考虑轮椅的旋转半径。现在大部分公共卫生间存在的问题是：前室空间偏小，有些甚至不能满足应有的卫生器具数量，无障碍设计不完善等。医院卫生间的设计，在解决视线干扰问题的前提下，提倡无门卫生间，设立专用清洁间，小便器避免一步式；在厕位隔断安装扶手及挂钩或者置物架，隔断要有一定高度，洗手盆、水龙头、小便器、大便器应为感应式，烘手器以擦手纸为宜，应在视觉显著地方设置提示牌。

（四）医院无障碍设计服务设施

服务设施属于医院建筑物无障碍设计的重要部分，服务设施的无障碍程度高低直接关系到残障者使用建筑的方便与否，包括询诊台、低位电话、饮水处等。询诊台应设置在明显的位置，并有为视觉障碍者提供的可以直接到达盲道的引导设施等；低位电话应设置在无障碍通行的位置；饮水处应有低位设置，以方便乘轮椅者使用。

六、医院的信息与交流无障碍设计

在医技单元的门急诊大厅入口以及住院单元的护士站，一定要有必要的信息和指示导航图。提供信息服务的方式有：滚动信息窗口、信息橱窗、服务咨询台、路线方向标识、自动化电脑查询系统等。其中，要注意信息的组织形式，要巧妙适当地运用直观的图像标识形象，表达要准确。

（一）医生信息查询无障碍

一楼大厅设置 LED 显示屏，屏幕上滚动显示当天及一周内主治医生的详细信息，患者可以在此浏览查询，达到医生信息查询无障碍。

（二）科室色彩识别无障碍

各诊室的属性不同，颜色不同，而且具有视觉识别性。例如某医院皮肤科、泌尿科和心血管科采用绿色，给人的感觉是冷静、洁净；妇科采用了粉红色，给人以温馨的感觉；中医科采用了富有中医色彩的咖啡色，增加辨识度。每层固定的挂号、收费、会诊中心及注射室、换药室的颜色固定，不需要变化，方便患者达到。

（三）患者查询信息无障碍

患者可以及时查询医疗费用明细，自助刷卡进行打印，减少了医院的人力成本，实现费用透明化。

医院不但是一个救死扶伤的场所，同时也是一个充满人文关怀的治愈空间。患者在医院不仅得到治疗，还可以通过院内的无障碍系统，让患者享受正常的生活，这对患者的治愈具有积极的作用。

参考文献

［1］郭良 . 医院无障碍设计探讨［EB/OL］. 香港：医疗工艺设计，2017.

［2］赵鹏，贾祝军 . 医院的无障碍设计探析［J］. 山西建筑，2011，37（25）：1-2.

第二章

医疗空间的室内照明、声学及色彩设计

郝洛西　谢辉　刘学勇　陈阳　王兵

郝洛西 同济大学建筑与城市规划学院教授

谢　辉 重庆大学建筑城规学院副院长

刘学勇 中国医科大学附属盛京医院副院长

陈　阳 中国医科大学附属盛京医院后勤党总支书记，基建办副主任

王　兵 沈阳大学建筑工程学院教授

第一节 概 述

一、室内照明、声学及色彩在医疗空间中的重要性

照明、声学及色彩在医疗建筑环境中占有非常重要的位置，这三种不同学科在建筑空间设计中又是密不可分、相互关联的。色彩与光学的关系更加密切，它们之间相互作用使色彩运用得更为广泛。

照明作为构建医疗空间光环境的主要手段，直接关系着病患康复、医疗效果、医院运营。随着由传统效率至上、医疗为主的生物医学模式，向以病人为中心的生物—心理—社会医学模式的转变，医疗技术与设备的快速发展，照明在医疗空间中的作用与重要性逐渐得到认识与重视，成为医院建设工程中举足轻重的关键环节。

医院的声环境会对病人和医护人员的生理和心理造成各种影响。当噪声等级达到一定水平时，会对人的听力、血压、心脑血管系统、中枢神经系统、消化系统、呼吸系统、内分泌系统、女性生理机能、劳动生产率、认知能力等方面都会产生负面影响；另外，悦耳的声音能使人感觉身心愉悦，不仅可以改善睡眠质量，还能缓解病人压抑和紧张的情绪。

色彩是医疗环境中的重要组成因素，色彩通过视觉被人们感知，给医护人员和病患带来心理、生理、物理等多方面影响。

二、医疗空间室内照明、声学及色彩设计的现状

（一）医院照明设计要求

医院照明设计是一项高度综合性、系统性和复杂性的工作，需采用科学严谨的设计方法，遵循规范的设计流程，全面贯彻执行相关设计准则。同时，医院科室部门众多，各功能空间医疗工艺要求严格，病患对医疗环境的需求个体差异大，因此，进行医疗照明设计需具备一定专业的医疗知识与经验，了解目标使用者的行为模式、视觉作业内容、生理、心理特点，评估与分析他们对光环境的需求，并结合医院的具体特色及专业科室的特殊要求进行针对性设计。

国内大多数医院在建设时，室内照明的应用仅能满足基本的功能使用要求，如果缺乏专业、系统、个性化的照明设计，就难以达到传递积极信息、营造愉悦就医体验的效果。近年来“环境的治愈力”在医疗建设领域得到广泛的重视与实践，基于“视觉—生理—心理”多维效应的健康照明，更加符合实际需要、顺应现代医疗需求，将在新时期医院建设中发挥重要作用。

（二）我国医院声环境现状

我国社会已经逐渐意识到医院声环境问题的严重性，关于医院声环境研究的积累也非常有限，缺乏完善的理论支撑。另外，目前市场上大多数声学材料的洁净度无法达到医院使用环境要求，这导致我国医院声环境状况始终难以得到有效解决。

作为影响病人心理健康与生理康复的重要环境因素，医院声环境是医疗建筑人性化设计必须考量的要点之一。虽然物理环境设计在医院建筑设计中的导向性越来越强，但建筑师群体对声环境设计的认知仍然普遍较薄弱，主要原因是医院声环境可参考的数据太少，缺乏设计依据，国内标准难以构成强制约束，导致国内几乎没有医院的病房室内噪声水平能达到国家低限标准 (昼间 45dBA 、夜间 40dBA)。

现有规范虽然提出了一些医院隔声降噪的基本设计要点，但是策略不构成体系，对于每种降噪措施的具体做法及其降噪效果并没有详细说明，缺乏对设计实践的指导意义。在一些发达国家，如美国和英国都推出了专门针对医院建筑的声环境设计指南，不仅提出了医院声环境应达到的各项指标，同时也涵盖了达标所需要采取的一系列措施，包括场地噪声控制、声学装修、室内噪声控制、室内隔声设计、电声系统设计、建筑隔振设计等。指南中每种干预措施的效果都建立在研究成果的积累之上，对医院建筑

和环境设计有指导作用，因此，这部分内容旨在为现阶段医院声环境问题的综合治理措施和医院康复环境的精细化设计提供科学参考。

（三）医疗空间室内色彩设计的意义

色彩设计可以美化医疗室内空间，打破空间形式的单一性，创造出适合不同使用者的丰富空间效果。医疗空间的色彩具有保护与调节功能，合理的色彩应用可以提高医务人员的工作效率，减轻视觉疲劳，舒缓医患者的紧张情绪。现阶段国内医疗空间室内设计越来越重视色彩的设计，因此需要依据各个空间的不同功能理性地运用色彩。

医疗空间的色彩设计还应充分考虑辅助治疗功能。合理的色彩应用可以从使用者的生理、心理、情感的需求等方面考虑设计。色彩能给人带来强烈的生理、心理效应，从色彩环境影响精神情感这个角度出发，对疾病的辅助治疗有积极作用。

第二节　医疗空间照明设计

一、照明在医疗空间中的作用与重要性

医疗空间照明的首要作用是提供使医院中各类人群能够充分有效执行视觉任务的光环境，支持医院诊查、治疗和护理活动的开展，保证各部分医疗系统安全顺利地运转。通过高质量的医疗空间照明让医护人员在高度紧张和长时间的工作中能够高效、准确地完成临床工作，病患可以安心地就诊并配合治疗。

妥善安排的空间光分布、精心设计的情感性照明和光艺术作品可弱化高度医院空间的严肃冰冷感，创造舒适、放松和信任的氛围，彰显人文关怀。光线的指示、诱导与恰当分布可以引导院内人员目的性分流、集聚，让医院内的交通流线更为顺畅、合理。此外，受我国医疗资源紧张以及建筑用地、造价等多方面限制，医院建筑不可避免地出现大进深、无采光空间，照明为这些缺乏自然光的场所提供了良好视觉作业条件和动态变化的环境，增强了空间使用者与外界的联系，让消极空间得以积极利用。

光与照明是医疗环境中极为重要的疗愈元素，对人体节律调节与情绪状态产生影响（见图 4-2-1）。医疗建筑的服务人群多为身心虚弱的患者及情绪焦虑的家属，促进患者康复，关注情感诉求的疗愈性设计在医疗空间中尤为必要。

此外，良好的医疗空间照明还具有传递积极信息，营造愉悦就医体验，帮助医院更好地树立品牌形象，突出医院本身内涵与医疗特色等作用。

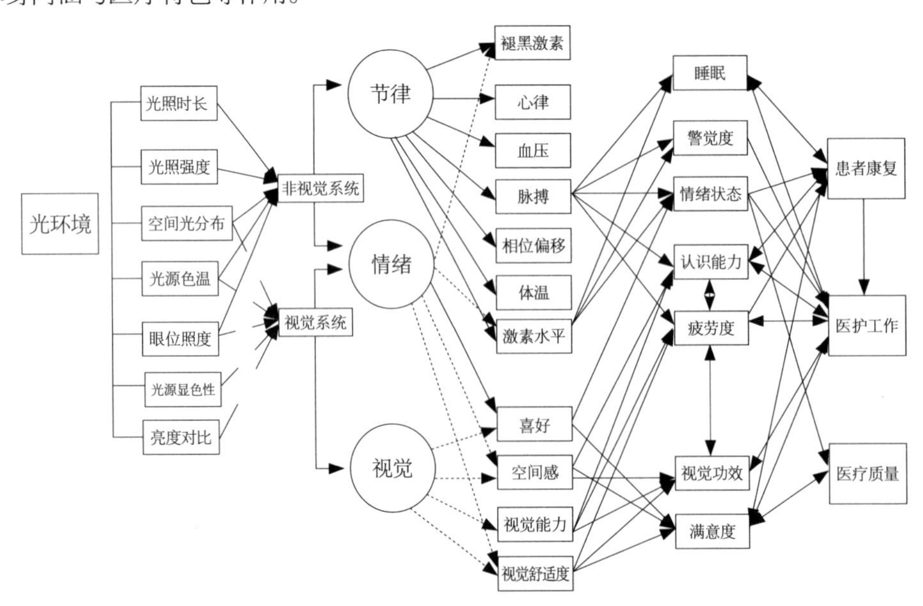

图 4-2-1 光的健康效应在医疗空间中的应用

二、医疗空间照明设计的范围与内容

在医院建筑装饰与装修工程中，照明设计的内容包括病房、门诊大厅、走廊等空间的功能性通用照明、室内外装饰性景观照明、光艺术设计以及疏散指示照明等；手术用无影灯、临床窥测灯具、光疗仪器、杀菌消毒灯具等属于医疗专用照明的范畴，未在此涉及，但医疗空间照明设计的参数，如光源色温、显色性还需与这些医疗照明设备协调适应。照明设计的主要工作包括：

（1）对空间光环境进行专业设计，选定照度、色温、显色指数等照明技术参数；

（2）光源、灯具及控制系统的选择与定制；

（3）光照场景设计；

（4）光度和色度的测量；

（5）视觉评价。

三、医疗空间照明设计的方法与流程

医院照明建设中有较多与其他专业设备的配合协调工作，诸如避免照明灯具与顶棚的暖通风口、给排水喷淋口、消防报警系统的探测器、扬声器等位置冲突问题，灯具对医疗设备的电磁干扰，为医院后期添置及更新医疗设备预留余地等，因此，需要由医院管理部门、医护人员、建筑师、照明工程师及监理施工等相关部门人员组成专门团队，共同制定照明设计与施工方案，解决照明工程建设过程中遇到的问题。医院照明系统的设计通常包含以下七个步骤：

（1）现场调研及光环境实测分析；

（2）目标空间使用状况及使用者特征研究；

（3）确定照明需求与设计目标；

（4）确定照明设计参数，照明器具数量及布置选择照明方式和种类；

（5）照明系统能耗及功效计算；

（6）照明效果计算模拟；

（7）照明效果现场调试。

四、医疗空间照明设计的原则

根据医疗建筑功能和使用者的特殊性，医疗空间照明设计需要遵循清洁性、安全性、舒适性、情感性、智能化和个性化等原则。

（一）清洁性

医院照明应采用合适的表面材料和防护方式，灯具表面不仅要满足物理洁净（无尘）的要求，还要满足生物洁净（无菌）的要求。有机高分子材料表面不能产生静电，金属材料表面要进行防腐处理，灯具结构上要防尘防水。照明设计应该根据气流流型选择合适的灯具结构和合理的安装方式，一般采用顶部安装面板型灯具，避免顶部开孔造成的污染和隐患。当需要嵌入安装时，安装缝隙应该有可靠的密封措施。灯具的控制和开关，安装位置不得凸出墙体表面，加盖防护盒，避免积尘。考虑到无菌环境医护人员的工作方式，手部不可直接接触开关，应该安装手势感应型开关。洗衣房、开水间、卫浴间、消毒室、病理解剖室等潮湿场所，需采用防潮型灯具。

（二）安全性

医疗安全直接影响医院的社会与经济效益，是保证医院正常运行的基础。医护人员要保证检查和诊疗的准确性，确保病人得到正确的治疗。在照明设计中应保证充足的水平照度，各空间具体照度标准见表 4-2-1，同时，各空间需要考虑垂直照度，恢复清晰地观察病患和物品的细节，保证灯具的高显色性，以提高医务人员对病灶组织、血液等色泽变化的辨识和判断能力。从病患方面看，要有柔和的照明环境，不应存在过强的亮度对比或者眩光，影响正常生活甚至康复状况，避免病患因照明设计问题跌倒或视力损伤。保证医、患人员无论是平时还是事故和应急状态下，均应能看清周围的场景和标识，以免发生险情。

表 4-2-1 医院建筑照明有关规定

房间或场所	参考平面及高度	照度标准值（lx）	眩光值（UGR）	光源显色指数（Ra）
治疗室	0.75m 水平面	300	19	80
化验室	0.75m 水平面	500	19	80
手术室	0.75m 水平面	750	19	80
诊室	0.75m 水平面	300	19	80
候诊室、挂号厅	0.75m 水平面	200	22	80
病房	地面	100	19	80
护士站	0.75m 水平面	300	—	80
药房	0.75m 水平面	500	19	80
重症监护室	0.75m 水平面	300	19	80

灯具方面，除了考虑环境照明的因素外，还要考虑是否对医疗设备和器械有影响，应选择满足光生物安全、电气安全与电磁兼容要求的产品。选择时应注意灯具不含紫外线辐射、不含红外光形成的热源、不含可能影响医疗仪器精准度的电磁干扰。目前比较好的医疗空间照明灯具均采用 LED 光源，低压直流供电。在工程施工中，可以把交流驱动电源安放在技术夹层，从而提高电气安全，降低电磁干扰风险。一些重要空间，如手术室，须配备应急照明，防止在意外情况下发生医疗事故。

（三）舒适性

舒适的光环境是医疗空间照明的核心要求。舒适的照明环境可以缓解医、患人员的压力与紧张情绪，保证诊断和治疗的准确性。

医护人员工作强度高、压力大，良好的照明设计可以在一定程度上缓解疲劳、提高效率。空间内尽可能引入自然光，注意避免眩光的干扰。照度需要满足 300lx 及以上，光源显色指数（Ra）不应小于 80，手术室等特殊环境光源显色指数（Ra）不应小于 90，一般照明的照度均匀度不应小于 0.7。在护士站或重症监护室等空间，医护人员需要通过仪器 24h 监护患者的各项生命体征指标，照明设计要注意避免产生反射眩光，影响屏幕监测，也要注意医护人员的视觉疲劳状况，亮度对比不宜过大。特定区域可设置一定的情绪调节灯具，缓解医护人员的工作压力和视觉疲劳。

病患由于身体原因，常处于卧床体位，视觉范围和视觉感受与站立的普通人不同，因此，照明灯具的安装方式应从病患视角考虑，避免产生不舒适眩光。一般门厅、挂号厅、候诊区、等候区的统一眩光值不应大于 22，其他诊疗场所统一眩光值不应大于 19。医疗空间的照明设计应力求简单，避免过于复杂，影响患者的心情及治疗效果。

（四）情感性

门厅、挂号、收费、取药等大空间区域是医院给患者的第一印象，这些场所照明设计需要注意尺度，不宜用夸张造型的灯具；人工照明的照度不宜低于 300lx，光源的色温不宜太低或太高。在特殊诊疗空间、等待空间和手术室等，照明除了满足医生检查、操作仪器设备和计算机外，还需缓解患者紧张的情绪，在顶棚上设计安装情绪调节灯具，根据需要改变光色，转移注意力。在医院接受治疗时，病房是患者停留时间最长的空间，应尽量温馨舒适，让人放松。因此，病房内照明光源宜偏暖色调，色温不宜高于 4000K。候诊区、儿科诊室等，可结合诊疗特定环境要求设置装饰照明。

在医院的特定区域也可安装情绪调节灯具，利用彩色光与治愈性音乐相结合，供医生在工作间隙舒缓压力，调节心情。

（五）智能化

数字化、智能化医院是我国现代医疗发展的新趋势，也是医疗空间照明设计的发展方向。医院由于巨大的人流、物流和复杂的设备系统，在建设、运营、检修和维护方面成本高昂，效率难以提高。智能化有助于医院实现资源整合、流程优化，降低运行成本，提高服务质量、工作效率和管理水平。

计算机、无线通信数据传输、扩频电力载波通信技术、计算机智能化信息处理及节能型电器控制等技术，组成分布式无线遥测、遥控、遥信控制系统，在设计时可加以利用，对灯光亮度及色彩进行调节，实现灯光软启动、定时控制和场景变换。

（六）个性化

医疗空间的使用者有患者、家属、医护、后勤人员、科研人员等，医院内各类功能用房可达数十种，各科室人员在进行临床和科研工作时要求也不尽相同。患者、家属由于年龄、性别和症状的差异性，切身感受也不同，所以，如果只单考虑某一类人群的需求，必然有所缺失。医院自身所处的地理位置、气候环境和光照条件也会对照明设计产生影响。在进行照明设计时一定要具有针对性，满足个体差异，综合考虑医护人员、患者和家属的需求及环境影响。

五、各类医疗空间照明设计要点

依照功能和主要使用者的不同，医疗空间可分为治疗性空间、交通性空间、疗养性空间，这三类空间照明设计各有侧重。治疗性空间包括手术室、诊室、医技空间等，对视觉作业要求高，应保证充足的照明数量和良好的照明品质，交通性空间包括门诊大厅、急诊大厅、公共走廊等，照明可以在保证足够的视觉通行的功能性需要之外，增加情感性照明，以达到丰富空间的效果；疗养性空间包括病房、康复中心等，应更多地关注病人需要，考虑病人的情绪和节律需求，利用多场景照明和光疗愈效应，为病人康复带来良性促进作用。

（一）公共空间、交通空间

1. 门、急诊大厅

大厅是几乎所有病人都会经过或停留的地方，同时集合了寻诊、挂号、等候等多种功能，流线交织集中，人流量大，需要在照明设计中给予重视，不能片面化、单一化。

由于寻诊的需要，门诊厅地面需保持 200lx 以上充足照度；进深较大的门厅，入口处应增加人工照明，保持室内外良好的过度。大厅照明应选择中高色温的光源，均匀布置筒灯进行大面积功能性照明，保证地面良好的照度均匀度，局部可以采用投光灯来增加照度；对于四周的宣传栏可以内设 LED 灯槽，避免眩光。

挂号处由于收费、填写病历卡等视觉作业的需要，应增加局部照明。门诊大厅的等候区部分可以适当增加低色温的光照，营造温暖的光环境氛围，缓解等候的病人、家属紧张不安的情绪。急诊大厅需要简洁舒适的光环境，避免对急救工作带来干扰，对病人家属的情绪起到正面影响。

2. 等候区

等候区的照明设计可考虑情绪化设计，配合室内装饰的色调设计出温馨自然的空间，适当采用光艺术照明装置，利用变化的图案和光色来激发人们的正面情绪，并且可以利用变化提示等候时间，起到叫号作用，需要注意的是，光色变化和装置图案应避免对病患造成刺激。

3. 其他公共区域

其他公共区域，如走道、电梯厅、卫生间等照明应符合相关规范，保证有足够的亮度。地面处的照度应高于 100lx。部分人流量较少的走道可以考虑采用智能设计，夜间降低照明，当人经过的时候通过红外感应器将灯具亮度提高，既保证了行走的安全，也起到了节能的效果。

走道与其相连的功能空间照度需要良好的过渡，可以局部增减筒灯，同时走道照明避免选择条形下照灯垂直走道方向布置，以免地面形成条形光斑，引起病患焦躁情绪，也可以根据具体的需要设计具有医院特色的照明，提升医院的品牌特色。过道照明可以结合导视设计，提高病患寻路的效率，减少在寻路上花费的时间。

住院部夜晚走道应适当降低亮度，以避免对病人休息造成影响，一般保持在 50lx 左右，采用嵌入式的小功率 LED 灯具，并且在病房门口处设置地脚灯，方便护士夜间使用。普通诊室等夜间人员走动较少的公共区域，可以只开启扶手暗藏灯，最大限度地节约能源。

公共走道需要完善的应急照明和疏散标志灯，延长应急照明的时间，走道转角处需安装疏散标志灯，疏散标志灯间距不应超过 20m。

（二）诊室

诊室是接待病人数量最多的空间，也是医护人员长时间工作的空间，因此，照明设计需要结合这两方面的需求来考虑。

1. 医护人员

诊室照明需要考虑医护人员的视觉功效作业和心理健康需求，既要满足明亮舒适的视觉作业环境，保证视觉作业的准确度和效率，也要满足放松身心的工作环境，可以利用室内光环境来缓解医护人员的精神压力，调节心理状态。

在具体照明设计上，诊室需要保证有良好的照度和照度均匀度，0.75m 水平面上的照度应高于 300lx。照明设计上应严格限制眩光，考虑使用柔性发光面，灯具采用防眩光处理，避免对医生的检查治疗形成干扰。不同的诊疗空间可以考虑不同的色温，比如针对儿童的诊室可以在局部适当采用彩色光，但是总体的色温不应过高或过低，保持在 3300 ~ 5500K 范围即可。显色性应接近自然光，光源显色指数应大于 80，以便准确观察患者肤色。

2. 患者

在面对医生的时候，患者往往具有恐惧、焦虑心理，照明设计首先要考虑营造一个轻松愉悦的环境来减轻患者的心理负担。

在具体照明设计上，考虑明亮舒适的光与色彩环境，充分利用自然光，用人工照明作为辅助，提高照明均匀度，同时，为了满足医生与患者之间的交流，需要考虑垂直照度标准，适当提高房间内部照度。

（三）病房

病房的照明设计除了考虑患者休养康复、生活作息要求外，还要考虑医护人员检查需求和陪护需求。

根据不同的需求，病房的照明设计可考虑多回路、多模式、可调光的形式，采用智能照明系统，根据不同的使用场景灵活设置不同的照明模式。

1. 患者需求

患者通常具有恐惧、威胁感，易产生孤独抑郁、焦虑紧张的情绪。在生理上，患者往往身体虚弱，生理和情绪问题容易引起节律紊乱，会影响治疗的效果。

（1）病房照明可以采用暖色光来增加温暖的氛围，适当采用艺术光照来调整患者的情绪。照明灯具需要可调光，根据不同的时间来调整光照强度和光色，帮助患者修复节律。

（2）考虑到患者卧床的视线，照明设计的重点应放在天棚和床头灯，灯具的设置应当避免安装在病床正下方，以免产生眩光。

（3）为满足患者夜间照明需求，病房内和病房走道宜设有夜间照明，病房内夜间照明宜设置在房门附近或卫生间内，距地面 0.3 ~ 0.5m。

（4）在病床床头部位的夜间照明照度宜小于 0.1 lx，儿科病房床头部位的夜间照明照度宜为 1.0 lx。患者床头应设置局部照明，一床一灯，选用配光适宜的灯具，灯具的配光曲线采取窄光束，这样既满足患者阅读，又不影响邻床患者休息。

（5）病房的光源色温不应过高，保持在 3300K 以下，营造出温馨舒适的环境，有利于患者休息恢复。

2. 医护人员检查需求

医护人员每日需要查房和视看病人，所以病房在病人治疗的时候需要提供一定的照度，0.75 水平面照度应高于 100lx，并且要求光源有良好的显色性，便于医护人员观察病人的变化，显色指数 Ra ≥ 80。

3. 陪护需求

部分重症患者在治疗期间会有陪护人员在夜间看护，病房照明需考虑陪护需要。在靠近走道，离病床较远的部位可单独设置一盏功率较低的筒灯或吸顶灯。

（四）护士站

护士站的照明需求是保证警觉性，顺利完成工作内容，因有细密操作和书写阅读的要求，护士站需要一个较高的照度和良好的显色性，0.75m 水平面照度需高于 300lx，显色指数 Ra ≥ 80，并且采用 5000K 左右较高色温的光源，以保证视觉作业需要，但是护士站的灯光不应影响到周围的病房，不仅需要病房内对护士站光源不可见，也应避免环境光通过观察窗进入病房影响患者休息。

对于部分需要悬挂监视器的护士站，顶部照明设计应避开监视器，以免产生光幕反射影响视看。由于护士需要在护士站与病房之间来回走动，靠近护士站走廊区域的照度应稍高，保证护士站和走廊区域良好的过渡。对于临窗的走道，白天的人工照明照度应比夜间更高，以提供较好的亮度均匀度。

（五）手术中心

1. 手术等候区

手术等候区是病人在进行手术前等待和麻醉准备的区域。通常会等待几十分钟到一个小时不等，病人采取的是仰面姿势。照明布灯应避开病人视线，避免对其产生眩光影响，同时可以采用软膜天花等柔光照明，照度不应过高，帮助病人稳定情绪或进入麻醉状态。因为医生的观测需要一定的高照度，因此建议采用可调光灯具，在病人麻醉前后适当调整照度。等候区以及病房和通往手术室的走道，其照明灯具不宜居中布置，灯具造型及安装位置应避免卧床患者在视野内产生直射眩光。

等候区照明除了基本的使用功能之外，建议具备一定的情绪调节功能，以放松病人情绪，方便医生实施手术，尤其是心血管手术、介入手术等，可以采用一些光艺术装置或媒体立面，如图 4-2-2、图 4-2-3 所示，缓解负面情绪，减轻病人的焦虑感，需要注意的是，媒体立面应以抽象图案为主，画面不应过于具象，以减少病人的视觉负担。

图 4-2-2 上海市某医院等候区医用情绪调节媒体立面

图 4-2-3 上海某医院手术室外走廊等候空间

2. 手术区

手术室是医院最典型的洁净空间，是医生进行精细作业的区域，对照明要求高。尽管标准要求 0.75m 水平面照度应高于 750lx，但设计上应该按照 1000lx 进行，同时显色性应大于 90，以提高医务人员对病灶组织、血液等色泽变化的辨识和判断能力，照明光源色温与手术无影灯色温相近。手术室不应有阴影产生，灯具布置应在手术台四周形成环装，保证医生视野内的照度均匀。手术室的照明也应考虑光源产生的辐射热对人体组织的影响。对于 800 ~ 1000nm 范围的光谱能量应尽可能控制，除此之外，手术室还要注意对深鲜红色的显色性指数，这反映了光源对人体血液组织颜色的显色能力，应尽可能高。

手术室灯具要考虑对设备的电磁干扰问题，避免放电灯具电磁信号对精密设备产生干扰，影响手术，应选择低电磁干扰的照明系统。

对于需要采用特殊设备，如 X 光、纤维镜、超声波仪器等辅助观察的手术，除了手术区采用较高照度外，在显像屏幕处可以设置适当的局部照明用来辅助观察。周围环境设置较弱的环境光避免视野内出现过强的亮度对比。手术区、观察区以及其他区域宜采用可调光灯具，采用模块化控制，分成手术前准备、开放手术、仪器辅助手术、术后清理等不同的照明模式。

手术室应采用不易积尘、易擦拭的密闭洁净灯具，且照明灯具宜吸顶安装；当需要嵌入暗装时，安装缝隙应有可靠的密封措施。由于手术室内灯具都是长时间运行，且一般医院手术安排较多，缺少更换设备的时间，照明光源应具有良好的稳定性和耐久性，灯具安装方便，在损耗时能够进行快速更换。

对于局部麻醉手术，由于患者意识清醒，手术室的环境和医生的操作会让患者产生紧张焦虑的情绪。为了舒缓患者情绪，保证手术顺利进行，可以采用情绪光环境设计手法，利用媒体艺术装置照明，分散病患注意力，平复患者心情，这对于心脏介入类的手术尤为重要，如图 4-2-4 所示。

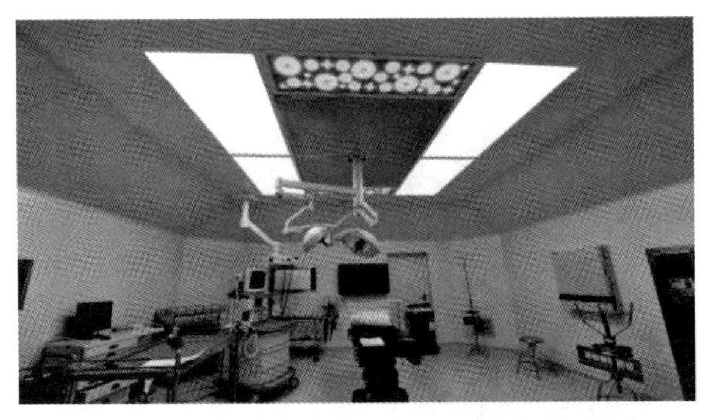

图 4-2-4 上海市某医院手术室医用情绪调节媒体立面

3. 洁净室

洁净室靠近走廊和手术室的区域照度水平和显色性要相应提高，确保医护人员的视觉能适应手术室环境。

手术室灯具的安装应符合国家相关医院洁净手术室的要求，尽量采用暗装，表面整洁无凹槽、缝隙，便于清洁维护，同时由于手术室顶棚通风管道，设备管线等较多，留给灯具的垂直高度不多，应协调好灯具高度、电路布置与天棚的关系。

（六）重症监护室

尽管监护病房拥有完善的设备、高素质的医疗护理人员、严密的监测、整体化的治疗护理，但由于高度医疗化的环境、与家人亲属的疏远、对自身病情的担忧等因素，病人在监护期间易出现焦虑恐惧、忧郁、急躁等各种情绪问题，因此，情感性的照明十分重要。由于病人一直处于卧床姿势，不能自主行动，因此，病人的主要视看范围大多为天花，因此顶部照明应严格控制眩光，可以考虑在病人视看范围内的天花上设置调节情绪的光艺术面板，一方面，可以缓解病人的负面情绪；另一方面，来缓慢变化的图案或彩色光也有助于转移病人疼痛注意力。

ICU 为无菌洁净环境，必须使用符合洁净要求的专业灯具。为了保证夜间值班人员的视看需求，重症监护病房夜间值班用照明的照度宜大于 5lx。为了确保医疗工作的正常进行，ICU 应设置备用照明。

（七）医技科室

医技科集检查、诊断、治疗于一体，是的协同临床科诊断和治疗疾病的重要辅助科室，包括放射科和检验科、药剂科、超声科、心脑功能检查室等，放射和检验部门对照明有特殊要求。

1. 放射科照明设计

（1）由于病人接受检查时是全躺在仪器上，所以天花上灯具的布置位置和表面亮度，应严格避免对患者造成眩光（在满足医疗洁净要求的前提下可采用间接照明）。

（2）照明除了要满足医生检查、操作仪器设备等必要的视觉作业之外，还应该考虑在患者视线范围内的天花上设置舒缓情绪的光艺术面板，或者采用动态的彩色光，缓解病人独自在大型诊疗设备间内的负面情绪。

（3）医护人员由于需要长时间面对屏幕进行观察，工作精度高，室内照明应避免在屏幕上形成光幕反射影响医护观看，加剧视觉疲劳。

（4）医护人员长期待在无窗空间，生理节律、情绪容易发生紊乱，更应考虑情感性和节律性的照明设计。

（5）医疗设备对照明有特殊要求的（如洁净度、防腐防潮等要求），要满足医疗设备的要求。例如，医用磁共振成像设备的扫描室室内的电气管线、器具及其支撑构件不得使用铁磁物质或铁磁制品，灯具应采用铜、铝、工程塑料等非磁性材料。

2. 检验科照明设计

检验科每天承担的工作包括病房、门急诊病人、各类体检以及科研的各种人体和动物标本的检测工作。检查分为两类，一是以检体为对象的部门，二是以患者为对象的生理检查部门（如脑电、心电等）。

以检体为对象的部门主要考虑医护人员的视觉作业需求，要求环境明亮，没有眩光，并且应采用高显色性光源，显色指数不应小于 80。照明灯具的布置应避免阴影，以免影响医生对标本的判断和检查，并且在 0.75m 水平面上的照度至少要达到 500lx。另外，由于部门医疗器械比较多、比较灵敏，照明灯具的使用也要避免对医疗设备和器械产生影响。最好采用可调光的灯具，满足不同作业及医护人员的个性化需求。

生理检查部门的照明还要满足病人的情感需求，创造没有压迫感的氛围，为病人提供舒适放松的照明环境，可以在病人视线范围内设置情绪调节的光艺术面板。脑电、心电、超声波、视力等功能检查室应保证在 0.75m 的水平工作面上照度至少达到 300lx，均匀度不应小于 0.7。

同时，检验室为了确保医疗工作的正常进行，应设置备用照明。

（八）特殊科室

本节所指的特殊科室是从病患对照明的特殊需求来划分的，如老年科、眼科、儿科、妇产科等。

1. 老年科

随着年龄的增加，老年人视觉系统会发生改变，造成老年人对光和颜色的感受出现变化，如颜色辨别能力下降，对比敏感度下降，对眩光更加敏感等。此外，情绪障碍也是老年人群的重要疾病负担，由于生理节律系统的变化，老年人也更容易出现失眠、昼间觉醒度低、认知功能障碍等一系列问题。针对老年人群病患的照明应注意以下几点：

（1）适当增加光照对比度：使空间要传达的视觉信息容易识别；

（2）较高的照度水平：老年人由于视觉的衰退，看清相同的目标比年轻人需要更高的照度，室内照度水平应适当提高，满足老年人的视看需求；

（3）无眩光：老年人对眩光比正常人更加敏感，室内照明应避免眩光对老年人造成视觉刺激，加重他们的负面情绪；

（4）更好的显色性：由于色觉的衰退，对室内照明的显色性要求更高；

（5）保证亮度过渡与均匀度：老年人适应能力减弱，空间亮度应过渡均匀；

（6）节律、情感性等个性设计：老年人节律紊乱、情绪障碍更加突出，室内照明除了满足正常的视觉作业之外，作为健康照明的必然要求，也应该考虑灯光对老年人节律的修复和情绪的调节作用。

2. 眼科

多数眼科病患具有视物模糊、视力下降等视觉障碍，并常有畏光症状，视物不清、眼睛疼痛等症状也易导致焦躁、恐惧、紧张等情绪问题，此外，眼部病变常影响全身，眼科患者多伴有行动障碍，因此，眼科空间照明设计应着重考虑眼科病患的特殊需求，应有充足的采光和照明，保障视看清晰，严格控制眩光，减少眼睛的负担。照明设计应保障患者安全，防止他们因视物不清、行动不便而摔倒磕碰，并且要有助于患者放松身心，舒缓负面情绪。

对医护人员来说，由于眼科检查及手术等操作精细化程度高，且多在强光环境下进行，暗室检查时视觉中心和周围环境明暗对比强烈，容易引发视觉疲劳，因此，明亮舒适的环境对于保证医护视觉作业的准确度和效率就相当重要。

3. 儿科

儿童医院除了要注重对于儿童患者疾病的治疗之外，也不能忽略对儿童心理感受的安抚；除了从室内空间设计的角度去迎合儿童的需求之外，更要使儿童转变对医院环境的惧怕心理，儿科空间的光环境设计是十分重要的一环。

从儿童的特点出发，儿科空间照明设计应考虑：

（1）部分儿童眼睛及视力尚未发育完全，更易受到外界的刺激，所以室内灯光应严格控制频闪、眩光等可能对儿童眼部造成伤害的因素；

（2）可适当采用艺术化的照明方式，营造明亮愉快的氛围，消除医院冰冷沉闷的印象；

（3）可在合适的公共空间（等候厅、走廊等）设置互动式的光艺术装置、分散儿童的注意力，缓解焦虑等不良情绪。

4. 妇产科

产科空间以产妇为主要服务对象，不仅担负着接产和临床护理等医疗任务，还要为产妇提供持续的情感支持以保障分娩的顺利完成。光环境是产科空间建设的重要部分，直接影响着产妇的分娩体验、身心健康及医护人员的工作效率。

产科病房除了承担常规病房临床护理的职能外，还具有起居、会客等家居空间的功能，照明设计除了要满足一般病房照明标准和要求之外，还要考虑到产前产后使用者行为模式的改变，顾及不同使用者的光照需求。对于产前而言，产科病房的光环境宜为平静温暖的暗光环境，暖色调的间接照明。适当部位安装的光艺术媒体界面，或者柔和变化的动态彩色光都有助于产妇转移疼痛注意力，疏导负面情绪。完成分娩以后，则需要相对轻松明快的光环境以呼应、迎接新生命到来的愉悦心情。

待产室的照明设计要以疏解负面情绪，分散疼痛注意力为前提，塑造温暖、平静的光氛围。在满足相关照明规范及护理、检查等功能需求的基础上，应以 3300 ~ 4200K 左右的中低色温白光照明为主，同时加入 LED 发光面板、彩色光灯带等情感性照明要素。分娩室照明应严格遵守手术室照明的相关标准并满足无菌要求，可另设情感性照明，调动产妇的情绪，促使其积极配合助产人员的指导。

六、应急照明与疏散

应急照明在正常照明电源失效的情况下启用，供人员疏散、保障安全、继续完成重要工作。在手术室、ICU、抢救室等空间中正常照明一旦失效，将延误治疗工作和操作，甚至危及患者生命，造成医疗事故。同时医院建筑通常层数多、规模大，功能及建筑交通系统复杂程度高，人员密集，患者、家属不熟悉疏散路径，老年、重病病患等逃生弱势群体行动受限，转移困难，因此，医院疏散的难度大，极易发生踩踏事件。在医院建筑中，设置稳定可靠的应急照明至关重要。

（一）应急照明的类型

（1）备用照明：在正常照明电源发生故障时，为确保正常工作或活动继续进行而设置的照明。

（2）安全照明：当正常照明因故熄灭后，确保处于潜在危险状况下的人员安全而设置的照明。

（3）疏散照明：当正常照明因电源故障熄灭后，在事故情况下为确保人员安全地从室内撤离而设置的照明。疏散照明从使用功能角度可分为诱导指示标识照明和疏散一般照明。

（二）应急照明的设置场所

（1）手术室、抢救室及其他进行危重医疗工作的医院空间。

（2）重症监护室、急诊通道、化验室、药房、产房、血库、病理实验与检验室等需确保医疗工作正常进行的场所；以及消防控制室、自备电源室、配变电所、消防水泵房、防排烟机房、电话机房、电子信息机房等。

（3）疏散楼梯间、疏散走道、消防电梯间及其前室、门厅、挂号厅、候诊厅等人员密集场所安全疏散的出口和走道，应设置疏散照明。疏散照明灯应沿疏散走道均匀布置，且走道拐弯处、交叉处、地面高度变化处以及火灾报警按钮等消防设施处也须布置，且不应与医疗建筑的其他标识相互遮挡。

（三）各类医疗空间应急照明参数要求

（1）手术室、抢救室等二类医疗场所（医疗电气设备接触部件需要与患者体内接触、手术室以及电源中断或故障后将危及患者生命的医疗场所），安全照明的照度应为正常照明时的照度值，此外，安全照明的光源色温与显色性等参数应与正常照明时相同。

（2）其他二类医疗场所设置备用照明的照度不应低于一般照明照度值的 50%。消防用应急照明应符合国家现行有关标准的规定。

（3）竖向疏散区域、人员密集疏散区域、地下疏散区域、需要救援人员协助疏散的场所，疏散照明的地面最低水平照度不应低于 5.0lx，其他疏散区域疏散照明的地面最低水平照度不应低于 3.0lx；

（4）疏散照明标识面板及图形文字呈现的最低亮度不应小于 15cd/m^2，而最高亮度不应大于 300cd/m^2；同一标识面上最低与最高亮度之比不应大于 1:10。

（四）应急照明的持续供电时间

安全照明持续供电时间，三级医院应大于 24h，二级医院宜大于 12h，二级以下医院宜大于 3h；消防用应急照明最少持续供电时间应符合国家现行有关标准的规定；其他场所应急照明的最少持续供电时间不应小于 30min。

（五）应急电源供电的转换时间要求

备用照明的转换时间不应大于 5s；疏散照明的转换时间不应大于 5s；安全照明的转换时间不应大于 0.5s。

七、照明节能与智能控制

医院照明占据了医院 20% 左右的用电耗能，大型医院每年需消耗上千万元的运营成本，因此，照明节能是降低医院运行成本，促进医院节能降耗，推进绿色、节约型医院建设的关键环节。照明节能应在保证照明数量和质量、满足各项光环境需求前提下，最大限度地减少能源的消耗。

1. 选择高能效的灯具、光源及附属装置

提高照明效率，使用高效光源。新一代照明光源 LED 定点、定向、光效高、易控制、耗电少、寿命长、安全环保。与传统的低效光源相比，其节电率可达 50% 以上，在高耗能的医疗建筑中有较大的应用价值。

2. 提高照明设计质量

根据空间的功能有针对性地确定照明布局方案，根据使用者进行视觉作业、调节情绪，节律时的光环境需求确定合理的照明参数，避免过度照明。《建筑照明设计标准》（GB 50034—2013）采用照明功率密度 (Lighting Power Density)，即单位面积上的照明安装功率（LPD 值）作为评价节能的指标，标准对医疗建筑 LPD 值作出规定（表 4-2-2），照明设计时须严格遵守。

表 4-2-2 医疗建筑各场所照明密度限制

房间或场所	照度标准值（lx）	照明功率密度限值（W/m^2）	
		现行值	目标值
治疗室、诊室	300	≤ 9.0	≤ 8.0
化验室	500	≤ 15.0	≤ 13.5
候诊厅、挂号厅	200	≤ 6.5	≤ 5.5
病房	100	≤ 5.0	≤ 4.5
护士站	300	≤ 9.0	≤ 8.0
药房	500	≤ 15.0	≤ 13.5
走廊	100	≤ 4.5	≤ 4.0

3. 利用自然光、重视利用太阳能

在条件允许的情况下，应积极利用天然采光，天然采光数量不足时辅以部分人工照明。可采用一些建筑设计手段及采光技术增加采光，如增大门窗面积，采用透光较好的玻璃窗、引入光导管等。采光良好的位置可增设自然光感应控制开关，根据自然光的强弱来调节人工照明。

4. 科学合理的照明控制

医院必须保证 24 小时正常照明，全年无休，但很多区域在大多数情况下无须把灯全部打开保持全功率或高功率照明。智能化照明控制依照不同功能空间、不同时段以及人流量状况、自然采光状况来进行医疗空间分梯度照明，实现科学的能源管理，实现医院的节能效应和经济效益。

近年来，物联网、云计算、无线通信等尖端信息技术的相继介入、融合，推动了医院照明工程建设向着智能化、数字化的方向快速发展。医疗空间智能照明控制除了突出的节能效益以外，可以根据使用者行为模式、生理、心理特点和相应的光环境需求设置不同场景，创造更人性化、更先进的医疗环境。照明控制系统还可监控所有照明设备的运行并实现故障报警，确保安全使用和及时有效维护，大大节约了医疗运营成本，提高了医疗效率。

医疗空间智能照明控制系统应遵从以下几点原则。

（1）分区域控制：照明控制应对不同类型空间进行分组，采用不同控制方案，如门诊、医技、医疗主街、公共走廊、候诊厅等公共场所的照明，在信息控制中心或分诊台处集中控制，病房、办公室等可在房间内进行照明控制。

（2）分时控制：根据医院运营状况，门、急诊部门在人流高峰期开启高功率照明模式，人流较少时，只需开启满足需求的普通照明。病房、护士站采用动态照明，分成清晨、日间、夜晚多种控制模式，实现符合人体昼夜节律（生理节律）的照明。

（3）应急照明就地控制（用于消防灯具控制的开关均带指示灯）：疏散指示灯采用平时常亮式，火灾时由消防控制室自动控制，点亮全部应急照明和疏散指示灯。

（4）日照补偿及人体感应控制：安装照度探测器，检测自然光光照度，根据室外采光情况对室内灯光的开闭及照明程度进行控制；对于使用时间短或频率低的空间安装人体感应探测装置，采用人来灯亮、人走灯灭的控制方式。

（5）关注医疗空间照明控制的特殊要求：医院建筑灯光不宜采用声控模式，精神病房、ICU 等特殊科室照明开关，宜在护士站集中控制等。

第三节　医疗空间声学设计

一、总则

自 1960 年起，世界范围内的医院噪声水平每年平均增长 0.4dBA（图 4-2-5）。各国医院的噪声水平通常比世界卫生组织 (WHO) 的推荐值 (35dBA) 平均高出 15 分贝以上。我国大量医院建筑存在严重的噪声污染问题，室内平均噪声等级已经超过了 60dBA，ICU、门诊、手术室等区域的噪声尤为显著，通常在 65 ~ 80dBA，高峰期时噪声水平更是高达 85 ~ 90dBA，远高于我国《民用建筑隔声设计规范》（GB 50118—2010）对医院建筑噪声水平的低限标准。

医院噪声的来源包括设备噪声、医疗服务噪声、室外交通噪声等。医疗设备噪声，如医疗设备产生的巨大噪声、送风管道和落水管产生的低频噪声等；医疗服务噪声，如不必要的医疗设备提示声和警报声，医疗一清洁用推车声，医务人员与患者的交流声等；人为噪声，如医护人员的讲话声，医护人员来回的走动声，不小心撞到仪器或将金属物体扔到地板上的声音等；室外交通噪声等。目前市场上多数声学材料的洁净度无法达到医院使用环境的要求，医院在管理层的声音面的疏忽等问题都是造成医院噪声超标的原因。

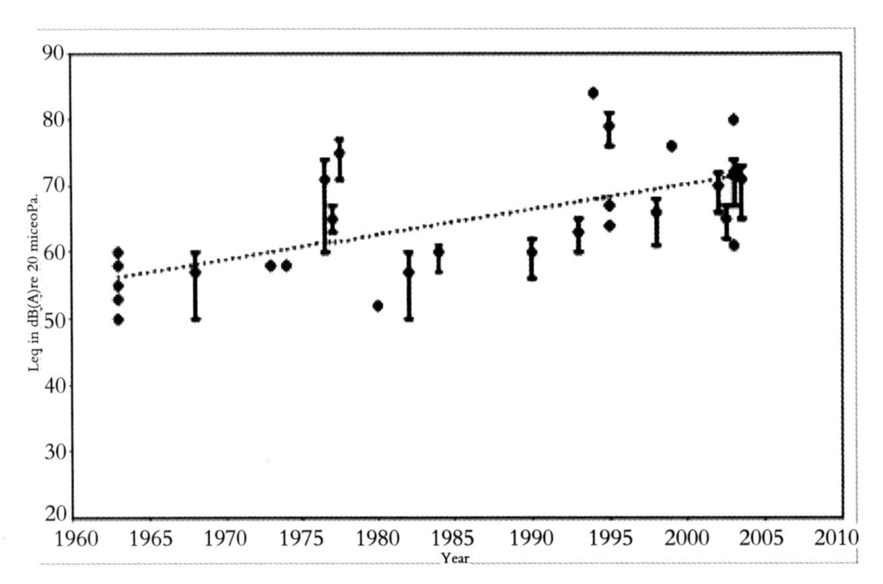

图 4-2-5 世界范围内昼间医院噪声增长趋势

二、医院声环境设计相关标准

各房间室内允许噪声等级（严格程度：HTM-0801(表 4-2-3) > FGI（表 4-2-4）> 国标低限标准（表 4-2-3）。

表 4-2-3 房间允许噪声级限制标准

房间名称	允许噪声级（A 声级，dB）			
	高要求标准		低限标准	
	昼间	夜间	昼间	夜间
病房、医护人员休息室	≤ 40	≤ 35	≤ 45	≤ 40
各类重症监护室	≤ 40	≤ 35	≤ 45	≤ 40
诊室	≤ 40		≤ 45	
手术室、分娩室	≤ 40		≤ 45	
洁净手术室	—		≤ 50	
人工生殖中心净化区	—		≤ 40	
听力测听室	—		≤ 25	
化验室、分析实验室	—		≤ 40	
入口大厅、候诊厅	≤ 50		≤ 55	

表 4-2-4 HTM-0801

Room Type	NC/RC(N)	dBA
Patient rooms	30~40	35~45
Multiple occupant patient care areas	35~45	40~50
NICU	25~35	30~40
Operating rooms	35~45	40~50

表 4-2-4 HTM 08-01（续）

Room Type	NC/RC(N)	dBA
Corridors and public spaces	35~45	40~50
Testing/research lab，minimal	45~55	50~60
Research lab，extensive speech	40~50	45~55
Group teaching lab	35~45	40~50
Doctor’s offices，exam rooms	30~40	35~45
Conference Rooms	25~35	30~40
Teleconferencing Rooms	25(max)	30

表 4-2-5 ANSI S12.2 (FGI 修订)

Room type	Example	Criteria for noise intrusion to be met inside the spaces from external sources (dB)
Ward – single person	Single-bed ward, single-bed recovery areas and on-call room, relatives'overnight stay	40 LAeq，1hr daytime 35 LAeq，1hr night 45 LAmax，f night
Ward – multi-bed	Multi-bed wards, recovery areas	45 LAeq，1hr daytime 35 LAeq，1hr night 45 LAmax，f night
Small office-type spaces	Private offices，small treatment rooms，interview rooms，consulting rooms	40 LAeq，1hr
Open clinical areas	A&E	45 LAeq，1hr
Circulation spaces	Corridors，hospital street，atria	55 LAeq，1hr
Public areas	Dining areas，waiting areas，playrooms	50 LAeq，1hr
Personal hygiene (en-suite)	Toilets，showers	45 LAeq，1hr
Personal hygiene (public and staff)	Toilets，showers	55 LAeq，1hr
Small food-preparation areas	Ward kitchens	50 LAeq，1hr
Large food-preparation areas	Main kitchens	55 LAeq，1hr

表 4-2-5 ANSI S12.2 (FGI 修订)(续)

Room type	Example	Criteria for noise intrusion to be met inside the spaces from external sources (dB)
Large meeting rooms (>35 m^2 floor area)	Lecture theatres, meeting rooms, board rooms, seminar rooms, classrooms	35 LAeq, 1hr
Small meeting rooms (≤ 35 m^2 floor area)	Meeting rooms, seminar rooms, classrooms, board rooms	40 LAeq, 1hr
Operating theatres	Operating theatres	40 LAeq, 1hr 50 LAmax, f
Laboratories	Laboratories	45 LAeq, 1hr

三、医院各类医疗空间声环境

(一)病房声环境

病房作为住院病人接受治疗和康复的主要场所，保障安静舒适的疗养环境已成为现阶段医院工作者和设计师所关注的核心问题之一，但由于缺乏相关理论指导和科学依据，以致对于医院声环境的设计与改造具有较大的盲目性。

1. 重症监护病房(ICU)声环境

ICU 的噪声水平通常在 50 ~ 75dBA，夜间最高噪声水平甚至达到 103dBA，因此，睡眠障碍是病人常见的问题。ICU 的噪声源主要包括空调、电视、收音机、呼吸机、心脏监视器报警、呼吸机报警、电话铃声、雾化器、脉搏血氧计报警、敲击、对讲机、员工传呼机、谈话(工作人员、护士)、手推车、访客、同伴、垃圾桶和一般活动等。最干扰睡眠的噪声源是员工交谈声和警报声。

晚上在 ICU 病房测量到的声级超过世卫组织指导值至少 20 dBA，而且差异显著(见图 4-2-6)，但夜间声环境不受特定时间的影响，无法确定病房内最吵、最静的时段。研究发现，ICU 声环境的改善有利于住院病人的休息、睡眠及住院情绪，同时能提升医护人员的工作效率。

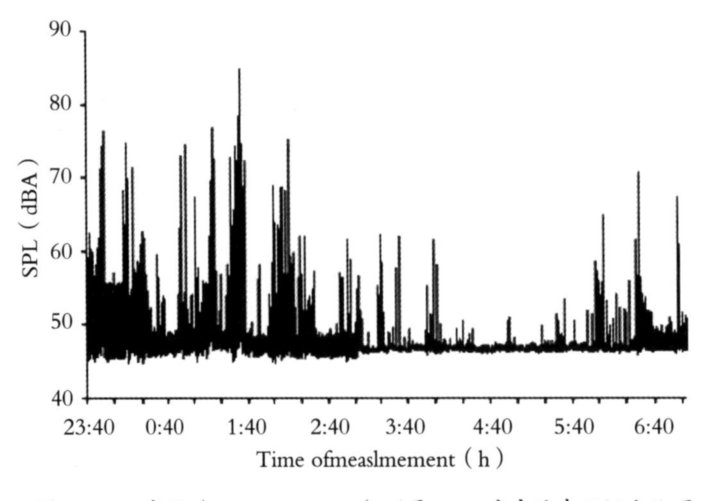

图 4-2-6 夜间(23：00~7：00)测量 ICU 病房的声压级变化图

病房类型、几何形态、典型声源都影响着病房声环境的特征。通过社会力模型（图 4-2-7）模拟病房噪声敏感区，单人床病房和多床病房的噪声水平存在显著性差异（图 4-2-8、图 4-2-9）。ICU 设备发出的报警器大多以中高频声音为主，尤其是后者，其次是呼吸机和泵的输液报警。所有报警信号的平均长度通常在 1 秒左右，而时间间隔则变化更大。在最恶劣的声学情况下，瞬时峰值声级可达 80 dBA 以上。

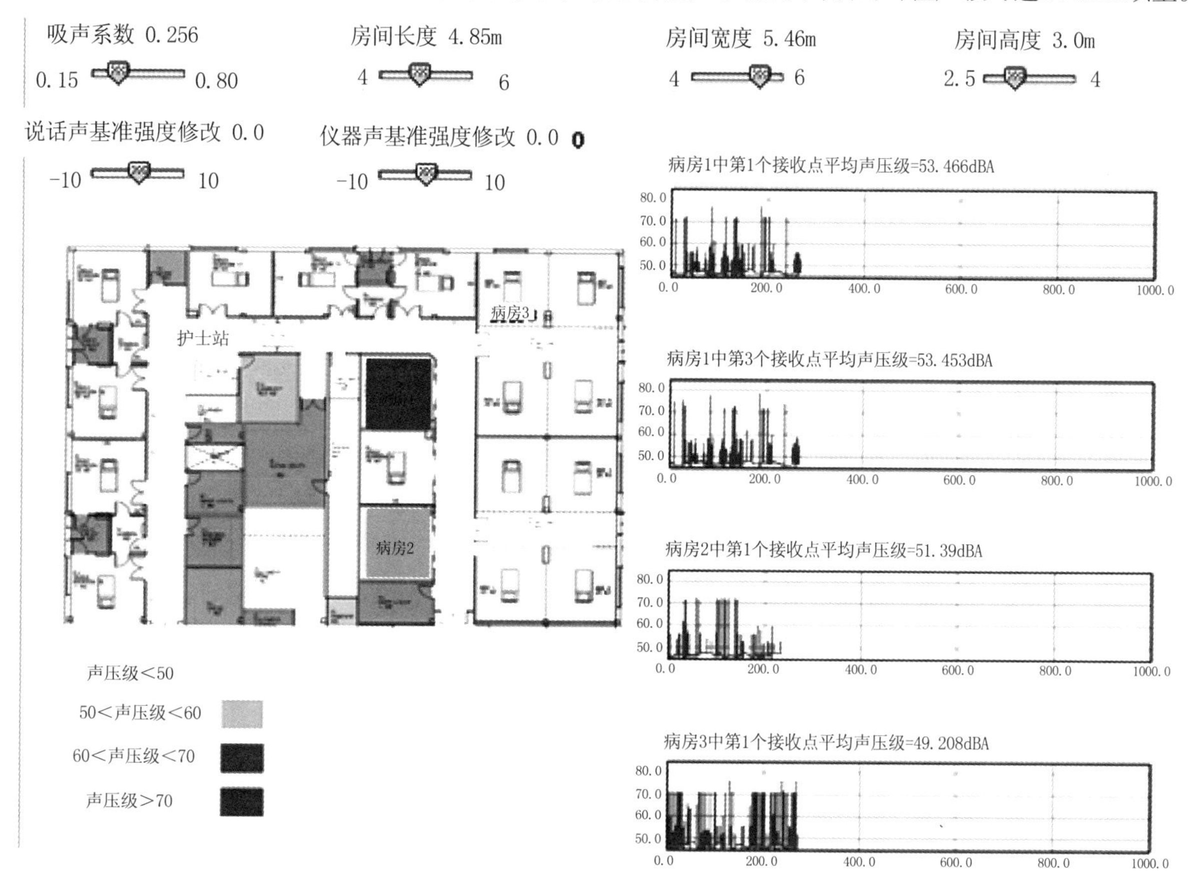

图 4-2-7 社会力模型

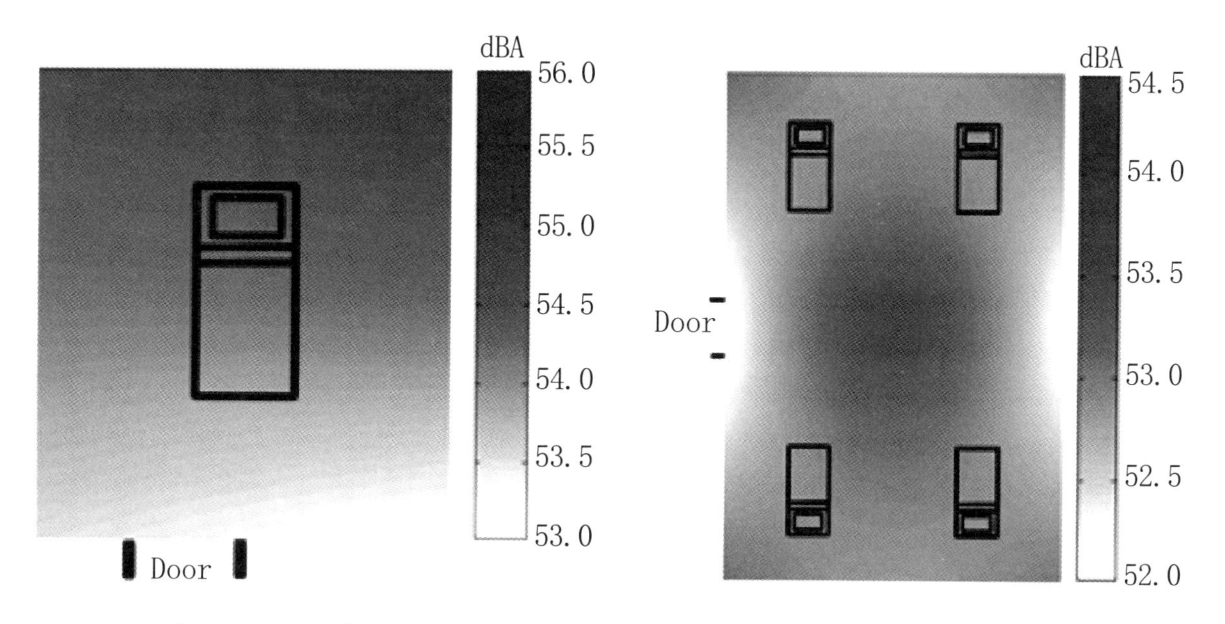

图 4-2-8 单人病房噪声敏感区域图　　图 4-2-9 多人病房噪声敏感区域图

2. 普通病房声环境

大量研究表明，环境噪声超过 45dBA 时会对睡眠造成影响；超过 55dBA 时会造成注意力不集中，加速疲劳；超过 65dBA 时会影响正常的语言信息交流和传递；超过 70dBA 的噪声则会直接作用于人体的自主神经系统，对血压、心率、代谢机能等都会造成不良影响。对于身体抵抗力变弱且情绪不稳定的病人，噪声对其生理和心理的影响比健康人更加严重。

普通病房的 24h 等效产连续声压级在 57 ~ 64 dBA 之间(图 4-2-10)，各病房昼间（6：00 ~ 22：00）噪声等级差别不大，但均严重超标科；夜间（22：00 ~ 6：00）噪声等级相差较大（36 ~ 57 dBA）。普通科室（除 ICU）中近一半的病人（43.6%）在夜间睡眠时被噪声吵醒过，这些噪声主要是说话声、洗手间的冲水声以及关门声。分析实测数据发现，普通病房在夜间约有 30% 的声压级高于 45 dBA，而高于 70 dBA 的瞬时噪声事件平均每晚为 33 次，过高的背景噪声和频发的高噪声事件是引起病人失眠和被噪声惊醒的主要原因。

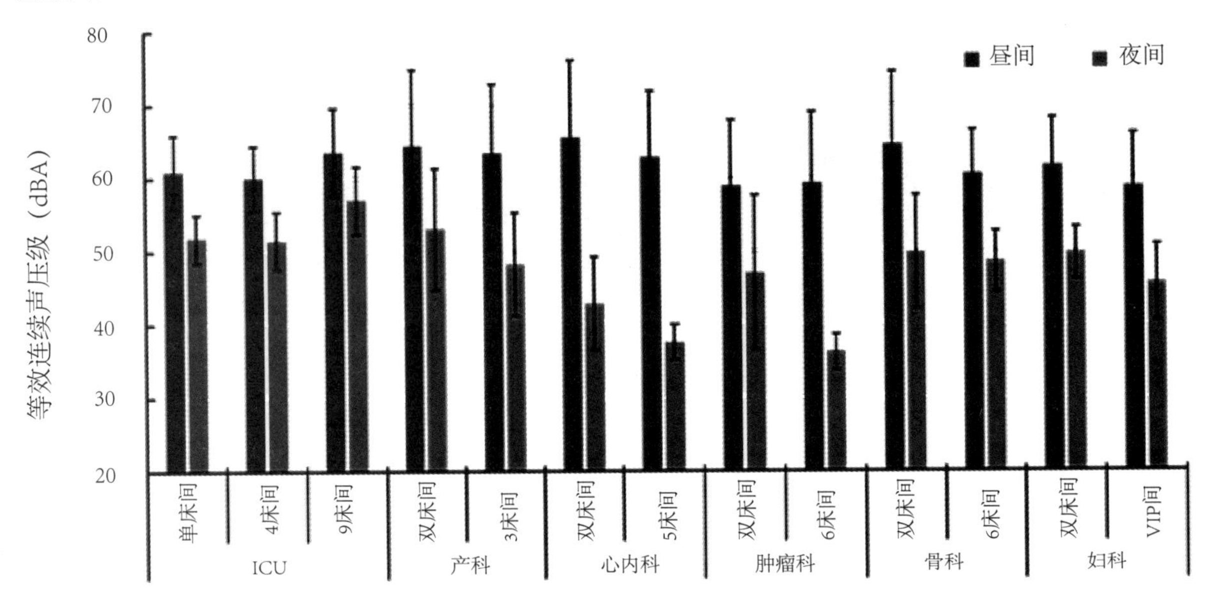

图 4-2-10 各科室病房昼夜等效连续声压级

噪声对各科室病人的交谈、情绪、休息、康复存在轻度影响，而噪声对医护人员工作效率和身体健康的影响更加显著。在现阶段我国医疗资源相对短缺的环境下，住院病人的诉求通常集中在常规的药物治疗，加之住院时间较短(平均 1 ~ 3 周)，其对病房物理环境的舒适度要求普遍较低，而长期工作于住院部的医护人员对病房噪声的敏感程度比住院病人更高，且容忍度更低，此外，与光环境、温湿度、空气质量相比，声环境被病人和医护人员一致认为是病房内最迫切需要得到改善的物理环境。

（二）候诊区声环境

医院内部交通空间通常是医疗过程中人流分散的重要过渡空间，主要包括走道、候诊区、楼梯间、电梯间等，这些区域通常人流密度较大，而且可供声学处理的面积非常有限，往往是医院内部噪声级最高的区域。其中，候诊区占医院门诊面积的较大比例，经研究发现昼间 LAeq > 66 dBA，高于门厅、登记大厅、楼梯等其他区域。

候诊区主要声源包括：说话声、走步声、吵闹声、电子叫号声、手机铃声，人们的说话声等与语言声相关的声源被患者和医护人员评价为候诊区内主要声源（表 4-2-6）。对患者和医护人员来说，对候诊区内的电子叫号声接受程度最高，不易接受的是手机铃声和吵闹声。医患在医院或候诊区停留的时间越长，对声环境满意度的评价就越差，噪声对其干扰程度越大，对声环境的满意度越低。

表 4-2-6 候诊区的声源类型

声源类型	声源主要表现形式
人发出的声音	医生和患者的说话声、喊叫声、哭闹声、广播声、走步声、跑步声、拍打声，医院外商家大喇叭宣传声，商贩高声叫卖声
器械、设备、车辆发出的声音	电子叫号声、手机铃声、电梯和空调运行声、打印机打印声、推车声、医院外车辆喇叭声、救护鸣笛声
其他声音	流水声、风声、雨声、鸟鸣声

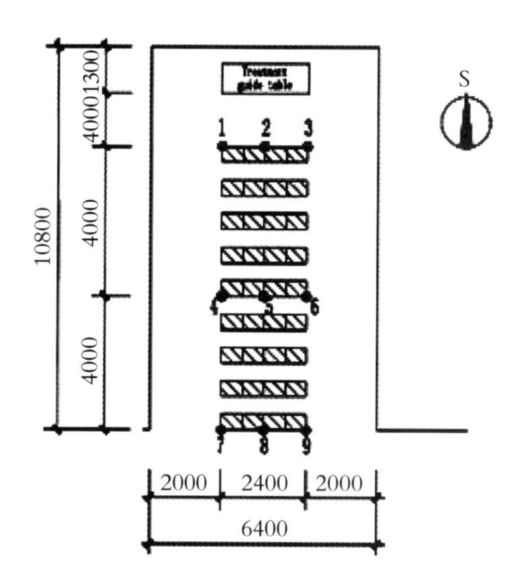

图 4-2-11 U 型候诊区测点布置图

候诊区各点、各频率声压级在 1kHz 或其附近范围出现最大值，该值大于 55dB。平均候诊人数为 40 人左右的 U 型候诊区背景噪声等效 A 声级分布在 64 ~ 73dBA（图 4-2-11），各 U 型候诊区等效 A 声级平均相差约 2.7dBA，U 型候诊区同一天上午和下午随时间变化的等效 A 声级标准偏差约 2.0dBA。U 型候诊区背景噪声等效 A 声级平均值上午高于同一天的下午，二者的差值分布在 1.0 ~ 7.0dBA 区间。U 型候诊区的背景噪声主要由语言声组成，背景噪声能量主要分布在 250Hz ~ 4kHz。靠近大厅等公共空间的候诊区会更吵；在妇科候诊区，其高频部分声压级分布略高于其他综合各类人群使用的候诊区（图 4-2-12）。

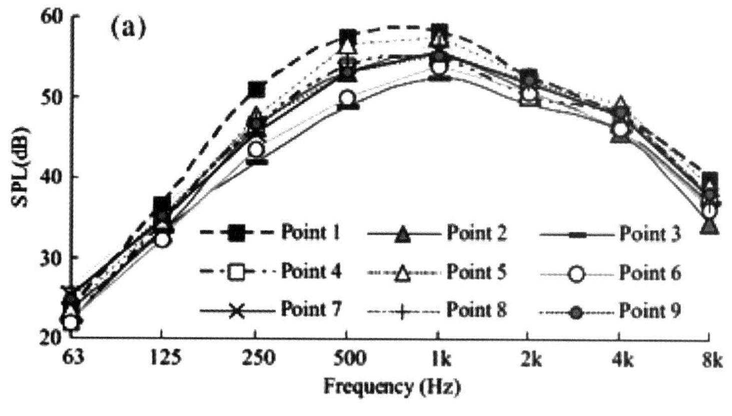

图 4-2-12 心脏病学候诊区下午不同测量点测量的频谱

（三）手术室声环境

手术室是为病人提供手术及抢救的场所，是医院重要技术部门，作为医院抢救生命的核心场所，是患者进行手术、治疗以及其他需要无菌治疗时的场所。手术室的工作人员长时间暴露在噪声中，会导致工作效率降低以及言语沟通障碍，而患者会因噪声的干扰增加术中焦虑。研究表明，手术室的平均声压级为 62.3dBA，峰值可达 94.6dBA。外科手术的平均声压级最高，可能与其手术时长和术中设备有关。手术室中的噪声源主要为交谈声、开关门声、手术器械碰撞声、设备声、监护仪报警声、塑料袋声、桌椅碰撞声、电话铃声等，其中交谈声最为频繁，平均每分钟发生 1.5 次。各科室手术声压级范围及手术时长见表 4-2-7。

表 4-2-7 各科室手术声压级范围及手术时长

科室	台数	Leq/dB(A)	dB(A) 声压级范围	手术时长 (min.)
小儿骨科	2	58.0	57.0 ~ 59.0	66 ~ 84
胸外科	4	63.0	61.5 ~ 63.5	59 ~ 240
肠胃科	9	63.0	55.0 ~ 69.0	39 ~ 293
心脏学科	10	63.5	57.0 ~ 68.0	40 ~ 319
泌尿外科	11	63.5	55.5 ~ 67.0	31 ~ 157
儿科泌尿外科	2	64.0	64.0	39 ~ 150
神经外科	8	64.5	60.0 ~ 67.5	74 ~ 510
耳鼻喉科	4	65.0	53.0 ~ 66.5	36 ~ 76
儿科整形外科	4	65.0	62.0 ~ 68.5	51 ~ 117
骨科	19	66.5	56.5 ~ 70.5	19 ~ 37
整形外科	3	67.0	59.0 ~ 69.0	35 ~ 548

四、医院改善声环境的相关技术

（一）病房声环境的优化因素

1. 建筑平面

病房声环境一般受到病房内部声源和外部 (走廊和户外) 声源的共同影响。根据病人的评价，噪声主要来自病房内部 (48.9%)，其次是户外 (28.2%) 和走廊 (22.9%)。这是由于综合医院大多紧邻交通要道，周边区域人口稠密，随着城市交通和用地等诸多因素的限制，部分医院的病房楼难以避免与城市道路毗邻，声环境受外界干扰较大。此种情况下，病房楼平面的选型，包括病房内卫生间的布置、是否设置阳台都会影响室内声环境。设计时首先应考虑隔声性能较好的平面类型，并将其他用房设置于临街面作为缓冲，可以很大程度地降低道路和城市噪声对病房内部的影响。

以宜宾市某医院的产科和肿瘤科所在的两栋毗邻城市道路的病房楼为例，前者部分病房位于建筑临街面，后者病房均位于非临街面。调查结果显示：产科病人群体中对户外噪声感知强烈的比例明显高于肿瘤科 (分别为 41.2%、16.7%)。针对必须要设置在临街一侧的病房，可通过适当的室内平面布置，在一定程度上增强病房的隔声效果。通过计算机模拟比较几种典型病房平面的隔声性能（图 4-2-13），当卫生间沿外墙布置时，病房的室内平均噪声等级比沿内墙布置时低 2 ~ 3dBA 左右；对于中高层病房，通过设置户外阳台 (阳台栏板不透声) 能使室内噪声等级降低 3 ~ 5dBA 左右。因此在设计阶段，如果病房窗外场地声环境良好，没有噪声污染时，应将卫生间布置于内墙一侧，在满足大面积采光的同时，卫生间隔墙也会对走廊噪声起到削减作用；如果窗外噪声污染严重，可以考虑设置阳台，或是将卫生间布置在外墙侧，通过牺牲一部分采光来换取更好的隔声效果。

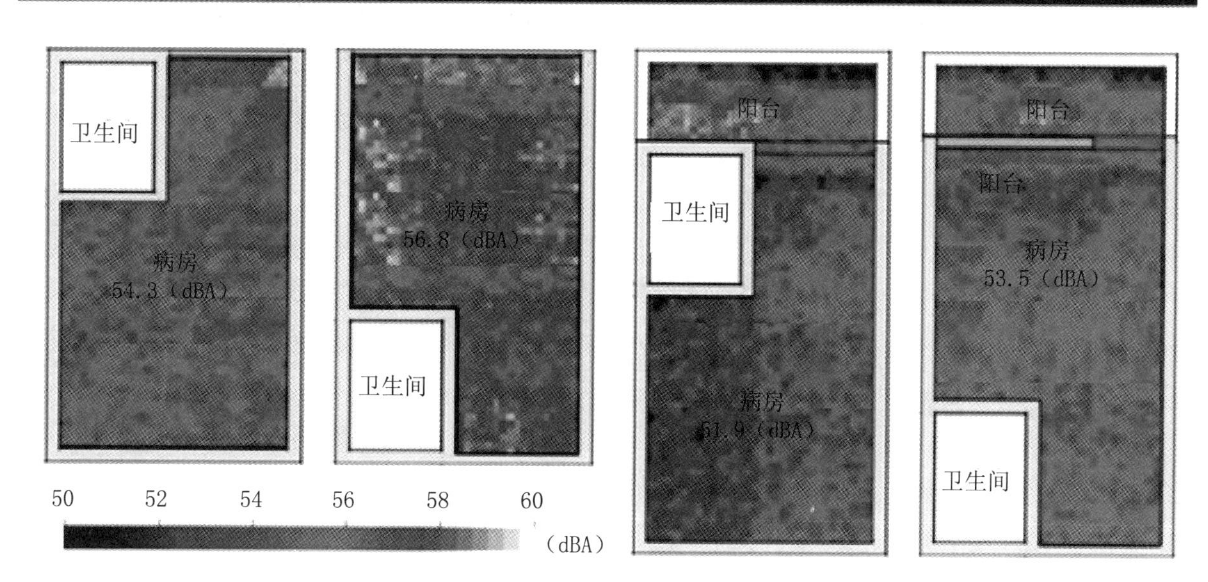

图 4-2-13 临街病房的卫生间和阳台的平面布置对室内声场影响的模拟结果示意图

2. 科室类别

由于科室职能不同，ICU 和普通科室病房内的医疗设备、病人身体状况存在明显差异，导致病房内主要噪声源类型也不同。普通科室的病人基本处于治疗康复阶段，这类病人一般会在病房内收看电视，与他人交谈，甚至自由活动，且普通科室病房一般不会配备繁杂的医疗设备，因此"说话声"被普通科室的病人和医护人员认定为最主要的噪声源。此外，病房内声压级频谱分布与语言声频谱较高的吻合度，也证明了"说话声"在普通科室病房声环境中的主导地位，相反，服务高危病人的 ICU 病房需要大量医疗设备对病人的生命体征进行维持和监测，由于这些设备 24 小时不间断运作并频发高响度的报警，因此"设备噪声"被 ICU 医护人员认为是该科室最主要的噪声源，这也是 ICU 病房昼夜均处在相对稳态的高噪声环境中的主要原因。

3. 科室管理

调研发现普通科室内的大多数噪声是人为产生，完全可以避免。例如病房内外时常有人高声喧哗、手机铃声频发、硬质鞋底的脚步声、未及时响应的呼叫铃声等，这种现状主要是由于人们对医院声环境的保护意识比较薄弱造成的，而国内医院又缺乏相应的管理机制。我国多数公立医院缺少对探访和陪护人员的合理限制，经常造成住院部人流拥挤、环境嘈杂。通过对比美国约翰·霍普金斯医院 (John Hopkins Hospital) 普通科室病房的实测结果，我国同类型病房的噪声等级平均要高 5 ~ 10 dBA；而对比英国谢菲尔德市北方综合医院 (Northern General Hospital) ICU 病房的研究数据，中英 ICU 的噪声等级较相似，分别为 51.8 dBA 与 53.1 dBA，这是由于国内医院在 ICU 的管理上完全引入国外封闭化管理体系，严格控制探访时间和探访人数，或禁止探访，从而消除了来访和陪护人员作为噪声源的影响，因此，行为约束措施应加入医院住院部管理条例，如禁止在病房、走廊、护士站内大声喧哗；为护士配备橡胶海绵鞋底的护士鞋；将手机设置为震动模式；规定时间内清除病房呼叫铃声；为入院病人做好宣传与教育工作等。

4. 建声处理

以宜宾市某医院为例，将病房内部原有石膏板吊顶更换为吸声性能良好（降噪系数 NRC 0.75）的抗菌矿棉板吊顶；将普通木质病房门（计权隔声量 Rw ≈ 15）更换为隔声性能优良（Rw=31）的钢制隔声病房门，同时将普通单层窗（Rw ≈ 10）更换为双层隔声窗（Rw=24）。改造后的病房（静音病房）室内混响时间相比改造前的病房（普通病房）降低 27% ~ 47%，更低的混响时间意味着通过吸声材料的作用，反射声波在房间内的能量得以迅速衰减，从而获得更高的语音清晰度和更低的室内噪声水平。静音病房的夜间噪声级相比普通病房有了显著降低（10.7dBA），说明静音病房在夜间为病人提供了更加安静的睡眠环境和康复环境（见图 4-2-14、图 4-2-15）。走廊和护士站也做了相应的吸声处理，昼夜等效连续声压级降低了 5 dBA 左右，可见病房声学处理对改善医院治疗环境有重要作用。

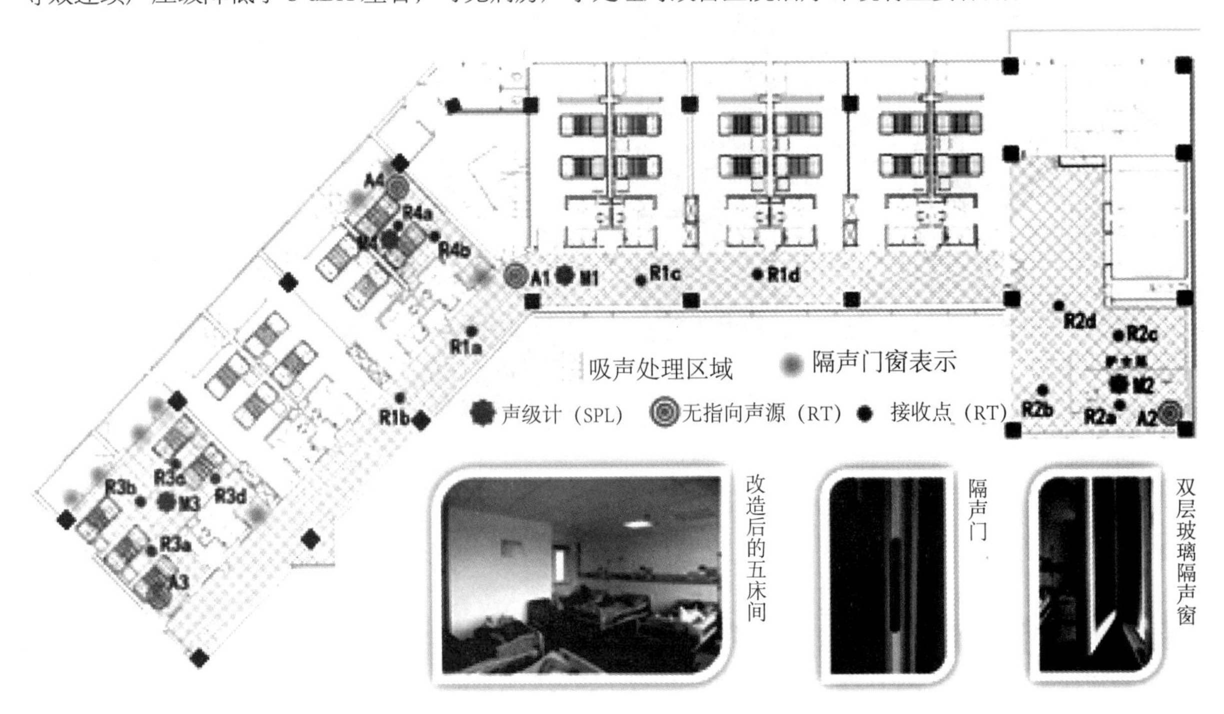

图 4-2-14 宜宾市某医院声学改造平面示意图

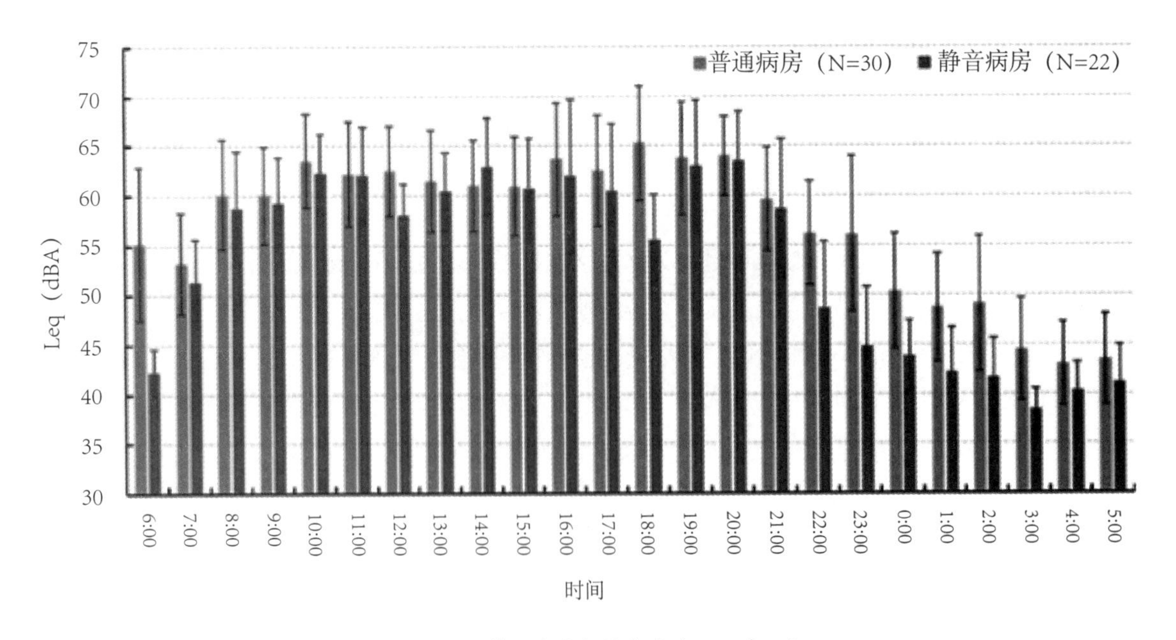

图 4-2-15 普通病房与静音病房 24h 声压级

5. 其他技术措施

表 4-2-8 整理了病房内部声学处理措施的成本及其降噪收益，可供设计师参考。除了上述的隔声、吸声降噪处理和声掩蔽系统，以下三种电子技术手段同样适用于病房内部的声环境改善，而且针对性更强。

表 4-2-8 不同声学处理措施的成本及收益分析表

类别	具体措施	原始状态	成本估算（元）	声环境收益	
				描述	降噪效果
平面布局处理	❶ 有阳台	无阳台	—	降低户外传声	3~5 dBA
	❷ 卫生间靠外墙	卫生间靠内墙		降低户外传声	2~3 dBA
	❸ 卫生间靠内墙	卫生间靠外墙		降低走廊传声	2~3 dBA
	❹ 单人病房	多人病房		消除其他病人干扰	—
传统声学处理	❺ 隔声病房门	轻质病房门	300/ 樘	降低走廊传声	10 ≥ dBA
	❻ 双层隔音窗	单层玻璃窗	600/m²	降低户外传声	10 ≥ dBA
	❼ 吸声吊顶	石膏板吊顶	150/m²	降低室内整体声压级	3~8 dBA
	❽ 弹性地窗	硬质地面	100/m²	降低鞋底撞击声	2~10 dBA
电子技术处理	❾ 电视伴音系统	电视扬声器	—	降低或消除电视声	—
	❿ 声掩蔽系统	—	1500/ 室		
	分段警报	单一设备警报	—		

（1）电视伴音系统。

电视声被评为普通病房室内第二大噪声源。安装伴音系统可将病房电视的音频信号输出到每一病床附近的伴音分机上，病人通过分机上的小喇叭或耳机收听电视节目，电视自身的扬声器将不再发声，从而降低多人病房中电视声对其他病人的影响。

（2）分级警报系统。

针对 ICU 病房内的众多医疗和监护设备建立一套音量更低，但具有安全保障的分级延迟警报、呼机警报等智能警报系统，能有效降低频发的警报声对病人休息和医护人员身体健康造成的不良影响。

（3）声掩蔽系统。

该系统是一套电子扬声系统，通过播放一种或几种掩蔽声，不仅可以保护谈话隐私，还可以降低人耳对环境噪声的感知。用于病房的声掩蔽系统还可以引入声景观的作用机制，利用悦耳的音乐、流水、鸟鸣等作为掩蔽声来提升病人的心理声舒适。相比传统的主动、被动降噪措施，该系统具有成本低、安装简便、适用范围广等特点，目前已被加入美国的《医院声环境和振动动设计指南》（Cound and Vibration Design Guidelines for Health Care Facilities）中，并在欧美国家医院的病房中广泛应用。需要注意的是，声掩蔽系统对环境噪声的控制应该在合理的范围以内，掩蔽声音量过高也会使掩蔽声变成噪声，并会影响医护人员对医疗警报的判断。

（二）候诊区声环境优化因素

现代大型综合医院候诊区声环境普遍存在噪声超标、嘈杂混乱的现象，候诊区使用者对声环境给出的评价值在所有环境要素中最低，候诊区内的医患对吵闹声接受度最低，医护感觉候诊区内有回声等一系列问题。创造出令医患感觉舒适的候诊区声环境，切实有效地解决这些问题已经势在必行。

1. 平面布局

创造健康舒适的候诊区声环境与候诊区声场密切相关，而候诊区的空间布局又直接影响着声场的分布，候诊区的信号源一般是人工或电子叫号声，普遍位于候诊区一侧。在这种情况下，实现候诊区声场的均匀分布，使病人无论在哪个方位都能良好地接收信息。候诊区的平面可以分为三种情况：U 型、L

型和□型，其中，□型四面都有围护结构，通过一面或者多面墙上的门洞口和外界保持交通联系。

L 型候诊区背景噪声各点各频率的声压级值高于 U 型候诊区，二者背景噪声各点各频率声压级的平均值相差约 6.0dB，这说明在相同人群密度的情况下，L 型候诊区比 U 型候诊区更加吵闹，原因在于 L 型候诊区两面围合、两面开敞，比 U 型更容易受到外界的干扰和影响。U 型和□型候诊区空间声压级在 500Hz 以下的低频范围，数值比较接近，而在 500Hz 以上的中高频范围内，□型声压级要高于 U 型。在混响时间 T30 分布上也有类似情况，500Hz 以下的低频范围二者的混响时间 T30 非常接近，500Hz 以上的中高频范围，□型混响时间 T30 要高于 U 型，即医患身处□型候诊区会觉得混响时间更长。

因此，综合医院候诊区宜采用平面形式是三面围合一面开敞的 U 型，U 型空间不属于长空间、扁平空间等特殊空间形式。现代大型综合医院普遍采用分科候诊，布置在一个候诊区周围的诊室是有限的，所以，此时候诊区面积相对较小，U 型候诊区长度一般在 10m 左右。根据美国人努特生、哈里斯编著的《建筑中的声学设计》（1957）一书中关于房间形状的设计中建议一般房间其长宽比控制在 2:1 和 1.2:1 之间。实际当中，U 型候诊区最大长宽比是 2.3:1，最小是 1.1:1，绝大部分 U 型候诊区的长宽比是 1.7:1 和 1.3:1，满足努特生等人建议的房间长宽比例的要求。

2. 吸声处理

现代大型综合医院的候诊区声环境内存在大量噪声，其中背景噪声主要以语言声为主，包括说话声、吵闹声等。从 T30 实测数据中可以发现候诊区存在混响时间较长的现象。

医院建筑在做好选址、整体规划布局以及处理好建筑隔声的基础上，在候诊区的选定界面上进行吸声设计，可以实现降低噪声、创造良好的候诊区声环境。这种方法取材方便，并且从低频到高频都可以考虑吸收，最终要实现控制候诊区中频（500 ~ 1000Hz）最佳混响时间 T60 在 1.0S，并且可允许有 0.1S 的浮动范围。另外，如果频率小于 500Hz，每减小一半，最佳混响时间数值会增加 10%；如果频率高于 1000Hz，每增加 1 倍，相应的混响时间会减小 10%（图 4-2-16）。

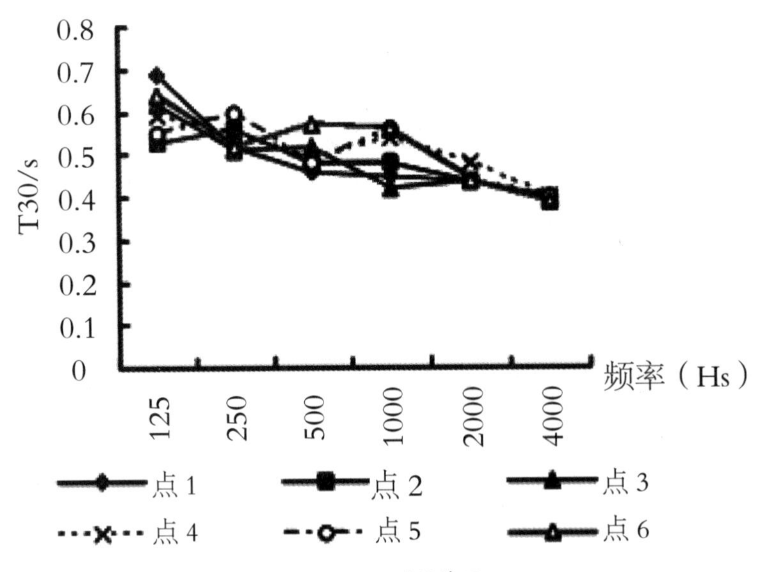

图 4-2-16 L 型候诊区 T30

3. 电声系统设计

目前，现代大型综合医院候诊区内普遍设置电子叫号系统。候诊区内的电子叫号系统属于医院智能化系统中的专用叫号业务系统。系统会发出经过扬声器扩大后的模拟人声，这种声音一方面抵抗了候诊区内较高声压级背景噪声的干扰，确保候诊人员能够及时准确听到相关信息，同时，也避免了以往工作人员仅通过自然嗓音呼喊患者序号，或者维持候诊区秩序等行为带来的较大强度的工作。但是现代大型综合医院候诊区内的扬声器普遍安装在天花、墙壁，没有固定规律，医院候诊区内安装的扬声器，有的安装在候诊区候诊患者座区两侧的墙面上、有的安装在候诊区候诊患者座区对面导诊台后面的墙面上，给人感觉布置随意，无视觉美观性可言。

候诊区内如何布置扬声器是电声系统设计的关键，应该保证以较少数量的扬声器使收听区域拥有均匀的声压分布，保证良好的语言清晰度。扬声器的设置主要考虑建筑的空间尺寸，要求达到的最大声压级等内容。扬声器的布置原则应该和顶棚灯具或者构造设施相结合，可以采用单列或者双列分散等间距布局，每列相邻两个扬声器间隔控制在 4m 左右。

（三）新型声学材料

由于医院对室内环境的洁净度要求较高，所以对吸声和隔声材料的生产和环保工艺要求比较严苛。如吸声基材为矿棉或玻璃纤维时，材料与室内空气接触面的涂层在留有微孔的同时，保证其防污、抗菌、可用消毒水擦洗等特性。为了防止矿棉或玻璃纤维尘埃对病人呼吸道造成影响，需要对材料中的颗粒物进行离心处理，至少要达到空气洁净度分级标准（ISO 14644-1）中的第 5 级（Class 5），及每立方米空气中大于或等于 0.1μm 的尘埃粒子不超过 105 个。吸声和隔声材料的选择除了要考虑平均降噪系数（NRC）外，其各频段的吸声性能应契合医院走廊、护士站、候诊区、病房等不同区域的噪声频谱分布，在噪声等级较高的频率范围充分发挥降噪性能。因此，根据医院的洁净度要求和成本预算控制，提出多种适宜声学材料供医院选择，详见附表 4-2-9。

表 4-2-9 公共区域表面吸声材料

声学材料 / 构造名称	表观样式	降噪系数	洁净等级	耐用度	公共区域	病房
医疗用 20mm 矿棉板吸声吊顶		NRC 0.75	ISO 5	防水 防污 耐擦洗 抗消毒剂	√	√
医疗用 15mm 矿棉板吸声吊顶		NRC 0.60				
铝穿孔板吸声吊顶		NRC 0.85	ISO 4	防水 防污 耐擦洗 抗冲击	√	
金属吸声垂片吊顶系统（30mm，孔径 1.5mm）		NRC 0.73	—	防污 耐擦洗	√	
声学材料 / 构造名称	表观样式	降噪系数	洁净等级	耐用度	公共区域	病房

表 4-2-9 公共区域表面吸声材料（续）

金属暗架吊顶系统（背面覆盖吸声纸）		NRC 0.80	—	耐洗	√	√
金属 F 型条板吊顶系统 (0.7mm)		NRC 0.70	—	可擦洗 耐刮擦 防污 耐撞击	√	
玻璃纤维无缝吸声板吊顶		NRC 0.85	—	—	√	√
12.5 mm 随机穿孔无缝石膏吊顶	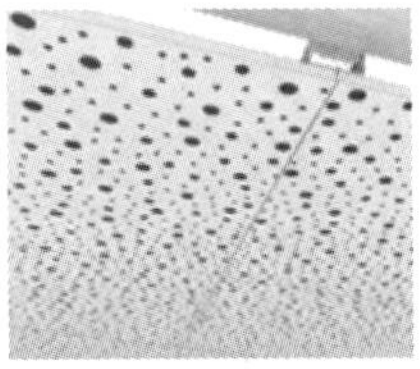	NRC 0.50	—	—	√	
40mm 多边形自由悬挂高密度玻璃棉吊顶		NRC 1.25	—	—	√	
20mm 亚光黑表面高密度玻璃棉吊顶		NRC 0.95	—	—	√	
自由浮动的顶篷吊顶		NRC 1.05	—	—	√	

表 4-2-9 公共区域表面吸声材料（续）

声学材料 / 构造名称	表观样式	降噪系数	洁净等级	耐用度	公共区域	病房
吊顶、墙面微泡玻璃颗粒无缝式吸声系统（乳液透声涂料）		NRC 0.75	—		√	√
喷涂吸声砂浆		NRC 0.51	—	—	√	
异形拉伸吸声软膜吊顶（孔直径 0.15 mm，穿孔率 0.8 %，厚 0.18 mm）		NRC 1.0	—	—	√	
拉伸吸声软膜吊顶（孔直径 0.1mm，穿孔率 1%，厚 0.18 mm）		NRC 0.83	—	抗微生物抗真菌 可清洗和消毒	√	
医疗用 9mm 玻纤吸声墙板		NRC 0.50	ISO 5	防水 防污 耐擦洗 抗冲击 抗消毒剂	√	√
防污染高密度玻璃棉芯墙面（40mm）		NRC 1.0	—	防污染用于对清洁有很高要求的场所	√	√
织物与高密度玻璃纤维芯墙面或吊顶（40mm）		NRC 0.95	—	抗冲击	√	√

表 4-2-9 公共区域表面吸声材料（续）

声学材料 / 构造名称	表观样式	降噪系数	洁净等级	耐用度	公共区域	病房
高吸声 40mm 玻纤墙板		NRC 0.90	—	—	√	√
玻璃纤维增强墙板（450 × 2400 × 9.5mm）		NRC 0.50	—	—	√	√
连续穿孔墙面（12.5mm）		NRC 0.70	—	—	√	
木材表面穿孔墙面（25 ~ 45mm）		NRC 0.70	—	—	√	√

第四节　医疗空间色彩设计

一、色彩与人的身心健康

色彩是医疗环境中的重要组成要素。色彩通过视觉被人们感知，给医护人员和病患带来心理、生理、物理等多方面影响。

（一）色彩的生理效应

色彩对人的生理影响是通过心率、血压、脑电图（EEG）、呼吸频率等表现出来的。不同色彩有不同的电磁波长，通过视觉转化成神经冲动到达大脑，从而调节身体各种腺体分泌激素，调节身体内色谱平衡、维护健康（见图 4-2-17、图 4-2-18）。

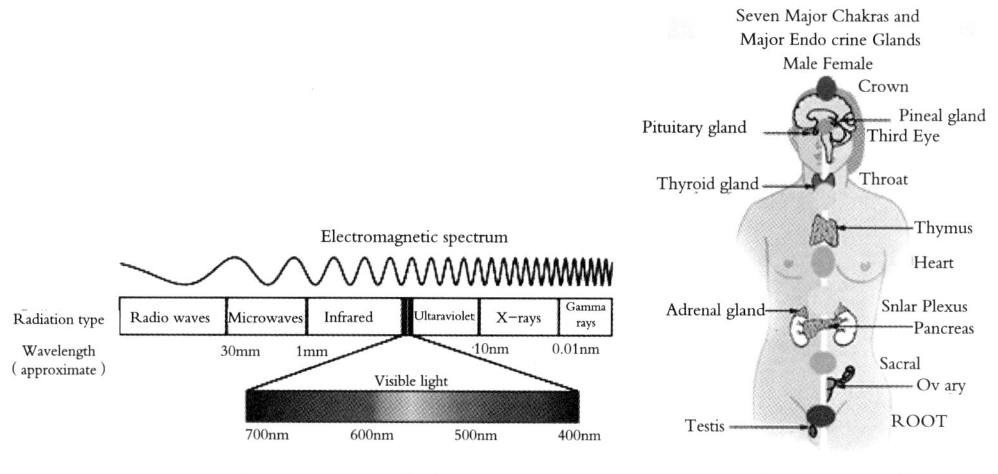

图 4-2-17　可见光谱　　　　图 4-2-18　色彩对人体器官组织的影响

（图片来源：https://www.quora.com/What-is-the-meaning-of-shorter-and-longer-wavelength

http://nutriquanticanovaera.blogspot.hk/p/os-chakras.html）

（二）色彩的心理效应

色彩的心理效应来源于生理效应，眼睛感知色彩传到大脑，进而调控人的情绪变化，此外，人对色彩产生的心理反应还与个人的生活经历、年龄、性格、信仰等有关，所以，人对色彩的心理反应，既有普遍性，也有特殊性；既有共性，也有个性。在考虑色彩对人的心理影响时，要具体问题具体分析，选择恰当的色系来满足使用者对色彩的心理需求。

（三）色彩的物理效应

人对不同颜色的物体会产生不同的主观感受，常用物理变化来衡量，即色彩的物理效应，包括温度感、距离感、声量感、重量感等。

（1）温度感——暖色偏热，冷色偏冷；

（2）距离感——暖色带来前进之感，冷色带来后退之感；

（3）声量感——暖色带来兴奋、热闹之感，冷色带来沉稳、安静之感；

（4）重量感——明度或饱和度较低的色彩感觉轻，而明度或饱和度较高的色彩感觉重。

（四）色彩的标志作用

色彩的标志作用主要体现在空间识别、空间导向、安全标志等。

（五）色彩的美学效应

增加视觉美感，渲染环境氛围，可以给人带来视觉上的差异和艺术上的享受。

二、医疗建筑装饰色彩应用特点与配置原则

（一）医疗建筑装饰色彩应用特点

1. 色彩的辅助医疗特点

考虑到不同色彩对人们的心理产生不同的影响，应正确选用恰当的色系消除疲劳，控制不良情绪，改善人体机能，正确发挥色彩的辅助医疗作用，详见表 4-2-10。

表 4-2-10 不同色彩的疗愈效应

颜色分类	色彩的辅助医疗作用
红色	加快呼吸，促进血液循环，对麻痹、低血压、抑郁患者有一定的刺激缓解作用
粉红	减少肾上腺素的分泌，肌肉放松，软化攻击，对情绪容易激动、心情焦虑的患者有一定的缓冲作用
橙色	改善消化系统，对喉部、脾脏等疾病有辅助医疗作用
黄色	适度刺激神经系统，改善大脑功能，对肌肉、皮肤和太阳神经系统有一定疗效
绿色	降低眼压、松弛神经，安抚情绪，对高血压、眼科患者、肿瘤患者较为适宜
蓝色	降低血压和心跳，平复心情，对高血压、头疼、肿胀、神经错乱、情绪烦躁患者较为有利
紫色	缓解疼痛，松弛运动神经，考虑用在产科产房和病房中，缓解产妇分娩之痛

2. 色彩的导向作用

色彩在医疗空间中的导向作用主要包括两个方面：一是门厅、电梯厅、等候厅、走廊等公共空间，用色彩进行区域性的划分和引导，使患者快速达到医疗单元；二是具体到某个医疗单元的色彩设计，可以考虑延续公共空间的导视色彩，渲染空间氛围、活跃空间、突出空间。

3. 色彩在心理上的物理作用

色彩通过视觉刺激人的心理，注重色彩搭配，能够渲染和谐的就医环境。如色彩产生的冷热、远近、轻重、大小等物理效应常被用来创造有不同心理需求的空间。但任何色彩都具有两面性，如红色既能营造温馨、欢快的氛围，也会让人联想到血腥，所以要善于利用色彩带给人积极的一面。

4. 医院区域级色彩

用颜色将医院不同的服务区进行划分，高效引导人们找到目的地。注意不同区域的颜色不能滥用，应该结合每一区域的具体位置确定该区域颜色设计使用的范围。

5. 医院科室装饰色彩

医院有不同性质的医疗空间，如急诊室、儿科病房、妇产科、肿瘤科等。急诊室采用淡蓝（推荐饱和度在 30% 以下，明度在 80% 以上）或淡绿色调，不仅可缓解患者的紧张情绪，而且有助于医护人员保持沉着冷静，快速对病情做出判断；儿科病房采用饱和度和亮度较高的色彩，激起儿童的兴趣，减少对医院的恐惧；妇产科装饰色彩采用紫色色系，缓解孕产妇分娩疼痛之感，高效分娩；肿瘤科适合用绿色系进行装修，使病人轻松愉悦和对生命的渴望。

6. 医院照明色彩

医院照明主要依靠人工照明，可在气氛渲染上发挥重要作用，最好使用无眩光、显色性好、色温偏暖的全色光源照明，此外，可以考虑在等候区、走廊等不影响医护人员工作的区域引入彩色光，缓解患者焦急候诊的心情和医护人员在高强度工作下的压力。

7. 医院建筑立面色彩

外墙装饰色彩直接影响医院的形象，合理的外墙颜色应和医院内部色彩有所回应，不能产生强烈对比。

8. 装饰材料色彩选择

选择装饰材料的色彩时，要考虑到装饰材料的外在表现，使装饰材料的选择和色彩的表现搭配得更自然。地面可选用 PVC 地板、橡胶地板、亚麻地材等耐磨、抗压材料；墙面可选用环保型 PVC 墙面保护材料。

（二）医疗建筑装饰色彩应用注意事项

（1）墙面的色彩和颜色位置应恰当，防止色彩被反射到患者皮肤上，干扰医生对病情的诊断；

（2）医院应避免采用大面积的红色，红色让人联想到鲜血，给人带来紧张不安的感觉；

（3）医院应避免采用大面积的黑色，黑色让人联想到死亡；

（4）医院应避免采用大面积高纯度荧光的色彩，荧光色容易对视觉产生强烈刺激。

（三）医疗建筑装饰色彩配置原则

（1）以人为本：依据不同使用群体的行为特征和色彩心理需求，有针对性地进行色彩设计；

（2）搭配统一：医疗建筑整体色彩搭配要统一，尽量避免“跳色”；

（3）色相平衡：掌握色相的平衡原理，通过对色彩的调配，创造出和谐的就医环境；

（4）韵律搭配：恰当分配背景色、主题色、点缀色的比例，一般控制在 6:3:1，营造韵律感较好的医疗色彩；

（5）掌握节奏：借助色彩，将空间中的结构、光影、线条、层次等表现出来，尽显节奏之美；

（5）统一色调：根据文化地域、患者差异、气候特点选择恰当的色系，达到色调的和谐统一。

三、主要医疗空间装饰色彩设计要点

（一）门诊大厅的色彩设计

人流量大、人群分散、流动性强是整个门诊大厅医疗空间的显著特点。人群的共同特点是迫切希望尽快就医，缓解疾病给身心带来的痛苦，因此渴望看到明亮而轻松的色彩环境，以此安定焦躁的情绪。在色彩的选择上考虑用清新淡雅能缓解紧张气氛、舒缓压力的颜色，如白色、淡绿色、淡黄色、淡蓝色、淡紫色、粉红色等，禁用红色、黑色、绿色、亮黄色等过于明亮的色系，容易给病人造成烦躁不安的情绪。

急诊室作为门诊大厅的特殊区域，需要给予一定的关注。急诊室经常接待和抢救危险病人，因此色彩选择上应该选用暖色系或木色系作为背景色，帮助患者缓解内心焦虑，迅速建立对医生的信任，使急诊手术顺利进行。

（二）诊室及检查室的色彩设计

诊室是医生和患者沟通最频繁的区域，病患流动性较大，需要医患迅速建立可靠顺畅的沟通关系。诊室应选用清新淡雅的色系装饰空间，背景色通常可选用淡绿色、淡蓝色等冷色调，对患者有舒缓、镇静的作用，同时冷色系的背景空间，有助于患者迅速从紧张的情绪中镇静下来，便于医生与患者的沟通。

检查室的医疗空间色彩一般选用浅色系或木质基调的淡雅色，使患者有回到家的感觉，舒缓不安情绪，更好地配合医生进行检查，使医生对患者病情有明确了解，便于接下来的诊断和治疗。

（三）病房的色彩设计

相较于门诊，住院患者的病情更为严重，因此，对于医疗空间色彩的设计显得尤为重要。复杂病情和长期卧床会逐渐使一些患者抑郁，失去信心治疗，甚至导致精神崩溃，这些负面心理情况在一些特殊科室尤为突出，如肿瘤科。病房的大多数患者具有相似的情绪特征：孤独、心慌、抑郁、疲劳、不安、烦躁、神经质等，因此，病房作为患者长期治疗居住的医疗空间，色彩的合理应用显得更为迫切。

在病房中使用明度较高、色彩纯度较低的色彩为主色调，再根据不同病情病人的情况对色彩进行调整，可起到事半功倍的治疗效果。通常采用柔和的淡绿、淡蓝和浅米色，尽量避免使用令狂躁型精神病患者兴奋的橘黄色、火红色等强烈的色彩和令抑郁症患者更为沮丧的灰色、黑色。

产科门诊采用粉红色或紫色，可以放松孕妇的紧张心情；淡蓝色的色彩经过实验证实具有退烧的功效；褐色的环境有利于高血压患者病情的控制，与此同时，也要考虑地域性差异，北方寒冷地区和住院时间比较短的患者喜欢暖色系，如粉红、粉黄等；而南方城市和住院时间长的患者则喜欢冷色系，如淡绿色、淡蓝色等。儿童病房主色调的选择，要在淡雅沉稳的基础上选择明亮、欢快的色彩作为辅助色，如绿色、黄色等。天花板是卧床病人每天直视的地方，为避免不安情绪和视觉疲劳，理应选择一些浅色系、色彩亮度一般、不易产生疲劳、有朝气的颜色，如淡蓝色、淡黄色、淡绿色等。

（四）手术室的色彩设计

手术室的环境主要影响三类人群：紧张不安的病患者、在手术室外焦急等候的陪同家属、忙碌的医护人员。合理的色彩环境可以安抚人的情绪，缓解医护人员视觉疲劳，提高手术的效率和安全性。

手术室常见红色血液，因此在手术室内采用红色的补色绿色，能使色彩得到平衡，有效缓解医护人员视觉疲劳，稳定手术突发情况的慌乱情绪，从而提高手术的安全性。绿色作为一种冷色系，具有一定的后退感，有镇静效果，可以在心理上加速时间的流逝，减缓病人的焦虑，需要注意的是，手术室的墙面色彩不宜过重，过重的色彩会反射到医生的手术视野区域，影响医生判断的准确性。蓝紫色的色调会使病人面部呈青色或紫色，会影响麻醉师的正确判断，容易引发医疗事故，手术室中应避免采用。

（五）候诊区的色彩设计

候诊区通常位于门厅或诊室附近，或位于通往病房和特别单位的走廊和主要通道沿线。医院内在这些区域的座位安排和颜色设计上，需要为等待的病患创造宁静和私密的空间，需要关注的是，需要特别敏感设计的等候区，如化疗或癌症治疗单位。通过使用浅色系的淡雅色调或者温馨的暖木色，种植绿植，设置舒适的座椅，使病患感受到“家”的温馨气氛，缓解患者的焦虑心理。

（六）专科科室的色彩设计

根据相关色彩理论和色彩心理学研究：儿童缺乏色彩记忆，喜欢亮度与饱和度都较高的色彩，刺激大脑神经细胞发育完全；女性和男性相比，喜欢略带红色的颜色，如粉色、紫色、粉橘、粉紫等；老人由于视觉的退化，色敏度及色觉分辨能力均有所下降，尤其对蓝色、绿色的分辨能力降低，所以应选用相对容易辨识的红色、黄色等，同时饱和度也应该适当提高。肿瘤病人表现出喜欢和大自然接近的绿色、青色，可缓解紧张恐惧，而温馨的暖木色，可找寻安慰和家的感觉。

四、导视系统（VI）色彩规划

导视系统是指综合使用图形符号、色彩、文字、材料工艺等造型元素，经过系统、和谐的信息处理，形成用以传达方向、位置、安全等讯息的系统，帮助人们从此处到达彼处的媒介系统。导视系统应简明、连续、规律、统一、可视性强。

医院标识导向系统分为四个等级：一级导向信息是指户外导向标识；二级导向信息包括楼层索引和公共通道指引标识；三级导向信息是指各个功能分区指引标识；四级导向信息为科室门牌和窗口牌。

按照不同区域的功能、不同科室的位置安排，可用导视系统结合色彩设计进行划分。

（一）导视系统色彩的人性化设计

导视系统要充分考虑色彩对人的生理、心理等的影响，结合不同使用人群对导视系统色彩的需求，有针对性地设计导视色彩。

（1）老人：老年人的视觉和生理机能逐渐衰退，导视系统色彩设计需对比性强，标志性明显，安全、易读、醒目、实用。

（2）孕产妇：由于雌激素、黄体酮等激素分泌增多，情绪不稳定，对色彩的反应更为敏感，导视色彩设计可考虑用淡紫、淡粉等温和的颜色做主题，缓解孕产妇消极焦虑的情绪。

（3）儿童：导视系统色彩宜鲜明且造型活泼，不仅激视觉神经发育，还能缓解儿童看病就医的恐惧之感。

（二）导视色彩在医疗界面的应用设计

1. 地面

色彩标识在地面上的应用是走廊、交通枢纽、出入口等位置，一般用色彩装饰性的线条结合文字或图形设计（见图 4-2-19）。

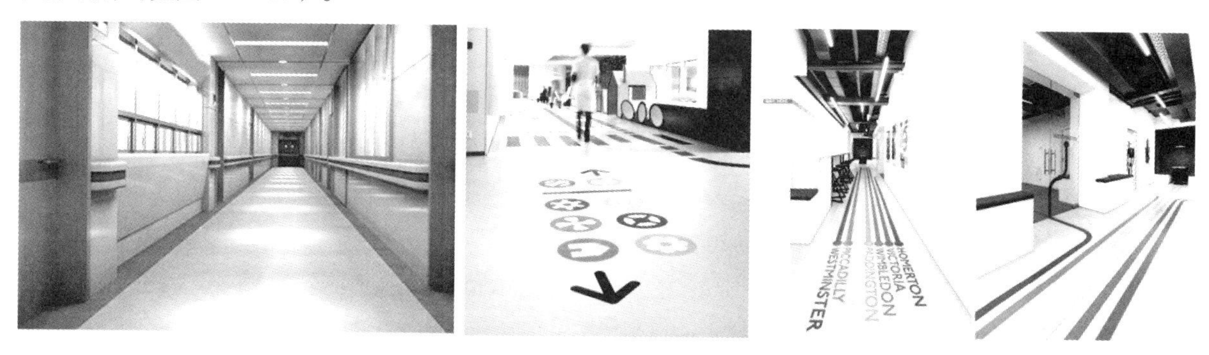

图 4-2-19 地面标识系统色彩设计

（图片来源：http://www.kahode.com/amazing-big-idea-hospital-design-and-architecture/

https://www.pinterest.com/pin/225884356055911162/

https://www.pinterest.com/pin/709879959986908802/）

2. 墙面

主要应用在医院墙面的踢脚线及墙面（图 4-2-20）上，图形、文字、色彩结合设计。

图 4-2-20 墙面标识系统色彩设计

（图片来源：https://www.pinterest.com/pin/288793394838117770/ https://www.pinterest.com/pin/422212533810709052/

http://www.studio-sc.com/blog/2014-07-08-artful-navigation-leads-the-way）

3. 家具

同一区域的家具色彩应该按照具体的使用情况和导向系统确定的色彩统一设计，通常采取作为主体色装饰配色的处理方式。

4. 其他

导向标识系统的颜色可作为对应区域物品的基色或配色，如印刷宣传品、医护人员的服饰配色等。

参考文献

[1] GB 50034—2013. 建筑照明设计标准 [S]. 北京：中国建筑工业出版社，2013.

[2] JGJ 312—2013. 医疗建筑电气设计规范 [S]. 北京：中国建筑工业出版社，2013.

[3] GB 17945—2010. 消防应急照明和疏散指示系统 [S]. 北京：中国建筑工业出版社，2010.

[4] GB 51039—2014. 综合医院建筑设计规范 [S]. 北京：中国建筑工业出版社，2014.

[5] 黄锡璆 . 从系统化方法到循证设计 [C]. 全国医院建设大会， 2011.

[6] 刘玉龙. 中国近现代医疗建筑的演进 [M]. 北京： 清华大学出版社，2006.

[7] [德] 菲利普・默伊泽尔， [德] 克里斯托夫・席尔默. 综合医院与康复中心 [M]. 第 1 版 . 王婧译. 沈阳：辽宁科学技术出版社，2006.

[8] 戴德慈 . 医疗建筑的演进与照明设计的适应性 [J]. 照明工程学报， 2014 (5) :7-13.

[9] 沈建明 . 医疗建筑照明设计概述 [J]. 城市建筑， 2014 (23) :17-17.

[10] 严诗恬，孙海龙 . 浅谈医疗建筑照明系统设计 [J]. 智能建筑电气技术， 2015 ， 9 (3) :69-72.

[11] 刘玉龙. 中国近现代医疗建筑的演进 [M]. 北京：清华大学出版社，2006.

[12] 王传杰 . 医院建筑中现代化与人性化的综合表现——创造人性化医疗色彩空间 [J]. 中国医院建筑与装备， 2007 ， 8 (1) :34-40.

[13] 黄友清 . 室内环境中的色彩心理分析 [J]. 北京：中国建筑工业建筑 ， 2002 ， 32 (1) :80-81.

[14] KV Naveen， S Telles，Psychophy siological Effects of Colored Light Used in Healing， International Digital Organization for Scientific Information [J] ，Volume 1 Number (1) :21-23， Jan-Jun， 2006.

[15] SJ Bosch， L Ap， The Application of Color in Healthcare Settings，The Center for Health Design Inc [M] ，October 2012，www.healthdesign.org.

[16] R Tofle， B Schwarz， SY Yoon， A Maxroyale， Color in Health Care Environments， The Coalition for Health Environments Research [R] ， 2004.

[17] 高红玉 . 色彩在医院导向标识系统中的应用 [J]. 大众文艺， 2012 (20) :90-90.

[18] 张甜 . 医疗服务空间导视系统的标识人性化设计 [D]. 广州大学，2017.

[19] 朱伟 . 环境色彩设计 [M]. 北京：中国美术学院出版社，1995.

[20] 张绮曼 . 环境艺术设计与理论 [M]. 北京：中国建筑工业出版社，1996.

[21] 丁宁 . 美术心理学 [M]. 黑龙江：黑龙江美术出版社，2000.

[22] [英] E.H. 贡布里希 . 范景中译 . 秩序感：装饰艺术的心理学研究 [M]. 湖南：湖南科学技术出版社，1999.

第三章

医院装饰、装修材料及建设用门

陈阳　刘学勇　周晴　张立民　朱文华　李荔　王文丰

陈　阳 中国医科大学附属盛京医院后勤党总支书记，基建办副主任

刘学勇 中国医科大学附属盛京医院副院长

周　晴 立邦中国工程涂料事业部产品推广本部总监

张立民 长春铸诚集团有限责任公司董事长

朱文华 广州铭铉净化设备科技有限公司董事长

李　荔 宁波欧尼克科技有限公司总经理

王文丰 广州基太思自动化设备有限公司总经理

技术支持单位

立邦涂料（中国）有限公司

立邦隶属于新加坡立时集团，创立于1881年，至今已拥有逾百年的品牌发展历程。1992年，立邦进入中国，并逐渐成为中国涂料行业的品牌。多年来，立邦一直秉承技术创新与服务升级的经营理念，不断升级涂料体系，实现“为你刷新生活”的品牌理念，成为涂料行业的全方位服务商。

立邦工程事业部一直致力于深耕工程应用领域。目前拥有全体系的建筑涂装解决方案。并始终如一地为客户带来质效并进的高标准专业服务。为配合建设更加符合发展需求的现代医院，立邦持续优化技术系统与产品体系，为医院助力，提供大健康医疗空间解决方案，满足外墙、内墙、地面不同需求的医疗级全体系定制产品，持续创建以人为本的绿色建筑、健康建筑。

第一节　装饰与装修材料的概述

一、医院装饰与装修材料选择的原则

医院建筑作为最特殊的民用建筑，不仅建筑设计难度大，而且其装饰与装修的标准和要求也越来越高，正向着更加美观、人性、艺术、绿色方向发展，更趋于多元化。

（一）以人为本

医学模式的转变和“以病人为中心”服务理念的确立，对医院环境，尤其是室内环境提出了更高要求，不仅要满足医护诊疗功能的需要，更要注重环境的疗愈功能。装饰装修作为医院建设中塑造疗愈环境最直接、最关键的一环，也要达到以人为本、弘扬人性的要求。医院中的“人”，是指医院的所有使用者，既包括医护人员，也包括病人、亲属等各种人群。装饰装修设计的第一要求是尊重和满足他们的需求，包括生理、心理和情感等全方位的需求。

（二）绿色环保

医院建筑装饰装修的目的，是为医护人员、患者及其他使用者提供一个高品质的环境。因此，医院装饰装修必须符合或达到绿色医院标准。一是装饰装修材料的环保、无害；二是环境的绿色生态化。欧美等国家的医院非常注重室内各类植物的配置。近年来，国内新建医院也开始在大厅、走廊、室内等环境中配置各类绿色植物，使空间更显得生动、自然。

（三）艺术美学

装饰装修的艺术化，不仅能提升环境的品质和内涵，而且在一定程度上展现和反映了医院文化。装饰装修的艺术化，不仅仅是在大厅、走廊、病室等配置壁画、艺术品，或在较大的公共空间中设计雕塑、喷泉景观等，为建筑注入艺术美感。更重要的是各类装饰装修的艺术化和设施的艺术化，包括门、窗的造型，幔帘、轨道的设计，甚至陪护座椅、床头桌、壁柜、卫生间坐浴凳等，都应美观、实用，充满艺术气息。

（四）个性差异

改革开放以前，国内医院基本上都是白色墙面、瓷砖或水磨石地面，感观冰冷，千篇一律，没有特色，没有个性。现代医院装饰与装修要求根据不同区域、不同功能、不同对象，设计不同的装饰效果。例如：妇产科病区环境设计宜平静安逸，装饰色调宜柔和淡雅；儿科装修色调宜丰富多彩，鲜艳活泼；手术部、影像科、血液透析科等室内环境也应有个性化的特点。

（五）智能医院

现代信息技术的发展，给医院装饰与装修带来了新课题。智能化信息系统既包括空调、电梯、气体、呼叫对讲、通信、电视、消防及安全监控等楼宇智能系统，也包括 CIS、LIS、PACS 等所有计算机信息系统。信息化既是现代化医院的标志之一，也是医院高效运行的基础和保证。医院在进行装饰与装修设计时，必须将其纳入整体设计方案，全面协调整合，包括设备设施的位置、信息点的位置、综合布线等。另外，空间配套设施的配置也必须适应和满足智能化、信息化的要求，使各种服务更方便、更快捷、更人性化。

二、医院装饰与装修材料的分类与应用

（一）医院装饰与装修材料的分类

随着时代的发展和科技的进步，室内装饰材料的种类越来越多，品质也越来越好。

装饰材料的种类，按物理特性可分为金属、木材、石材、塑料类；按化学特性可分为无机材料和有机材料；按装饰部位可分为墙面材料、地面材料、天花材料等。如何正确选择与应用，将直接关系到医

院整体疗愈环境质量、卫生环保标准以及医患人员的身心健康。

（二）医院外立面与室内材料的应用

（1）医疗建筑外立面呈现的是简洁、明朗、朴素、大方，通常用的材料有涂料、石材、面砖、Low-e 中空玻璃等。

（2）医院建筑的室内包括吊顶、墙面、楼地面、踢脚线等，常用材料如下。

吊顶：一般采用复合金属铝板、铝单板、石膏类可拆卸方块吊顶板、石膏板等，试验室、化验室、浴厕间等可使用防菌、耐腐蚀、防潮湿金属铝板吊顶。

墙面：一般采用复合钢板、树脂板、耐擦洗环保型涂料、石材、墙砖，化验室、检查室、卫生间等采用宜消毒、宜清洗的瓷砖等。在密闭的室内空间，一般采用耐燃烧达到 A 级的防火材料，如无机内墙涂料等。

楼地面：一般采用防滑、有弹性的天然环保地板（有橡胶地胶、PVC 地胶等）、石材、瓷砖；洁净室、试验室、卫生间等采用瓷砖，易清理、易消毒；走廊细部可安装走廊扶手及护墙角（材料为 PVC、木制品等）。

踢脚线：根据地面材料不同，一般采用 PVC、木制、石材等；门、窗、外门窗采用铝合金中空玻璃，隔音、隔热、保温，易消毒、易清理。

（3）除此之外，医院建设必须严格选择符合医院建造卫生标准、环保标准的装饰材料，并达到以下要求。

①满足医院特殊要求，如洁净度、易清洁、耐腐蚀、防尘、防静电、防 X 射线等。

②坚固耐用，便于施工与维修。

③满足大众审美需求，创造舒适宜人的疗愈环境。

④符合当地气候条件与当地使用习惯，就地选材或首选本地产材料。

第二节　装饰与装修材料的选择及应用

一、装饰与装修影响因素

医疗建筑的外立面效果直接影响着医院的整体对外形态，同时也影响着患者及家属对医院整体的信任度。宏伟大气的建筑形象，自然协调的外部效果表现，持久稳定的使用周期，不仅有助于打造简洁现代的外立面设计风格，也能与周边建筑群实现协调统一。一般来说，医院建成后大多会保持长达数十年的稳定使用，因此，减少医院翻新改造的成本十分重要。在外墙材料的选择上不仅要考虑装饰效果，更要考虑材料是否能够为建筑带来全寿命周期的“可持续性”，即无论建造使用还是翻新，都不影响医院的正常运营。

（1）技术规范因素：需符合国家颁布的有关规范标准、环保及安全要求等，实现节能低碳。

（2）环境气候因素：要适合当地的温度、湿度等自然气候条件。同时，与周围建筑环境、自然环境相协调。

（3）文化艺术因素：或体现一定历史阶段医院建筑的发展水平，或体现医院的历史文化特征和当地的民俗认同。

（4）经济造价因素：同纪念性建筑不同，医院建筑应突出行业特色，既经济实用，又美观庄重。

二、常用外墙装饰与装修材料

根据外墙装饰与装修的目的，外墙装饰与装修材料应兼有保护墙体和美化墙体的双重功能。目前常用的外墙装饰与装修材料主要有以下 8 种。

（一）涂料类

涂料是指涂敷于物体表面，能与基层牢固黏结并形成完整、坚韧保护膜的材料。外墙用涂料是现代医院建筑装饰较为经济的一种材料，施工简单、工期短、工效高、装饰效果好、维修方便，但具有耐污性差、易褪色、不耐久等缺点。真石漆、多彩涂料等砂石类仿石涂料及金属氟碳涂料等品类是目前应用较为广泛的涂料类外墙装饰材料，具有防水、耐酸碱、耐污染、耐候、耐冻融、无毒、无味、粘接力强、不褪色等特点，能有效阻止外界恶劣环境对建筑物的侵蚀，因此特别适合在寒冷地区使用。

（二）面砖类

外墙陶瓷面砖、泰山砖等，色彩多样、立体装饰效果好，并具有防火、抗水、耐腐蚀和维修费用低等优点，但透气性差、耐久性差、易脱落、消耗能源等。

（三）石材类

石材包括天然石材（大理石、花岗石）和人造石材。天然石材装饰效果好、耐久性好，但造价高、自重大、有辐射，一般只用于一、二层建筑，而不用于整栋建筑。人造石材具有重量轻、强度高、耐腐蚀等优点。

（四）金属类

金属类主要有不锈钢板、铝板、铝塑板等，具有不透水、耐久和可塑性强等优点，但也存在抗撞击性差、耐腐蚀差、造价高等缺点。一般医院建筑外墙应用较少。

（五）玻璃类

玻璃类包括玻璃锦砖、釉面玻璃、钢化玻璃、有色玻璃等。玻璃幕墙具有控制光线、调节热量、改善建筑物环境、增加美感等优点，但存在不节能、光污染、有色玻璃影响医务人员对患者肤色等病理体征的判断等缺点，不适宜在医院建筑中大面积采用。

（六）碎屑类

碎屑类包括水刷石、干粘石、剁斧石等。碎屑饰面施工方便、经济耐用，但存在强度低、不宜清洁等缺点。

（七）保温防火装饰板类

近年来，国家对建筑外墙节能、保温、防火的要求越来越高，因而市场上出现了各种类型的保温防火装饰板，即材料内部为保温材料，外部为贴面板等，为一体性材料，兼有保温、防火和装饰三重功能。选用此类材料，其防火性能必须满足国家相关规范要求。

（八）节能装饰一体板

作为建筑产业化、环保化的重要载体，集保温、装饰、节能于一体的“预制化”产品，保温节能装饰一体板通过工业化、标准化、模块化在工厂预制成型，是符合目前建筑一体化趋势的新型外墙节能装饰系统。

节能装饰一体板系统由面板和涂层系统组成的装饰系统、硅酮耐候密封胶组成的密封系统，锚固件和粘接砂浆组成的固定系统以及保温材料组成的功能系统构成，其基本构造如图 4-3-1 所示。从医院对维护结构的需求来看，轻型节能、质效提升的节能装饰一体板要比传统薄抹灰加涂料和幕墙系统在装饰性、节能性、耐久性、安全性等方面具有更加突出的优势。

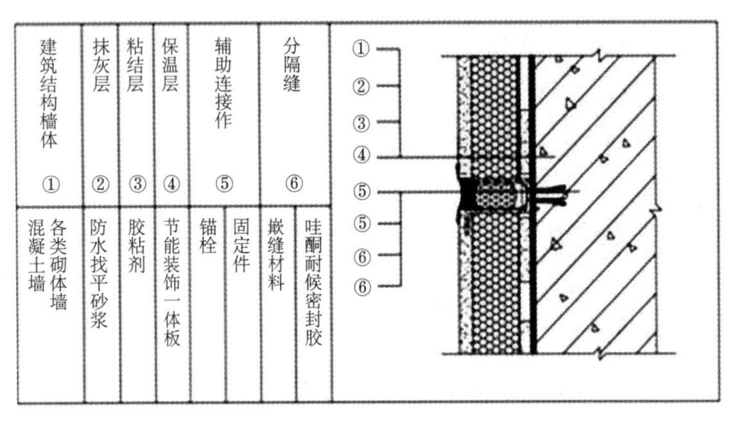

图 4-3-1 节能装饰一体板系统构造图

三、医院各功能单元装饰材料发展趋势

医院建筑的色彩和材质发展，受经济和技术条件的限制，因使用者的实际使用和心理需求的改变而不断变化。

（一）门急诊："高技术 + 高情感"

结合门诊部医疗需求及使用者的心理需求，未来门诊会从高技术表现到"高情感"表现：应对社会的发展，医疗建筑的设计将出现 "高技术 + 高情感"的倾向。在对技术表现上，重表现技术的精细代替现代主义初期的"机械美学"。医院建筑体现人性化，创造出宁静舒适的空间，来淡化严峻冷漠的传统医院形象。医院不再是容纳病人的机器，而是接待病人的用房，重视医院建筑环境与病人的情感交流，达到"以情动人"的疗效，缩短病人从家庭到医院的心理距离。新一代的医院应该将现代医疗和相关的服务组合在一个充满活力、舒适宜人的公共环境中，可以将一个医院演变为一个社区，促进相互交流。

（1）门急诊对于建筑材料的选用基本要求是洁净、耐用、耐腐蚀，地面要防滑。

（2）天花材料考虑易清洁、吸声较好的材料，如石膏板、铝扣板等。

（3）墙面材料要考虑颜色，图案要丰富，装饰效果要好，耐刮、耐磨、抗撞击，防潮、耐酸碱腐蚀，韧性好、尺寸大且稳定性好，接缝少，造价较低，易清洁保养还可翻新。例如环保型 PVC、环保型涂料、墙面材料（俗称墙塑）或者橡胶卷材。

（4）地面材料要考虑绿色环保，色彩丰富，可任意设计拼图，装饰性要好；要轻质、韧性好，脚感舒适，降低摔倒及受伤概率；安装简单、快捷，无卫生死角，易清洁，还能隔绝噪声，可翻新处理。类似材料有 PVC 地面材料。

（二）住院部："酒店化"

医院病房随着经济和社会的发展，对人性化的追求越来越高，医院病房会更多地朝宾馆酒店的特性发展。在公立医院与民营医院两大阵营中，公立医院由于医疗报销制度制约，病房更多向经济实惠的连锁宾馆发展；而在民营医院中，没有相关制约，形态更加多样，在条件较好的地区，病房朝着五星级酒店或者超五星级酒店客房发展。将来，病人住院时间会越来越短，单人病房和 2 人病房所占比例会越来越大。

（1）医院应利用色彩的心理效应来调节室内格调，打破病房白色的垄断地位。病房宜采用明度较高、色彩纯度较低的柔和色调，给病人以轻巧、愉快、洁净的感觉。针对不同的人群和不同长短的住院期，进行病房陈设的不同色彩搭配。住院期较短的病室，北向或北方寒冷地区的医院多用暖色调；住院期长的病室，南方炎热地区或南、东、西向的房间，宜用冷色调。

（2）医院住院部的墙面和地面材料， 应选择便于清洁， 易于保养和维护的材料。

（3）顶棚材料考虑易清洁、易保养，抗酸碱性、耐磨性和压延性好，质感细腻，耐碱、耐水及透气性好，不易粉化，且重涂性好、表面找平即可的材料，如乳胶漆等，建议采用A级耐燃烧内装材料。

（4）病房材料要求色调柔和、淡雅，涂抹细腻、方便，耐碱、耐水及透气性好，抗污、耐擦洗，易清洁易打理，不易粉化，且重涂性好，环保、净味，有装饰、保护和改善室内环境的作用。例如，洁净板合成树脂乳液内墙涂料、抗污自洁涂料等。对常见微生物、金黄色葡萄球菌、大肠杆菌、白色念珠菌、霉菌等具有杀菌和抑制作用的材料，如抗菌乳胶漆。

（5）地面材料要求环保，不含甲醛、VOC、卤化物和重金属，脚感舒适，吸音，防滑，易清洁、易保养，抗酸碱性、耐磨性和压延性好，使用寿命较长，如PVC橡胶亚麻卷材或块材。

（三）医技部

（1）手术室的色彩设计首先考虑的是营造医护人员理想的视觉环境，可采用绿色。绿色的特点是不刺眼，是红色的补色，可中和视觉残像，让医生能保持清楚的对比度。墙面应采用自然色，除了采用常规的白色之外，还可以使用浅绿、浅蓝等这一类冷色系色彩。为避免墙面的色彩过于单调，可以在门、工作台等这些细节上加入别的色彩；也可选相近色，但不能太亮。在准备间可考虑用其余冷色调，调节纯绿环境的单调。

（2）洁净区域的特殊建筑材料是构成医院用建筑材料的一个重要类别。医院对洁净有要求的区域主要为：手术室、ICU、中心供应室及各种实验室等。根据我国目前洁净工程的整体水平及工程造价承受能力，在手术室的手术间、供应室洁净区、实验室中，一般选用以下几种材料。

①墙面材料应能够自动消除细菌、霉菌、真菌等病原微生物，杀菌率高、灭菌能力长，在灭菌时效期限内灭菌能力不衰减。颜色种类多，装饰性强，防火阻燃，抗化学腐蚀、黏附性和加工性能好，安装方便，如安全消毒板、环保型水性环氧涂料、环保型水性聚氨酯涂料等。

②顶棚材料需表面的保护性装饰涂层附着力强，色彩丰富、色调均匀，可长期保持新颖，装饰效果好，保护层使用年限长，防腐、耐锈、耐污染，耐高、低温，耐沸水浸泡，加工性能良好，安装方便，如彩色涂层钢板等，建议采用A级耐燃烧内装材料。

四、装饰材料的分类

按部位分类，可以分为三种：内墙装饰材料、地面装饰材料、吊顶装饰材料。

（一）内墙装饰材料

内墙装饰材料又可分为墙面涂料、墙纸、装饰板、墙布、石饰面板、墙面砖等。

（1）墙面涂料可分为无机涂料、有机无机涂料。

（2）墙纸可分为天然材料壁纸、塑料壁纸、纸面纸基壁纸、纺织物壁纸等。

（3）墙布可分为麻纤无纺墙布、化纤墙布、玻璃纤维贴墙布等。

（4）石饰面板可分为天然石饰面板和人造石饰面板。

（5）墙面砖可分为陶瓷锦砖、玻璃马赛克、陶瓷釉面砖、陶瓷墙面砖等。

（6）装饰板可分为木质装饰人造板、树脂浸渍纸高压装饰层积板、塑料装饰板、金属装饰板、矿物装饰板、陶瓷装饰壁画、穿孔装饰吸音板、植绒装饰吸音板。

（二）地面装饰材料

地面装饰材料可分为地面涂料、木、竹地板、聚合物地坪、地面砖、塑料地板、地毯几种。其中：

（1）地面涂料可分为无溶剂聚氨酯地坪涂料、无溶剂环氧地坪涂料、水性地坪涂料和无机地坪；

（2）聚合物地坪可分为聚酯地坪、聚氨酯地坪、聚醋酸乙烯地坪、环氧地坪；

（3）地面砖可分为陶瓷地面砖、马赛克地砖、现浇水磨石地面、水泥花阶砖、水磨石预制地砖；

（4）地毯可分为合成纤维地毯、塑料地毯、植物纤维地毯、纯毛地毯、混纺地毯；

（5）塑料地板可分为发泡塑料地板、塑料地面卷材、印花压花塑料地板、碎粒花纹地板。

（三）吊顶装饰材料

吊顶装饰材料可分为塑料吊顶板、木质装饰板、矿物吸声板、金属吊顶板几种。其中：

（1）塑料吊顶板分为玻璃钢吊顶板、有机玻璃板、钙塑装饰吊顶板、PS 装饰板；

（2）矿物吸声板分为玻璃棉吸声板、石膏吸声板、石膏装饰板、珍珠岩吸声板、矿棉吸声板；

（3）金属吊顶板分为金属微穿孔吸声吊顶板、金属箔贴面吊顶板、铝合金吊顶板；

（4）木质装饰板分为软质穿孔吸声纤维板、硬质穿孔吸声纤维板、木丝板。

五、天花装饰材料的特点及应用

医院建筑的天花装饰材料应具有抗污、不霉变、不落尘、易清洁、易维护，吸音降噪等功能。根据投资成本的不同，通常采用成品铝板、铝塑板或石膏板造型吊顶，拉模天花，配合灯光，彰显医院的大气和庄重。天花吊顶造型应以简洁、明快、美观为基本要求。由于大厅人多嘈杂，建议采用吸音性高的装饰材料。

（一）石膏板天花

石膏天花板是以熟石膏为主要案原料掺入添加剂与纤维制成，具有质轻、绝热、吸声、阻燃和可锯等性能。多用于商业空间，一般采用 600×600 规格，有明骨和暗骨之分，龙骨常用铝或铁。

（二）轻钢龙骨石膏板天花

石膏板与轻钢龙骨相结合，构成轻钢龙骨石膏板。轻钢龙骨石膏板天花有纸面石膏板、装饰石膏板、纤维石膏板、空心石膏板条多种。从目前来看，使用轻钢龙骨石膏板天花作隔断墙的较多，而用来做造型天花的较少。

（三）夹板天花

夹板（也叫胶合板）具有材质轻、强度高、弹性和韧性好，耐冲击、耐振动、易加工，与涂饰绝缘等优点；还能轻易地创造出弯曲、圆形、方形等各种各样的造型天花，但缺点是怕白蚁。

（四）异形长条铝扣板天花

现在，装修大多已不再使用此种材料，主要是因其不耐脏且易变形。方形镀漆铝扣天花在厨房、厕所等容易脏污的区域使用，是目前的主流产品。

（五）彩绘玻璃天花

这种天花具有多种图形、图案，内部可安装照明装置，但一般只用于局部装饰。装修若用轻钢龙骨石膏板天花或夹板天花，涂漆时，应用石膏粉封好接缝，用牛皮胶带纸密封后再打底层、涂漆。

（六）涂料天花

涂料是天花装饰中应用较为广泛的材料，包括常规乳胶漆和各种功能性涂料，如防火、防霉、防水、抗菌等功能性涂料。

六、墙面装饰材料的选择

医院作为特殊易感人群的集中地，建筑内部对于洁净卫生等方面的标准要求较高，在材料的整体选择上需考虑洁净、无尘、抗菌、易清洁、使用寿命长等特性。不仅要避免细菌和病菌对易感人群的影响，也能够降低医院的卫生维护成本，减少医院翻新改造的成本。

此部分内容可参阅本篇“室内非诊疗空间装饰与装修”“室内诊疗空间装饰与装修”。

七、地面装饰材料的选择

自 19 世纪初起，现代医院建筑地面设计一直以坚固、耐用、洁净、易维护为主要考虑因素。随着医院建筑中功能区域的不断细分，医疗环境标准不断提高，对不同区域的地面功能也提出了更多样化的要求。从最初常用的混凝土、石材、水磨石、瓷砖地面，逐渐加入了耐磨、舒适、静音、美观、耐腐蚀的多种地面软质或硬质材料，如 PVC、人造石材、树脂地坪等，不仅满足了不同区域地面功能的需求，更注重了人、仪器、设备等对感官和环境的需求。

医院地面材料可分为硬质地材和软质地材两大类。

表 4-3-1 医院地材选择因素

使用功能	耐磨性	压延性
	抗老化性	防滑性
	耐酸碱性	防水性
	抗菌	防静电
	耐冲洗	抗冲击
	防潮	防火
	无放射性、环保性	易清洁性
观感要求	光洁度	表面质感
	平整度	踩踏脚感
	少接缝	反光柔和
	可设计创意图案	色彩丰富
综合造价	材料单方造价	材料损耗率
	辅料单方造价	维护费用
	施工单方造价	使用年限

表 4-3-2 医院地面装饰材料分类

硬质预制地材	天然石材	花岗岩
		大理石
	人造石材	石英石
		玻化砖
		各类地砖
	木地板	复合地板
现场涂装地坪	环氧树脂地坪	无溶剂环氧树脂地坪
		水性环氧树脂地坪
		无溶剂环氧磨石地坪
	聚氨酯地坪	无溶剂弹性聚氨酯地坪

表 4-3-2 医院地面装饰材料分类（续）

软质地材	PVC 卷材（块材）	同芯同质类卷材（块材）
		复合类卷材（含高强耐磨层）
	橡胶卷材（块材）	合成天然橡胶（含工业橡胶）
		再生橡胶
	亚麻卷材（块材）	—
	地毯	—

（一）各类硬质地材的特点及适用范围

1. 石材

石材多用于人流集中、装饰效果要求较高的入口空间，如门诊大厅地面等。抛光花岗岩具有弥久历新、易清洁、硬度高、亮度高、抗酸碱性强等优点。缺点是颜色偏深暗、吸水率偏高、部分品种存在放射性污染。选择此类材料必须做好防渗、防返碱处理，慎重选择放射性不超标的品种。近十年来，新建医院大多选用进口大理石。此类石材质地细腻、色泽浅暖，感觉温馨、洁净，且放射性低于花岗岩，但存在硬度低、耐磨性差、抗酸碱性差、需要定期打磨养护等缺点。目前医院室内选用的大理石以米黄色系为主，如西班牙米黄、莎安娜米黄等，也有选用雅士白大理石。常用的规格有 600mm × 600mm，800mm × 800mm，1m × 1m 等。

2. 石英石

石英石是由石英石晶体和树脂、添加剂复合而成。其莫氏硬度高达 7.5 度，耐磨性强、光洁度高，无须打磨、抛光，耐高温性能突出，可以承受 400 ~ 1000℃高温，不易被烟头等灼伤，质地致密，无微孔、不吸水，酸、碱、油、酒精等都不会在其表面留下痕迹，极易清洁，环保无辐射。人造石英石花色品种丰富，在视觉上、触觉上近似天然石材，适合于医院重点公共空间地面，目前多选用米黄色、棕色等。

3. 微晶石

进入 21 世纪以来，微晶石开始应用于医院地面。微晶石具有色泽均匀、亮度高、无放射性、高耐磨、无温差变形、同批次无色差、遇水防滑、有多种浅色品种可供选择、价格介于国产花岗岩和进口花岗石之间等特点。但由于是一种新兴材料，在大面积铺装时还存在平整度欠佳（每米 ±1mm）、规格误差、边角施工易脆等缺点。微晶石的常用尺寸有 600mm × 600mm、800mm × 800mm、600mm × 900mm、600mm × 1200mm。

4. 大型玻化砖

玻化砖具有强度高、抗污染、易清洁、耐磨损、抗酸碱性佳、平整度高、吸水率低、色泽均匀、可选择的浅色品种多等优点，适合用在除门诊大厅以外的公共区域地面。其主要缺点是规格尺寸相对固定，不同批次存有色差等。玻化砖的常用尺寸有 400mm × 400mm、500mm × 500mm、600mm × 600mm、800mm × 800mm、900mm × 900mm、1000mm × 1000mm。

5. 防滑地砖及耐酸洗地砖

防滑地砖及耐酸地砖具有价格较低、尺寸齐全、色彩丰富、耐酸碱、易清洁等优点，适用于一般公共卫生间、病房卫生间、洗浴间、厨房配餐间、化验室、处置室、污物间以及疏散楼梯间等。

6. 地坪

长期以来，医院常用的预制地材，尽管在部分区域起到了功能和装饰作用，但因其有缝、不易清洁，强度不足等缺陷，在有些区域一直难以满足使用要求。现场涂装的树脂地坪，以其无缝、耐磨、抗裂、防腐、耐热冲洗、洁净等优势，非常适合在医院的部分区域，并可以丰富的色彩和独特的可设计性，为医院地面增加更多的装饰效果。常用的地坪有主要介绍以下四种。

（1）无溶剂环氧树脂地坪。适用于医院库房、数据机房、地下车库等地面。采用环保的彩色无溶剂环氧树脂和固化剂，经现场搅拌后，铺装在混凝土地面上，固化后形成无缝、平整、防潮、无尘、耐酸碱、防静电（专用型号）的整体地坪，并比传统预制地材有更好的性价比。常用厚度为 1 ～ 3mm。

（2）水性环氧树脂地坪。适用于医院安全通道、疏散楼梯间、地下车库等地面。采用环保的彩色水性环氧树脂和固化剂，经现场搅拌后，铺装在混凝土地面上，固化后形成无缝、柔和、防火、耐潮、透气、无尘、洁净的整体地坪，适合用于有 A 级防火、洁净、美观要求的地面，并适用于潮湿（无明水）的混凝土表面。常用厚度为 1 ～ 3mm。

（3）无溶剂环氧磨石地坪。适用于医院门诊大厅、公共区域等地面。采用环保的彩色无溶剂环氧树脂和固化剂以及硬质骨料共同混合而成，现场铺装于混凝土地坪表面，并经打磨抛光等工艺，形成平整、表面坚固、整体无缝、美观的整体地坪，可以替代传统石材地面，不仅能避免开采石材对自然的破坏，而且将许多废弃物料（石材、玻璃、贝壳、金属）等再次加以利用，是符合绿色环保的新型装饰地坪。其装饰效果克服了传统预制地材色彩有限、较多分缝的缺陷，可以达到丰富色彩可选，大面积连续无缝，整体图案设计的效果。在后期使用过程中，因其表面致密坚固，相较传统石材更加抗渗、防腐，即便有磨损，经过抛光保养也能恢复。常用厚度为 8 ～ 10mm。

（4）无溶剂弹性聚氨酯地坪。主要适用于医院停车库地面。传统车库地坪多采用混凝土地坪、耐磨地坪、环氧地坪，但使用寿命较短，存在易出现开裂、破损等常见缺陷，且不防滑、噪声大、不环保。新型的无溶剂弹性聚氨酯地坪，是环保的无毒涂料，可以提供良好的抗开裂性，避免混凝土开裂导致的地坪破损，能提供公路级的防滑效果，降低胎噪。无论新建车库还是改造车库，都能提供 10 年以上的使用保障。常用厚度为 1 ～ 3mm。

表 4-3-3 硬质地材建议选用区域

序号	楼别	区域范围	选择品种
1	门诊楼	门厅（含挂号、取药厅）步行街、电梯厅、主楼梯及相应走廊	微晶石、花岗岩或大理石、环氧磨石地坪
2	病房楼	门厅（含出入院登记处）、首层电梯厅及相应走廊、各类电梯厅	花岗岩、大理石或玻化砖地面
3	共享大厅	属门诊楼或病房楼或综合楼的一部分	花岗岩、大理石或防滑地砖
4	医用房间	卫生间、疏散楼梯、病房治疗室、处置室、病区厨房、配餐室、洗浴间、污物间等	玻化砖或防滑地砖
5	其他	库房、机房、地下车库	无溶剂环氧树脂地坪、水性环氧树脂地坪、无溶剂弹性聚氨酯地坪

（二）各类软质地材的特点及适用范围

1. 橡胶卷材

主要适用于医院地面，由高品质的工业橡胶与天然橡胶合成，具有耐磨性强、抗酸碱性强、抗噪声、防滑、压延性好、脚感舒适、使用寿命较长等优点，属于无毒环保产品，在医院门诊、病房广泛应用。但与其他卷材相比存有价格较贵、施工时对地面的干燥率要求较高、完工后一段时间气味较重、发生火灾时产生大量的一氧化碳等缺点。橡胶卷材的常用规格为 1.1m×10m ～ 1.5m×10m，厚度为 2 ～ 4mm。

2. 复合 PVC 卷材

由纯 PVC 原材料，配以玻璃纤维稳固层、弹性发泡层及 PU 聚胺脂耐磨层复合而成，是超耐磨 T 级以上产品。具有质地柔软、易弯曲、热胀冷缩率低、稳定性强、高吸音性（仅次于地毯）、抗菌抗霉、防滑阻燃等特点。除浓酸外，不受酸碱损坏，无须经常打蜡，易清洁、脚感好，有一定的抗压延性，色彩丰富能满足设计需求，其价格低于橡胶卷材，在医院门诊、病房广泛应用。但该产品在火灾中会产生二噁英、氯化氢等有毒气体，一旦废弃后，垃圾不便处理回收，不利于环保。

3. 其他卷材、地材

同芯类 PVC 卷材（及块材）有一定的耐磨性、耐久性，因掺有石粉材料，韧性及弹性较低、脚感和抗噪音也相应差些，维护需打蜡，但该产品价格低廉。

亚麻卷材地板是纯天然物质压制而成的绿色环保产品，但因其抗水抗潮性差、材料硬而脆、耐酸碱及化学试剂性能差、保养麻烦等因素，在医院装修中较少选用。

此外，在国内的高标准病房中，除使用广泛的橡胶、PVC 地板外，还可使用木地板、复合地板。在日本、欧美等发达国家，高级病房已使用抗菌地毯铺设（见表 4-3-4）。

表 4-3-4 软质地材建议选用区域

序号	楼别	区域范围	选择品种
1	门诊	候诊厅、二次候诊区、候诊廊、诊室、检查室	≥ 2.8mm（高强耐磨层厚度≥ 0.5mm）厚材（厚度≥ 3mm）的复合 PVC 卷材
		保健门诊、VIP 特需门诊	PVC、橡胶卷材（≥ 3mm）
2	病房	走廊、护士站、病室、治疗室	PVC、橡胶卷材

无论选用硬质地材还是软质地材，均应根据医院的具体要求和经济能力，从满足使用功能、观感要求、环境要求、综合造价等几方面综合考虑，精心选择，合理搭配。

第三节　医院建筑门、五金及其门控系统

医院建设用门主要有以下几大类别：

（1）平开门（包括钢制平开门、木制平开门、有框玻璃平开门、无框玻璃平开门等）。

（2）平移门（包括病房平移门、气密平移门、防辐射平移门等）。

（3）平衡门（包括外立面平衡门、卫生间无障碍推拉门等）。

（4）防火门（包括常开防火门、折叠超大常开防火门，上下多折叠式防火门系列，常闭防火门，外立面石材防火门等）。

（5）折叠门（包括二折门、重叠门、套叠门）。

以上五大类产品如按功能来分类，均可分为手动，半自动，全自动类型。通过门禁、智能门禁、物联网系统等附加内容，可以实现医院对于智能化的需求，预留后期升级接口。或者通过 APP 端口实现护士站，安保等数据连接，实现医院对智能化的实时监控。

一、平开门

平开门按材料可分为钢制平开门、木制平开门、断桥铝平开门、玻璃平开门等。从使用上又可以分为手动闭门模式，半自动闭门模式，全自动闭门模式。

（一）钢制平开门

1. 材质要求

基层钢板采用优质电镀锌板，门扇钢板厚度≥ 0.8mm，门框钢板厚度≥ 1.5mm，门扇内填充物采用高强度支撑材料，与钢板黏结充分，目视门板平整，无凸凹形变，门扇强度直观检验在手指压力下坚挺无凹陷。

2. 门体表面工艺

根据应用场景和设计需要，门体表面可采用木纹效果及单色喷涂等工艺处理。

图 4-3-2 PVC 木纹钢板

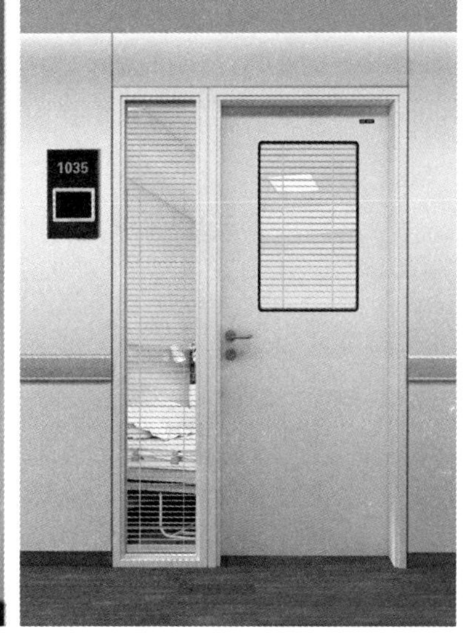

图 4-3-3 喷涂工艺钢板

门扇及门框表面在采用静电粉末喷涂工艺或聚酯烤漆工艺时，要求具有耐磨性、耐腐蚀性，漆膜易清洁，喷塑要求表面平整、光滑、无堆漆、麻点、气泡、漏涂、划痕和脱落等现象，适合医院环境。

PP 膜工艺是高温燃烧时不会产生对人体有毒气体，特别适合医院人流量较大的场所。这个工艺也是目前德国、日本采用非常多的一种工艺，基本上已经代替 PVC 膜，在防火钢板墙及门上广泛应用。

3. 结构外观要求

（1）门框、门扇表面平整光滑，无明显凹凸、擦痕等缺陷，无色差，连接处无任何焊点及铆钉。

（2）门体表面平整，无包边，易于清洁。门体结构采用咬合工艺形式。门框设 R 型槽，内嵌优质橡胶材料多气囊结构胶条，具有密封保温、减震、隔音等方面性能，密封条应当采用非胶粘连接，可拆换、清洗，以满足医院内后期使用和维护要求。

在大多数情况下，医疗病床及护理车辆需要进出病房，除了增加门洞开口尺寸，以增加门体净通过率外，在有限空间中，也会采用圆弧形斜面门框设计来增加有效通行净通问题。如图 4-3-4 所示。

通过与电梯间外口一致的斜面设计，有效增加病床进出病房的摆角，相当于在原有门体净通的基础上，增加 5~7cm 的净通横向空间，有效解决不能增加洞口时的净通问题。

图 4-3-4 圆角型病房门和圆弧型病房门

4. 五金要求

（1）针对手动钢制平开门配置采用防火门锁，防火铰链，防火闭门器，其五金耐久开启次数不低于 20 万次。

（2）针对自动钢制平开门应配置自动平开门机装置，防火铰链，防火锁闭装置，其系统耐久次数不低于 20 万次。

（3）特殊场所还需要对铰链要求无缝防烟，防夹等要求。

5. 尺寸要求

（1）门扇表面平整度≤ 2mm。

（2）门框、门扇对角线尺寸，门扇外形尺寸公差应符合以下规定：

① 尺寸≤ 2000mm，公差≤ 2mm。

② 尺寸＞ 2000mm，公差≤ 3mm。

③ 门的开启边在关门状态与门框贴合面间隙≤ 2mm。

④ 门扇与门框配合活动间隙≤ 4mm。

⑤ 门扇与铰链边贴合面间隙≤ 3mm。

6. 智能系统

可以配分级管理智能钥匙系统：为方便病房区域的钥匙管理，需可选配一、二、三、四级管理钥匙。如图 4-3-5 所示。最高级 GGMK，总钥匙由医院院长保管，具有最高级权限，可以开启医院所有的门。GMK 由每幢楼或者每个科室的负责人保管及管理。依次类推，最高可以设计 7 级管理系统。大大提高了开门的效率。

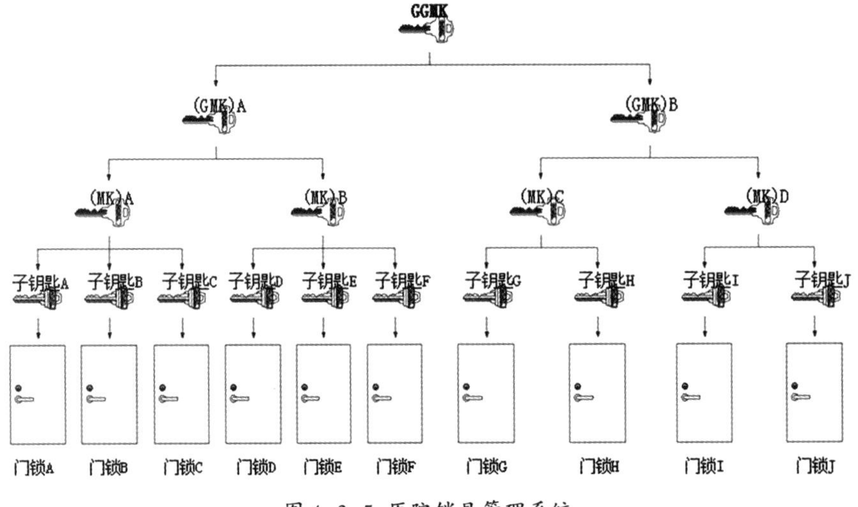

图 4-3-5 医院锁具管理系统

7. 应用场所

钢质平开门目前主要应用于医院办公区域、门诊医技区域、防火分区、病房住院部等场所。其自动钢质平门主要应用于净化区通道，使用自动方式的目的是为了防止人接触门体而产生的交叉病菌感染。

（二）无框玻璃平开门

玻璃夹型通道门设计与应用通道因楼层地面难开洞，且楼板厚度较薄，因此不推荐采用地弹簧式平开门作为通道门，下面着重讲述新型不需要挖洞的玻璃夹型平开门（无框门型）见图 4-3-6。

图 4-3-6 玻璃夹型平开门（大理石地面）

1. 主要特点

（1）双向开启，可以双向 90° 停位。

（2）不需要破坏地面，挖孔，外观漂亮。

（3）开启轻松，自动回位，带减速与缓冲；玻璃夹与闭门器一体化。

（4）洁净，不会像传统的地弹簧积水在本体。保证医院的洁净。

（5）安装简单，方便。即使用地面完成后也可以施工。

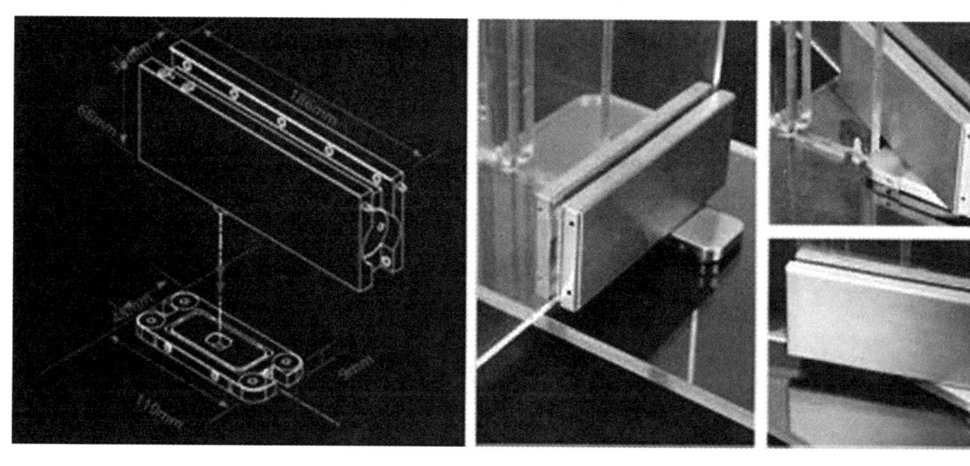

图 4-3-7 产品尺寸及实物图

2. 主要应用区域

医院所有通道、外立面。

3. 注意事项

（1）室内玻璃必须采用钢化玻璃，要求厚度在 10mm 以上。

（2）室外玻璃门建议采用内置钢丝网安全玻璃。

（3）五金底座的安装地面一定要平整，且安装的地板下有足够的混凝土，确保强度。

（4）为确保产品的品质，其五金的必须通过 EN1154 认证标准。

（5）产品尺寸请参考图 4-3-7。

（三）有框玻璃平开门

有框玻璃平开门按材料可分铝型材玻璃平开门，不锈钢玻璃平开门，木制玻璃窗口平开门，不同区域可设置不同的门型，满足医院多方面洁净需求。

1. 主要特点

（1）采用“中心吊 + 地锁 + 不锈钢拉手”的配置时，其平开门特点如下：

①单向开启，最大开启角度 180° ；

②不需要破坏地面，挖孔，中心吊闭门器内置于门体，外观漂亮；

③开启轻松，自动回位，带减速与缓冲；永不吊角；

④锁具可以与门体融入一体并且可以自带万能管理系统；

⑤拉手可以设置抗病菌木拉手。确保医院的洁净。

（2）采用“新款有框门免挖地面闭门器 + 地锁 + 不锈钢拉手”的配置时，其平开门特点如下：

①双向开启，可以双向 90° ；

②不需要破坏地面，挖孔，其闭门器内置于门体，外观漂亮；

③开启轻松，自动回位，带减速与缓冲；永不吊角；

④锁具可以与门体融入一体并且可以自带万能管理系统；

⑤拉手可以设置抗病菌木拉手。确保医院的洁净。

（3）采用“传统的地弹簧 + 地锁 + 不锈钢拉手”的配置时，其平开门产品特点基本上同上，或者采用“传统的合页 + 执手锁 + 闭门器”方式，此种方式目前应用比较广泛。

2. 主要应用区域

医院所有通道、外立面。

3. 注意事项

（1）如果采用不锈钢玻璃平开门，建议不锈钢板厚在 1.2mm 以上，且最好采用 SUS304 不锈钢材料，以确保表面的整洁及不生锈，确保洁净。

（2）如果采用铝型材，其表面一定要做氧化或者氟碳喷涂处理，确保耐久。

（3）玻璃需要钢化处理，厚度不应低于 8mm。

（4）五金需要采用耐久性达到 50 万次以上的产品，确保耐久。

二、平移门

平移门具有占用空间小、装饰性强、静音顺滑、净通过率高等特点，特别是采用电动和磁悬浮技术，配合无接触开关等，更为方便智能，在院感控制等方面具有很强的优势性能。

按目前的安装方式，我们把他归类为内置式平移门、平装式平移门、外装式平移门。其如图 4-3-8 至图 4-3-10 所示。

按功能区分，我们可以把平移门分为洁净区域平移门，防辐射平移门，病房平移式门，卫生间平移门，诊断室平移门，非净化区各通道口平移门。下面部分我们将重点按此分类进行分别描述。

（一）洁净区域平移门

洁净区域平移门是指安装在净化区域内，可根据要求自动运行，且具有空气隔离作用的平移门。洁净区域平移门还可以细分为手术室气密平移门、ICU 平移门、洁净区入口平移门。

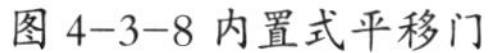
图 4-3-8 内置式平移门

图 4-3-9 平装式平移门

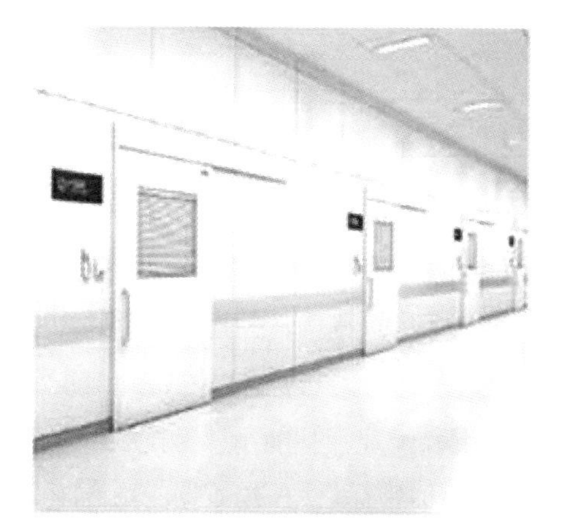
图 4-3-10 外装式平移门

1. 手术室气密平移门。

（1）功能及工作原理。

①洁净区域平移门自身应形成一套闭环控制系统，在接受外部信号后，做出响应，具有纠错及自恢复功能。同时具有应急急停功能，紧急时可以按下应急停开关，可以紧急停止机能，确保安全。

②洁净区域平移门应具有启闭双触发的功能，并且可以方便地设置为自动关门或需要触发后关门，在大件物体出入时，比如病床、设备等，需要等待通过，然后触发关门。

③触发方式必须为无接触方式，室内侧感应距离应小于 25cm，避免人经过时意外开门。

④洁净区域平移自动门应具备低压后备电源接口，当主电源停电时，门应还能够自动开启 10 次以上。

⑤洁净区域平移自动门运行时，最大冲击能量不能大于 4.3J。最大冲击能量与门体总质量和最高速度有关，当门体较大时，应适当调慢运行速度，最高速度不应大于 500mm/s。

⑥洁净区域平移自动门必须具有防撞保护功能，需安装防撞检测传感器，当传感器失效时，门体自身也应具有防撞功能。当遇人或物两次后，平移门将自动停止运行，确保安全。同时平移门还需要具备自我恢复功能，即 15s 后设备慢速运行，当再次遇到障碍物时，平移门应再次停止运行，为确保安全，门不再自动恢复。待人处理完毕障碍后，断电重启后即可恢复。

⑦当无电或紧急情况时，门可以手动打开，手动开启力不大于 100N。

⑧运行噪声不能超过 60dB。

⑨气密性能是医用自动门最主要的指标，引用《建筑外门窗气密、水密、抗风压性能分级及检测方法》GB/ T7106—2008 当以缝长为分级指标时，泄漏量应小于 1.0；当以面积为分级指标时，泄漏量应小于 3.0；泄漏量数值在内外气压差为 10Pa 时测量所得，请见表 4-3-5。

表 4-3-5 标准建筑外门窗气密性能分级表

分类	1	2	3	4	5	6	7	8
单位缝长分级指标值 $q1/m^3/(m \cdot h)$	$4.0 \geq q1 > 3.5$	$3.5 \geq q1 > 3.0$	$3.0 \geq q1 > 2.5$	$2.5 \geq q1 > 2.0$	$2.0 \geq q1 > 1.5$	$1.5 \geq q1 > 1.0$	$1.0 \geq q1 > 0.5$	$q1 \leq 0.5$
单位面积分级指标值 $q2/m^3/(m^3 \cdot h)$	$12 \geq q2 > 10.5$	$10.5 \geq q2 > 9.0$	$9.0 \geq q2 > 7.5$	$7.5 \geq q2 > 6.0$	$6.0 \geq q2 > 4.5$	$4.5 \geq q2 > 3.0$	$3.0 \geq q2 > 1.5$	$q2 \leq 1.5$

⑩由于气密推拉门体较重，且运行时具有变轨动作，推荐使用铝合金动力梁。对于动力梁的承载面应满足《铝合金建筑型材》中 5.4.3.3 中规定所能承受的最大剪切力：

式中：T = Fmax/L （式 4-3-1）

T——试样单位长度上所能承受的最大剪切力，单位为牛顿每毫米（N/mm）；

L——试样长度，单位为毫米（mm）；

Fmax——最大剪切力，单位为牛顿（N）。

推拉门活动扇在启闭过程中应满足《人行自动门安全要求》（JG 305—2011）中安全间隙的要求。

在运行过程中，门扇遇阻反弹力小于 120N，紧闭力 >70N，开闭门速度：250~550mm/S，打开和关闭速度和时间均可调。

门外能连接智能门禁卡控制；并具有远程控制功能，可通过护士站控制开启。提供网络接口和采用 OPC 开放性通信协议。门机控制器还应自身带有自动显示开启次数，故障代码等方便保养的各项数据。

为保证门体平整度和抗拉强度，门体内部四侧必须有连接牢固的铝合金方管骨架，门体厚度不低于 40mm，门板厚度不低于 1mm。门体或门框四周要有密封胶条。请见图 4-3-11 所示。

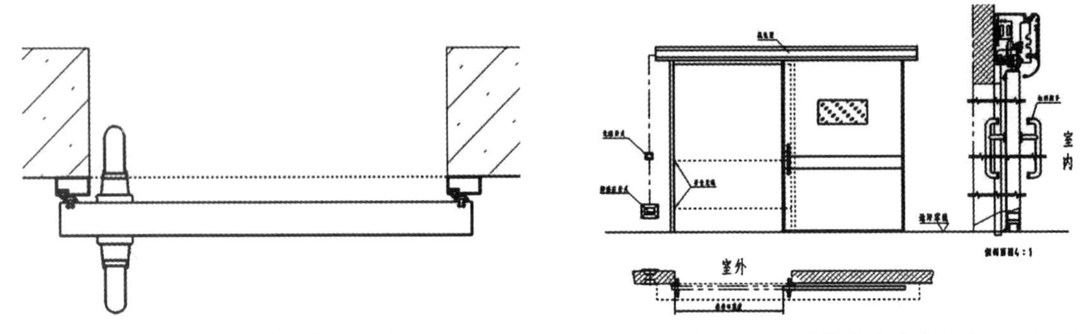

图 4-3-11 平移门左右密封图　　图 4-3-12 明装式手术室气密门三视图

为防止医护人员在进出手术室过程中，由于开门导致身体部位感染细菌或接触到灰尘，需在手术室内外配备免触开关或脚感应开关，以达到无须接触物体即可开门通过的效果。请见图 4-3-12。

动力梁与墙体连接牢固，混凝土墙体用膨胀螺栓连接，其他墙体预埋预埋铁，动力梁与预埋铁通过螺栓连接。请见图 4-3-13。

通道口宽度需大于病床、手术设备等物品宽度，方便进出。

考虑到装修风格或者美观等因素，也可把自动门做嵌入式安装。请见图 4-3-14。

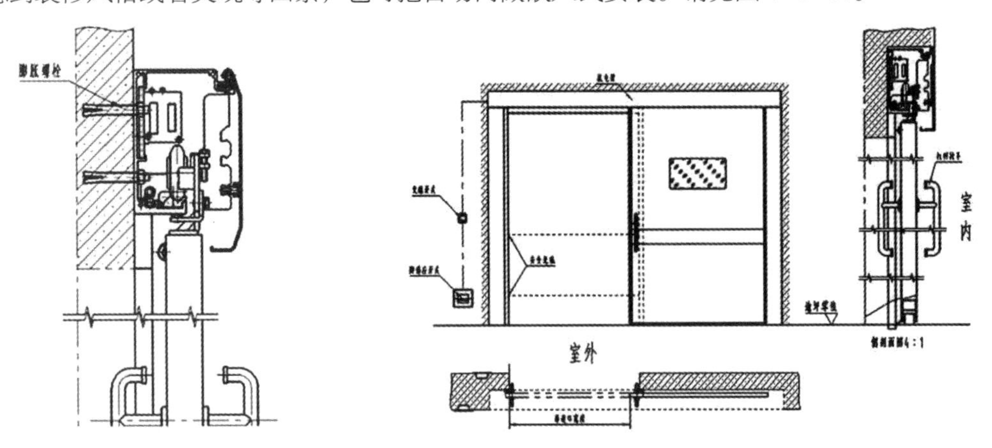

图 4-3-13 明装式手术室气密门侧视图　　图 4-3-14 嵌入式手术室三视图

（2）主要应用。

医院手术室、新生儿室、通道口、CT 室等净化等级较高的场所。

2.ICU 平移门

ICU 病房对空气洁净度有较高要求，同时为方便观察病人，整体环境也应保有通透性。ICU 病房建议使用气密玻璃自动门。

（1）功能及工作原理。

为更好实现自动门气密效果，建议自动门安装在气压高的一侧。安装方式同手术室气密平移门。具体请见图 4-3-15 所示。其电动门设备机组机能也需要达到手术室气密平移门机能。

为了保障病人一定的私密性，可以考虑使调光玻璃，病人和医护人员可以控制玻璃的透光与否。

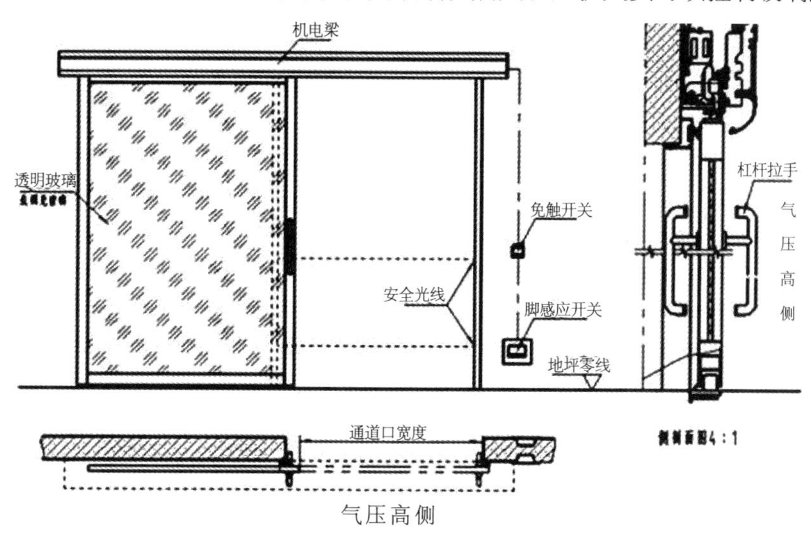

图 4-3-15 明装 ICU 平移门三视图

为方便较大型设备或护理病床出入病房，也可考虑重叠推开自动门。平常时作为普通平移重叠门使用，当需要设备或病床需要出入时，在 90° 推开，实现最大的通行空间。如图 4-3-16 所示。

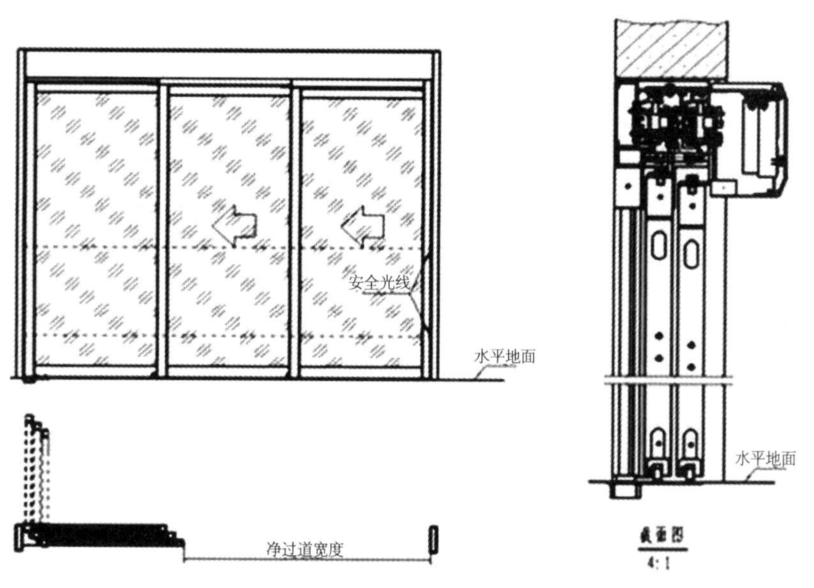

图 4-3-16 平移三重叠门

（2）主要应用。

医院 ICU、NICU 等净化等级较高的场所。

（二）防辐射平移门

防辐射平移门 主要运用在放射科，防止有害射线泄漏对人体造成伤害。根据防护等级分 2 个铅当量、3 个铅当量、4 个铅当量等。

1. 功能及工作原理

防辐射自动平移门对 X 射线的防护主要方法是在门体、门框、门洞墙体被衬相应当量的铅板。以防止其内部的设备工作时放射出来了 X 射线，对外面的人有损伤。确保人的安全。铅板的当量要依据设备 X 射线放射量、设备摆放方位角度和离门的远近等因素，具体需依据现场情况决定。

为了更好地防护辐射，建议自动门安装在室外侧较妥当。特殊手术室需要用铅防护气密自动门的话，在兼顾防辐射的需求下，还需要保证气密要求来安装。如图 4-3-17 所示。

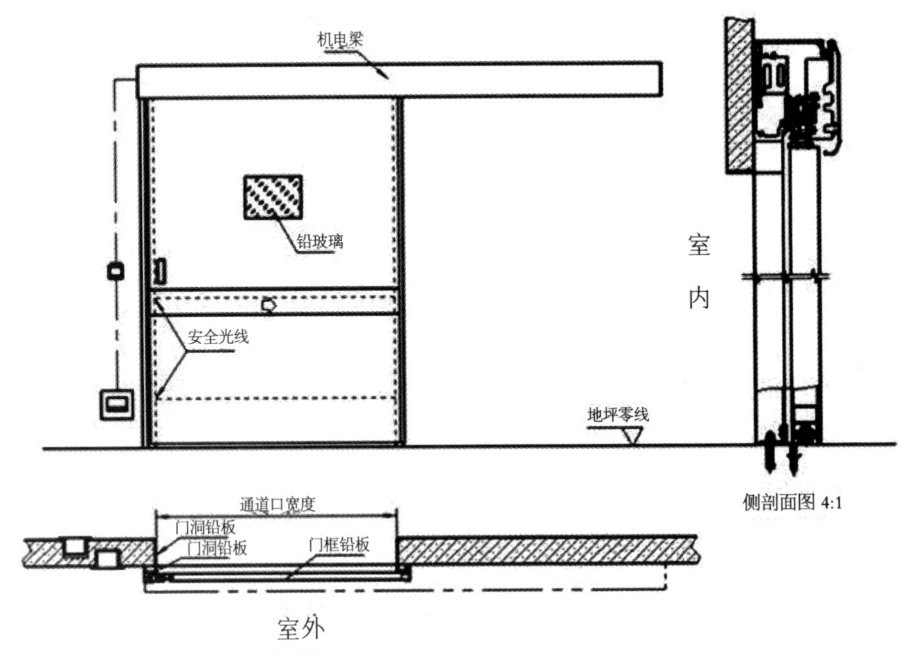

图 4-3-17 防辐射平移门三视图

室内与室外安装对于门体和门框的衬铅位置略有不同。

防辐射自动门若需要开窗的话，一定选用同当量及以上当量的铅玻璃作为视窗。

2. 主要应用

防辐射平移门应用于医院放射科、手术室等有防辐射要求的区域。

（三）病房平移门

病房平移门目前在中国刚刚起步，很多门型无法满足患者的要求，因此，无障碍化越来越被重视，下面我们着重讲述医院病房平移门设计解决方案。

1. 病房无障碍磁悬浮平移门

磁悬浮平移门是一款高端无障碍病房门。

（1）配置：磁悬浮智能门机系统、抗病菌拉手上插销锁。

（2）功能及特点：

①助动功能：推动 2cm，门会自动起动；

②任意停位功能：门打开过程中被推回 8cm，门变成任意位置可以停；

③全开保持功能：门推到全开位置保持 3 秒钟，门全开保持；

④高安全性门：遇到人或障碍物门会轻轻打开，第二次检测障碍物还存在时，门停下来。如果发现障碍物离开，门先停后再自动关；

⑤超静音，运行时几乎没有声音（1m 距离，打开盖子，测试 47 分贝）。

（3）目前市面上流行的磁悬浮智能自动门的主要参数表如表 4-3-6 所示。

表 4-3-6 医院磁悬浮智能门参数表

型号		MM50	MM80
适用门重		20~50kg/ 扇	50~80kg/ 扇
本体重量		约 7kg	约 8kg
耗电量	动作时平均	0.2Wh/ 次（门重 50kg/ 扇）	
	待机时	无压紧力 2.8W（不计传感器）	
		有压紧力 5.8W（不计传感器）	
马达类型	线性永磁无刷直流电机		
产生推力	定子 3 次全缠绕时为 40N		
所需电源容量	AC100V±10% 50/60Hz Max：4A		
适用门宽	大于 700mm（如果安装电子锁时要大于 830mm）		
使用温度范围	-10~40℃		
开门速度	0.2~0.5m/Sec（出厂设定 0.4 m/Sec）		
关门速度	全自动款：0.2~0.5m/Sec（出厂设定 0.3 m/Sec）		
	多功能款：0.2m/Sec（固定）		
开停时间	1~10s 设定在最大时作棘轮开关动作（出厂设定 3s）		

2. 病房无障碍半自动平移门

半自动平移门是一款稍经济型无障碍门产品，它主要特点是打开轻松，自动关门，带减速带缓冲，可以设计机械延时，方便患者有足够的时间进入。

（1）配置：半自动平移门系统、抗病菌拉手、上插销锁。

（2）功能及特点：

①无电源，不需要布线；

②打开轻松，关门自如，可设置机械延时，自由停，全开保持等功能。

（3）技术参数。

表 4-3-7 半自动移门参数表

型号	NSC-C48		NSC-C88	
导轨长度（mm）	L=2200	L=3100	L=2200	L=3100
适用门宽（mm）	700~1200	1200~1600	700~1200	1200~1600
适用门重	60~80kg		80~100kg	
开闭时间	7~11 秒（开闭距离 900mm 以内）			
手动开闭力	7.8N~8.0N		8.9N~9.6N	
使用寿命	开闭 100 万次以上			
拉力弹簧型号	PS-0.4		PS-0.8	

3. 病房标准配置的抗病菌拉手

医院采用的抗病拉手是由高品质实木抗菌结构和不锈钢管复合而成，专为残障人、老人、病人、孕妇等体弱人士辅助拉开门时而设计，常见的抗病菌拉手有几种：

（1）PVC 内铝芯复合而成；

（2）抗菌尼龙加铝芯组成；

（3）含抗病菌实木加不锈钢复合而成；

（4）含抗病菌竹木加不锈钢复合而成。

4. 病房平移门的设计标准参考

设计标准：

（1）开口要达 80cm 以上确保轮椅通行；

（2）拉手的高度在在 90cm 左右，方便患者；

（3）拉手与扶手具有抗菌功能；

（4）规定了走廊的宽度要求，必须大于 140cm。

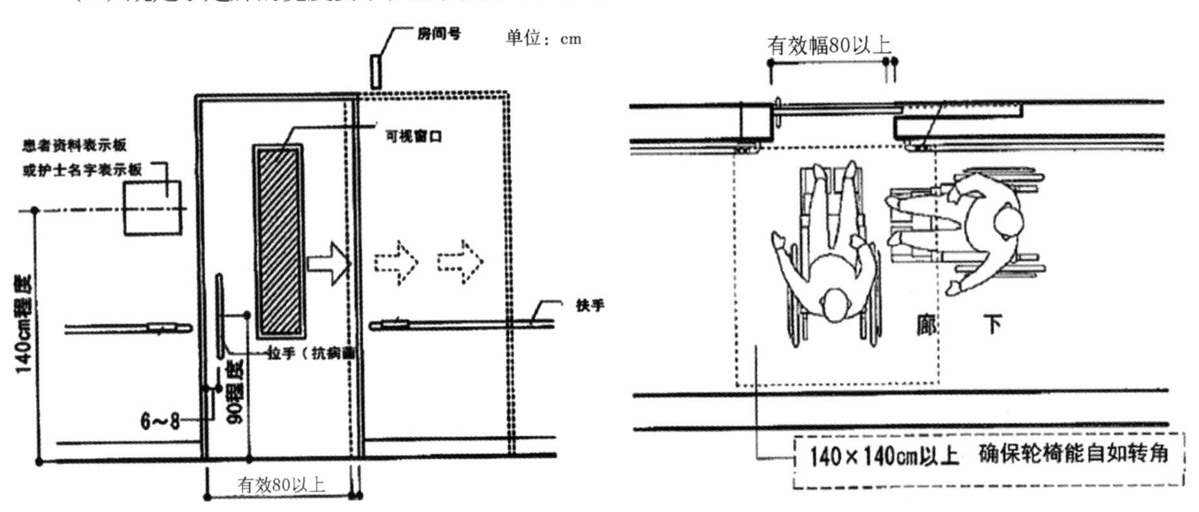

图 4-3-18 无障碍病房门设计图

（四）玻璃平移门

1. 工作原理

（1）主要包括以下配置。

①平移门机组：包含平移门机组、轨道、吊件、红外感应器、同步带等。

②门禁系统：刷卡或者指纹进入，能联网控制。

③铝合金或不锈钢门框、门扇骨架（有框玻璃门）。

④门扇玻璃：8~12mm 厚钢化超白玻璃，应符合《钢化玻璃》标准。

（2）玻璃平移门应具有智能性，采用内置微电脑芯片，自动设定控制过程，可设定理想的门扇运行速度和开放时间，并可设定半开、敞开、常闭等功能状态。具有自学习功能，自动检测门的重量、宽度，根据检测的结果使门始终保持在最佳运行状态。具有自动矫正功能，即使遇到大风等原因引起的运行阻力增大，仍然能够保持平稳的开关门动作。

（3）玻璃平移门应具有安全性，设有安全传感装置，消除夹人隐患。当碰到障碍物或人体等异常状况时，门扇能自动反转退出，并在下次接近阻力区域时以安全速度前进。

（4）玻璃平移门应具有可靠性，要求采用直流无刷电机驱动，力矩大、噪音低、连续使用不发热，门体运行更平稳。吊件应具备调节门扇安装高度，防止门扇脱轨的功能。为应对紧急状况，可以配备后备电源，使得玻璃平移门在断电能够自动开启并保持开启。整门正常使用寿命不低于 50 万次。

（5）玻璃平移门系统在消防状态下可接入 24V 消防信号，应急状态下可切出调整为常开状态，达到消防联动控制要求。

（6）玻璃平移门的紧闭力 F：70N ≤ F ≤ 200N，手动推力≤ 120N。

（7）平移门机组因主要用于外立面通用口，而且开启非常频繁，所以自动平移门设备应具有保养机能，能自动记录设备的开启次数，保养提示，故障代码显示，且设备具有 TUV、SGS 等国际知名公司的认证。

图 4-3-19 应急平移平开门 + 地弹门及中心吊门

2. 主要应用

医院大门、通道口、走廊等公共区域。

三、平衡门

平衡门是通过有效利用室内外压力，以门转动支点为界限，把传统作用于门体的压力分为两部分，并能有效平衡两端压力，大大弱化了开门所需力度。医院所用平衡门是基于无障碍通行设计为主导原则，外立面以抗风压为辅助的一种平开加平移门产品，目前在中国大型地标建筑广泛应用。在医用平衡门系列中，我们分为两种，一种是平衡门，一种是袖珍平衡门。而平衡门主要应用于外立面通道口。袖珍平衡门主要应用于病房门及卫生间门。

1. 工作原理

（1）平衡门开启方式的轨迹如图 4-3-20 所示。其中 o 点为立柱；a 点为拐臂与门扇的连接点；c 点为门扇上中心轮点；K 点为门扇立柱上的某一点。可以从图上看到 o、a、c 三点组成了基本的曲柄滑块机构：a 点绕着 o 点做圆周运动，c 点受上轨道的约束只能做左右的平移运动。最后 K 点（门扇）的运动轨迹为一个曲率变化的椭圆轨迹而非常规平开门上的 1/4 圆；最后门扇完全打开后有 3/7 在室内、有 4/7 在室外。

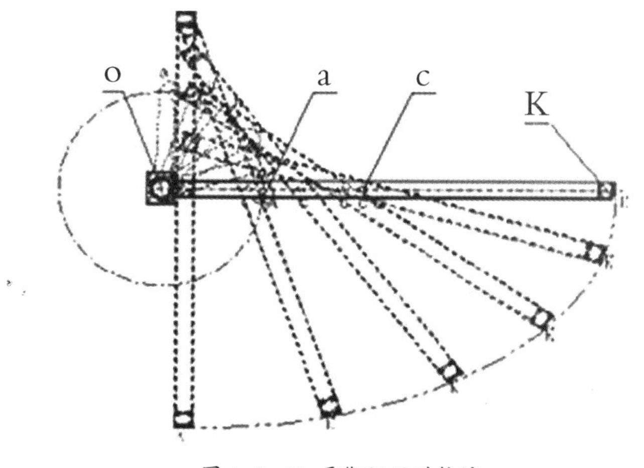

图 4-3-20 平衡门运动轨迹

（2）平衡门在风载作用下开启时的受力模型如图 4–3–21 所示。门扇绕 C 点转动，L1 面积处的风载产生的扭矩与开门力 F 扭矩方向一致，都起到开门的作用，只有 L2 面积处的风载产生的扭矩为关门力。故平衡门在开门时风压有大部分是相互抵消的。目前 C 点设置为门扇 1/3 处，如将 C 点设置在门扇的 1/2 处则左右风压完全平衡。当外立面风压比较大时，而且空间不足采用平移门，为了抗风压及无障碍设计，往往设计成平衡门。

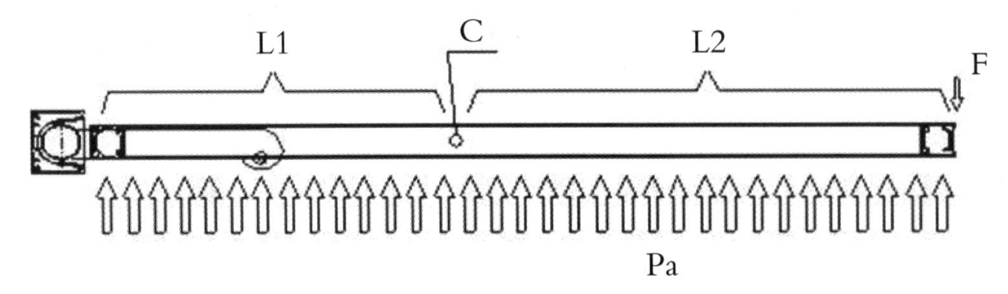

图 4–3–21 平衡门风压模拟图

（3）平衡门的无障碍通行的原理，请见图 4–3–22。当轮椅通行时，门在平开时，同时平移，其运动轨迹如图 4–3–22 中的虚线所示，确保不需要其他人辅助，轮椅可以直接通行。不需要后退，真正做到无障碍设计。

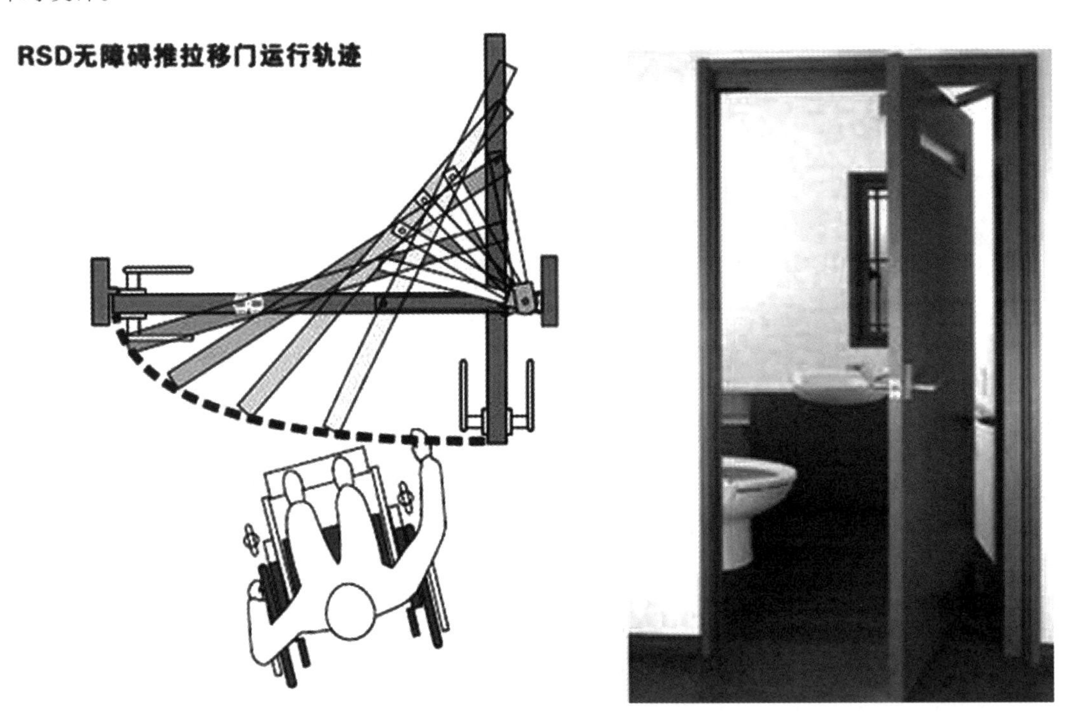

图 4–3–22 袖珍平衡门运动轨迹

2. 特点描述

当病房的空间较窄，门无法隐藏时，采用无障碍袖珍平衡门。袖珍平衡门可以实现狭窄的门开口空间修改成较大的出入口，方便行动不便者（坐轮椅、持拐者、小童车、病床、助行器）可以无障碍进入，省空间，省力。具有以下特点。

（1）开启间隙极小，仅为平开门的三分之一。

（2）开关门节省空间，能营造更宽阔的开口空间。

（3）开关门移动自如，开门更为轻松。

（4）开门无须返回，对于坐轮椅的人非常安全。

使用前后对比平面图，可以非常清楚看到袖珍平衡门的无障碍及省空间的设计原理，大大提高人性化通行，提高了空间的利用率。

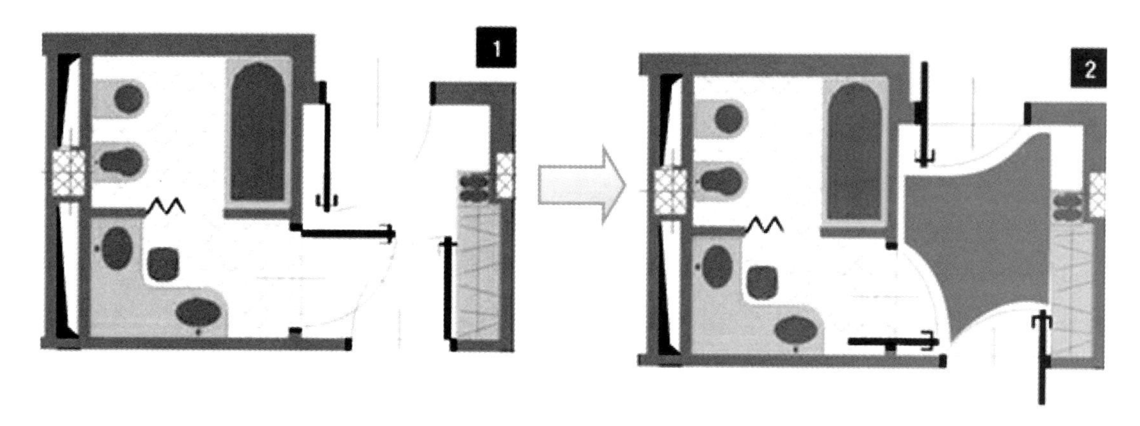

图 4-3-23 安装普通的门与袖珍平衡门俯视对照图

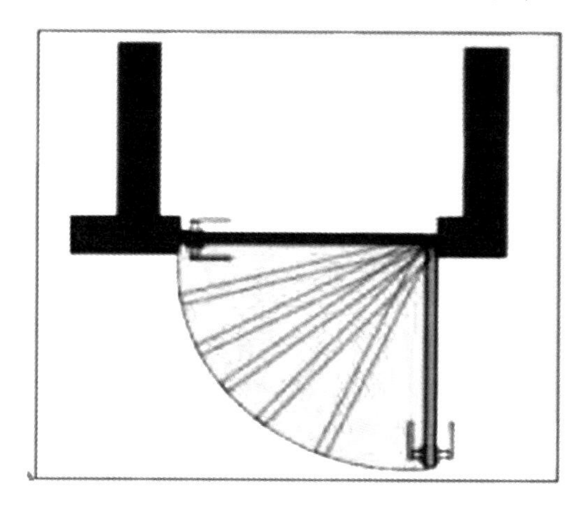

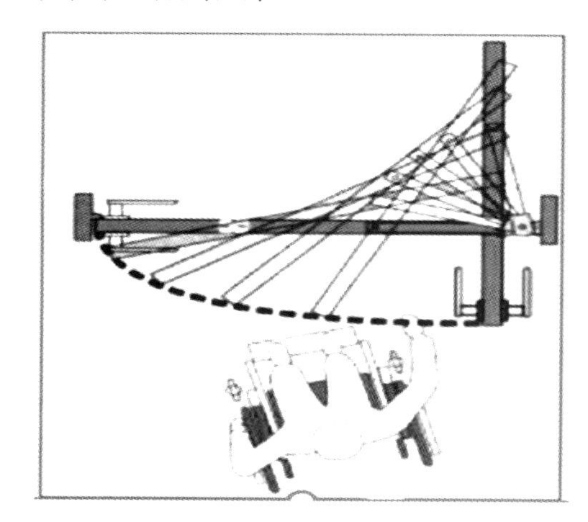

图 4-3-24 普通门与袖珍平衡门的轨迹对照图

2. 主要应用

医院外立面平开、医院通道、医院病房、卫生间、特殊诊疗室。

四、防火门

由经济部指定认可实验室，根据 2009 年 1 月 1 日起实施的新版《防火门》国家标准，防火门耐火试验法测试合格，并取得经济部标准检验局核发验证登录证书及授权标识者，称之为防火门。美国 NFPA 及 IBC 规范所定义的防火门为"能够共同提供开口部一定程度的防火保护的任何防火门扇、门樘、五金及其他配件的组合。" 2015 年 9 月 1 日防火门已实施新的国家 3C 标准 ，由公安部消防产品合格评定中心发布实施，这是中国首次对防火窗、防火门(防火门，防火锁，防火闭门器)防火玻璃(隔热型防火玻璃)防火卷帘等建筑耐火构件产品做出强制性标准（编号：CNCA—C18—02.2014）

防火门按形式为常闭防火门，常开防火门，折叠常开防火门。目前国内大多数均采用传统的常闭防火门设计，我们在本章节重点介绍常开防火门的设计与应用。

防火门在医院的分类主要有几大类：

（1）封闭疏散楼梯，通向走道；我们称为常闭防火门。也是目前中国最常用的一种门用设计。

新国标对防火门耐火性的要求，通向前室及前室通向走道的门；

（2）电梯厅出入口，划分防火分区等防火门，我们称为常开防火门；

（3）划分防火分区，控制分区建筑面积所设防火墙和防火隔墙上的门。而且内置墙面不够时或者宽度超过 3500mm 时，我们设计采用常开折叠防火门。当建筑物设置防火墙或防火门超级宽时，要用“防火卷帘门 + 常开防火门”设计，我们称为特种折叠常开防火门。

对于（2）（3）两种类型，国内比较少使用，所以本次重点讲述这两类型的防火门。

（一）电梯厅常开防火门及配套五金

图 4-3-25 常开防火门正常情况与关闭时的对比图

1. 工作原理

当发生火灾时，烟感信号给一个信号给其电磁释放器，电磁释放器断电或通电后，自动松开电子抓手，门通过中心吊自动复位转轴起作用，使门自动闭合。阻断烟雾窜入其他区域。此时门可以随时推开，中间的小门也可以反向推开，方便逃生人员双向能逃生。

2. 配置清单

（1）中心吊自动复位转轴，根据门重选择适当的型号，常用的中心吊自动复位转轴的参数请见表 4-3-8。

表 4-3-8 常用的中心吊自动复位转轴的参数

<table>
<tr><th rowspan="2">品名</th><th colspan="2">适用尺寸（mm）</th><th rowspan="2">适用门重（kg）</th><th rowspan="2">标准开启力（Nm）</th><th rowspan="2">安装方式</th><th rowspan="2">顶部转轴形式</th><th rowspan="2">最大开启角度</th></tr>
<tr><th>W</th><th>D</th></tr>
<tr><td>AK-8KH/AFD-8KH</td><td rowspan="2">800 以下</td><td rowspan="2">36 以上</td><td>50 以下</td><td>6.9</td><td rowspan="13">埋藏式</td><td rowspan="5">N-21B</td><td rowspan="13">180°
左或右单方向开</td></tr>
<tr><td>AK-8H/AFD-8H</td><td>50</td><td>8.9</td></tr>
<tr><td>AK-10H/AFD-10H</td><td>1000</td><td rowspan="3">40</td><td>85</td><td>10.8</td></tr>
<tr><td>AK-12H/AFD-12H</td><td>1200</td><td>100</td><td>15.7</td></tr>
<tr><td>AK-14H/AFD-14H</td><td>1400</td><td>130</td><td>19.7</td></tr>
<tr><td>AK-16H/AFD-16H</td><td>1600</td><td>45</td><td>160</td><td>24.6</td><td rowspan="3">N-22B</td></tr>
<tr><td>AK-18/AFD-18</td><td>1800</td><td rowspan="2">50</td><td>200</td><td>41.2</td></tr>
<tr><td>AK-22/AFD-22</td><td>2200</td><td>240</td><td>49.1</td></tr>
<tr><td>AK-26/AFD-26</td><td>2600</td><td rowspan="3">55</td><td>310</td><td>60.9</td><td rowspan="3">N-23B</td></tr>
<tr><td>AK-30/AFD-30</td><td>3000</td><td>410</td><td>68.7</td></tr>
<tr><td>AK-35A/AFD-35A</td><td>3500</td><td>650</td><td>73.6</td></tr>
<tr><td>AK-40A/AFD-40A</td><td>4000</td><td>65</td><td>800</td><td>78.5</td><td>N-25</td></tr>
<tr><td>AK-50A</td><td>5000</td><td>65</td><td>1600</td><td></td><td>N-25</td></tr>
</table>

（2）电磁释放器：是一种锁装置，类同汽车尾箱锁，当遇到烟感信号时，电磁抓手自动释放 . 门自动释放，能通过中心型自动闭门器使门自动关闭。

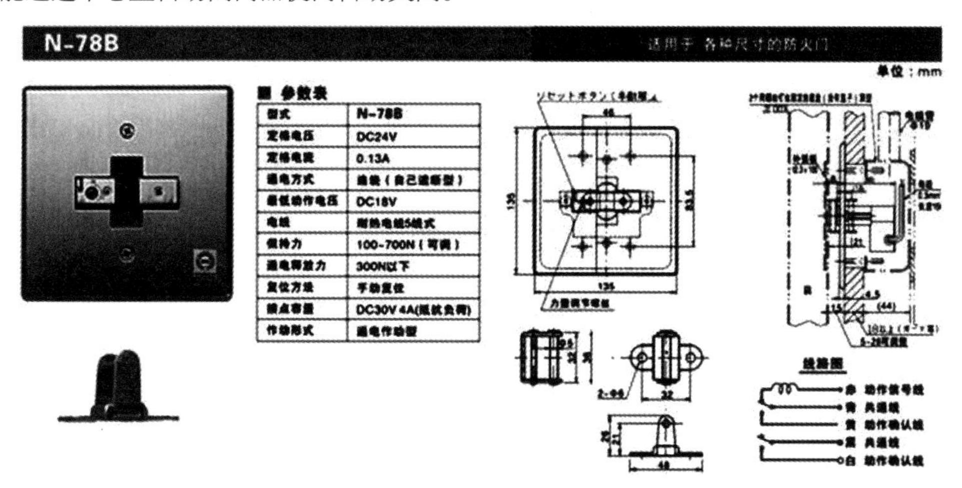

图 4-3-26 常开防火门用电磁释放器参数图

3. 主要应用

门诊大楼防火分区、电梯厅通向病房的防火分区、电梯厅通向其他区域的防火分区。

（二）折叠式常开防火门及配套五金

当墙面空间宽度不足以内置其防火门时，或者防火分区超大时，我们设计选用二折叠式常开防火门。其主要特点是在空间小的地方，用一个折叠防火门可以封住其防火分区，达到隔烟隔火的作用。

1. 工作原理

在 1 个电梯且门的空间有限时采用折叠防火中心吊门，见图 4-3-27，在有烟感信号时自动关闭。

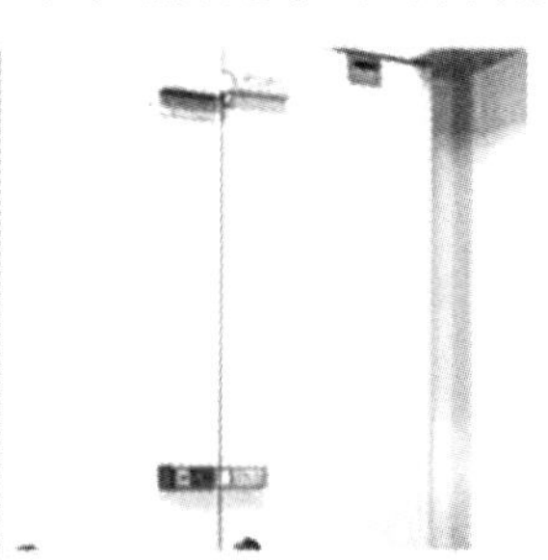

图 4-3-27 折叠防火门工作原理图

2. 折叠防火门型式

折叠防火门按门片数量分为两折防火门，三折常开防火门，上下两段式常开防火门，左右上下两段式常开防火门，多种复杂结构的常开折叠防火门形式。

五、折叠门

折叠门以大开口通行，省空间为主要特点，也是一种新型的无障碍门设计，折叠门按门片数量分为两折、重叠、套叠。按功能分为手动、自动、半自动等类型，本章节重点描述常用的无障碍设计，即两折自动折叠门，三重叠自动门，平移平开自动门。

（一）病房两折自动折叠门

通常的病房门设计采用平开门设计，国外大数病房门采用了平移门的设计理念，但也有少数病房因空间的问题，采用了袖珍平衡门、折叠门，以实现通行时的无障碍和人性化。平移门及平衡门在前面已经讲述，本处重点讲述病房门两折自动折叠门。

病房门折叠门可分为手动折叠门，半自动折叠门，全自动折叠门。

图 4-3-28 明装自动折叠门　图 4-3-29 内置自动折叠门　图 4-3-30 半自动折叠门

1. 功能及分类

（1）全自动明装自动折叠门，采用明装自动门机组，长型防夹手铰链，红外线感应器，手押开关，天地铰链，U 型滑槽组成。其特点是可以普通病房门洞改造，实现自动开闭，实现无障碍化病房门的需求。

（2）内置自动折叠门，采用内置自动门机组，长型防夹手铰链，红外线感应器，手押开关，天地铰链，U 型滑槽组成。其特点是内置于门洞，外观漂亮大方，自动开闭，实现无障碍化病房门的需求。

（3）半自动折叠门，是采用中心吊自动复位转轴，长型防夹手铰链，天地铰链，U 型滑槽组成。其特点是手动打开，自动闭门，主要应用在病房卫生间等需要常闭的场所。

2. 应用场所

病房门、卫生间、诊断室，通道口等需要大开口且空间有限的场所。

（二）自动重叠门

1. 功能及分类

自动重叠门功能主要是为大通行口设计，通行效率大大提高。按门片的数量可分为两重叠、三重叠、四重叠自动门设计，确保大开口设计。方但大型设备通行或者做隔断使用。

2. 应用场所

自动重叠门应用在医院，主要分为病房重叠门，学术厅隔断重叠门，防辐分隔三联动移门。

图 4-3-31 学术厅隔断重叠门　图 4-3-32 防辐射隔三联动重叠门（关闭状态）　图 4-3-33 病房重叠门

以上描述了医院建设常用的几种门型，当然还有一些门型没有涉及，比如自由门、消防管井门、常闭防火门，外立面的地弹簧门等，这些门型目前在中国市场已经非常成熟，所以未进行描述。总之在医院门方面，设计的宗旨是：满足医院使用的多方面，无障碍使用需求。

参考文献

［1］郭汉丁．业主建设工程项目管理指南［M］．北京：机械工业出版社，2005.

第四章

医用家具及护理设施

仲恒平　李立荣　周连平　胡亮　吕品

仲恒平 南京布尔特医疗技术发展有限公司设计师

李立荣 北京大学国际医院副院长

周连平 广东华展家具制造有限公司营销总经理

胡　亮 浙江大学医学院附属第一医院之江院区筹建办副主任

吕　品 北京大学国际医院基建部副主任

技术支持单位

南京布尔特医疗技术发展有限公司

南京布尔特医疗技术发展有限公司是与“德国技术”合作，专业提供医用护理彩车、整体橱柜系统、手术部不锈钢医用家具、CSSD不锈钢医用制品的品牌制造商。公司同时为医院提供消毒供应中心整体工作流程设计及手术室辅房空间布局的专业服务。

公司是国家高新技术企业，南京市著名商标、南京市守合同重信用企业称号，拥有48项产品设计专利和3A级企业信用等级，产品系列通过全球权威第三方检测机构德国莱茵TÜV集团认证，并通过ISO9001质量管理体系认证。

广东华展家具制造有限公司

广东华展家具制造有限公司始终秉承人文、环保、洁净、耐用、高效的设计理念，专注于打造一站式医疗家具整体解决方案，把国际先进经验与中国国情相结合，智造舒适的就医环境。

2016年起，连续三年荣获“中国十大医疗家具供应商”称号；2017年获得广东省高新技术企业协会颁发的高新产品企业；2018年受邀参与央视发现之旅频道《匠心智造》拍摄，展示工匠精神背后的故事。作为医疗家具的标杆企业，广东华展医疗已为国内过百家高端医疗机构提供优质的产品和服务。

第一节　概述

一、医用家具的定义及作用

随着医疗科技水平以及医疗机构整体空间环境建设水平的不断提高，作为医疗空间环境中的一个重要组成部分——医用家具及病房护理设施已越来越受到各医疗机构建设者、管理者、使用者的重视。

广义的医用家具，是指用于各种治疗及预防疾病、促进健康、康复训练以及为保持健康生活提供护理援助的场所（如医院、疾病控制中心、保健中心、实验室、科学研究所等，主要用于医疗卫生护理领域，满足特定卫生和操作要求的家具。狭义的医用家具，是指医疗机构中医疗护理区域、医疗辅助区域、医疗技术保障区域内为工作人员提供操作、运输、物品存放的各种家具类产品以及各诊疗空间中为患者提供坐具及卧具设施类产品的统称。

二、医用家具的范围与分类

医用家具品种类别繁多，几乎覆盖医院所有护理单元、各类诊疗空间及医疗辅助区域，与现代化医院的医疗空间建设相辅相成。由于医用家具的多样性，为了使其范围相对完整，只能采取多种分类方法，每种方法做代表性说明。

（一）按使用区域分类

（1）病区护理家具：指病区内与护理人员工作息息相关的中央护士站、移动式护理工作站、多功能治疗车、多功能急救车、送药车、病历车等家具。

（2）病区辅助家具：指病区内治疗室、处置间、清洗消毒间、无菌物品存放间、仪器室等医疗辅助区域所用的治疗台、配液台、处置台、污物回收台、清洗槽台、无菌物品存放柜、器械柜等家具。

（3）病区患者使用家具：指各类病床、陪护椅、担架推床、床头柜等家具。

（4）手术部家具：指与手术室工作相关联的各类器械柜、药品柜、麻醉柜、器械台以及各类无菌物品存放、手术器械存放、麻醉物品存放、运输等家具。

（5）消毒供应中心家具：指与消毒、灭菌相关联的各类手工清洗槽组、器械清洗分类台、器械打包工作台、辅料打包台、无菌物品下送车等家具。

（6）药房家具：指中心药房、门诊药房使用的各类药品管理柜、药品分类架、药品发放工作台等家具。

（7）实验室家具：指实验室内用于做各类实验的实验工作台、药品柜、生物安全柜、仪器柜、试剂柜、洗涤台等家具。

（二）按使用人群分类

（1）医生及护理人员使用的家具：如医生查房车、多功能麻醉车、仪器车、移动式护理工作站、多功能急救车、送药车、手术室器械台、治疗台、操作台、储物柜等。

（2）其他工作人员使用的家具：如中心药房、实验室、消毒供应中心、影像中心等区域的工作人员工作时使用的各类工作台、存放柜、清洗槽台等。

（3）患者使用的家具：主要指医疗机构为患者提供的各类卧具设施和坐具设施。包括医用病床、诊查床、担架推床、输液椅、坐便器、轮椅等。

（三）按“功能”分类

（1）临床医用家具：指直接为临床患者提供急救、治疗、换药、服药时使用的家具，如多功能急救车、多功能治疗车、送药车、移动式护理工作站等。此类家具是临床医务人员（特别是护理人员）为患者提供治疗护理工作的重要操作平台。

（2）“医技类”医用家具：指手术室内层叠式器械台、单杆升降器械台、双杆升降器械台以及消毒供应中心内器械分类工作台、器械打包工作台、封口机工作台等类型家具。

（3）“辅助类”医用家具：指用于治疗室、处置间、器械存放间、清洗消毒间等医疗辅助用房内的各类治疗台、操作台、存物柜、储存设施等家具。

三、国内外医用家具相关标准及参考资料

（一）美国健康设计中心

美国健康设计中心（Center for Health Design）基于大量的循证研究工作、行业标准和美国医疗机构指南研究所（Facility Guideline Institute）的要求和标准，总结出了在循证设计（Evidence-based Design）理念下选择医用家具时需着重考量的因素，旨在为医疗机构采购医用家具时提供参考。这一清单中所针对的医用家具主要是未纳入医疗器械管理范畴的坐具、卧具和配件设施。

清单共分为8个部分，每部分与一个共同的循证设计目标相关联。前三个循证设计目标集中在患者安全问题上，包括可导致患者发病率、死亡率上升和医疗保健成本增加的因素。接下来的三个循证设计目标则侧重于改善心理社会因素，改善与医疗工作相关的结果。第七个目标主要针对环境安全方面。第八个目标则从投资角度总结了在采购医用家具时如何提高经济效益。

1. 减少可引起医疗感染的表面污染

减少可引起医疗相关感染的表面污染是医用家具设计、清洁和维护的关键循证设计目标之一。大多数医疗相关感染是通过与病人附近高风险物体上的病原体接触而获得的，而这些高风险物体常常包括最靠近病人的医用家具，如住院病房中的椅子、床、床头柜等。

为了减少可引起医疗感染的表面污染，医疗机构选择医用家具时需着重考虑如下因素：

（1）表面易于清洁，无表面接缝或裂缝；

（2）装饰材料不渗透（无孔）；

（3）表面无孔、光滑。

2. 减少患者跌倒和相关伤害

据估计，10% ~ 15% 的患者跌倒事件是由外在因素引起的，其中包括医用家具的设计缺陷。为了减少患者跌倒和相关伤害，医疗机构选择医用家具时需着重考虑如下因素：

（1）椅座高度可调节；

（2）椅子有扶手；

（3）椅子下方的空间能够支持双脚位置的变化；

（4）座椅后倾角度合理，不会引起病人站立或坐下时翻倒；

（5）椅子坚固、稳定、不易翻倒；

（6）滚动家具应有锁定滚轮或脚轮；

（7）所有家具不能有坚硬的、尖锐的边角，以免对跌倒的病人造成伤害。

3. 减少用药差错

安全给药取决于许多因素，其中一些是环境因素。研究人员回顾了在美国、英国、澳大利亚、西班牙和巴西医院或社区药房出现的用药差错事件，发现照明不足、环境干扰因素会提高用药差错率。

为了减少用药差错，医疗机构选择医用家具时需着重考虑如下因素：

（1）用药安全区的家具应具有内置照明，在执行关键任务的区域使用可调节的50W高亮度工作灯，包括移动药物车、自动化智能药柜以及夜间管理病房时；

（2）减少药物准备、分配和管理期间因家具而引起的视觉干扰和噪声干扰。

4. 帮助患者和家属改善沟通和社会支持

以患者为中心的理念反映出医疗服务正向着以消费者为导向转型，倡导医疗机构将权力交到患者及其家属手中。基于此，技术设计应围绕患者的需求进行，帮助患者和家属共同参与到医疗护理过程中来，并针对特殊因素和不同人群进行调整。早已有大量研究表明：家庭和社会支持对患者生理和心理有积极的影响。物理环境的设计则会影响患者与家属的沟通和互动。早在 1972 年的一项研究发现，靠着墙壁并排设置的座位不利于患者沟通，而围坐在小桌子旁边的患者表现出了更高的互动性。

为了改善患者和家属的沟通交流，医疗机构选择医用家具时需着重考虑以下因素：

（1）家具可灵活调整和组合，从而适应不同空间中不同数量人群的需求；

（2）满足不同体型和不同年龄人群的需求；

（3）在声学和视觉设计上充分考虑保护患者隐私。

5. 减少患者、家庭成员和工作人员的压力和疲劳感

良好的医疗环境不仅有助于帮助患者消除心理压力，改善心境，增强机体抗病能力，还能为患者家属和工作人员营造温馨、健康的环境。

为了减轻患者、家属和工作人员的压力，医疗机构选择医用家具时需着重考虑以下因素：

（1）使用亲近自然的材料；

（2）外观有视觉吸引力，让患者感觉不到置身于医院；

（3）家具经过全面测试，即使是重度肥胖病人也能够感觉安全舒适。

6. 提高员工工作效率和沟通效率

舒适方便的医用家具有助于提高员工的工作效率。为此，医疗机构选择医用家具时需着重考虑以下因素：

（1）家具的尺寸、造型、布置方式符合人体工程学要求；

（2）有助于工作协调和信息共享；

（3）材料吸音。

7. 确保环境安全

材料不含挥发性有机化合物（VOC），如甲醛和苯。

8. 最佳投资

虽然目前尚无医用家具的循证设计和投资回报分析方面的研究，但无论是采购医疗设备、信息化技术，还是医用家具，医疗机构管理者都需要确保这些投资是经济的。例如，有坚硬凸起结构的家具可能会损坏墙壁，缺少滑轮的家具会对柔性地板造成损坏等。从投资角度看，医疗机构在选择医用家具时应着重考虑以下因素：

（1）能够体现医疗机构使命、战略目标和品牌形象；

（2）在翻新项目中，新家具和旧家具能够结合使用；

（3）家具配件可以更换和移动，从而适应不断变化的需求；

（4）安装脚轮或脚垫以减少对地面的损坏；

（5）确保没有可能会损坏墙壁的坚硬突起物，检查护墙板高度是否合适；

（6）制造商应提供安全性和耐久性的测试结果；

（7）制造商应提供支持产品设计理念的具体证据；

（8）制造商应提供保修服务；

（9）可更换零配件；

（10）医疗机构可以进行维修；

（11）制造商或当地经销商可协助进行家具维修和翻新；

（12）环境服务（家政）工作人员可以轻松维护家具；

（13）可以通过集团采购组织（Group Purchasing Organization， GPO）采购。

［来源：Eileen B Malone， et al. Furniture Design Features and Healthcare Outcomes. The Center for Health Design.（健康设计中心：家具设计特点与医疗效果）翻译：沈翀］

（二）行业标准及出版物

中华人民共和国卫生行业标准《医疗机构患者活动场所及坐卧设施安全要求 第2部分：坐卧设施》（WS444.2—2014）

2017年3月，中国质检出版社、中国标准出版社出版了《医用家具设计与配置指南》一书。

第二节　各医疗单元的医用家具选择与配置

一、门诊、急诊区域

门诊、急诊是医院接触病人时间最早、人数最多、人群最杂、诊疗范围最广的部门，同时也是医生变换比较频繁的部门。在医院家具的设计上，不仅要满足其最基本的支撑、储存、装饰等功能，还要综合考虑院感、耐用度、环保洁净要求、人机工程学原理等。

（一）门诊区域

门诊通常接诊病情表症较轻的患者，即就诊者自觉或他觉躯体或精神上有异常表现，同时病情允许就诊者在门诊就诊期间，根据医生的常规安排进行检查和处理，给予不住院的初步诊断和用药。鉴于门诊患者的情况，门诊主要配置家具包括：门诊大厅护士站、挂号收费桌、导医台、候诊椅、诊桌、诊床、医生椅、患者椅、洗手盆柜等。

（二）急诊区域

急诊区域是医院中重症病人最集中、病种最多、抢救和管理任务最重的部门。现代急诊区已发展为集急诊、急救与重症监护三位一体的大型急救医疗技术中心和急诊医学科学研究中心，可以对急、危、重病人实行一站式无中转急救医疗服务（如图4-4-1、图4-4-2）。急诊区域的家具配置与一般门诊诊室有所不同，具有可移动性、诊床优先等特点，以及符合院内转送、诊疗合一的特殊要求，可移动诊床是急诊区域的必备家具，同时，通道允许2张多功能抢救床并行。

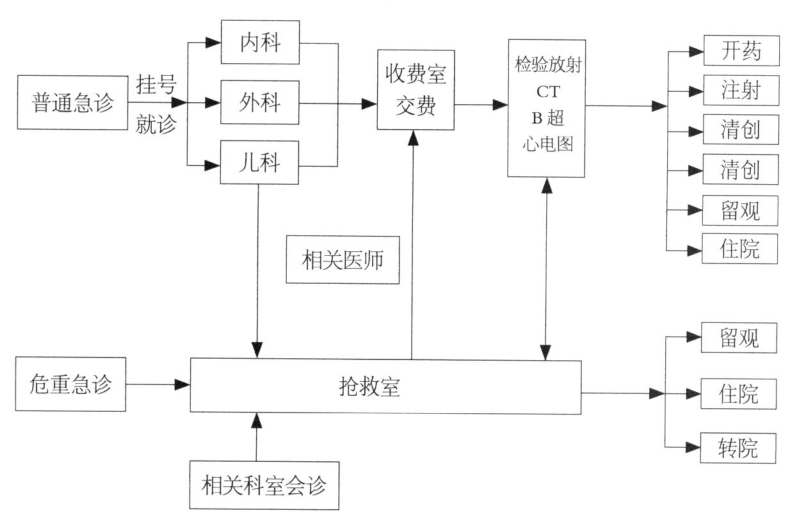

图4-4-1 急诊就诊流程图

急诊区域主要家具包括：导医台、急诊诊室、清创室、洗胃室、心肺复苏室、抢救厅单元、肌注皮试室、输液配剂室、综合治疗室、急诊留观室、儿童输液台等。

二、住院部、病区

住院部作为医疗建筑的重要组成部分之一，是医院病患及医护工作人员停留时间最长、功能相对独立完整的区域，其建筑体量约占医院总建筑面积的 40%，是医院中用于临床护理的医疗部门，具有病人监护、诊断和治疗的功能，主要包括各学科护理单元、住院处、住院药房等。同时，每个护理单元由一套配置完备的人员、相关的配套诊疗设施，以及相应配套的房间组成。

病房基本家具配置应包括病床、壁柜、休息椅、床头柜等。病床是病人休息和接受康复治疗的主要设施，为了便于清洁及满足人体行为的需要，病床三面临空，床头靠墙的两侧可供医护人员活动，设置床头柜和壁柜。病床规格通常为 1950mm（长）×（90 ～ 102）mm（宽）×550mm（高），具有起身、屈腿等功能。

病房衣柜通常结合墙壁组合形成壁柜 ，每一个病床配备活动边桌和活动座椅， 活动座椅同时可以兼作拉伸陪护床使用。病房顶棚配备供输液的输液滑轨及窗帘滑轨，以保证患者的私密性。其他配备设施主要包括：呼叫系统、诊疗带、中心供氧、负压吸引、各种电器电源，有条件的医院还可增设电视、冰箱、网线接口等，单人房间配置沙发、茶几等，使病房配置更加人性化。

三、后勤保障区域

后勤保障区域是医院正常运转的支持系统，是开展医疗、教学、科研活动的重要保障。医院后勤保障涉及的工作门类极多，但大体可按保障的性质不同分解成以下四个类别：

（1）医用品供给保障，包括医疗设备，普通电器设备、家具、医用易耗物品（氧气、服装被褥印刷品等）的供给和维修；

（2） 医用生活保障，包括餐饮、水、电、气、热、通信供给和维修，房屋维修等；

（3） 医疗环境保障，包括保安、保洁消毒、绿化、消防、车辆停放管理等；

（4） 废弃物处理，包括垃圾清运，医疗废弃物处理和焚化、废水处理等。

因此后勤保障区域家具需具有分类存储、无菌转运、干湿分离、洁净分离、抑菌防潮等功能，并配置常用的办公家具，以保障四大板块的有序运转。

四、行政管理区域

（一）办公区域

1. 主任 / 护士长办公室

医院的各个科室都需要设立主任办公室，如放射科、检验科、药剂科、门诊等。办公室应兼具办公、接待洽谈、休息等功能。病区主任办公室宜设置在相对安静的区域，可临近医生办公室和示教室，便于工作联系。面积可结合科室实际情况并参考《党政机关办公用房建设标准》中面积指标的要求。主任办公室应与护士站、医生办公室相邻或成组布置，便于工作联系。室内除工位外，还要布置沙发等用于接待（如图 4-4-2、图 4-4-3 所示）。

办公区：设置办公桌、工作站、观片灯、打印机、电话及软硬件接口；设置主任位座椅和会客座椅。

陈列展示区：设置资料柜，可储存书籍、资料、文件等，还可设置陈列展示柜，用于展示奖状、荣誉证书等。

接待区：设置三人沙发，用于接待会客，并可作为休息小憩之用，还可设置饮水机。

洗手更衣区：房间入口位置设置洗手盆和衣架，便于进屋洗手及更换衣物，应设门禁，防止无关人员进入。

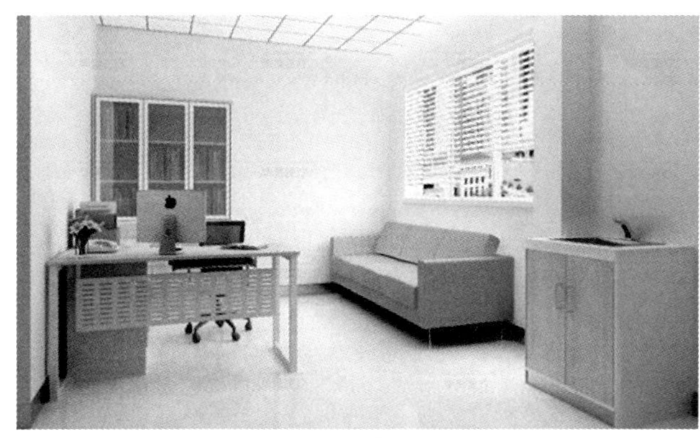

图 4-4-2 主任办公室

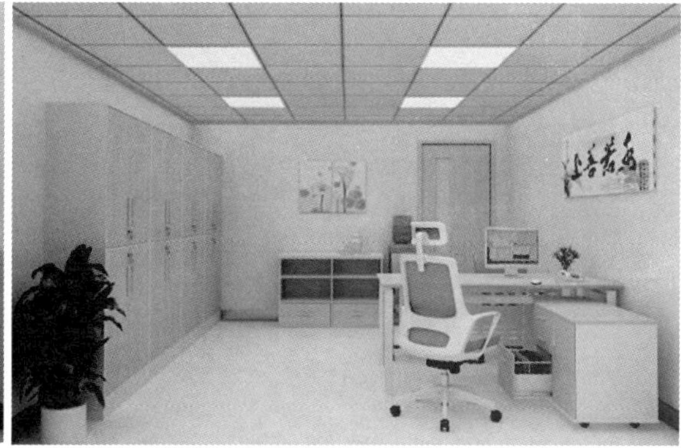

图 4-4-3 护士长办公室

2. 医生办公室

病区医生办公室是医生办公、学习、交流、研讨的场所。可在大空间内用矮隔断划分空间。一般设置小型会议桌，一方面满足医生研讨之用，同时也可供实习医生在此办公、学习（如图 4-4-4 所示）。根据科室人员数量及房间数量预置电话、信息、网络端口。医生办公室应设在病房办公生活区，面积可根据科室实际情况和医师人员数确定（暂无计算标准，可按每工位 3~4m^2 确定面积）。

办公区：医生书写、录入病历及生成医嘱等工作区域，设置医生工位、医生工作站。

交流区：设置小会议桌，方便集中学习、交流，会议桌上方设置观片灯。

储物区：资料柜、储物柜。

水盆柜：每个房间配有洗手池，设置在不影响走动、预留水位的位置。

图 4-4-4 医生办公室

3. 更衣室

医院更衣室可分为卫浴更衣室与二次更衣室，卫浴更衣室供医护人员使用，可按照使用人数需求确定房间大小，设置相对独立的卫生洗手、卫生间、更衣间、淋浴区，以减少相互影响，并能够分别使用。二次更衣室用于二次更衣通过，通常是某一功能房间的组成部分，设置洁衣衣柜、污衣存放、一次性物品存放、洗手盆及附属用品和垃圾桶设施（如图 4-4-5、图 4-4-6 所示）。

为保证医护人员更衣环境，更衣柜需配置银镜，在短暂的更衣过程中可以整理仪容仪表；柜门局部开有透气孔，更好地让内存物品与外温度保持均衡作用等。

图 4-4-5 卫浴更衣室

图 4-4-6 二次更衣室

4. 病案、病例、档案室

病案室，即病案科，主要工作是对已出院病人的病案，通过病案管理的方法进行分类、建档，从而达到科学管理的目的。病案科通过病案资料传递医学情报，在医学科研及医院决策中发挥着“参谋”作用，病案资料是帮助医务人员认识疾病、诊治疾病和预防疾病的珍贵的医学文化遗产。档案密集柜与传统的书架、货架、档案架相比，储存量更大，更节省空间。采用优质不锈钢门板，具有防尘、防鼠、防潮、防火等功能（如图 4-4-7 所示）。

图 4-4-7 档案密集柜

5. 阅览室

医院阅览室和医院管理直接发生联系，并成为临床、科研、管理、教学和继续教育的重要组成部分，是最理想的教育场所。室内应设置阅览架、书架、阅览桌、阅览椅等（如图 4-4-8 ~图 4-4-11 所示）。

图 4-4-8 医院阅览室

图 4-4-9 医院阅览架

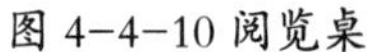

图 4-4-10 阅览桌

图 4-4-11 医院阅览柜

6. 值班室

行政总值班负责处理非办公时间的医院医疗、护理、行政事务的临时事宜。及时处置突发、重大事件，传达上级指示和紧急通知，承接未办事宜，以保证全院正常工作，确保医院安全。室内应设置值班床、书架、更衣柜、被服柜、办公桌椅等。主要用于医院护士值班室、医生值班室。

（二）会议示教室

会议示教室（$40m^2$）用于临床科室的教学、培训、学术交流、病例讨论、会诊等活动。需满足会示教、远程会诊等要求，可根据科室人员数量、专科特点、使用频率等确定其面积大小（如图 4-4-12、图 4-4-13 所示）。

会议区：设置会议用桌椅，桌面要预留投影、电话、话筒、会议摄像等强弱电接口；此房型面积可满足 30 人会议示教的需求。

演讲区：设置活动讲台和多媒体柜，用于会议报告、演讲等，预留投影、话筒等强弱电接口。多媒体柜用于整合工作站、投影穿线、远程会诊摄像等。

辅助区：房间一侧设置整体柜，具备洗手、吧台饮水、储物等功能模块。

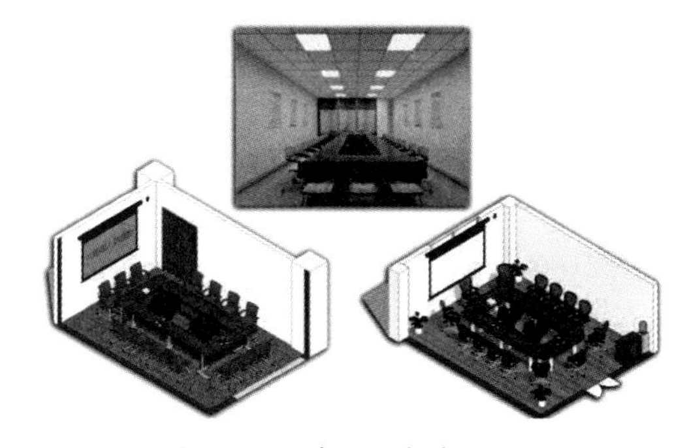

图 4-4-12 会议示教室

图 4-4-13 教学室

第三节　医用家具与医疗空间环境

一、医用家具中的区域设计与应用

在医院建筑室内环境中，医用家具占室内面积的 45% 左右，是医务工作者、病人及家属诊疗、工作、学习和生活的主要区域。不仅要满足医疗空间的使用功能，通过科学合理布置，和谐的形态、色彩、质感设计，还可创造出不同风格特点的医疗环境，满足患者、家属及医务工作者的生理和心理需求。因此，医用家具是医疗空间环境的主体，是室内环境功能的主要构成因素和体现者。

医用家具以满足医院空间内患者诊疗过程中的行为为基本目的，以视觉表现为更高追求，家具在室内空间中的作用主要可以归纳为：塑造空间、划分功能识别空间、组织优化空间、营造空间气氛、精神功能五个方面。

（一）塑造空间

医院硬装完成后，确定了室内环境基调，更细致的刻画需要通过家具的配置来实现。医用家具比空间中的六大界面与人的关系更为密切，是与人接触最为亲近的一种介质。首先，利用家具本身功能的明确性满足了功能空间的塑造。其次，家具风格造型也突出了室内空间的风格基调。相同医疗室内空间，若摆放不同风格的家具，空间所体现出来的氛围也会完全不同，如 4-4-14、图 4-4-15 所示。

图 4-4-14 妇科诊室

图 4-4-15 儿科诊室

（二）划分功能，识别空间

医用家具的类型对空间有着鲜明的标识作用，家具外观表现比界面装饰更能反映出空间区域的功能性，家具功能对空间功能的界定起到了识别空间的作用。比如，在诊疗空间中放置等候椅或沙发，人们的第一反应就可以识别出候诊空间。

（三）组织优化空间

优秀的医院室内环境标准之一，是在有限的医院室内空间中，最大限度地满足医患临床行为的需求，为患者和经营者双方争取最大效益。充分发挥医用家具配置对室内空间的优化作用，是行之有效的方法及途径。实现家具组织优化医疗空间作用的方法通常有两种。

（1）利用医用家具组合，进行医疗空间多功能区域划分。

①有些空间小而使用功能需求多的医院功能科室，可以通过家具布置进行空间分隔，实现开合通断，更有助于医院空间的合理、医患人流或洁污分流。如口腔科，屏风的运用，巧妙地创造出空间上的半围合、心理上完全围合的可利用空间，既分隔界定了空间，又恰到好处地处理了空间的虚实、疏密关系，同时非常灵活，便于移动。

②医用多功能家具和“借天不借地”的悬吊式家具是优化空间的有效方法。

图 4-4-16 口腔诊室

图 4-4-17 治疗室

（2）控制医用家具材料、尺度、外观、色彩，优化医疗空间的尺度及体量感（如4-4-18、图4-4-19所示）。

①通过控制家具数量和体量可以有效调节空间的尺度感，从而达到优化空间的作用。体量大的家具占用较多的空间，使空间显得饱满；体量小的家具占用较少的空间，使空间显得疏朗宽敞。

②家具可以起到间接扩大室内空间，优化并调节空间尺度的效果。如病房嵌入式衣柜，利用内凹式柜面使人的视觉空间得以延伸。

③色彩的统一可以使家具成为背景色，弱化空间的体量感；有镜面的家具可以起到扩大空间的效果；在狭小的空间中，运用透明材质的家具可以加强空间的通透和流动。

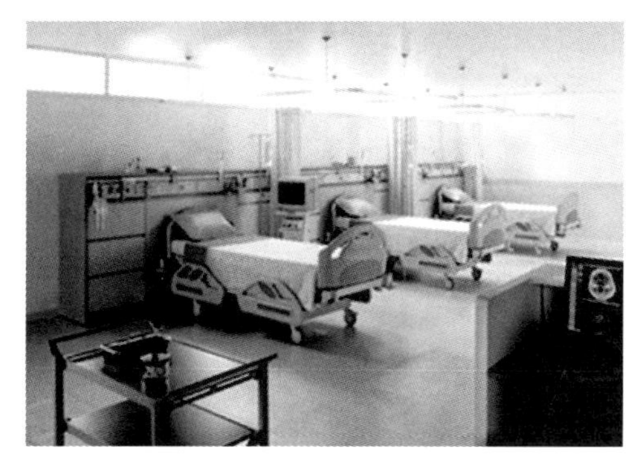

图 4-4-18 ICU 病房

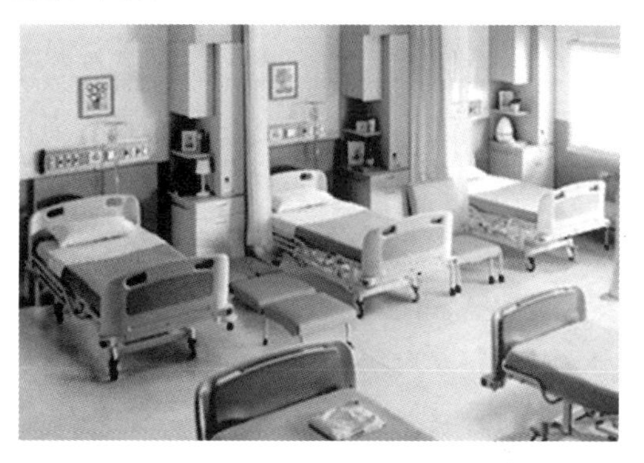

图 4-4-19 病房

（四）营造空间气氛

医用家具除了基本的使用功能外，造型、风格、色彩、质感，对气氛的渲染也有着决定性的作用。例如，中式风格的诊桌椅、诊查床、与诊查设备、盆景、字画、古陶组合配置，可以创造出古朴、典雅、稳重的中医诊室艺术气氛。

（五）精神功能

精神功能是对医用家具更高层次的要求。医用家具是为医务工作者、患者及家属服务的，设计时需充分考虑三者的心理需求。家具的设计语言及信息通过人的视觉、听觉、味觉、触觉、心理感受，使人产生美感、舒适感、私密感和满足感。“以人为本”的医用家具设计，不仅可满足使用者实用功能，也可激发人愉悦的情感，有助于患者康复治疗，医者健康高效，提升医院美誉度及行业竞争力。

二、医用家具与医疗工艺之间的联系

（一）医用家具的布局设计概念

医用家具的布局设计，是根据诊疗过程中人的活动规律，人体各部位尺寸，使用家具时的姿势来确定家具的结构、尺寸和摆放位置。它需要满足人体健康和美学的基本要求，适宜使用者的活动范围，符合医疗工艺流程的专业特殊性。

（二）医用家具的布局设计流程

医用家具布局设计是家具产品和医院室内环境相结合的重要环节，是家具价值的完美体现，也是室内设计任务的最终完成，设计流程可归纳为以下四个步骤。

第一，划分室内区域，明确分区功能。布局设计医用家具时，首先要进行室内功能分区，不同类别医疗空间的室内分区有不同的医疗专业功能要求。正确的空间分区可以使医用家具配置更为明确和简单，有利于诊疗过程的卫生安全，提高诊疗工作效率。通常，医院室内功能分区有洁净区、污染区、问诊区、诊查区、治疗区、配液区、医护区、患者区、等候区、储存区、办公区等。

第二，确定医用空间动线活动区域，整体计划配置区域。室内分区完成后，可形成明确的空间动线。

在动线区域不能布置家具等固定物品，否则会造成对诊疗行为的阻碍，因此，室内分区后要排除室内动线区域和其他活动空间，进一步整合家具配置区域。

第三，根据分区尺度，结合医用设备、电气设备、水的位置等因素，确定家具尺度和布局形式。再根据各个功能区域的空间尺度可以确定相应家具的基本尺度。根据区域空间和墙面、医用设备、医用电气电源位置关系，就可以基本确定家具布局形式。

第四，根据医疗空间的实际使用需求，贯彻家具布置原则，做详细的医用家具平面布局设计图。

三、病房护理设施的选择与配置

（一）病房内主要护理设施

随着护理成为一门集生、化、病理等自然科学，与心理、伦理、社会等社会科学相互渗透的综合性学科，新的护理观念、新的护理模式在不断变革，现代护理工作在医疗中的地位和作用已远远超出传统范畴。特别是我国目前正在推广的整体护理理念，其核心是强调与病人的直接交流，这种变化对护理单元的构成模式提出了新的要求，如把一个护理单元划分成2个、3个或更小的单元以缩短医护人员与病人的距离，加强护士与病人间的联系。基于新型护理模式而产生的重要病房护理设施——移动式护理工作站，更是在减少护理人员多次往返病房—护士站—治疗室之间的无效劳动起到了支持保障作用。

1. 移动式护理工作站

移动式护理工作站又称为“移动护士站”，我国台湾地区习惯称为“床边多功能护理工作车”或“主护模式多功能治疗车”。移动式护理工作站兼顾了治疗车、（写字台）移动计算、储物柜、医疗垃圾分类等多种功能，能够基本满足一名护士的日常工作，相当于一个移动的“护士站”。输液注射、换药护理时，它是一台治疗车；医嘱执行、病人体征采集、护理记录书写时，它具有护理办公终端的功能。同时还配备了锐器盒、剪刀、分类垃圾桶存放装置，使护士在治疗完成的第一时间便可完成医疗垃圾的处置，实现“一站式”医疗垃圾分类（图 4-4-20）。

移动式护理工作站通常摆放在病房门口，给护理工作带来方便的同时，缩短了护士到病床旁巡视和操作的距离，有效降低了患者的呼叫频次，增加了患者的安全感，解决了过去重复录入、医嘱全过程无法跟踪、无法实现精细护理管理、无法实时监控护理安全等问题，提高了患者满意度及医护人员的工作效率和质量。

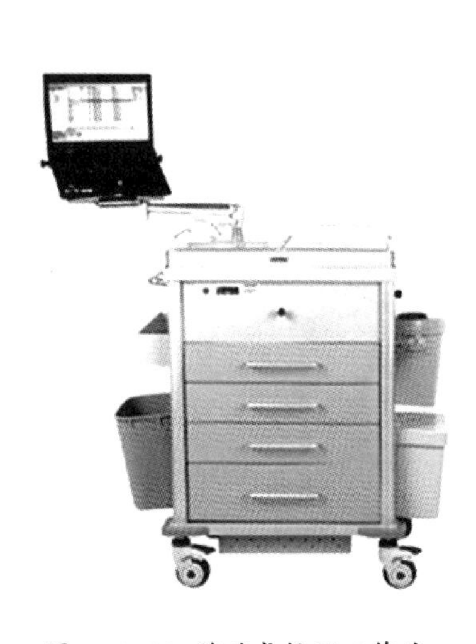

图 4-4-20 移动式护理工作站

［参考尺寸：645×490×1000（mm）］

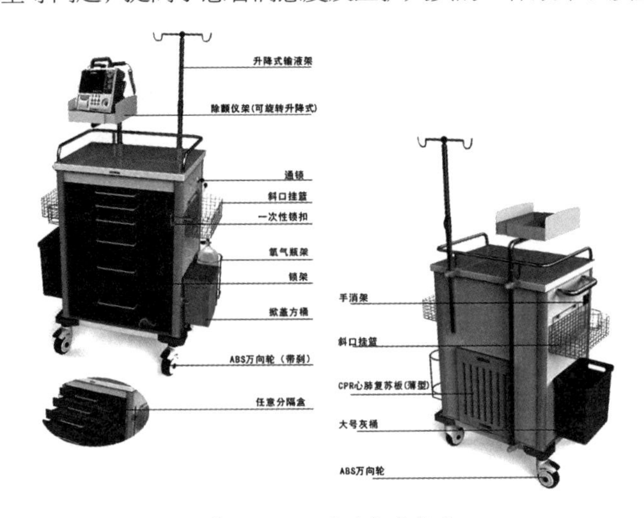

图 4-4-21 多功能急救车

［参考尺寸：645×490×1050（mm）形式：多抽式存放空间］

2. 多功能急救车

多功能急救车又称为“多功能抢救车”，为医护人员给病人做抢救时，提供了一个兼顾操作平台和存储物品空间的重要病房护理设施。

多功能急救车上大小不同的抽屉可放置不同类型的急救药品、急救耗材及急救小型器械，同时车体四周还需具有 CPR 心肺复苏板、除颤仪放置操作平台、小型氧气瓶存放架、升降式输液架，以及处理各类急救治疗时产生的医用垃圾 / 生活垃圾分类处置功能（图 4-4-21）。

为满足急救治疗时的工作需要，一台多功能急救车内存储的各种急救药品、耗材、小型器械多达上百个品种，同时按照急救工作规范，护士每天必须清点核对各类药品、物品的有效时间、数量等。通过对急救车的抽屉布局、空间规划以及一次性锁具的合理使用，可有效节省护理人员的时间，提高工作效率。

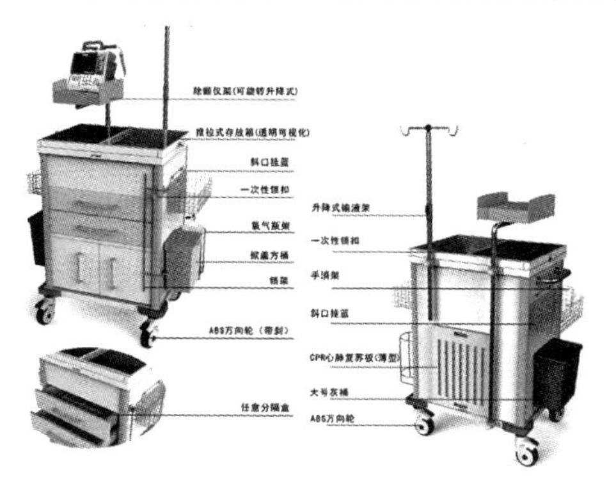

图 4-4-22 急救车

［参考尺寸：666 × 416 × 975（mm）形式：四门双抽式存放空间］

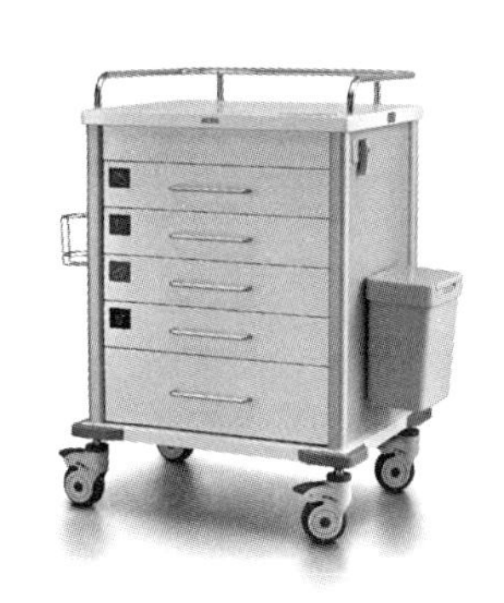

图 4-4-23 发药车

［参考尺寸：610 × 500 × 880/960（mm）］

3. 送药车

送药车又称为“发药车”或“口服药车”，在护理人员按照医嘱为住院病人发放每天规定服用的药品时使用。送药车具有各类口服药的存放、护理人员发放药品时“核对记录本”的操作、存放以及药品外包装垃圾的收纳等功能。

送药车常规设置四到五个抽屉，上四抽内分别为早、中、晚以及特殊时间段口服药品的放置；最下层抽屉一般放置中药或水剂药等药品。由于医院内药品自动化管理系统、自动包装机的不断应用，对于发药车抽屉内的“活动药品存放盒”也提出了新的要求：药品存放盒不仅要满足传统塑料小药杯的存放、管理，还要能满足自动包药机加工形成的一次性药袋的轻松取放（图 4-4-24）。

送药车的放药容量以不低于一个标准护理单元 50 张床位数为宜。送药车抽屉的正面可采用不同标识或不同色彩进行时间段管理区分，使护理人员更加轻松地执行发药流程并提高安全性（图 4-4-25）。

图 4-4-24 活动药品存放盒

注：“活动药品存放盒”兼容塑料小药杯及自动包药机药袋，并满足≥ 50 床位。

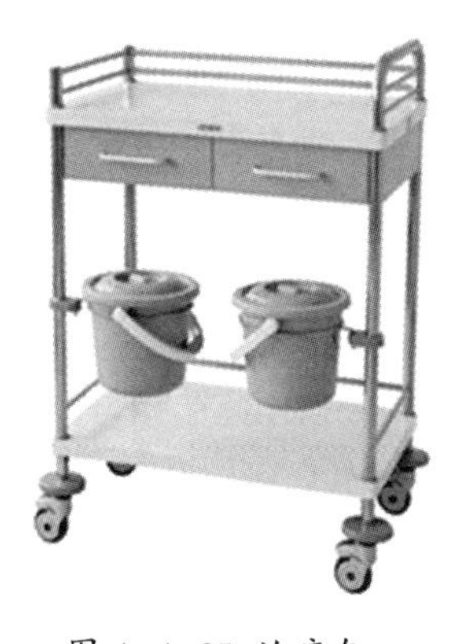

图 4-4-25 治疗车

［参考尺寸：690 × 450 × 840/970（mm）］

4. 治疗车、病历车、输液治疗车

治疗车是医院内各护理单元、诊疗空间中最常用的病房护理设施，是护理人员为病员做伤口护理、换药、输液等常规治疗时的操作平台。双抽内一般放置各类耗材及小型器械；双桶内分别暂存医用垃圾和生活垃圾。

病历车有 20 格、25 格、30 格、40 格、50 格几种规格，可存放不同数量的纸质病历，在医院查房及医护人员书写病历时使用。病历车又称为“病历柜”，根据医院病区医疗组的形式，又分为“单列病历车”和“双列病历车”（ 4-4-26、图 4-4-27）。

图 4-4-26 单列病历车

［参考尺寸：406×410×890（mm）］

图 4-4-27 双列病历车

［参考尺寸：741×410×890（mm）］

图 4-4-28 输液治疗车

［参考尺寸：450×500×900/980（mm）］

输液治疗车多在急诊输液室或其他诊疗空间输液室使用。形式一般为三层、一抽、双桶式，可分别摆放治疗盘、各类注射用耗材、小型器械及垃圾分类收纳，满足护理人员为患者输液治疗时所需的使用功能（图 4-4-28）。

（二）病房护理设施选择与配置清单

1. 护理人员使用的护理设施选择与配置清单

（1）移动式护理工作站；

（2）多功能急救车；

（3）多功能发药车；

（4）病历夹车（柜）；

（5）标准治疗车；

（6）换药车；

（7）晨间护理车；

（8）输液治疗车；

（9）仪器车。

2. 病患坐卧护理设施选择与配置清单

（1）医用病床；

（2）床头柜；

（3）医用屏风；

（4）陪护椅；

（5）转运担架推床；

（6）轮椅；

（7）移动式输液架。

第四节 特殊医疗用房中的医用家具选择与配置

一、手术部医用家具配置与选择

手术部医用家具因其使用环境、感染控制要求的特殊性，大都选用优质不锈钢为主要材料，所以又称为“手术部不锈钢医用家具”或“手术部不锈钢医用制品”。手术部不锈钢医用家具按区域可分为手术室(手术间)不锈钢医用家具、医疗区域(预麻室、麻醉恢复室/PACU)不锈钢医用家具、医疗辅助用房(无菌物品间、麻醉物品存放间、清洗消毒间等)不锈钢医用家具。

1. 手术室(手术间)不锈钢医用家具

手术室医用家具又分为内嵌式不锈钢医用家具和移动式不锈钢医用家具两类。内嵌式不锈钢医用家具主要是指内嵌式器械柜、内嵌式药品柜、内嵌式麻醉柜、内嵌式组合工作台，这类家具需与手术室净化工程、装饰装修工程配套安装。

标准的手术室移动类不锈钢医用家具包括：①层叠式器械台(一般为三件组合成一套)，如图4-4-29所示；②双层器械台；③双杆升降器械台；④插入式升降器械台；⑤垃圾分装污物车；⑥手术(麻醉)升降圆凳；⑦多功能麻醉车，如图4-4-30所示；⑧仪器车；⑨组合式脚凳。

手术室(手术间)不锈钢医用家具应有严格的设计与工艺要求：①必须符合卫生学原则。所有家具四周及内部应采用全圆弧、封闭式结构，使其藏污纳垢的可能性降至最低，同时减轻工作人员做清洁保养的负担；②符合人体工程学。各类产品的台面操作高度、推动灵活度的设计均应充分考虑医护人员长期使用是否舒适，是否减轻医护人员腰部的疲劳程度。

图4-4-29 手术室器械台(层叠式)

[参考尺寸：1120×580×900(mm)大号；
900×540×850(mm)中号；
680×510×800(mm)小号]

图4-4-30 多功能麻醉车

[参考尺寸：650/1000×460×1050/1600(mm)]

2. 医疗区域(麻醉恢复室、预麻室)不锈钢医用家具

考虑手术部空间合理化利用，很多医院手术部在设计时通常会将麻醉恢复室/PACU和预麻室合二为一使用。麻醉恢复室/PACU等同于一个护理单元，所以可参考标准护理单元医用家具的种类及配置。

3. 医疗辅助用房不锈钢医用家具

手术部医疗辅助用房承担了手术室工作所需的各类器械、敷料、一次性耗材、药品、仪器设备的储存、转运、清洗消毒处理等功能。各医院根据自己的手术部平面流程布局设置医疗辅助用房主要包括：无菌器械存放间、无菌敷料存放间、一次性耗材库房、仪器室、麻醉物品存放间、清洗消毒间等。由于各房间内摆放、储存不同类型、规格、大小的物品，所以需要与之相配套的不同功能的不锈钢医用家具，如无菌器械(敷料)存放架、无菌物品存放柜、器械存放柜、药品存放柜、精密仪器柜、耗材分类存放设施等。此类不锈钢医用家具与手术间内不锈钢医用家具设计及工艺要求相同。

手术部医疗辅助用房不锈钢医用家具随着手术技术的不断发展而发展。例如：由于内窥镜手术、介入手术的大量应用，手术部内的各类耗材也越来越多。耗材分类车、耗材存放架、耗材管理柜等不锈钢医用家具合理配置与使用，将对手术部的耗材精细化管理起到重要的支持作用。同样，手术部感染控制工作也一直比较重要，作为手术部感控保障重点的医疗辅助用房——清洗消毒间内的不锈钢医用家具配置也越来越趋向与欧美先进医院手术部同步。

清洗消毒间按洁污分区流程应配置：污物接收台、冲洗倒污池、手工清洗槽、壁式存放柜、壁式存放架、洁物存放架、拖把架、拖把清洗池、污物分类存放车、洗手设施等各类不锈钢医用家具。

二、消毒供应中心医用家具与选择

消毒供应中心（CSSD）既是医院感染控制管理的重点部门之一，又是执行医院内医疗器材回收、清洗、消毒、灭菌功能的核心科室以及无菌物品器材供应周转的物流中心。现代化的消毒供应中心主要体现在三个方面：第一，合理的空间布局流程及医疗建筑工程；第二，专业高品质的医疗设施；第三，严格标准的工作质量控制。

其中，专业高品质的医疗设施主要有：清洗消毒灭菌类设备（如清洗消毒机、超声波清洗机、高温蒸汽灭菌器、环氧乙烷灭菌器、等离子灭菌器等）和各类不锈钢医用家具。不锈钢医用家具品种多样，并且与消毒供应中心从器械回收→分类→清洗→打包→存放→下送，几乎每个工作流程都有关联，所以消毒供应中心不锈钢医用家具的设计合理性及质量优劣将直接影响到消毒供应中心各区域工作人员的整体工作效率。

（一）不锈钢医用家具种类

消毒供应中心不锈钢医用家具又称为“不锈钢医用制品”。按消毒供应中心三大工作区域：去污区，检查、打包及灭菌区，无菌物品存放区分别设置。

去污区（包括回收间）不锈钢医用制品有：下收车、包布回收车、污物暂存架、收物工作台、湿物工作台、手工清洗槽组、清洗篮筐转运车、清洗篮筐存放架、平台推车。

检查、打包及灭菌区不锈钢医用制品有：器械检查打包台、器械检查打包工作站、柜式工作台、干物工作台、纸塑包装封口机工作台、敷料检查打包台、器械存放柜、敷料存放柜、器械（敷料）存放架、包布存放车、清洗篮筐转运车、灭菌篮筐转运车、硬质容器转运车、平台推车、升降工作圆凳。

无菌物品存放区（包括一次性物品库房及发放区）不锈钢医用制品有：无菌器械存放架、无菌耗材存放架、灭菌篮筐存放架、无菌物品室内转运车、灭菌篮筐转运车、发物工作台、一次性物品存放地架、互锁双通柜、周转箱运输车、无菌物品下送车。

不锈钢医用家具与各家医院消毒供应中心的建筑面积、空间布局以及选用的清洗消毒灭菌设备均有很强的关联性，所以上述种类的不锈钢医用家具又应细分为不同形状、不同型号、不同大小的产品，才能满足不同医院的使用需求。

（二）各区域重点不锈钢医用家具

1. 去污区——手工清洗槽组

手工清洗槽组（如图 4-4-31 所示）通常由两组不同要求的不锈钢清洗双槽柜及两组不同要求的不锈钢单槽柜联体安装组合而成。槽体的排列顺序应符合手工清洗器械的标准流程，从冲洗→浸泡→超声波→漂洗→酸化水消毒→终末漂洗结束，每位槽体工位应针对不同的工作流程分别设置移动式冲洗笼头、浸泡槽专用阀门、浸泡流程倒计时显示器、超声波专用笼头、酸化水专用笼头、高压冲洗水汽枪及升降式安全防护罩等，同时手工清洗槽组上应增加辅助照明设备，以满足我国卫生行业标准《医院消毒供应

中心　第一部分：管理规范》（WS 310.1—2016）中对手工清洗各类污染器械时照度的要求。

手工清洗槽组的功能是满足去污区各类污染器械的手工清洗与消毒，完成清洗消毒机清洗器械前的预洗工作。

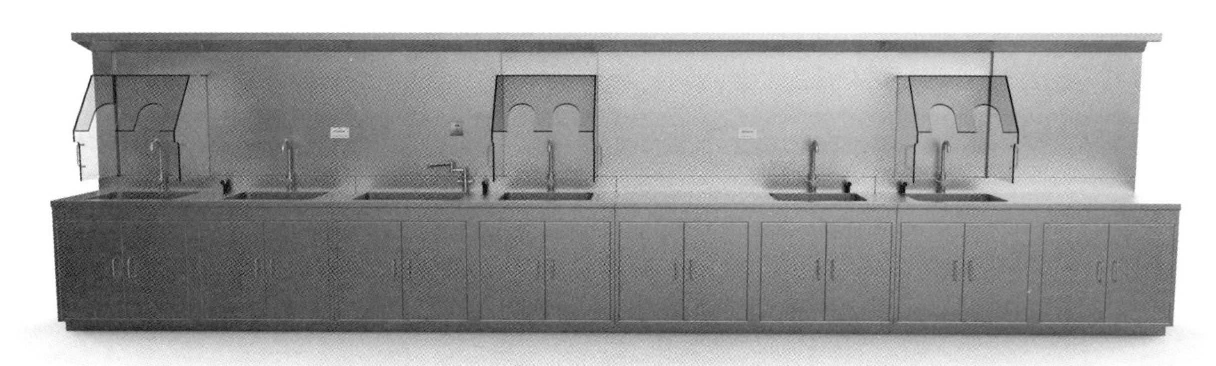

图 4-4-31 手工清洗槽组

［参考尺寸：每组 1800 × 650 × 850/2040（mm）；

联体 7200 × 650 × 850/2040（mm）］

2. 检查、包装及灭菌区——器械打包工作站

器械打包工作站通常由器械检查打包操作平台、物品分类摆放管理系统、电脑操作平台、强弱电端口及辅助检查照明装置组合而成。器械打包工作站的功能设计应符合器械检查打包的标准操作流程。根据流程分别设置多抽储物柜、透明可视化物品分类存放盒、不锈钢分类储物篮筐等，以满足工作人员的合理使用。

器械打包工作站是消毒供应中心检查、包装及灭菌区内工作人员对清洗消毒后的各类器械进行检查、装配、核对、包装的综合操作平台（图 4-4-32）。

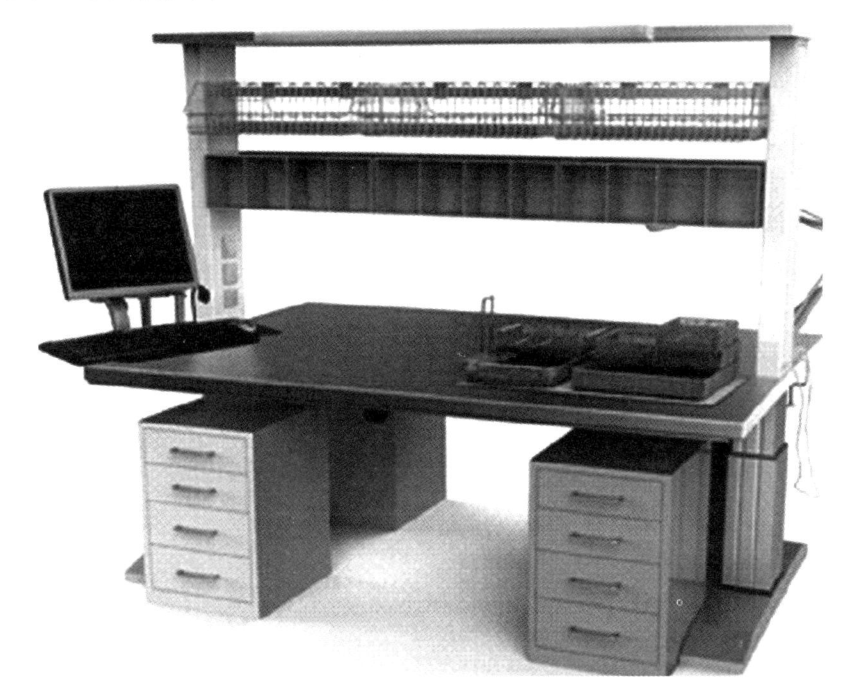

图 4-4-32 器械打包工作站

［参考尺寸：2000 × 1400 × 800/1900（mm）］

3. 无菌物品存放区——移动式储存设施

移动式储存设施通常由不锈钢无菌器械存放架、不锈钢无菌耗材存放架、不锈钢灭菌篮筐存放架、不锈钢灭菌篮筐转运车组合而成。移动式储存设施的功能设计应根据消毒供应中心中各类灭菌器所选用的不同标准的灭菌篮筐，目前主要有 SPRI 瑞典标准（如图 4-4-33 所示）、DIN 德国标准（如图 4-4-34 所示）、EN 欧洲标准、ISO 标准而采取不同的存放方式（如图 4-4-35 所示），同时每种存放方式均应符合我国卫生行业标准《医院消毒供应中心　第二部分：清洗消毒及灭菌技术操作规范》（WS 310.2-2016）中对无菌物品存放区储存设备的规范要求。

图 4-4-33 SPRI 瑞典标准篮筐存放架

图 4-4-34 DIN 德国标准篮筐存放架

图 4-4-35 不同的存放架方式

（三）各区域基础类不锈钢医用家具

各区域基础类不锈钢医用家具，见表 4-4-1。

表 4-4-1 消毒供应中心 (CSSD) 各区域基础类不锈钢医用家具

序号	品名	参考图片	功能	参考尺寸 (mm)
1	下收车		CSSD 工作人员去各护理单元下收各类使用过的污染物品时使用	1000×600×1000
2	包布回收车		用于 CSSD 去污区（回收间）回收放置污染布类时使用	850×650×820/900
3	收物工作台		用于 CSSD 去污区回收、核对污染器械时使用	1500×650×850

表 4-4-1 消毒供应中心 (CSSD) 各区域基础类不锈钢医用家具（续）

序号	品名	参考图片	功能	参考尺寸 (mm)
4	湿物工作台		用于 CSSD 去污区污染器械的分类、检查、归纳时使用	1800×800×850
5	敷料检查打包台		用于 CSSD 敷料检查、打包时使用	2000×1400×850
6	封口机工作台		1. CSSD 做纸塑包装器械时使用； 2. 手术室也会使用	1050/1350 × 250/680× 800/1800
7	器械存放柜		1. 用于存放各类器械或敷料 / 布类； 2. 手术室辅房也会使用	960×400×1750
8	敷料存放柜		1. 用于存放各类敷料 / 布类或器械； 2. 手术室辅房也会使用	960×400×1750

表 4-4-1 消毒供应中心 (CSSD) 各区域基础类不锈钢医用家具（续）

序号	品名	参考图片	功能	参考尺寸 (mm)
9	包布存放车		CSSD 中无纺布的放置、移动使用	1400×725×1000
10	灭菌篮筐转运车（BUS 车）		1.CSSD 中清洁物品的存放、转移； 2.CSSD 中无菌物品的存放、转移； 3. 手供一体化两区域间无菌物品的运输	660×445×1600
11	周转箱运输车		CSSD 无菌物品下送时使用	910×670×1500
12	无菌物品下送车		CSSD 无菌物品下送时使用	1030/1170 × 670 × 1100/1280

表 4-4-1 消毒供应中心 (CSSD) 各区域基础类不锈钢医用家具（续）

序号	品名	参考图片	功能	参考尺寸 (mm)
13	互锁双通柜		多用于 CSSD 中无菌物品的发放传递	1800×600×1800
14	平台推车		CSSD 三区内各种物品 / 各类器械的摆放及室内转运	1080×550×850
15	无菌物品室内转运车		1. 多用于手术室和 CSSD 之间无菌物品的转运； 2. 也可用于 CSSD/ 手术室内部物品的转运	800×500×1600

第五节　国际医用家具理念的发展

一、电子化与信息化

在美国、德国等西方发达国家的医疗机构中，将快速发展的电子化技术、信息化技术应用于医用家具中，已成为医用家具发展的又一重要趋势。各类整合兼容了电子化、信息化技术的医用家具必然会提高医院内各工作区域物品的精细化管理水平，减轻医护人员的工作强度。

例如，整合了一体机电脑系统、LCD 液晶显示技术以及高性能蓄电池系统的重要临床医用家具——移动式护理工作站（如图 4-4-36 所示），在保证护理人员在病人床旁完成所有护理功能的同时，又可使医院的信息系统向病房 / 床旁的扩展和延伸成为可能。各责任制护理人员在病人床边既可调阅患者的信息资料、病历信息、各种检查和化验结果、影像资料以及护理评估、护理诊断，又可及时处理医生下达的医嘱、完成护理操作，同时使用扫码枪进行执行工作的确认，满足医嘱的闭环管理模式，从而实现真正意义上的移动医疗护理。

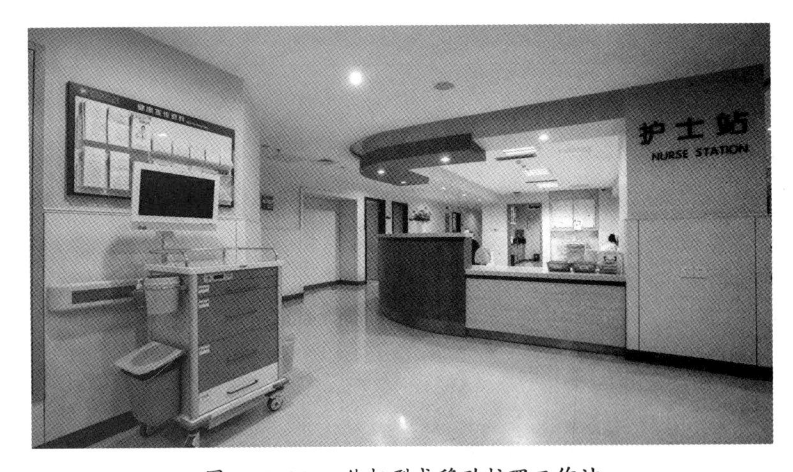

图 4-4-36 一体机型式移动护理工作站

［参考尺寸：645×500×950/1500（mm）］

医院运输物流一直是后勤管理的重要工作之一。虽然新型的气动物流装置、轨道物流装置在医院的使用已越来越普及，但由于医院物品的多样性、体积大小重量不一，再加上医疗空间布局的复杂性，目前手动推车（如图 4-4-37 所示）运输各类物品仍然是医院不可或缺的物流方式，特别是药房、制剂室、手术部、消毒供应中心运输、运转各类物品工作量非常大，往往要求一次运输承载物品的重量都在 100kg 以上。气动物流和轨道物流装置不能满足，但手动推车运输所消耗的大量人力、精力也一直是医院后勤管理者亟须解决的难题。整合兼容驱动电机技术、电控系统、蓄电池系统、电磁刹车技术的电动式物品运输车在其中可以发挥非常重要的作用。

图 4-4-37 电动式无菌物品下送车

［参考尺寸：1030/1170×670×1280（mm）］

图 4-4-38 智能药品管理柜

二、智能化

近年来，药品自动化橱柜系统已逐渐应用于欧美等国的先进医疗机构中。自动化橱柜系统除具有传统药柜的存储功能外，还具有优化库存管理、减少库存量，避免缺货的管理软件职能，同时兼容了电子医嘱、自动化控制技术以及条码技术，保证药品分发的准确性和简化药品配送及工作流程，使医护人员将更多的精力放在临床治疗和患者护理工作上。

（一）智能药品管理柜

智能药品管理系统以智能柜体管理药品为核心，采用物联网技术，结合软件系统实时接收医生医嘱，实现药品在医院的分布式储存、智能管控及快速调剂。系统可有效提升医院药品管理的可追溯性，是一个软硬件结合的高度智能化的药品管理平台（如图 4-4-38、图 4-4-39 所示）。

图 4-4-39 智能药品管理系统闭环流程示意图

智能药品管理柜的特点主要有：

（1）自动化技术消除人为差错，确保患者用药安全；

（2）最大限度地减少不必要的人工操作，提高工作效率；

（3）精准把控物资需求和消耗，降低人工成本和库存浪费；

（4）提供报表，追踪和监控药品使用信息。

（二）智能耗材管理柜

智能耗材管理系统（如图 4-4-40 所示）是以智能柜体管理为核心，以耗材的原始条码为依据，采用 RFID 自动识别技术，通过软件系统实现高值医用耗材从采购入库、智能取用到患者计费的全程监管和信息追溯，实现高值耗材在供应商、医院及患者间的闭环管理，创建安全、高效、智能的现代化医院耗材管理模式，真正实现高值耗材的精细化管理。

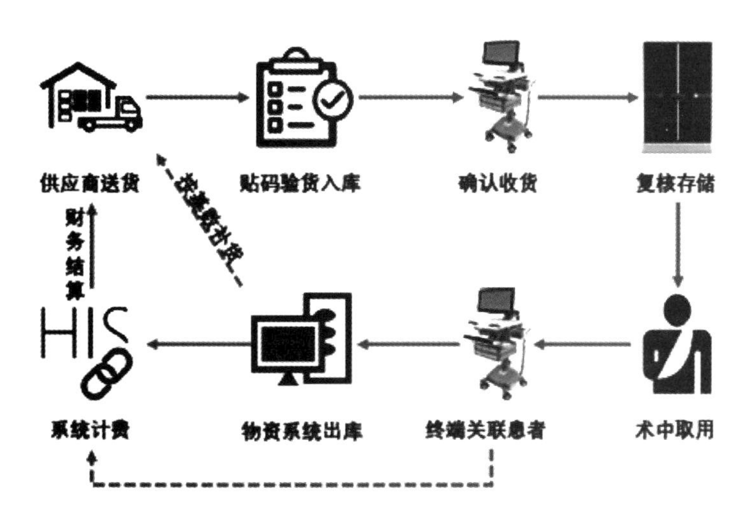

图 4-4-40 智能耗材管理柜系统

三、人机工程学

（一）人机工程学的发展与应用

人机工程学又称为“人体工程学”或“人类工效学”（欧洲）、“人类因素学”或“人类因素工程学”（美国）。1960 年国际人机工程协会正式成立（International Ergonomics Association），并对人机工程学给出了迄今为止最权威和最全面的定义：研究人在某种工作环境中的解剖学、生理学和心理学等方面的因素，研究人和机器及环境的相互作用，研究在工作中、生活中和休假时怎样统一考虑工作效率、人的健康、安全和舒适等问题的综合学科。

（二）人机工程学设计在医疗空间与医用家具中的应用

医用家具的使用者包括医护人员、医学工程技术人员、后勤服务人员、病人及其家属等，由于使用者、工作环境、使用物品（医用家具）三者的多样性、复杂性，必然存在三者之间相互交叉、相互兼容的不同功能的诉求。面对如何平衡并满足工作人员、医用家具、医疗空间环境三方面各自的不同需求，医院管理者、医疗建筑设计师、医疗流程规划设计师以及临床医学工程师将人机工程学设计理念应用到了医疗空间和医用家具中，旨在提高工作人员工作效率，减少无效劳动。1990 年，人机工程学会关于“人—机—环境系统思考模式”（图 4–4–41）的建立可以成为医院中空间环境与医用家具设计的有力理论与实践工具。

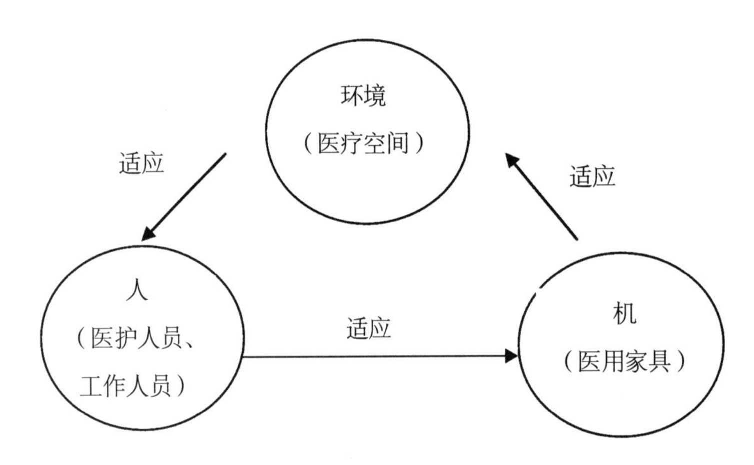

图 4–4–41　人—机—环境系统思考模式图

（三）人机工程学在消毒供应中心空间布局与医用家具中的应用

消毒供应中心的空间布局（环境）分为去污区（又称污染区）、检查包装灭菌区（又称清洁区）、无菌物品存放区（又称无菌区）、工作生活辅助区。每个区域既有各自工作人员的工作流程及物流动线上的要求，又有空间布局对医用家具尺寸、大小、面积及安装位置上的要求。进行“人—机—环境系统”综合设计，可平衡三者之间的关系，使工作人员在最合理的空间内使用各类不锈钢医用家具。例如：应用“人—机—环境系统”设计，使原建筑立面中干扰工作的承重柱，变成岛式器械打包工作站，如图 4–4–42 所示。

检查包装灭菌区中的重要不锈钢医用家具——器械检查打包台，应用“人机工程学”设计满足工作人员实际操作上的每个细节需求，如图 4–4–43 所示。

图 4-4-42 消毒供应中心

图 4-4-43 检查包装灭菌区

（四）人机工程学在临床医用家具中的应用

作为直接为临床患者提供急救、治疗、换药、服药时使用的临床医用家具，与医护人员，特别是护理人员的日常工作有着非常密切的关系。护理人员的工作重复性高、繁重、单调，如果每天使用的临床医用家具设计不合理、品质不达标，会增加工作劳动强度，增加大量的无效时间成本，甚至造成消极的工作情绪。人机工程学设计则是通过在临床医用家具设计中建立人与产品之间和谐关系的方式，最大限度地挖掘人的潜能，综合平衡使用人的机能，保护人体健康，从而提高功效。

人机工程学应用于临床医用家具的解决方法主要体现在以下三个方面。

1. 舒适性

在临床医用家具中，无论是移动护理工作站，还是多功能急救车、送药车、病历车等产品的外形尺寸，操作台面的高度、宽度均应符合护理人员的人体尺寸要求，而形成这些产品的构件，如抽屉、推拉板、柜门、物品存放架、垃圾分装桶等的设计及安装布置也应满足护理人员的生理需要，从而降低护理人员腰部和颈部的疲劳程度，营造相对舒适的工作条件。

2. 有序性

临床医用家具也是护理人员为病人做治疗护理时存储、使用各类药品、护理器械、无菌耗材的重要工具。如果家具产品的内部空间规划不合理，将会使护理人员消耗大量时间来寻找、核对物品，甚至发生严重的工作失误（如拿错急救药品），影响病人的生命安全。运用人机工程学的研究成果，合理使用人机系统设计参数，结合护理人员实际的细节工作流程，在临床医用家具的内部空间规划中设置各种任意分隔系统、模块化组合托盘、移动标识装置，从而将各类临床医用家具中的无菌物品、耗材、药品按护理人员的操作频率、工作模式及感控上的要求进行合理组织与排序，既提高了临床医用家具的内部空间使用率，更重要的是，可大大减少护理人员工作时的无效时间，降低工作强度。

3. 感性需求

人机工程学设计在满足临床医用家具的操作和使用功能的前提下，还可以以人的感性需求为着眼点，在产品的外形和色彩上进行心理需求设计，协调和平衡护理人员的情感，使护理人员在工作时心理上受到潜移默化的影响。

多功能治疗车、移动式护理工作站、病历车等是护理人员在病区护理单元常用的临床医用家具，这类产品在色彩设计中宜选择可以松弛神经、安抚情绪的淡绿色系，在降低护理人员视觉疲劳的同时，舒缓工作心理。急诊区域的各类临床医用家具的色彩宜选择深稳的冷色系（如银灰色系或蓝色系），使医护人员、患者及家属在抢救过程中能稳定情绪。在医院的各个医疗空间环境中的医用家具均可以选用与之相适应的色彩设计，以满足医护人员不同工作状态下的情感诉求。同时，人机工程学设计对各类临床医用家具的外形也有建议：根据使用者的生理、心理特点及工作场所的要求，临床医用家具的外形宜采用质感坚固、稳定、耐久的设计特性，使医护人员在日趋紧张、繁忙的工作氛围中获得一种安全、可信的感性需求。

人机工程学的核心思想是使创造出来的产品越来越适应人的需要，而不是使人去适应产品，从而实现真正意义上的人本主义设计思想。对于医用家具设计而言，即应以医护人员为设计核心，为他们设计提供符合各自工作环境、操作舒适、管理物品有序的人性化产品，不断减轻医护人员职业风险性的压力和重复性劳动带来的疲劳。

第五章

医院陈设等部品系统

巴志强　陈阳　刘学勇　王兵

巴志强 中国医科大学附属盛京医院后勤保障部主任

陈 阳 中国医科大学附属盛京医院后勤党总支书记，基建办副主任

刘学勇 中国医科大学附属盛京医院副院长

王 兵 沈阳大学建筑工程学院教授

第一节　医院陈设等部品系统的设计原则

一、概述

医院的陈设主要指空间中可移动的装饰，是室内环境装饰的重要组成部分，在不改变建筑物及室内原有结构的基础上对空间中可移动、可拆换的陈设物品进行二次设计和强化，根据空间的功能类型、审美需求等要素，营造出具有高舒适度、高艺术性、高品质的理想室内环境。陈设部品也是最能营造室内空间氛围的点睛之笔，它打破了传统的装修行业界限，将家具、工艺品、纺织品、灯具、花卉、植物等进行重新组合，形成一个全新的体验空间。

二、设计原则

在医院空间中，部品的陈设既独立，又依赖于周围的空间关系而存在。室内的陈设是在空间里的组织和规划，旨在调动空间中一切可能的媒介，强化空间的审美效果，丰富人们对视觉空间的感性认识，展示空间特定品质及个性。

（一）适用性

陈设设计服务于现代社会多样化的空间形态以及人类多元化的生活方式，需要根据不同场合、不同要求来进行调配。因此，适用性是首要原则。适用性原则要求在设计中，陈设物品一定要符合其空间用途，发挥其功能特点，更好地为室内空间服务。

（二）统一性

统一性原则在陈设设计中的应用十分广泛，主要是指室内建筑构件、家具、饰品、绿植等主体的整体风格统一、形式统一、色彩统一，以加强风格特征与空间的连贯性，营造出整体统一、自然和谐的室内空间氛围，使人感觉舒适惬意。

（三）人性化

人性化的设计原则是现代社会最为倡导的设计原则之一，陈设设计是指设计以人为本，为人类特定的需求营造合理、舒适。美观的室内环境主要体现在两个方面：一是人体工程学，指结合人体生理、心理的计测方法，采用最合适人体和心理活动要求的设计手法；二是人性化设计，指设计中充分尊重人的想法，体现出人的个性化需求以及人性化关怀。

（四）艺术性

陈设设计本身是一门艺术，其目的是使室内空间环境变得更加美好，所以艺术性原则也是陈设设计必须遵循的原则之一。陈设艺术与民俗、宗教、地域文化、潮流艺术等领域息息相关，是对于美的艺术化表现。具体表现为：一是室内陈设必须遵循形式美法则，在完善适用性的基础上，反映陈设艺术的美学价值；二将不同设计元素的美通过艺术化的手段呈现出来，反映人的审美情趣。

（五）创新性

创新是陈设艺术前进和发展的不竭动力，只有创新才能保持其艺术的生命力。时代的变迁，社会的进步，带给我们的不仅仅是社会文化、生活方式的改变，还有新材料、新技术、新工艺、新的设计语言，因此，陈设设计要体现时代内涵，适应现代生活方式。如现代人更注重人与自然生态的和谐共处，更注重装饰材料的环保性，追求低碳生活。再如，现代人更加追求个性化体现，如何利用新的设计语言描绘现代生活、体现时代脉络也是设计师们需要研究的新课题。

第二节 医院陈设等部品系统的选择与应用

一、医院陈设等部品系统的分类

医疗空间室内陈设可分为两大类。一类是具有实用性功能的用品，如部分家具、幔帘、器皿、灯具等。另一类是具有观赏功能的装饰用品，如字画、工艺品、盆栽、绿植等。

（一）实用性陈设

1. 家具

家具属于工业设计和环境艺术的范畴，其作为室内空间最主要的陈设，服务于人类活动、既具有实用性，又具有装饰性，与室内环境系统构成一个有机的整体。家具的选用原则有以下几点：

（1）绿色环保；

（2）满足医用功能需求， 具有较好的耐热性、耐污性、耐腐蚀性以及耐磨性等；

（3）设计人性化，结构牢固、安全性高，符合人体工学。

2. 幔帘

医疗空间使用的窗帘及隔离帘等。

3. 器皿

医疗空间中具有实用功能和装饰功能的器皿。

4. 灯具

指能透光、分配和改变光源光分布的器具，包括除光源外所有用于固定和保护光源所需的全部零部件，以及与电源连接所必需的线路附件。

（二）观赏性陈设

随着人们对环境审美要求的提高，医疗空间设计不仅仅是功能性的设计，冰冷生硬的就医环境已经满足不了现代人的心理需求。设计师通过单纯观赏性的陈设设计不仅营造出具有文化内涵的个性化医疗场所，也缓解了病患对医疗空间的恐惧心理。

1. 字画

书法和绘画，医疗空间的装饰字画可选择书法、绘画作品也可选择装饰性印刷品。

2. 工艺品

通过手工或机器将原料或半成品加工成的有艺术价值的产品。工艺品来源于生活，却又创造了高于生活的价值，它是人民智慧的结晶，充分体现了人类的创造性和艺术性。

3. 盆栽

指栽在盆里的，有生命的植物总称；盆栽必须是活体植物。盆栽是由中国传统的园林艺术变化而来，传统的中国盆栽可分成两大类，山水盆景和树木种植。

4. 绿植

绿植是绿色观赏观叶植物的简称，大多产生于热带雨林及亚热带地区，一般为阴生植物。因其耐阴性能强，可作为室内观赏植物在室内种植养护。

二、医用空间装饰品的选用原则

（一）功能性装饰品

1. 家具

（1）实用性。实用性是家具选择的首要原则。首先应突出其直接用途，能够满足使用者及使用场所的特定需求。家具的形状和尺度都应符合人体的形态特征，适应人体的生理条件，以满足不同使用需求，同时，家具的实用性还体现在产品的品质高、结构稳定、坚固耐用等方面。实用性对于医疗空间的家具选择尤为重要。

（2）艺术性。所谓具有艺术性，是指家具不仅满足使用功能，还具有一定的欣赏价值，是人们在视觉上和精神上得到美的享受。家具产品的艺术性不仅体现在形式、色彩和装饰等方面，更重要的是要将艺术风格的文化内涵通过提炼和再设计的手法融入医疗环境设计之中。

（3）工艺性。工艺性是生产制作的需要，为了在保证质量的前提下尽可能提高生产效率，降低制作成本，产品应线条简朴、构造简洁、制作方便，在材料使用和加工工艺上应尽可能采用可以拆装或折叠的产品结构，零部件实现规格化、系列化和通用化，通过机械化和自动化的连续加工减少劳动力消耗，降低生产成本，提高劳动生产率。

（4）经济性。医疗空间家具是国内外市场上交易的大宗商品，是消费者生活中必不可缺的实用器具，所以，在家具设计时应注重它的经济性，以满足医疗空间总体造价要求。

（5）安全性。生命安全与环境保护已成为现代人生活中高度关注的问题，针对医疗空间使用者的特殊性，家具的安全性也是设计过程中不可小觑的环节。家具的安全性主要体现在两个方面：其一，家具产品必须具有足够的力学强度与稳定性；其二，家具产品的使用材料需具有环保性。这也要求设计者和生产者按照“绿色产品”的要求来设计与制造家具，除了家具本身能够符合标准中规定的各种性能指标之外，更应从设计、生产、包装、运输、使用到报废处理的各个环节，使产品最大限度地实现资源优化利用、减少环境污染。

（6）系统性。家具的系统性主要体现在以下三个方面。一是产品的配套性，任何家具都不是独立存在的，应考虑产品与其他家具和器物之间的协调性和互补性，将设计和整个空间环境的整体氛围营造和功能规划紧密相连；二是产品的综合性，家具是由产品的功能、结构、人因、形态、色彩、环境等诸要素以一定结构形式构成的综合体，因此设计应通过系统的分析、处理，整体地把握各要素之间的关系，全面系统的设计；三是标准化，这主要是针对产品的生产与销售两个环节而言。现今随着人们对于个性化设计的追求，小批量多品种的市场需求与工业化产生的高质、高效性逐渐成为困扰企业发展的一大矛盾。系统化与标准化设计是把设计师从机械的重复性劳动中解放出来的有效途径，通过其有效组合满足客户不同需求，以缓解由于生产品种过多、批量过小给生产系统造成的压力。

（7）创造性。设计的核心就是创造，设计过程就是创造过程。通过家具创造性设计的过程，不断拓展家具的新功能、新材料、新工艺、新构思等，同时新材料、新技术、新结构的出现也会促进家具的创造性设计。根据医疗空间的特点，不断研发创新，提高医疗家具的使用功能。

（8）可持续性。可持续性设计不仅关注人类的生存环境，还有对自然资源的持续利用和保护。家具是应用不同物质材料加工而成的，设计者应遵循可持续性及绿色设计 4R 原则（reduce 减量利用、reuse 重复利用、recycle 循环利用、regrow 再生资源利用）的基本要求，从材料选择、家具生产、家具包装等诸多环节有效保护环境、减少资源消耗。

2. 幔帘

根据科室及空间的主色调来搭配幔帘的颜色，达到缓解压力和疲劳的室内氛围。

3. 器皿

（1）陶瓷器皿。具有精良的工艺和丰富的色彩，美观实用，品种繁多；

（2）玻璃器皿。常见的有拉花、刻花和模压等工艺。玻璃器皿的颜色鲜艳，晶体透亮；

（3）塑料器皿。常用于插花，有独到之处，可与陶瓷器皿相媲美；

（4）竹木、藤器皿。具有朴实无华的乡土气息，形色简洁。

4. 灯具

医疗空间内的灯具选择主要考虑其照度及功能是否符合空间的规范要求，在此基础上考虑灯具的形式与天花造型的适配，与整体空间风格的协调统一。一般情况下医疗空间的灯具选择偏好造型简洁的现代风格，灯罩下方不宜直接漏出光源，避免产生眩光。

（二）观赏性陈设

1. 字画

字画内容、色彩倾向应呼应空间主题及空间风格，字画的装裱应符合人流密集的空间的实用要求。字画表达的思想应积极向上，能给人带来希望。画面高雅，具备一定的装饰性及观赏性。根据医院特性选择相应的字画作品，如中医院——国画作品；教会医院——宗教绘画作品；置艺术长廊，让患者们参与到艺术、文化展览之中。

2. 工艺品

作品主题积极向上，大小尺度与空间比例适合，风格与硬装饰协调。避免摆设具有尖角的工艺品，给患者带来不必要的伤害；慎重考虑工艺品自身具有的象征意义，避免与特殊人群发生冲突。

3. 盆景

多采用实木系列，如罗汉松、黄杨等。避免采用可开花的盆景，因为花粉会使特殊人群产生过敏反应。盆栽有很强的艺术性和观赏性，盆栽的后期养护需要专业的养殖技巧，后期养护成本较高。

4. 绿植

绿植的作用不仅是观赏性，不同的绿植还具备许多其他装饰品不具备的优点，例如：吸毒气净空气、增加湿度不上火、天然吸尘器、杀菌消毒、制造氧气和负离子等。绿植的优点很多后期养护比盆栽简单，绿植在室内装饰陈设设计当中成为很重要装饰品，对于医疗空间而言，绿植的许多优点也使其成为必不可少装饰品，可依据空间的大小、风格、喜好来选择适合的绿植。

三、人体工程学与陈设等部品系统的应用

（一）人体工程学的概念

人体工程学又称人类工程学、人机工程学、人体工学、人类工效学或人间工学，是一门探索人的工作能力和极限，协调人—机—环境三者之间的互相关系，以适应人的生理与心理活动需求，取得最佳作业效能，益于人的身心健康的一门学科。

（二）人体工程学在医疗功能设计中的作用

（1）为确定陈设部品最优尺寸提供依据。人体工程学是以人体测量为基础的，包括人体各部位的基本尺寸，以及人活动时肢体所触及的尺寸范围等，为空间设计提供精准的数据依据。具体来说，人的姿势主要有站姿、坐姿和卧姿三种，要想使人在使用家具及装饰品时减轻人体负担，获得便捷与舒适，以家具为例，设计就要依据人体测量采用最优尺寸，由于医疗空间使用人群的特殊性，设计师应着重考虑各科室使用者的特点，有针对性地设计，这也关乎使用者的身体健康及行动的安全性。

（2）提高陈设部品的使用效能。现代人的活动空间、活动内容和活动性质呈现出多元化特点，有时还会随着工具的使用或者出现复合动作，因此在空间设计的时候不仅要考虑到装饰品本身的尺度问题，还应该与其使用的场所、人群以及空间尺度等要素相联系。这就需要设计师通过人体工程学相关知识进行综合分析，以提高医疗空间使用效能，从而满足人的各种活动需求。例如，儿科病房家具的设计就应充分考虑使用者的生理和心理需求的特殊性，确保儿童使用时的舒适性和安全性等。

（3）为陈设部品性能评价提供依据。医疗空间陈设的选择除了本能的生理需求外，对于其性能也十分重视。所以，实用性陈设性能的评价标准体系也日益完备和成熟。例如，医疗床垫等软体家具的设计，需要对人体在休息、睡眠等状态下的呼吸、脉搏、姿势变化、疲劳度等进行一系列生理和心理的计测，以此作为家具性能评价的依据之一。

（三）为医疗空间选择合理尺寸的陈设

空间内的陈设设计是否合理、美观，除了上文中提到的一些选用原则外，陈设的尺寸是否适合空间的尺度，一些实用性陈设的具体尺寸是否满足人体工程学的要求，这些问题不仅影响环境的美观，更直接影响空间使用的舒适性及合理性。在选择陈设部品时，应着重考虑尺度是否适合，考虑各个科室使用者的具体问题，不要让陈设的设置成为病患活动的阻碍。

除了陈设品的尺寸要详细计算，陈设品放置后的剩余活动空间也要认真推算，严格遵守相关规范要求的同时，合理运用人体工程学的内容，让人在空间内更加舒适。

（四）人体工程学在医用空间中的重要性

医疗空间的设计与其他空间相比有许多不同，使用主体为病患和医生。医院的各个科室都有其特殊性，照搬书本的理论无法取得较好的设计结果，不能简单笼统地按一个标准来做装饰的陈设。医疗空间的设计师应详细了解各个科室病患的生理和心理的问题，通过与各科室医生、护士探讨工作轨迹了解病患具体的不便之处，将人体工程学的知识灵活运用到每一处细节中才能为医疗空间设计出最为舒适合理的空间环境。

（五）陈设等部品系统的应用

医院空间陈设部品系统实际应用中，除了考虑风格、色彩等视觉效果外，更重要的因素是陈设部品的种类、功能、尺寸、材质、品质等。

医院空间陈设中以家具类最为重要，也是使用者感受最为直接的陈设，现以坐具为例，探讨下坐具的种类、功能、具体尺寸等因素供大家参考。

坐具的设计必须严格参照人体测量数据来确定最优尺寸，同时还应尽量减小椅子前缘与腿部的压力，椅背和椅垫的设计也要充分考虑到减轻人体负担，使人坐得舒适。不同的使用行为需要使用不同功能的坐具，同时对于坐具舒适性的要求也不尽相同。医院空间按照坐具的用途不同，最常用的是工作用坐具和休息用坐具。

1. 工作用坐具

工作用坐具主要用于日常工作、会议和学习等活动，用于医生办公室、诊室等场所，主要产品种类有凳、靠背椅、扶手椅等。这类坐具的特点是既能够满足人们的工作学习需求，又能够给身体提供适当的休息，让人在提高工作效率的同时感到方便和舒适。

工作用坐具选用时通常选择可调节坐高的坐具或比 400mm 稍高或稍低的坐高，在实际设计中，坐高应小于使用者膝窝到地面的垂直距离使小腿有一定的活动余地；一般靠背椅的坐宽不小于 380mm 就可以满足使用功能的需要，坐宽也不宜过宽，应以自然垂臂的舒适姿态肩宽为准；坐深选取 380 ~ 420mm 为宜；座椅的坐面设计呈后倾斜，角度以 3° ~ 5° 为宜，有利于人体的休息放松。但人在工作时，脊椎和骨盆之间接近垂直状态，甚至前倾，因此对于工作用椅，水平坐面比后倾坐面更合理，有时也可以考虑前倾坐面设计。椅子坐面微微前倾，可以使人在工作时身体自然前倾，更有利于集中精力，提高工作效率。

2. 休息用坐具

休息用坐具主要用于医疗空间的候诊区、休息等候区，产品种类以沙发、休闲椅等最为常见。相较于工作用坐具更能够缓解身体疲劳，使人得到最大限度的放松，获得极佳的舒适感，从而提升人们的生活品质。

休息用坐具前缘的高度应略小于膝窝到脚跟的垂直距离，约 330 ~ 380mm。如果采用较厚的软质材料，应以弹性下沉的极限作为尺寸准则。坐面宽度一般在 430 ~ 450mm 以上。由于大多数休息用坐具都会采用软垫做法，坐下时坐面和靠背均有一定程度的沉陷，所以坐深可适当加大。轻便沙发的坐深在 480 ~ 50mm 之间；中型沙发在 500 ~ 530mm 之间；至于大型沙发可视室内环境而定，但也不宜过深。一般沙发类坐具的坐倾角以 4° ~ 7° 为宜，靠背夹角以 106° ~ 112° 为宜；躺椅的坐倾角在 6° ~ 15° 之间，靠背夹角为 112° ~ 120° 。值得注意的是，随着坐面与靠背之间的夹角增大，靠背的支撑点也必须增加。休息用坐具一般会采用软垫来提高舒适度，而软垫的用材与弹性的配合才是舒适度的关键。弹性是指人对材料坐压的软硬度或材料被人坐压时的返回度。扶手的设置可以减轻两肩、背部和上肢肌肉的疲劳，获得更加舒适的休息效果。但扶手的高度必须适当，太高或者太低，肩部都不能自然下垂，容易疲劳。根据人体自然屈臂时肘高于椅面的距离，扶手的实际高度应该设在 200 ~ 250mm。在材料的选择上，不宜选择过软或者导热性强的材料，还应尽量避免棱角的出现。

四、陈设设计对塑造人性化医用空间的作用

（1）美化空间环境。改变冷漠的感觉，美化空间环境，使空间显得更加亲近，更具感染力。

（2）组织空间秩序。辅助空间秩序的形成，增强空间的导引和服务功能。

（3）丰富空间层次。空间中各元素会形成不同的层次，如色彩、质地、形态、灯光等，如果布置有序、主次分明，会使室内空间层次丰富、富有特色。

（4）具有物理性能。软装饰尤其是织物，具有较强的吸声隔音功能，还能起到遮挡阳光、保护隐私等作用，给人以舒适的心理感受。

参考文献

[1] 李亿书 . 医院环境设计 [J] . 新建筑，1995（2）：38-39.

[2] 何治 . 医院建筑的安全性研究 [D] . 湖南大学，2006：57-58.

[3] 韩勇 . 家具与陈设 [M] . 北京：化学工业出版社，2017.